ŒUVRES

DE LAGRANGE.

V

PARIS. — IMPRIMERIE DE GAUTHIER-VILLARS, SUCCESSEUR DE MALLET-BACHELIER,
Rue de Seine-Saint-Germain, 10, près l'Institut.

ŒUVRES
DE LAGRANGE,

PUBLIÉES PAR LES SOINS

DE M. J.-A. SERRET,

SOUS LES AUSPICES

DE SON EXCELLENCE

LE MINISTRE DE L'INSTRUCTION PUBLIQUE.

TOME CINQUIÈME.

PARIS,

GAUTHIER-VILLARS, IMPRIMEUR-LIBRAIRE

DE L'ÉCOLE IMPÉRIALE POLYTECHNIQUE, DU BUREAU DES LONGITUDES,

SUCCESSEUR DE MALLET-BACHELIER,

Quai des Augustins, 55.

M DCCC LXX

THÉORIE

DE LA LIBRATION DE LA LUNE,

ET

DES AUTRES PHÉNOMÈNES QUI DÉPENDENT DE LA FIGURE NON SPHÉRIQUE
DE CETTE PLANÈTE.

THÉORIE

DE LA LIBRATION DE LA LUNE,

ET

DES AUTRES PHÉNOMÈNES QUI DÉPENDENT DE LA FIGURE NON SPHÉRIQUE
DE CETTE PLANÈTE.

(*Nouveaux Mémoires de l'Académie royale des Sciences et Belles-Lettres
de Berlin*, année 1780.)

C'est un phénomène reconnu depuis longtemps que la Lune nous présente toujours la même face; mais ce n'est que depuis l'invention des lunettes qu'on a pu déterminer les lois de la libration, c'est-à-dire de ces balancements que la Lune paraît faire autour de son centre, et par lesquels, dans le cours de chaque mois, elle nous cache et nous découvre alternativement, vers ses bords, quelque partie de sa surface. Galilée est le premier qui ait observé la libration, mais il paraît n'en avoir bien connu qu'une partie, celle qui se fait perpendiculairement à l'écliptique, et qu'on nomme *libration en latitude*. Hévélius découvrit ensuite la libration en longitude; mais il était réservé à Dominique Cassini de donner une explication générale et complète de ce phénomène. Il trouva qu'on pouvait satisfaire à toutes les apparences de la libration, en supposant :
1° que la Lune tourne uniformément autour d'un axe dont les pôles, fixes

sur sa surface, soient constamment élevés sur l'écliptique de $87°\frac{1}{2}$, et sur le plan de l'orbite, de $82°\frac{1}{2}$, et soient toujours sur un grand cercle du globe de la Lune, parallèle au grand cercle qui passe par les pôles de l'orbite et par ceux de l'écliptique ; 2° que la rotation de cette Planète autour de son axe s'achève dans l'espace de 25 jours et 5 heures, par une période égale à celle du retour de la Lune au nœud de son orbite avec l'écliptique.

Cette Théorie ne parut qu'après la mort de Cassini. Son fils Jacques Cassini la donna, en 1721, dans les *Mémoires de l'Académie des Sciences de Paris*, mais sans aucun détail des observations qui avaient servi à l'établir. Elle avait donc besoin d'être vérifiée par de nouvelles observations, et c'est de feu Tobie Mayer qu'elle a reçu la perfection qui lui manquait encore. Cet Astronome publia en 1750, dans les *Kosmographische Nachrichten* de Nuremberg, la première Partie d'un *Traité sur la rotation de la Lune et le mouvement apparent de ses taches*, destiné à servir de base à une nouvelle Sélénographie. On doit regretter que l'Auteur ne l'ait pas achevé ; mais ce qu'il nous en a laissé peut être regardé comme un Ouvrage complet sur la Théorie astronomique de la libration.

Par une suite d'observations de plusieurs taches de la Lune, faites avec soin pendant les années 1748 et 1749, et calculées avec toute la précision et l'élégance qu'on peut désirer, Mayer trouve que le plan de l'équateur lunaire est incliné sur le plan de l'écliptique de 1 degré et 29 minutes, que la section de ces deux plans est toujours à peu près parallèle à la ligne des nœuds moyens de l'orbite de la Lune, en sorte que le plan de l'écliptique tombe entre les deux plans de l'équateur et de l'orbite de la Lune, et que la Lune tourne sur l'axe de son équateur, d'Occident en Orient, de manière que chaque point de cet équateur revient au point équinoxial lunaire dans un temps précisément égal à celui dans lequel la Lune revient au nœud par son mouvement moyen, c'est-à-dire dans l'espace de 1 mois *draconitique*, lequel est, comme on sait, de $27^j\,5^h\,6^m\,56^s$. Ces déterminations s'accordent avec celles de Cassini, à l'exception de l'inclinaison de l'équateur lunaire, que Cassini a faite de 2 degrés et demi, et que Mayer a diminuée de 1 degré. Cela pourrait faire croire que cette inclinaison est variable et va en diminuant; mais Mayer prétend qu'on peut prouver, par des observations faites du temps de Cassini, que cet Astronome s'est en effet trompé de 1 degré dans la détermination de l'inclinaison de l'équateur lunaire, et il promet d'en donner la démonstration dans une autre Partie de son Ouvrage. Enfin les déterminations de Mayer se trouvent confirmées par les observations que M. de la Lande a faites en 1763, et dont il a donné les détails et les résultats dans les *Mémoires de l'Académie des Sciences de Paris* pour 1764; il est vrai que M. de la Lande trouve 1 degré et 43 minutes pour l'inclinaison de l'équateur lunaire; mais cette différence pouvant être attribuée aux erreurs des observations, on n'en saurait encore rien conclure par rapport à la variabilité de cette inclinaison.

Telles sont les lois de la rotation de la Lune qu'on a déduites des observations, et qui étant combinées avec celles du mouvement de cette Planète autour de la Terre suffisent pour déterminer à chaque instant la position apparente du disque lunaire; mais si la connaissance de ces lois suffit pour les besoins de l'Astronomie, l'Astronomie physique exige de plus la connaissance de leurs causes; et cette dernière connaissance est d'autant plus intéressante qu'elle peut fournir les moyens non-seulement de constater et de rectifier les lois déjà connues, mais encore d'en découvrir de nouvelles. L'accord des nœuds de l'équateur de la Lune avec ceux de son orbite, et l'égalité entre la révolution de l'équateur de la Lune par rapport à ses nœuds et la révolution de cette Planète dans son orbite par rapport aux nœuds de cette orbite, sont peut-être les phénomènes les plus singuliers du Système du monde. Il résulte de leur combinaison que la durée de la rotation entière de la Lune doit être parfaitement égale à celle du temps périodique de cette Planète; et cette égalité est évidemment une suite nécessaire de ce que la Lune nous montre toujours la même face; phénomène qui pour être connu depuis longtemps n'en est pas moins extraordinaire, quoique d'ailleurs il ne paraisse pas unique dans le Système du monde. En effet il semble qu'on puisse conclure quelque chose de semblable, à l'égard du premier satellite de Saturne et du quatrième satellite de Jupiter, des observations faites par

Cassini et Maraldi sur les taches de ces satellites (*voyez* l'*Histoire de l'Astronomie moderne*, livre X, § XIII, et livre XI, § XVI); ce qui porterait à regarder cette égalité entre la rotation et la révolution comme une loi générale des Planètes secondaires.

Quoi qu'il en soit, comme le système de l'attraction universelle ne rend jusqu'à présent aucune raison de la rotation des Planètes autour de leurs axes, il n'en peut rendre aucune de l'égalité dont il s'agit. Le mouvement de rotation d'un corps est indépendant de son mouvement de translation; ces deux mouvements résultent d'une impulsion primitive et arbitraire, et peuvent être par conséquent entre eux dans tel rapport que l'on veut. Si donc la rotation de la Lune est uniforme et parfaitement égale à sa révolution autour de la Terre, il est nécessaire de supposer que la vitesse de rotation primitive, imprimée à cette Planète, est exactement égale à sa vitesse moyenne de translation autour de la Terre; et il est clair que cette égalité doit être tout à fait rigoureuse; autrement la différence entre les angles décrits par les méridiens de la Lune autour de son axe et les angles parcourus en même temps par le centre de la Lune autour de la Terre irait continuellement en augmentant; d'où il s'ensuivrait que cette Planète devrait à la longue présenter successivement ses faces à la Terre. Mais cette égalité rigoureuse n'est plus nécessaire si l'on suppose que le mouvement de rotation de la Lune soit sujet à quelques inégalités dépendantes de l'attraction de la Terre sur cette Planète supposée non sphérique. Il suffit en ce cas que la Lune ait reçu une vitesse de rotation primitive peu différente de sa vitesse moyenne de translation, et qu'ensuite l'action de la Terre détruise l'effet de cette petite différence, en empêchant le côté de la Lune qui est tourné vers la Terre de s'en écarter au delà d'un certain terme, à peu près comme l'action de la gravité retient autour de la perpendiculaire un pendule qui n'a reçu qu'une impulsion assez petite.

Cette manière d'expliquer pourquoi la Lune nous montre toujours à peu près la même face est assez simple et naturelle; je l'avais déjà proposée dans mes *Recherches sur la libration de la Lune* présentées à l'Académie des Sciences de Paris en 1763 [*voyez* le tome IX des *Prix* de cette

Académie (*)]. M. d'Alembert l'a confirmée depuis par une analyse encore plus exacte de ce Problème; et elle ne paraît rien laisser à désirer sur le phénomène de l'égalité entre la révolution de la Lune autour de son centre, et sa révolution autour de la Terre, du moins en tant que l'attraction universelle peut en rendre raison.

Mais, si l'on est parvenu à trouver une explication satisfaisante de ce phénomène, il paraît qu'on n'a pas été si heureux à l'égard de l'autre phénomène de la rotation de la Lune, qui concerne l'égalité entre le mouvement des nœuds de l'équateur lunaire et celui des nœuds de l'orbite de la Lune. En considérant cette Planète comme non sphérique, il est clair que l'action de la Terre doit continuellement changer la position de son équateur, comme l'action de la Lune et celle du Soleil déplacent à chaque instant l'équateur de la Terre; mais le mouvement des points équinoxiaux de la Terre est très-lent (n'étant que de 50″ par an) et paraît n'avoir aucun rapport aux mouvements du Soleil et de la Lune; il n'y a que l'inégalité périodique de ce mouvement, qu'on appelle l'*équation de la précession des équinoxes*, et la petite variation de l'obliquité de l'écliptique, qu'on nomme la *nutation de l'axe de la Terre*, qui dépendent du mouvement des nœuds de la Lune. Aussi M. d'Alembert, qui s'est occupé le premier de la Théorie physique de la libration de la Lune, en appliquant à cette Planète les formules qu'il avait données pour la Terre, a d'abord trouvé des résultats peu conformes aux observations (*voyez* le XVme Mémoire de ses *Opuscules*, tome II). Je tâchai dans mes *Recherches sur la libration* de suppléer ce qui manquait à cet égard à la Théorie de M. d'Alembert, en faisant voir que la circonstance de l'égalité entre le temps de la rotation de cette Planète et celui de sa révolution autour de la Terre empêche que les formules du mouvement de l'axe de la Terre ne puissent avoir lieu par rapport à celui de la Lune, et en donnant les véritables équations qui doivent servir à déterminer le vrai mouvement de cet axe; mais voyant que ces équations, qui sont au nombre de deux, et du second ordre, étaient trop compliquées pour pouvoir être

---

(*) Le Mémoire dont il est ici question appartient à la troisième Section des *OEuvres de Lagrange*. (*Note de l'Éditeur.*)

intégrées rigoureusement par les méthodes connues, je me contentai de les traiter comme M. d'Alembert avait fait celles du mouvement de l'axe de la Terre, en les réduisant au premier ordre par l'omission des termes qui contiennent les différences secondes des variables, et que je supposai pouvoir être négligés sans erreur sensible. J'obtins de cette manière de nouvelles formules pour les mouvements de l'axe lunaire, mais dans lesquelles le mouvement des nœuds de l'orbite de la Lune n'avait aucun rapport au mouvement des nœuds de son équateur; l'égalité de ces deux mouvements étant ensuite supposée, je trouvai qu'il résultait de là que l'axe de la Lune devait s'approcher insensiblement du plan de l'écliptique, ce qui paraît contraire aux observations. M. d'Alembert ayant repris cette matière dans les *Mémoires de l'Académie des Sciences de Paris* pour 1768, et l'ayant discutée avec beaucoup plus de profondeur et de détail qu'on n'avait encore fait, est parvenu à des résultats analogues aux miens, mais plus généraux; il a déterminé de plus, par des équations et des constructions géométriques fort simples, les cas où les mouvements des points équinoxiaux lunaires et des nœuds de l'orbite de la Lune doivent être égaux, et ceux où leur plus grande différence en longitude peut être égale ou moindre que la circonférence, mais toujours dans la supposition que les équations différentielles des mouvements de l'axe de la Lune puissent être regardées et traitées comme des équations différentielles du premier ordre.

On voit par là que le Problème des mouvements de l'axe lunaire n'a été résolu jusqu'ici d'une manière satisfaisante ni du côté de l'Analyse, ni par rapport à l'observation; et que le système de la gravitation universelle, qui a si bien rendu raison des différents mouvements de la Lune autour de la Terre, n'a pas encore expliqué le point le plus remarquable de la Théorie de cette Planète, la coïncidence des nœuds de l'équateur lunaire avec ceux de l'orbite de la Lune. J'ai donc cru devoir revenir sur cette question et la traiter avec toute l'exactitude et tout le détail qui sont dus à son importance et à sa difficulté; et, pour ne rien laisser à désirer sur les phénomènes qui peuvent dépendre de l'attraction de la Terre sur la Lune supposée non sphérique, je me suis proposé d'examiner non-seulement ceux qui ont rapport à la rotation de cette Planète, mais aussi ceux qui regardent le mouvement de translation de la Lune autour de la Terre.

Tel est l'objet des Recherches que j'ai l'honneur de présenter à l'Académie; elles sont partagées en cinq Sections.

La première est destinée à l'exposition d'une méthode générale et analytique pour résoudre tous les Problèmes de la Dynamique. Cette méthode, que j'ai employée le premier dans ma Pièce sur la libration de la Lune, a l'avantage singulier de ne demander aucune construction ni aucun raisonnement géométrique ou mécanique, mais seulement des opérations analytiques assujetties à une marche simple et uniforme. Elle n'est autre chose que le principe de Dynamique de M. d'Alembert, réduit en formule au moyen du principe de l'équilibre appelé communément *loi des vitesses virtuelles*. Mais la combinaison de ces deux principes est un pas qui n'avait pas été fait, et c'est peut-être le seul degré de perfection qui, après la découverte de M. d'Alembert, manquait encore à la Théorie de la Dynamique.

Dans la seconde Section, je considère, en général, le mouvement d'un corps de figure quelconque, et je donne les formules nécessaires pour déterminer ce mouvement. J'indique ensuite une transformation très-utile pour faciliter le calcul, dans le cas où le mouvement de rotation se fait autour d'un axe fixe dans le corps et mobile dans l'espace, mais qui demeure toujours à peu près perpendiculaire à un plan immobile; ce qui est le cas de la Lune par rapport à l'écliptique. On pourrait aussi s'en servir pour déterminer les oscillations d'un pendule de figure quelconque, lorsque l'axe du pendule ne s'écarte que très-peu de la verticale, et que le pendule a en même temps un mouvement quelconque de rotation autour de l'axe; Problème jusqu'ici non résolu.

Dans la troisième Section, j'applique les formules au mouvement de la Lune, en tant qu'elle est attirée par la Terre et par le Soleil, et je parviens directement à six équations différentielles du second ordre, dont trois donnent le mouvement du centre de gravité de la Lune autour de la Terre, et les trois autres donnent son mouvement de rotation autour de ce centre. Ces équations sont présentées sous la forme la plus simple, et les trois dernières ont surtout l'avantage que les variables n'y sont que linéaires; à l'égard des trois premières, elles sont analogues à celles que M. Euler a employées dans sa nouvelle Théorie de la Lune, mais elles contiennent de plus les termes dus à la non-sphéricité de cette Planète et que M. Euler a négligés, Je termine cette Section par des considérations sur la figure de la Lune, que je regarde d'abord pour plus de simplicité comme un sphéroïde elliptique homogène dont l'équateur et les méridiens seraient des ellipses très-peu excentriques; je prouve ensuite que cette figure est en effet celle que la Lune aurait dû prendre, en vertu de la force centrifuge de ses parties, combinée avec l'attraction de la Terre, si elle avait été primitivement fluide, et je détermine dans cette hypothèse les véritables dimensions de cette figure par une méthode et des formules plus simples à quelques égards que celles qu'on avait déjà données pour cet objet : il en résulte que la Lune devrait être élevée sous son équateur, mais quatre fois plus dans le sens du diamètre de cet équateur qui est dirigé vers la Terre, et qui passe par conséquent par le centre apparent de la Lune, que dans le sens du diamètre perpendiculaire à celui-ci et qui passe par les bords apparents de cette Planète.

Dans la quatrième Section, je traite en particulier des mouvements de la Lune autour de son centre; ces mouvements se réduisent à la rotation de la Lune autour d'un axe fixe dans l'intérieur de cette Planète, et aux mouvements de cet axe, ou du plan de l'équateur lunaire qui lui est perpendiculaire, par rapport au plan de l'écliptique. Suivant la Théorie de la libration donnée par Mayer, le lieu moyen de la Terre vue du centre de la Lune et rapportée à l'équateur de cette Planète doit toujours répondre à un même point de cet équateur; et le méridien lunaire qui passe par ce point est celui que Mayer prend pour le premier méridien de la Lune, et auquel il rapporte les longitudes sélénographiques de ses taches. Mais cette Théorie suppose l'uniformité du mouvement de rotation de la Lune; si donc ce mouvement n'est pas uniforme, le lieu moyen de la Terre rapportée à l'équateur de la Lune ne répondra pas toujours à un méridien fixe; mais il y aura une petite différence qui exprimera la libration réelle et physique de la Lune; cette petite quantité est une des variables du Problème et se trouve déterminée par une équation différentielle linéaire du second ordre dont l'intégration est très-facile. Intégrant donc cette équation, on a directement la valeur de la libration réelle de la Lune, toute séparée de sa libration optique; et cette valeur contient un terme proportionnel au sinus d'un angle qui croît très-lentement, dont l'effet est analogue au mouvement d'un pendule qui fait de très-petites oscillations. Ce terme ayant un coefficient arbitraire sert à expliquer comment la Lune peut nous présenter toujours à peu près la même face, sans qu'on soit obligé de supposer que la vitesse primitive de rotation, imprimée à cette Planète, soit exactement égale à sa vitesse moyenne de translation autour de la Terre. Je fais d'ailleurs plusieurs remarques importantes sur la nature et la quantité de cette partie de la libration, la seule qui soit l'effet de la non-sphéricité de la Lune; l'autre partie de la libration, c'est-à-dire la libration optique, n'a par elle-même aucune difficulté, n'étant produite que par le mouvement non uniforme de la Lune autour de la Terre.

Je considère ensuite les mouvements de l'axe lunaire, et pour cela j'intègre les deux équations différentielles qui renferment la loi de ces mouvements. Cette intégration y introduit quatre constantes arbitraires; et l'on voit d'abord qu'en supposant ces constantes nulles, ce qui est le cas le plus simple du Problème, les nœuds de l'équateur lunaire doivent coïncider exactement avec les nœuds moyens de l'orbite de la Lune; mais rien n'oblige à regarder ces constantes comme tout à fait nulles; je suppose donc qu'elles aient seulement une valeur fort petite, et je trouve qu'alors les nœuds de l'équateur lunaire peuvent s'écarter des nœuds moyens de l'orbite d'un angle plus ou moins grand, mais qui sera toujours au-dessous de 90 degrés, en sorte que leur mouvement moyen sera néanmoins exactement égal au mouvement moyen des nœuds de l'orbite; ce qui est parfaitement conforme aux observations.

A l'égard de l'inclinaison de l'équateur lunaire sur l'écliptique, elle serait constante dans le cas de la coïncidence exacte des nœuds de l'équateur et de l'orbite de la Lune, mais dans l'autre cas elle est sujette à quelques variations périodiques; ce qui paraît s'accorder aussi avec les observations, et ce qui étant en même temps contraire aux résultats des autres Théories, données jusqu'ici, prouve l'insuffisance de ces Théories et la nécessité où l'on était de traiter le Problème de la libration de la Lune par des méthodes nouvelles et plus rigoureuses.

Comme la valeur moyenne de l'inclinaison de l'équateur lunaire est à peu près connue par les observations, je m'en sers pour déterminer à très-peu près une des constantes qui dépendent de la figure de la Lune, laquelle, dans le cas où cette figure est supposée elliptique, exprime précisément l'allongement de la Lune dans le sens du diamètre de l'équateur qui est dirigé vers la Terre. Je trouve que cette quantité est nécessairement renfermée entre ces limites $0,0006746$, $0,0005149$, le demi-axe de la Lune étant pris pour l'unité; mais la supposition de la fluidité primitive de la Lune donne pour la même quantité une valeur beaucoup plus petite; d'où il suit, ou que la Lune n'est pas homogène, ainsi qu'on l'a supposé, ou que sa figure actuelle n'est pas celle qu'elle devrait avoir si ayant été originairement fluide elle eût conservé, en se durcissant, la figure qu'elle aurait dû prendre par les lois de l'Hydrostatique. Il n'y a au reste à cela rien de surprenant; car M. d'Alembert a trouvé aussi par rapport à la Terre que les phénomènes de la précession des équinoxes et de la nutation ne peuvent s'accorder avec l'hypothèse de l'homogénéité de la Terre et de sa figure elliptique telle qu'elle résulte de la Théorie.

La dernière Section est destinée à l'examen des inégalités que la non-sphéricité de la Lune peut causer dans le mouvement de cette Planète autour de la Terre. Je fais abstraction dans cette recherche des quantités qui ne produiraient que des inégalités de la forme de celles qu'on connaît déjà, parce qu'il ne pourrait résulter de là que des corrections presque insensibles dans les formules du mouvement de la Lune, lesquelles sont encore trop éloignées d'avoir la précision nécessaire pour demander de pareilles corrections; et je me borne à avoir égard aux termes qui peuvent donner des inégalités nouvelles et d'une forme particulière. Je trouve que les inégalités qui altèrent le mouvement de la

Lune autour de son centre peuvent influer aussi dans son mouvement autour de la Terre; je détermine l'effet de ces inégalités tant dans la longitude que dans la latitude de la Lune; mais je démontre que cet effet ne peut qu'être insensible, et qu'il est impossible d'expliquer par là, comme on pourrait d'abord le croire, l'accélération que feu M. Mayer a supposée dans le mouvement de la Lune, pour satisfaire à la fois aux observations anciennes des Chaldéens, et à celles des Arabes, faites dans le ixe siècle. J'ai fait voir ailleurs que cette accélération ne pouvait être produite par la non-sphéricité de la Terre; mais il était nécessaire d'examiner en particulier l'effet de la non-sphéricité de la Lune, à cause de la circonstance de l'égalité entre la rotation et la révolution de cette Planète; et cet examen achève de prouver l'impossibilité d'expliquer l'équation séculaire de la Lune par la Théorie de la gravitation.

SECTION PREMIÈRE.

EXPOSITION D'UNE MÉTHODE ANALYTIQUE POUR RÉSOUDRE TOUS LES PROBLÈMES DE DYNAMIQUE.

1. Le principe donné par M. d'Alembert réduit les lois de la Dynamique à celles de la Statique; mais la recherche de ces dernières lois par les principes ordinaires de l'équilibre du levier, ou de la composition des forces, est souvent longue et pénible. Heureusement il y a un autre principe de Statique plus général, et qui a surtout l'avantage de pouvoir être représenté par une équation analytique, laquelle renferme seule les conditions nécessaires pour l'équilibre d'un système quelconque de puissances. Tel est le principe connu sous la dénomination de *loi des vitesses virtuelles*; on l'énonce ordinairement ainsi : *Quand des puissances se font équilibre, les vitesses des points où elles sont appliquées, estimées suivant la direction de ces puissances, sont en raison inverse de ces mêmes puissances.* Mais ce principe peut être rendu très-général de la manière suivante.

2. Si un système quelconque de corps, réduits à des points et tirés par des puissances quelconques, est en équilibre, et qu'on donne à ce système un petit mouvement quelconque en vertu duquel chaque corps parcoure un espace infiniment petit, la somme des puissances multipliées chacune par l'espace que le point où elle est appliquée parcourt suivant la direction de cette puissance est toujours égale à zéro.

D'où il suit que si $m, m', m'',\ldots$ sont les masses des corps, P, Q, R,... les forces accélératrices qui sollicitent le corps m vers des centres quelconques dont les distances soient $p, q, r,\ldots$; et de même P', Q', R',... les forces qui sollicitent le corps m' vers des centres dont les distances soient $p', q', r',\ldots$, et ainsi de suite; et qu'on suppose que les lignes

$$p, q, r, \ldots, \quad p', q', r', \ldots, \ldots$$

deviennent

$$p - \delta p,\ q - \delta q,\ r - \delta r, \ldots,\ p' - \delta p',\ q' - \delta q',\ r' - \delta r', \ldots, \ldots,$$

par une variation quelconque infiniment petite dans la position des corps; on aura pour l'équilibre cette équation générale

$$m(\mathrm{P}\delta p + \mathrm{Q}\delta q + \mathrm{R}\delta r + \ldots) + m'(\mathrm{P}'\delta p' + \mathrm{Q}'\delta q' + \mathrm{R}'\delta r' + \ldots)$$
$$+ m''(\mathrm{P}''\delta p'' + \mathrm{Q}''\delta q'' + \mathrm{R}''\delta r'' + \ldots) + \ldots = 0.$$

3. Pour avoir les valeurs des variations ou différences

$$\delta p,\ \delta q,\ \delta r, \ldots,\ \delta p',\ \delta q',\ \delta r', \ldots,$$

on différentiera à l'ordinaire les expressions des distances $p, q, r, \ldots, p', q', r',\ldots$, mais en regardant les centres des forces comme fixes, et en faisant varier seulement les quantités relatives à la position de chaque corps dans l'espace, et l'on marquera les différentielles par la caractéristique δ pour les distinguer des différentielles ordinaires. On réduira ainsi les valeurs de toutes ces différences à un certain nombre de pareilles différences qui dépendront uniquement du changement de position du système, et qui demeureront par conséquent indéterminées; et comme l'équation précédente doit avoir lieu quel que puisse être ce changement, il faudra la vérifier indépendamment des différences indéterminées dont il s'agit, et par conséquent égaler séparément à zéro la somme des termes multipliés par chacune de ces indéterminées ; ce qui donnera précisément autant d'équations particulières et finies qu'il en faudra pour la détermination de l'équilibre du système proposé.

4. Supposons maintenant que le même système de corps soit en mouvement, et que x, y, z soient les coordonnées rectangles de la courbe décrite par le corps m; x', y', z' les coordonnées rectangles de la courbe décrite par le corps m', et ainsi de suite; ces coordonnées étant rapportées à trois axes fixes dans l'espace, et ayant une origine commune. Il est clair que le mouvement ou la vitesse du corps m dans l'instant dt peut être regardée comme composée de trois autres vitesses exprimées par

$$\frac{dx}{dt}, \frac{dy}{dt}, \frac{dz}{dt},$$

et dirigées parallèlement aux axes des x, y, z. Il est de plus évident que si le corps était libre et qu'aucune force étrangère n'agît sur lui, chacune de ces trois vitesses demeurerait constante; mais dans l'instant suivant elles se changent réellement en celles-ci

$$\frac{dx}{dt} + d\frac{dx}{dt}, \quad \frac{dy}{dt} + d\frac{dy}{dt}, \quad \frac{dz}{dt} + d\frac{dz}{dt};$$

donc, si l'on regarde les vitesses précédentes comme composées de ces dernières et des vitesses

$$-d\frac{dx}{dt}, \quad -d\frac{dy}{dt}, \quad -d\frac{dz}{dt},$$

ou bien (en prenant dt constant)

$$-\frac{d^2x}{dt}, \quad -\frac{d^2y}{dt}, \quad -\frac{d^2z}{dt},$$

il s'ensuit que celles-ci doivent être détruites par l'action des forces qui agissent sur les corps. Mais ces vitesses sont dues à des forces accélératrices égales à

$$-\frac{d^2x}{dt^2}, \quad -\frac{d^2y}{dt^2}, \quad -\frac{d^2z}{dt^2},$$

et dirigées parallèlement aux axes des x, y, z (en exprimant, suivant l'usage reçu, la force accélératrice par l'élément de la vitesse divisé par l'élément du temps), ou, ce qui revient au même, à des forces égales à

$$\frac{d^2x}{dt^2}, \quad \frac{d^2y}{dt^2}, \quad \frac{d^2z}{dt^2},$$

et dirigées en sens contraire, c'est-à-dire suivant les lignes mêmes x, y, z; donc il faudra que ces forces, étant supposées appliquées au corps m, soient détruites par l'action de toutes les autres forces du système. Il faudra par la même raison que les forces

$$\frac{d^2x'}{dt^2}, \quad \frac{d^2y'}{dt^2}, \quad \frac{d^2z'}{dt^2},$$

étant supposées appliquées au corps m' suivant les lignes x', y', z', soient aussi détruites; et ainsi de suite. D'où il suit qu'il doit y avoir équilibre entre ces différentes forces et les autres forces qui sollicitent les corps, et qu'ainsi les lois du mouvement du système se réduisent à celles de son équilibre; c'est en quoi consiste le beau principe de Dynamique de M. d'Alembert.

5. Donc, pour avoir les équations du mouvement du système proposé, il n'y aura qu'à chercher celles de l'équilibre des corps m, m', m'',... sollicités par les forces

$$P, Q, R,\ldots, \quad P', Q', R',\ldots, \quad P'', Q'', R'',\ldots,$$

suivant les lignes

$$p, q, r,\ldots, \quad p', q', r',\ldots, \quad p'', q'', r'',\ldots,$$

comme dans le cas du n° 2, et de plus par les forces

$$\frac{d^2x}{dt^2}, \frac{d^2y}{dt^2}, \frac{d^2z}{dt^2}; \quad \frac{d^2x'}{dt^2}, \frac{d^2y'}{dt^2}, \frac{d^2z'}{dt^2}; \quad \frac{d^2x''}{dt^2}, \frac{d^2y''}{dt^2}, \frac{d^2z''}{dt^2}; \ldots,$$

suivant les lignes
$$x, y, z;\quad x', y', z';\quad x'', y'', z'';\ldots$$

Ainsi il ne faudra qu'ajouter au premier membre de l'équation générale du numéro cité les termes dus à ces dernières forces.

Or les lignes x étant toujours parallèles entre elles, on peut les regarder comme concurrentes à un point infiniment éloigné et prendre ce point pour le centre des forces $\frac{d^2x}{dt^2}$. Soit h la distance infinie de ce point au plan auquel les lignes x sont terminées et qui les rencontre à angles droits, on aura $x+h$ pour la distance du corps m au centre des forces dont il s'agit, et δx sera la variation de cette distance, en supposant que la position du corps varie et que celle du centre demeure fixe, parce qu'à cause de la perpendicularité de la ligne h sur le plan, la variation de cette ligne est nulle. Donc le terme dû à la force $\frac{d^2x}{dt^2}$ agissant suivant la ligne x sera $m\frac{d^2x}{dt^2}\delta x$; et ainsi des autres.

Ainsi il faudra ajouter au premier membre de l'équation du n° 2 les termes suivants

$$m\left(\frac{d^2x}{dt^2}\delta x + \frac{d^2y}{dt^2}\delta y + \frac{d^2z}{dt^2}\delta z\right)$$
$$+ m'\left(\frac{d^2x'}{dt^2}\delta x' + \frac{d^2y'}{dt^2}\delta y' + \frac{d^2z'}{dt^2}\delta z'\right)$$
$$+ m''\left(\frac{d^2x''}{dt^2}\delta x'' + \frac{d^2y''}{dt^2}\delta y'' + \frac{d^2z''}{dt^2}\delta z''\right)$$
$$\ldots\ldots\ldots\ldots\ldots\ldots\ldots\ldots\ldots\ldots\ldots$$

Et l'on aura cette équation générale pour le mouvement du système

$$0 = m\left(\frac{d^2x}{dt^2}\delta x + \frac{d^2y}{dt^2}\delta y + \frac{d^2z}{dt^2}\delta z + P\delta p + Q\delta q + R\delta r + \ldots\right)$$
$$+ m'\left(\frac{d^2x'}{dt^2}\delta x' + \frac{d^2y'}{dt^2}\delta y' + \frac{d^2z'}{dt^2}\delta z' + P'\delta p' + Q'\delta q' + R'\delta r' + \ldots\right)$$
$$+ m''\left(\frac{d^2x''}{dt^2}\delta x'' + \frac{d^2y''}{dt^2}\delta y'' + \frac{d^2z''}{dt^2}\delta z'' + P''\delta p'' + Q''\delta q'' + R''\delta r'' + \ldots\right)$$
$$\ldots\ldots\ldots\ldots\ldots\ldots\ldots\ldots\ldots\ldots\ldots$$

6. Pour en faire usage, on remarquera d'abord que, si l'on dénote par x_1, y_1, z_1 les coordonnées rectangles qui déterminent la position du centre des forces P, par x_2, y_2, z_2 celles du centre des forces Q, par x_3, y_3, z_3 celles du centre des forces R, et ainsi des autres, ces coordonnées étant rapportées aux mêmes axes que les coordonnées des corps, on aura

$$p = \sqrt{(x-x_1)^2 + (y-y_1)^2 + (z-z_1)^2},$$
$$q = \sqrt{(x-x_2)^2 + (y-y_2)^2 + (z-z_2)^2},$$
$$r = \sqrt{(x-x_3)^2 + (y-y_3)^2 + (z-z_3)^2},$$
$$\dots\dots\dots\dots\dots\dots\dots\dots\dots\dots\dots\dots ;$$

de sorte qu'en différentiant on aura les valeurs de $\delta p, \delta q, \dots$ exprimées en $\delta x, \delta y, \delta z$. Et l'on trouvera de même celles de $\delta p', \delta q', \dots$ en $\delta x', \delta y', \delta z'$, et ainsi de suite.

De plus, en ayant égard à la disposition mutuelle des corps, on aura une ou plusieurs équations de condition entre les variables $x, y, z, x', y', z', \dots$, par le moyen desquelles on pourra exprimer toutes ces variables par quelques-unes d'entre elles, ou bien par d'autres variables en moindre nombre et telles, qu'elles soient entièrement indépendantes et répondent aux différents mouvements que le système peut recevoir. Nommant donc ces variables indépendantes $\varphi, \psi, \omega, \dots$, on aura, par la substitution et la différentiation, les différences $\delta x, \delta y, \delta z, \delta x', \delta y', \dots$ exprimées par celles-ci $\delta \varphi, \delta \psi, \delta \omega, \dots$, et l'équation générale du numéro précédent prendra cette forme

$$\Phi \delta\varphi + \Psi \delta\psi + \Omega \delta\omega + \dots = 0.$$

Or les variables $\varphi, \psi, \omega, \dots$ étant (hypothèse) indépendantes les unes des autres, leurs différences $\delta\varphi, \delta\psi, \delta\omega, \dots$ seront absolument indéterminées; donc pour satisfaire, en général, à l'équation précédente il faudra faire séparément

$$\Phi = 0, \quad \Psi = 0, \quad \Omega = 0, \dots$$

Ces équations particulières étant en même nombre que les variables indéterminées $\varphi, \psi, \omega,\ldots$ serviront à déterminer ces mêmes variables, et par conséquent le mouvement de tout le système.

7. Telle est la méthode générale ; mais elle est susceptible de différentes simplifications que nous exposerons ailleurs. Nous nous contenterons ici de montrer comment on peut abréger le calcul nécessaire pour réduire les quantités

$$d^2x\,\delta x + d^2y\,\delta y + d^2z\,\delta z$$

en fonctions de $\varphi, \psi, \omega,\ldots$.

Pour cet effet je remarque que, puisque les deux caractéristiques d et δ représentent des différences ou variations indépendantes entre elles, toute quantité affectée de ces deux caractéristiques à la fois doit avoir la même valeur, dans quelque ordre qu'elles soient placées, ce qui est facile à démontrer et forme le principe fondamental du *Calcul des variations*. Ainsi $d\,\delta x$ sera la même chose que $\delta\,dx$, $d^2\,\delta x$ la même chose que $\delta\,d^2x$, et ainsi du reste.

Il s'ensuit de là que la quantité

$$d^2x\,\delta x + d^2y\,\delta y + d^2z\,\delta z$$

sera la même chose que celle-ci

$$d(dx\,\delta x + dy\,\delta y + dz\,\delta z) - \frac{1}{2}\delta(dx^2 + dy^2 + dz^2);$$

de sorte qu'il ne s'agira que de trouver la valeur des deux quantités

$$dx\,\delta x + dy\,\delta y + dz\,\delta z, \quad dx^2 + dy^2 + dz^2$$

en $\varphi, \psi, \omega,\ldots$, et leurs différences, et de différentier ensuite la première par d et la seconde par δ, c'est-à-dire en affectant les différences des caractéristiques d ou δ.

8. Or x étant une fonction de $\varphi, \psi, \omega,\ldots$, on aura

$$dx = \frac{dx}{d\varphi}\,d\varphi + \frac{dx}{d\psi}\,d\psi + \frac{dx}{d\omega}\,d\omega + \ldots,$$

et de même
$$\delta x = \frac{dx}{d\varphi}\,\delta\varphi + \frac{dx}{d\psi}\,\delta\psi + \frac{dx}{d\omega}\,\delta\omega + \ldots$$

Donc
$$dx^2 = \left(\frac{dx}{d\varphi}\right)^2 d\varphi^2 + 2\frac{dx}{d\varphi}\frac{dx}{d\psi}\,d\varphi\,d\psi + \left(\frac{dx}{d\psi}\right)^2 d\psi^2 + \ldots,$$
$$dx\,\delta x = \left(\frac{dx}{d\varphi}\right)^2 d\varphi\,\delta\varphi + \frac{dx}{d\varphi}\frac{dx}{d\psi}(d\varphi\,\delta\psi + d\psi\,\delta\varphi) + \left(\frac{dx}{d\psi}\right)^2 d\psi\,\delta\psi + \ldots;$$

et ainsi des autres quantités semblables dy^2, $dy\,\delta y$, dz^2, $dz\,\delta z$.

Ainsi la quantité
$$dx^2 + dy^2 + dz^2$$
sera de la forme
$$\mathrm{L}\,d\varphi^2 + 2\mathrm{M}\,d\varphi\,d\psi + \mathrm{N}\,d\psi^2 + \ldots,$$

L, M, N,... étant des fonctions connues des variables finies φ, ψ,...; et de même la quantité
$$dx\,\delta x + dy\,\delta y + dz\,\delta z$$
sera de la forme
$$\mathrm{L}\,d\varphi\,\delta\varphi + \mathrm{M}(d\varphi\,\delta\psi + d\psi\,\delta\varphi) + \mathrm{N}\,d\psi\,\delta\psi + \ldots.$$

Donc, en différentiant la première de ces quantités par δ, on aura
$$\frac{1}{2}\delta(dx^2 + dy^2 + dz^2)$$
$$= \frac{1}{2}\delta\mathrm{L}\,d\varphi^2 + \mathrm{L}\,d\varphi\,\delta d\varphi + \delta\mathrm{M}\,d\varphi\,d\psi + \mathrm{M}\,d\psi\,\delta d\varphi + \mathrm{M}\,d\varphi\,\delta d\psi + \ldots,$$

et en différentiant la seconde par d, on aura pareillement
$$d(dx\,\delta x + dy\,\delta y + dz\,\delta z)$$
$$= d(\mathrm{L}\,d\varphi)\delta\varphi + \mathrm{L}\,d\varphi\,d\delta\varphi + d(\mathrm{M}\,d\varphi)\delta\psi + \mathrm{M}\,d\varphi\,d\delta\psi + d(\mathrm{M}\,d\psi)\delta\varphi + \mathrm{M}\,d\psi\,d\delta\varphi + \ldots.$$

Retranchant donc la quantité précédente de cette dernière, en se souvenant que $\delta d\varphi$ est la même chose que $d\delta\varphi$,..., on aura la valeur de
$$d^2x\,\delta x + d^2y\,\delta y + d^2z\,\delta z,$$
laquelle sera exprimée ainsi
$$d(\mathrm{L}\,d\varphi)\delta\varphi - \frac{\delta\mathrm{L}\,d\varphi^2}{2} + d(\mathrm{M}\,d\varphi)\delta\psi + d(\mathrm{M}\,d\psi)\delta\varphi - \delta\mathrm{M}\,d\varphi\,d\psi + \ldots.$$

Cette quantité résulte évidemment de celle qui exprime la valeur de

$$\frac{1}{2}\delta(dx^2 + dy^2 + dz^2),$$

si l'on y change les signes de tous les termes qui contiennent des différences affectées de la simple caractéristique δ, et que, dans les autres termes où se trouvent les différences affectées de la double caractéristique δd, on efface la d après la δ, et qu'on l'applique aux quantités par lesquelles ces différences sont multipliées.

Ainsi l'on changera le terme $\frac{1}{2}\delta L\,d\varphi^2$ en $-\frac{1}{2}\delta L\,d\varphi^2$, le terme $L\,d\varphi\,\delta\,d\varphi$ en $d(L\,d\varphi)\,\delta\varphi$, et ainsi des autres.

Cette règle est, comme on voit, très-simple, et facilite extrêmement le mécanisme du calcul que notre méthode demande. On pourrait la démontrer *à priori*; mais nous avons préféré la démonstration précédente, comme étant plus sensible et plus convaincante.

9. A l'égard des termes

$$P\delta p + Q\delta q + R\delta r + \ldots$$

et de leurs semblables, on remarquera que dans le cas de la nature les forces P, Q, R,... sont ordinairement des fonctions des distances p, q, r,..., en sorte que les termes dont il s'agit sont tous intégrables; ce qui fournit aussi un moyen de simplifier beaucoup le calcul de ces termes; car il n'y aura qu'à intégrer d'abord à l'ordinaire la quantité

$$P\,dp + Q\,dq + R\,dr + \ldots$$

et la redifférentier ensuite relativement à la caractéristique δ.

Dans le Système du monde on a

$$P = \frac{f}{p^2}, \quad Q = \frac{g}{q^2}, \quad R = \frac{h}{r^2}, \ldots,$$

f, g, h,... étant des constantes; donc on aura dans ce cas

$$P\delta p + Q\delta q + R\delta r + \ldots = -\delta\left(\frac{f}{p} + \frac{g}{q} + \frac{h}{r} + \ldots\right).$$

10. De ce que nous venons de démontrer résulte une méthode fort simple pour transformer l'équation générale du n° 5 par la substitution d'autres variables quelconques à la place de $x, y, z; x', y', z'; \ldots$

Soit, pour abréger,

$$T = m\frac{dx^2 + dy^2 + dz^2}{2\,dt^2} + m'\frac{dx'^2 + dy'^2 + dz'^2}{2\,dt^2} + m''\frac{dx''^2 + dy''^2 + dz''^2}{2\,dt^2} + \ldots,$$

$$V = m\int(P\,dp + Q\,dq + R\,dr + \ldots)$$
$$+ m'\int(P'\,dp' + Q'\,dq' + R'\,dr' + \ldots)$$
$$+ m''\int(P''\,dp'' + Q''\,dq'' + R''\,dr'' + \ldots)$$
$$\ldots\ldots\ldots\ldots\ldots\ldots\ldots\ldots\ldots$$

Et supposons $x, y, z; x', y', \ldots$, exprimées par d'autres variables quelconques $\varphi, \psi, \omega, \ldots$. On substituera les valeurs données de $x, y, z; x', y', \ldots$ en $\varphi, \psi, \omega, \ldots$ dans les deux quantités T et V; on différentiera ensuite suivant δ, en regardant $\varphi, \psi, \omega, \ldots$ et $d\varphi, d\psi, d\omega, \ldots$ comme des variables particulières; et l'équation générale deviendra

$$\left(d\frac{\delta T}{\delta d\varphi} - \frac{\delta T}{\delta\varphi} + \frac{\delta V}{\delta\varphi}\right)\delta\varphi + \left(d\frac{\delta T}{\delta d\psi} - \frac{\delta T}{\delta\psi} + \frac{\delta V}{\delta\psi}\right)\delta\psi + \left(d\frac{\delta T}{\delta d\omega} - \frac{\delta T}{\delta\omega} + \frac{\delta V}{\delta\omega}\right)\delta\omega + \ldots = 0,$$

en entendant par $\frac{\delta T}{\delta\varphi}$ le coefficient de $\delta\varphi$ dans la différentielle de T, par $\frac{\delta T}{\delta d\varphi}$ le coefficient de $\delta d\varphi$ dans la même différentielle; et ainsi du reste.

11. Si les variables $\varphi, \psi, \omega, \ldots$ sont indépendantes entre elles (et l'on peut toujours les prendre telles, qu'elles le soient), on aura sur-le-champ (6), pour le mouvement du système, ces équations particulières

$$d\frac{\delta T}{\delta d\varphi} - \frac{\delta T}{\delta\varphi} + \frac{\delta V}{\delta\varphi} = 0,$$

$$d\frac{\delta T}{\delta d\psi} - \frac{\delta T}{\delta\psi} + \frac{\delta V}{\delta\psi} = 0,$$

$$d\frac{\delta T}{\delta d\omega} - \frac{\delta T}{\delta\omega} + \frac{\delta V}{\delta\omega} = 0,$$

$$\ldots\ldots\ldots\ldots\ldots\ldots\ldots\ldots$$

Mais, si ces variables ne sont pas indépendantes, alors il faudra réduire les différences $\delta\varphi$, $\delta\psi$, $\delta\omega$,... au plus petit nombre possible, et, égalant ensuite à zéro le coefficient de chacune de celles qui resteront, on aura les équations du Problème.

12. Si l'on multiplie les équations précédentes respectivement par $d\varphi$, $d\psi$, $d\omega$,..., qu'ensuite on les ajoute ensemble, on aura une équation intégrable. En effet, puisque

$$d\varphi\, d\frac{\delta T}{\delta d\varphi} + d\psi\, d\frac{\delta T}{\delta d\psi} + d\omega\, d\frac{\delta T}{\delta d\omega} + \ldots = d\left(\frac{\delta T}{\delta d\varphi} d\varphi + \frac{\delta T}{\delta d\psi} d\psi + \frac{\delta T}{\delta d\omega} d\omega + \ldots\right)$$
$$- \frac{\delta T}{\delta d\varphi} d^2\varphi - \frac{\delta T}{\delta d\psi} d^2\psi - \frac{\delta T}{\delta d\omega} d^2\omega - \ldots,$$

l'équation dont il s'agit sera

$$d\left(\frac{\delta T}{\delta d\varphi} d\varphi + \frac{\delta T}{\delta d\psi} + d\psi \frac{\delta T}{\delta d\omega} d\omega + \ldots\right)$$
$$- \frac{\delta T}{\delta d\varphi} d^2\varphi - \frac{\delta T}{\delta d\psi} d^2\psi - \frac{\delta T}{\delta d\omega} d^2\omega - \ldots$$
$$- \frac{\delta T}{\delta \varphi} d\varphi - \frac{\delta T}{\delta \psi} d\psi - \frac{\delta T}{\delta \omega} d\omega - \ldots$$
$$+ \frac{\delta V}{\delta \varphi} d\varphi + \frac{\delta V}{\delta \psi} d\psi + \frac{\delta V}{\delta \omega} d\omega + \ldots = 0.$$

Or, V étant une fonction finie de φ, ψ, ω,..., on aura

$$dV = \frac{dV}{d\varphi} d\varphi + \frac{dV}{d\psi} d\psi + \frac{dV}{d\omega} d\omega + \ldots;$$

mais

$$\frac{dV}{d\varphi} = \frac{\delta V}{\delta \varphi}, \quad \frac{dV}{d\psi} = \frac{\delta V}{\delta \psi}, \ldots,$$

ce qui est évident par la nature du Calcul différentiel. Donc on aura aussi

$$\frac{\delta V}{\delta \varphi} d\varphi + \frac{\delta V}{\delta \psi} d\psi + \frac{\delta V}{\delta \omega} d\omega + \ldots = dV.$$

On démontrera de même que, puisque T est une fonction des quantités finies φ, ψ, ω,... et de leurs différences premières $d\varphi$, $d\psi$, $d\omega$,..., en regardant φ, ψ, ω,..., $d\varphi$, $d\psi$, $d\omega$,... comme autant de variables indépendantes les unes des autres, on aura

$$\frac{\delta T}{\delta\varphi}d\varphi + \frac{\delta T}{\delta\psi}d\psi + \frac{\delta T}{\delta\omega}d\omega + \ldots + \frac{\delta T}{\delta d\varphi}dd\varphi + \frac{\delta T}{\delta d\psi}dd\psi + \frac{\delta T}{\delta d\omega}dd\omega + \ldots = dT.$$

Ainsi l'équation précédente prendra cette forme

$$d\left(\frac{\delta T}{\delta d\varphi}d\varphi + \frac{\delta T}{\delta d\psi}d\psi + \frac{\delta T}{\delta d\omega}d\omega + \ldots\right) - dT + dV = 0,$$

dont l'intégrale est

$$\frac{\delta T}{\delta d\varphi}d\varphi + \frac{\delta T}{\delta d\psi}d\psi + \frac{\delta T}{\delta d\omega}d\omega + \ldots - T + V = \text{const.}$$

Je remarque maintenant que par la nature de la quantité T on a nécessairement

$$\frac{\delta T}{\delta d\varphi}d\varphi + \frac{\delta T}{\delta d\psi}d\psi + \frac{\delta T}{\delta d\omega}d\omega + \ldots = 2T.$$

Car T étant une fonction homogène de deux dimensions des différences dx, dy, dz, dx', dy', dz',... (**10**), elle sera aussi une pareille fonction des différences $d\varphi$, $d\psi$, $d\omega$,...; donc, regardant ces différences comme des variables particulières, on aura par la propriété connue de ces sortes de fonctions

$$\frac{dT}{dd\varphi}d\varphi + \frac{dT}{dd\psi}d\psi + \frac{dT}{dd\omega}d\omega + \ldots = 2T,$$

ou, ce qui revient au même,

$$\frac{\delta T}{\delta d\varphi}d\varphi + \frac{\delta T}{\delta d\psi}d\psi + \frac{\delta T}{\delta d\omega}d\omega + \ldots = 2T.$$

L'intégrale trouvée deviendra donc

$$T + V = \text{const.},$$

équation qui n'est autre chose que celle qui renferme le principe connu de la *conservation des forces vives*; car il est visible que 2T exprime la somme des forces vives actuelles de tous les corps du système, et que

$$\text{const.} - 2V$$

est égal à la valeur de ces forces en supposant les corps libres et isolés (numéro cité).

Notre méthode donne ainsi une démonstration directe et générale de ce fameux principe, mais on aurait tort de la confondre pour cela avec ce même principe; car ce principe ne donne de lui-même qu'une seule équation, et ne suffit seul que pour résoudre les Problèmes qui ne demandent qu'une seule équation; au lieu que notre méthode donne toujours toutes les équations nécessaires pour la solution du Problème.

On aurait pu au reste déduire immédiatement le principe de la conservation des forces vives de l'équation générale du n° 5, en y changeant la caractéristique δ en d (ce qui est évidemment permis, puisque les différences marquées par δ sont indéterminées et arbitraires) et intégrant ensuite; mais nous avons cru qu'il n'était pas inutile de faire voir comment les différentes équations différentielles du mouvement du système fournissent toujours une équation intégrable, qui n'est autre chose que celle de la conservation des forces vives.

13. Si le système donné était composé d'une infinité de particules animées par des forces quelconques proportionnelles à des fonctions des distances; nommant, en général, dm la masse de chaque particule, P, Q, R,... les forces qui la sollicitent vers des centres donnés et qu'on suppose proportionnelles à des fonctions des distances $p, q, r,...$ à ces centres, x, y, z les coordonnées rectangles qui déterminent la position de cette particule dans l'espace; et dénotant par le signe $\mathbf{S}$ des intégrations relatives à la somme de toutes les particules du système; il est clair que les quantités T et V du n° 10 deviendront

$$T = \frac{\mathbf{S}(dx^2 + dy^2 + dz^2)\,dm}{2\,dt^2},$$

$$V = \mathbf{S}\,dm \int (P\,dp + Q\,dq + R\,dr + \ldots).$$

Et l'on pourra après les substitutions faire sortir hors du signe $\mathbf{S}$ les variables $\varphi, \psi, \omega,...$ qui sont censées ne dépendre que de la position du système en général.

Dans le Système du monde on aura

$$P = \frac{f}{p^2}, \quad Q = \frac{g}{q^2}, \quad R = \frac{h}{r^2}, \dots;$$

donc

$$V = -f\,S\frac{dm}{p} - g\,S\frac{dm}{q} - h\,S\frac{dm}{r} - \dots.$$

SECTION DEUXIÈME.

APPLICATION DE LA MÉTHODE PRÉCÉDENTE A LA RECHERCHE DES ÉQUATIONS POUR LE MOUVEMENT D'UN CORPS SOLIDE DE FIGURE QUELCONQUE, ATTIRÉ PAR DES FORCES QUELCONQUES.

14. Il faut commencer par chercher les conditions qui résultent de la solidité du corps; or ces conditions consistent évidemment en ce que les distances mutuelles de tous les points du corps demeurent invariables. Nommant donc, en général, x, y, z les coordonnées rectangles d'un point quelconque du corps, et x_1, y_1, z_1 les coordonnées rectangles d'un autre point du même corps, il faudra que la quantité

$$\sqrt{(x-x_1)^2 + (y-y_1)^2 + (z-z_1)^2}$$

soit toujours la même, et soit par conséquent indépendante du mouvement du corps.

Cela posé, soient x', y', z' les coordonnées d'un autre point du corps pris à volonté et que nous appellerons dans la suite le *centre* du corps, et soit, en général,

$$x = x' + \xi, \quad y = y' + \eta, \quad z = z' + \zeta;$$

il est visible que ξ, η, ζ seront les coordonnées du même élément du corps auxquelles appartiennent les x, y, z, mais rapportées à des axes passant par le centre du corps et parallèles aux axes des x', y', z'. Si donc ξ_1, η_1, ζ_1 sont les valeurs de ξ, η, ζ pour l'élément qui appartient aux coordonnées x_1, y_1, z_1, on aura aussi

$$x_1 = x' + \xi_1, \quad y_1 = y' + \eta_1, \quad z_1 = z' + \zeta_1,$$

et la distance
$$\sqrt{(x-x_1)^2+(y-y_1)^2+(z-z_1)^2}$$
sera exprimée par
$$\sqrt{(\xi-\xi_1)^2+(\eta-\eta_1)^2+(\zeta-\zeta_1)^2}.$$

De sorte que les conditions provenantes de la solidité ne pourront regarder que les coordonnées ξ, η, ζ, et nullement les coordonnées x', y', z', lesquelles demeureront par conséquent indéterminées. C'est ce qui est d'ailleurs évident de soi-même, puisque ces dernières coordonnées se rapportent à un point déterminé de la masse du corps, dont la position dans l'espace peut être quelconque.

15. Toute la difficulté se réduit donc à déterminer la forme des quantités ξ, η, ζ, en sorte qu'elles satisfassent aux conditions de la solidité. Or je remarque, en général, que si l'on imagine dans l'intérieur du corps trois axes fixes et perpendiculaires entre eux qui se coupent dans le centre du corps, et qu'on rapporte à ces axes la position de chaque point du corps par de nouvelles coordonnées rectangles a, b, c, ces coordonnées serviront à déterminer la position et la distance mutuelle de tous les points du corps; de sorte que le corps sera solide lorsque ces coordonnées seront constantes pour chaque point du corps, et par conséquent indépendantes du temps; mais si elles peuvent varier d'un instant à l'autre, le corps changera alors de figure, comme les corps flexibles ou fluides. Il n'y aura donc qu'à chercher les valeurs des premières coordonnées ξ, η, ζ exprimées par les dernières a, b, c, et les conditions de la solidité seront remplies en regardant ces dernières comme constantes.

Or, comme ces différentes coordonnées se rapportent aux mêmes points du corps, et ont d'ailleurs leur origine dans le même point qu'on prend pour le centre du corps, mais ne diffèrent que par la position de leurs axes, il n'est pas difficile de trouver les valeurs dont il s'agit, soit à l'aide de la Trigonométrie, ou par des constructions géométriques, ou, ce qui est encore plus simple, par la Théorie connue de la transformation des coordonnées; nous les donnerons plus bas, et nous commencerons ici par faire des remarques générales sur les expressions de ces valeurs.

16. Sans chercher ces expressions on peut d'abord conclure, soit de la Théorie de la transformation des coordonnées, soit de cette considération qu'en supposant ξ, ou η, ou ζ constantes (ce qui donne des plans perpendiculaires aux axes de ces mêmes coordonnées) on doit avoir toujours des équations linéaires entre a, b, c; on peut, dis-je, conclure de là que les valeurs de ξ, η, ζ en a, b, c ne peuvent être que de la forme suivante

$$\xi = a\xi' + b\xi'' + c\xi''',$$
$$\eta = a\eta' + b\eta'' + c\eta''',$$
$$\zeta = a\zeta' + b\zeta'' + c\zeta''',$$

les quantités ξ', ξ'', ξ''', η', η'',... étant les mêmes pour tous les points du corps et dépendant uniquement de la position de ses axes par rapport aux axes fixes des coordonnées x, y, z.

Or les conditions de la solidité du corps consistent en ce que la distance entre deux points quelconques doit être constante, et par conséquent indépendante des quantités ξ', η', ζ', ξ'', η'',...; donc, si l'on suppose que les coordonnées a, b, c et ξ, η, ζ répondent à un point du corps, et que pour un autre point elles deviennent a_1, b_1, c_1, ξ_1, η_1, ζ_1, il est clair que la distance entre ces deux points sera exprimée également par

$$\sqrt{(a-a_1)^2+(b-b_1)^2+(c-c_1)^2}$$

et par

$$\sqrt{(\xi-\xi_1)^2+(\eta-\eta_1)^2+(\zeta-\zeta_1)^2};$$

en sorte qu'il faudra qu'on ait cette équation identique

$$(\xi-\xi_1)^2+(\eta-\eta_1)^2+(\zeta-\zeta_1)^2 = (a-a_1)^2+(b-b_1)^2+(c-c_1)^2.$$

Mais il est visible que pour avoir ξ_1, η_1, ζ_1, il n'y a qu'à changer a, b, c en a_1, b_1, c_1 dans les expressions précédentes de ξ, η, ζ, et qu'ainsi pour avoir $\xi - \xi_1$, $\eta - \eta_1$, $\zeta - \zeta_1$ il n'y aura qu'à mettre dans les mêmes expressions $a - a_1$, $b - b_1$, $c - c_1$ au lieu de a, b, c.

Substituant donc ces valeurs dans l'équation précédente et comparant les termes semblables, on aura ces six équations de condition

$$\xi'^2 + \eta'^2 + \zeta'^2 = 1, \quad \xi'\xi'' + \eta'\eta'' + \zeta'\zeta'' = 0,$$
$$\xi''^2 + \eta''^2 + \zeta''^2 = 1, \quad \xi'\xi''' + \eta'\eta''' + \zeta'\zeta''' = 0,$$
$$\xi'''^2 + \eta'''^2 + \zeta'''^2 = 1, \quad \xi''\xi''' + \eta''\eta''' + \zeta''\zeta''' = 0,$$

entre les neuf variables ξ', η', ζ', ξ'',...; en sorte que ces variables se réduiront à trois indéterminées.

17. Si l'on voulait avoir les valeurs de a, b, c en ξ, η, ζ, il suffirait d'ajouter ensemble les trois équations ci-dessus

$$\xi = a\xi' + \ldots, \quad \eta = a\eta' + \ldots, \quad \zeta = a\zeta' + \ldots,$$

après avoir multiplié respectivement ces équations par ξ', η', ζ', par ξ'', η'', ζ'' et par ξ''', η''', ζ'''; car en vertu de ces six équations de condition trouvées on aura sur-le-champ

$$a = \xi\xi' + \eta\eta' + \zeta\zeta',$$
$$b = \xi\xi'' + \eta\eta'' + \zeta\zeta'',$$
$$c = \xi\xi''' + \eta\eta''' + \zeta\zeta'''.$$

Or, comme ces expressions de a, b, c doivent satisfaire également à l'équation identique

$$(a - a_1)^2 + (b - b_1)^2 + (c - c_1)^2 = (\xi - \xi_1)^2 + (\eta - \eta_1)^2 + (\zeta - \zeta_1)^2,$$

en les substituant dans cette équation et comparant les termes homologues, on aura ces six autres équations de condition

$$\xi'^2 + \xi''^2 + \xi'''^2 = 1, \quad \xi'\eta' + \xi''\eta'' + \xi'''\eta''' = 0,$$
$$\eta'^2 + \eta''^2 + \eta'''^2 = 1, \quad \xi'\zeta' + \xi''\zeta'' + \xi'''\zeta''' = 0,$$
$$\zeta'^2 + \zeta''^2 + \zeta'''^2 = 1, \quad \eta'\zeta' + \eta''\zeta'' + \eta'''\zeta''' = 0;$$

lesquelles doivent être une suite nécessaire de celles qu'on a trouvées ci-dessus, puisqu'elles résultent de la même équation identique.

18. Substituons maintenant dans les expressions de T et V du n° 13, pour x, y, z, leurs valeurs $x' + \xi$, $y' + \eta$, $z' + \zeta$ (14).

On aura d'abord

$$dx^2+dy^2+dz^2=dx'^2+dy'^2+dz'^2+2(dx'd\xi+dy'd\eta+dz'd\zeta)+d\xi^2+d\eta^2+d\zeta^2;$$

multipliant par dm et intégrant par rapport à la caractéristique $\mathbf{S}$, laquelle ne regarde que la variabilité des coordonnées a, b, c contenues dans les valeurs de ξ, η, ζ, puisque ces coordonnées sont les seules quantités qui varient d'un point du corps à l'autre, on aura

$$T=\frac{dx'^2+dy'^2+dz'^2}{2dt}\mathbf{S}dm+\frac{dx'\mathbf{S}d\xi dm+dy'\mathbf{S}d\eta dm+dz'\mathbf{S}d\zeta dm}{dt^2}+\frac{\mathbf{S}(d\xi^2+d\eta^2+d\zeta^2)dm}{2dt^2},$$

et il ne restera plus qu'à substituer les valeurs de $d\xi, d\eta, d\zeta$.

Or, ξ étant égal à $a\xi'+b\xi''+c\xi'''$, on aura, en regardant a, b, c comme constantes dans la différentiation de ξ, et ensuite comme seules variables dans l'intégration marquée par $\mathbf{S}$, on aura, dis-je,

$$\mathbf{S}d\xi dm = d\xi'\mathbf{S}a dm + d\xi''\mathbf{S}b dm + d\xi'''\mathbf{S}c dm,$$

et l'on aura de même les valeurs de $\mathbf{S}d\eta dm, \mathbf{S}d\zeta dm$ en changeant dans la précédente la lettre ξ en η ou ζ.

19. Mais je remarque que, si l'on suppose (ce qui est permis et même très-naturel) que le point que nous avons pris pour le centre du corps (14) en soit le véritable *centre de gravité*, les valeurs des intégrales

$$\mathbf{S}a dm, \quad \mathbf{S}b dm, \quad \mathbf{S}c dm,$$

qui expriment les sommes des moments de chaque particule dm du corps par rapport à trois axes passant par son centre, seront nulles par les propriétés connues du centre de gravité. De sorte qu'on aura dans cette hypothèse

$$\mathbf{S}d\xi dm = 0, \quad \mathbf{S}d\eta dm = 0, \quad \mathbf{S}d\zeta dm = 0,$$

ce qui simplifie beaucoup la valeur de T, et la réduit à

$$T=\frac{dx'^2+dy'^2+dz'^2}{2dt^2}\mathbf{S}dm+\frac{\mathbf{S}(d\xi^2+d\eta^2+d\zeta^2)dm}{2dt^2}.$$

Cette expression de T est, comme on voit, composée de deux parties, dont la première dépend uniquement des variables x', y', z' qui se rapportent au centre de gravité du corps, et dont la seconde dépend seulement des variables ξ, η, ζ qui donnent la position de toutes les particules du corps autour de ce centre; ainsi ces deux parties sont indépendantes entre elles et peuvent être traitées séparément. La première n'est autre chose que la valeur de T qui aurait lieu dans le cas où l'on supposerait tout le corps, dont la masse est $\mathbf{S}\,dm$, concentré dans son centre de gravité, et où l'on chercherait le mouvement de ce centre; la seconde partie exprime au contraire la valeur de T qui aurait lieu dans le cas où l'on supposerait le centre du corps fixe (soit que ce centre soit celui de gravité ou non), ce qui donnerait

$$dx' = 0, \quad dy' = 0, \quad dz' = 0,$$

et où l'on chercherait seulement le mouvement de tous les autres points du corps autour de ce centre.

20. Je désigne la valeur de $\mathbf{S}\,dm$ ou la masse du corps par m. Ainsi la première partie de la quantité T sera représentée par

$$\frac{dx'^2 + dy'^2 + dz'^2}{2\,dt^2}\,m.$$

Comme cette expression ne contient que les variables x', y', z' qui sont (hypothèse) indépendantes tant entre elles que des autres variables du Problème, elle n'a pas besoin d'autre préparation; ainsi, en l'employant à la place de T dans les équations du n° 11 et prenant x', y', z' pour φ, ψ, ω, on aura les trois équations nécessaires pour le mouvement du centre du corps.

Mais, si au lieu des coordonnées x', y' de l'orbite projetée on veut employer à l'ordinaire le rayon vecteur ρ et l'angle σ parcouru par ce rayon, on fera

$$x' = \rho \cos \sigma, \quad y' = \rho \sin \sigma,$$

et l'on aura, en substituant,

$$dx'^2 + dy'^2 = \rho^2 d\sigma^2 + d\rho^2.$$

V.

Cette dernière manière de représenter l'orbite du corps est surtout utile lorsqu'elle est peu différente d'un cercle et en même temps peu inclinée au plan des coordonnées x', y', comme cela a lieu à l'égard de toutes les Planètes par rapport à l'écliptique; car alors ρ est une quantité à peu près constante, σ est à peu près proportionnel au temps, et z' est toujours une quantité très-petite, ce qui fournit des moyens d'approximation pour la détermination du mouvement du corps.

Si l'on veut éviter les angles, on considérera qu'en représentant, pour plus de simplicité, le temps t par l'angle du mouvement moyen, c'est-à-dire par la valeur moyenne de σ, la différence $\sigma - t$ sera toujours un angle fort petit dans l'hypothèse précédente; d'où il s'ensuit que $\rho \sin(\sigma - t)$ sera une quantité fort petite et $\rho \cos(\sigma - t)$ une quantité peu variable.

Faisons donc
$$\rho \sin(\sigma - t) = Y, \quad \rho \cos(\sigma - t) = X,$$
on aura
$$\rho \sin \sigma = Y \cos t + X \sin t = y', \quad \rho \cos \sigma = X \cos t - Y \sin t = x';$$
et de là on tirera
$$dx'^2 + dy'^2 = (dX - Y dt)^2 + (dY + X dt)^2.$$

Il est aisé de voir que les variables X, Y introduites à la place de x', y' ne sont autre chose que de nouvelles coordonnées rectangles ayant la même origine que celles-ci, et couchées sur le même plan, mais placées de manière que l'axe des X soit mobile et passe toujours par le lieu moyen du corps, et que l'axe des Y soit toujours perpendiculaire à celui-là. C'est ainsi que M. Euler a représenté le mouvement de la Lune dans sa nouvelle Théorie de cette Planète; et notre méthode donnera immédiatement les mêmes équations que M. Euler n'a trouvées qu'à l'aide de plusieurs substitutions et réductions.

En employant d'autres substitutions on trouvera des formules différentes, et l'on sera assuré d'avoir toujours par cette méthode les équations les plus simples dont chaque manière de représenter le mouvement du corps est susceptible; ce qui n'est pas un des moindres avantages de notre méthode.

21. Venons maintenant à l'autre partie de la valeur de T, laquelle contient les quantités relatives au mouvement de rotation du corps autour de son centre de gravité, et qui est représentée par la formule

$$\frac{\mathbf{S}(d\xi^2 + d\eta^2 + d\zeta^2)\,dm}{2\,dt^2}.$$

On y substituera donc à la place de $d\xi$, $d\eta$, $d\zeta$ leurs valeurs tirées des expressions du n° **16**. Mais je remarque qu'on rendra les résultats beaucoup plus simples, si à la place de la quantité

$$d\xi^2 + d\eta^2 + d\zeta^2$$

on prend celle-ci

$$(\xi'd\xi + \eta'd\eta + \zeta'd\zeta)^2 + (\xi''d\xi + \eta''d\eta + \zeta''d\zeta)^2 + (\xi'''d\xi + \eta'''d\eta + \zeta'''d\zeta)^2,$$

qui lui est équivalente en vertu des équations de condition du n° **17**.

En effet, puisque

$$d\xi = a\,d\xi' + b\,d\xi'' + c\,d\xi''',\quad d\eta = a\,d\eta' + b\,d\eta'' + c\,d\eta''',\quad d\zeta = a\,d\zeta' + b\,d\zeta'' + c\,d\zeta''',$$

si l'on fait, pour abréger,

$$d\mathbf{P} = \xi'''d\xi'' + \eta'''d\eta'' + \zeta'''d\zeta'',$$
$$d\mathbf{Q} = \xi'd\xi''' + \eta'd\eta''' + \zeta'd\zeta''',$$
$$d\mathbf{R} = \xi''d\xi' + \eta''d\eta' + \zeta''d\zeta',$$

et qu'on ait égard aux équations de condition du n° **16** différentiées, on trouvera

$$\xi'd\xi + \eta'd\eta + \zeta'd\zeta = c\,d\mathbf{Q} - b\,d\mathbf{R},$$
$$\xi''d\xi + \eta''d\eta + \zeta''d\zeta = a\,d\mathbf{R} - c\,d\mathbf{P},$$
$$\xi'''d\xi + \eta'''d\eta + \zeta'''d\zeta = b\,d\mathbf{P} - a\,d\mathbf{Q}.$$

Ajoutant ensemble les carrés de ces trois quantités, on aura donc

$$d\xi^2 + d\eta^2 + d\zeta^2 = (c\,d\mathbf{Q} - b\,d\mathbf{R})^2 + (a\,d\mathbf{R} - c\,d\mathbf{P})^2 + (b\,d\mathbf{P} - a\,d\mathbf{Q})^2$$
$$= (a^2+b^2)\,d\mathbf{R}^2 + (a^2+c^2)\,d\mathbf{Q}^2 + (b^2+c^2)\,d\mathbf{P}^2 - 2bc\,d\mathbf{Q}\,d\mathbf{R} - 2ac\,d\mathbf{P}\,d\mathbf{R} - 2ab\,d\mathbf{P}\,d\mathbf{Q}.$$

Ainsi la quantité
$$\frac{\mathbf{S}(d\xi^2 + d\eta^2 + d\zeta^2)\,dm}{2\,dt^2}$$
deviendra
$$\frac{A\,dR^2 + B\,dQ^2 + C\,dP^2}{2\,dt^2} - \frac{F\,dQ\,dR + G\,dP\,dR + H\,dP\,dQ}{dt^2}$$

en faisant, pour abréger,

$$A = \mathbf{S}(a^2 + b^2)\,dm, \quad B = \mathbf{S}(a^2 + c^2)\,dm, \quad C = \mathbf{S}(b^2 + c^2)\,dm,$$
$$F = \mathbf{S}bc\,dm, \quad G = \mathbf{S}ac\,dm, \quad H = \mathbf{S}ab\,dm.$$

Ces intégrations sont relatives à toute la masse du corps, en sorte que A, B, C, F, G, H doivent être maintenant regardées et traitées comme des constantes données par la figure du corps.

22. Il est à présent nécessaire de réduire les neuf variables ξ', η', ζ', ξ'',... à trois indéterminées, ce qu'on peut obtenir par le moyen des six équations de condition du n° 16, ou plus simplement encore en cherchant directement les valeurs de ces mêmes variables par la méthode connue de la transformation des coordonnées.

En effet, puisque ξ, η, ζ sont les coordonnées rectangles d'un point quelconque de la masse du corps par rapport à trois axes passant par son centre et parallèles aux axes fixes des coordonnées x, y, z, et que a, b, c sont les coordonnées rectangles du même point par rapport à trois autres axes passant par le même centre, mais fixes au dedans du corps et par conséquent variables à l'égard des axes des ξ, η, ζ, il s'ensuit que pour avoir les expressions de ξ, η, ζ en a, b, c il n'y aura qu'à transformer de la manière la plus générale ces dernières coordonnées dans les autres.

Pour cela nous nommerons ω l'angle que le plan des a, b fait avec celui des ξ, η, et ψ l'angle que l'intersection de ces deux plans fait avec l'axe des ξ; enfin nous désignerons par φ l'angle que l'axe des a fait avec la même ligne d'intersection; ces trois quantités ω, ψ, φ serviront, comme on voit, à déterminer la position des axes des coordonnées a, b, c

relativement aux axes des coordonnées ξ, η, ζ; par conséquent on peut par leur moyen exprimer ces dernières par les autres.

Il est clair que, si l'on imagine que le corps proposé soit la Terre, que le plan des a, b, soit celui de l'équateur, et que l'axe des a passe par un méridien donné; que de plus le plan des ξ, η soit celui de l'écliptique, et que l'axe des ξ soit dirigé vers le premier point d'Aries; il est clair, dis-je, que ω sera l'obliquité de l'écliptique, ψ la longitude de l'équinoxe d'automne ou du nœud ascendant de l'équateur sur l'écliptique, et φ sera la distance du méridien donné à cet équinoxe. Mais, si l'on transporte ces dénominations à la Lune, en prenant cette Planète pour le corps dont il s'agit, on aura ω pour l'inclinaison de l'équateur lunaire sur l'écliptique, ψ pour la longitude du nœud ascendant de cet équateur, et φ pour la distance d'un méridien lunaire à ce nœud.

En général φ sera l'angle que le corps décrit en tournant autour de l'axe des coordonnées c, axe qu'on pourra appeler, à cause de cela, *axe de rotation du corps*, $90° - \omega$ sera l'angle d'inclinaison de cet axe sur le plan fixe des coordonnées ξ et η, et $\psi - 90°$ sera l'angle entre la projection de ce même axe et l'axe des coordonnées ξ.

23. Cela posé, supposons d'abord qu'on change les deux coordonnées a et b en deux autres a', b' placées dans le même plan, mais telles, que l'axe des a' tombe dans l'intersection des deux plans et celui des b' soit perpendiculaire à cette intersection; on aura

$$a' = a\cos\varphi - b\sin\varphi, \quad b' = b\cos\varphi + a\sin\varphi.$$

Supposons ensuite que les deux coordonnées b' et c soient changées en deux autres b'', c', dont l'une b'' soit toujours perpendiculaire à l'intersection des plans, mais soit placée dans le plan des ξ et η, et dont l'autre c' soit perpendiculaire à ce dernier plan; on trouvera de la même manière

$$b'' = b'\cos\omega - c\sin\omega, \quad c' = c\cos\omega + b'\sin\omega.$$

Enfin supposons encore qu'on change les coordonnées a' et b'' qui sont déjà dans le plan des ξ et η en deux autres a'', b''' placées dans ce même plan, mais telles, que l'axe des a'' coïncide avec l'axe des ξ; on trouvera pareillement

$$a'' = a' \cos\psi - b'' \sin\psi, \quad b''' = b'' \cos\psi + a' \sin\psi.$$

Et il est visible que les trois coordonnées a'', b''', c' seront la même chose que les ξ, η, ζ, puisqu'elles sont rapportées aux mêmes axes; de sorte qu'en substituant successivement les valeurs de a', b'', b', on aura les expressions cherchées de ξ, η, ζ, en a, b, c, lesquelles se trouveront de la même forme que celles du n° 16, en supposant

$$\xi' = \cos\varphi \cos\psi - \sin\varphi \sin\psi \cos\omega,$$
$$\xi'' = -\sin\varphi \cos\psi - \cos\varphi \sin\psi \cos\omega,$$
$$\xi''' = \sin\psi \sin\omega;$$
$$\eta' = \cos\varphi \sin\psi + \sin\varphi \cos\psi \cos\omega,$$
$$\eta'' = -\sin\varphi \sin\psi + \cos\varphi \cos\psi \cos\omega,$$
$$\eta''' = -\cos\psi \sin\omega;$$
$$\zeta' = \sin\varphi \sin\omega,$$
$$\zeta'' = \cos\varphi \sin\omega,$$
$$\zeta''' = \cos\omega.$$

Ces valeurs satisfont aussi aux six équations de condition du même numéro, ainsi qu'à celles du n° 17, et résolvent ces équations dans toute leur étendue, puisqu'elles renferment trois variables indéterminées φ, ψ, ω.

Si maintenant on fait ces substitutions dans les valeurs de $d\mathrm{P}$, $d\mathrm{Q}$, $d\mathrm{R}$ du n° 21, on trouvera, après quelques réductions, ces expressions fort simples

$$d\mathrm{P} = \sin\varphi \sin\omega \, d\psi + \cos\varphi \, d\omega,$$
$$d\mathrm{Q} = \cos\varphi \sin\omega \, d\psi - \sin\varphi \, d\omega,$$
$$d\mathrm{R} = d\varphi + \cos\omega \, d\psi.$$

24. Puisque les variables φ, ψ, ω sont indéterminées et indépendantes entre elles, il ne s'agira donc plus que d'avoir les quantités T et V en fonctions de ces variables; ensuite, différentiant par rapport à la caractéristique δ, on aura trois équations de la forme de celles du n° 11, lesquelles serviront à déterminer ces variables par le temps t, et par conséquent à connaître les lois de la rotation du corps.

Si l'on développe ces équations, on les trouvera analogues à celles que j'ai données autrefois dans ma pièce sur la Libration; mais elles se présenteront ici sous une forme encore plus simple, ce qui est dû à la manière dont nous avons exprimé la quantité

$$d\xi^2 + d\eta^2 + d\zeta^2$$

par le moyen des trois quantités dP, dQ, dR. Mais quoique ces équations aient peut-être toute la simplicité que la nature du sujet peut comporter, elles sont néanmoins, comme toutes celles qu'on avait déjà trouvées, peu propres pour la solution du Problème de la libration de la Lune, à cause des sinus et cosinus d'angles qui se trouvent mêlés avec les différentielles de ces angles, et qui rendent l'intégration fort difficile et l'approximation peu exacte.

25. Comme ce Problème ne peut être résolu que d'une manière approchée, on doit s'appliquer principalement à donner aux équations différentielles la forme la plus convenable pour l'approximation, et il n'est pas difficile de se convaincre que les formules les plus propres à cela seraient celles qui ne contiendraient aucun sinus ou cosinus, du moins dans les termes différentiels et indépendants des forces perturbatrices, et dans lesquelles ces termes seraient des fonctions de quelques variables, qui par la nature de la question devraient demeurer très-petites; en sorte que dans la première approximation on pût réduire ces fonctions à la forme linéaire, qui est, comme on sait, la seule susceptible d'intégration, en général, et quel que soit le nombre des variables et l'ordre de leurs différences. Or, s'il est possible de remplir ces conditions, ce ne peut être qu'à l'aide de quelques substitutions convenables; mais il serait peut-être difficile de découvrir ces substitutions *à posteriori* d'après les équations différentielles déjà trouvées; heureusement notre méthode fournit pour cette recherche des moyens directs: ils dépendent des considérations suivantes.

26. On voit, par la forme des équations du n° **11**, que les termes différentiels et indépendants des forces perturbatrices viennent uniquement de la quantité T; ainsi la difficulté se réduit à faire en sorte que cette quantité soit elle-même exprimée par des fonctions sans sinus et cosinus de quelques variables, qui doivent rester très-petites; pour cela il faudra que la quantité T, et par conséquent chacune des trois quantités dP, dQ, dR, soit de la forme dont il s'agit. Or je remarque qu'en appliquant à la Lune les formules du n° **23**, l'angle ω qui exprime l'inclinaison de l'équateur lunaire sur le plan de l'écliptique sera toujours très-petit et au-dessous de 2 degrés d'après les observations; d'où il s'ensuit que, si l'on prenait pour inconnues à la place de deux des trois angles φ, ψ, ω les deux quantités ζ', ζ'', ou les deux ξ''', η''', ces nouvelles variables auraient la condition demandée, et il ne resterait plus qu'à faire en sorte que les sinus et cosinus du troisième angle disparaissent entièrement des trois quantités dP, dQ, dR.

Il est vrai que si l'on voulait appliquer les mêmes formules à la Terre, à l'égard de laquelle ω serait égal à l'obliquité de l'écliptique, qui est de $23°\frac{1}{2}$, les quantités ζ', ζ'', ξ''', η''' ne seraient plus si petites, par conséquent la première approximation ne serait pas à beaucoup près aussi exacte que pour la Lune; mais il n'y aurait alors qu'à pousser l'approximation plus loin par les méthodes connues.

Quant à l'autre condition qui regarde l'évanouissement des sinus et cosinus, pour peu que l'on considère nos formules, on s'apercevra aisément qu'elle se trouvera remplie en prenant pour inconnues les deux quantités

$$\zeta' = \sin\omega \sin\varphi, \quad \zeta'' = \sin\omega \cos\varphi,$$

avec la somme des deux angles φ et ψ; car il arrivera nécessairement que les sinus et cosinus de $\varphi + \psi$ s'en iront des expressions de dP, dQ, dR.

Mais au lieu de prendre pour inconnues les deux quantités $\sin\omega \sin\varphi$ et $\sin\omega \cos\varphi$, il vaudra mieux, pour éviter les radicaux, prendre ces deux-ci

$$\tang\frac{\omega}{2} \sin\varphi, \quad \tang\frac{\omega}{2} \cos\varphi,$$

qui ont en même temps l'avantage d'être toujours plus petites que celles-là.

27. Je ferai donc

$$s = \tang\frac{\omega}{2} \sin\varphi, \quad u = \tang\frac{\omega}{2} \cos\varphi, \quad \theta = \varphi + \psi,$$

et, substituant d'abord dans les formules du n° 23

$$\frac{2\tang\frac{\omega}{2}}{1+\tang^2\frac{\omega}{2}}, \quad 1 - \frac{2\tang^2\frac{\omega}{2}}{1+\tang^2\frac{\omega}{2}},$$

à la place de $\sin\omega$, $\cos\omega$, ensuite $\theta - \varphi$, s, u à la place de ψ, $\tang\frac{\omega}{2}\sin\varphi$, $\tang\frac{\omega}{2}\cos\varphi$ et $s^2 + u^2$ à la place de $\tang^2\frac{\omega}{2}$, on aura

$$\xi' = \frac{(1 + u^2 - s^2)\cos\theta + 2su\sin\theta}{1 + s^2 + u^2},$$

$$\xi'' = -\frac{(1 + s^2 - u^2)\sin\theta + 2su\cos\theta}{1 + s^2 + u^2},$$

$$\xi''' = \frac{2u\sin\theta - 2s\cos\theta}{1 + s^2 + u^2};$$

$$\eta' = \frac{(1 + u^2 - s^2)\sin\theta - 2su\cos\theta}{1 + s^2 + u^2},$$

$$\eta'' = \frac{(1 + s^2 - u^2)\cos\theta - 2su\sin\theta}{1 + s^2 + u^2},$$

$$\eta''' = -\frac{2u\cos\theta + 2s\sin\theta}{1 + s^2 + u^2};$$

$$\zeta' = \frac{2s}{1 + s^2 + u^2},$$

$$\zeta'' = \frac{2u}{1 + s^2 + u^2},$$

$$\zeta''' = \frac{1 - s^2 - u^2}{1 + s^2 + u^2}.$$

28. Substituant ensuite ces valeurs dans les expressions de $d\mathrm{P}$, $d\mathrm{Q}$, $d\mathrm{R}$ du n° 21, on aura, après les réductions, celles-ci

$$d\mathrm{R} = \frac{(1-s^2-u^2)d\theta - 2(s\,du - u\,ds)}{1+s^2+u^2},$$

$$d\mathrm{Q} = \frac{2(u\,d\theta - ds)}{1+s^2+u^2},$$

$$d\mathrm{P} = \frac{2(s\,d\theta + du)}{1+s^2+u^2},$$

lesquelles ne contiennent, comme on voit, ni sinus ni cosinus d'angles, mais seulement les variables finies s, u, avec leurs différentielles premières ds, du, et la différence $d\theta$ de l'angle θ.

29. Il ne restera plus qu'à faire les mêmes substitutions dans la quantité V, laquelle dépend des forces particulières qui agissent sur le corps (**13**); mais ce calcul n'ayant par lui-même aucune difficulté, nous remettrons à la Section suivante à le développer relativement à la Lune, en tant qu'elle est attirée par la Terre et par le Soleil.

30. Mais avant de terminer celle-ci, nous croyons devoir faire remarquer que l'axe autour duquel nous avons considéré la rotation du corps (**22**), et qui est fixe dans l'intérieur du corps, mais mobile dans l'espace, n'est pas le vrai axe autour duquel le corps tourne à chaque instant et qu'on peut nommer *axe spontané de rotation*. Celui-ci est mobile tant à l'égard du corps que dans l'espace, et sa position dans le corps dépend des trois quantités $d\mathrm{P}$, $d\mathrm{Q}$, $d\mathrm{R}$. En effet la formule

$$d\xi^2 + d\eta^2 + d\zeta^2 = (c\,d\mathrm{Q} - b\,d\mathrm{R})^2 + (a\,d\mathrm{R} - c\,d\mathrm{P})^2 + (b\,d\mathrm{P} - a\,d\mathrm{Q})^2$$

du n° 21 fait voir que si l'on prend les coordonnées a, b, c proportionnelles respectivement à $d\mathrm{P}$, $d\mathrm{Q}$, $d\mathrm{R}$, la quantité

$$d\xi^2 + d\eta^2 + d\zeta^2$$

devient nulle pour tous les points qui répondent à ces coordonnées; de sorte qu'il y a par rapport au centre du corps une suite de points en repos, formant une ligne droite qui passe par ce centre et fait avec les axes des coordonnées a, b, c des angles dont les cosinus sont respectivement

$$\frac{dP}{\sqrt{dP^2 + dQ^2 + dR^2}}, \quad \frac{dQ}{\sqrt{dP^2 + dQ^2 + dR^2}}, \quad \frac{dR}{\sqrt{dP^2 + dQ^2 + dR^2}};$$

c'est l'axe spontané dont il s'agit. On peut démontrer aussi que

$$\frac{\sqrt{dP^2 + dQ^2 + dR^2}}{dt}$$

exprimera la vitesse de rotation autour de cet axe, et que

$$\frac{dP}{dt}, \quad \frac{dQ}{dt}, \quad \frac{dR}{dt}$$

seront les vitesses particulières de rotation que le corps peut être supposé avoir à la fois autour des axes des coordonnées a, b, c, et qui par leur composition donnent la vitesse

$$\frac{\sqrt{dP^2 + dQ^2 + dR^2}}{dt}$$

autour de l'axe spontané.

SECTION TROISIÈME.

DÉVELOPPEMENT DES FORMULES NÉCESSAIRES POUR DÉTERMINER LES MOUVEMENTS DE LA LUNE QUI DÉPENDENT DE LA NON-SPHÉRICITÉ DE CETTE PLANÈTE.

31. Nous venons de donner les formules qui renferment la solution générale de ce Problème ; ainsi il ne s'agit que d'appliquer ces formules au cas particulier de la Lune, en tant qu'on la regarde comme non sphérique, et que chacune de ses particules est attirée par la Terre et par le Soleil en raison inverse des carrés des distances.

32. Quelle que soit la manière dont on représente le mouvement d'un corps de figure quelconque, nous avons vu que ce mouvement dépend de

six variables, dont trois déterminent la position d'un point quelconque donné du corps (point que nous appelons en général le *centre* du corps) et dont les trois autres déterminent la position même du corps autour de son centre; et nous avons montré que chacune de ces variables fournit pour le mouvement du corps (11) une équation de la forme

$$d\frac{\delta T}{\delta d\varphi} - \frac{\delta T}{\delta \varphi} + \frac{\delta V}{\delta \varphi} = 0,$$

φ étant une de ces six variables, et T, V des fonctions de ces mêmes variables; ainsi tout se réduit à déterminer ces fonctions.

33. La fonction T ne dépend que des forces accélératrices qui proviennent de l'inertie du corps, et la fonction V dépend uniquement des forces accélératrices extérieures qui sont supposées agir sur le corps.

En nommant t le temps dont l'élément est supposé constant, x', y', z' les trois coordonnées rectangles du centre du corps, qu'on suppose être son centre de gravité (ces coordonnées étant rapportées à des axes fixes dans l'espace), ξ, η, ζ les coordonnées rectangles de chaque particule dm du corps par rapport à trois axes passant par son centre et parallèles aux mêmes axes fixes, p, q, ... les distances rectilignes de la particule dm au centre des forces $\frac{f}{p^2}$, $\frac{g}{q^2}$, ..., on a trouvé, en général, (13, 19)

$$T = \frac{dx'^2 + dy'^2 + dz'^2}{2 dt^2} m + \frac{\mathbf{S}(d\xi^2 + d\eta^2 + d\zeta^2) dm}{2 dt^2},$$

$$V = -f \mathbf{S}\frac{dm}{p} - g \mathbf{S}\frac{dm}{q} - \ldots,$$

la caractéristique $\mathbf{S}$ dénotant des intégrales totales et relatives à la masse entière du corps.

Examinons successivement les différents termes de ces formules et voyons ce qu'ils deviennent par rapport à la Lune.

34. Nous regarderons la Terre comme en repos, et nous prendrons x', y', z' pour les coordonnées de l'orbite décrite par le centre de gravité de

la Lune autour de la Terre; les deux premières x', y' seront prises dans le plan de l'écliptique, l'axe des x' étant dirigé vers le premier point d'*Aries*, et l'axe des y' vers le point qui répond à 90 degrés de longitude; et l'axe de la troisième coordonnée z' sera perpendiculaire à l'écliptique et dirigé vers son pôle boréal.

Comme la latitude de la Lune est toujours assez petite, il est clair que la variable z' sera aussi très-petite; mais il n'en est pas de même des deux autres variables x', y'; cependant si l'on considère que le mouvement de la Lune autour de la Terre est à peu près circulaire et uniforme, on verra qu'en introduisant à la place de ces coordonnées le rayon vecteur ρ de l'orbite projetée sur l'écliptique et l'angle σ de la longitude vraie, on aura

$$x' = \rho \cos \sigma, \quad y' = \rho \sin \sigma,$$

expressions dans lesquelles ρ sera presque constant et σ à peu près proportionnel au temps.

Supposons pour plus de simplicité que la distance moyenne de la Lune à la Terre soit représentée par l'unité, et que le temps t soit représenté par l'angle du mouvement moyen, c'est-à-dire par la longitude moyenne de la Lune; on aura

$$\rho = 1 + \rho', \quad \sigma = t + \sigma',$$

ρ' et σ' étant des quantités fort petites.

Mais au lieu de ces substitutions il vaudra mieux employer celles que nous avons indiquées dans le n° **20**, et qui consistent à faire

$$\rho \sin(\sigma - t) = Y, \quad \rho \cos(\sigma - t) = X,$$

où Y est, comme on voit, une quantité fort petite et X une quantité peu différente de l'unité. De cette manière on aura

$$x' = \rho \cos \sigma = X \cos t - Y \sin t,$$
$$y' = \rho \sin \sigma = Y \cos t + X \sin t,$$

et de là on tirera

$$dx'^2 + dy'^2 = (dY + X\,dt)^2 + (dX - Y\,dt)^2.$$

35. Nous mettrons pour plus de simplicité $1+x$ à la place de X, y à la place de Y et z à la place de z'. Ainsi les trois coordonnées rectangles x', y' et z' de l'orbite du centre de gravité de la Lune autour de la Terre seront représentées par

$$(1+x)\cos t - y\sin t, \quad y\cos t + (1+x)\sin t, \quad z;$$

et l'on aura

$$dx'^2 + dy'^2 + dz'^2 = [dy + (1+x)dt]^2 + (dx - y\,dt)^2 + dz^2,$$

expressions dans lesquelles les trois variables x, y, z seront toujours fort petites; et ces trois variables seront les mêmes que M. Euler a employées et désignées par les mêmes lettres dans sa *Nouvelle Théorie de la Lune*.

Nous adoptons ici cette manière de représenter le mouvement de la Lune d'autant plus volontiers qu'on trouve dans cet Ouvrage de M. Euler les valeurs des quantités x, y, z, en tant qu'elles dépendent de l'action de la Terre et du Soleil sur la Lune, regardée comme un point, déjà exprimées par les mouvements moyens et calculées avec une grande précision; et nous ferons usage de ces valeurs dans nos recherches sur l'effet de la non-sphéricité de la Lune.

36. Ainsi la première partie de l'expression de T, celle qui se rapporte au mouvement progressif du centre de la Lune, sera (en nommant m la masse de la Lune)

$$\frac{m}{2}\left[\left(\frac{dx}{dt} - y\right)^2 + \left(\frac{dy}{dt} + 1 + x\right)^2 + \frac{dz^2}{dt^2}\right].$$

Je dénoterai dans la suite cette quantité par T'.

37. Pour représenter le mouvement de rotation de la Lune autour de son centre de gravité, on imaginera dans l'intérieur de la masse de cette Planète trois axes fixes, perpendiculaires entre eux, qui passent par ce centre et qui demeurent toujours fixes au dedans du corps; et l'on rapportera à ces trois axes la position de chaque particule dm de la masse de la Lune par le moyen de trois coordonnées a, b, c. On aura (ainsi qu'on l'a vu dans la Section précédente, n° 16) pour les coordonnées ξ, η, ζ de cette particule les formules

$$\xi = a\xi' + b\xi'' + c\xi''', \quad \eta = a\eta' + b\eta'' + c\eta''', \quad \zeta = a\zeta' + b\zeta'' + c\zeta''',$$

dans lesquelles ξ', ξ'',... sont indépendantes de la position de cette particule dans l'intérieur du corps, et sont uniquement des fonctions des variables qui déterminent la position du corps autour de son centre.

38. Maintenant je regarde le plan qui passe par les deux axes des coordonnées a et b comme l'équateur de la Lune, et par conséquent le troisième axe des coordonnées c comme l'axe de rotation de cette Planète. Je nomme ω l'inclinaison de l'équateur lunaire sur l'écliptique, ψ la longitude du nœud ascendant de cet équateur, lequel est en même temps le nœud descendant de l'écliptique par rapport au même équateur, c'est-à-dire l'équinoxe d'automne de la Lune, cette longitude étant vue du centre de la Lune et prise à l'ordinaire sur l'écliptique, ou sur un plan parallèle à l'écliptique et passant par le centre de la Lune; enfin je nomme φ la distance du point de l'équateur lunaire, par lequel passe l'axe des abscisses a, au nœud ascendant de cet équateur, c'est-à-dire l'angle formé au pôle de la Lune par le méridien fixe qui passe par cet axe, et par le méridien mobile qui passe par le nœud ascendant de l'équateur, et qui est par rapport à la Lune le colure de l'équinoxe d'automne. Il est visible que ces trois angles ω, ψ, φ suffisent pour déterminer dans un instant quelconque la position du corps de la Lune par rapport à l'écliptique; ainsi l'on pourrait les prendre pour les variables dont nous avons parlé plus haut, et réduire par conséquent la détermination du mouvement de la Lune sur son centre à trois équations entre ces variables, comme on en a usé jusqu'ici dans toutes les recherches de ce genre. Mais nous avons déjà indiqué les inconvénients auxquels les équations trouvées de la sorte sont sujettes, et nous avons donné dans le n° 26 un moyen de les éviter, lequel consiste à employer au lieu des angles ω, φ, ψ, les fonctions

$$\tang\frac{\omega}{2}\sin\varphi = s, \quad \tang\frac{\omega}{2}\cos\varphi = u, \quad \psi + \varphi = \theta,$$

dont les deux premières ont, par rapport à la Lune, l'avantage d'être toujours très-petites, puisqu'on sait par les observations que l'inclinaison ω est fort petite, cette inclinaison ayant été trouvée par Cassini de $2°\frac{1}{2}$, par Mayer de $1°29'$, et par M. de Lalande de $1°47'$.

39. A l'égard de l'angle θ, son emploi a aussi un avantage particulier par rapport à la Lune; en effet, puisque t est la longitude moyenne de la Lune (34), $t+180°$ sera la longitude moyenne de la Terre vue du centre de la Lune, et retranchant l'angle ψ, on aura $t+180°-\psi$ pour la longitude moyenne de la Terre comptée depuis le nœud ascendant de l'équateur lunaire; donc $t-\psi$ sera cette longitude comptée depuis le nœud descendant de cet équateur, c'est-à-dire depuis l'équinoxe du printemps de la Lune. Or il résulte des observations exactes de la libration de la Lune faites par Mayer que, si l'on transporte cette longitude $t-\psi$ sur l'équateur lunaire en partant du même équinoxe lunaire, elle doit répondre toujours à un même point de cet équateur, en sorte que le méridien lunaire qui passera par ce point sera fixe sur la surface de la Lune. Mayer prend ce méridien pour le premier méridien de la Lune, et y rapporte les longitudes sélénographiques des taches de la Lune; nous le nommerons aussi d'après lui le *premier méridien* lunaire, et nous supposerons, ce qui est permis, qu'il coïncide avec le méridien fixe par lequel passe l'axe des coordonnées a, et qui fait avec le colure de l'équinoxe d'automne de la Lune l'angle φ; or nous venons de voir que le premier méridien fait avec le colure de l'équinoxe du printemps l'angle $t-\psi$; ainsi il fera avec celui de l'équinoxe d'automne l'angle $t-\psi+180°$; donc on aura $\varphi = t-\psi+180°$, et de là

$$\varphi + \psi = \theta = 180° + t.$$

Cette détermination est fondée sur le phénomène connu de la non-rotation apparente de la Lune, et sur l'hypothèse de l'uniformité de la rotation réelle de cette Planète autour de son axe, et du mouvement des nœuds de l'équateur lunaire sur l'écliptique; si ces mouvements sont sujets à quelques inégalités, alors la distance du premier méridien à l'équinoxe du printemps ne sera plus exactement égale à $t-\psi$, mais elle sera $t-\psi+r$, r étant une quantité dépendante de ces inégalités, et par conséquent très-petite, puisque jusqu'ici les observations n'ont pu la faire connaître. Dans ce cas la valeur de $\varphi+\psi$ ou de θ deviendra $180°+t+r$.

40. De cette manière donc le mouvement de la Lune autour de son centre sera déterminé par les trois variables très-petites r, s, u, de même que celui de son centre autour de la Terre l'est par les trois variables x, y, z, aussi fort petites. Mais les trois premières sont beaucoup plus petites que ces dernières, et l'on pourra les regarder comme des quantités très-petites du premier ordre, vis-à-vis desquelles il sera permis de négliger celles des ordres suivants; cependant il faudra tenir compte des quantités du second ordre dans les expressions de T et de V, parce que celles de $\frac{\delta T}{\delta x}$, $\frac{\delta V}{\delta x}$, ... se trouveront rabaissées au premier.

41. Nous avons déjà donné dans la Section précédente (**27**) les valeurs exactes des quantités ξ', ξ'', ... en fonctions de θ, s, u; ainsi il ne s'agira que d'y substituer pour θ sa valeur $180°+t+r$, et par conséquent pour $\sin\theta$

$$-\sin(t+r) \quad \text{ou} \quad -\sin t\cos r - \cos t\sin r,$$

et pour $\cos\theta$

$$-\cos(t+r) \quad \text{ou} \quad -\cos t\cos r + \sin t\sin r,$$

et de négliger les termes où les quantités r, s, u formeraient ensemble des produits de plus de deux dimensions, en mettant pour cet effet à la place de $\sin r$ et $\cos r$ leurs valeurs approchées r et $1-\frac{r^2}{2}$.

Nous donnerons d'abord les expressions des valeurs dont il s'agit en y conservant les $\sin r$ et $\cos r$, parce que nous pourrons avoir occasion d'en faire usage sous cette forme; on aura ainsi, en négligeant les dimensions de s et u au-dessus de la seconde,

$$\xi' = -[(1-2s^2)\cos r + 2su\sin r]\cos t + [(1-2s^2)\sin r - 2su\cos r]\sin t,$$
$$\xi'' = [(1-2u^2)\cos r - 2su\sin r]\sin t + [(1-2u^2)\sin r + 2su\cos r]\cos t,$$
$$\xi''' = -2(u\cos r + s\sin r)\sin t - 2(u\sin r - s\cos r)\cos t;$$

$$\eta' = -[(1-2s^2)\cos r + 2su \sin r]\sin t - [(1-2s^2)\sin r - 2su\cos r]\cos t,$$
$$\eta'' = -[(1-2u^2)\cos r - 2su\sin r]\cos t + [(1-2u^2)\sin r + 2su\cos r]\sin t,$$
$$\eta''' = 2(u\cos r + s\sin r)\cos t - 2(u\sin r - s\cos r)\sin t;$$

$$\zeta' = 2s, \quad \zeta'' = 2u, \quad \zeta''' = 1 - 2s^2 - 2u^2.$$

42. Substituant maintenant $1 - \dfrac{r^2}{2}$ à la place de $\cos r$, et r à la place de $\sin r$, et négligeant toujours les produits de r, s, u au delà de deux dimensions, les expressions précédentes se changeront en celles-ci

$$\xi' = -\left(1 - \frac{r^2}{2} - 2s^2\right)\cos t + (r - 2su)\sin t,$$
$$\xi'' = \left(1 - \frac{r^2}{2} - 2u^2\right)\sin t + (r + 2su)\cos t,$$
$$\xi''' = -2(u + rs)\sin t + 2(s - ru)\cos t;$$

$$\eta' = -\left(1 - \frac{r^2}{2} - 2s^2\right)\sin t - (r - 2su)\cos t,$$
$$\eta'' = -\left(1 - \frac{r^2}{2} - 2u^2\right)\cos t + (r + 2su)\sin t,$$
$$\eta''' = 2(u + rs)\cos t + 2(s - ru)\sin t;$$

$$\zeta' = 2s, \quad \zeta'' = 2u, \quad \zeta''' = 1 - 2s^2 - 2u^2.$$

Si l'on fait les mêmes substitutions dans les expressions des quantités $d\mathrm{P}$, $d\mathrm{Q}$, $d\mathrm{R}$ du n° 28, et qu'on y néglige aussi les troisièmes dimensions de r, s, u, on aura

$$d\mathrm{R} = \left(1 + \frac{dr}{dt} - 2s^2 - 2u^2\right)dt - 2(s\,du - u\,ds),$$
$$d\mathrm{Q} = 2\left(u - \frac{ds}{dt} + \frac{u\,dr}{dt}\right)dt,$$
$$d\mathrm{P} = 2\left(s + \frac{du}{dt} + \frac{s\,dr}{dt}\right)dt.$$

43. Or nous avons déjà réduit la quantité

$$\frac{\mathbf{S}(d\xi^2 + d\eta^2 + d\zeta^2)\,dm}{2\,dt^2},$$

qui est la seconde partie de la valeur de T, à une simple fonction de dP, dQ, dR (21); ainsi, faisant les substitutions précédentes et négligeant toujours les mêmes dimensions, on aura pour la quantité dont il s'agit et que je désignerai par T″ la formule

$$T'' = \frac{A}{2}\left(1 + \frac{2\,dr}{dt} + \frac{dr^2}{dt^2} - 4s^2 - 4u^2 - \frac{4s\,du}{dt} + \frac{4u\,ds}{dt}\right)$$
$$+ 2B\left(u - \frac{ds}{dt}\right)^2 + 2C\left(s + \frac{du}{dt}\right)^2 - 2F\left(u - \frac{ds}{dt} + \frac{2u\,dr}{dt} - \frac{dr\,ds}{dt^2}\right)$$
$$- 2G\left(s + \frac{du}{dt} + \frac{2s\,dr}{dt} + \frac{dr\,du}{dt^2}\right) - 4H\left(u - \frac{ds}{dt}\right)\left(s + \frac{du}{dt}\right).$$

44. Réunissant donc les deux quantités T′ et T″, on aura la valeur complète de la quantité T, laquelle aura ainsi l'avantage d'être une fonction rationnelle et entière des six variables très-petites x, y, z, r, s, u et de leurs différences premières, sans aucun mélange de sinus et cosinus d'angles.

45. Il faut chercher maintenant la valeur de la fonction V qui dépend uniquement des forces accélératrices qu'on suppose agir sur le corps.

Ces forces dans la question présente ne peuvent être que l'attraction de la Terre et celle du Soleil, lesquelles étant exprimées par $\frac{f}{p^2}$ et $\frac{g}{q^2}$ relativement à chaque particule dm de la Lune, on aura (33)

$$V = -f\,\mathbf{S}\,\frac{dm}{p} - g\,\mathbf{S}\,\frac{dm}{q}.$$

46. Considérons d'abord le terme $-f\,\mathbf{S}\,\dfrac{dm}{p}$ venant de l'attraction de la Terre, p sera la distance rectiligne de la particule dm de la Lune au centre de la Terre, par conséquent elle sera exprimée ainsi

$$p = \sqrt{(x' + \xi)^2 + (y' + \eta)^2 + (z' + \zeta)^2},$$

car x', y', z' étant les coordonnées rectangles du centre de la Lune par rapport au centre de la Terre, et ξ, η, ζ celles de la particule dm de la Lune par rapport au centre de cette Planète, il est visible que $x' + \xi$,

$y'+\eta$, $z'+\zeta$ seront celles de la même particule dm par rapport au centre de la Terre.

Or, par le n° 35, on a

$$x' = (1+x)\cos t - y\sin t, \quad y' = y\cos t + (1+x)\sin t, \quad z' = z;$$

et si dans les formules

$$\xi = a\xi' + b\xi'' + c\xi''', \quad \eta = a\eta' + b\eta'' + c\eta''', \quad \zeta = a\zeta' + b\zeta'' + c\zeta''',$$

du n° 37, on substitue les valeurs de ξ', ξ'',... du n° 42, on trouvera

$$\xi = -\lambda\cos t + \mu\sin t, \quad \eta = -\lambda\sin t - \mu\cos t, \quad \zeta = \nu,$$

en faisant, pour abréger,

$$\lambda = a\left(1 - \frac{r^2}{2} - 2s^2\right) - b(r + 2su) - 2c(s - ru),$$

$$\mu = a(r - 2su) + b\left(1 - \frac{r^2}{2} - 2u^2\right) - 2c(u + rs),$$

$$\nu = 2as + 2bu + c(1 - 2s^2 - 2u^2);$$

ainsi l'on aura

$$x' + \xi = (1 + x - \lambda)\cos t - (y - \mu)\sin t,$$
$$y' + \eta = (1 + x - \lambda)\sin t + (y - \mu)\cos t,$$
$$z' + \zeta = z + \nu;$$

donc

$$p = \sqrt{(1 + x - \lambda)^2 + (y - \mu)^2 + (z + \nu)^2},$$

expression qui a l'avantage d'être délivrée de l'angle t.

47. Comme dans l'expression intégrale $\mathbf{S}\dfrac{dm}{p}$ le signe $\mathbf{S}$ se rapporte uniquement à la variabilité des coordonnées a, b, c de la particule dm par rapport aux axes du corps, il est nécessaire de développer la valeur de $\dfrac{1}{p}$ relativement aux quantités a, b, c renfermées dans λ, μ, ν; or ce développement n'a point de difficulté; car les quantités a, b, c ne pouvant jamais surpasser le demi-diamètre de la Lune, elles seront toujours des fractions très-petites (la distance moyenne de la Lune à la Terre étant

prise pour l'unité), et même beaucoup plus petites que les quantités du premier ordre x, y, z, r, s, u; et il en sera de même des quantités λ, μ, ν.

Soit p' la valeur de p lorsque a, b et c sont nuls, c'est-à-dire la distance du centre de la Lune à la Terre, ou le rayon vecteur de l'orbite réelle de la Lune, on aura

$$p' = \sqrt{(1+x)^2 + y^2 + z^2},$$

et par conséquent

$$p = \sqrt{p'^2 - 2\lambda(1+x) - 2\mu y + 2\nu z + \lambda^2 + \mu^2 + \nu^2}.$$

Donc, en ne poussant l'approximation que jusqu'aux secondes dimensions de λ, μ, ν, on aura

$$\frac{1}{p} = \frac{1}{p'} + \frac{\lambda(1+x) + \mu y - \nu z}{p'^3} - \frac{\lambda^2 + \mu^2 + \nu^2}{2 p'^3} + \frac{3[\lambda(1+x) + \mu y - \nu z]^2}{2 p'^5};$$

multipliant par dm et ensuite intégrant relativement à la caractéristique $\mathbf{S}$, laquelle ne regarde que la variabilité de a, b, c, on aura

$$\mathbf{S}\frac{dm}{p} = \frac{\mathbf{S}dm}{p'} + \frac{(1+x)\mathbf{S}\lambda dm + y \mathbf{S}\mu dm - z \mathbf{S}\nu dm}{p'^3} - \frac{\mathbf{S}(\lambda^2 + \mu^2 + \nu^2)dm}{2 p'^3}$$
$$+ \frac{3}{2 p'^5}\Big[(1+x)^2 \mathbf{S}\lambda^2 dm + y^2 \mathbf{S}\mu^2 dm + z^2 \mathbf{S}\nu^2 dm$$
$$+ 2(1+x)y \mathbf{S}\lambda\mu dm - 2(1+x)z \mathbf{S}\lambda\nu dm - 2yz \mathbf{S}\mu\nu dm \Big].$$

Il ne s'agit donc plus que de remettre à la place de λ, μ, ν leurs valeurs du numéro précédent, en faisant sortir hors du signe $\mathbf{S}$ les quantités r, s, u qui doivent être regardées comme constantes dans ces intégrations.

48. On voit d'abord que les valeurs des trois intégrales $\mathbf{S}\lambda dm$, $\mathbf{S}\mu dm$, $\mathbf{S}\nu dm$ renfermeront dans tous leurs termes les quantités $\mathbf{S}a\,dm$, $\mathbf{S}b\,dm$, $\mathbf{S}c\,dm$, qui sont nulles par les propriétés du centre de gravité, puisqu'on suppose que ce centre est l'origine des coordonnées a, b, c; ainsi l'on aura

$$\mathbf{S}\lambda dm = 0, \quad \mathbf{S}\mu dm = 0, \quad \mathbf{S}\nu dm = 0.$$

Pour avoir la valeur des autres intégrales il faut commencer par chercher celles de λ^2, μ^2, ν^2, $\lambda\mu$, ...; et comme les valeurs de λ, μ, ν ne sont exactes qu'à la troisième dimension près de r, s et u, il faudra également négliger cette dimension dans les valeurs dont il s'agit. On trouvera ainsi

$\lambda^2 = a^2(1-r^2-4s^2) + b^2r^2 + 4c^2s^2 - 2ab(r+2su) - 4ac(s-ru) + 4bcrs,$

$\mu^2 = a^2r^2 + b^2(1-r^2-4u^2) + 4c^2u^2 + 2ab(r-2su) - 4acru - 4bc(u+rs),$

$\nu^2 = 4a^2s^2 + 4b^2u^2 + c^2(1-4s^2-4u^2) + 8absu + 4acs + 4bcu,$

$\lambda\mu = a^2(r-2su) - b^2(r+2su) + 4c^2su$
$\quad + ab(1-2r^2-2s^2-2u^2) - 2ac(u+2rs) - 2bc(s-2ru),$

$\lambda\nu = 2a^2s - 2b^2ru - 2c^2(s-ru)$
$\quad + 2ab(u-rs) + ac\left(1 - \dfrac{r^2}{2} - 8s^2 - 2u^2\right) - bc(r+6su),$

$\mu\nu = 2a^2rs + 2b^2u - 2c^2(u+rs)$
$\quad + 2ab(s+ru) + ac(r-6su) + bc\left(1 - \dfrac{r^2}{2} - 2s^2 - 8u^2\right).$

Or nous avons déjà supposé (21)

$\mathbf{S}(a^2+b^2)dm = \mathbf{A}, \quad \mathbf{S}(a^2+c^2)dm = \mathbf{B}, \quad \mathbf{S}(b^2+c^2)dm = \mathbf{C},$
$\mathbf{S}ab\,dm = \mathbf{H}, \quad \mathbf{S}ac\,dm = \mathbf{G}, \quad \mathbf{S}bc\,dm = \mathbf{F};$

d'où

$\mathbf{S}a^2 dm = \dfrac{\mathbf{A+B-C}}{2}, \quad \mathbf{S}b^2 dm = \dfrac{\mathbf{A+C-B}}{2}, \quad \mathbf{S}c^2 dm = \dfrac{\mathbf{B+C-A}}{2};$

donc, multipliant les valeurs précédentes par dm, intégrant et substituant ces dernières valeurs, on aura

$\mathbf{S}\lambda^2 dm = \dfrac{\mathbf{A+B-C}}{2} + (\mathbf{C-B})r^2 + 4(\mathbf{C-A})s^2 - 2\mathbf{H}(r+2su) - 4\mathbf{G}(s-ru) + 4\mathbf{F}rs,$

$\mathbf{S}\mu^2 dm = \dfrac{\mathbf{A+C-B}}{2} + (\mathbf{B-C})r^2 + 4(\mathbf{B-A})u^2 + 2\mathbf{H}(r-2su) - 4\mathbf{G}ru - 4\mathbf{F}(u+rs),$

$\mathbf{S}\nu^2 dm = \dfrac{\mathbf{B+C-A}}{2} + 4(\mathbf{A-C})s^2 + 4(\mathbf{A-B})u^2 + 8\mathbf{H}su + 4\mathbf{G}s + 4\mathbf{F}u,$

$\mathbf{S}\lambda\mu\,dm = (\mathbf{B-C})r + 2(\mathbf{B+C-2A})su$
$\quad + \mathbf{H}(1-2r^2-2s^2-2u^2) - 2\mathbf{G}(u+2rs) - 2\mathbf{F}(s-2ru),$

$$\mathbf{S}\lambda\nu\,dm = 2(\mathbf{A}-\mathbf{C})s + 2(\mathbf{B}-\mathbf{A})ru$$
$$+ 2\mathbf{H}(u-rs) + \mathbf{G}\left(1 - \frac{r^2}{2} - 8s^2 - 2u^2\right) - \mathbf{F}(r + 6su),$$
$$\mathbf{S}\mu\nu\,dm = 2(\mathbf{A}-\mathbf{B})u + 2(\mathbf{A}-\mathbf{C})rs$$
$$+ 2\mathbf{H}(s+ru) + \mathbf{G}(r-6su) + \mathbf{F}\left(1 - \frac{r^2}{2} - 2s^2 - 8u^2\right).$$

On fera donc ces substitutions dans l'expression de $\mathbf{S}\dfrac{dm}{p}$ trouvée ci-dessus, et multipliant ensuite tous les termes par $-f$, on aura la partie de la fonction V qui est due à l'attraction de la Terre sur la Lune.

49. Cette partie de V sera donc représentée de la manière suivante, en mettant m à la place de $\mathbf{S}\,dm$,

$$-f\mathbf{S}\frac{dm}{p} = -\frac{fm}{p'} + \frac{f(\mathbf{A}+\mathbf{B}+\mathbf{C})}{p'^3}$$
$$-\frac{3f(1+x)^2}{2p'^5}\left[\frac{\mathbf{A}+\mathbf{B}-\mathbf{C}}{2} + (\mathbf{C}-\mathbf{B})r^2 + 4(\mathbf{C}-\mathbf{A})s^2\right.$$
$$\left. - 2\mathbf{H}(r+2su) - 4\mathbf{G}(s-ru) + 4\mathbf{F}rs\right]$$
$$-\frac{3fy^2}{2p'^5}\left[\frac{\mathbf{A}+\mathbf{C}-\mathbf{B}}{2} + (\mathbf{B}-\mathbf{C})r^2 + 4(\mathbf{B}-\mathbf{A})u^2\right.$$
$$\left. + 2\mathbf{H}(r-2su) - 4\mathbf{G}ru - 4\mathbf{F}(u+rs)\right]$$
$$-\frac{3fz^2}{2p'^5}\left[\frac{\mathbf{B}+\mathbf{C}-\mathbf{A}}{2} + 4(\mathbf{A}-\mathbf{C})s^2 + 4(\mathbf{A}-\mathbf{B})u^2\right.$$
$$\left. + 8\mathbf{H}su + 4\mathbf{G}s + 4\mathbf{F}u\right]$$
$$-\frac{3f(1+x)y}{p'^5}\left[(\mathbf{B}-\mathbf{C})r + 2(\mathbf{B}+\mathbf{C}-2\mathbf{A})su + \mathbf{H}(1-2r^2-2s^2-2u^2)\right.$$
$$\left. - 2\mathbf{G}(u+2rs) - 2\mathbf{F}(s-2ru)\right]$$
$$+\frac{3f(1+x)z}{p'^5}\left[2(\mathbf{A}-\mathbf{C})s + 2(\mathbf{B}-\mathbf{A})ru + 2\mathbf{H}(u-rs)\right.$$
$$\left. + \mathbf{G}\left(1 - \frac{r^2}{2} - 8s^2 - 2u^2\right) - \mathbf{F}(r+6su)\right]$$
$$+\frac{3fyz}{p'^5}\left[2(\mathbf{A}-\mathbf{B})u + 2(\mathbf{A}-\mathbf{C})rs + 2\mathbf{H}(s+ru)\right.$$
$$\left. + \mathbf{G}(r-6su) + \mathbf{F}\left(1 - \frac{r^2}{2} - 2s^2 - 8u^2\right)\right].$$

Cette formule est encore susceptible de quelques réductions, à cause de la petitesse des quantités x, y, z; mais nous avons cru devoir donner d'abord la valeur complète, pour qu'on puisse ensuite mieux voir quels sont les termes qu'on y peut négliger.

50. Il reste à examiner l'autre partie de la fonction V, laquelle doit provenir de l'action du Soleil sur la Lune. Or, en désignant par q la distance rectiligne du Soleil à chaque particule dm de la Lune, l'action directe du premier de ces deux astres sur toute la masse de l'autre donne dans la fonction V la quantité $-g\,\mathbf{S}\dfrac{dm}{q}$; et pour avoir la valeur de q il suffit de se rappeler que $x'+\xi,\ y'+\eta,\ z'+\zeta$ sont les coordonnées rectangles de chaque particule dm de la Lune par rapport aux axes fixes passant par le centre de la Terre; de sorte que, si l'on nomme X et Y les deux coordonnées du lieu du Soleil dans l'écliptique par rapport aux mêmes axes, on aura évidemment

$$q = \sqrt{(\mathrm{X}-x'-\xi)^2 + (\mathrm{Y}-y'-\eta)^2 + (z'+\zeta)^2}.$$

Soit R la distance du Soleil à la Terre, c'est-à-dire le rayon vecteur de son orbite, et Σ la longitude de la Terre vue du Soleil, en sorte que $\Sigma + 180°$ soit la longitude vraie du Soleil, on aura

$$\mathrm{X} = -\mathrm{R}\cos\Sigma,\quad \mathrm{Y} = -\mathrm{R}\sin\Sigma;$$

et ces valeurs étant substituées dans l'expression précédente de q, ainsi que celles de $x'+\xi,\ y'+\eta,\ z'+\zeta$ trouvées dans le n° 46, on aura

$$q = \sqrt{\mathrm{R}^2 + 2\mathrm{R}(1+x-\lambda)\cos(t-\Sigma) - 2\mathrm{R}(y-\mu)\sin(t-\Sigma) + (1+x-\lambda)^2 + (y-\mu)^2 + (z+\nu)^2};$$

d'où l'on déduira la valeur de $\dfrac{1}{q}$, et ensuite celle de $\mathbf{S}\dfrac{dm}{q}$ par des opérations semblables à celles des numéros précédents; mais il y a ici une remarque importante à faire.

51. Nous avons supposé jusqu'ici la Terre en repos pour n'avoir à considérer que les différents mouvements de la Lune par rapport à la Terre, lesquels sont les seuls qu'il nous importe de connaître; cette sup-

position est permise, mais elle demande qu'on retranche de la force directe du Soleil sur la Lune la partie employée à lui donner le mouvement qui lui est commun avec la Terre, et par lequel ces deux corps circulent autour du Soleil ; or cette force est évidemment égale à l'attraction du Soleil sur la Terre ; par conséquent il faudra joindre à la force $\frac{g}{q^2}$, provenant de l'action directe du Soleil sur chaque particule dm de la Lune, une force égale et directement contraire à celle du Soleil sur la Terre. Or il est visible que la force $\frac{g}{q^2}$ deviendra celle dont il s'agit, en y faisant g négatif, et en supposant que dans l'expression de q les quantités $x' + \xi$, $y' + \eta$, $z' + \zeta$ s'évanouissent vis-à-vis de X et Y, ou, ce qui revient au même, en y regardant le rayon R de l'orbite du Soleil comme infiniment grand. Donc, puisque la force $\frac{g}{q^2}$ donne dans la fonction V le terme $-g\,\mathbf{S}\frac{dm}{q}$, la nouvelle force dont il s'agit y donnera un autre terme égal à $g\mathrm{Q}$, en dénotant par Q ce que devient la fonction $\mathbf{S}\frac{dm}{q}$ lorsqu'on y regarde R comme infiniment grand. Mais dans cette hypothèse on a, en réduisant la valeur de $\frac{1}{q}$ en série,

$$\frac{1}{q} = \frac{1}{\mathrm{R}} - \frac{(1 + x - \lambda)\cos(t - \Sigma) - (y - \mu)\sin(t - \Sigma)}{\mathrm{R}^2}$$

(il est nécessaire de tenir compte du second terme, parce que le premier $\frac{1}{\mathrm{R}}$ disparaît dans les différentiations de V) ; multipliant donc cette quantité par dm et intégrant par rapport à la caractéristique $\mathbf{S}$, on aura, en remarquant (48) que $\mathbf{S}\,dm = m$, $\mathbf{S}\lambda\,dm = 0$, $\mathbf{S}\mu\,dm = 0$,

$$\mathrm{Q} = m\left[\frac{1}{\mathrm{R}} - \frac{(1+x)\cos(t-\Sigma) - y\sin(t-\Sigma)}{\mathrm{R}^2}\right].$$

Et la valeur exacte de la fonction V, en tant qu'elle est due à l'action du Soleil sur la Lune, sera exprimée par

$$g\left(\mathrm{Q} - \mathbf{S}\frac{dm}{q}\right).$$

52. Avant d'aller plus loin, il est bon de déterminer le rapport entre les deux constantes f et g qui expriment les forces absolues de la Terre et du Soleil à la distance égale à 1, et qui sont par conséquent proportionnelles aux masses de ces deux corps. Or ces masses sont à très-peu près, par les Théorèmes connus, en raison directe des cubes des distances moyennes de la Lune et du Soleil, et en raison inverse des carrés des temps périodiques de ces deux astres, ou bien en raison directe des carrés de leurs mouvements moyens. Donc ayant supposé la distance moyenne de la Lune à la Terre égale à 1, si l'on nomme k celle du Soleil, et qu'on désigne par n le rapport du mouvement moyen du Soleil à celui de la Lune, on aura

$$f : g = 1 : k^3 n^2,$$

et par conséquent

$$g = k^3 n^2 f.$$

Ainsi la partie de la fonction V qui dépend de l'action du Soleil sera représentée par la formule

$$f k^3 n^2 \left(Q - S \frac{dm}{q} \right).$$

53. Il ne s'agit plus que de développer la quantité $S \dfrac{dm}{q}$; mais j'observe d'abord que les termes provenant des quantités λ, μ, ν qui dépendent de la figure de la Lune se trouveront divisés par q'^3, en désignant par q' la valeur de q lorsqu'on y suppose ces quantités nulles, c'est-à-dire la distance rectiligne du centre de la Lune à celui du Soleil; donc ces termes seront multipliés par $\dfrac{f k^3 n^2}{q'^3}$, et seront par conséquent aux termes semblables provenant de l'action de la Terre sur la Lune dans le rapport de $\dfrac{f k^3 n^2}{q'^3}$ à $\dfrac{f}{p'^3}$; mais p' est à peu près égal à 1 (47) et q' est aussi à peu près égal à k, à cause du peu d'excentricité de l'orbite du Soleil et de la grandeur de la distance du Soleil vis-à-vis de celle de la Lune; d'où il s'ensuit que le rapport dont il s'agit sera à très-peu près égal à celui de n^2 à 1. Or on a par les Tables, en prenant les mouvements moyens qui répondent à une année commune,

$$n = \frac{11^s 29^\circ 44' 50''}{13^{\text{rév}} 4^s 9^\circ 23' 5''} = \frac{359^\circ,7472}{4809^\circ,3847} = 0,0748010;$$

donc

$$n^2 = 0,00559520 = \frac{1}{178,724};$$

donc le rapport cherché sera à très-peu près de 1 à 179.

Je conclus de là qu'on peut négliger en toute sûreté les inégalités de l'action du Soleil sur la Lune dues à la non-sphéricité de cette Planète vis-à-vis de celles de l'action de la Terre sur la Lune dues à la même cause. Par conséquent on pourra substituer partout q' à la place de q, ce qui donnera

$$\mathbf{S}\frac{dm}{q} = \mathbf{S}\frac{dm}{q'} = \frac{m}{q'},$$

q' étant la valeur de q lorsque λ, μ, ν sont nulles, c'est-à-dire

$$q' = \sqrt{R^2 + 2R(1+x)\cos(t-\Sigma) - 2Ry\sin(t-\Sigma) + (1+x)^2 + y^2 + z^2}.$$

54. Rassemblant ce que nous venons de trouver depuis le n° 45, on aura la valeur complète de la fonction V, laquelle sera composée de deux parties, l'une V' indépendante de la figure de la Lune, et qui se trouvera toute multipliée par la masse m de cette Planète, l'autre V" due entièrement à la non-sphéricité de la Lune, et dont chaque terme sera multiplié par une des six constantes A, B, C, F, G, H, qui dépendent uniquement de la figure de la Lune (21).

La première partie sera

$$V' = -fm\left[\frac{1}{p'} + \frac{n^2 k^3}{q'} - \frac{n^2 k^3}{R} + n^2 k^3 \frac{(1+x)\cos(t-\Sigma) - y\sin(t-\Sigma)}{R^2}\right],$$

et, à cause de

$$p'^2 = (1+x)^2 + y^2 + z^2,$$

la seconde partie sera

$$V'' = \frac{f(A+B+C)}{4p'^3}$$

$$+ \frac{3f(1+x)^2}{2p'^5}\Big[C - (C-B)r^2 - 4(C-A)s^2 + 2H(r+2su)$$
$$+ 4G(s-ru) - 4Frs\Big]$$

$$- \frac{3f(1+x)y}{p'^5}\Big[(B-C)r + 2(B+C-2A)su + H(1-2r^2-2s^2-2u^2)$$
$$- 2G(u+2rs) - 2F(s-2ru)\Big]$$

$$+ \frac{3f(1+x)z}{p'^5}\Big[2(A-C)s + 2(B-A)ru + 2H(u-rs)$$
$$+ G\Big(1 - \frac{r^2}{2} - 8s^2 - 2u^2\Big) - F(r+6su)\Big]$$

$$+ \frac{3fy^2}{2p'^5}\Big[B - (B-C)r^2 - 4(B-A)u^2 - 2H(r-2su) + 4Gru + 4F(u+rs)\Big]$$

$$+ \frac{3fz^2}{2p'^5}\Big[A - 4(A-C)s^2 - 4(A-B)u^2 - 8Hsu - 4Gs - 4Fu\Big]$$

$$+ \frac{3fyz}{p'^5}\Big[2(A-B)u + 2(A-C)rs + 2H(s+ru) + G(r-6su)$$
$$+ F\Big(1 - \frac{r^2}{2} - 2s^2 - 8u^2\Big)\Big].$$

55. Ayant donc par ces formules les valeurs de V′ et de V″, ainsi que celles de T′ et de T″ par les formules des n⁰ˢ **36** et **43**, on aura les valeurs complètes de $T = T' + T''$ et de $V = V' + V''$ en fonctions des six variables x, y, z, r, s, u, dont les trois premières déterminent le mouvement du centre de la Lune autour de la Terre, et dont les trois dernières déterminent le mouvement de cette Planète autour de son centre de gravité; et l'on aura par rapport à chacune de ces variables une équation de la forme

$$d\frac{\delta T}{\delta dx} - \frac{\delta T}{\delta x} + \frac{\delta V}{\delta x} = 0,$$

en faisant varier séparément dans les fonctions T et V les quantités $x, dx, y, dy, z, dz, r, dr, \ldots$, et marquant ces variations par la caractéristique δ.

56. Comme T' et V' sont des fonctions de x, y, z sans r, s, u, et que T'' est une fonction de r, s, u sans x, y, z, il est clair que les trois équations dues aux variations de x, y, z et de leurs différentielles seront de la forme

$$d\frac{\delta T'}{\delta dx} - \frac{\delta T'}{\delta x} + \frac{\delta V'}{\delta x} + \frac{\delta V''}{\delta x} = 0,$$

$$d\frac{\delta T'}{\delta dy} - \frac{\delta T'}{\delta y} + \frac{\delta V'}{\delta y} + \frac{\delta V''}{\delta y} = 0,$$

$$d\frac{\delta T'}{\delta dz} - \frac{\delta T'}{\delta z} + \frac{\delta V'}{\delta z} + \frac{\delta V''}{\delta z} = 0,$$

et que les trois autres provenant des variations de r, s, u et de leurs différentielles seront de la forme

$$d\frac{\delta T''}{\delta dr} - \frac{\delta T''}{\delta r} + \frac{\delta V''}{\delta r} = 0,$$

$$d\frac{\delta T''}{\delta ds} - \frac{\delta T''}{\delta s} + \frac{\delta V''}{\delta s} = 0,$$

$$d\frac{\delta T''}{\delta du} - \frac{\delta T''}{\delta u} + \frac{\delta V''}{\delta u} = 0.$$

Les trois premières serviront donc à déterminer x, y, z, c'est-à-dire le mouvement de la Lune autour de la Terre, et les trois dernières serviront à déterminer r, s, u, et par conséquent à connaître la rotation de cette Planète.

57. Puisque

$$T' = \frac{m}{2}\left[\left(\frac{dx}{dt} - y\right)^2 + \left(\frac{dy}{dt} + 1 + x\right)^2 + \frac{dz^2}{dt^2}\right]$$

par le n° **36**, on aura par la différentiation

$$\frac{\delta T'}{\delta dx} = \frac{m}{dt}\left(\frac{dx}{dt} - y\right), \qquad \frac{\delta T'}{\delta x} = m\left(\frac{dy}{dt} + 1 + x\right),$$

$$\frac{\delta T'}{\delta dy} = \frac{m}{dt}\left(\frac{dy}{dt} + 1 + x\right), \qquad \frac{\delta T'}{\delta y} = -m\left(\frac{dx}{dt} - y\right),$$

$$\frac{\delta T'}{\delta dz} = m\frac{dz}{dt^2}, \qquad \frac{\delta T'}{\delta z} = 0;$$

ensuite ayant

$$V' = -fm\left[\frac{1}{p'} + \frac{n^2 k^3}{q'} - \frac{n^2 k^3}{R} + n^2 k^3 \frac{(1+x)\cos(t-\Sigma) - y\sin(t-\Sigma)}{R^2}\right],$$

où
$$p' = \sqrt{(1+x)^2 + y^2 + z^2}$$

et
$$q' = \sqrt{R^2 + 2R(1+x)\cos(t-\Sigma) - 2Ry\sin(t-\Sigma) + p'^2},$$

on trouvera par la différentiation

$$\frac{\delta V'}{\delta x} = fm\left[\frac{1+x}{p'^3} + n^2 k^3\left(\frac{R\cos(t-\Sigma) + 1 + x}{q'^3} - \frac{\cos(t-\Sigma)}{R^2}\right)\right],$$

$$\frac{\delta V'}{\delta y} = fm\left[\frac{y}{p'^3} + n^2 k^3\left(\frac{-R\sin(t-\Sigma) + y}{q'^3} + \frac{\sin(t-\Sigma)}{R^2}\right)\right],$$

$$\frac{\delta V'}{\delta z} = fm\left(\frac{z}{p'^3} + n^2 k^3 \frac{z}{q'^3}\right).$$

58. Substituant ces valeurs dans les trois premières des équations du n° 56 et divisant par m, on aura

$$\frac{d^2 x}{dt^2} - \frac{2\,dy}{dt} - 1 - x + f(1+x)\left(\frac{1}{p'^3} + \frac{n^2 k^3}{q'^3}\right)$$
$$+ fn^2 k^3\left(\frac{R}{q'^3} - \frac{1}{R^2}\right)\cos(t-\Sigma) + \frac{1}{m}\frac{\delta V''}{dx} = 0,$$

$$\frac{d^2 y}{dt^2} + \frac{2\,dx}{dt} - y + fy\left(\frac{1}{p'^3} + \frac{n^2 k^3}{q'^3}\right)$$
$$- fn^2 k^3\left(\frac{R}{q'^3} - \frac{1}{R^2}\right)\sin(t-\Sigma) + \frac{1}{m}\frac{\delta V''}{\delta y} = 0,$$

$$\frac{d^2 z}{dt^2} + fz\left(\frac{1}{p'^3} + \frac{n^2 k^3}{q'^3}\right) + \frac{1}{m}\frac{\delta V''}{\delta z} = 0.$$

Ce sont les équations qui doivent servir à déterminer l'orbite de la Lune, et elles s'accordent avec celles de M. Euler, dans sa *Nouvelle Théorie de la Lune*, aux quantités $\frac{1}{m}\frac{\delta V''}{\delta x}$, $\frac{1}{m}\frac{\delta V''}{\delta y}$, $\frac{1}{m}\frac{\delta V''}{\delta z}$ près, lesquelles résul-

DE LA LIBRATION DE LA LUNE, ETC.   63

tent de la non-sphéricité de cette Planète (54) et que M. Euler a négligées.

59. Pour faire usage de ces équations, on commencera par réduire en série les quantités irrationnelles p' et q' ainsi que leurs puissances, ce qui n'a aucune difficulté à cause de la petitesse des quantités x, y, z et $\frac{1}{R}$ vis-à-vis de l'unité; ensuite on intégrera par les méthodes connues; l'Ouvrage cité de M. Euler ne laisse rien à désirer sur cet objet, du moins en tant qu'on fait abstraction de la figure de la Lune; ainsi nous pourrons prendre les valeurs de x, y, z trouvées dans cet Ouvrage, pour celles qui satisfont aux trois équations précédentes dans le cas où l'on néglige les quantités extrêmement petites $\frac{1}{m}\frac{\delta V''}{\delta x}$, $\frac{1}{m}\frac{\delta V''}{\delta y}$, $\frac{1}{m}\frac{\delta V''}{\delta z}$, et il ne restera qu'à chercher l'effet de ces quantités.

Voici ces valeurs, dans lesquelles je n'ai conservé que les termes dont les coefficients sont au-dessus de $\frac{1}{1000}$, et où j'ai nommé α, β, γ, ε les arguments que M. Euler désigne par q, r, p, t, c'est-à-dire l'anomalie moyenne de la Lune, l'argument moyen de sa latitude, la distance moyenne de la Lune au Soleil, et l'anomalie moyenne du Soleil,

$$x = -0{,}003\,587\,1 - 0{,}006\,374\,6 . \cos 2\gamma + 0{,}054\,500\,0 . \cos\alpha$$
$$+ 0{,}001\,513\,9 . \cos 2\alpha + 0{,}010\,167\,5 . \cos(2\gamma - \alpha) + 0{,}001\,987\,0 . \cos 2\beta,$$

$$y = 0{,}010\,330\,4 . \sin 2\gamma - 0{,}109\,467\,8 . \sin\alpha$$
$$- 0{,}022\,260\,1 . \sin(2\gamma - \alpha) + 0{,}003\,164\,3 . \sin\varepsilon - 0{,}001\,980\,3 . \sin 2\beta,$$

$$z = 0{,}089\,640\,0 . \sin\beta + 0{,}003\,326\,5 . \sin(2\gamma - \beta) - 0{,}002\,466\,9 . \sin(\alpha + \beta)$$
$$- 0{,}007\,246\,0 . \sin(\alpha - \beta) - 0{,}001\,178\,7 . \sin(2\gamma - \alpha - \beta).$$

Les angles α, β, γ, ε croissent proportionnellement au temps, en sorte que $\frac{d\alpha}{dt}$, $\frac{d\beta}{dt}$, $\frac{d\gamma}{dt}$, $\frac{d\varepsilon}{dt}$ sont des quantités constantes, et égales aux rapports des mouvements moyens de l'anomalie de la Lune, de son argument de latitude, de sa distance au Soleil, et de l'anomalie du Soleil, au mouvement moyen de la longitude de la Lune, à cause que nous exprimons le temps t par ce dernier mouvement (34); ainsi l'on aura par les Tables de Mayer, en prenant les mouvements moyens qui répondent à une année Julienne,

$$\frac{d\alpha}{dt} = \frac{13^{\text{rév}}\,2^s 28° 43' 15''}{13^{\text{rév}}\,4^s 9° 23' 5''} = \frac{476\,872}{480\,938} = 0,991\,544,$$

$$\frac{d\beta}{dt} = \frac{13^{\text{rév}}\,4^s 28° 42' 48''}{13^{\text{rév}}\,4^s 9° 23' 5''} = \frac{482\,871}{480\,938} = 1,004\,018,$$

$$\frac{d\gamma}{dt} = \frac{12^{\text{rév}}\,4^s 9° 37' 24''}{13^{\text{rév}}\,4^s 9° 23' 5''} = \frac{444\,962}{480\,938} = 0,925\,196,$$

$$\frac{d\varepsilon}{dt} = \frac{11^s 29° 44' 35''}{13^{\text{rév}}\,4^s 9° 23' 5''} = \frac{35\,974}{480\,938} = 0,074\,800.$$

60. Avant de quitter ces équations, il est bon de déterminer par leur moyen la constante f qui exprime l'attraction absolue de la Terre, et qui multiplie aussi tous les termes de la quantité V″.

Pour cela il suffit de considérer la première équation, laquelle devant avoir lieu dans l'hypothèse que x, y, z soient des quantités assez petites, il faudra aussi qu'elle ait lieu, à très-peu près, en supposant ces quantités nulles; or dans ce cas, si l'on néglige les termes venant du Soleil et affectés du coefficient très-petit n^2, ainsi que ceux qui proviendraient de la non-sphéricité de la Lune, le premier membre de l'équation dont il s'agit se réduira à $-1+f$, à cause que p' devient égal à 1; par conséquent on aura à très-peu près $f=1$.

Si l'on veut aussi avoir égard aux termes dus au Soleil, on considérera qu'à cause de R très-grand, on a à peu près

$$\frac{1}{q'^3} = \frac{1}{R^3} - 3\frac{(1+x)\cos(t-\Sigma) - y\sin(t-\Sigma)}{R^4};$$

substituant cette valeur, mettant pour R sa valeur moyenne k, et ne retenant que les termes tout constants, le premier membre de la même équation se réduira à

$$-1 + f(1+n^2) - \frac{3fn^2}{2},$$

savoir

$$-1 + f\left(1 - \frac{n^2}{2}\right),$$

ce qui étant égalé à zéro donnera

$$f = \frac{1}{1 - \frac{n^2}{2}},$$

quantité très-peu différente de l'unité, à cause de $n^2 = \frac{1}{179}$ environ (53).

61. A l'égard des constantes A, B, C, F, G, H, on ne saurait les déterminer sans connaître la figure et la constitution intérieure de la Lune. En général, puisque (**21**)

$$A = \mathbf{S}(a^2 + b^2)\,dm, \quad B = \mathbf{S}(a^2 + c^2)\,dm, \quad C = \mathbf{S}(b^2 + c^2)\,dm,$$
$$F = \mathbf{S}bc\,dm, \qquad G = \mathbf{S}ac\,dm, \qquad H = \mathbf{S}ab\,dm,$$

il est visible que les trois constantes A, B, C ne sont autre chose que les *moments d'inertie* de la masse de la Lune autour des axes des coordonnées c, b, a, c'est-à-dire autour de son axe de rotation, du diamètre de son équateur, perpendiculaire au premier méridien, et du diamètre de l'équateur qui est dans ce méridien; et que les trois autres constantes F, G, H sont proportionnelles aux sommes des moments des forces centrifuges par rapport à ces mêmes axes, en sorte qu'en supposant ces dernières constantes nulles on a les conditions nécessaires pour que les trois axes dont il s'agit soient des axes naturels de rotation. Cela est assez connu par la Théorie des axes de rotation, pour que nous soyons dispensé d'entrer là-dessus dans aucun détail.

Si la Lune était homogène et sphérique, il est clair qu'on aurait

$$A = B = C, \quad \text{et} \quad F = 0, \quad G = 0, \quad H = 0;$$

et la même chose aura lieu aussi en supposant la Lune composée de couches sphériques de différentes densités; ce n'est donc qu'autant que la figure de la Lune et celle de ses couches s'écartent de la sphérique, que les constantes A, B, C peuvent être inégales, et les constantes F, G, H, différentes de zéro.

Soient R la distance d'une particule quelconque dm au centre de la

Lune, P l'angle du rayon R avec le plan des a et b, Q l'angle de la projection de R sur ce plan avec l'axe des a, on aura

$$c = R \sin P, \quad b = R \cos P \sin Q, \quad a = R \cos P \cos Q;$$

de plus on aura
$$R^2 \cos P \, dP \, dQ \, dR$$

pour le volume de la particule dm; de sorte qu'en nommant D la densité de cette particule on aura

$$dm = D R^2 dR \cos P \, dP \, dQ;$$

ainsi l'on aura

$$m = S D R^2 dR \, d\sin P \, dQ;$$

$$A = S D R^4 dR \cos^2 P \, d\sin P \, dQ,$$
$$B = S D R^4 dR (\sin^2 P + \cos^2 P \cos^2 Q) \, d\sin P \, dQ,$$
$$C = S D R^4 dR (\sin^2 P + \cos^2 P \sin^2 Q) \, d\sin P \, dQ;$$

$$F = S D R^4 dR \sin P \cos P \sin Q \, d\sin P \, dQ,$$
$$G = S D R^4 dR \sin P \cos P \cos Q \, d\sin P \, dQ,$$
$$H = S D R^4 dR \cos^2 P \sin Q \cos Q \, d\sin P \, dQ.$$

Il y a ici trois intégrations consécutives à exécuter, la première par rapport à R, et l'on prendra cette intégrale depuis $R = 0$ jusqu'à $R = R'$ (en nommant R' la valeur de R à la surface de la Lune); ayant ensuite substitué pour R' sa valeur en P et Q donnée par la figure de la Lune, on exécutera les deux autres intégrations, l'une par rapport à P depuis $P = -90°$ jusqu'à $P = 90°$, l'autre par rapport à Q depuis $Q = 0$ jusqu'à $Q = 360°$, et comme ces intégrations sont indépendantes, il sera libre de commencer par celle qu'on voudra.

La densité D doit être donnée en fonction de R, P et Q, et si elle est constante, ou du moins constante dans chaque rayon, en sorte que D ne contienne point R, il est clair qu'on pourra exécuter d'abord, en général, la première intégration, et il viendra

$$m = \frac{1}{3} \mathbf{S} \mathrm{D} \mathrm{R}'^3 d\sin \mathrm{P}\, d\mathrm{Q};$$

$$\mathrm{A} = \frac{1}{5} \mathbf{S} \mathrm{D} \mathrm{R}'^5 \cos^2 \mathrm{P}\, d\sin \mathrm{P}\, d\mathrm{Q},$$

$$\mathrm{B} = \frac{1}{5} \mathbf{S} \mathrm{D} \mathrm{R}'^5 (\sin^2 \mathrm{P} + \cos^2 \mathrm{P} \cos^2 \mathrm{Q})\, d\sin \mathrm{P}\, d\mathrm{Q},$$

$$\mathrm{C} = \frac{1}{5} \mathbf{S} \mathrm{D} \mathrm{R}'^5 (\sin^2 \mathrm{P} + \cos^2 \mathrm{P} \sin^2 \mathrm{Q})\, d\sin \mathrm{P}\, d\mathrm{Q};$$

$$\mathrm{F} = -\frac{1}{5} \mathbf{S} \mathrm{D} \mathrm{R}'^5 \sin \mathrm{P} \cos \mathrm{P}\, d\sin \mathrm{P}\, d\cos \mathrm{Q},$$

$$\mathrm{G} = +\frac{1}{5} \mathbf{S} \mathrm{D} \mathrm{R}'^5 \sin \mathrm{P} \cos \mathrm{P}\, d\sin \mathrm{P}\, d\sin \mathrm{Q},$$

$$\mathrm{H} = -\frac{1}{5 \times 4} \mathbf{S} \mathrm{D} \mathrm{R}'^5 \cos^2 \mathrm{P}\, d\sin \mathrm{P}\, d\cos 2\mathrm{Q}.$$

62. La supposition la plus simple et la plus naturelle qu'on puisse faire à l'égard de la figure de la Lune est de la regarder comme un sphéroïde elliptique homogène, dont les méridiens et l'équateur soient des ellipses telles, que l'un des axes de l'équateur passe par le premier méridien, en sorte qu'il en résulte une figure elliptique élevée sous l'équateur et allongée vers la Terre, cette figure étant en effet celle que la Lune aurait dû prendre naturellement en vertu de sa rotation et de l'action de la Terre, si cette Planète avait été primitivement fluide.

Qu'on désigne par a', b', c' les coordonnées a, b, c pour la surface de la Lune, et qu'on nomme f, g, h les trois demi-axes de l'ellipsoïde, lesquels sont en même temps les axes des coordonnées a, b, c, en sorte que h soit le demi-axe proprement dit de la Lune, f le demi-axe de l'équateur qui passe par le premier méridien, et g l'autre demi-axe de l'équateur; on aura pour l'équation d'un pareil sphéroïde, entre les coordonnées a', b', c', celle-ci

$$\frac{a'^2}{f^2} + \frac{b'^2}{g^2} + \frac{c'^2}{h^2} = 1.$$

Or, si R' est la valeur de R à la surface, on aura pour a', b', c' les mêmes expressions que pour a, b, c, en y changeant seulement R en R'; donc, substituant ces valeurs dans l'équation précédente, on en tirera

$$R' = \frac{1}{\sqrt{\dfrac{\sin^2 P}{h^2} + \dfrac{\cos^2 P \sin^2 Q}{g^2} + \dfrac{\cos^2 P \cos^2 Q}{f^2}}}.$$

Telle est la valeur de R' qu'il faudrait substituer dans les formules précédentes, pour pouvoir procéder ensuite aux intégrations relatives à P et Q; mais les intégrations générales étant sujettes à trop de difficultés, nous nous contenterons d'examiner le cas où le sphéroïde est à très-peu près sphérique, en sorte que les différences entre les trois demi-axes h, g, f soient très-petites; ce qui paraît être le cas de la Lune.

63. Nous ferons donc

$$\frac{f}{h} = 1 + e, \quad \frac{g}{h} = 1 + i,$$

e et i étant deux constantes très-petites, qui expriment les ellipticités du premier méridien de la Lune et de celui qui le coupe à angles droits, et dont nous négligerons les produits et les puissances qui passent la première dimension.

Substituant donc ces valeurs dans l'expression précédente de R', on aura à très-peu près

$$R' = h(1 + e \cos^2 P \cos^2 Q + i \cos^2 P \sin^2 Q);$$

donc

$$R'^3 = h^3(1 + 3e \cos^2 P \cos^2 Q + 3i \cos^2 P \sin^2 Q),$$

$$R'^5 = h^5(1 + 5e \cos^2 P \cos^2 Q + 5i \cos^2 P \sin^2 Q);$$

et faisant ces dernières substitutions dans les expressions des quantités m, A, B, C, on trouvera après les intégrations, qui n'ont aucune difficulté en supposant la densité D constante,

$$m = \frac{2Dh^3 \times 360°}{3}(1 + e + i);$$

$$A = \frac{4Dh^5 \times 360°}{3.5}(1 + 2e + 2i),$$

$$B = \frac{4Dh^5 \times 360°}{3.5}(1 + 2e + i),$$

$$C = \frac{4Dh^5 \times 360°}{3.5}(1 + e + 2i);$$

donc

$$A = \frac{2h^2 m}{5}(1 + e + i),$$

$$B = \frac{2h^2 m}{5}(1 + e),$$

$$C = \frac{2h^2 m}{5}(1 + i),$$

m étant la masse entière de la Lune, et h son demi-axe.

A l'égard des constantes F, G, H on les trouvera égales à zéro; en sorte que les trois axes du sphéroïde seront des axes naturels de rotation.

64. Voyons maintenant quelles sont les forces qui pourraient donner à la Lune supposée fluide une figure telle que celle que nous venons d'examiner. Dénotons par α, β, γ les forces qui agissent sur chaque particule dm suivant les trois coordonnées a, b, c de cette particule; on sait, par la Théorie de l'équilibre des fluides, que l'équilibre aura lieu dans toute la masse du fluide, si les quantités α, β, γ sont des fonctions de a, b, c, telles que

$$\alpha\, da + \beta\, db + \gamma\, dc .$$

soit une quantité intégrable; et alors l'intégrale de cette quantité, égalée à une constante, sera l'équation de la surface extérieure, en supposant que a, b, c deviennent a', b', c', que nous prenons pour les coordonnées de la surface. Donc, si α', β', γ' sont ce que deviennent les fonctions α,

β, γ lorsque a, b, c y deviennent a', b', c', on aura

$$\alpha' da' + \beta' db' + \gamma' dc' = 0$$

pour l'équation différentielle de la surface du fluide. Mais nous supposons que cette surface est représentée (62) par l'équation

$$\frac{a'^2}{f^2} + \frac{b'^2}{g^2} + \frac{c'^2}{h^2} = 1,$$

dont la différentielle est

$$\frac{a'da'}{f^2} + \frac{b'db'}{g^2} + \frac{c'dc'}{h^2} = 0;$$

donc il faudra que cette équation soit identique avec la précédente, et par conséquent que les quantités α', β', γ' soient respectivement proportionnelles à $\frac{a'}{f^2}$, $\frac{b'}{g^2}$, $\frac{c'}{h^2}$; donc, en général, les forces α, β, γ devront être proportionnelles respectivement à $\frac{a}{f^2}$, $\frac{b}{g^2}$, $\frac{c}{h^2}$. Donc, faisant successivement $a = f$, $b = g$, $c = h$, on aura les forces qui doivent agir aux extrémités des trois axes de l'ellipsoïde, lesquelles devront par conséquent être proportionnelles à $\frac{1}{f}$, $\frac{1}{g}$, $\frac{1}{h}$, c'est-à-dire en raison réciproque de ces demi-axes; donc aussi les trois demi-axes de l'ellipsoïde devront être réciproquement proportionnels aux forces qui agissent à leurs extrémités.

65. Pour appliquer cette Théorie à la Lune, il ne s'agit que de déterminer les forces qui peuvent agir sur chacune des particules de sa masse; or ces forces sont : 1° l'attraction de toute la masse de la Lune; 2° l'attraction de la Terre; 3° la force centrifuge provenant du mouvement de la Lune.

Quant à la première de ces forces, en supposant la densité égale à 1, et la force attractive de chaque particule égale à sa masse divisée par le carré de la distance, on trouve, par les formules que j'ai données dans mon *Mémoire sur l'attraction des sphéroïdes elliptiques,* année 1773 (*), que l'attraction d'un sphéroïde représenté par l'équation

$$z^2 + mx^2 + ny^2 = k,$$

sur un point quelconque pris dans l'intérieur de ce sphéroïde et déterminé par les coordonnées a, b, c parallèles à x, y, z, se réduit à trois forces dirigées suivant a, b, c, et exprimées par $2mBa$, $2nFb$, $2Gc$; les quantités B, F, G étant des fonctions de m et n, telles qu'en faisant

$$\mu^2 = \frac{1-m}{m}, \quad \nu = n - m,$$

$$Q = \frac{2(1+\mu^2)}{m\mu^3} \text{arc tang} \, \mu - \frac{2}{m\mu^2}, \quad Q' = \frac{2}{m\mu^2} - \frac{2\,\text{arc tang}\,\mu}{m\mu^3},$$

on ait

$$B = \left(\frac{1}{2}Q + \frac{\nu}{8}\frac{dQ}{dm} + \frac{2\nu^2}{32}\frac{1}{2}\frac{d^2Q}{dm^2} + \ldots\right) 180^\circ,$$

$$F = \left(\frac{1}{2}Q + \frac{3\nu}{8}\frac{dQ}{dm} + \frac{10\nu^2}{32}\frac{1}{2}\frac{d^2Q}{dm^2} + \ldots\right) 180^\circ,$$

$$G = \left(Q' + \frac{\nu}{2}\frac{dQ'}{dm} + \frac{3\nu^2}{8}\frac{1}{2}\frac{d^2Q'}{dm^2} + \ldots\right) 180^\circ.$$

Or l'équation du sphéroïde du numéro précédent étant

$$\frac{x^2}{f^2} + \frac{y^2}{g^2} + \frac{z^2}{h^2} = 1$$

(en changeant a', b', c' en x, y, z), on aura par la comparaison de cette équation avec la précédente

$$m = \frac{h^2}{f^2}, \quad n = \frac{h^2}{g^2},$$

et mettant pour $\frac{f}{h}$, $\frac{g}{h}$ leurs valeurs $1+e$, $1+i$ (**63**), e et i étant des quantités très-petites, on aura

$$m = 1 - 2e, \quad n = 1 - 2i;$$

donc

$$\mu^2 = 2e, \quad \nu = 2(e-i);$$

(*) *OEuvres de Lagrange,* t. III, p. 640.

donc, puisque μ est une quantité fort petite, on aura

$$\text{arc tang}\,\mu = \mu - \frac{\mu^3}{3} + \frac{\mu^5}{5} - \ldots,$$

et de là

$$Q = \frac{4}{3m}\left(1 - \frac{\mu^2}{5}\right) = \frac{4}{3}\left(1 + \frac{8e}{5}\right), \quad Q' = \frac{2}{m}\left(\frac{1}{3} - \frac{\mu^2}{5}\right) = \frac{2}{3}\left(1 + \frac{4e}{5}\right);$$

donc

$$\frac{dQ}{dm} = -\frac{1}{2}\frac{dQ}{de} = -\frac{16}{3.5}, \quad \frac{dQ'}{dm} = -\frac{1}{2}\frac{dQ'}{de} = -\frac{4}{3.5};$$

donc

$$B = \frac{2}{3}\left(1 + \frac{6e}{5} + \frac{2i}{5}\right)180°, \quad F = \frac{2}{3}\left(1 + \frac{2e}{5} + \frac{6i}{5}\right)180°, \quad G = \frac{2}{3}\left(1 + \frac{2e}{5} + \frac{2i}{5}\right)180°.$$

Donc enfin les forces suivant a, b, c seront représentées par les formules

$$\frac{2a}{3}\left(1 - \frac{4e}{5} + \frac{2i}{5}\right)360°, \quad \frac{2b}{3}\left(1 + \frac{2e}{5} - \frac{4i}{5}\right)360°, \quad \frac{2c}{3}\left(1 + \frac{2e}{5} + \frac{2i}{5}\right)360°,$$

et si l'on voulait que la densité du sphéroïde fût exprimée, en général, par D, il n'y aurait qu'à multiplier ces mêmes expressions par D. Or on a trouvé plus haut (63) que la masse m d'un pareil sphéroïde est exprimée par

$$\frac{2Dh^3}{3}(1 + e + i)360°;$$

donc, multipliant les valeurs précédentes par

$$\frac{3m}{2Dh^3(1 + e + i)360°},$$

on aura, en général, pour les forces qui agissent suivant a, b, c sur un point quelconque pris dans l'intérieur de la Lune et déterminé par les coordonnées a, b, c, ces expressions

$$\frac{m}{h^3}\left(1 - \frac{9e}{5} - \frac{3i}{5}\right)a, \quad \frac{m}{h^3}\left(1 - \frac{3e}{5} - \frac{9i}{5}\right)b, \quad \frac{m}{h^3}\left(1 - \frac{3e}{5} - \frac{3i}{5}\right)c,$$

m étant la masse totale de la Lune et h son demi-axe.

66. Pour déterminer les autres forces venant de l'attraction de la Terre et des forces centrifuges de la Lune, nous ferons abstraction des inclinaisons de l'orbite de cette Planète et de son équateur sur l'écliptique, ainsi que des inégalités de ses mouvements périodiques et de rotation; moyennant quoi l'axe des coordonnées a, c'est-à-dire le demi-axe f de l'équateur étant prolongé passera toujours par la Terre ; en sorte que chaque point de la Lune répondant aux coordonnées a, b, c décrira autour de l'axe de l'écliptique un cercle dont le rayon sera $\sqrt{(1+a)^2+b^2}$, et avec une vitesse angulaire égale à 1, puisque nous avons pris la distance moyenne du centre de la Lune à la Terre pour l'unité, et l'angle du mouvement moyen de la Lune pour représenter le temps. Donc cette particule aura une force centrifuge pour s'éloigner de l'axe dont il s'agit, égale à $\sqrt{(1+a)^2+b^2}$, laquelle donnera dans la direction de la ligne a la force $-1-a$, et dans la direction de la ligne b la force $-b$. Ensuite nommant M la masse de la Terre, et exprimant l'attraction de la Terre par sa masse divisée par le carré de la distance, on aura

$$\frac{M}{(1+a)^2+b^2+c^2}$$

pour la force avec laquelle la même particule tend vers le centre de la Terre, et qui donnera par la décomposition une force suivant a égale à

$$\frac{M(1+a)}{[(1+a)^2+b^2+c^2]^{\frac{3}{2}}},$$

une force suivant b égale à

$$\frac{Mb}{[(1+a)^2+b^2+c^2]^{\frac{3}{2}}},$$

et une force suivant c égale à

$$\frac{Mc}{[(1+a)^2+b^2+c^2]^{\frac{3}{2}}}.$$

Donc chaque particule de la Lune répondant aux coordonnées a, b, c se trouvera soumise à trois forces, l'une suivant a et égale à

$$\frac{M(1+a)}{[(1+a)^2+b^2+c^2]^{\frac{3}{2}}} - 1 - a,$$

l'autre suivant b et égale à

$$\frac{Mb}{[(1+a)^2+b^2+c^2]^{\frac{3}{2}}} - b,$$

la troisième suivant c et égale à

$$\frac{Mc}{[(1+a)^2+b^2+c^2]^{\frac{3}{2}}}.$$

Or il faut que ces forces se contre-balancent, et soient par conséquent nulles dans le centre de la Lune, où $a=0$, $b=0$, $c=0$; donc on aura $M-1=0$, savoir $M=1$; en sorte que la masse de la Terre devra être prise pour l'unité par rapport à la masse m de la Lune. Faisant donc $M=1$, et regardant a, b, c comme des quantités très-petites, les trois forces précédentes deviendront $-3a$ suivant a, o suivant b, et c suivant c.

67. Joignant ces forces à celles que nous avons trouvées plus haut, on aura, pour chaque particule de la Lune dont a, b, c sont les coordonnées, trois forces dirigées suivant a, b, c et exprimées par ces formules

$$\frac{m}{h^3}\left(1-\frac{9e}{5}-\frac{3i}{5}\right)a-3a, \quad \frac{m}{h^3}\left(1-\frac{3e}{5}-\frac{9i}{5}\right)b, \quad \frac{m}{h^3}\left(1-\frac{3e}{5}-\frac{3i}{5}\right)c+c,$$

lesquelles ont, comme on voit, la forme requise pour l'équilibre d'un sphéroïde elliptique. Il ne s'agira donc que de faire en sorte que ces forces soient proportionnelles à $\frac{a}{f^2}$, $\frac{b}{g^2}$, $\frac{c}{h^2}$ (64), ou bien, à cause de

$$f=h(1+e) \quad \text{et} \quad g=h(1+i),$$

proportionnelles à

$$\frac{a}{h^2}(1-2e), \quad \frac{b}{h^2}(1-2i), \quad \frac{c}{h^2};$$

DE LA LIBRATION DE LA LUNE, ETC.

ce qui donnera ces deux équations

$$\frac{\frac{m}{h^3}\left(1-\frac{9e}{5}-\frac{3i}{5}\right)-3}{\frac{m}{h^3}\left(1-\frac{3e}{5}-\frac{3i}{5}\right)+1}=1-2e, \quad \frac{\frac{m}{h^3}\left(1-\frac{3e}{5}-\frac{9i}{5}\right)}{\frac{m}{h^3}\left(1-\frac{3e}{5}-\frac{3i}{5}\right)+1}=1-2i,$$

lesquelles se réduisent à

$$\frac{m}{h^3}\frac{4e}{5}=4-2e, \quad \frac{m}{h^3}\frac{4i}{5}=1-2i;$$

d'où l'on tire

$$e=\frac{2}{1+\frac{2m}{5h^3}}, \quad i=\frac{1}{2+\frac{4m}{5h^3}}.$$

Mais h étant le demi-axe de la Lune exprimé en parties de sa distance moyenne de la Terre, et m la masse de la Lune exprimée en parties de celle de la Terre, il est clair que $\frac{m}{h^3}$ sera un nombre très-grand, et qu'ainsi l'on aura sans erreur sensible

$$e=\frac{5h^3}{m}, \quad i=\frac{5h^3}{4m}.$$

68. La valeur de h est assez bien connue, étant égale au sinus du demi-diamètre apparent et moyen de la Lune, lequel est de $15'45''$; donc substituant pour h la valeur de $\sin(15'45'')$, on aura

$$e=\frac{0{,}000\,000\,4808}{m}, \quad i=\frac{0{,}000\,000\,1202}{m}.$$

69. A l'égard de la valeur de m, il n'y a encore rien de bien décidé; on n'a pu la déduire jusqu'ici que du rapport entre les forces de la Lune et du Soleil pour produire les marées ou la précession des équinoxes. Ces forces sont proportionnelles aux masses de la Lune et du Soleil divisées respectivement par les cubes de leurs distances à la Terre; par conséquent le rapport dont il s'agit sera composé de la raison des masses de la Lune et de la Terre, et de la raison des masses de la Terre et du Soleil divisées respectivement par les cubes des distances de la Terre à la Lune

et du Soleil à la Terre; mais cette dernière raison est égale à celle des carrés des vitesses angulaires moyennes de la Lune et du Soleil autour de la Terre; donc si l'on exprime par $1:n$ le rapport de ces vitesses ou des mouvements moyens de ces deux Planètes, on aura $\frac{m}{n^2}$ pour le rapport des forces en question de la Lune et du Soleil, lequel, à cause de $n^2 = \frac{1}{178}$ à très-peu près, devient égal à $178m$.

Or Newton a trouvé, par quelques phénomènes de la hauteur des marées, ce rapport égal à $4\frac{1}{2}$, ce qui donne $m = \frac{9}{356} = \frac{1}{39}$ à très-peu près; mais M. Daniel Bernoulli a trouvé, par quelques observations des marées qu'il croit plus exactes que celles de Newton, le même rapport égal à $2\frac{1}{2}$, ce qui donne $m = \frac{5}{356} = \frac{1}{71}$ à peu près. M. d'Alembert, d'après les formules de la précession des équinoxes et de la nutation de l'axe de la Terre, fixe ce rapport à $2\frac{1}{3}$ en supposant la nutation totale de $18''$, ce qui donne $m = \frac{7}{534} = \frac{1}{76}$ à peu près; mais il observe en même temps que la valeur de ce rapport peut varier beaucoup en supposant une erreur de quelques secondes dans la quantité de la nutation. (*Voyez* la deuxième Partie des *Recherches sur le Système du monde*, page 182.)

Au reste comme le rapport du diamètre de la Lune à celui de la Terre est égal à $\frac{3}{11}$, en nommant D celui de leurs densités, on aura, en regardant ces deux corps comme sphériques, ou à très-peu près sphériques,

$$m = \left(\frac{3}{11}\right)^3 D = 0{,}020\,285\,5\,D;$$

en sorte qu'en supposant les densités égales et par conséquent $D = 1$, on aura à très-peu près $m = \frac{1}{50}$, valeur qui tient le milieu entre celles de Newton et de M. d'Alembert. Et en adoptant cette valeur de m, on aura

$$e = 0{,}000\,024\,04, \quad i = 0{,}000\,006\,01.$$

70. En général quelles que soient la figure de la Lune et la loi de sa densité, comme on a, par les formules du n° 61,

$$A = \mathbf{S}R^2\cos^2P\,dm, \quad B = \mathbf{S}R^2(\sin^2P + \cos^2P\cos^2Q)\,dm, \quad C = \mathbf{S}R^2(\sin^2P + \cos^2P\sin^2Q)\,dm,$$

$$F = \frac{1}{2}\mathbf{S}R^2\sin 2P\sin Q\,dm, \quad G = \frac{1}{2}\mathbf{S}R^2\sin 2P\cos Q\,dm, \quad H = \frac{1}{2}\mathbf{S}R^2\cos^2P\sin 2Q\,dm,$$

il est visible que si l est la plus grande valeur de R, c'est-à-dire le plus grand rayon de la Lune, on aura nécessairement pour les valeurs de A, B, C ces limites o et ml^2, et pour les valeurs de F, G, H celles-ci $\pm\frac{ml^2}{2}$. Or le demi-axe h de la Lune est connu par les observations, étant égal à $\frac{3}{11\times 60}$ (en prenant la distance moyenne de la Lune à la Terre pour l'unité, ainsi que nous en usons toujours); donc

$$l = \frac{l}{h}\frac{1}{220} \quad \text{et} \quad l^2 = \left(\frac{l}{h}\right)^2\frac{1}{48400}.$$

Si la Lune était sphérique, on aurait $l = h$; or le disque apparent de la Lune étant à très-peu près circulaire, il est clair qu'on ne peut supposer $l > h$ qu'en admettant un allongement dans le diamètre qui est dirigé vers la Terre, et il serait hors de toute vraisemblance que l'on eût $l = 2h$. Ainsi on est comme certain que

$$l^2 < \frac{1}{12100};$$

d'où il s'ensuit que les valeurs de $\frac{A}{m}$, $\frac{B}{m}$, $\frac{C}{m}$ seront nécessairement moindres que $\frac{1}{12100}$, et celles de $\frac{F}{m}$, $\frac{G}{m}$, $\frac{H}{m}$ moindres que $\frac{1}{24200}$.

Donc, puisque ces quantités multiplient tous les termes des fonctions $\frac{1}{m}\frac{\delta V''}{\delta x}$, $\frac{1}{m}\frac{\delta V''}{\delta y}$, $\frac{1}{m}\frac{\delta V''}{\delta z}$ qui expriment l'effet de la non-sphéricité de la Lune dans les équations du mouvement de cette Planète (58), on voit combien ces termes doivent être petits, et combien par conséquent on est en droit de les négliger vis-à-vis des autres termes des équations de l'orbite de la Lune, ainsi qu'on en a usé jusqu'à présent. Il y a cependant quelques-uns de ces termes auxquels il est à propos d'avoir égard, à cause de leur forme d'où pourraient résulter des équations séculaires; c'est ce que nous discuterons à part, après avoir analysé dans la Section suivante les équations qui donnent les lois de la rotation de la Lune autour de son axe.

SECTION QUATRIÈME.

DÉTERMINATION DE LA LIBRATION DE LA LUNE ET DES MOUVEMENTS DE L'AXE DE CETTE PLANÈTE.

71. Cette détermination est renfermée dans les trois équations suivantes (**56**)

$$d\frac{\delta T''}{\delta dr} - \frac{\delta T''}{\delta r} + \frac{\delta V''}{\delta r} = 0,$$

$$d\frac{\delta T''}{\delta ds} - \frac{\delta T''}{\delta s} + \frac{\delta V''}{\delta s} = 0,$$

$$d\frac{\delta T''}{\delta du} - \frac{\delta T''}{\delta u} + \frac{\delta V''}{\delta u} = 0,$$

dans lesquelles il faut substituer à la place de T'' et de V'' leurs valeurs données dans les n^{os} **43** et **54**.

En différentiant successivement la valeur de T'' par rapport aux dr, r, ds, s, du, u, on aura

$$\frac{\delta T''}{\delta dr} = \frac{A}{dt}\left(1 + \frac{dr}{dt}\right) - \frac{2F}{dt}\left(2u - \frac{ds}{dt}\right) - \frac{2G}{dt}\left(2s + \frac{du}{dt}\right),$$

$$\frac{\delta T''}{\delta r} = 0,$$

$$\frac{\delta T''}{\delta ds} = \frac{2A}{dt}u - \frac{4B}{dt}\left(u - \frac{ds}{dt}\right) + \frac{2F}{dt}\left(1 + \frac{dr}{dt}\right) + \frac{4H}{dt}\left(s + \frac{du}{dt}\right),$$

$$\frac{\delta T''}{\delta s} = -2A\left(2s + \frac{du}{dt}\right) + 4C\left(s + \frac{du}{dt}\right) - 2G\left(1 + \frac{2dr}{dt}\right) - 4H\left(u - \frac{ds}{dt}\right),$$

$$\frac{\delta T''}{\delta du} = -\frac{2A}{dt}s + \frac{4C}{dt}\left(s + \frac{du}{dt}\right) - \frac{2G}{dt}\left(1 + \frac{dr}{dt}\right) - \frac{4H}{dt}\left(u - \frac{ds}{dt}\right),$$

$$\frac{\delta T''}{\delta u} = -2A\left(2u - \frac{ds}{dt}\right) + 4B\left(u - \frac{ds}{dt}\right) - 2F\left(1 + \frac{2dr}{dt}\right) - 4H\left(s + \frac{du}{dt}\right).$$

En différentiant de même la valeur de V″ par rapport à r, s, u, on aura

$$\frac{\delta V''}{\delta r} = \frac{3f(1+x)^2}{p'^5}[-2(C-B)r + 2H - 4Gu - 4Fs]$$

$$- \frac{3f(1+x)y}{p'^5}(B-C-4Hr-4Gs+4Fu)$$

$$+ \frac{3f(1+x)z}{p'^5}[2(B-A)u - 2Hs - Gr - F]$$

$$- \frac{3fy^2}{2p'^5}[-2(B-C)r - 2H + 4Gu + 4Fs]$$

$$+ \frac{3fyz}{p'^5}[2(A-C)s + 2Hu + G - Fr],$$

$$\frac{\delta V''}{\delta s} = \frac{3f(1+x)^2}{2p'^5}[-8(C-A)s + 4Hu + 4G - 4Fr]$$

$$- \frac{3f(1+x)y}{p'^5}[2(B+C-2A)u - 4Hs - 4Gr - 2F]$$

$$+ \frac{3f(1+x)z}{p'^5}[2(A-C) - 2Hr - 16Gs - 6Fu]$$

$$+ \frac{3fy^2}{2p'^5}(4Hu + 4Fr)$$

$$+ \frac{3fz^2}{2p'^5}[-8(A-C)s - 8Hu - 4G]$$

$$+ \frac{3fyz}{p'^5}[2(A-C)r + 2H - 6Gu - 4Fs],$$

$$\frac{\delta V''}{\delta u} = \frac{3f(1+x)^2}{2p'^5}(4Hs - 4Gr)$$

$$- \frac{3f(1+x)y}{p'^5}[2(B+C-2A)s - 4Hu - 2G + 4Fr]$$

$$+ \frac{3f(1+x)z}{p'^5}[2(B-A)r + 2H - 4Gu - 6Fs]$$

$$+ \frac{3fy^2}{2p'^5}[-8(B-A)u + 4Hs + 4Gr + 4F]$$

$$+ \frac{3fz^2}{2p'^5}[-8(A-B)u - 8Hs - 4F]$$

$$+ \frac{3fyz}{p'^5}[2(A-B) + 2Hr - 6Gs - 16Fu].$$

72. Faisant ces substitutions dans les trois équations dont il s'agit, et mettant pour f sa valeur approchée 1 (60), on aura les trois équations suivantes, dans lesquelles $p' = \sqrt{(1+x)^2 + y^2 + z^2}$.

Première équation.

$$A\frac{d^2r}{dt^2} - 2F\left(\frac{2\,du}{dt} - \frac{d^2s}{dt^2}\right) - 2G\left(\frac{2\,ds}{dt} + \frac{d^2u}{dt^2}\right)$$

$$+ \frac{3(1+x)^2}{2p'^5}[-2(C-B)r + 2H - 4Gu - 4Fs]$$

$$- \frac{3(1+x)y}{p'^5}(B - C - 4Hr - 4Gs + 4Fu)$$

$$+ \frac{3(1+x)z}{p'^5}[2(B-A)u - 2Hs - Gr - F]$$

$$+ \frac{3yz}{p'^5}[2(A-C)s + 2Hu + G - Fr] = 0.$$

Deuxième équation.

$$4(A-C)\left(s + \frac{du}{dt}\right) - 4B\left(\frac{du}{dt} - \frac{d^2s}{dt^2}\right)$$

$$+ 2F\frac{d^2r}{dt^2} + 2G\left(1 + \frac{2\,dr}{dt}\right) + 4H\left(u + \frac{d^2u}{dt^2}\right)$$

$$+ \frac{3(1+x)^2}{2p'^5}[-8(C-A)s + 4Hu + 4G - 4Fr]$$

$$- \frac{3(1+x)y}{p'^5}[2(B+C-2A)u - 4Hs - 4Gr - 2F]$$

$$+ \frac{3(1+x)z}{p'^5}[2(A-C) - 2Hr - 16Gs - 6Fu]$$

$$+ \frac{3y^2}{2p'^5}(4Hu + 4Fr)$$

$$+ \frac{3z^2}{2p'^5}[-8(A-C)s - 8Hu - 4G]$$

$$+ \frac{3yz}{p'^5}[2(A-C)r + 2H - 6Gu - 4Fs] = 0.$$

Troisième équation.

$$4(A-B)\left(u-\frac{ds}{dt}\right)+4C\left(\frac{ds}{dt}+\frac{d^2u}{dt^2}\right)$$

$$+2F\left(1+\frac{2dr}{dt}\right)-2G\frac{d^2r}{dt^2}+4H\left(s+\frac{d^2s}{dt^2}\right)$$

$$+\frac{3(1+x)^2}{2p'^5}(4Hs-4Gr)$$

$$-\frac{3(1+x)y}{p'^5}[2(B+C-2A)s-4Hu-2G+4Fr]$$

$$+\frac{3(1+x)z}{p'^5}[2(B-A)r+2H-4Gu-6Fs]$$

$$+\frac{3y^2}{2p'^5}[-8(B-A)u+4Hs+4Gr+4F]$$

$$+\frac{3z^2}{2p'^5}[-8(A-B)u-8Hs-4F]$$

$$+\frac{3yz}{p'^5}[2(A-B)+2Hr-6Gs-16Fu]=0.$$

73. Il ne s'agit donc plus que d'intégrer ces équations; or cette intégration n'a aucune difficulté; car : 1° les variables inconnues r, s, u ne paraissent que sous la forme linéaire; 2° les quantités x, y, z sont déjà connues en t par les formules du mouvement de la Lune (59); 3° comme les quantités r, s, u doivent être très-petites, et que les quantités x, y, z sont aussi assez petites, on pourra dans la première approximation rejeter tous les termes où les trois premières se trouveraient multipliées par les trois dernières; 4° enfin on pourra mettre partout, à la place de $\frac{1}{p'^5}$, sa valeur approchée

$$1-5x+15x^2-\frac{5}{2}y^2-\frac{5}{2}z^2,$$

en négligeant toujours les termes où x, y, z formeraient ensemble des produits de plus de deux dimensions.

De cette manière on aura ces trois équations approchées

$$A\frac{d^2r}{dt^2} - 2F\left(\frac{2du}{dt} - \frac{d^2s}{dt^2}\right) - 2G\left(\frac{2ds}{dt} + \frac{d^2u}{dt^2}\right)$$
$$- 3(C-B)r - 6Gu - 6Fs + 3H\left(1 - 3x + 6x^2 - \frac{5}{2}y^2 - \frac{5}{2}z^2\right)$$
$$- 3(B-C)(1-4x)y - 3F(1-4x)z + 3Gyz = 0,$$

$$4(A-C)\left(s + \frac{du}{dt}\right) - 4B\left(\frac{du}{dt} - \frac{d^2s}{dt^2}\right) + 2F\frac{d^2r}{dt^2} + 2G\left(1 + \frac{2dr}{dt}\right)$$
$$+ 4H\left(u + \frac{d^2u}{dt^2}\right) - 12(C-A)s + 6Hu - 6Fr$$
$$+ 6G\left(1 - 3x + 6x^2 - \frac{5}{2}y^2 - \frac{5}{2}z^2\right) + 6F(1-4x)y + 6(A-C)(1-4x)z$$
$$- 6Gz^2 + 6Hyz = 0,$$

$$4(A-B)\left(u - \frac{ds}{dt}\right) + 4C\left(\frac{ds}{dt} + \frac{d^2u}{dt^2}\right) + 2F\left(1 + \frac{2dr}{dt}\right) - 2G\frac{d^2r}{dt^2}$$
$$+ 4H\left(s + \frac{d^2s}{dt^2}\right) + 6Hs - 6Gr + 6G(1-4x)y + 6H(1-4x)z$$
$$+ 6F(y^2 - z^2) + 6(A-B)yz = 0.$$

74. On peut encore simplifier ces équations par les considérations suivantes. On voit que leurs premiers membres renferment les termes tout constants 3H, 6G, 2F; il faut donc que ces termes soient nuls, ou à peu près nuls, pour que les variables r, s, u puissent être très-petites. Or on a vu dans le n° 61 que les équations $F = 0$, $G = 0$, $H = 0$ renferment les conditions nécessaires pour que l'axe de rotation de la Lune, et les deux diamètres de son équateur qui sont, l'un dans le premier méridien, et l'autre perpendiculaire à ce méridien, soient des axes naturels de rotation; ainsi, sans connaitre la figure et la constitution intérieure de la Lune, on est d'abord assuré que son axe de rotation, et les deux diamètres de son équateur dont nous venons de parler, sont, ou exactement, ou à très-peu près, des axes naturels de rotation de cette Planète, c'est-à-dire tels, qu'elle pourrait tourner librement et uniformément autour de chacun d'eux. Mais on sait que dans tout corps il y a toujours

trois axes de rotation possibles, qui sont perpendiculaires entre eux, et qu'on nomme les *axes principaux du corps*; donc il faudra que l'axe de la Lune et les deux diamètres de son équateur coïncident exactement, ou à très-peu près, avec les axes principaux de cette Planète; dans le premier cas les constantes F, G, H seront nulles, et dans le second elles seront seulement très-petites. Or il est naturel de supposer le premier cas : 1° parce qu'en faisant $F = 0$, $G = 0$, $H = 0$, les trois équations du numéro précédent se simplifient beaucoup, en sorte que le mouvement de rotation de la Lune autour de son axe, et le mouvement de cet axe par rapport à l'écliptique, deviennent les plus simples, et en même temps les plus indépendants entre eux qu'il est possible; circonstance qu'on suppose tacitement avoir lieu, lorsqu'on cherche à déterminer ces mouvements d'après les observations; 2° parce qu'en supposant que la Lune ait la figure qu'elle aurait prise étant fluide, en vertu des lois de l'Hydrostatique, les constantes F, G, H sont nulles, comme nous l'avons vu plus haut (63).

Par ces raisons donc, nous ferons dans les trois équations du numéro précédent $F = 0$, $G = 0$, $H = 0$, ce qui les réduira à ces trois-ci

$$A \frac{d^2 r}{dt^2} + 3(B - C)(r - y + 4xy) = 0,$$

$$B \frac{d^2 s}{dt^2} + (A - B - C) \frac{du}{dt} + (A - C)\left(4s + \frac{3}{2} z - 6xz\right) = 0,$$

$$C \frac{d^2 u}{dt^2} - (A - B - C) \frac{ds}{dt} + (A - B)\left(u + \frac{3}{2} yz\right) = 0,$$

dont la première donnera immédiatement la valeur de r, et dont les deux autres donneront celles de s et u; les valeurs de x, y, z étant déjà connues par les formules du n° 59.

De la libration de la Lune.

75. Il ne sera question ici que de la libration *physique* et *réelle* de la Lune, c'est-à-dire de celle qui vient des inégalités réelles de la rotation de cette Planète autour de son axe; la libration connue des Astronomes

est purement optique, et n'a par elle-même aucune difficulté, n'étant produite que par le mouvement non uniforme de la Lune autour de la Terre, et par l'inclinaison de l'orbite de la Lune à l'égard de son équateur ; cette libration aurait également lieu quand la Lune serait absolument sphérique, et quand son mouvement de rotation serait uniforme ; mais la libration physique dépend de l'action de la Terre sur la Lune supposée non sphérique ; elle est représentée par l'angle très-petit r, lequel exprime de combien le premier méridien de la Lune est plus ou moins avancé dans sa révolution, qu'il ne devrait l'être s'il répondait toujours au lieu moyen de la Terre vue de la Lune (39).

Pour déterminer cet angle il faut donc intégrer l'équation

$$A\frac{d^2r}{dt^2} + 3(B-C)(r-y+4x\gamma) = 0;$$

laquelle, en faisant d'abord abstraction des termes sans r, donnera

$$r = L\sin\lambda,$$

L étant une constante indéterminée et λ un angle qui augmente uniformément, en sorte que $\frac{d\lambda}{dt}$ soit une quantité constante.

En effet, substituant pour r cette expression dans l'équation

$$A\frac{d^2r}{dt^2} + 3(B-C)r = 0,$$

on aura (après avoir divisé par $L\sin\lambda$) celle-ci

$$-A\left(\frac{d\lambda}{dt}\right)^2 + 3(B-C) = 0;$$

d'où l'on tire

$$\frac{d\lambda}{dt} = \sqrt{\frac{3(B-C)}{A}},$$

et la constante L demeurera arbitraire.

Qu'on substitue maintenant dans les termes tout connus de l'équation proposée les valeurs de x et y du n° 59, on aura pour $y - 4xy$ une suite de termes de cette forme

$$a \sin \alpha + b \sin \beta + \ldots,$$

dans lesquels $a, b, \ldots$ sont des coefficients numériques, et $\alpha, \beta, \ldots$ des angles qui croissent uniformément, en sorte que $\frac{d\alpha}{dt}, \frac{d\beta}{dt}, \ldots$ sont des nombres donnés. Or soient

$$P \sin \alpha + Q \sin \beta + \ldots$$

les termes correspondants dans la valeur de r, on aura par la substitution et la comparaison des termes analogues ces équations

$$- AP \left(\frac{d\alpha}{dt}\right)^2 + 3(B - C)(P - a) = 0,$$

$$- AQ \left(\frac{d\beta}{dt}\right)^2 + 3(B - C)(Q - b) = 0,$$

$$\ldots\ldots\ldots\ldots\ldots\ldots\ldots\ldots\ldots\ldots\ldots ;$$

d'où l'on tire

$$P = - \frac{3(B - C)a}{A \left(\frac{d\alpha}{dt}\right)^2 - 3(B - C)}, \quad Q = - \frac{3(B - C)b}{A \left(\frac{d\beta}{dt}\right)^2 - 3(B - C)}, \ldots$$

Ainsi la valeur complète de r sera, par la Théorie connue des équations linéaires,

$$r = L \sin \lambda + P \sin \alpha + Q \sin \beta + \ldots;$$

les deux constantes arbitraires étant l'une L, et l'autre renfermée dans l'angle λ.

76. Telle est l'expression générale de la libration réelle et physique de la Lune; si cette libration pouvait être sensible, elle devrait altérer également toutes les longitudes sélénographiques des taches de la Lune, déterminées par la méthode de Mayer, dont nous avons parlé plus haut (39); mais en examinant la Table que cet Astronome donne à la fin de son *Traité sur la rotation de la Lune*, et qui renferme les longitudes et les latitudes sélénographiques des taches ou points lumineux nommés *Ma-*

nilius, *Dionysius* et *Censorinus*, déduites de plusieurs observations faites pendant toute l'année 1748, on voit que les différentes déterminations des longitudes de ces taches s'accordent assez entre elles, pour qu'on doive rejeter sur les erreurs des observations les différences qui s'y trouvent, et qui sont presque toutes au-dessous d'un demi-degré; d'ailleurs comme ces différences ne sont pas les mêmes pour les trois taches, et qu'il se trouve des différences presque aussi grandes entre les différentes déterminations des latitudes, il s'ensuit qu'on ne peut attribuer les différences dont il s'agit à la libration réelle de la Lune; et l'on en doit plutôt conclure que cette libration est nécessairement très-petite.

Ainsi donc il faudra : 1° que les coefficients L, P, Q,... soient très-petits; 2° que les angles λ, α, β,... soient tous réels, et cette seconde condition est la plus essentielle; car autrement l'expression de r contiendrait l'angle même t, lequel croit à l'infini. Or les angles α, β,... sont réels par leur nature, mais l'angle λ n'est réel qu'autant que la valeur de $\frac{d\lambda}{dt}$, savoir $\sqrt{\frac{3(B-C)}{A}}$, est réelle. Donc il faudra que $\frac{B-C}{A}$ soit une quantité positive.

A l'égard des coefficients L, P, Q,..., comme le premier L est arbitraire, on pourra lui supposer une valeur aussi petite qu'on voudra; mais pour les autres il faudra, pour les rendre très-petits, supposer une valeur fort petite à la quantité $\frac{B-C}{A}$.

77. En effet, en examinant l'expression de y du n° 59, on voit que le terme

$$-0,1094678 \sin\alpha$$

(α étant l'anomalie moyenne de la Lune) est beaucoup plus considérable que les autres; de sorte qu'on pourra sans erreur sensible réduire à ce seul terme la valeur de $y - 4xy$, que nous avons représentée ci-dessus (75) par la série

$$a\sin\alpha + b\sin\beta + \ldots;$$

ainsi l'on aura

$$a = -0,1094678, \quad b = 0, \ldots,$$

ou plus exactement (en ayant égard au terme tout constant $-0{,}0035871$ de la valeur de x)

$$a = -0{,}1094678 \times 1{,}0143484 = -0{,}111038.$$

D'ailleurs on a, par le même n° 59,

$$\frac{d\alpha}{dt} = 0{,}991544, \quad \text{et par conséquent} \quad \left(\frac{d\alpha}{dt}\right)^2 = 0{,}98316.$$

Donc on aura (75)

$$P = \frac{3(B-C)}{A} \cdot \frac{0{,}111038}{0{,}98316 - \frac{3(B-C)}{A}}.$$

Or, pour que le terme $P \sin \alpha$ de la valeur de r soit beaucoup plus petit que le terme $a \sin \alpha$ de la valeur de y, lequel renfermant la principale partie de l'équation du centre de la Lune produit un effet très-sensible dans la libration optique en longitude, il est visible qu'il faut que $\frac{3(B-C)}{A}$ soit une fraction assez petite; en sorte qu'on aura à très-peu près

$$P = 0{,}33882 \frac{B-C}{A}.$$

Et si l'on veut que la valeur de P soit au-dessous d'un demi-degré, ce qui paraît devoir être d'après les observations (76), il faudra qu'on ait

$$0{,}33882 \frac{B-C}{A} < 30' < 0{,}008726,$$

et par conséquent

$$\frac{B-C}{A} < 0{,}025754.$$

78. Il faut pourtant remarquer que, quoique le terme $a \sin \alpha$ soit le plus considérable de tous ceux qui peuvent entrer dans la valeur de $y - 4xy$, cependant si cette valeur contenait un terme de la forme $p \sin \varpi$, dans lequel l'argument ϖ serait tel, que $\frac{d\varpi}{dt}$ fût un nombre fort petit, alors quand même p serait un coefficient fort petit, il en pourrait

résulter dans l'expression de r un terme tel que $\Pi \sin\varpi$, dans lequel Π serait assez grand, à cause que, Π étant égal à

$$-\frac{3(B-C)p}{A\left(\frac{d\varpi}{dt}\right)^2 - 3(B-C)},$$

le dénominateur de Π deviendrait très-petit. Or l'expression de y contient le terme

$$0{,}003\,164\,3 \sin\varepsilon$$

(ε étant l'anomalie moyenne du Soleil), dans lequel

$$\frac{d\varepsilon}{dt} = 0{,}074\,800, \quad \text{et par conséquent} \quad \left(\frac{d\varepsilon}{dt}\right)^2 = 0{,}005\,595;$$

de plus la quantité xy contiendra un terme proportionnel à $\sin(2\gamma - 2\alpha)$, dans lequel

$$2\left(\frac{d\gamma}{dt} - \frac{d\alpha}{dt}\right) = -0{,}132\,696,$$

et dont le coefficient sera moindre que celui de $\sin\varepsilon$ dans y. On trouverait peut-être encore d'autres termes de cette espèce, mais il paraît que le terme proportionnel à $\sin\varepsilon$ est celui qui peut donner la plus grande valeur de Π; ainsi il suffira d'examiner l'effet de ce terme.

Faisant donc
$$p = 0{,}003\,164\,3 \quad \text{et} \quad \varpi = \varepsilon,$$

on aura
$$\Pi = \frac{3(B-C)}{A} \cdot \frac{0{,}003\,164\,3}{\frac{3(B-C)}{A} - 0{,}005\,595}.$$

Cette expression de Π devient

$$0{,}003\,164\,3 = 11' \text{ environ},$$

lorsque $\frac{B-C}{A}$ est une quantité infinie; ensuite la valeur de Π augmente, à mesure que $\frac{B-C}{A}$ diminue, jusqu'à devenir infinie lorsque

$$\frac{B-C}{A} = 0{,}001\,865;$$

elle passe après cela à l'infini négatif, et va en diminuant (étant toujours négative) jusqu'à devenir nulle lorsque

$$\frac{B-C}{A} = 0.$$

Si maintenant on suppose

$$\Pi = 30' = 0,008\,726,$$

on trouve

$$\frac{B-C}{A} = 0,002\,925\,9,$$

et si l'on fait

$$\Pi = -30',$$

on trouve

$$\frac{B-C}{A} = 0,001\,368\,7;$$

ainsi, pour que la valeur du coefficient Π tombe entre ces limites $\pm 30'$, il faudra que celle de $\frac{B-C}{A}$ soit $> 0,002\,925\,9$, ou $< 0,001\,368\,7$.

79. Mais nous avons vu ci-dessus que pour que le terme proportionnel à $\sin\alpha$ soit au-dessous de $30'$, il faut que $\frac{B-C}{A}$ soit $< 0,025\,754$; donc, pour que le terme proportionnel à $\sin\varepsilon$ soit en même temps moindre que $30'$, il faudra que la valeur de $\frac{B-C}{A}$ soit renfermée entre ces deux limites $0,025\,754$ et $0,002\,926$, ou entre ces deux-ci $0,001\,369$ et 0, à cause que cette valeur doit être nécessairement positive.

On peut conclure de tout ceci que la valeur de $\frac{B-C}{A}$ doit être effectivement une fraction assez petite, afin que la partie de la libration réelle, due aux inégalités du mouvement de la Lune autour de la Terre, soit peu considérable, ainsi que les observations paraissent le démontrer. Au reste, quand même cette partie de la libration aurait une valeur sensible, elle ne pourra jamais être bien reconnue ni déterminée par les observations, parce qu'elle se trouvera toujours comme fondue dans la libration optique de la Lune, qui est égale à l'équation du centre de cette Planète.

V.

80. A l'égard du premier terme $L\sin\lambda$ de l'expression de r (75), puisque

$$\frac{d\lambda}{dt} = \sqrt{\frac{3(B-C)}{A}},$$

et par conséquent fort petite, l'argument λ sera fort lent; et par cette raison ce terme pourrait être considérable sans qu'il pût être sensible, dans des observations faites dans un court espace de temps dans lequel l'angle λ varierait très-peu, parce qu'alors toute l'influence de ce terme dans les longitudes sélénographiques des taches de la Lune se réduirait à avancer ou à reculer, d'une quantité à peu près constante, la position du premier méridien lunaire. Ainsi ce n'est que par des observations faites à des intervalles assez grands pour que les variations de l'angle λ soient sensibles, qu'on pourra connaître et déterminer l'équation $L\sin\lambda$ de la libration réelle de la Lune.

Au reste il est clair que cette équation doit produire dans la Lune une libration analogue aux balancements d'un pendule, qui ferait de petites oscillations isochrones dont l'étendue serait $2L$ et dont la durée serait

$$\frac{180°}{\frac{d\lambda}{dt}} = 180° \sqrt{\frac{A}{3(B-C)}},$$

savoir de $\frac{1}{2}\sqrt{\frac{A}{3(B-C)}}$ mois périodiques, puisque nous représentons le temps par l'angle du mouvement moyen de la Lune.

81. En regardant la Lune comme un sphéroïde homogène et elliptique peu différent d'une sphère, suivant l'hypothèse du n° 63, on aura

$$\frac{B-C}{A} = \frac{e-i}{1+e+i} = e-i,$$

puisque nous négligeons les puissances et les produits de e et i; donc il faudra que $e-i > 0$, et par conséquent $e > i$; mais e est l'ellipticité du premier méridien de la Lune, et i l'ellipticité du méridien qui le coupe à angles droits, l'axe de rotation de la Lune étant le petit axe commun de tous les méridiens; ainsi la Lune aura, dans cette hypothèse, une figure allongée dans le sens du diamètre de l'équateur qui répond au premier méridien, et qui est dirigé vers la Terre; de sorte que ce diamètre sera le grand axe de l'ellipse qui forme l'équateur lunaire, et $e-i$ sera l'ellipticité de cette ellipse.

La durée des balancements de la Lune provenant du terme $L\sin\lambda$ sera donc, dans l'hypothèse présente, de $\dfrac{1}{2\sqrt{3(e-i)}}$ mois périodiques, et ne dépendra par conséquent que de la seule ellipticité de son équateur.

Si l'on veut que la Lune ait été originairement fluide, et qu'elle ait conservé en se durcissant la figure qu'elle aurait dû prendre par les lois de l'Hydrostatique, on aura, d'après ce que nous avons trouvé dans le n° 68,

$$e - i = \frac{0{,}000\,000\,360\,6}{m},$$

et faisant $m = \dfrac{1}{50}$ (69) on aura

$$e - i = 0{,}000\,018\,03,$$

quantité, comme on voit, renfermée entre les limites 0 et $0{,}001\,369$ du n° 79. Dans ce cas la durée des balancements de la Lune sera de $67{,}98$ mois périodiques; mais ces déterminations sont trop hypothétiques pour qu'on doive s'y arrêter.

En général, quelles que puissent être la figure et la constitution intérieure de la Lune, on pourra toujours supposer

$$\frac{B-C}{A} = e - i,$$

cette quantité $e-i$ étant très-petite et positive, et les lois de sa libration réelle seront les mêmes que si cette Planète était homogène et ellipsoïdique, $e-i$ étant l'ellipticité de son équateur.

82. Au reste le terme $L\sin\lambda$ de la libration réelle de la Lune est nécessaire dans la Théorie pour expliquer comment la Lune peut nous pré-

senter toujours à peu près la même face, sans qu'on soit obligé de supposer que la vitesse de rotation primitive, imprimée à cette Planète, a été exactement égale à sa vitesse moyenne de translation autour de la Terre.

En effet, en faisant abstraction de l'inclinaison de l'équateur lunaire sur l'écliptique, laquelle est très-petite, il est visible que la rotation totale et réelle de la Lune autour de son axe doit être représentée par la somme des deux angles φ et ψ, dont l'un φ représente la révolution de la Lune autour de son axe par rapport au point équinoxial ou au nœud de son équateur, et dont l'autre ψ représente le mouvement en longitude de ce nœud. Or, par la Théorie de Cassini et de Mayer, on a simplement (39)

$$\varphi + \psi = \theta = 180° + t;$$

de sorte que dans cette Théorie on aurait $\dfrac{d\theta}{dt}$ vitesse de la rotation de la Lune $= 1$, vitesse moyenne de la Lune autour de la Terre. Mais, en ayant égard à la quantité r, on a par notre Théorie

$$\theta = 180° + t + r,$$

et par conséquent

$$\frac{d\theta}{dt} = 1 + \frac{dr}{dt} = 1 + L\frac{d\lambda}{dt}\cos\lambda + \ldots;$$

de sorte qu'à cause de la constante arbitraire L, la valeur primitive de la vitesse de rotation $\dfrac{d\theta}{dt}$ peut être supposée quelconque, pourvu qu'elle soit peu différente de l'unité ou de la vitesse moyenne de la Lune autour de la Terre, à cause que la constante L doit être très-petite, et qu'elle se trouve de plus ici multipliée par la quantité très-petite $\dfrac{d\lambda}{dt} = \sqrt{\dfrac{3(B-C)}{A}}$.

J'ai donné le premier cette explication de la libration de la Lune dans la Pièce qui a remporté en 1764 le prix de l'Académie des Sciences de Paris sur ce sujet; et elle a été adoptée par ceux qui ont depuis traité la même matière.

Du mouvement des points équinoxiaux de la Lune, et de l'inclinaison de l'équateur lunaire sur l'écliptique.

83. La détermination de ces deux points de la Théorie de la Lune dépend de l'intégration des deux dernières équations du n° **74**, savoir

$$B\frac{d^2s}{dt^2} + (A - B - C)\frac{du}{dt} + (A - C)\left(4s + \frac{3}{2}z - 6xz\right) = 0,$$

$$C\frac{d^2u}{dt^2} - (A - B - C)\frac{ds}{dt} + (A - B)\left(u + \frac{3}{2}yz\right) = 0.$$

Commençons par faire abstraction des termes tout connus qui contiennent les variables x, y, z, et ne considérons d'abord que les deux équations

$$B\frac{d^2s}{dt^2} + (A - B - C)\frac{du}{dt} + 4(A - C)s = 0,$$

$$C\frac{d^2u}{dt^2} - (A - B - C)\frac{ds}{dt} + (A - B)u = 0;$$

il est visible par la forme de ces équations qu'on y peut satisfaire en supposant

$$s = M \sin\mu, \quad u = M' \cos\mu,$$

M et M' étant des constantes indéterminées, et μ un angle tel, que $\frac{d\mu}{dt}$ soit aussi une quantité constante.

Faisant ces substitutions, et divisant la première équation par $\sin\mu$, la seconde par $\cos\mu$, on aura ces deux-ci

$$-BM\left(\frac{d\mu}{dt}\right)^2 - (A - B - C)M'\frac{d\mu}{dt} + 4(A - C)M = 0,$$

$$-CM'\left(\frac{d\mu}{dt}\right)^2 - (A - B - C)M\frac{d\mu}{dt} + (A - B)M' = 0.$$

La seconde donne

$$M' = \frac{M(A - B - C)\frac{d\mu}{dt}}{A - B - C\left(\frac{d\mu}{dt}\right)^2};$$

cette valeur étant substituée dans la première, la quantité M s'en ira par la division, et l'on aura cette équation

$$\left[4(A-C)-B\left(\frac{d\mu}{dt}\right)^2\right]\left[A-B-C\left(\frac{d\mu}{dt}\right)^2\right]-(A-B-C)^2\left(\frac{d\mu}{dt}\right)^2=0,$$

laquelle servira à déterminer la constante $\frac{d\mu}{dt}$, l'autre constante M demeurant indéterminée et par conséquent arbitraire.

Si l'on fait pour plus de simplicité

$$\left(\frac{d\mu}{dt}\right)^2=\rho,$$

on aura, en ordonnant les termes, cette équation du second degré

$$BC\rho^2-[(A-B-C)^2+(A-B)B+4(A-C)C]\rho+4(A-B)(A-C)=0,$$

laquelle aura par conséquent deux racines que nous dénoterons par ρ' et ρ''.

De là et de la Théorie connue des équations linéaires, il s'ensuit que si l'on prend deux angles μ et ν, tels que

$$\frac{d\mu}{dt}=\sqrt{\rho'},\quad \frac{d\nu}{dt}=\sqrt{\rho''},$$

avec deux constantes arbitraires M et N, on aura

$$s=M\sin\mu+N\sin\nu,$$
$$u=M'\cos\mu+N'\cos\nu,$$

en supposant

$$M'=\frac{(A-B-C)\frac{d\mu}{dt}}{A-B-C\left(\frac{d\mu}{dt}\right)^2}M,\quad N'=\frac{(A-B-C)\frac{d\nu}{dt}}{A-B-C\left(\frac{d\nu}{dt}\right)^2}N;$$

et il est visible que ces valeurs de s et u sont complètes, puisqu'elles renferment quatre constantes arbitraires, dont deux sont M et N, et dont les deux autres sont renfermées dans les angles μ et ν.

84. Il ne s'agit plus maintenant que d'avoir égard aux termes tout connus des équations proposées, savoir aux termes

$$(A - C)\left(\frac{3}{2}z - 6xz\right)$$

de la première équation, et

$$(A - B) \times \frac{3}{2}yz$$

de la seconde. Pour cela nous observerons qu'en substituant pour x, y, z leurs valeurs données plus haut (59), la quantité $\frac{3}{2}z - 6xz$ se réduit à une suite de termes de la forme

$$a \sin \alpha + b \sin \beta + \ldots,$$

et que la quantité $\frac{3}{2}yz$ se réduit de même à une suite de termes de la forme

$$a' \cos \alpha + b' \cos \beta + \ldots,$$

$a, a', b, b', \ldots$ étant des coefficients donnés, et $\alpha, \beta, \ldots$ des angles tels que $\frac{d\alpha}{dt}, \frac{d\beta}{dt}, \ldots$ sont aussi des quantités données; cela est évident à cause que la valeur de x est exprimée par une suite de cosinus, et celles de y et z par des suites de sinus de pareils angles.

Soient maintenant

$$P \sin \alpha + Q \sin \beta + \ldots$$

les termes qui en résultent dans l'expression de s, et

$$P' \cos \alpha + Q' \cos \beta + \ldots$$

les termes qui en résultent dans l'expression de u; il n'y aura qu'à faire ces substitutions dans les deux équations proposées (numéro précédent) et égaler séparément à zéro les parties affectées de $\sin \alpha, \sin \beta, \ldots$ dans la première équation et de $\cos \alpha, \cos \beta, \ldots$ dans la seconde. On aura par rapport à l'angle α ces deux équations

$$-BP\left(\frac{d\alpha}{dt}\right)^2 - (A-B-C)P'\frac{d\alpha}{dt} + (A-C)(4P+a) = 0,$$

$$-CP'\left(\frac{d\alpha}{dt}\right)^2 - (A-B-C)P\frac{d\alpha}{dt} + (A-B)(P'+a') = 0,$$

d'où l'on tire

$$P = \frac{\left[A-B-C\left(\frac{d\alpha}{dt}\right)^2\right](A-C)a + (A-B-C)\frac{d\alpha}{dt}(A-B)a'}{(A-B-C)^2\left(\frac{d\alpha}{dt}\right)^2 - \left[4(A-C) - B\left(\frac{d\alpha}{dt}\right)^2\right]\left[A-B-C\left(\frac{d\alpha}{dt}\right)^2\right]},$$

$$P' = \frac{(A-B-C)\frac{d\alpha}{dt}(A-C)a + \left[4(A-C) - B\left(\frac{d\alpha}{dt}\right)^2\right](A-B)a'}{(A-B-C)^2\left(\frac{d\alpha}{dt}\right)^2 - \left[4(A-C) - B\left(\frac{d\alpha}{dt}\right)^2\right]\left[A-B-C\left(\frac{d\alpha}{dt}\right)^2\right]}.$$

On aura de semblables équations par rapport à l'angle β, lesquelles donneront pour Q et Q' des valeurs pareilles à celles de P et P', en y changeant seulement $\frac{d\alpha}{dt}$ en $\frac{d\beta}{dt}$, et a, a', en b, b'; et ainsi de suite.

85. Joignant donc ces différents termes à ceux qu'on a trouvés dans le numéro précédent, on aura les valeurs suivantes de s et u, savoir

$$s = M\sin\mu + N\sin\nu + P\sin\alpha + Q\sin\beta + \ldots,$$

$$u = M'\cos\mu + N'\cos\nu + P'\cos\alpha + Q'\cos\beta + \ldots,$$

lesquelles résolvent les équations proposées dans toute leur étendue, et renferment par conséquent les véritables lois du mouvement des points équinoxiaux de la Lune et de l'inclinaison de son équateur.

En effet, puisque (38)

$$s = \tan\frac{\omega}{2}\sin\varphi, \quad u = \tan\frac{\omega}{2}\cos\varphi,$$

on aura

$$\tan\frac{\omega}{2} = \sqrt{s^2 + u^2}, \quad \tan\varphi = \frac{s}{u},$$

ω étant l'inclinaison de l'équateur lunaire sur l'écliptique, et φ la distance du premier méridien de la Lune au nœud ascendant de l'équateur, c'est-à-dire au point équinoxial d'automne par rapport à la Lune. Or on a, par le même numéro,

$$\theta \text{ ou } \varphi + \psi = 180° + t + r;$$

donc

$$\psi = 180° + t - \dot\varphi + r;$$

mais ψ est la longitude du nœud ascendant de l'équateur lunaire; donc $\psi - 180°$ sera celle de son nœud descendant, ou bien de l'équinoxe du printemps de la Lune. Donc la longitude de cet équinoxe, ou bien sa distance à l'équinoxe de la Terre, sera exprimée par

$$t - \varphi + r,$$

l'angle r étant celui de la libration réelle de la Lune (75).

86. On voit par les expressions précédentes de s et u que, pour que ces quantités soient et demeurent toujours fort petites (ce qui est nécessaire pour l'exactitude de la solution, et qui est en même temps conforme aux observations suivant lesquelles l'inclinaison ω est toujours très-petite), il ne suffit pas que les coefficients M, N, P, P',... soient eux-mêmes fort petits, mais qu'il faut de plus que les angles μ, ν, α, β,... soient réels; or les angles α, β,... sont réels par leur nature, mais les angles μ et ν demandent, pour être réels, que les valeurs de $\frac{d\mu}{dt}$, $\frac{d\nu}{dt}$, c'est-à-dire de $\sqrt{\rho'}$, $\sqrt{\rho''}$, soient réelles; ainsi il faudra que les racines ρ', ρ'' de l'équation en ρ (83) soient non-seulement réelles, mais encore positives; ce qui donne ces trois conditions

$$(A - B - C)^2 + (A - B)B + 4(A - C)C > 0,$$
$$(A - B)(A - C) > 0,$$
$$[(A - B - C)^2 + (A - B)B + 4(A - C)C]^2 > 16 BC(A - B)(A - C).$$

Si l'une de ces conditions manque, les valeurs de s et u renfermeront l'angle t, et pourront augmenter à l'infini, ce qui est contraire aux observations.

En joignant à ces trois conditions celle que nous avons trouvée plus haut (**76**), savoir $B - C > 0$, et qui est nécessaire pour que la libration réelle r soit toujours très-petite, on a quatre conditions entre les trois constantes A, B, C, c'est-à-dire entre les moments d'inertie de la Lune autour de ses trois axes principaux, lesquelles doivent nécessairement avoir lieu, quelle que puisse être d'ailleurs la figure de cette Planète; et si ces conditions ne suffisent pas pour déterminer la vraie figure de la Lune, elles pourront néanmoins servir à donner l'exclusion à une infinité de figures; mais c'est un détail qui nous mènerait trop loin.

87. Examinons maintenant plus particulièrement les expressions que nous venons de trouver pour s et u, et voyons surtout les conséquences qui en résultent par rapport aux mouvements de l'axe lunaire.

On remarquera d'abord que le premier terme de la valeur de z (**59**), lequel est $0,08964 \sin\beta$, β étant l'argument moyen de latitude de la Lune, on remarquera, dis-je, que ce terme est beaucoup plus considérable que tous les autres de la même quantité; de sorte que dans la première approximation on pourra réduire à ce seul terme toute la quantité z, et négliger en même temps les quantités xz et yz comme fort petites par rapport à z. Ainsi les termes tout connus $\frac{3}{2}z - 6xz$ de la première équation se réduiront à $\frac{3}{2} \times 0,08964 \sin\beta$, ou plus exactement (en tenant compte aussi du terme constant $- 0,003587$ de la valeur de x) à

$$\left(\frac{3}{2} \times 0,08964 + 6 \times 0,003583\right) \sin\beta, \quad \text{savoir à} \quad 0,15598 \sin\beta;$$

et les termes tout connus de la seconde équation pourront être négligés.

On aura donc, dans les formules du n° **84**,

$$b = 0,15598,$$

et tous les autres coefficients seront nuls. De sorte que les expressions de s et u du n° 85 se réduiront à celles-ci

$$s = M \sin \mu + N \sin \nu + Q \sin \beta,$$
$$u = M' \cos \mu + N' \cos \nu + Q' \cos \beta,$$

dans lesquelles on aura

$$Q = \frac{\left[A - B - C\left(\frac{d\beta}{dt}\right)^2\right](A-C)b}{R},$$

$$Q' = \frac{(A-B-C)\frac{d\beta}{dt}(A-C)b}{R};$$

en supposant, pour abréger,

$$R = (A-B-C)^2 \left(\frac{d\beta}{dt}\right)^2 - \left[4(A-C) - B\left(\frac{d\beta}{dt}\right)^2\right]\left[A-B-C\left(\frac{d\beta}{dt}\right)^2\right].$$

Or la valeur de $\frac{d\beta}{dt}$ est égale à $1,004018$ par le n° 59; d'où il s'ensuit d'abord qu'on a à très-peu près

$$Q = Q' = \frac{(A-B-C)(A-C)b}{R}.$$

A l'égard du dénominateur R, j'observe qu'en faisant, pour abréger,

$$\left(\frac{d\beta}{dt}\right)^2 = 1 + \varpi,$$

en sorte que

$$\varpi = 0,008052,$$

on peut le mettre sous cette forme

$$R = (A-B-C)[A\varpi - 3(A-C)] + 3C(A-C)\varpi - BC\varpi^2,$$

laquelle, à cause de la petitesse de ϖ, peut se réduire à celle-ci

$$R = (A-B-C)[A\varpi - 3(A-C)];$$

en sorte qu'on aura à très-peu près

$$Q = Q' = \frac{(A-C)b}{A\varpi - 3(A-C)}.$$

88. Maintenant je remarque que puisque

$$s^2 + u^2 = \tang^2 \frac{\omega}{2},$$

on aura, en ajoutant ensemble les carrés des valeurs précédentes de s et u, et ne retenant que les termes tout constants et sans sinus et cosinus, la quantité

$$\frac{M^2 + M'^2 + N^2 + N'^2}{2} + Q^2$$

pour la valeur moyenne de $\tang^2 \frac{\omega}{2}$, ω étant l'inclinaison de l'équateur lunaire sur l'écliptique. Or on sait par les observations que cette inclinaison est très-petite, et l'on ne s'écartera pas beaucoup de la vérité en prenant 2 degrés pour la valeur moyenne de ω, ce qui tient le milieu entre les déterminations de Cassini et de Mayer; ainsi l'on aura pour la valeur moyenne de $\tang \frac{\omega}{2}$,

$$\tang 1° = 0{,}017\,455.$$

Si les valeurs des constantes arbitraires M et N étaient nulles, et par conséquent aussi celles des constantes M' et N' qui en dépendent (83), il est clair que la quantité que nous venons d'assigner pour la valeur moyenne de $\tang \frac{\omega}{2}$ devrait être égale à Q; mais en supposant que M, N, M' et N' ne soient point nulles, la même quantité devra être plus grande que Q (abstraction faite des signes); par conséquent on aura nécessairement

$$Q = \text{ou} < 0{,}017\,455,$$

abstraction faite du signe de Q.

Or ayant trouvé, dans le numéro précédent,

$$Q = \frac{(A - C)\,b}{A\varpi - 3(A - C)},$$

on aura
$$\frac{A-C}{A} = \frac{\varpi Q}{b + 3Q},$$
où
$$\varpi = 0,008\,052 \quad \text{et} \quad b = 0,155\,98;$$

d'où l'on voit que $\frac{A-C}{A}$ doit être un très-petit nombre. En effet, en mettant pour Q sa plus grande valeur positive ou négative, c'est-à-dire en faisant
$$Q = \pm 0,017\,455,$$
on aura ces deux valeurs de $\frac{A-C}{A}$, savoir
$$0,000\,674\,60 \quad \text{et} \quad -0,001\,356\,51,$$
lesquelles seront donc les limites de la quantité $\frac{A-C}{A}$; mais nous donnerons plus bas des limites plus exactes pour cette quantité.

89. Nous remarquerons ici que, ϖ étant un nombre très-petit, ainsi que $\frac{A-C}{A}$ (comme nous venons de le voir), le dénominateur R des coefficients Q et Q' devient aussi très-petit du même ordre, et que les termes $3C(A-C)\varpi - BC\varpi^2$ que nous avons négligés dans la valeur de R sont alors très-petits du second ordre, en sorte qu'on peut les négliger avec raison.

Si la valeur de ϖ n'était pas très-petite, celle de R ne le serait pas non plus, et les valeurs de Q et Q' seraient au contraire beaucoup plus petites qu'elles ne le sont; mais la circonstance de ϖ très-petite, laquelle vient de ce que $\frac{d\beta}{dt}$ est un nombre très-peu différent de l'unité (59), en rendant le dénominateur R fort petit, augmente considérablement la valeur des coefficients Q et Q' des termes $Q\sin\beta$ et $Q'\cos\beta$ des expressions de s et u; d'où l'on voit que le terme $b\sin\beta$ auquel nous avons réduit la valeur de z, outre qu'il est par son coefficient b le plus grand de tous les autres termes de z, est encore par la nature de l'angle β celui qui doit donner les plus grands termes dans s et u; car quoique la valeur de z, ainsi que celle de xz que nous avons entièrement négligée, puissent contenir encore d'autres termes pour lesquels ϖ soit aussi un fort petit nombre, tels, par exemple, que les termes qui auraient pour argument l'angle $2\gamma - \beta$, ou $2\alpha - \beta$, ces termes ne donneraient pourtant pas une valeur de ϖ aussi petite que celle qui vient du terme $\sin\beta$, puisque

$$2\frac{d\gamma}{dt} - \frac{d\beta}{dt} = 0,846\,380 = 1 - 0,153\,620,$$

$$2\frac{d\alpha}{dt} - \frac{d\beta}{dt} = 0,979\,076 = 1 - 0,020\,924;$$

par conséquent la valeur du dénominateur R serait toujours plus grande pour ces termes que pour ceux qui viennent du terme $\sin\beta$. D'où il s'ensuit que ce terme est en effet le seul auquel on doive avoir égard.

90. En supposant la Lune un sphéroïde elliptique homogène peu différent d'une sphère, suivant l'hypothèse du n° 63, on a

$$A = \frac{2h^2m}{5}(1 + e + i), \quad B = \frac{2h^2m}{5}(1 + e), \quad C = \frac{2h^2m}{5}(1 + i),$$

e et i étant des quantités fort petites; ces valeurs étant substituées dans l'équation en ρ du n° 83, on aura, en faisant attention que les valeurs de A, B, C ne sont exactes qu'aux secondes dimensions près de e et i,

$$(1 + e + i)\rho^2 - (1 + 4e + i)\rho + 4ei = 0,$$

laquelle donne, par approximation, ces deux valeurs de ρ, $1 + 3e$ et $4ei$, en sorte qu'on aura

$$\rho' = 1 + 3e, \quad \rho'' = 4ei;$$

et par conséquent

$$\frac{d\mu}{dt} = 1 + \frac{3e}{2}, \quad \frac{d\nu}{dt} = 2\sqrt{ei};$$

de sorte qu'il faudra que e et i soient des quantités toutes deux positives ou toutes deux négatives pour que $\frac{d\nu}{dt}$ ait une valeur réelle.

Substituant ces valeurs dans les expressions de M′ et de N′ du même n° 83, on aura (à cause de la petitesse de e et i)

$$M' = M, \quad N' = -2N\sqrt{\frac{e}{i}} \quad \text{à très-peu près.}$$

Mais, en général, quelles que soient la figure de la Lune et sa constitution intérieure, nous pouvons toujours supposer

$$\frac{A-C}{A} = e,$$

e étant un nombre très-petit par le n° 88; d'ailleurs on a déjà (81)

$$\frac{B-C}{A} = e - i,$$

$e - i$ étant une quantité positive et fort petite; donc on aura

$$\frac{A-B}{A} = i,$$

et par conséquent

$$B = A(1-i), \quad C = A(1-e),$$

e et i étant des quantités très-petites, et ces valeurs étant substituées dans l'équation en ρ donneront les mêmes résultats que ci-dessus; en sorte que ces résultats seront de cette manière indépendants de la figure de la Lune.

91. De ce que nous venons de démontrer il s'ensuit donc que les valeurs de s et u, c'est-à-dire de $\tang\frac{\omega}{2}\sin\varphi$ et $\tang\frac{\omega}{2}\cos\varphi$, se réduisent à cette forme

$$\tang\frac{\omega}{2}\sin\varphi = M\sin\mu + N\sin\nu + Q\sin\beta,$$

$$\tang\frac{\omega}{2}\cos\varphi = M\cos\mu - 2N\sqrt{\frac{e}{i}}\cos\nu + Q\cos\beta,$$

M et N étant deux coefficients arbitraires, μ et ν étant deux angles tels que

$$\frac{d\mu}{dt} = 1 + \frac{3e}{2}, \quad \frac{d\nu}{dt} = 2\sqrt{ei},$$

Q étant égal à $\dfrac{0,15598\,e}{0,008052 - 3\,e}$, β étant l'argument moyen de latitude de la Lune, et e, i étant deux nombres fort petits qui doivent être tels que ei et $e-i$ soient positifs, et qui dans le cas où la Lune est supposée un ellipsoïde homogène représentent les ellipticités du premier méridien et de celui qui le coupe à angles droits.

Ainsi il ne reste plus pour connaître les angles ω et φ, c'est-à-dire l'inclinaison de l'équateur lunaire sur l'écliptique, et la distance du premier méridien au nœud ascendant de cet équateur, ou à l'équinoxe lunaire d'automne, qu'à résoudre les équations que nous venons de trouver. La connaissance de l'angle φ donnera celle de la longitude des nœuds de l'équateur lunaire, puisque nous avons déjà vu (85) que la longitude du nœud descendant ou de l'équinoxe du printemps lunaire est représentée par $t - \varphi + r$; ainsi l'on connaîtra les deux éléments d'où dépend la position de l'équateur ou de l'axe lunaire à chaque instant.

92. Considérons d'abord le cas le plus simple, celui où les deux constantes arbitraires M et N seraient nulles. On aura donc dans ce cas

$$\tang\frac{\omega}{2}\sin\varphi = Q\sin\beta, \quad \tang\frac{\omega}{2}\cos\varphi = Q\cos\beta;$$

or $\tang\dfrac{\omega}{2}$ est une quantité positive par l'hypothèse du calcul; donc, si Q est une quantité positive, on aura

$$\tang\frac{\omega}{2} = Q, \quad \varphi = \beta;$$

mais, si Q est une quantité négative, on aura

$$\tang\frac{\omega}{2} = -Q, \quad \varphi = 180° + \beta.$$

Voyons donc lequel de ces deux cas peut s'accorder avec les observations.

Si $\varphi = \beta$, on aura $t - \beta + r$ pour la longitude du nœud descendant de l'équateur lunaire; et comme r est une quantité très-petite qui ne peut renfermer que des sinus et des cosinus d'angles (cette quantité r représentant la libration réelle de la Lune que nous avons examinée plus haut), il est visible que $t-\beta$ sera la longitude moyenne de ce nœud; mais β étant l'argument moyen de latitude de la Lune, c'est-à-dire la distance du nœud moyen de la Lune à son nœud ascendant moyen, et t étant (hypothèse) la longitude moyenne de la Lune, $t-\beta$ sera la longitude moyenne du nœud ascendant de l'orbite lunaire. Donc, dans le cas dont il s'agit, le lieu moyen du nœud descendant de l'équateur lunaire coïncidera avec le lieu moyen du nœud ascendant de l'orbite de la Lune. Or c'est précisément ce qui s'accorde avec la Théorie établie par Cassini sur des observations faites dans le siècle passé, et confirmée par Mayer et par M. de Lalande d'après des observations faites depuis trente ans. De sorte qu'on est assuré que le cas dont il s'agit donne, par rapport au lieu moyen des nœuds de l'équateur lunaire, des résultats exactement conformes aux observations.

Dans l'autre cas on aurait $t-\beta-180°$ pour la longitude moyenne du nœud descendant, ce qui ferait coïncider le nœud ascendant de l'équateur avec le nœud ascendant de l'orbite; ce cas pourrait, comme on voit, avoir lieu également si Q était une quantité négative; mais puisque les observations répondent parfaitement au cas précédent, il en faut conclure que Q est nécessairement une quantité positive.

93. Mais la supposition de $M=0$ et $N=0$ étant trop limitée, examinons maintenant l'influence de ces quantités dans la valeur de l'angle $\varphi-\beta$. Pour cela je déduis des deux équations du n° 91 ces deux transformées

$$\tang\frac{\omega}{2}\sin(\varphi-\beta) = M\sin(\mu-\beta) + N\left(\frac{1}{2}-\sqrt{\frac{e}{i}}\right)\sin(\nu-\beta) + N\left(\frac{1}{2}+\sqrt{\frac{e}{i}}\right)\sin(\nu+\beta),$$

$$\tang\frac{\omega}{2}\cos(\varphi-\beta) = M\cos(\mu-\beta) + N\left(\frac{1}{2}-\sqrt{\frac{e}{i}}\right)\cos(\nu-\beta) + N\left(\frac{1}{2}+\sqrt{\frac{e}{i}}\right)\cos(\nu+\beta) + Q,$$

lesquelles, en faisant, pour abréger,

$$\frac{1}{2}-\sqrt{\frac{e}{i}}=p, \quad \frac{1}{2}+\sqrt{\frac{e}{i}}=q,$$

donnent

$$\tang(\varphi - \beta) = \frac{M \sin(\mu - \beta) + p N \sin(\nu - \beta) + q N \sin(\nu + \beta)}{Q + M \cos(\mu - \beta) + p N \cos(\nu - \beta) + q N \cos(\nu + \beta)}.$$

On voit par cette formule que l'angle $\varphi - \beta$ ne pourra jamais être $\pm 90°$, si la valeur de $\tang(\varphi - \beta)$ ne peut pas devenir infinie positive ou négative, et comme le numérateur de cette valeur est toujours fini, il s'ensuit qu'on n'aura jamais $\varphi - \beta = \pm 90°$, si le dénominateur ne peut pas devenir nul; de sorte que dans ce cas on aura $\varphi = \beta \pm$ un angle au-dessous de 90 degrés, et par conséquent la valeur moyenne de φ sera encore égale à β.

Il n'en sera pas de même si le dénominateur de la valeur de $\tang(\varphi - \beta)$ peut devenir nul; car puisque les sinus et cosinus qui entrent tant dans le numérateur que dans le dénominateur peuvent recevoir successivement toutes les valeurs possibles comprises entre $+1$ et -1, la valeur de $\tang(\varphi - \beta)$ pourra aussi recevoir toutes les valeurs possibles comprises entre $+\infty$ et $-\infty$; par conséquent l'angle même $\varphi - \beta$ pourra aller au delà de 90 degrés et devenir égal à plusieurs circonférences en tel nombre qu'on voudra.

94. Donc, puisque les observations ont appris que le nœud descendant de l'équateur lunaire ne s'éloigne jamais beaucoup du nœud moyen ascendant de l'orbite de la Lune, et qu'ainsi $\varphi - \beta$ doit toujours être un angle peu considérable, il s'ensuit que la quantité

$$Q + M \cos(\mu - \beta) + p N \cos(\nu - \beta) + q N \cos(\nu + \beta)$$

ne doit jamais devenir nulle, quels que puissent être les angles μ, ν et β. Or pour cela il est clair qu'il faut que la valeur de Q soit plus grande que la somme des coefficients M, pN, qN, abstraction faite des signes de Q, M, pN, qN. Or nous avons déjà vu que, lorsque M et N sont nuls, Q doit avoir une valeur positive pour que $\varphi - \beta$ soit nul; donc, lorsque M et N ne sont pas nuls, il faudra que Q ait une valeur positive et plus grande que la somme des valeurs de M, pN, qN (ces quantités étant aussi prises positivement) pour que $\varphi - \beta$ soit toujours un angle assez petit ou du moins au-dessous de 90 degrés, comme les observations le demandent; or comme les constantes M et N sont arbitraires, cette dernière condition est toujours facile à remplir, et l'on doit la regarder comme une donnée fournie par les observations.

95. Soit, pour abréger, $\varphi - \beta = \mathfrak{S}$, en sorte que $\varphi = \beta + \mathfrak{S}$; on aura (85) $t - \beta - \mathfrak{S} + r$ pour la longitude du nœud descendant de l'équateur lunaire, mais $t - \beta$ est le lieu moyen du nœud ascendant de l'orbite; donc, pour avoir le lieu vrai du nœud descendant de l'équateur, il n'y aura qu'à corriger le lieu moyen du nœud ascendant de l'orbite par les équations $r - \mathfrak{S}$, r étant la libration réelle de la Lune, et $\mathfrak{S}$ un angle toujours au-dessous de 90 degrés, déterminé par l'équation

$$\tang \mathfrak{S} = \frac{M \sin(\mu - \beta) + p N \sin(\nu - \beta) + q N \sin(\nu + \beta)}{Q + M \cos(\mu - \beta) + p N \cos(\nu - \beta) + q N \cos(\nu + \beta)}.$$

Comme la valeur de Q est supposée plus grande que la somme de M, pN, qN, on pourra, si l'on veut, réduire le dénominateur du second membre de cette équation en une série convergente; de plus, comme $\mathfrak{S}$ est au-dessous de 90 degrés, on pourra réduire aussi $\tang \mathfrak{S}$ en série et de là on pourra déduire la valeur même de l'angle $\mathfrak{S}$ exprimée par une suite de différents sinus; mais on peut trouver directement cette série par la méthode que j'ai donnée dans les *Mémoires* de cette Académie de 1776, et que j'avais déjà employée avec succès dans mes *Recherches sur le mouvement des nœuds des Planètes* (*).

Suivant cette méthode, on aura

$$\mathfrak{S} = \frac{1}{2\sqrt{-1}} \log \frac{1 + \tang \mathfrak{S} \sqrt{-1}}{1 - \tang \mathfrak{S} \sqrt{-1}}$$

$$= \frac{1}{2\sqrt{-1}} \log \left(1 + \frac{M e^{(\mu-\beta)\sqrt{-1}} + p N e^{(\nu-\beta)\sqrt{-1}} + q N e^{(\nu+\beta)\sqrt{-1}}}{Q} \right)$$

$$- \frac{1}{2\sqrt{-1}} \log \left(1 + \frac{M e^{-(\mu-\beta)\sqrt{-1}} + p N e^{-(\nu-\beta)\sqrt{-1}} + q N e^{-(\nu+\beta)\sqrt{-1}}}{Q} \right);$$

(*) *Œuvres de Lagrange*, t. IV, p. 275.

ces logarithmes peuvent se réduire en séries convergentes, puisque (hypothèse) Q est plus grande que la somme des coefficients M, pN, qN pris positivement; et l'on aura, en substituant les sinus correspondants aux exponentielles imaginaires,

$$\epsilon = \frac{M}{Q}\sin(\mu-\beta) + \frac{pN}{Q}\sin(\nu-\beta) + \frac{qN}{Q}\sin(\nu+\beta)$$
$$- \frac{M^2}{2Q^2}\sin 2(\mu-\beta) - \frac{pMN}{Q^2}\sin(\mu+\nu-2\beta) - \frac{p^2N^2}{2Q^2}\sin 2(\nu-\beta) + \ldots$$

96. Considérons maintenant l'inclinaison ω de l'équateur lunaire sur l'écliptique; pour en déterminer la valeur, il n'y aura qu'à ajouter ensemble les carrés des deux équations du n° 93; on aura

$$\tan^2\frac{\omega}{2} = [M\sin(\mu-\beta) + pN\sin(\nu-\beta) + qN\sin(\nu+\beta)]^2$$
$$+ [M\cos(\mu-\beta) + pN\cos(\nu-\beta) + qN\cos(\nu+\beta) + Q]^2,$$

savoir, en développant les termes, et réduisant les produits des sinus et cosinus en cosinus simples,

$$\tan^2\frac{\omega}{2} = Q^2 + M^2 + p^2N^2 + q^2N^2$$
$$+ 2QM\cos(\mu-\beta) + 2pQN\cos(\nu-\beta)$$
$$+ 2qQN\cos(\nu+\beta) + 2pMN\cos(\mu-\nu)$$
$$+ 2qMN\cos(\mu-\nu-2\beta) + 2pqN^2\cos 2\beta.$$

97. Les termes constants

$$Q^2 + M^2 + (p^2+q^2)N^2$$

donnent la valeur moyenne de $\tan^2\frac{\omega}{2}$, laquelle est à peu près connue par les observations, et que nous pouvons supposer comme ci-dessus (**88**) égale à $\tan^2(1°)$.

Mais si l'on suppose, pour plus de généralité, que la valeur moyenne de $\tan\frac{\omega}{2}$ soit égale à k, on aura (**93**)

$$k^2 = Q^2 + M^2 + (p^2+q^2)N^2 = Q^2 + M^2 + \left(\frac{1}{2} + \frac{2e}{l}\right)N^2.$$

Or nous avons vu ci-dessus (94) que Q doit être une quantité positive plus grande que la somme des coefficients M, pN, qN pris positivement; donc à plus forte raison on aura

$$Q^2 > M^2 + p^2 N^2 + q^2 N^2 > k^2 - Q^2.$$

Donc on aura

$$Q^2 < k^2 \quad \text{et} \quad > \frac{k^2}{2},$$

et par conséquent

$$Q < k \quad \text{et} \quad > \frac{k}{\sqrt{2}}.$$

Mais on a (91)

$$Q = \frac{0,15598\,e}{0,008052 - 3e};$$

donc

$$e = \frac{0,008052\,Q}{0,15598 + 3Q};$$

substituant ici les deux limites de Q qu'on vient de trouver, on aura ces deux limites de e, savoir

$$\frac{0,008052\,k}{0,15598 + 3k} \quad \text{et} \quad \frac{0,008052\,k}{0,22059 + 3k}.$$

Si l'on fait $k = \tang 1° = 0,017455$, les deux limites précédentes deviennent

$$0,0006746 \quad \text{et} \quad 0,0005149,$$

entre lesquelles la valeur de e sera nécessairement renfermée.

98. Quelles que puissent donc être la figure de la Lune et la densité de ses parties, il faudra que la quantité $e = \frac{A-C}{A}$ (90) soit positive et renfermée entre ces limites $0,0006746$ et $0,0005149$; et la quantité $i = \frac{A-B}{A}$ (numéro cité) devra par conséquent être aussi positive, mais $< e$, pour que ei et $e - i$ soient des quantités positives, comme nous avons vu qu'elles doivent l'être (81 et 90). Et comme ces quantités e et i sont les seuls éléments dépendants de la figure de la Lune, qui entrent

dans les formules des mouvements de cette Planète autour de son centre, il s'ensuit que ces mouvements seront toujours les mêmes pour toutes les figures pour lesquelles les valeurs de e et i seront les mêmes. Donc ils seront aussi les mêmes que si la Lune était un sphéroïde homogène et elliptique, dans lequel l'axe de rotation serait le petit axe commun de tous les méridiens, et où l'ellipticité du premier méridien qui passe à peu près par le centre apparent serait e, et l'ellipticité du méridien perpendiculaire à celui-là et qui passe par les bords apparents serait i (63).

99. Dans l'hypothèse de l'homogénéité et de la fluidité primitive de la Lune on aurait (68)

$$e = \frac{0,000\,000\,480\,8}{m} \quad \text{et} \quad i = \frac{0,000\,000\,120\,2}{m},$$

m étant le rapport de la masse de la Lune à celle de la Terre; égalant donc cette valeur de e aux deux limites de e qu'on vient de trouver, on aura deux valeurs de m, savoir

$$0,000\,712\,7 \quad \text{et} \quad 0,000\,933\,7,$$

qui seront donc les limites du rapport des masses de la Lune et de la Terre, dans les suppositions dont il s'agit. Ainsi la masse de la Lune devrait être moindre qu'un millième de celle de la Terre, ce qui ne peut se concilier avec les résultats des phénomènes des marées et de la précession des équinoxes (69). D'où l'on peut conclure, ou que la Lune n'est pas homogène, ou que sa figure actuelle est différente de celle qu'elle aurait dû prendre en vertu de la force centrifuge de ses parties combinée avec l'attraction de la Terre, si elle avait été primitivement fluide.

100. Revenons maintenant à l'expression générale de $\tang^2 \frac{\omega}{2}$ du n° 96; il est facile de voir que cette quantité deviendra un maximum ou un minimum lorsque les sinus des différents angles $\mu - \beta$, $\nu - \beta$, ... seront nuls; alors leurs cosinus seront ± 1, et la valeur de $\tang^2 \frac{\omega}{2}$ deviendra

$$(Q \pm M \pm pN \pm qN)^2,$$

en sorte qu'on aura pour les plus grandes ou plus petites inclinaisons ω de l'orbite lunaire

$$\operatorname{tang} \frac{\omega}{2} = Q \pm M \pm pN \pm qN.$$

Donc, si l'on nomme E la somme des trois coefficients M, pN et qN chacun pris positivement, on aura pour la plus grande valeur de ω

$$\operatorname{tang} \frac{\omega}{2} = Q + E,$$

et pour la plus petite

$$\operatorname{tang} \frac{\omega}{2} = Q - E,$$

E étant toujours $<$ Q par le n° 88. Si donc on pouvait, par les observations, déterminer avec assez de précision la plus grande et la plus petite inclinaison de l'équateur lunaire, on déterminerait en même temps les valeurs de Q et de E; mais il n'y a pas d'apparence qu'on puisse y parvenir sitôt.

101. Au reste, à cause des coefficients inconnus M et N, et des quantités e et i, dont la première n'est connue qu'à peu près et dont la seconde est encore inconnue, il ne sera guère possible de faire usage des équations qui expriment les variations de $\operatorname{tang}^2 \frac{\omega}{2}$ (96), non plus que de celles qui expriment les variations de l'angle φ (95), pour déterminer avec précision la position de l'équateur lunaire à chaque instant; ces équations servent seulement à faire voir que le lieu du nœud descendant de l'équateur lunaire et l'inclinaison de cet équateur sur l'écliptique peuvent faire des oscillations plus ou moins grandes autour du lieu moyen et de l'inclinaison moyenne, sans néanmoins que les nœuds vrais puissent s'éloigner de 90 degrés des nœuds moyens, et que l'inclinaison puisse devenir nulle; ce qui suffit pour expliquer les irrégularités que l'on a trouvées, dans les résultats des différentes observations relativement à ces deux éléments. (*Voyez* le Traité de Mayer dans les *Kosmographische Nachrichten* de Nurenberg, et le Mémoire de M. de Lalande dans le volume de l'Académie des Sciences de Paris pour 1764.)

SECTION CINQUIÈME.

RECHERCHE DES INÉGALITÉS DU MOUVEMENT DE LA LUNE AUTOUR DE LA TERRE, QUI PROVIENNENT DE LA FIGURE NON SPHÉRIQUE DE CETTE PLANÈTE.

102. Après avoir examiné l'effet de l'attraction de la Terre sur la Lune supposée non sphérique, par rapport aux différents mouvements que cette Planète peut avoir autour de son centre de gravité, il ne reste plus qu'à examiner l'effet de la même action, relativement au mouvement de ce centre autour de la Terre. Cet examen n'a aucune difficulté, et se réduit simplement à chercher, d'après les équations différentielles du n° 58, les termes des valeurs de x, y, z, dus aux quantités $\frac{1}{m}\frac{\delta V''}{\delta x}$, $\frac{1}{m}\frac{\delta V''}{\delta y}$, $\frac{1}{m}\frac{\delta V''}{\delta z}$, qui expriment l'effet de la non-sphéricité de la Lune dans les équations de son mouvement autour de la Terre. On commencera donc par chercher les valeurs de ces quantités par la différentiation de l'expression de V'' du n° 54, et pour réduire d'abord le calcul le plus qu'il est possible, on remarquera : 1° que les trois constantes F, G, H doivent être nulles suivant la supposition du n° 74; 2° que, les quantités r, s, u étant très-petites, il suffira d'avoir égard aux termes où elles ne passent pas la première dimension, puisque les différentiations qu'il s'agit de faire sont indépendantes de ces quantités; 3° que, les variables x, y, z étant aussi assez petites, il suffira, du moins dans la première approximation, de n'avoir égard qu'aux termes où ces variables ne montent pas au delà du premier degré.

De cette manière l'expression de V'' se réduira à cette forme

$$V'' = \frac{f(A+B+C)}{4p'^3} + \frac{3f(1+x)^2}{2p'^5}C + \frac{3fy^2}{2p'^5}B + \frac{3fz^2}{2p'^5}A - 3fy(B-C)r + 6fz(A-C)s;$$

d'où, en faisant varier séparément x, y, z, on tirera les valeurs cherchées de $\frac{\delta V''}{\delta x}$, $\frac{\delta V''}{\delta y}$, $\frac{\delta V''}{\delta z}$.

103. On remarquera maintenant que les termes de V'' qui ne sont que des fonctions de x, y, z, sans r, s, ne donneront que de pareilles fonctions dans les valeurs dont il s'agit, d'où il ne pourra résulter dans les équations du mouvement de la Lune, que des termes de la même forme que ceux qui entrent déjà dans ces équations, mais avec des coefficients extrêmement petits, à cause de la petitesse des quantités $\frac{A}{m}$, $\frac{B}{m}$, $\frac{C}{m}$ (70).

L'effet de ces termes ne consisterait donc qu'à altérer infiniment peu les coefficients de quelques-unes des équations lunaires, ainsi que les mouvements de l'apogée et du nœud déterminés par la Théorie; mais ces altérations ne sauraient être d'aucune importance dans la Théorie de la Lune, dont les résultats ne peuvent être qu'approchés, à cause de la multitude des quantités qu'on est déjà forcé d'y négliger. Ainsi l'on pourra dans la recherche présente négliger tous ces termes, et n'avoir égard par conséquent dans la valeur de V″ qu'aux termes qui renferment les quantités r et s, et qui peuvent donner dans le mouvement de la Lune des équations particulières et différentes de toutes celles que l'on connaît déjà.

On négligera donc dans l'expression de V″ les termes qui ne sont que de simples fonctions de x, y, z, et l'on réduira par là cette expression à celle-ci

$$V'' = -3f(B-C)yr + 6f(A-C)zs,$$

laquelle donnera par la différentiation

$$\frac{\delta V''}{\delta x} = 0, \quad \frac{\delta V''}{\delta y} = -3f(B-C)r, \quad \frac{\delta V''}{\delta z} = 6f(A-C)s.$$

104. On substituera ces quantités dans les trois équations de l'orbite de la Lune du n° 58, et comme il ne s'agit pas ici de déterminer les valeurs complètes des variables x, y, z, mais seulement les parties très-petites de ces valeurs, lesquelles peuvent résulter des quantités dont il s'agit, il suffira d'avoir égard aux termes où ces variables seront linéaires et ne se trouveront multipliées par aucun sinus ou cosinus.

On mettra donc simplement $1-3x$ à la place de $\frac{1}{p'^3}$ et

$$\frac{1}{h^3} - 3\frac{(1+x)\cos(t-\Sigma) - y\sin(t-\Sigma)}{h^4}$$

à la place de $\frac{1}{q'^3}$; et l'on aura ces trois équations

$$\frac{d^2x}{dt^2} - \frac{2\,dy}{dt} - 1 - x + f(1-2x) + fn^2(1+x) + fn^2\frac{-3(1+x)}{2} = 0,$$

$$\frac{d^2y}{dt^2} + \frac{2\,dx}{dt} - y + fy(1+n^2) - fn^2\frac{3y}{2} - \frac{3f(B-C)}{m}r = 0,$$

$$\frac{d^2z}{dt^2} + fz(1+n^2) + \frac{6f(A-C)}{m}s = 0.$$

Mais (60)

$$f = \frac{1}{1-\frac{n^2}{2}} = 1 + \frac{n^2}{2}$$

à très-peu près, n^2 étant une quantité très-petite, égale à $\frac{1}{178}$ environ; on fera donc cette substitution, et l'on pourra négliger partout les n^4 et même les n^2 dans les termes très-petits qui contiennent r et s; on aura ainsi les équations suivantes

$$\frac{d^2x}{dt^2} - \frac{2\,dy}{dt} - 3\left(1+\frac{n^2}{2}\right)x = 0,$$

$$\frac{d^2y}{dt^2} + \frac{2\,dx}{dt} - \frac{3(B-C)}{m}r = 0,$$

$$\frac{d^2z}{dt^2} + \left(1+\frac{3n^2}{2}\right)z + \frac{6(A-C)}{m}s = 0,$$

dans lesquelles il ne s'agira plus que de substituer les valeurs de r et s, trouvées dans la Section précédente.

105. Mais nous remarquerons encore, à l'égard de cette substitution, qu'il serait inutile d'y tenir compte des termes de r et s, qui sont proportionnels à $\sin\alpha$, $\sin\beta$,..., c'est-à-dire qui sont semblables aux termes des expressions complètes de x, y, z, parce qu'il ne pourrait résulter de là que de très-petites corrections pour ces mêmes termes, corrections qu'on doit négliger par les raisons alléguées ci-dessus. Ainsi il suffira de substituer pour r le seul terme $L\sin\lambda$ (75) et pour s les deux termes $M\sin\mu + N\sin\nu$ (85).

De plus, comme nous avons déjà fait (90)

$$\frac{B-C}{A} = e-i \quad \text{et} \quad \frac{A-C}{A} = e,$$

on mettra $A(e-i)$ à la place de $B-C$ et Ae à la place de $A-C$; et, faisant pour plus de simplicité

$$\frac{A}{m} = \Delta,$$

on aura

$$\frac{d^2x}{dt^2} - \frac{2\,dy}{dt} - 3\left(1 + \frac{n^2}{2}\right)x = 0,$$

$$\frac{d^2y}{dt^2} + \frac{2\,dx}{dt} - 3\Delta(e-i)\mathrm{L}\sin\lambda = 0,$$

$$\frac{d^2z}{dt^2} + \left(1 + \frac{3n^2}{2}\right)z + 6\Delta e(\mathrm{M}\sin\mu + \mathrm{N}\sin\nu) = 0.$$

Dans ces équations les angles λ, μ, ν croissent uniformément, et l'on a (75, 90)

$$\frac{d\lambda}{dt} = \sqrt{3(e-i)}, \quad \frac{d\mu}{dt} = 1 + \frac{3e}{2}, \quad \frac{d\nu}{dt} = 2\sqrt{ei};$$

les constantes e et i dépendent de la figure de la Lune et sont inconnues, mais très-petites et positives; e doit être renfermée entre les limites $0,0006746$ et $0,0005149$, et i doit être $< e$; les constantes L, M, N sont encore indéterminées, mais doivent être aussi fort petites; la constante Δ dépend aussi de la figure de la Lune et est pareillement inconnue, mais très-petite et positive; si la Lune était homogène et à très-peu près sphérique, on aurait à très-peu près $\Delta = \frac{2h^2}{5}$ (63), h étant le demi-diamètre apparent de la Lune, lequel est égal à $\frac{3}{11\times 60}$; mais si la Lune n'est pas homogène, alors la valeur de Δ sera différente, mais sera nécessairement $< 4h^2 < \frac{1}{12100}$ (70).

106. Pour intégrer ces équations on remarquera que, comme on ne demande pas les valeurs complètes de x, y, z, mais seulement les parties

de ces valeurs qui dépendent des termes en $\sin\lambda$, $\sin\mu$, $\sin\nu$, il suffira de supposer

$$x = \mathrm{E}\cos\lambda, \quad y = \mathrm{F}\sin\lambda, \quad z = \mathrm{G}\sin\mu + \mathrm{H}\sin\nu,$$

les coefficients E, F, G, H étant constants et indéterminés; en effet, en faisant ces substitutions et ayant égard à ce que $\dfrac{d\lambda}{dt}$, $\dfrac{d\mu}{dt}$, $\dfrac{d\nu}{dt}$ sont des quantités constantes, on trouvera ces quatre équations

$$-\mathrm{E}\left(\frac{d\lambda}{dt}\right)^2 - 2\mathrm{F}\frac{d\lambda}{dt} - 3\left(1 + \frac{n^2}{2}\right)\mathrm{E} = 0,$$

$$-\mathrm{F}\left(\frac{d\lambda}{dt}\right)^2 - 2\mathrm{E}\frac{d\lambda}{dt} - 3\Delta(e-i)\mathrm{L} = 0,$$

$$-\mathrm{G}\left(\frac{d\mu}{dt}\right)^2 + \left(1 + \frac{3n^2}{2}\right)\mathrm{G} + 6\Delta e\mathrm{M} = 0,$$

$$-\mathrm{H}\left(\frac{d\nu}{dt}\right)^2 + \left(1 + \frac{3n^2}{2}\right)\mathrm{H} + 6\Delta e\mathrm{N} = 0,$$

par lesquelles on déterminera les quatre inconnues E, F, G, H.

La première équation donne

$$\mathrm{F}\frac{d\lambda}{dt} = -\frac{1}{2}\mathrm{E}\left(\frac{d\lambda}{dt}\right)^2 - \frac{3}{2}\left(1 + \frac{n^2}{2}\right)\mathrm{E};$$

substituant cette valeur dans la seconde, on aura

$$\mathrm{E}\left[\frac{1}{2}\left(\frac{d\lambda}{dt}\right)^3 - \left(\frac{1}{2} - \frac{3n^2}{4}\right)\frac{d\lambda}{dt}\right] - 3\Delta(e-i)\mathrm{L} = 0;$$

mais

$$\frac{d\lambda}{dt} = \sqrt{3(e-i)};$$

donc, puisque n^2 et $e-i$ sont des quantités fort petites, on aura à très-peu près

$$\mathrm{E} = -2\Delta\mathrm{L}\sqrt{3(e-i)},$$

et de là

$$\mathrm{F} = 3\Delta\mathrm{L}, \text{ à très-peu près.}$$

La troisième et la quatrième équation donneront immédiatement, en substituant pour $\frac{d\mu}{dt}$ et $\frac{d\nu}{dt}$ leurs valeurs $1 + \frac{3e}{2}$ et $2\sqrt{ei}$,

$$G = \frac{4\Delta e M}{e - n^2}, \quad H = 6\Delta e N, \text{ à très-peu près.}$$

107. Si donc on dénote par x', y', z' les parties des valeurs de x, y, z qui résultent des termes proportionnels à $\sin\lambda$, $\sin\mu$, $\sin\nu$, et dus à la non-sphéricité de la Lune, on aura

$$x' = -2\Delta L \sqrt{3(e-i)} \cos\lambda,$$
$$y' = 3\Delta L \sin\lambda,$$
$$z' = \frac{4\Delta e M}{e - n^2} \sin\mu + 6\Delta e N \sin\nu.$$

Ainsi il faudra ajouter ces quantités x', y', z' aux expressions de x, y, z données par M. Euler dans sa Théorie de la Lune, pour avoir les valeurs complètes de ces variables. Mais pour mieux connaître l'effet des quantités dont il s'agit, dans le mouvement de la Lune, nous remarquerons que nommant ρ la distance de la Lune à la Terre, réduite à l'écliptique, σ sa longitude vraie et υ sa latitude, on a

$$1 + x = \rho \cos(\sigma - t), \quad y = \rho \sin(\sigma - t), \quad z = \rho \tang \upsilon;$$

d'où l'on tire

$$\rho = \sqrt{(1+x)^2 + y^2}, \quad \tang(\sigma - t) = \frac{y}{1+x}, \quad \tang\upsilon = \frac{z}{\sqrt{(1+x)^2 + y^2}}.$$

De sorte que, si l'on désigne par ρ', σ', υ' les petites parties des valeurs de ρ, σ, υ dues aux parties x', y', z' des valeurs de x, y, z, on trouvera

$$\rho' = x', \quad \sigma' = y', \quad \upsilon' = z'$$

à très-peu près, à cause de la petitesse de x, y, z vis-à-vis de l'unité, et de x', y', z' vis-à-vis de x, y, z.

D'où il s'ensuit que x' exprimera l'altération de la distance de la Lune à la Terre, y' l'altération de la longitude de la Lune, et z' l'altération de la latitude de cette Planète.

108. Comme les arguments λ et ν croissent très-lentement, à cause de

$$\frac{d\lambda}{dt} = \sqrt{3(e-i)} \quad \text{et} \quad \frac{d\nu}{dt} = 2\sqrt{ei},$$

e et i étant des quantités très-petites, il est clair que les équations qui dépendent de ces arguments doivent être des espèces d'équations séculaires, qui ne peuvent devenir sensibles qu'au bout d'un temps fort long.

Il n'en est pas de même de l'équation qui dépend de l'argument μ, lequel, à cause de

$$\frac{d\mu}{dt} = 1 + \frac{3e}{2},$$

augmente à peu près comme la longitude moyenne de la Lune; de sorte que cette équation doit disparaitre et se renouveler à chaque période de la Lune.

Voyons donc si ces équations peuvent avoir un effet sensible dans le mouvement de la Lune, et examinons principalement celle de la longitude, laquelle est d'autant plus essentielle à considérer qu'elle parait pouvoir donner l'équation séculaire de Mayer, dont la cause a été vainement cherchée jusqu'à présent.

Cette équation est représentée par le terme y', dont la valeur est $3\Delta L \sin\lambda$, $L\sin\lambda$ étant celle de l'angle r de la libration réelle de la Lune, abstraction faite des termes qui dépendent des inégalités du mouvement périodique. On peut donc représenter l'équation dont il s'agit par $3\Delta r$; or nous avons déjà vu que la quantité $\Delta = \frac{A}{m}$ est nécessairement $< \frac{1}{12100}$ (105); donc on aura $y' < \frac{r}{4000}$. Si donc la plus grande valeur de r est d'un degré, la plus grande valeur de y' sera au-dessous d'une seconde; de sorte que, quand on supposerait que l'angle r pût aller jusqu'à 60 degrés, ce qui serait d'ailleurs contraire aux observations de la libration, l'angle y' ne pourrait pas même monter à une minute, et serait par conséquent toujours insensible.

A l'égard des autres équations on prouvera de même, en employant les valeurs trouvées, dans la Section précédente, pour les quantités e, M, N, que ces équations doivent être tout à fait insensibles.

109. Comme l'équation proportionnelle à l'angle r de la libration serait très-propre à expliquer l'équation séculaire de Mayer, si elle avait un coefficient assez considérable pour cela, il est bon de calculer ce coefficient avec plus d'exactitude, d'autant plus que, recevant de l'intégration un diviseur très-petit, il ne serait pas impossible qu'il eût à la seconde approximation une valeur assez différente de ce qu'elle est à la première.

Je reprends pour cela les deux équations en x et y du n° **104**, mais je remets dans la seconde, à la place du terme $-\dfrac{3(B-C)}{m}r$, la quantité $\dfrac{1}{m}\dfrac{\delta V''}{\delta y}$ qui l'a produit; j'aurai ainsi

$$\frac{d^2x}{dt^2} - \frac{2\,dy}{dt} - 3\left(1 + \frac{n^2}{2}\right)x = 0,$$

$$\frac{d^2y}{dt^2} + \frac{2\,dx}{dt} + \frac{1}{m}\frac{\delta V''}{\delta y} = 0.$$

Je reprends de même l'équation en r du n° **75**, et je la remets sous sa forme primitive (**71**)

$$A\frac{d^2r}{dt^2} + \frac{\delta V''}{\delta r} = 0;$$

et il ne s'agira que d'avoir égard dans l'expression de V'' aux termes qui contiennent r^2 et ry.

Or on voit par les formules des n°^{s} **54** et précédents que la quantité V'' n'est autre chose que la partie de la quantité $-f\mathbf{S}\dfrac{dm}{p}$, où entrent les quantités λ, μ, ν, p étant égal à

$$\sqrt{(1 + x - \lambda)^2 + (y - \mu)^2 + (z - \nu)^2}.$$

Ainsi, comme on ne veut avoir égard qu'aux termes qui peuvent renfermer r^2 et yr, on pourra d'abord réduire la valeur de p à celle-ci

$$\sqrt{1 - 2\lambda - 2\mu y + \lambda^2 + \mu^2 + \nu^2},$$

et celle de $\frac{1}{p}$ à
$$\frac{1}{\sqrt{1-2\lambda+\lambda^2+\mu^2+\nu^2}}+\frac{\mu\gamma}{(1-2\lambda+\lambda^2+\mu^2+\nu^2)^{\frac{3}{2}}}.$$

Maintenant on a, en général, par les formules du n° 46,
$$\lambda=-(\eta\sin t+\xi\cos t),\quad \mu=\xi\sin t-\eta\cos t,\quad \zeta=\nu;$$
donc
$$\lambda^2+\mu^2+\nu^2=\xi^2+\eta^2+\zeta^2=a^2+b^2+c^2;$$

de plus, en substituant les valeurs rigoureuses de ξ', η',... données dans le n° 41, on aura

$$\lambda=a[(1-2s^2)\cos r+2su\sin r]-b[(1-2u^2)\sin r+2su\cos r]+2c(u\sin r-s\cos r),$$
$$\mu=a[(1-2s^2)\sin r-2su\cos r]+b[(1-2u^2)\cos r-2su\sin r]-2c(u\cos r+s\sin r);$$

d'où l'on voit que
$$\mu=-\frac{d\lambda}{dr}.$$

La valeur de $\frac{1}{p}$ trouvée ci-dessus deviendra donc
$$\frac{1}{\sqrt{1-2\lambda+a^2+b^2+c^2}}-\frac{\gamma}{(1-2\lambda+a^2+b^2+c^2)^{\frac{3}{2}}}\frac{d\lambda}{dr},$$

c'est-à-dire
$$\Lambda-\frac{d\Lambda}{dr}\gamma,$$

en supposant
$$\Lambda=\frac{1}{\sqrt{1-2\lambda+a^2+b^2+c^2}}.$$

Si donc on fait
$$\Pi=-\int \mathbf{S}\Lambda\,dm,$$

on aura
$$\Pi-\frac{d\Pi}{dr}\gamma$$

pour les termes de la quantité V'' dont on doit tenir compte dans la recherche présente ; ainsi l'on aura dans les équations différentielles ci-dessus

$$\frac{\delta V''}{\delta y} = -\frac{d\Pi}{dr}, \quad \frac{\delta V''}{\delta r} = \frac{d\Pi}{dr} - y\frac{d^2\Pi}{dr^2},$$

où l'on pourra négliger encore le terme $y\dfrac{d^2\Pi}{dr^2}$, parce que nous faisons abstraction, dans la valeur de r, des termes venant des inégalités du mouvement de la Lune autour de la Terre.

110. Ces équations seront donc par ces substitutions

$$\frac{d^2x}{dt^2} - \frac{2\,dy}{dt} - 3\left(1 + \frac{n^2}{2}\right)x = 0, \quad \frac{d^2y}{dt^2} + \frac{2\,dx}{dt} - \frac{d\Pi}{m\,dr} = 0, \quad \Lambda\frac{d^2r}{dt^2} + \frac{d\Pi}{dr} = 0.$$

Substituant dans la seconde la valeur de $\dfrac{d\Pi}{dr}$ tirée de la troisième, on aura donc ces deux-ci

$$\frac{d^2x}{dt^2} - \frac{2\,dy}{dt} - 3\left(1 + \frac{n^2}{2}\right)x = 0, \quad \frac{d^2y}{dt^2} + \frac{2\,dx}{dt} + \Delta\frac{d^2r}{dt^2} = 0,$$

à cause de $\dfrac{\Lambda}{m} = \Delta$.

Je suppose maintenant

$$y = Pr, \quad x = Q\frac{dr}{dt}$$

(P et Q étant des constantes) ; on aura par ces substitutions

$$Q\left[\frac{d^3r}{dt^3} - 3\frac{dr}{dt}\left(1 + \frac{n^2}{2}\right)\right] - \frac{2P\,dr}{dt} = 0, \quad (P + 2Q + \Delta)\frac{d^2r}{dt^2} = 0;$$

mais r étant (hypothèse) exprimé par des sinus d'angles qui croissent très-lentement, il est visible que $\dfrac{d^3r}{dt^3}$ sera une quantité beaucoup plus petite que $\dfrac{dr}{dt}$; ainsi négligeant $\dfrac{d^3r}{dt^3}$ vis-à-vis de $\dfrac{dr}{dt}$, on aura ces deux équations

$$-3Q\left(1 + \frac{n^2}{2}\right) - 2P = 0, \quad P + 2Q + \Delta = 0;$$

V.

d'où l'on tire

$$P = \frac{3\Delta\left(1 + \frac{n^2}{2}\right)}{1 - \frac{3n^2}{2}}, \quad Q = -\frac{2\Delta}{1 - \frac{3n^2}{2}};$$

et, négligeant le nombre très-petit n^2,

$$P = 3\Delta, \quad Q = -2\Delta,$$

précisément comme dans les formules du n° 106; d'où l'on voit que ces formules, ainsi que les conclusions que nous en avons tirées, ont toute l'exactitude qu'on peut désirer.

111. Nous remarquerons ici, en finissant, que l'équation

$$A\frac{d^2r}{dt^2} + \frac{d\Pi}{dr} = 0$$

pourrait servir à déterminer plus exactement la libration de la Lune dans le cas où l'on ne voudrait pas la supposer très-petite; cette équation étant intégrée donne

$$\frac{dr^2}{dt^2} + \frac{2\Pi}{A} = \frac{2k}{A},$$

en désignant par k la valeur de Π lorsque $\frac{dr}{dt} = 0$, c'est-à-dire lorsque r a sa plus grande valeur; et il ne restera plus qu'à intégrer l'équation

$$dt = \frac{dr}{\sqrt{\frac{2k}{A} - \frac{2\Pi}{A}}},$$

dans laquelle Π est une fonction de $\sin r$ et $\cos r$. Mais nous ne nous arrêterons pas sur ce point, qui n'est que de pure curiosité.

THÉORIE
DES VARIATIONS SÉCULAIRES

DES ÉLÉMENTS DES PLANÈTES.

PREMIÈRE PARTIE

CONTENANT LES PRINCIPES ET LES FORMULES GÉNÉRALES
POUR DÉTERMINER CES VARIATIONS.

THÉORIE
DES VARIATIONS SÉCULAIRES

DES ÉLÉMENTS DES PLANÈTES.

PREMIÈRE PARTIE
CONTENANT LES PRINCIPES ET LES FORMULES GÉNÉRALES
POUR DÉTERMINER CES VARIATIONS.

(*Nouveaux Mémoires de l'Académie royale des Sciences et Belles-Lettres de Berlin*, année 1781.)

Si les Planètes étaient simplement attirées par le Soleil, et n'agissaient point les unes sur les autres, elles décriraient autour de cet astre des ellipses invariables suivant les lois de Képler, comme Newton l'a démontré le premier, et une foule d'Auteurs après lui. Mais les observations ont prouvé que le mouvement elliptique des Planètes est sujet à de petites variations, et le calcul a démontré que leur attraction mutuelle peut en être la cause. Ces variations sont de deux espèces : les unes périodiques et qui ne dépendent que de la configuration des Planètes entre elles; celles-ci sont les plus sensibles, et le calcul en a déjà été donné par différents Auteurs; les autres séculaires et qui paraissent aller toujours en augmentant, ce sont les plus difficiles à déterminer tant par les observations que par la Théorie. Les premières ne dérangent point l'orbite primitive de la Planète; ce ne sont, pour ainsi dire, que des écarts passagers qu'elle fait dans sa course régulière, et il suffit d'appliquer ces variations au lieu de la Planète calculé par les Tables ordinaires du mouvement elliptique. Il n'en est pas de même des variations séculaires. Ces dernières altèrent les éléments mêmes de l'orbite, c'est-à-dire la position et les dimensions de l'ellipse décrite par la Planète; et quoique leur effet soit insensible dans un court espace de temps, il peut néanmoins devenir à la longue très-considérable.

C'est une Théorie complète de ces sortes de variations que j'entreprends de donner; objet qui intéresse également les Astronomes par son utilité pour la perfection des Tables, et les Géomètres par les recherches nouvelles d'analyse auxquelles il donne lieu. Quoique j'aie déjà rempli une partie de cet objet dans les Mémoires sur les équations séculaires des nœuds et des inclinaisons des Planètes (*), et sur l'altération de leurs mouvements moyens (**); et que j'aie même donné, il y a longtemps, dans les Recherches sur les Satellites de Jupiter (***), et dans celles sur Jupiter et Saturne (****), des méthodes et des formules générales pour déterminer ce genre d'inégalités, dont on n'avait encore qu'une connaissance imparfaite et peu exacte; je crois cependant devoir reprendre cette matière en entier, pour la traiter à fond et d'une manière plus directe et plus rigoureuse que je ne l'ai fait. C'est à quoi sont destinées ces nouvelles Recherches, que je divise en deux Parties. Je donnerai dans la première les formules nécessaires pour déterminer les variations des éléments d'une Planète, réduites à la forme la plus générale et la plus simple; et j'en ferai, dans la seconde, l'application aux variations séculaires des excentricités, des aphélies, des nœuds et des inclinaisons des six Planètes principales.

(*) Les Recherches *Sur les équations séculaires du mouvement des nœuds et des inclinaisons des orbites des Planètes* ont été insérées dans le Recueil des *Mémoires de l'Académie des Sciences de Paris*, année 1774; elles appartiennent à la troisième Section des *OEuvres de Lagrange*. (*Note de l'Éditeur.*)

(**) *OEuvres de Lagrange*, t. IV, p. 255.

(***) Ces Recherches insérées dans les Recueils de l'Académie des Sciences de Paris appartiennent à la troisième Section des *OEuvres de Lagrange*. (*Note de l'Éditeur.*)

(****) *OEuvres de Lagrange*, t. I, p. 609.

SECTION PREMIÈRE.

MÉTHODE GÉNÉRALE POUR DÉTERMINER LES VARIATIONS DES ÉLÉMENTS DES PLANÈTES, CAUSÉES PAR LEUR ACTION MUTUELLE.

1. On entend par éléments de l'orbite elliptique d'une Planète la moitié du grand axe de l'ellipse, ou la distance moyenne de la Planète au Soleil ; la position de ce grand axe sur le plan de l'orbite, ou le lieu des apsides ; le rapport de la distance des deux foyers au grand axe, ou l'excentricité ; l'angle que fait avec l'écliptique le plan de l'orbite, ou son inclinaison ; et l'angle que fait avec une ligne fixe, donnée de position sur l'écliptique, l'intersection de ces deux plans, ou la position de la ligne des nœuds. Ces cinq quantités déterminent complétement la grandeur et la position de l'ellipse ; elles sont par conséquent différentes pour les diverses Planètes ; mais elles demeurent les mêmes pour chaque Planète en particulier, du moins tant qu'on fait abstraction des dérangements qu'elle peut éprouver de la part des autres Planètes. Ainsi les quantités dont nous parlons n'entrent point dans les équations différentielles des orbites des Planètes, parce que ces équations sont générales pour toutes les Planètes ; mais elles entrent ensuite comme constantes arbitraires dans les intégrales de ces équations, c'est-à-dire dans les équations algébriques des orbites.

Pour déterminer l'effet des forces perturbatrices d'une Planète sur ses éléments, il n'y aura donc qu'à traiter les équations différentielles de son orbite comme on ferait si ces forces n'existaient pas, et l'on parviendra ainsi à des équations intégrales semblables à celles de l'orbite non troublée, mais dans lesquelles chaque constante arbitraire se trouvera augmentée d'une quantité variable, provenant des forces perturbatrices, et qui exprimera les dérangements causés par ces forces à l'élément de l'orbite représenté par la même constante. De cette manière l'effet total des perturbations sera renfermé dans les variations des éléments ; et pour avoir la partie séculaire de ces variations, il suffira de rejeter tous les termes qui contiendraient des sinus et cosinus, comme ne pouvant donner que des variations périodiques. Tel est, en général, l'esprit de la méthode que je vais développer et appliquer aux Planètes.

2. Considérons d'abord le mouvement d'un corps mû autour d'un centre fixe en vertu d'une force réciproquement proportionnelle au carré de la distance, et dérangé en même temps par des forces perturbatrices données, et très-petites vis-à-vis de la force principale; ce qui est le cas de toutes les Planètes.

Soient x, y, z les trois coordonnées rectangles qui déterminent la position du corps à chaque instant, et dont l'origine est supposée dans le centre de la force principale; nommant g la quantité de cette force à la distance 1, et ρ la distance du corps au centre, c'est-à-dire le rayon vecteur de l'orbite, en sorte que

$$\rho = \sqrt{x^2 + y^2 + z^2},$$

on aura $\frac{g}{\rho^2}$ pour l'expression générale de cette force, laquelle étant décomposée suivant les trois coordonnées x, y, z, donnera ces trois-ci

$$\frac{gx}{\rho^3},\ \frac{gy}{\rho^3},\ \frac{gz}{\rho^3}.$$

Soient de plus toutes les forces perturbatrices réduites à trois, dirigées suivant les mêmes coordonnées, et représentées par X, Y, Z.

Enfin soit t le temps écoulé depuis une époque donnée, et dont les éléments dt soient pris pour constants.

On aura, par les premiers principes de la Dynamique, ces trois équations différentielles du second ordre

$$\frac{d^2x}{dt^2} + \frac{gx}{\rho^3} + X = 0,$$

$$\frac{d^2y}{dt^2} + \frac{gy}{\rho^3} + Y = 0,$$

$$\frac{d^2z}{dt^2} + \frac{gz}{\rho^3} + Z = 0,$$

lesquelles serviront à déterminer le mouvement du corps, en vertu des forces $\frac{g}{\rho^2}$, X, Y, Z.

3. Il faut maintenant intégrer ces équations de manière que, si l'on faisait abstraction des quantités X, Y, Z, il en résultât pour l'orbite des équations algébriques.

Pour cela je fais d'abord ces trois combinaisons, qui servent à chasser les termes divisés par ρ^3,

$$\frac{x\,d^2y - y\,d^2x}{dt^2} = Xy - Yx,$$

$$\frac{x\,d^2z - z\,d^2x}{dt^2} = Xz - Zx,$$

$$\frac{y\,d^2z - z\,d^2y}{dt^2} = Yz - Zy.$$

Il est visible que les premiers membres de ces équations sont intégrables. Je fais donc

(A) $\begin{cases} dP = (Yz - Zy)\,dt, \\ dQ = (Xz - Zx)\,dt, \\ dR = (Xy - Yx)\,dt; \end{cases}$

substituant ces valeurs et intégrant, j'aurai

(B) $\begin{cases} \dfrac{x\,dy - y\,dx}{dt} = R, \\ \dfrac{x\,dz - z\,dx}{dt} = Q, \\ \dfrac{y\,dz - z\,dy}{dt} = P. \end{cases}$

Les constantes nécessaires pour compléter ces intégrales sont évidemment contenues dans les quantités P, Q, R, lesquelles le deviennent elles-mêmes lorsque les forces perturbatrices X, Y, Z s'évanouissent.

4. En chassant de ces dernières équations les différences dx, dy, dz, ce qui ne demande que de les ajouter ensemble après les avoir multipliées

respectivement par z, $-y$, x, on aura sur-le-champ cette équation finie

(C) $$Px - Qy + Rz = 0,$$

laquelle sous cette forme appartient à un plan passant par l'origine des coordonnées, et dont la position dépend des quantités P, Q, R. Car il est facile de démontrer que l'inclinaison de ce plan sur celui des x et y aura pour tangente la quantité $\dfrac{\sqrt{P^2 + Q^2}}{R}$, et que l'intersection des deux plans fera avec l'axe des x un angle dont la tangente sera $\dfrac{P}{Q}$.

Le corps se trouvera donc toujours dans ce plan. Or lorsqu'il n'y a point de forces perturbatrices, et que par conséquent les quantités P, Q, R sont constantes, la position du plan est invariable, et le corps décrit alors une orbite plane. Mais si ces quantités sont variables, la position du plan doit l'être aussi; cependant elle peut être censée constante pendant que le corps décrit chaque élément de sa trajectoire. Car les équations (B), étant multipliées respectivement par dz, $-dy$, dx, donnent celle-ci

$$P\,dx - Q\,dy + R\,dz = 0,$$

qu'on voit n'être autre chose que la différentielle de l'équation (C) au plan, en y regardant les quantités P, Q, R comme constantes.

5. Ainsi le plan dont il s'agit passera par chaque élément de l'orbite du corps, et sera celui dont l'intersection avec le plan de l'écliptique se nomme en Astronomie la *ligne des nœuds*. De sorte que, si l'on nomme θ la tangente de l'inclinaison de l'orbite sur le plan de projection que nous supposons être celui des x et y, et ω l'angle de la ligne des nœuds avec une ligne fixe qui est en même temps l'axe des x, on aura

$$\theta = \frac{\sqrt{P^2 + Q^2}}{R}, \quad \tang\omega = \frac{P}{Q},$$

et de là

$$\theta \sin\omega = \frac{P}{R}, \quad \theta \cos\omega = \frac{Q}{R}.$$

On connaîtra donc les variations des éléments θ et ω par le moyen des formules différentielles (A); c'est le chemin que nous avons suivi dans le *Mémoire sur les nœuds et les inclinaisons des Planètes*, imprimé parmi ceux de l'Académie des Sciences de Paris pour l'année 1774.

6. Pour déterminer les variations des autres éléments, il faut trouver de nouvelles intégrales des équations proposées, en sorte qu'on puisse en déduire l'équation algébrique de l'orbite. A cet effet je remarque que la différentiation des quantités $\frac{x}{\rho}, \frac{y}{\rho}, \frac{z}{\rho}$, dans lesquelles

$$\rho = \sqrt{x^2 + y^2 + z^2},$$

donne ces formules

$$d\frac{x}{\rho} = \frac{y(y\,dx - x\,dy) + z(z\,dx - x\,dz)}{\rho^3},$$

$$d\frac{y}{\rho} = \frac{x(x\,dy - y\,dx) + z(z\,dy - y\,dz)}{\rho^3},$$

$$d\frac{z}{\rho} = \frac{x(x\,dz - z\,dx) + y(y\,dz - z\,dy)}{\rho^3}.$$

Or, par les équations (B), on a déjà

$$y\,dx - x\,dy = -R\,dt, \quad z\,dx - x\,dz = -Q\,dt, \quad z\,dy - y\,dz = -P\,dt;$$

donc on aura

$$d\frac{x}{\rho} = -\frac{Ry + Qz}{\rho^3}\,dt,$$

$$d\frac{y}{\rho} = \frac{Rx - Pz}{\rho^3}\,dt,$$

$$d\frac{z}{\rho} = \frac{Qx + Py}{\rho^3}\,dt.$$

Si maintenant, dans ces équations multipliées par g, on substitue à la place des quantités $\frac{gx}{\rho^3}, \frac{gy}{\rho^3}, \frac{gz}{\rho^3}$ leurs valeurs tirées des équations différentielles données, savoir (2)

$$-\frac{d^2x}{dt^2} - X, \quad -\frac{d^2y}{dt^2} - Y, \quad -\frac{d^2z}{dt^2} - Z,$$

on aura les transformées suivantes

$$gd\frac{x}{\rho} = \frac{R\,d^2y + Q\,d^2z}{dt} + (RY + QZ)\,dt,$$

$$gd\frac{y}{\rho} = \frac{P\,d^2z - R\,d^2x}{dt} + (PZ - RX)\,dt,$$

$$gd\frac{z}{\rho} = -\frac{Q\,d^2x + P\,d^2y}{dt} - (QX + PY)\,dt.$$

Ces équations sont évidemment intégrables lorsque les forces perturbatrices X, Y, Z sont nulles, auquel cas les quantités P, Q, R deviennent constantes (3). Je fais donc, en général,

(D) $\begin{cases} (RY + QZ)\,dt - \dfrac{dR\,dy + dQ\,dz}{dt} = dN, \\[2mm] (PZ - RX)\,dt - \dfrac{dP\,dz - dR\,dx}{dt} = dM, \\[2mm] -(QX + PY)\,dt + \dfrac{dQ\,dx + dP\,dy}{dt} = dL, \end{cases}$

équations qui étant ajoutées respectivement aux précédentes les rendent intégrables, en sorte qu'on aura les intégrales suivantes

(E) $\begin{cases} \dfrac{gx}{\rho} = \dfrac{R\,dy + Q\,dz}{dt} + N, \\[2mm] \dfrac{gy}{\rho} = \dfrac{P\,dz - R\,dx}{dt} + M, \\[2mm] \dfrac{gz}{\rho} = -\dfrac{Q\,dx + P\,dy}{dt} + L. \end{cases}$

Les constantes arbitraires que l'intégration introduit sont renfermées dans les quantités L, M, N, lesquelles le deviennent elles-mêmes dans le cas où X, Y, Z sont nulles.

7. Les intégrales qu'on vient de trouver en donnent immédiatement une algébrique, en éliminant les différences dx, dy, dz; et pour cela je

les ajoute ensemble après les avoir multipliées respectivement par x, y, z; ce qui, à cause de
$$\rho = \sqrt{x^2 + y^2 + z^2},$$
donne celle-ci
$$g\rho = \mathrm{R}\frac{x\,dy - y\,dx}{dt} + \mathrm{Q}\frac{x\,dz - z\,dx}{dt} + \mathrm{P}\frac{y\,dz - z\,dy}{dt} + \mathrm{N}x + \mathrm{M}y + \mathrm{L}z;$$
laquelle, en vertu des équations (B), devient

(F) $\qquad g\rho = \mathrm{N}x + \mathrm{M}y + \mathrm{L}z + \mathrm{P}^2 + \mathrm{Q}^2 + \mathrm{R}^2.$

Cette équation considérée sous cette forme est évidemment du second degré, à cause de
$$\rho = \sqrt{x^2 + y^2 + z^2};$$
de sorte qu'en la combinant avec l'équation linéaire (C), on aura pour la projection de l'orbite une section conique; et l'orbite elle-même en sera une aussi, tant que les quantités P, Q, R, L, M, N seront constantes.

8. Pour déterminer dans ce cas la nature et la position de l'orbite, je commence par remarquer que des six constantes dont nous parlons il n'y en a que cinq d'arbitraires. Car, si l'on multiplie les équations intégrales (E) respectivement par P, $-$Q, R, et qu'ensuite on les ajoute ensemble, on aura, en vertu de l'équation déjà trouvée (C), celle-ci

(G) $\qquad 0 = \mathrm{NP} - \mathrm{MQ} + \mathrm{LR},$

laquelle exprime un rapport général qui doit subsister entre les six quantités P, Q, R, N, M, L, soit qu'elles soient constantes ou non.

Cela posé, je fais, pour abréger,
$$\Pi^2 = \mathrm{P}^2 + \mathrm{Q}^2 + \mathrm{R}^2,$$
$$\lambda^2 = \mathrm{L}^2 + \mathrm{M}^2 + \mathrm{N}^2,$$
et, prenant trois autres quantités A, B, C telles que
$$\mathrm{A} = \mathrm{PM} + \mathrm{QN}, \quad \mathrm{B} = \mathrm{RN} - \mathrm{PL}, \quad \mathrm{C} = -\mathrm{RM} - \mathrm{QL},$$

je suppose

(H) $$\begin{cases} x = \dfrac{P}{\Pi}\zeta + \dfrac{N}{\lambda}\xi + \dfrac{C}{\Pi\lambda}\psi, \\ y = -\dfrac{Q}{\Pi}\zeta + \dfrac{M}{\lambda}\xi + \dfrac{B}{\Pi\lambda}\psi, \\ z = \dfrac{R}{\Pi}\zeta + \dfrac{L}{\lambda}\xi + \dfrac{A}{\Pi\lambda}\psi, \end{cases}$$

ζ, ξ, ψ étant de nouvelles variables; j'aurai d'abord, en vertu de l'équation de condition (G),

$$Px - Qy + Rz = \Pi\zeta,$$
$$Nx + My + Lz = \lambda\xi.$$

De sorte que les deux équations de l'orbite (C) et (F) se réduiront à cette forme très-simple

$$\zeta = 0, \quad g\rho = \lambda\xi + \Pi^2.$$

Or

$$\rho^2 = x^2 + y^2 + z^2;$$

et si l'on substitue les expressions précédentes de x, y, z, qu'on ait égard à l'équation de condition, et qu'on observe que

$$A^2 + B^2 + C^2 = (PM + QN)^2 + (RN - PL)^2 + (RM + QL)^2$$
$$= (P^2 + Q^2 + R^2)(L^2 + M^2 + N^2) - (PN - QM + RL)^2$$
$$= \Pi^2\lambda^2,$$

on aura

$$\rho^2 = \zeta^2 + \xi^2 + \psi^2;$$

d'où l'on peut conclure que les quantités ζ, ξ, ψ sont aussi des coordonnées rectangles, qui répondent aux mêmes points que les coordonnées x, y, z, et qui ont la même origine, mais une position différente.

9. L'équation

$$\zeta = 0$$

fait voir que la courbe est toute dans le plan des coordonnées ξ et ψ; et l'équation

$$g\rho = \lambda\xi + \Pi^2,$$

dans laquelle
$$\rho = \sqrt{\xi^2 + \psi^2},$$
à cause de $\zeta = 0$, montre que cette courbe est une ellipse dans laquelle $\frac{\Pi^2}{g}$ est le paramètre du grand axe, $\frac{\lambda}{g}$ est l'excentricité, ou la distance des foyers divisée par le grand axe, ρ est le rayon vecteur partant de l'un des foyers, et ξ l'abscisse prise sur le grand axe depuis le même foyer et dirigée vers l'apside supérieure.

Et pour connaître la position de cet axe relativement au plan de projection, il n'y a qu'à supposer, dans les formules (H), les coordonnées ψ nulles, ce qui, à cause de $\zeta = 0$, donne
$$x = \frac{N}{\lambda}\xi, \quad y = \frac{M}{\lambda}\xi, \quad z = \frac{L}{\lambda}\xi;$$
or il est visible que, si l'on nomme φ l'angle que la projection de cet axe sur le plan des coordonnées x, y fait avec l'axe des x, et η l'angle que le même axe fait avec ce plan, on aura
$$\tang \varphi = \frac{y}{x}, \quad \tang \eta = \frac{z}{\sqrt{x^2 + y^2}},$$
c'est-à-dire
$$\tang \varphi = \frac{M}{N}, \quad \tang \eta = \frac{L}{\sqrt{M^2 + N^2}};$$
d'où, à cause de
$$\lambda = \sqrt{L^2 + M^2 + N^2},$$
on tire
$$\sin \eta = \frac{L}{\lambda}, \quad \cos \eta \sin \varphi = \frac{M}{\lambda}, \quad \cos \eta \cos \varphi = \frac{N}{\lambda}.$$

Au reste, si l'on substitue ces valeurs de L, M, N, ainsi que celles de P et Q tirées des formules du n° 5, dans l'équation de condition (G), on aura
$$\theta \cos \eta (\cos \varphi \sin \omega - \sin \varphi \cos \omega) + \sin \eta = 0;$$
d'où résulte la formule
$$\tang \eta = \theta \sin(\varphi - \omega).$$

10. Lorsqu'on veut avoir égard à l'effet des forces perturbatrices, les quantités que nous avons supposées constantes ne le sont plus, et l'orbite telle que nous venons de la déterminer variera d'un instant à l'autre, mais elle pourra néanmoins être prise pour invariable pendant que le corps décrit chacun de ses éléments. En effet les équations (E) du n° 6 étant multipliées respectivement par dx, dy, dz, et ajoutées ensemble, donnent, à cause de $\rho\, d\rho = x\, dx + y\, dy + z\, dz$,

$$g\, d\rho = N\, dx + M\, dy + L\, dz;$$

or cette équation est évidemment la différentielle de l'équation (F), en y regardant les quantités L, M, N, P, Q, R comme constantes.

Ainsi, dans le cas de la variabilité de ces quantités, les deux équations (C) et (F) de l'orbite du corps ont la propriété que ces mêmes quantités y peuvent être regardées comme constantes dans la différentiation de ces équations (4). D'où l'on peut conclure que le corps sera mû à chaque instant comme s'il décrivait réellement l'ellipse déterminée par ces équations; mais cette ellipse variera continuellement de position et de grandeur, et l'on connaîtra les variations de ses éléments au moyen des formules différentielles (A) et (D) des n°s 3 et 6.

11. Les réductions que nous avons faites ci-dessus (8) étant générales, soit que les éléments de l'orbite soient constants ou non, comme on peut s'en convaincre aisément par la nature de nos formules, il s'ensuit que, si dans les formules (H) on substitue pour ζ, ξ, ψ leurs valeurs tirées des équations

$$\zeta = 0, \quad g\rho = \lambda\xi + \Pi^2, \quad \xi^2 + \psi^2 = \rho^2,$$

on aura, en général,

$$x = \frac{N}{\lambda^2}(g\rho - \Pi^2) + \frac{C}{\lambda^2}\sqrt{-\Delta\rho^2 + 2g\rho - \Pi^2},$$

$$y = \frac{M}{\lambda^2}(g\rho - \Pi^2) + \frac{B}{\lambda^2}\sqrt{-\Delta\rho^2 + 2g\rho - \Pi^2},$$

$$z = \frac{L}{\lambda^2}(g\rho - \Pi^2) + \frac{A}{\lambda^2}\sqrt{-\Delta\rho^2 + 2g\rho - \Pi^2},$$

en faisant, pour abréger,
$$\Delta = \frac{g^2 - \lambda^2}{\Pi^2}.$$

Ces expressions de x, y, z en ρ sont les résultats des deux équations (C) et (F) combinées avec la formule
$$\rho^2 = x^2 + y^2 + z^2$$

(ρ étant le rayon vecteur); or, comme les quantités L, M, N, P, Q, R demeurent constantes dans la différentiation de ces équations (numéro précédent), il s'ensuit que, pour avoir les différences dx, dy, dz, il suffira de faire varier dans les expressions précédentes la quantité ρ, en regardant toutes les autres quantités comme constantes, telles qu'elles le seraient dans le cas de l'orbite invariable.

12. Puisqu'on a déjà x, y, z en ρ, il ne s'agira plus que d'avoir ρ en t pour connaître le lieu du corps dans un instant quelconque. Pour cela on peut se servir d'une quelconque des intégrales trouvées (B) ou (E); nous choisirons la première des intégrales (B), savoir
$$\frac{x\,dy - y\,dx}{dt} = \text{R},$$

dont le premier membre, en y substituant les valeurs précédentes de x, y et de leurs différentielles, et remarquant que (8)
$$\begin{aligned}\text{NB} - \text{MC} &= \text{R}(\text{M}^2 + \text{N}^2) - \text{L}(\text{NP} - \text{MQ}) \\ &= \text{R}(\text{L}^2 + \text{M}^2 + \text{N}^2) - \text{L}(\text{NP} - \text{MQ} + \text{LR}) \\ &= \text{R}\lambda^2,\end{aligned}$$

devient
$$-\frac{\text{R}\rho\,d\rho}{dt\sqrt{-\Delta\rho^2 + 2g\rho - \Pi^2}};$$

de sorte qu'on aura
$$dt = -\frac{\rho\,d\rho}{\sqrt{-\Delta\rho^2 + 2g\rho - \Pi^2}}.$$

Cette équation peut aussi se déduire directement des intégrales (B) et (E) sans aucune substitution auxiliaire.

Car :

1° En ajoutant ensemble les carrés des équations (B), on a

$$\frac{(x\,dy - y\,dx)^2}{dt^2} + \frac{(x\,dz - z\,dx)^2}{dt^2} + \frac{(y\,dz - z\,dy)^2}{dt^2}$$
$$= \frac{(x^2+y^2+z^2)(dx^2+dy^2+dz^2)}{dt^2} - \frac{(x\,dx+y\,dy+z\,dz)^2}{dt^2} = P^2+Q^2+R^2 = \Pi^2,$$

c'est-à-dire
$$\frac{\rho^2(dx^2+dy^2+dz^2)}{dt^2} - \frac{\rho^2 d\rho^2}{dt^2} = \Pi^2;$$

d'où l'on tire
$$dx^2 + dy^2 + dz^2 = \frac{\Pi^2}{\rho^2}\,dt^2 + d\rho^2.$$

2° En ajoutant aussi ensemble les carrés des équations (E), mais après y avoir transposé les termes N, M, L, on a

$$\left(\frac{gx}{\rho} - N\right)^2 + \left(\frac{gy}{\rho} - M\right)^2 + \left(\frac{gz}{\rho} - L\right)^2 = g^2 - \frac{2g}{\rho}(Nx + My + Lz) + \lambda^2$$
$$= \frac{(R\,dy + Q\,dz)^2}{dt^2} + \frac{(P\,dz - R\,dx)^2}{dt^2} + \frac{(Q\,dx + P\,dy)^2}{dt^2}$$
$$= \frac{\Pi^2(dx^2 + dy^2 + dz^2)}{dt^2} - \frac{(P\,dx - Q\,dy + R\,dz)^2}{dt^2};$$

mais on a (4)
$$P\,dx - Q\,dy + R\,dz = 0,$$

et (7)
$$Nx + My + Lz = g\rho - \Pi^2;$$

donc
$$dx^2 + dy^2 + dz^2 = \left(\frac{2g}{\rho} - \Delta\right)dt^2.$$

Égalant ces deux valeurs de $dx^2 + dy^2 + dz^2$, on en tire comme ci-dessus l'équation

$$dt = -\frac{\rho\,d\rho}{\sqrt{-\Delta\rho^2 + 2g\rho - \Pi^2}}.$$

13. Cette équation a donc lieu, en général, soit que les éléments de l'orbite soient invariables ou non ; et elle fait voir que les apsides de l'orbite sont rigoureusement dans les points dont les rayons vecteurs sont les racines de l'équation

$$-\Delta\rho^2 - 2g\rho - \Pi^2 = 0;$$

de sorte que $\frac{g}{\Delta}$, moitié de la somme des deux racines, sera la distance moyenne. C'est aussi ce qui résulte de l'expression même de Δ (**11**), en regardant l'orbite comme une ellipse dont $\frac{\Pi^2}{\rho}$ est le paramètre et $\frac{\lambda}{g}$ l'excentricité (**9**).

14. Il ne reste donc plus qu'à intégrer l'équation trouvée, pour en déduire la valeur de ρ en t ; c'est ce qui est facile dans le cas où les quantités Δ et Π sont constantes. Car la quantité sous le signe peut se mettre sous cette forme

$$\frac{g^2}{\Delta} - \Pi^2 - \Delta\left(\rho - \frac{g}{\Delta}\right)^2,$$

ou bien (à cause de $\Pi^2 = \frac{g^2 - \lambda^2}{\Delta}$) sous celle-ci

$$\Delta\left[\frac{\lambda^2}{\Delta^2} - \left(\rho - \frac{g}{\Delta}\right)^2\right];$$

or on sait que

$$-\frac{d\rho}{\sqrt{\frac{\lambda^2}{\Delta^2} - \left(\rho - \frac{g}{\Delta}\right)^2}}$$

est l'élément de l'angle dont le cosinus est $\rho - \frac{g}{\Delta}$ divisé par $\frac{\lambda}{\Delta}$; si donc on nomme ψ cet angle, on aura

$$\rho = \frac{g + \lambda\cos\psi}{\Delta},$$

et l'équation dont il s'agit deviendra

$$dt = \frac{(g + \lambda\cos\psi)\,d\psi}{\Delta^{\frac{3}{2}}},$$

laquelle donne en intégrant

$$t + T = \frac{g\psi + \lambda \sin\psi}{\Delta^{\frac{3}{2}}},$$

T étant la constante arbitraire.

C'est la formule ordinaire qui sert de fondement aux solutions du Problème de Képler, et où l'angle ψ est ce qu'on nomme en Astronomie l'*anomalie excentrique*.

Lorsque les quantités Δ et Π sont variables, on peut aussi employer la même substitution de

$$\rho = \frac{g + \lambda \cos\psi}{\Delta};$$

et l'on trouvera alors

$$dt = \frac{g + \lambda \cos\psi}{\Delta^{\frac{3}{2}}} \left(d\psi + \frac{\cos\psi\, d\lambda}{\lambda \sin\psi} \right) + \frac{(g + \lambda \cos\psi)^2\, d\Delta}{\Delta^{\frac{5}{2}} \lambda \sin\psi};$$

mais cette formule est peu commode pour le calcul, à cause qu'elle contient $\sin\psi$ au dénominateur.

On pourrait remédier à cet inconvénient en substituant directement la valeur de ρ dans les expressions de x, y du n° 11, ce qui donnera

$$x = \frac{N}{\Delta\lambda}(\lambda + g\cos\psi) + \frac{C}{\sqrt{\Delta}.\lambda}\sin\psi,$$

$$y = \frac{M}{\Delta\lambda}(\lambda + g\cos\psi) + \frac{B}{\sqrt{\Delta}.\lambda}\sin\psi,$$

et mettant ensuite ces valeurs de x et y dans l'équation

$$\frac{x\,dy - y\,dx}{dt} = R.$$

Mais il sera beaucoup plus simple, surtout dans le cas où l'excentricité et l'inclinaison sont fort petites (qui est celui de toutes les Planètes de notre système), d'employer d'abord dans cette même équation la substitution de

$$x = r\cos q, \quad y = r\sin q,$$

r étant le rayon vecteur de l'orbite projetée et q l'angle décrit par ce rayon; car on aura par là

$$dt = \frac{r^2 dq}{R},$$

et il n'y aura plus qu'à mettre pour r^2 sa valeur en q tirée des deux équations de l'orbite (C) et (F). C'est ainsi que nous en userons dans la suite.

15. Pour appliquer aux Planètes les formules générales que nous venons de trouver, il y faudra substituer les valeurs des forces perturbatrices X, Y, Z qui résultent de l'attraction que chaque Planète éprouve de la part de toutes les autres.

Soit S la masse du Soleil, T celle de la Planète dont on cherche le mouvement, T', T'',... les masses des Planètes perturbatrices; on sait que la Planète T est attirée vers le Soleil par une force égale à $\frac{S+T}{\rho^2}$, ρ étant sa distance au Soleil, et qu'en vertu de cette force elle doit décrire autour du Soleil la même orbite que si le Soleil était immobile. On peut donc regarder le Soleil comme fixe par rapport à la Planète T, mais il faut alors tenir compte de l'action des autres Planètes T', T'',... sur le Soleil, en transportant l'effet de cette action à la Planète T en sens contraire.

Ainsi, prenant le centre du Soleil pour l'origine des coordonnées, et nommant x, y, z celles de l'orbite de la Planète T autour du Soleil, on aura d'abord dans les formules du n° 2

$$g = S + T.$$

Ensuite, si l'on marque d'un trait toutes les quantités qui se rapportent à la planète T', de deux traits celles qui se rapportent à la Planète T'',...; qu'enfin on désigne par σ' la distance rectiligne entre les corps T et T', par σ'' la distance rectiligne entre les corps T et T'', et ainsi du reste; on trouvera :

1° Que la force $\frac{T'}{\sigma'^2}$, avec laquelle le corps T' attire le corps T suivant la direction de la ligne σ', produira ces trois forces suivant les directions des coordonnées x, y, z, savoir

$$\frac{T'(x-x')}{\sigma'^3}, \quad \frac{T'(y-y')}{\sigma'^3}, \quad \frac{T'(z-z')}{\sigma'^3};$$

2° Que la force $\dfrac{T'}{\rho'^2}$, avec laquelle la Planète T' attire le Soleil S, étant transportée en sens contraire à la Planète T', donnera encore ces trois autres forces suivant les mêmes directions, savoir

$$\frac{T'x'}{\rho'^3}, \quad \frac{T'y'}{\rho'^3}, \quad \frac{T'z'}{\rho'^3}.$$

On trouvera de pareilles formules pour les forces résultantes de l'attraction des autres Planètes T'', T''',...; et, rassemblant respectivement ces différentes forces, on aura les valeurs des forces perturbatrices X, Y, Z de la Planète T, lesquelles seront donc exprimées ainsi

$$X = T'\left(\frac{x-x'}{\sigma'^3} + \frac{x'}{\rho'^3}\right) + T''\left(\frac{x-x''}{\sigma''^3} + \frac{x''}{\rho''^3}\right) + T'''\left(\frac{x-x'''}{\sigma'''^3} + \frac{x'''}{\rho'''^3}\right) + \ldots,$$

$$Y = T'\left(\frac{y-y'}{\sigma'^3} + \frac{y'}{\rho'^3}\right) + T''\left(\frac{y-y''}{\sigma''^3} + \frac{y''}{\rho''^3}\right) + T'''\left(\frac{y-y'''}{\sigma'''^3} + \frac{y'''}{\rho'''^3}\right) + \ldots,$$

$$Z = T'\left(\frac{z-z'}{\sigma'^3} + \frac{z'}{\rho'^3}\right) + T''\left(\frac{z-z''}{\sigma''^3} + \frac{z''}{\rho''^3}\right) + T'''\left(\frac{z-z'''}{\sigma'''^3} + \frac{z'''}{\rho'''^3}\right) + \ldots.$$

16. Or on a

$$\rho = \sqrt{x^2 + y^2 + z^2},$$
$$\rho' = \sqrt{x'^2 + y'^2 + z'^2},$$
$$\ldots\ldots\ldots\ldots\ldots,$$
$$\sigma' = \sqrt{(x-x')^2 + (y-y')^2 + (z-z')^2},$$
$$\sigma'' = \sqrt{(x-x'')^2 + (y-y'')^2 + (z-z'')^2},$$
$$\ldots\ldots\ldots\ldots\ldots\ldots\ldots$$

Donc, si l'on fait

$$\Omega = T'\left(\frac{xx'+yy'+zz'}{\rho'^3} - \frac{1}{\sigma'}\right) + T''\left(\frac{xx''+yy''+zz''}{\rho''^3} - \frac{1}{\sigma''}\right) + T'''\left(\frac{xx'''+yy'''+zz'''}{\rho'''^3} - \frac{1}{\sigma'''}\right) + \ldots,$$

et qu'on dénote à l'ordinaire par $\frac{d\Omega}{dx}$, $\frac{d\Omega}{dy}$, $\frac{d\Omega}{dz}$ les coefficients de dx, dy, dz, dans la différentielle de la quantité Ω regardée comme fonction des variables x, y, z; il est clair que les expressions précédentes de X, Y, Z se réduiront à celles-ci

$$X = \frac{d\Omega}{dx}, \quad Y = \frac{d\Omega}{dy}, \quad Z = \frac{d\Omega}{dz}.$$

17. On substituera donc ces valeurs dans les équations différentielles (A) et (D), et l'on aura en premier lieu

$$d\mathrm{P} = \left(\frac{d\Omega}{dy} z - \frac{d\Omega}{dz} y\right) dt,$$

$$d\mathrm{Q} = \left(\frac{d\Omega}{dx} z - \frac{d\Omega}{dz} x\right) dt,$$

$$d\mathrm{R} = \left(\frac{d\Omega}{dx} y - \frac{d\Omega}{dy} x\right) dt.$$

Ces formules serviront à déterminer les variations de la longitude ω du nœud et de la tangente θ de l'inclinaison, en faisant (5)

$$P = R\theta\sin\omega, \quad Q = R\theta\cos\omega,$$

et de plus la variation du paramètre $\frac{\Pi^2}{g}$ de l'orbite (9), Π^2 étant égal à $P^2 + Q^2 + R^2$.

18. Si l'on voulait déterminer directement les variations de Π, il n'y aurait qu'à ajouter ensemble les équations précédentes, après les avoir multipliées respectivement par P, Q, R. On aura ainsi en ordonnant les termes

$$\Pi\, d\Pi = \frac{d\Omega}{dx}(\mathrm{Q}z + \mathrm{R}y)\,dt + \frac{d\Omega}{dy}(\mathrm{P}z - \mathrm{R}x)\,dt - \frac{d\Omega}{dz}(\mathrm{P}y + \mathrm{Q}x)\,dt.$$

Or, en substituant pour P, Q, R les valeurs données par les équations (B) du n° 3, on a

$$(Qz + Ry)dt = (xdz - zdx)z + (xdy - ydx)y$$
$$= x(ydy + zdz) - dx(y^2 + z^2) = x\rho\, d\rho - \rho^2 dx,$$
$$(Pz - Rx)dt = (ydz - zdy)z - (xdy - ydx)x$$
$$= y(xdx + zdz) - dy(x^2 + z^2) = y\rho\, d\rho - \rho^2 dy,$$
$$(Py + Qx)dt = (ydz - zdy)y + (xdz - zdx)x$$
$$= -z(xdx + ydy) + dz(x^2 + y^2) = -z\rho\, d\rho + \rho^2 dz.$$

Donc si l'on fait, pour abréger,

$$\frac{d\Omega}{dx}x + \frac{d\Omega}{dy}y + \frac{d\Omega}{dz}z = \Phi, \quad \frac{d\Omega}{dx}dx + \frac{d\Omega}{dy}dy + \frac{d\Omega}{dz}dz = (d\Omega)$$

[l'expression $(d\Omega)$ indique la différentielle partielle de Ω, en n'y faisant varier que les x, y, z relatives à la Planète T], on aura

$$\Pi\, d\Pi = \Phi\rho\, d\rho - \rho^2(d\Omega).$$

19. En second lieu, les équations (D) deviendront, par la substitution des valeurs précédentes de dP, dQ, dR,

$$-\frac{d\Omega}{dx}(ydy + zdz) + \frac{d\Omega}{dy}(xdy + Rdt) + \frac{d\Omega}{dz}(xdz + Qdt) = dN,$$

$$\frac{d\Omega}{dx}(ydx - Rdt) - \frac{d\Omega}{dy}(xdx + zdz) + \frac{d\Omega}{dz}(ydz + Pdt) = dM,$$

$$\frac{d\Omega}{dx}(zdx - Qdt) + \frac{d\Omega}{dy}(zdy - Pdt) - \frac{d\Omega}{dz}(ydy + xdx) = dL,$$

et si l'on y substitue encore les valeurs de Pdt, Qdt, Rdt (3), elles se réduiront à la forme suivante

$$dN = 2x(d\Omega) - \Phi dx - \frac{d\Omega}{dx}\rho\, d\rho,$$

$$dM = 2y(d\Omega) - \Phi dy - \frac{d\Omega}{dy}\rho\, d\rho,$$

$$dL = 2z(d\Omega) - \Phi dz - \frac{d\Omega}{dz}\rho\, d\rho,$$

les quantités Φ et $(d\Omega)$ étant les mêmes que dans le numéro précédent.

DES ÉLÉMENTS DES PLANÈTES.

Par ces équations, on aura les variations de l'excentricité $\frac{\lambda}{g}$, de la longitude de l'aphélie φ, et de la latitude η de cet aphélie par rapport au plan de projection, au moyen des formules (10)

$$L = \lambda \sin\eta, \quad M = \lambda \cos\eta \sin\varphi, \quad N = \lambda \cos\eta \cos\varphi.$$

20. Au reste il n'est pas nécessaire d'employer ces trois équations pour la détermination des éléments dont il s'agit; car nous avons vu (8) qu'il y a entre les quantités L, M, N cette équation de condition

$$NP - MQ + LR = 0,$$

au moyen de laquelle on peut déterminer une quelconque d'entre elles par les deux autres. On pourrait peut-être douter si en effet les formules différentielles trouvées satisfont à cette équation; pour lever ce doute et confirmer en même temps la justesse de nos formules, nous allons faire voir comment elles y satisfont; à cet effet nous ajouterons d'abord ensemble les trois formules du numéro précédent, après les avoir multipliées respectivement par P, — Q, R; ce qui, en ayant égard (4) aux équations

$$Px - Qy + Rz = 0, \quad Pdx - Qdy + Rdz = 0,$$

donnera

$$PdN - QdM + RdL = -\left(P\frac{d\Omega}{dx} - Q\frac{d\Omega}{dy} + R\frac{d\Omega}{dz}\right)\rho\, d\rho;$$

ensuite les trois formules du n° 17, étant multipliées respectivement par N, — M, L et ajoutées ensemble, donneront

$$NdP - MdQ + LdR = \frac{d\Omega}{dx}(Ly - Mz)dt + \frac{d\Omega}{dy}(Nz - Lx)dt + \frac{d\Omega}{dz}(Mx - Ny)dt;$$

mais, en substituant les valeurs de L, M, N résultantes des formules (E) du n° 6, on a

$$(Ly - Mz)dt = (Qdx + Pdy)y - (Rdx - Pdz)z,$$
$$(Nz - Lx)dt = -(Rdy + Qdz)z - (Qdx + Pdy)x,$$
$$(Mx - Ny)dt = (Rdx - Pdz)x + (Rdy + Qdz)y,$$

V.

ce qui, à cause de
$$Px - Q\gamma + Rz = 0,$$
se réduit à
$$(L\gamma - Mz)dt = P\rho\, d\rho, \quad (Nz - Lx)dt = -Q\rho\, d\rho, \quad (Mx - N\gamma)dt = R\rho\, d\rho;$$
de sorte qu'on aura
$$N\,dP - M\,dQ + L\,dR = \left(P\frac{d\Omega}{dx} - Q\frac{d\Omega}{dy} + R\frac{d\Omega}{dz}\right)\rho\, d\rho.$$

Donc enfin
$$N\,dP - M\,dQ + L\,dR + P\,dN - Q\,dM + R\,dL = 0,$$
équation qui est, comme on voit, la différentielle de celle qu'il s'agissait de vérifier.

21. Puisque
$$\lambda^2 = L^2 + M^2 + N^2,$$
on aura, en ajoutant ensemble les trois équations du n° 19, après les avoir respectivement multipliées par N, M, L,
$$\lambda\, d\lambda = 2(Nx + M\gamma + Lz)(d\Omega) - \Phi(N\,dx + M\,dy + L\,dz)$$
$$- \left(N\frac{d\Omega}{dx} + M\frac{d\Omega}{dy} + L\frac{d\Omega}{dz}\right)\rho\, d\rho;$$
or l'équation de l'orbite donne (7, 10)
$$Nx + M\gamma + Lz = g\rho - \Pi^2, \quad N\,dx + M\,dy + L\,dz = g\,d\rho;$$
de plus, les équations (E) donnent, en substituant pour P, Q, R leurs valeurs tirées des équations (B),

(L)
$$\begin{cases} N = x\left(\dfrac{g}{\rho} - \dfrac{dx^2 + dy^2 + dz^2}{dt^2}\right) + \dfrac{\rho\, d\rho\, dx}{dt^2}, \\[2mm] M = y\left(\dfrac{g}{\rho} - \dfrac{dx^2 + dy^2 + dz^2}{dt^2}\right) + \dfrac{\rho\, d\rho\, dy}{dt^2}, \\[2mm] L = z\left(\dfrac{g}{\rho} - \dfrac{dx^2 + dy^2 + dz^2}{dt^2}\right) + \dfrac{\rho\, d\rho\, dz}{dt^2}, \end{cases}$$

et les mêmes équations donnent aussi, comme on l'a vu dans le n° **12**,

$$\frac{dx^2 + dy^2 + dz^2}{dt^2} = \frac{2g}{\rho} - \Delta;$$

donc, faisant ces substitutions, on aura

$$\lambda\,d\lambda = \left(2g\rho - 2\Pi^2 - \frac{\rho^2 d\rho^2}{dt^2}\right)(d\Omega) - \Delta\Phi\rho\,d\rho;$$

mais on a par les formules du même numéro cité

$$\frac{\rho^2 d\rho^2}{dt^2} = -\Delta\rho^2 + 2g\rho - \Pi^2;$$

donc

$$\lambda\,d\lambda = (\Delta\rho^2 - \Pi^2)(d\Omega) - \Delta\Phi\rho\,d\rho,$$

Δ étant égal à $\frac{g^2 - \lambda^2}{\Pi^2}$ (**11**). Ainsi l'on aura directement par cette équation la variation de l'excentricité $\frac{\lambda}{g}$.

22. Enfin, puisque
$$\lambda^2 = g^2 - \Delta\Pi^2,$$

on aura, en substituant la valeur de $\Pi\,d\Pi$ du n° **18**,

$$\lambda\,d\lambda = -\Delta\Pi\,d\Pi - \Pi^2\frac{d\Delta}{2} = -\Delta\Phi\rho\,d\rho + \Delta\rho^2(d\Omega) - \Pi^2\frac{d\Delta}{2};$$

et, cette valeur de $\lambda\,d\lambda$ étant comparée à celle que nous venons de trouver dans le numéro précédent, il viendra cette formule très-simple

$$\frac{d\Delta}{2} = (d\Omega),$$

laquelle servira à déterminer les variations de la distance moyenne $\frac{g}{\Delta}$ (**13**).

23. La méthode que j'ai suivie pour trouver les formules différentielles des variations des éléments des Planètes est, ce me semble, la plus directe et la plus naturelle qu'il est possible, étant déduite des principes mêmes de la chose; mais j'aurais pu y parvenir plus simplement par la méthode générale dont je me suis servi pour déterminer les variations de la distance moyenne, dans les Mémoires de 1776 (*), méthode qui a l'avantage d'être applicable à toutes les questions du même genre.

Suivant cette méthode, si $V = a$ est une intégrale quelconque des équations différentio-différentielles de l'orbite non troublée, V étant une fonction connue de t, x, y, z et de $\frac{dx}{dt}, \frac{dy}{dt}, \frac{dz}{dt}$, et a une constante arbitraire, et qu'on veuille supposer a variable pour l'orbite troublée, il n'y aura qu'à différentier, en faisant varier d'un côté la quantité a, et de l'autre les quantités $\frac{dx}{dt}, \frac{dy}{dt}, \frac{dz}{dt}$ contenues dans V, et substituer ensuite à la place des différences de celles-ci les valeurs de $\frac{d^2x}{dt}, \frac{d^2y}{dt}, \frac{d^2z}{dt}$, dues uniquement aux forces perturbatrices. Car la différentielle de V, prise en faisant tout varier, doit devenir nulle d'elle-même, lorsqu'on y substitue pour $d\frac{dx}{dt}, d\frac{dy}{dt}, d\frac{dz}{dt}$ les valeurs tirées des équations de l'orbite non troublée, puisque $V = a$ est (hypothèse) une intégrale de ces équations. De sorte qu'en ajoutant à ces valeurs les termes $-Xdt, -Ydt, -Zdt$ dus aux forces perturbatrices (2), on aura simplement

$$dV = \frac{dV}{d\frac{dx}{dt}}(-Xdt) + \frac{dV}{d\frac{dy}{dt}}(-Ydt) + \frac{dV}{d\frac{dz}{dt}}(-Zdt);$$

les quantités $\frac{dV}{d\frac{dx}{dt}}, \ldots$ exprimant suivant la notation reçue les coefficients de $d\frac{dx}{dt}, \ldots$ dans la différentielle de V.

De cette manière, si l'on change, suivant le n° 16, les quantités X, Y, Z en $\frac{d\Omega}{dx}, \frac{d\Omega}{dy}, \frac{d\Omega}{dz}$, on aura, pour la variation de a, cette équation

$$da = -\frac{dV}{d\frac{dx}{dt}}\frac{d\Omega}{dx}dt - \frac{dV}{d\frac{dy}{dt}}\frac{d\Omega}{dy}dt - \frac{dV}{d\frac{dz}{dt}}\frac{d\Omega}{dz}dt.$$

(*) *OEuvres de Lagrange*, t. IV, p. 255.

Or on sait que les éléments de l'orbite ne sont autre chose que les constantes arbitraires introduites par l'intégration des équations différentielles primitives, ou des fonctions de ces constantes; on aura donc les formules différentielles de la variation des éléments, pourvu qu'on ait les valeurs de ces éléments exprimées par les variables de l'orbite non troublée et par leurs différences premières; valeurs qui peuvent se trouver immédiatement par l'intégration même des équations différentielles de l'orbite, ou bien se déduire des équations finies de l'orbite combinées avec les différences premières de ces équations.

Ayant déterminé ainsi la valeur variable de chaque constante ou élément de l'orbite, on aura, entre ces constantes et t, x, y, z, $\frac{dx}{dt}$, $\frac{dy}{dt}$, $\frac{dz}{dt}$, des équations de la même forme pour l'orbite troublée que pour l'orbite non troublée; de sorte que les équations finies déduites de celle-ci, ainsi que les différences premières de ces équations seront encore de la même forme dans les deux cas; par conséquent les constantes dont nous parlons pourront toujours être regardées et traitées comme invariables dans la différentiation des équations finies de l'orbite; ce qui rend raison de la remarque faite dans les n°s 4 et 10 sur les équations (C) et (F).

24. Cela posé, si dans les équations différentielles du n° 3 on suppose X, Y, Z nulles, on a celles de l'orbite non troublée; et, intégrant ces équations par la méthode des n°s 3 et 6, on aura des intégrales de la forme (B) et (C), dans lesquelles P, Q, R, L, M, N seront des constantes arbitraires et invariables. Or les intégrales (B) ont déjà la forme demandée $V = a$; donc il n'y aura, suivant la méthode précédente, qu'à les différentier, en y faisant varier P, Q, R et $\frac{dx}{dt}$, $\frac{dy}{dt}$, $\frac{dz}{dt}$, et substituer ensuite $-\frac{d\Omega}{dx} dt$, $-\frac{d\Omega}{dy} dt$, $-\frac{d\Omega}{dz} dt$ à la place de $d\frac{dx}{dt}$, $d\frac{dy}{dt}$, $d\frac{dz}{dt}$; on aura ainsi sur-le-champ les formules différentielles du n° 17.

A l'égard des intégrales (E), pour les réduire à la forme dont il s'agit, il ne faut qu'y substituer les valeurs de P, Q, R données par les intégrales précédentes; on aura ainsi les équations (I) du n° 21, lesquelles,

étant différentiées en y faisant varier L, M, N et $\frac{dx}{dt}$, $\frac{dy}{dt}$, $\frac{dz}{dt}$, donneront immédiatement les formules différentielles du n° 19, en se souvenant que
$$\rho\,d\rho = x\,dx + y\,dy + z\,dz.$$

On peut de même déterminer directement les variations des éléments Π et Δ par le moyen des formules trouvées dans le n° 12. Car :
1° On a
$$\Pi^2 = \frac{\rho^2(dx^2 + dy^2 + dz^2)}{dt^2} - \frac{(\rho\,d\rho)^2}{dt^2},$$
et cette équation, en y faisant varier Π de $d\Pi$ et $\frac{dx}{dt}$, $\frac{dy}{dt}$, $\frac{dz}{dt}$ comme ci-dessus, donne immédiatement la formule différentielle trouvée à la fin du n° 18;
2° On a
$$\Delta = \frac{2g}{\rho} - \frac{dx^2 + dy^2 + dz^2}{dt^2},$$
et il est visible qu'il en naîtra sur-le-champ la formule différentielle du n° 22, par la variation de Δ, $\frac{dx}{dt}$, $\frac{dy}{dt}$, $\frac{dz}{dt}$.

25. Il n'est pas nécessaire au reste, pour l'usage de la méthode précédente, que les intégrales soient réduites à la forme $V = a$, ainsi que nous l'avons supposé; mais cette réduction, qui est d'ailleurs toujours possible, sert à rendre le calcul plus direct et les formules plus simples. Comme cette méthode peut être d'une grande utilité dans plusieurs autres occasions, je crois qu'on me permettra d'ajouter encore quelques mots sur cet objet, quoique ce ne soit pas ici le lieu d'en traiter.

Pour présenter la méthode dont il s'agit de la manière la plus simple et en même temps la plus générale qu'il est possible, considérons une ou plusieurs équations différentielles telles que

$$\frac{d^m x}{dt^m} = \Xi, \quad \frac{d^n y}{dt^n} = \Psi, \ldots,$$

dans lesquelles $\Xi, \Psi, \ldots$ soient des fonctions données des variables $t, x, y, \ldots$ et des différences $\dfrac{dx}{dt}, \dfrac{dy}{dt}, \ldots, \dfrac{d^2x}{dt^2}, \ldots$ des ordres inférieurs à $\dfrac{d^m x}{dt^m}, \dfrac{d^n y}{dt^n}, \ldots$

Supposons que l'on connaisse une intégrale quelconque de ces équations, laquelle soit représentée par

$$V = 0,$$

V étant une fonction des mêmes variables et de leurs différences, et contenant de plus une constante arbitraire a. On sait que, si l'on différentie cette intégrale en y faisant tout varier excepté a, et qu'on y substitue ensuite pour $\dfrac{d^m x}{dt^{m-1}}, \dfrac{d^n y}{dt^{n-1}}, \ldots$ leurs valeurs $\Xi\, dt, \Psi\, dt, \ldots$ tirées des équations différentielles, on doit avoir une équation identique avec l'équation $V = 0$, ou du moins qui aura lieu en même temps que celle-ci, indépendamment d'aucune relation entre $a, t, x, y, \ldots, \dfrac{dx}{dt}, \ldots$; de sorte que, l'équation $V = 0$ étant posée, la différence dV deviendra identiquement nulle après les substitutions dont il s'agit.

Soient maintenant proposées les équations

$$\frac{d^m x}{dt^m} = \Xi + \Xi', \quad \frac{d^n y}{dt^n} = \Psi + \Psi', \ldots,$$

$\Xi', \Psi', \ldots$ étant de même des fonctions de $t, x, y, \ldots, \dfrac{dx}{dt}, \dfrac{dy}{dt}, \ldots$, jusqu'à $\dfrac{d^{m-1} x}{dt^{m-1}}, \dfrac{d^{n-1} y}{dt^{n-1}}, \ldots$; il est clair que la même équation $V = 0$ pourra satisfaire aussi à ces équations, pourvu que la quantité a, étant supposée variable, soit telle que la différentielle dV devienne nulle en même temps que V, après la substitution des valeurs précédentes de $\dfrac{d^m x}{dt^m}, \dfrac{d^n y}{dt^n}, \ldots$. Or nous venons de voir que la partie de dV, qui ne contient point la différence da, devient identiquement nulle avec la fonction V par la substitution des $\Xi, \Psi, \ldots$ à la place de $\dfrac{d^m x}{dt^m}, \dfrac{d^n y}{dt^n}, \ldots$. Donc il n'y aura qu'à rendre nulle la partie restante de $d\mathrm{V}$, c'est-à-dire les termes provenant de la différence de a, et de la substitution des quantités Ξ', Ψ',... au lieu de $\dfrac{d^m x}{dt^m}$, $\dfrac{d^n y}{dt^n}$,..., ce qui donnera l'équation

$$\frac{d\mathrm{V}}{da}\,da + \frac{d\mathrm{V}}{d\dfrac{d^{m-1}x}{dt^{m-1}}}\,\Xi'dt + \frac{d\mathrm{V}}{d\dfrac{d^{n-1}y}{dt^{n-1}}}\,\Psi'dt + \ldots = 0.$$

C'est l'équation qui servira à déterminer la valeur convenable de la quantité a devenue variable.

Si l'on avait deux équations intégrales

$$\mathrm{V} = 0, \quad \mathrm{U} = 0,$$

des mêmes équations différentielles

$$\frac{d^m x}{dt^m} = \Xi, \quad \frac{d^n y}{dt^n} = \Psi, \ldots,$$

et que ces intégrales continssent deux constantes arbitraires a, b, on prouverait de la même manière qu'elles pourraient l'être aussi des équations

$$\frac{d^m x}{dt^m} = \Xi + \Xi', \quad \frac{d^n y}{dt^n} = \Psi + \Psi', \ldots,$$

en y supposant a et b variables, et déterminées par ces équations

$$\frac{d\mathrm{V}}{da}\,da + \frac{d\mathrm{V}}{db}\,db + \frac{d\mathrm{V}}{d\dfrac{d^{m-1}x}{dt^{m-1}}}\,\Xi'dt + \frac{d\mathrm{V}}{d\dfrac{d^{n-1}y}{dt^{n-1}}}\,\Psi'dt + \ldots = 0,$$

$$\frac{d\mathrm{U}}{da}\,da + \frac{d\mathrm{U}}{db}\,db + \frac{d\mathrm{U}}{d\dfrac{d^{m-1}x}{dt^{m-1}}}\,\Xi'dt + \frac{d\mathrm{U}}{d\dfrac{d^{n-1}y}{dt^{n-1}}}\,\Psi'dt + \ldots = 0.$$

Et ainsi de suite si l'on avait un plus grand nombre d'intégrales.

26. Au reste, quand on connaît une intégrale qui renferme deux constantes arbitraires, on en peut d'abord déduire une seconde par la seule différentiation, en substituant, s'il est nécessaire, à la place des plus

hautes différences des variables, leurs valeurs tirées des équations différentielles données. De la même manière une intégrale qui renferme trois constantes arbitraires fournira, par deux différentiations successives, deux autres intégrales, et ainsi de suite. Donc, si les intégrales connues renferment autant de constantes arbitraires qu'il y a d'unités dans la somme des exposants des équations différentielles, ce qui est le cas des intégrales finies et complètes, on trouvera par leur moyen autant d'intégrales différentes qu'il y a d'arbitraires; et l'on aura par la méthode précédente toutes les équations nécessaires pour déterminer les valeurs de ces constantes devenues variables.

De plus on pourra dans ce cas déterminer les variables finies $x, y, \ldots$, ainsi que leurs différences $\frac{dx}{dt}, \frac{dy}{dt}, \ldots$ jusqu'à $\frac{d^{m-1}x}{dt^{m-1}}, \frac{d^{n-1}y}{dt^{n-1}}, \ldots$ en fonction de t et des constantes arbitraires $a, b, \ldots$; et il est visible que ces fonctions seront les mêmes, soit que ces arbitraires soient variables ou non; de sorte que, dans les différentiations de $x, y, \ldots$ jusqu'à $d^{m-1}x$, $d^{n-1}y, \ldots$, on pourra toujours regarder et traiter les quantités $a, b, c, \ldots$ comme des constantes invariables.

27. La méthode que j'avais donnée dans les Mémoires de 1775 (*) rentre aussi dans celle que je viens d'exposer, et l'on peut généraliser ainsi l'application que j'en avais faite aux équations linéaires. En effet, lorsque $\Xi, \Psi, \ldots$ sont des fonctions linéaires des variables $x, y, \ldots$ et de leurs différences, il est facile de prouver que $V, U, \ldots$ seront aussi des fonctions linéaires des mêmes variables et des constantes arbitraires a, $b, \ldots$. Donc $\frac{dV}{da}, \frac{dV}{db}, \frac{dV}{d\frac{d^{m-1}x}{dt}}, \ldots$ seront des fonctions de t. Par conséquent si $\Xi', \Psi', \ldots$ sont données en t seul, on déterminera facilement les valeurs de $a, b, \ldots$ en t.

(*) *OEuvres de Lagrange*, t. IV, p. 159 et suivantes.

SECTION SECONDE.

FORMULES GÉNÉRALES POUR LES VARIATIONS SÉCULAIRES DES ÉLÉMENTS DES PLANÈTES.

28. Les formules que nous venons de donner, dans la Section précédente, pour représenter les variations des éléments des Planètes, causées par leur action mutuelle, expriment l'effet total de cette action, et pourraient servir à déterminer toutes les inégalités qu'elle doit produire dans leur mouvement. Mais notre objet est simplement de déterminer les variations séculaires des éléments des Planètes, c'est-à-dire celles qui n'ont aucune période fixe, ou du moins qui en ont de très-longues et indépendantes du retour des Planètes aux mêmes points de leurs orbites. Ces variations sont nécessairement renfermées dans les formules trouvées, et, pour les démêler, il n'y aura qu'à développer ces formules et les débarrasser ensuite de tout ce qu'elles peuvent renfermer de périodique. Or la petitesse des excentricités et des inclinaisons des Planètes fait qu'on peut exprimer leurs coordonnées par des séries très-convergentes de sinus et cosinus d'angles proportionnels au temps. Il faudra donc faire ces substitutions à la place de x, y, z, x', y', z',..., et rejeter ensuite tous les termes qui se trouveront contenir des sinus et des cosinus. Ainsi il faut commencer par chercher les valeurs convenables de x, y, z en t.

29. Nous avons déjà remarqué plus haut (14) que, pour faciliter cette recherche, il est à propos d'employer les substitutions

$$x = r\cos q, \quad y = r\sin q,$$

r étant le rayon de l'orbite projetée sur le plan des x, y, et q l'angle de ce rayon avec l'axe des x.

Ces substitutions ont d'ailleurs l'avantage d'être conformes aux usages astronomiques, puisqu'en prenant le plan des x et y pour celui de l'écliptique, et supposant l'axe des x dirigé vers le premier point d'*Aries*,

r sera la distance accourcie de la Planète au Soleil, et q sa longitude héliocentrique.

En mettant ces expressions de x et y dans l'équation
$$P x - Q y + R z = 0$$
du n° 4, on en tire
$$z = \frac{r}{R}(Q \sin q - P \cos q).$$

De là on aura
$$\rho = \sqrt{x^2 + y^2 + z^2} = \frac{r}{R}\sqrt{R^2 + (Q \sin q - P \cos q)^2};$$

et l'équation
$$g\rho = N x + M y + L z + \Pi^2$$
du n° 7 donnera, en faisant
$$B = RN - PL, \quad C = -RM - QL,$$
comme dans le n° 8,
$$r = \frac{R \Pi^2}{g\sqrt{R^2 + (Q \sin q - P \cos q)^2} + C \sin q - B \cos q}.$$

Et comme les mêmes équations ont lieu aussi en y faisant varier simplement x, y, z, et regardant les autres quantités comme constantes (10), il s'ensuit que, pour avoir les valeurs des différences dz et dr, il suffira de faire varier dans les formules précédentes les quantités z, r, q, en prenant P, Q, R, Π, B, C pour constantes.

Enfin l'équation
$$x \, dy - y \, dx = R \, dt$$
du n° 3 donnera
$$r^2 \, dq = R \, dt,$$
de sorte qu'en substituant pour r^2 sa valeur en q on aura
$$\frac{R \Pi^4 \, dq}{[g\sqrt{R^2 + (Q \sin q - P \cos q)^2} + C \sin q - B \cos q]^2} = dt.$$

Par cette équation on déterminera donc q en t; ensuite on aura, par la substitution de cette valeur de q, celles de x, y, z en t.

30. Lorsque l'inclinaison et l'excentricité sont l'une et l'autre fort petites, comme cela a lieu dans notre système planétaire, les quantités P et Q sont nécessairement toujours très-petites vis-à-vis de R, et les quantités L, M, N le sont aussi (4, 9), de sorte que B et C seront pareillement très-petites par rapport à R. On pourra donc dans ce cas développer la fraction

$$\frac{1}{[g\sqrt{R^2 + (Q\sin q - P\cos q)^2} + C\sin q - B\cos q]^2}$$

en une suite fort convergente, laquelle, étant ordonnée relativement aux sinus et cosinus de q et de ses multiples, sera de la forme

$$\alpha(1 + \beta\sin q + \gamma\cos q + \delta\sin 2q + \varepsilon\cos 2q + \ldots),$$

α étant une quantité finie; β, γ étant des quantités très-petites du premier ordre; δ, ε étant très-petites du second ordre, et ainsi de suite.

Par ce moyen, l'équation précédente deviendra

$$R\Pi^4\alpha(1 + \beta\sin q + \gamma\cos q + \delta\sin 2q + \varepsilon\cos 2q + \ldots)\,dq = dt,$$

ou bien, en divisant par $R\Pi^4\alpha$,

$$dq + \beta\sin q\,dq + \gamma\cos q\,dq + \delta\sin 2q\,dq + \varepsilon\cos 2q\,dq + \ldots = \frac{dt}{R\Pi^4\alpha}.$$

Le premier membre de cette équation est intégrable exactement lorsque β, γ, ... sont des quantités constantes; mais, lorsque ces quantités sont variables, il faut avoir recours aux séries; et l'on trouve, en employant l'opération connue des intégrations par parties, et regardant β, γ, ... comme des fonctions de q,

$$\int \beta\sin q\,dq = -\beta\cos q + \int \frac{d\beta}{dq}\cos q\,dq,$$

$$\int \frac{d\beta}{dq}\cos q\,dq = \frac{d\beta}{dq}\sin q - \int \frac{d^2\beta}{dq^2}\sin q\,dq,$$

$$\int \frac{d^2\beta}{dq^2}\sin q\,dq = -\frac{d^2\beta}{dq^2}\cos q + \int \frac{d^3\beta}{dq^3}\cos q\,dq;$$

et ainsi de suite.

DES ÉLÉMENTS DES PLANÈTES.

On aura de même

$$\int \gamma \cos q\, dq = \gamma \sin q - \int \frac{d\gamma}{dq} \sin q\, dq,$$

$$\int \frac{d\gamma}{dq} \sin q\, dq = -\frac{d\gamma}{dq} \cos q + \int \frac{d^2\gamma}{dq^2} \cos q\, dq,$$

. . . .

Donc, si l'on fait ces substitutions successives, et qu'on suppose, pour abréger,

$$(\beta) = \beta - \frac{d\gamma}{dq} - \frac{d^2\beta}{dq^2} + \frac{d^3\gamma}{dq^3} + \frac{d^4\beta}{dq^4} - \ldots,$$

$$(\gamma) = \gamma + \frac{d\beta}{dq} - \frac{d^2\gamma}{dq^2} - \frac{d^3\beta}{dq^3} + \frac{d^4\gamma}{dq^4} + \ldots,$$

on aura

$$\int (\beta \sin q\, dq + \gamma \cos q\, dq) = -(\beta) \cos q + (\gamma) \sin q.$$

Et, supposant pareillement

$$(\delta) = \delta - \frac{1}{2}\frac{d\varepsilon}{dq} - \frac{1}{4}\frac{d^2\delta}{dq^2} + \frac{1}{8}\frac{d^3\varepsilon}{dq^3} + \frac{1}{16}\frac{d^4\delta}{dq^4} - \ldots,$$

$$(\varepsilon) = \varepsilon + \frac{1}{2}\frac{d\delta}{dq} - \frac{1}{4}\frac{d^2\varepsilon}{dq^2} - \frac{1}{8}\frac{d^3\delta}{dq^3} + \frac{1}{16}\frac{d^4\varepsilon}{dq^4} + \ldots,$$

on trouvera

$$\int (\delta \sin 2q\, dq + \varepsilon \cos 2q\, dq) = -\frac{1}{2}(\delta) \cos q + \frac{1}{2}(\varepsilon) \sin q,$$

et ainsi de suite.

A l'égard du second membre de l'équation, il est évidemment intégrable en y regardant R, Π, α comme des fonctions de t.

Soit, pour plus de simplicité,

$$dp = \frac{dt}{R \Pi^4 \alpha},$$

et l'intégrale de l'équation en question sera

$$q - (\beta) \cos q + (\gamma) \sin q - \frac{1}{2}(\delta) \cos 2q + \frac{1}{2}(\varepsilon) \sin 2q + \ldots = p,$$

de laquelle, puisque (β), (γ) sont supposées très-petites du premier ordre, (δ), (ε) très-petites du second ordre, et ainsi de suite, il est facile de tirer la valeur de q en p, exprimée par une suite fort convergente.

31. En général, si l'on a l'équation
$$q + f(q) = p,$$
$f(q)$ dénotant une fonction quelconque de q, on aura, par le Théorème que j'ai donné ailleurs,
$$q = p - f(p) + \frac{1}{2}\frac{d[f(p)]^2}{dp} - \frac{1}{2.3}\frac{d^2[f(p)]^3}{dp^2} + \ldots,$$
et même, en dénotant par φ une autre fonction quelconque et faisant $\varphi'(p) = \dfrac{d\varphi(p)}{dp}$,
$$\varphi(q) = \varphi(p) - f(p)\varphi'(p) + \frac{1}{2}\frac{d\big[[f(p)]^2\varphi'(p)\big]}{dp} - \ldots.$$

Ainsi, dans notre cas, il n'y aura qu'à faire
$$f(q) = -(\beta)\cos q + (\gamma)\sin q - \ldots,$$
et par conséquent
$$f(p) = -(\beta)\cos p + (\gamma)\sin p - \frac{1}{2}(\delta)\cos 2p + \frac{1}{2}(\varepsilon)\sin 2p - \ldots,$$
et exécuter ensuite relativement à p les différentiations indiquées.

On trouvera de cette manière
$$q = p + (B)\cos p - (C)\sin p + (D)\cos 2p - (E)\sin 2p + \ldots,$$
en supposant
$$(B) = (\beta) - \frac{1}{4}(\beta)(\varepsilon) + \frac{1}{4}(\gamma)(\delta) + \ldots,$$
$$(C) = (\gamma) + \frac{1}{4}(\beta)(\delta) + \frac{1}{4}(\gamma)(\varepsilon) + \ldots,$$
$$(D) = \frac{1}{2}(\delta) - (\beta)(\gamma) + \ldots,$$
$$(E) = \frac{1}{2}(\varepsilon) + \frac{1}{2}(\beta)^2 - \frac{1}{2}(\gamma)^2 + \ldots,$$

32. Dans les orbites non troublées la quantité p est proportionnelle au temps t, parce que les quantités R, Π, α y sont constantes, en sorte que

$$p = \frac{t}{R \Pi^4 \alpha}.$$

Ainsi p est alors la valeur moyenne de q; et puisque q est la longitude vraie de la Planète, p en sera la longitude moyenne.

Il n'en est pas de même pour les orbites troublées, où les quantités R, Π, α sont variables; cependant on peut toujours, par analogie, y regarder la quantité p comme la longitude moyenne; mais alors le mouvement moyen ne sera plus uniforme, et la vitesse de ce mouvement se trouvera exprimée par la quantité variable $\frac{1}{R \Pi^4 \alpha}$.

Si cette quantité ne contenait que des termes proportionnels aux sinus ou cosinus de t et de ses multiples, il est clair que les variations de p qui en proviendraient ne seraient que périodiques; elles rentreraient par conséquent dans les inégalités périodiques du mouvement des Planètes, inégalités dont nous faisons abstraction dans ces Recherches. Mais si la quantité $\frac{1}{R \Pi^4 \alpha}$ renferme des termes qui croissent en même temps que t, ou qui aient une période très-longue, ces termes donneront des variations séculaires dans le mouvement moyen, et la détermination de ces variations est un des points les plus importants de la Théorie que nous traitons. Il est donc nécessaire de déterminer rigoureusement la loi de la variation de la quantité dont il s'agit, et pour cela il faut connaître la valeur de la quantité α qui représente le terme tout constant de la fraction

$$\frac{1}{\left[g \sqrt{R^2 + (Q \sin q - P \cos q)^2} + C \sin q - B \cos q \right]^2},$$

développée suivant les sinus et cosinus des multiples de q; c'est de quoi nous allons nous occuper.

33. Commençons par faire disparaître le radical du dénominateur, en multipliant le haut et le bas de la fraction par la quantité

$$\left[g \sqrt{R^2 + (Q \sin q - P \cos q)^2} - C \sin q + B \cos q \right]^2,$$

on aura cette transformée

$$\frac{[g\sqrt{R^2+(Q\sin q-P\cos q)^2}-C\sin q+B\cos q]^2}{[g^2 R^2+g^2(Q\sin q-P\cos q)^2-(C\sin q-B\cos q)^2]^2};$$

laquelle se réduit à cette forme

$$\frac{a+b\cos 2q-c\sin 2q+2g(B\cos q-C\sin q)V}{(h+m\cos 2q-n\sin 2q)^2},$$

en faisant, pour abréger,

$$a=g^2\left(R^2+\frac{Q^2+P^2}{2}\right)+\frac{C^2+B^2}{2},$$

$$b=g^2\frac{P^2-Q^2}{2}+\frac{B^2-C^2}{2},$$

$$c=g^2 PQ+BC,$$

$$h=g^2\left(R^2+\frac{Q^2+P^2}{2}\right)-\frac{C^2+B^2}{2},$$

$$m=g^2\frac{P^2-Q^2}{2}-\frac{B^2-C^2}{2},$$

$$n=g^2 PQ-BC,$$

$$V=\sqrt{R^2+(Q\sin q-P\cos q)^2}.$$

A considérer cette formule, il est facile de voir que la partie qui a pour numérateur $a+b\cos 2q-c\sin 2q$ ne donnera par le développement que des termes proportionnels à des sinus ou cosinus de multiples pairs de q, et que l'autre partie dont le numérateur est $2g(B\cos q-C\sin q)V$ donnera seulement des termes proportionnels aux sinus et cosinus des multiples impairs de q. De sorte qu'on aura (30)

$$\frac{a+b\cos 2q-c\sin 2q}{(h+m\cos 2q-n\sin 2q)^2}=\alpha(1+\delta\sin 2q+\varepsilon\cos 2q+\ldots),$$

$$\frac{2g(B\cos q-C\sin q)V}{(h+m\cos 2q-n\sin 2q)^2}=\alpha(\beta\sin q+\gamma\cos q+\zeta\sin 3q+\eta\cos 3q+\ldots).$$

Ainsi la question se réduit à trouver le terme tout constant α de la

fraction rationnelle
$$\frac{a+b\cos 2q - c\sin 2q}{(h+m\cos 2q - n\sin 2q)^2},$$
développée suivant les sinus et cosinus des multiples de $2q$.

Or, si au lieu de cette fraction on considère celle-ci plus simple
$$\frac{a+b\cos 2q - c\sin 2q}{h+m\cos 2q - n\sin 2q},$$
et qu'on la développe en une série de la forme
$$A + D\sin 2q + E\cos 2q + F\sin 4q + G\cos 4q + \ldots,$$
il est clair qu'en faisant varier de part et d'autre la quantité h, et divisant par dh, on aura
$$-\frac{a+b\cos 2q - c\sin 2q}{(h+m\cos 2q - n\sin 2q)^2} = \frac{dA}{dh} + \frac{dD}{dh}\sin 2q + \frac{dE}{dh}\cos 2q + \frac{dF}{dh}\sin 4q + \ldots.$$
De sorte qu'on aura par la comparaison des termes
$$\alpha = -\frac{dA}{dh}, \quad \alpha\delta = -\frac{dD}{dh}, \quad \alpha\varepsilon = -\frac{dE}{dh}, \ldots$$

Il ne s'agit donc que de développer la dernière fraction; c'est ce qu'on peut faire par différentes méthodes; mais aucune ne me paraît plus simple que celle que je vais exposer, et qui peut d'ailleurs être utile aussi dans d'autres occasions.

34. Je fais pour plus de simplicité $2q = u$, et substituant dans la fraction proposée, à la place de $\sin u$ et $\cos u$, leurs valeurs en exponentielles imaginaires, je la réduis à cette forme
$$\frac{2a + (b + c\sqrt{-1})e^{u\sqrt{-1}} + (b - c\sqrt{-1})e^{-u\sqrt{-1}}}{2h + (m + n\sqrt{-1})e^{u\sqrt{-1}} + (m - n\sqrt{-1})e^{-u\sqrt{-1}}}.$$

Cette fraction peut se partager en ces deux-ci
$$\frac{\lambda + (\mu + \nu\sqrt{-1})e^{u\sqrt{-1}}}{\varpi + (\rho + \sigma\sqrt{-1})e^{u\sqrt{-1}}} + \frac{\lambda + (\mu - \nu\sqrt{-1})e^{-u\sqrt{-1}}}{\varpi + (\rho - \sigma\sqrt{-1})e^{-u\sqrt{-1}}};$$

car en multipliant en croix et comparant les termes, on aura ces six équations

$$\varpi^2 + \rho^2 + \sigma^2 = 2h, \quad \varpi\rho = m, \quad \varpi\sigma = n,$$
$$\lambda\varpi + \mu\rho + \nu\sigma = a, \quad \lambda\rho + \mu\varpi = b, \quad \lambda\sigma + \nu\varpi = c,$$

lesquelles serviront à déterminer les six inconnues $\lambda, \mu, \nu, \varpi, \rho, \sigma$.

En effet la seconde et la troisième donnent d'abord

$$\rho = \frac{m}{\varpi}, \quad \sigma = \frac{n}{\varpi},$$

valeurs qui étant substituées dans la première donneront cette transformée

$$\varpi^4 - 2h\varpi^2 + m^2 + n^2 = 0,$$

d'où l'on tire

$$\varpi^2 = h + \sqrt{h^2 - m^2 - n^2};$$

ensuite les trois autres équations deviendront par les mêmes substitutions

$$\lambda\varpi^2 + m\mu + n\nu = a\varpi, \quad \lambda m + \mu\varpi^2 = b\varpi, \quad \lambda n + \nu\varpi^2 = c\varpi;$$

ces deux dernières donnent

$$\mu = \frac{b\varpi - m\lambda}{\varpi^2}, \quad \nu = \frac{c\varpi - n\lambda}{\varpi^2},$$

et l'on aura par la première, en y substituant ces valeurs,

$$\lambda = \frac{(a\varpi^2 - bm - cn)\varpi}{\varpi^4 - m^2 - n^2},$$

où il ne s'agira plus que de substituer la valeur déjà trouvée de ϖ.

Maintenant il est visible que la fraction

$$\frac{\lambda + (\mu + \nu\sqrt{-1})e^{u\sqrt{-1}}}{\varpi + (\rho + \sigma\sqrt{-1})e^{u\sqrt{-1}}}$$

se développe naturellement en une série de la forme

$$H + (I + K\sqrt{-1})e^{u\sqrt{-1}} + (L + M\sqrt{-1})e^{2u\sqrt{-1}} + \ldots,$$

et que de même l'autre fraction se développe dans la série correspondante

$$H + (I - K\sqrt{-1})e^{-u\sqrt{-1}} + (L - M\sqrt{-1})e^{-2u\sqrt{-1}} + \ldots;$$

donc, ajoutant ensemble ces deux séries et remettant les sinus et cosinus à la place des exponentielles imaginaires, on aura la série toute réelle

$$2H + 2I\cos u - 2K\sin u + 2L\cos 2u - 2M\sin 2u + \ldots$$

pour le développement de la fraction proposée

$$\frac{a + b\cos u - c\sin u}{h + m\cos u - n\sin u}.$$

Ainsi l'on aura (numéro précédent)

$$A = 2H, \quad D = -2K, \quad E = 2I, \quad F = -2M, \quad G = 2L, \ldots,$$

et par conséquent

$$\alpha = -2\frac{dH}{dh}, \quad \alpha\delta = 2\frac{dK}{dh}, \quad \alpha\varepsilon = -2\frac{dI}{dh}, \ldots,$$

et il ne s'agira plus que d'avoir les valeurs de H, I, K,... en fonction de h, ce qui est facile d'après les formules du numéro précédent.

Nous n'avons besoin pour notre objet que de la valeur H; or il est visible que l'on a

$$H = \frac{\lambda}{\varpi} = \frac{a\varpi^2 - bm - cn}{\varpi^4 - m^2 - n^2};$$

et, substituant pour ϖ^2 et ϖ^4 leurs valeurs,

$$H = \frac{a(h + \sqrt{h^2 - m^2 + n^2}) - bm - cn}{2(h^2 - m^2 - n^2) + 2h\sqrt{h^2 - m^2 - n^2}};$$

or le dénominateur est égal à

$$2(h + \sqrt{h^2 - m^2 - n^2})\sqrt{h^2 - m^2 - n^2};$$

donc, multipliant le haut et le bas de la fraction par $h - \sqrt{h^2 - m^2 - n^2}$,

on aura
$$H = \frac{a(m^2+n^2) - (bm+cn)(h - \sqrt{h^2-m^2-n^2})}{2(m^2+n^2)\sqrt{h^2-m^2-n^2}}$$
$$= \frac{a(m^2+n^2) - (bm+cn)h}{2(m^2+n^2)\sqrt{h^2-m^2-n^2}} + \frac{bm+cn}{2(m^2+n^2)}.$$

Faisons maintenant varier h; il viendra en différentiant
$$\frac{dH}{dh} = -\frac{ah - bm - cn}{2(h^2 - m^2 - n^2)^{\frac{3}{2}}},$$
donc enfin
$$\alpha = \frac{ah - bm - cn}{(h^2 - m^2 - n^2)^{\frac{3}{2}}}.$$

Si l'on substitue maintenant pour a, b, c, h, m, n leurs valeurs (33), on trouvera
$$ah - bm - cn = g^4\left[\left(R^2 + \frac{P^2+Q^2}{2}\right)^2 - \left(\frac{P^2+Q^2}{2}\right)^2\right] = g^4 R^2(R^2+P^2+Q^2),$$
$$h^2 - m^2 - n^2 = g^4 R^2(R^2+P^2+Q^2) - g^2[R^2(B^2+C^2) + (PC - QB)^2];$$

et, mettant pour B et C leurs valeurs $RN - PL$, $-RM - QL$ (29), on aura
$$R^2(B^2+C^2) + (PC - QB)^2 = R^4(M^2+N^2) - 2R^3L(PN - MQ)$$
$$+ R^2L^2(P^2+Q^2) + R^2(PM+QN)^2;$$

mais on a, par l'équation de condition (G) du n° 8,
$$LR = MQ - NP;$$

donc le terme $-2R^3L(PN - MQ)$ deviendra $R^4L^2 + R^2(PN - MQ)^2$; faisant cette substitution et remarquant que
$$(PM + QN)^2 + (PN - MQ)^2 = (P^2+Q^2)(M^2+N^2),$$
on aura
$$R^2(B^2+C^2) + (PC - QB)^2 = R^4(L^2+M^2+N^2) + R^2(P^2+Q^2)(L^2+M^2+N^2)$$
$$= R^2(R^2+P^2+Q^2)(L^2+M^2+N^2);$$

donc
$$h^2 - m^2 - n^2 = g^2 R^2 (g^2 - L^2 - M^2 - N^2)(R^2 + P^2 + Q^2).$$

Ainsi, en mettant Π^2 pour $R^2 + P^2 + Q^2$ et λ^2 pour $L^2 + M^2 + N^2$ (8), on aura
$$\alpha = \frac{g^4 R^2 \Pi^2}{g^3 R^3 \Pi^3 (g^2 - \lambda^2)^{\frac{3}{2}}},$$

ou bien, en mettant encore $\Pi^2 \Delta$ à la place de $g^2 - \lambda^2$ (11),
$$\alpha = \frac{g}{R \Pi^4 \Delta^{\frac{3}{2}}}.$$

Il s'ensuit de là que la quantité $\frac{1'}{R \Pi^4 \alpha}$ deviendra $\frac{\Delta^{\frac{3}{2}}}{g}$; c'est la valeur de $\frac{dp}{dt}$ (30), c'est-à-dire de la vitesse du mouvement de la longitude moyenne. Or, puisque $\frac{g}{\Delta}$ est la distance moyenne dans l'ellipse (13), on voit que cette vitesse sera proportionnelle inversement à la racine carrée du cube de la distance moyenne, comme on sait que cela a lieu dans les ellipses invariables. On aurait pu à la vérité supposer cette proposition comme une suite de l'invariabilité instantanée des éléments de l'orbite; mais nous avons cru que, vu sa grande importance, il valait mieux la démontrer directement et rigoureusement, pour ne laisser aucun scrupule sur les conséquences que nous allons en déduire, relativement à l'altération du mouvement moyen des Planètes.

35. Nous avons trouvé (**22**), pour la variation de la quantité Δ, cette formule très-simple
$$d\Delta = 2(d\Omega),$$

dans laquelle $(d\Omega)$ représente la différentielle partielle de Ω, en y faisant varier seulement les variables x, y, z relatives à la Planète troublée T. Si donc on substitue dans l'expression de Ω (**16**), à la place de ces variables, leurs valeurs en fonction de $\sin q$ et $\cos q$ (**29**), et qu'ensuite on substitue encore à la place de q sa valeur en p (**31**), il suffira, pour avoir l'expression de $(d\Omega)$, de prendre la différentielle de Ω, en y faisant varier simplement la quantité p. Or, si l'on fait en même temps des substitutions analogues pour les variables x', y', z', x'', y'', z'',... relatives aux Planètes perturbatrices T', T'',..., on changera la quantité Ω en une fonction de sinus et cosinus des angles p, p', p'',... et de leurs multiples ; et cette fonction sera réductible à une série de termes de cette forme

$$A \times {\sin \atop \cos}(\lambda p + \mu p' + \nu p'' + \ldots),$$

A étant composée uniquement des éléments des orbites des différentes Planètes, et λ, μ, ν,... étant des nombres entiers positifs, ou négatifs, ou zéro. Donc chacun de ces termes donnera dans la valeur de $d\Delta$ le terme

$$\pm 2\lambda A \times {\cos \atop \sin}(\lambda p + \mu p' + \nu p'' + \ldots),$$

en sorte qu'on aura facilement de cette manière l'expression complète de la variation de la quantité Δ.

On voit par là que cette expression ne saurait contenir aucun terme sans sinus ou cosinus ; car les termes de cette espèce, qui pourront se trouver dans l'expression de Ω, s'en iront nécessairement par la différentiation relative à p ; et il ne restera dans l'expression de $2(d\Omega)$ ou $d\Delta$ que des termes proportionnels à des sinus ou cosinus d'angles qui contiennent p.

36. Il s'ensuit de cette analyse fort simple que les variations de la quantité Δ ne peuvent être que périodiques ; par conséquent ni la distance moyenne, qui est exprimée par $\frac{g}{\Delta}$, ni la vitesse du moyen mouvement, laquelle l'est par $\frac{\Delta^{\frac{3}{2}}}{g}$ (34.), ne seront sujettes à aucune espèce de variation séculaire. Ainsi, tant qu'on n'a égard qu'à ces sortes de variations, on est fondé à regarder ces éléments comme constants et inaltérables par l'action mutuelle des Planètes. Si donc le mouvement de Saturne se ralentit de siècle en siècle, et celui de Jupiter s'accélère, comme les observations semblent le prouver, il faut attribuer ces variations à

d'autres causes qu'à leur action mutuelle; mais par là même on doit regarder ces phénomènes comme fort douteux, et ne se résoudre à les admettre que lorsqu'ils seront suffisamment constatés par une longue suite d'observations.

37. On a donc, relativement aux variations séculaires, $d\Delta = 0$, et par conséquent $\Delta = $ à une constante. Cette constante est différente pour les diverses Planètes, et se détermine par leurs distances moyennes et par les moyens mouvements. Nous prendrons pour plus de simplicité, dans les Recherches suivantes, la distance moyenne de la Terre au Soleil pour l'unité des distances, et la vitesse du mouvement angulaire moyen de la Terre autour du Soleil pour l'unité des vitesses; en sorte que nous représenterons le temps t par l'angle p de ce mouvement moyen. On aura ainsi pour la Terre (numéro précédent)

$$\frac{g}{\Delta} = 1, \quad \frac{\Delta^{\frac{3}{2}}}{g} = 1,$$

d'où il résulte

$$g = 1, \quad \Delta = 1.$$

Or (15)

$$g = S + T;$$

et comme la masse de la plus grosse Planète, c'est-à-dire de Jupiter, est moindre qu'un millième de celle du Soleil, on pourra toujours négliger T vis-à-vis de S, et prendre simplement $g = S$; ainsi la quantité g sera la même à l'égard de toutes les Planètes, et sera par conséquent toujours égale à 1; de sorte que la masse même du Soleil deviendra l'unité des masses de toutes les Planètes.

A l'égard de la valeur de Δ, elle sera égale à

$$\frac{1}{\text{dist. moy.}} \quad \text{ou} \quad (\text{vitesse moyenne})^{\frac{2}{3}},$$

et sera ainsi connue par les *Tables astronomiques*.

38. Venons maintenant aux variations séculaires des autres éléments, c'est-à-dire des inclinaisons, des nœuds, des excentricités et des aphélies.

En regardant les inclinaisons et les excentricités comme des quantités très-petites, ainsi qu'elles le sont en effet pour toutes les Planètes de notre système, nous n'aurons égard, du moins dans la première approximation, qu'aux premières dimensions de ces quantités; mais nos formules primitives étant rigoureuses et générales, il sera facile d'en pousser le développement plus loin, si on le juge nécessaire.

Or, comme on a

$$P = R\theta\sin\omega, \quad Q = R\theta\cos\omega,$$

θ étant la tangente de l'inclinaison de l'orbite et ω la longitude du nœud ascendant (5), et

$$L = \lambda\sin\eta, \quad M = \lambda\cos\eta\sin\varphi, \quad N = \lambda\cos\eta\cos\varphi,$$

λ étant l'excentricité (à cause de $g=1$), φ la longitude de l'aphélie et η la latitude de cet aphélie, laquelle est déterminée (9) par l'équation

$$\tan\eta = \theta\sin(\varphi - \omega),$$

il est évident qu'en supposant θ et λ très-petites du premier ordre, les quantités $\frac{P}{R}$, $\frac{Q}{R}$, M, N seront aussi très-petites de ce même ordre, et que la quantité L sera très-petite du second ordre, puisque l'angle η est lui-même très-petit du premier.

Donc, en négligeant les quantités très-petites du second ordre, on aura

$$R = \Pi = \frac{1}{\sqrt{\Delta}};$$

car

$$\Pi = \sqrt{R^2 + P^2 + Q^2} = R\sqrt{1 + \frac{P^2}{R^2} + \frac{Q^2}{R^2}},$$

et

$$\Delta = \frac{g^2 - \lambda^2}{\Pi^2} = \frac{1}{R^2},$$

à cause de $g=1$. Ainsi, comme Δ est toujours un nombre fini, puisque $\frac{1}{\Delta}$ exprime la distance moyenne de la Planète au Soleil, celle de la Terre étant prise pour l'unité, les quantités P et Q seront elles-mêmes très-petites du premier ordre.

Ainsi, puisque nous avons déjà trouvé, relativement aux variations séculaires, $d\Delta = 0$, on aura aussi $dR = 0$; et il ne restera qu'à chercher les valeurs de dP, dQ, dM, dN, d'après les formules des n°s 17, 19.

Or, en négligeant toujours les quantités très-petites des ordres supérieurs au premier, on aura (**29**)

$$B = RN, \quad C = -RM;$$

donc, à cause de $g = 1$,

$$r = \frac{R^2}{1 - M\sin q - N\cos q} = \frac{1 + M\sin q + N\cos q}{\Delta},$$

et

$$dr = \frac{M\cos q - N\sin q}{\Delta} dq.$$

On aura ensuite (**30**) cette fraction

$$\frac{1}{R^2(1 - M\sin q - N\cos q)^2}$$

à réduire en une série de la forme

$$\alpha(1 + \beta\sin q + \gamma\cos q + \delta\sin 2q + \ldots);$$

de sorte qu'en n'ayant égard qu'aux premières dimensions de M et N, on aura sur-le-champ

$$\beta = 2M, \quad \gamma = 2N, \quad \delta = 0, \ldots$$

On substituera donc ces valeurs dans les expressions de (β) et (γ); et comme la valeur de q est, aux quantités très-petites près, égale à p, on y changera simplement q en p.

De cette manière, si l'on fait

$$m = M - \frac{dN}{dp} - \frac{d^2M}{dp^2} + \frac{d^3N}{dp^3} + \ldots,$$

$$n = N + \frac{dM}{dp} - \frac{d^2N}{dp^2} - \frac{d^3M}{dp^3} + \ldots,$$

on aura
$$(\beta) = 2m, \quad (\gamma) = 2n, \quad (\delta) = 0, \ldots;$$
donc (31)
$$(B) = 2m, \quad (C) = 2n, \quad (D) = 0, \ldots;$$
par conséquent
$$q = p + 2m \cos p - 2n \sin p,$$
et, différentiant,
$$dq = dp - 2\mathrm{M} \sin p \, dp - 2\mathrm{N} \cos p \, dp,$$
à cause de
$$dn = (\mathrm{M} - m) dp, \quad dm = (n - \mathrm{N}) dp.$$

A l'égard de la valeur de p, elle dépendra (34) de l'équation
$$dp = \Delta^{\frac{3}{2}} dt;$$
de sorte que, comme $d\Delta = 0$, on aura, en intégrant,
$$p = \Delta^{\frac{3}{2}} t,$$
comme dans les orbites invariables.

On fera donc ces différentes substitutions dans les formules dont il s'agit, après y avoir mis pour x, y, z les valeurs $r \cos q$, $r \sin q$, $\frac{r}{\mathrm{R}}(\mathrm{Q} \sin q - \mathrm{P} \cos q)$, et pour x', y', z', x'',... des valeurs semblables, où toutes les lettres soient marquées par un ou plusieurs traits. On développera ensuite les différents termes, et l'on ne retiendra que ceux où les quantités P, Q, M, N ne passeront pas la première dimension et qui en même temps ne contiendront aucun sinus ou cosinus d'angles proportionnels à t.

39. Commençons par les formules
$$d\mathrm{P} = \left(\frac{d\Omega}{dy} z - \frac{d\Omega}{dz} y \right) dt,$$
$$d\mathrm{Q} = \left(\frac{d\Omega}{dx} z - \frac{d\Omega}{dz} x \right) dt.$$

En substituant pour $\dfrac{d\Omega}{dx}$, $\dfrac{d\Omega}{dy}$, $\dfrac{d\Omega}{dz}$ leurs valeurs (**16**), on aura

$$\dfrac{d\Omega}{dy}z - \dfrac{d\Omega}{dz}y = \mathrm{T}'\left(\dfrac{1}{\rho'^3} - \dfrac{1}{\sigma'^3}\right)(y'z - yz') + \mathrm{T}''\left(\dfrac{1}{\rho''^3} - \dfrac{1}{\sigma''^3}\right)(y''z - yz'') + \ldots,$$

$$\dfrac{d\Omega}{dx}z - \dfrac{d\Omega}{dz}x = \mathrm{T}'\left(\dfrac{1}{\rho'^3} - \dfrac{1}{\sigma'^3}\right)(x'z - xz') + \mathrm{T}''\left(\dfrac{1}{\rho''^3} - \dfrac{1}{\sigma''^3}\right)(x''z - xz'') + \ldots,$$

et l'on trouvera d'abord ces transformations

$$y'z - yz' = rr'\left(\dfrac{\mathrm{Q}\sin q - \mathrm{P}\cos q}{\mathrm{R}}\sin q' - \dfrac{\mathrm{Q}'\sin q' - \mathrm{P}'\cos q'}{\mathrm{R}'}\sin q\right)$$

$$= \dfrac{rr'}{2}\left(\dfrac{\mathrm{Q}}{\mathrm{R}} - \dfrac{\mathrm{Q}'}{\mathrm{R}'}\right)[\cos(q-q') - \cos(q+q')]$$

$$+ \dfrac{rr'}{2}\left(\dfrac{\mathrm{P}}{\mathrm{R}} + \dfrac{\mathrm{P}'}{\mathrm{R}'}\right)\sin(q-q') - \dfrac{rr'}{2}\left(\dfrac{\mathrm{P}}{\mathrm{R}} - \dfrac{\mathrm{P}'}{\mathrm{R}'}\right)\sin(q+q'),$$

$$x'z - xz' = rr'\left(\dfrac{\mathrm{Q}\sin q - \mathrm{P}\cos q}{\mathrm{R}}\cos q' - \dfrac{\mathrm{Q}'\sin q' - \mathrm{P}'\cos q'}{\mathrm{R}'}\cos q\right)$$

$$= -\dfrac{rr'}{2}\left(\dfrac{\mathrm{P}}{\mathrm{R}} - \dfrac{\mathrm{P}'}{\mathrm{R}'}\right)[\cos(q-q') + \cos(q+q')]$$

$$+ \dfrac{rr'}{2}\left(\dfrac{\mathrm{Q}}{\mathrm{R}} + \dfrac{\mathrm{Q}'}{\mathrm{R}'}\right)\sin(q-q') + \dfrac{rr'}{2}\left(\dfrac{\mathrm{Q}}{\mathrm{R}} - \dfrac{\mathrm{Q}'}{\mathrm{R}'}\right)\sin(q+q'),$$

et ainsi des autres expressions semblables.

Or, puisque les quantités P, Q, P', Q',... qui multiplient tous les termes de ces expressions sont très-petites du premier ordre, il faudra rejeter toutes les quantités de cet ordre et des suivants dans les valeurs de $r, r',\ldots$ et de $q, q',\ldots$.

Ainsi l'on fera simplement (numéro précédent)

$$r = \dfrac{1}{\Delta}, \quad r' = \dfrac{1}{\Delta'},\ldots, \quad q = p, \quad q' = p',\ldots;$$

mais, pour plus de simplicité, nous retiendrons les quantités $r, r',\ldots$ en les regardant comme constantes et égales aux distances moyennes des Planètes T, T',….

Il faudra ensuite faire les mêmes substitutions dans les quantités

$$\frac{1}{\rho'^3} - \frac{1}{\sigma'^3}, \quad \frac{1}{\rho''^3} - \frac{1}{\sigma''^3}, \ldots,$$

et y négliger aussi par la même raison toutes les quantités très-petites.

On aura donc (16)
$$\rho = r, \quad \rho' = r', \ldots,$$
$$\sigma' = \sqrt{r^2 - 2rr'\cos(q-q') + r'^2}, \quad \sigma'' = \sqrt{r^2 - 2rr''\cos(q-q'') + r''^2}, \ldots$$

Or la quantité irrationnelle

$$[r^2 - 2rr'\cos(q-q') + r'^2]^{-\frac{3}{2}}$$

peut se développer, comme on sait, dans une série de la forme

$$(r, r') + (r, r')_1 \cos(q-q') + (r, r')_2 \cos 2(q-q') + \ldots,$$

dans laquelle

$$(r, r'), \quad (r, r')_1, \quad (r, r')_2, \ldots$$

sont des fonctions de r, r' sans q, q' (*voyez* plus bas le n° 46); de même la quantité

$$[r^2 - 2rr''\cos(q-q'') + r''^2]^{-\frac{3}{2}}$$

se développera dans la série

$$(r, r'') + (r, r'')_1 \cos(q-q'') + (r, r'')_2 \cos 2(q-q'') + \ldots,$$

et ainsi des autres quantités semblables.

Donc on aura par ces substitutions

$$\frac{1}{\rho'^3} - \frac{1}{\sigma'^3} = \frac{1}{r'^3} - (r, r') - (r, r')_1 \cos(q-q') - (r, r')_2 \cos 2(q-q') - \ldots,$$

$$\frac{1}{\rho''^3} - \frac{1}{\sigma''^3} = \frac{1}{r''^3} - (r, r'') - (r, r'')_1 \cos(q-q'') - (r, r'')_2 \cos 2(q-q'') - \ldots,$$

et ainsi des autres.

On multipliera maintenant ces quantités par celles que nous avons trouvées ci-dessus, en changeant dans les unes et les autres les lettres q,

DES ÉLÉMENTS DES PLANÈTES. 173

$q', \ldots$ en $p, p', \ldots$; et l'on ne retiendra, après la multiplication et le développement des sinus et cosinus, que les termes qui ne contiendront ni sinus ni cosinus.

De cette manière on aura simplement

$$\left(\frac{1}{\rho'^3} - \frac{1}{\sigma'^3}\right)(y'z - yz') = -\frac{rr'}{4}\left(\frac{Q}{R} - \frac{Q'}{R'}\right)(r, r')_1,$$

$$\left(\frac{1}{\rho'^3} - \frac{1}{\sigma'^3}\right)(x'z - xz') = \frac{rr'}{4}\left(\frac{P}{R} - \frac{P'}{R'}\right)(r, r')_1,$$

et pareillement

$$\left(\frac{1}{\rho''^3} - \frac{1}{\sigma''^3}\right)(y''z - yz'') = -\frac{rr''}{4}\left(\frac{Q}{R} - \frac{Q''}{R''}\right)(r, r'')_1,$$

$$\left(\frac{1}{\rho''^3} - \frac{1}{\sigma''^3}\right)(x''z - xz'') = \frac{rr''}{4}\left(\frac{P}{R} - \frac{P''}{R''}\right)(r, r'')_1.$$

et ainsi de suite.

Donc enfin on aura pour les variations séculaires de P et Q ces formules différentielles

$$dP = -\frac{T'rr'(r, r')_1}{4}\left(\frac{Q}{R} - \frac{Q'}{R'}\right)dt - \frac{T''rr''(r, r'')_1}{4}\left(\frac{Q}{R} - \frac{Q''}{R''}\right)dt - \ldots,$$

$$dQ = \frac{T'rr'(r, r')_1}{4}\left(\frac{P}{R} - \frac{P'}{R'}\right)dt + \frac{T''rr''(r, r'')_1}{4}\left(\frac{P}{R} - \frac{P''}{R''}\right)dt + \ldots.$$

On aura des formules semblables pour les variations séculaires de P', Q', P'', Q'',..., en changeant seulement dans celles-ci les quantités P, Q, R, r, T en P', Q', R', r', T', ou en P'', Q'', R'', r'', T'',..., et *vice versâ*.

40. On peut simplifier ces formules en faisant

$$\frac{P}{R} = s, \quad \frac{Q}{R} = u,$$

et de même

$$\frac{P'}{R'} = s', \quad \frac{Q'}{R'} = u',$$

$$\ldots\ldots\ldots\ldots\ldots\ldots;$$

car, comme $d\mathrm{R} = 0$ (38), on aura simplement

$$d\mathrm{P} = \mathrm{R}\,ds, \quad d\mathrm{Q} = \mathrm{R}\,du;$$

d'ailleurs (39)

$$\mathrm{R} = \frac{1}{\sqrt{\Delta}} = \sqrt{r}.$$

Donc si l'on fait, pour abréger,

$$(0,1) = \frac{\mathrm{T}'rr'(r,r')_1}{4\sqrt{r}}, \quad (0,2) = \frac{\mathrm{T}''rr''(r,r'')_1}{4\sqrt{r}}, \ldots,$$

on aura ces équations linéaires

$$\frac{ds}{dt} + (0,1)(u-u') + (0,2)(u-u'') + \ldots = 0,$$

$$\frac{du}{dt} - (0,1)(s-s') + (0,2)(s-s'') - \ldots = 0;$$

en faisant de même

$$(1,0) = \frac{\mathrm{T}r'r(r',r)_1}{4\sqrt{r'}}, \quad (1,2) = \frac{\mathrm{T}''r'r''(r',r'')_1}{4\sqrt{r'}}, \ldots,$$

$$(2,0) = \frac{\mathrm{T}r''r(r'',r)_1}{4\sqrt{r''}}, \quad (2,1) = \frac{\mathrm{T}'r''r'(r'',r')_1}{4\sqrt{r''}}, \ldots,$$

$$\ldots\ldots\ldots\ldots\ldots\ldots\ldots\ldots\ldots\ldots,$$

on aura aussi

$$\frac{ds'}{dt} + (1,0)(u'-u) + (1,2)(u'-u'') + \ldots = 0,$$

$$\frac{du'}{dt} - (1,0)(s'-s) - (1,2)(s'-s'') - \ldots = 0,$$

$$\frac{ds''}{dt} + (2,0)(u''-u) + (2,1)(u''-u') + \ldots = 0,$$

$$\frac{du''}{dt} - (2,0)(s''-s) - (2,1)(s''-s') - \ldots = 0,$$

$$\ldots\ldots\ldots\ldots\ldots\ldots\ldots\ldots\ldots\ldots,$$

et les variables $s, s', s'', \ldots, u, u', u'', \ldots$ de ces équations exprimeront les quantités

$$\theta\sin\omega, \quad \theta'\sin\omega', \quad \theta''\sin\omega'', \ldots,$$

$$\theta\cos\omega, \quad \theta'\cos\omega', \quad \theta''\cos\omega'', \ldots,$$

dans lesquelles $\theta, \theta', \theta'', \ldots$ sont les tangentes des inclinaisons des orbites des Planètes $T, T', T'', \ldots$, et $\omega, \omega', \omega'', \ldots$ les longitudes des nœuds ascendants de ces orbites.

Telles sont les formules les plus simples pour déterminer les variations séculaires de la position des orbites planétaires; nous les avions déjà données dans les *Mémoires de l'Académie des Sciences de Paris*, page 109, année 1774 (*); mais nous avons cru devoir les redonner ici pour ne rien laisser à désirer sur la Théorie des variations séculaires.

41. Il ne reste plus qu'à développer et à réduire d'une manière semblable les formules

$$d\mathrm{N} = 2x(d\Omega) - \Phi dx - \frac{d\Omega}{dx}\rho d\rho,$$

$$d\mathrm{M} = 2y(d\Omega) - \Phi dy - \frac{d\Omega}{dy}\rho d\rho.$$

Pour cela nous ferons d'abord dans la fonction Ω (**16**) les substitutions de $r\cos q, r\sin q, r'\cos q', r'\sin q', \ldots$ pour $x, y, x', y', \ldots$; ce qui donnera une fonction de $r, q, z, r', q', z', \ldots$. Or, en ne considérant que la variabilité de x, y et de r, q, il est visible qu'on a cette équation identique

$$\frac{d\Omega}{dx} dx + \frac{d\Omega}{dy} dy = \frac{d\Omega}{dr} dr + \frac{d\Omega}{dq} dq;$$

laquelle, en substituant pour dx, dy leurs valeurs

$$\cos q\, dr - r\sin q\, dq, \quad \sin q\, dr + r\cos q\, dq,$$

(*) Le Mémoire auquel il est fait ici allusion appartient, comme nous avons déjà eu occasion de le mentionner, à la troisième Section des *OEuvres de Lagrange*.

(*Note de l'Éditeur.*)

et comparant les termes affectés de dr et dq, donnera ces deux-ci

$$\frac{d\Omega}{dx}\cos q + \frac{d\Omega}{dy}\sin q = \frac{d\Omega}{dr},$$

$$r\frac{d\Omega}{dy}\cos q - r\frac{d\Omega}{dx}\sin q = \frac{d\Omega}{dq},$$

d'où l'on tire

$$\frac{d\Omega}{dx} = \frac{d\Omega}{dr}\cos q - \frac{d\Omega}{dq}\frac{\sin q}{r},$$

$$\frac{d\Omega}{dy} = \frac{d\Omega}{dr}\sin q + \frac{d\Omega}{dq}\frac{\cos q}{r}.$$

De sorte que les fonctions Φ et $(d\Omega)$ deviendront (18)

$$\Phi = r\frac{d\Omega}{dr} + z\frac{d\Omega}{dz},$$

$$(d\Omega) = \frac{d\Omega}{dr}dr + \frac{d\Omega}{dq}dq + \frac{d\Omega}{dz}dz.$$

Substituant ces valeurs dans les formules ci-dessus, et mettant aussi pour $\rho\, d\rho = x\,dx + y\,dy + z\,dz$ sa transformée $r\,dr + z\,dz$, on aura, après avoir ordonné les termes,

$$d\mathrm{N} = \left(\frac{d\Omega}{dq}\sin q - z\frac{d\Omega}{dz}\cos q\right)dr$$

$$+ \left(2r\frac{d\Omega}{dq}\cos q + r^2\frac{d\Omega}{dr}\sin q - rz\frac{d\Omega}{dz}\sin q\right)dq$$

$$+ \left(2r\frac{d\Omega}{dz}\cos q - z\frac{d\Omega}{dr}\cos q + \frac{z}{r}\frac{d\Omega}{dq}\sin q\right)dz,$$

$$d\mathrm{M} = -\left(\frac{d\Omega}{dq}\cos q + z\frac{d\Omega}{dz}\sin q\right)dr$$

$$+ \left(2r\frac{d\Omega}{dq}\sin q - r^2\frac{d\Omega}{dr}\cos q - rz\frac{d\Omega}{dz}\cos q\right)dq$$

$$+ \left(2r\frac{d\Omega}{dz}\sin q - z\frac{d\Omega}{dr}\sin q - \frac{z}{r}\frac{d\Omega}{dq}\cos q\right)dz.$$

42. Comme nous ne voulons pas pousser la précision au delà des quantités très-petites du premier ordre, et que les variables x, y, z,...

DES ÉLÉMENTS DES PLANÈTES.

sont déjà elles-mêmes très-petites de cet ordre, puisque

$$z = \frac{r}{\mathrm{R}}(\mathrm{Q}\sin q - \mathrm{P}\cos q), \ldots;$$

il est clair qu'on pourra d'abord simplifier les formules précédentes, en y négligeant tous les termes où $z, z', \ldots$ formeront des produits de deux ou de plus de deux dimensions.

Donc, puisque tous les termes de la valeur de $\dfrac{d\Omega}{dz}$ sont eux-mêmes déjà multipliés par z, ou z', ou $z'', \ldots$ (**15** et **16**), il s'ensuit que les formules dont il s'agit se réduiront à celles-ci

$$d\mathrm{N} = \frac{d\Omega}{dq}\sin q\, dr + \left(2r\frac{d\Omega}{dq}\cos q + r^2\frac{d\Omega}{dr}\sin q\right)dq,$$

$$d\mathrm{M} = -\frac{d\Omega}{dq}\cos q\, dr + \left(2r\frac{d\Omega}{dq}\sin q - r^2\frac{d\Omega}{dr}\cos q\right)dq;$$

et que la fonction Ω deviendra de cette forme

$$\Omega = \mathrm{T}'\left[\frac{r\cos(q-q')}{r'^2} - \frac{1}{\sqrt{r^2 - 2r'r\cos(q-q') + r'^2}}\right]$$

$$+\, \mathrm{T}''\left[\frac{r\cos(q-q'')}{r''^2} - \frac{1}{\sqrt{r^2 - 2r''r\cos(q-q'') + r''^2}}\right]$$

$$+ \ldots\ldots\ldots\ldots\ldots\ldots\ldots\ldots\ldots\ldots\ldots\ldots\ldots\ldots\ldots$$

On fera, dans ces formules, les substitutions indiquées plus haut (**38**), en ayant soin de rejeter tous les termes qui contiendraient des produits ou des puissances de $m, n, \mathrm{M}, \mathrm{N}, m', n', \mathrm{M}', \ldots$, ainsi que ceux qui se trouveraient multipliés par des sinus ou cosinus des angles $p, p', \ldots$ ou des combinaisons quelconques de ces angles.

Donc, puisque

$$q = p + 2m\cos p - 2n\sin p, \quad dq = dp(1 - 2\mathrm{M}\sin p - 2\mathrm{N}\cos p),$$

V.

on aura

$$\sin q = \sin p + m(1+\cos 2p) - n\sin 2p,$$
$$\cos q = \cos p - m\sin 2p + n(1-\cos 2p),$$
$$\sin q\, dq = [\sin p + m - M + (m+M)\cos 2p - (n+N)\sin 2p]\, dp,$$
$$\cos q\, dq = [\cos p - (m+M)\sin 2p + n - N - (n+N)\cos 2p]\, dp.$$

Ensuite, en conservant la lettre r pour représenter la distance moyenne $\frac{1}{\Delta}$, comme on en a usé ci-dessus, on mettra $r(1+M\sin p+N\cos p)$ au lieu de r, et $r(M\cos p - N\sin p)\, dp$ au lieu de dr.

De sorte qu'on aura

$$\sin q\, dr = r\, dp\left[m - \frac{N}{2} + \left(\frac{M}{2}-n\right)\sin 2p + \left(m+\frac{N}{2}\right)\cos 2p\right],$$

$$\cos q\, dr = r\, dp\left[n + \frac{M}{2} + \left(\frac{M}{2}-n\right)\cos 2p - \left(m+\frac{N}{2}\right)\sin 2p\right],$$

$$r\sin q\, dq = r\, dp\left[\sin p + m - \frac{M}{2} + \left(m+\frac{M}{2}\right)\cos 2p - \left(n+\frac{N}{2}\right)\sin 2p\right],$$

$$r\cos q\, dq = r\, dp\left[\cos p + n - \frac{N}{2} - \left(m+\frac{M}{2}\right)\sin 2p - \left(n+\frac{N}{2}\right)\cos 2p\right],$$

$$r^2\sin q\, dq = r^2\, dp[\sin p + m + m\cos 2p - n\sin 2p],$$
$$r^2\cos q\, dq = r^2\, dp[\cos p + n - m\sin 2p - n\cos 2p].$$

Enfin, comme Ω est fonction de $r, r', r'', \ldots, q, q', q'', \ldots$, il y faudra aussi substituer $r(1+M\sin p+N\cos p)$ et $p+2m\cos p - 2n\sin p$ à la place de r et q, et ainsi des autres quantités analogues r', q', r'', q'',... en marquant simplement toutes les lettres d'un, de deux,... traits.

On changera donc, dans la fonction Ω, les quantités $q, q', \ldots$ en $p, p', \ldots$, et l'on substituera, au lieu de $\frac{d\Omega}{dr}$,

$$\frac{d\Omega}{dr} + r\frac{d^2\Omega}{dr^2}(M\sin p+N\cos p) + r'\frac{d^2\Omega}{dr\,dr'}(M'\sin p'+N'\cos p') + r''\frac{d^2\Omega}{dr\,dr''}(M''\sin p''+N''\cos p'')+\ldots$$
$$+ 2\frac{d^2\Omega}{dr\,dp}(m\cos p - n\sin p) + 2\frac{d^2\Omega}{dr\,dp'}(m'\cos p' - n'\sin p') + 2\frac{d^2\Omega}{dr\,dp''}(m''\cos p'' - n''\sin p'')+\ldots,$$

et, à la place de $\frac{d\Omega}{dq}$,

$\frac{d\Omega}{dp} + r\frac{d^2\Omega}{drdp}(\text{M}\sin p + \text{N}\cos p) + r'\frac{d^2\Omega}{dr'dp}(\text{M}'\sin p' + \text{N}'\cos p') + r''\frac{d^2\Omega}{dr''dp}(\text{M}''\sin p'' + \text{N}''\cos p'') + \ldots$

$+ 2\frac{d^2\Omega}{dp^2}(m\cos p - n\sin p) + 2\frac{d^2\Omega}{dpdp'}(m'\cos p' - n'\sin p') + 2\frac{d^2\Omega}{dpdp''}(m''\cos p'' - n''\sin p'') + \ldots$

Ces substitutions faites, il n'y aura plus qu'à changer la fonction Ω en une série de cosinus d'angles multiples de $p - p'$, $p - p''$,…; et comme des termes résultants on ne veut conserver que ceux qui se trouveront sans sinus et cosinus, on remarquera d'abord que les fonctions $\frac{d\Omega}{dr}$, $\frac{d^2\Omega}{dr^2}$, $\frac{d^2\Omega}{drdr'}$, $\frac{d^2\Omega}{drdr''}$,… ne pourront donner de ces sortes de termes qu'autant qu'elles ne seront multipliées par aucun sinus ni cosinus, ou qu'elles le seront par des cosinus de $p - p'$, $p - p''$,… ou de leurs multiples quelconques; que $\frac{d\Omega}{dp}$, $\frac{d^2\Omega}{drdp}$, $\frac{d^2\Omega}{dr'dp}$,…, $\frac{d^2\Omega}{drdp'}$,… ne donneront de pareils termes qu'autant qu'elles seront multipliées par des sinus de $p - p'$, $p - p''$,… ou de leurs multiples; qu'enfin $\frac{d^2\Omega}{dp^2}$, $\frac{d^2\Omega}{dpdp'}$,… n'en donneront qu'autant qu'elles se trouveront multipliées par des cosinus de $p - p'$, $p - p''$,… ou de leurs multiples. D'où il suit que ces quantités seront les seules auxquelles il sera nécessaire d'avoir égard dans les substitutions dont il s'agit, et qu'ainsi l'on pourra d'abord réduire les équations en question à celles-ci

$$dN = \left(\frac{r^3}{2}\frac{d^2\Omega}{dr^2}\text{M} + r^2\frac{d\Omega}{dr}m\right)dp$$

$$+ \left[-rr'\frac{d^2\Omega}{dr'dp}\sin(p-p') + \frac{r^2r'}{2}\frac{d^2\Omega}{drdr'}\cos(p-p')\right]\text{M}'dp$$

$$+ \left[2r\frac{d^2\Omega}{dpdp'}\cos(p-p') + r^2\frac{d^2\Omega}{drdp'}\sin(p-p')\right]m'dp$$

$$+ \left[-rr''\frac{d^2\Omega}{dr''dp}\sin(p-p'') + \frac{r^2r''}{2}\frac{d^2\Omega}{drdr''}\cos(p-p'')\right]\text{M}''dp$$

$$+ \left[2r\frac{d^2\Omega}{dpdp''}\cos(p-p'') + r^2\frac{d^2\Omega}{drdp''}\sin(p-p'')\right]m''dp$$

$$+\ldots\ldots\ldots\ldots\ldots\ldots\ldots\ldots\ldots\ldots\ldots,$$

$$dM = -\left(\frac{r^3}{2}\frac{d^2\Omega}{dr^2}N + r^2\frac{d\Omega}{dr}n\right)dp$$

$$-\left[-rr'\frac{d^2\Omega}{dr'dp}\sin(p-p') + \frac{r^2r'}{2}\frac{d^2\Omega}{drdr'}\cos(p-p')\right]N'dp$$

$$-\left[2r\frac{d^2\Omega}{dpdp'}\cos(p-p') + r^2\frac{d^2\Omega}{drdp'}\sin(p-p')\right]n'dp$$

$$-\left[-rr''\frac{d^2\Omega}{dr''dp}\sin(p-p'') + \frac{r^2r''}{2}\frac{d^2\Omega}{drdr'}\cos(p-p'')\right]N''dp$$

$$-\left[2r\frac{d^2\Omega}{dpdp''}\cos(p-p'') + r^2\frac{d^2\Omega}{drdp''}\sin(p-p'')\right]n''dp$$

$$-\ldots\ldots\ldots\ldots\ldots\ldots\ldots\ldots\ldots\ldots\ldots\ldots\ldots\ldots\ldots\ldots$$

43. Développons maintenant par les méthodes connues les fractions irrationnelles

$$[r^2 - 2rr'\cos(p-p') + r'^2]^{-\frac{1}{2}},\quad [r^2 - 2rr''\cos(p-p'') + r''^2]^{-\frac{1}{2}},\ldots$$

en séries rationnelles de la forme

$$A' + B'\cos(p-p') + C'\cos 2(p-p') + \ldots,$$
$$A'' + B''\cos(p-p'') + C''\cos 2(p-p'') + \ldots,$$

et ainsi de suite.

On aura alors, en changeant dans Ω la lettre q en p,

$$\Omega = -T'\left[A' + \left(B' - \frac{r}{r'^2}\right)\cos(p-p') + C'\cos 2(p-p') + \ldots\right]$$

$$-T''\left[A'' + \left(B'' - \frac{r}{r''^2}\right)\cos(p-p'') + C''\cos 2(p-p'') + \ldots\right]$$

$$-\ldots\ldots\ldots\ldots\ldots\ldots\ldots\ldots\ldots\ldots\ldots\ldots\ldots\ldots\ldots\ldots$$

On substituera cette valeur dans les équations précédentes, et l'on fera attention que A', B',... sont fonctions de r et r' seulement, que A'', B'',... sont fonctions de r et r'', et ainsi de suite. En ne retenant que les termes sans sinus ni cosinus, on aura enfin ces équations, dans lesquelles

$\dfrac{dt}{r^{\frac{3}{2}}}$ est mis à la place de dp,

$$dN = -\left(T'\frac{r^3}{2}\frac{d^2A'}{dr^2} + T''\frac{r^3}{2}\frac{d^2A''}{dr^2} + \ldots\right)\frac{M\,dt}{r^{\frac{3}{2}}}$$

$$-\left(T'r^2\frac{dA'}{dr} + T''r^2\frac{dA''}{dr} + \ldots\right)\frac{m\,dt}{r^{\frac{3}{2}}}$$

$$-T'\left(\frac{rr'}{2}\frac{dB'}{dr'} + \frac{r^2r'}{4}\frac{d^2B'}{dr\,dr'} + \frac{3r^2}{r'^2}\right)\frac{M'\,dt}{r^{\frac{3}{2}}}$$

$$-T'\left(rB' + \frac{r^2}{2}\frac{dB'}{dr} - \frac{3r^2}{2r'^2}\right)\frac{m'\,dt}{r^{\frac{3}{2}}}$$

$$-T''\left(\frac{rr''}{2}\frac{dB''}{dr''} + \frac{r^2r''}{4}\frac{d^2B''}{dr\,dr''} + \frac{3r^2}{r''^2}\right)\frac{M''\,dt}{r^{\frac{3}{2}}}$$

$$-T''\left(rB'' + \frac{r^2}{2}\frac{dB''}{dr} - \frac{3r^2}{2r''^2}\right)\frac{m''\,dt}{r^{\frac{3}{2}}}$$

$$-\ldots\ldots\ldots\ldots\ldots\ldots\ldots\ldots\ldots\ldots$$

$$dM = \left(T'\frac{r^3}{2}\frac{d^2A'}{dr^2} + T''\frac{r^3}{2}\frac{d^2A''}{dr^2} + \ldots\right)\frac{N\,dt}{r^{\frac{3}{2}}}$$

$$+\left(T'r^2\frac{dA'}{dr} + T''r^2\frac{dA''}{dr} + \ldots\right)\frac{n\,dt}{r^{\frac{3}{2}}}$$

$$+T'\left(\frac{rr'}{2}\frac{dB'}{dr'} + \frac{r^2r'}{4}\frac{d^2B'}{dr\,dr'} + \frac{3r^2}{r'^2}\right)\frac{N'\,dt}{r^{\frac{3}{2}}}$$

$$+T'\left(rB' + \frac{r^2}{2}\frac{dB'}{dr} - \frac{3r^2}{r'^2}\right)\frac{n'\,dt}{r^{\frac{3}{2}}}$$

$$+T''\left(\frac{rr''}{2}\frac{dB''}{dr''} + \frac{r^2r''}{4}\frac{d^2B''}{dr\,dr''} + \frac{3r^2}{r''^2}\right)\frac{N''\,dt}{r^{\frac{3}{2}}}$$

$$+T''\left(rB'' + \frac{r^2}{2}\frac{dB''}{dr} - \frac{3r^2}{r''^2}\right)\frac{n''\,dt}{r^{\frac{3}{2}}}$$

$$+\ldots\ldots\ldots\ldots\ldots\ldots\ldots\ldots\ldots\ldots$$

Ce sont les équations qui servent à déterminer les variations séculaires des éléments M et N; et l'on aura des équations semblables pour les variations séculaires de M' et N', de M" et N",..., en marquant simplement d'un, de deux,... traits les lettres qui n'en ont aucun, à l'exception de t, et réciproquement effaçant les traits de celles qui en ont un, deux,...

A l'égard des quantités m, n, on aura, pour leur détermination, les équations

$$dn = (M - m)\frac{dt}{r^3}, \quad dm = (n - N)\frac{dt}{r^{\frac{3}{2}}},$$

comme il résulte des expressions de ces quantités (38); et, marquant les lettres m, n, M, N, et r d'un, deux,... traits, on aura les équations de m', n', de m'', n'',....

44. Comme dans les formules précédentes il entre non-seulement les quantités A', B', A'', B'',..., mais encore leurs différences premières et secondes, nous allons donner la manière de faire disparaître ces différences.

Et d'abord, puisque les coefficients A', B',... résultent du développement d'une fonction homogène de r et r' de la dimension -1, ils sont aussi nécessairement de pareilles fonctions de r et r' de la dimension -1, de sorte que, par la propriété connue de ces sortes de fonctions, on aura

$$r\frac{dB'}{dr} + r'\frac{dB'}{dr'} = -B';$$

par conséquent

$$r'\frac{dB'}{dr'} = -B' - r\frac{dB'}{dr},$$

$$r'\frac{d^2B'}{dr'^2} = -2\frac{dB'}{dr} - r^2\frac{d^2B'}{dr^2}$$

Ainsi la quantité

$$\frac{rr'}{2}\frac{dB'}{dr'} + \frac{r^2r'}{4}\frac{d^2B'}{drdr'}$$

deviendra

$$-\frac{r}{2}B' - r^2\frac{dB'}{dr} - \frac{r^3}{4}\frac{d^2B'}{dr^2}.$$

De même, et par la même raison, la quantité

$$\frac{rr''}{2}\frac{dB''}{dr''} + \frac{r^2r''}{4}\frac{d^2B''}{drdr''}$$

deviendra
$$-\frac{r}{2}B'' - r^2\frac{d^2B''}{dr} - \frac{r^3}{4}\frac{d^2B''}{dr^2},$$

et ainsi des autres; moyennant quoi il n'y aura plus que des différentielles relatives à r.

Au reste, quoique la propriété des fonctions homogènes dont nous venons de faire usage soit assez connue, en voici une démonstration bien simple. Si φ est une fonction homogène de plusieurs variables $x, y, z, \ldots$, qui forment partout la même dimension du degré m, il est clair qu'en substituant $ax, ay, az, \ldots$ au lieu de $x, y, z, \ldots$, la fonction φ deviendra $a^m\varphi$, a étant une quantité quelconque; si donc on fait $a = 1 + \alpha$, α étant une quantité infiniment petite, il faudra qu'en faisant croître les variables $x, y, z, \ldots$ de $\alpha x, \alpha y, \alpha z, \ldots$, la fonction φ croisse en même temps de $m\alpha\varphi$; ce qui donne évidemment l'équation
$$\frac{d\varphi}{dx}x + \frac{d\varphi}{dy}y + \frac{d\varphi}{dz}z + \ldots = m\varphi.$$

45. Voyons ensuite comment on peut déterminer les valeurs de $A', B', A'', B'', \ldots$ et de leurs différentielles relatives à r. Pour cela je fais, en général,
$$V = r^2 - 2rr'\cos u + r'^2, \ldots,$$
$$\frac{1}{V^s} = A + B\cos u + C\cos 2u + \ldots;$$

en différentiant relativement à u, on aura
$$\frac{2srr'\sin u}{V^{s+1}} = B\sin u + 2C\sin 2u + \ldots;$$

donc, multipliant par V et substituant la valeur de V ainsi que celle de V^{-s}, il viendra cette équation identique
$$2srr'\sin u(A + B\cos u + C\cos 2u + \ldots)$$
$$= (r^2 - 2rr'\cos u + r'^2)(B\sin u + 2C\sin 2u + \ldots),$$

laquelle, en développant les termes et comparant, donnera d'abord
$$srr'(2A - C) = (r^2 + r'^2)B - 2rr'C,$$

d'où l'on tire
$$C = \frac{(r^2 + r'^2)B - 2^s rr' A}{(2-s) rr'};$$

et l'on trouvera de même, par la comparaison des autres termes, les valeurs de D, E, ..., en A et B.

Supposons à présent
$$\frac{1}{V^{s+1}} = a + b\cos u + c\cos 2u + \ldots;$$

donc : 1° multipliant par $r^2 - 2rr'\cos u + r'^2$, et comparant avec l'expression ci-dessus de $\frac{1}{V^s}$, on aura
$$(r^2 + r'^2)a - rr'b = A;$$

2° multipliant par $2s rr'\sin u$ et comparant avec l'expression ci-dessus de $\frac{2s rr'\sin u}{V^{s+1}}$, on aura
$$2s rr'\left(a - \frac{c}{2}\right) = B;$$

mais il doit y avoir entre a, b, c la même relation qu'entre A, B, C, en changeant seulement s en $s+1$, en sorte que
$$c = \frac{(r^2 + r'^2)b - 2(s+1)rr'a}{(1-s)rr'};$$

donc, substituant cette valeur de c, on aura
$$\frac{s}{1-s}[4rr'a - (r^2 + r'^2)b] = B.$$

De ces deux équations on tirera les valeurs de a et de b, et l'on aura
$$a = \frac{(r^2 + r'^2)A - \frac{1-s}{s} rr'B}{(r^2 - r'^2)^2},$$

$$b = \frac{4rr'A - \frac{1-s}{s}(r^2 + r'^2)B}{(r^2 - r'^2)^2}.$$

Cela posé, différentions l'équation
$$\frac{1}{V^s} = A + B\cos u + \ldots,$$
en y faisant varier r seul; il viendra
$$\frac{-2s(r - r'\cos u)}{V^{s+1}} = \frac{dA}{dr} + \frac{dB}{dr}\cos u + \frac{dC}{dr}\cos 2u + \ldots;$$
donc
$$\frac{2r^2 - 2rr'\cos u}{V^{s+1}} = -\frac{r}{s}\frac{dA}{dr} - \frac{r}{s}\frac{dB}{dr}\cos u - \frac{r}{s}\frac{dC}{dr}\cos 2u - \ldots;$$
or
$$2r^2 - 2rr'\cos u = V + r^2 - r'^2;$$
donc
$$\frac{1}{V^s} + \frac{r^2 - r'^2}{V^{s+1}} = -\frac{r}{s}\frac{dA}{dr} - \frac{r}{s}\frac{dB}{dr}\cos u - \frac{r}{s}\frac{dC}{dr}\cos 2u - \ldots$$
$$= A + B\cos u + C\cos 2u + \ldots + (r^2 - r'^2)(a + b\cos u + c\cos 2u + \ldots),$$
équation qui devant être identique donnera par la comparaison des termes semblables
$$-\frac{r}{s}\frac{dA}{dr} = A + (r^2 - r'^2)a, \quad -\frac{r}{s}\frac{dB}{dr} = B + (r^2 - r'^2)b,\ldots,$$
savoir, en mettant pour a et b leurs valeurs trouvées ci-dessus, et réduisant,
$$\frac{dA}{dr} = \frac{(1-s)r'B - 2srA}{r^2 - r'^2},$$
$$\frac{dB}{dr} = \frac{\left[(1-2s)r + \frac{r'^2}{r}\right]B - 4sr'A}{r^2 - r'^2}.$$

On trouvera de là, par la simple différentiation et substitution, les valeurs de $\frac{d^2A}{dr^2}$, $\frac{d^2B}{dr^2}$, $\frac{d^3A}{dr^3}$, ….

Les formules précédentes étant générales pour quelque exposant s que ce soit, nous ferons $s = \frac{1}{2}$ pour les appliquer à notre objet; et il est visible qu'alors les quantités A, B, C,... deviendront celles que nous avons désignées par A', B', C',... (43).

Nous aurons donc ainsi

$$\frac{dA'}{dr} = \frac{r'B' - 2rA'}{2(r^2 - r'^2)},$$

$$\frac{dB'}{dr} = \frac{\frac{r'^2}{r}B' - 2r'A'}{r^2 - r'^2} = \frac{2r'}{r}\frac{dA'}{dr};$$

et de là, en différentiant et substituant,

$$\frac{d^2A'}{dr^2} = -\frac{rr'B' - (r^2 + r'^2)A'}{(r^2 - r'^2)^2} - \frac{1}{r}\frac{dA'}{dr}$$

$$= \frac{2r^2 A'}{(r^2 - r'^2)^2} - \frac{(3r^2 - r'^2)r'B'}{2r(r^2 - r'^2)^2},$$

$$\frac{d^2B'}{dr^2} = -\frac{2r'}{r^2}\frac{dA'}{dr} + \frac{2r'}{r}\frac{d^2A'}{dr^2}$$

$$= \frac{2r'(3r^2 - r'^2)A'}{r(r^2 - r'^2)^2} - \frac{2r'^2(2r^2 - r'^2)B'}{r^2(r^2 - r'^2)^2}.$$

Mais on aura des formules plus simples en introduisant à la place des quantités A, B les quantités a, b qui résultent du développement de la fonction $\frac{1}{V^{s+1}}$. Car, en faisant $s = \frac{1}{2}$ et dénotant par a', b' les valeurs de a, b, dans ce cas on aura d'abord (numéro précédent)

$$A' = (r^2 + r'^2)a' - rr'b', \quad B' = 4rr'a' - (r^2 + r'^2)b',$$

et, substituant ces valeurs, il viendra

$$\frac{dA'}{dr} = \frac{r'b' - 2ra'}{2}, \quad \frac{dB'}{dr} = \frac{r'^2 b' - 2rr'a'}{r},$$

$$\frac{d^2A'}{dr^2} = a' - \frac{1}{r}\frac{dA'}{dr} = \frac{4ra' - r'b'}{2r}, \quad \frac{d^2B'}{dr^2} = \frac{6rr'a' - 2r'^2 b'}{r^2}.$$

Or il est visible que les quantités a', b' ne sont autre chose que celles que nous avons représentées par (r, r'), $(r, r')_1$ dans le n° 39; ainsi, en conservant ces dernières expressions, on aura

$$A' = (r^2 + r'^2)(r, r') - rr'(r, r')_1,$$

$$B' = 4rr'(r, r') - (r^2 + r'^2)(r, r')_1,$$

$$\frac{dA'}{dr} = -r(r, r') + \frac{1}{2} r'(r, r')_1,$$

$$\frac{dB'}{dr} = -2 r'(r, r') + \frac{r'^2}{r} (r, r')_1,$$

$$\frac{d^2A'}{dr^2} = 2(r, r') - \frac{r'}{2r} (r, r')_1,$$

$$\frac{d^2B'}{dr^2} = \frac{6r'}{r} (r, r') - \frac{2r'^2}{r^2} (r, r')_1;$$

et, pour avoir les valeurs de A'', B'', $\frac{dA''}{dr}$, $\frac{dB''}{dr}$, ..., il n'y aura qu'à changer r' en r'', et ainsi de suite.

En substituant donc ces valeurs dans les coefficients des équations de M et N (43), ces coefficients deviendront des fonctions finies des quantités r, r', r'',... qui représentent les distances moyennes des Planètes, et qui doivent être regardées comme constantes et données par les observations.

46. Mais il reste encore à trouver les valeurs mêmes des fonctions (r, r') et $(r, r')_1$; or c'est à quoi l'on ne saurait parvenir que par les séries ou les quadratures. L'un et l'autre de ces moyens a déjà été employé par les Géomètres qui se sont occupés de la Théorie des inégalités périodiques des Planètes, et l'on trouve dans leurs recherches les valeurs des fonctions dont il s'agit pour la plupart des cas que nous aurons à discuter; de sorte que nous pourrions faire usage de ces valeurs, sans prendre la peine de les calculer de nouveau. Cependant, pour ne rien laisser à désirer dans la Théorie que nous avons entrepris de donner, voici une méthode fort simple et très-sûre pour déterminer les valeurs dont il s'agit avec tel degré d'exactitude qu'on voudra.

Cette méthode consiste à regarder la quantité

$$V = r^2 - 2rr'\cos u + r'^2$$

comme le produit de ces deux-ci

$$r - r'e^{u\sqrt{-1}}, \quad r - r'e^{-u\sqrt{-1}};$$

à élever ensuite chacun de ces binômes à la puissance $-s$, ce qui fournira ces deux séries

$$\frac{1}{r^s} + \frac{sr'e^{u\sqrt{-1}}}{r^{s+1}} + \frac{s(s+1)r'^2e^{2u\sqrt{-1}}}{2\,r^{s+2}} + \frac{s(s+1)(s+2)r'^3e^{3u\sqrt{-1}}}{2.3\,r^{s+3}} + \ldots,$$

$$\frac{1}{r^s} + \frac{sr'e^{-u\sqrt{-1}}}{r^{s+1}} + \frac{s(s+1)r'^2e^{-2u\sqrt{-1}}}{2\,r^{s+2}} + \frac{s(s+1)(s+2)r'^3e^{-3u\sqrt{-1}}}{2.3\,r^{s+3}} + \ldots;$$

enfin à multiplier ensemble ces deux séries, en ordonnant les termes relativement aux puissances de $e^{u\sqrt{-1}}$ et de $e^{-u\sqrt{-1}}$, et à remettre après cela $2\cos u$ à la place de $e^{u\sqrt{-1}} + e^{-u\sqrt{-1}}$ et, en général, $2\cos mu$ à la place de $e^{mu\sqrt{-1}} + e^{-mu\sqrt{-1}}$. De cette manière la valeur de $\frac{1}{V^s}$ se trouvera naturellement exprimée par la série

$$A + B\cos u + C\cos 2u + \ldots,$$

dans laquelle, en faisant

$$\alpha = s, \quad \beta = \frac{s(s+1)}{2}, \quad \gamma = \frac{s(s+1)(s+2)}{2.3}, \ldots,$$

on aura

$$A = \frac{1}{r^{2s}}\left(1 + \alpha^2 \frac{r'^2}{r^2} + \beta^2 \frac{r'^4}{r^4} + \gamma^2 \frac{r'^6}{r^6} + \ldots\right),$$

$$B = \frac{2}{r^{2s}}\left(\alpha \frac{r'}{r} + \alpha\beta \frac{r'^3}{r^3} + \beta\gamma \frac{r'^5}{r^5} + \ldots\right),$$

$$C = \frac{2}{r^{2s}}\left(\beta \frac{r'^2}{r^2} + \beta\gamma \frac{r'^4}{r^4} + \gamma\delta \frac{r'^6}{r^6} + \ldots\right),$$

. . . .

Or, comme la quantité V est aussi bien le produit de ces deux-ci $r'—re^{u\sqrt{-1}}$, $r'—re^{-u\sqrt{-1}}$, il s'ensuit qu'on pourra changer, dans les expressions précédentes de A, B, C,..., r en r' et réciproquement; et il est clair que, pour avoir des séries convergentes, il faudra toujours choisir celles où la plus grande des deux quantités r, r' se trouvera en dénominateur.

47. Si dans ces formules on fait $s = \frac{3}{2}$, les expressions de A, B, C,... deviendront celles des fonctions (r, r'), $(r, r')_1$, $(r, r')_2$,...; mais comme alors les coefficients $\alpha, \beta, \gamma,...$ ne forment pas une série décroissante, pour avoir les valeurs de (r, r') et $(r, r')_1$ exprimées par des séries toujours convergentes, il vaudra mieux donner d'abord à s une autre valeur, pourvu qu'elle soit telle, que des valeurs qui en résulteront pour A et B on puisse ensuite déduire immédiatement celles qui répondent à $s = \frac{3}{2}$.

Or nous avons donné plus haut (45) les formules par lesquelles, connaissant les valeurs de A et B pour un exposant quelconque s, on peut avoir celles qui conviendront à l'exposant $s+1$; si donc on y fait d'abord $s = -\frac{1}{2}$, et qu'on désigne par A et B les valeurs des séries A et B qui se rapportent à cet exposant, et par a, b celles qui se rapportent à l'exposant $-\frac{1}{2} + 1$ ou $\frac{1}{2}$, on aura

$$a = \frac{(r^2 + r'^2)A + 3rr'B}{(r^2 - r'^2)^2}, \quad b = \frac{4rr'A + 3(r^2 + r'^2)B}{(r^2 - r'^2)^2};$$

si ensuite on fait dans les mêmes formules $s = \frac{1}{2}$ et qu'on y substitue a et b au lieu de A et B, il est clair que les valeurs de a et b, qui en résulteront, seront celles de (r, r') et $(r, r')_1$, puisque $\frac{1}{2} + 1 = \frac{3}{2}$; on aura donc ainsi

$$(r, r') = \frac{(r^2 + r'^2)a - rr'b}{(r^2 - r'^2)^2}, \quad (r, r')_1 = \frac{4rr'a - (r^2 + r'^2)b}{(r^2 - r'^2)^2}.$$

De sorte qu'en mettant pour a et b les valeurs précédentes et réduisant, on aura

$$(r, r') = \frac{A}{(r^2 - r'^2)^2}, \quad (r, r')_1 = -\frac{3B}{(r^2 - r'^2)^2}.$$

48. Ainsi, en faisant

$$\alpha = \frac{1}{2}, \quad \beta = \frac{1}{2}\cdot\frac{1}{4}, \quad \gamma = \frac{1}{2}\cdot\frac{1}{4}\cdot\frac{3}{6}, \quad \delta = \frac{1}{2}\cdot\frac{1}{4}\cdot\frac{3}{6}\cdot\frac{5}{8}, \quad \varepsilon = \frac{1}{2}\cdot\frac{1}{4}\cdot\frac{3}{6}\cdot\frac{5}{8}\cdot\frac{7}{10}, \ldots,$$

on aura

$$(r, r') = \frac{r}{(r^2 - r'^2)^2}\left(1 + \alpha^2\frac{r'^2}{r^2} + \beta^2\frac{r'^4}{r^4} + \gamma^2\frac{r'^6}{r^6} + \delta^2\frac{r'^8}{r^8} + \ldots\right),$$

$$(r, r')_1 = \frac{6r}{(r^2 - r'^2)^2}\left(\alpha\frac{r'}{r} - \alpha\beta\frac{r'^3}{r^3} - \beta\gamma\frac{r'^5}{r^5} - \gamma\delta\frac{r'^7}{r^7} - \ldots\right),$$

où l'on pourra changer à volonté r en r' et réciproquement.

Ici les coefficients $\alpha, \beta, \gamma, \ldots$ forment une série assez décroissante, en sorte que le dixième terme de cette série est déjà $< \frac{1}{100}$; mais ces termes approchent ensuite de plus en plus de l'égalité; d'où il suit qu'après avoir pris la somme d'un certain nombre de termes des séries ci-dessus, on pourra regarder les termes suivants comme formant à très-peu près une progression géométrique.

En général soit T le terme auquel on se sera arrêté; la somme de tous les termes suivants à l'infini sera nécessairement moindre que $T\frac{r'^2}{r^2 - r'^2}$. Or la plus grande valeur de $\frac{r'}{r}$ a lieu lorsque l'on compare la distance moyenne de Vénus à celle de la Terre, auquel cas on a à très-peu près $\frac{r'}{r} = \frac{7}{10}$; par conséquent $\frac{r'^2}{r^2} < \frac{1}{2}$ et $\frac{r'^2}{r^2 - r'^2} < 1$. Ainsi dans ce cas, qui est le plus défavorable pour le calcul, la somme de tous les termes qui suivent T sera toujours $< T$; et elle le sera d'autant plus que le rapport des deux distances moyennes sera un plus petit nombre. Or je trouve dans ce cas que, si T est le dixième terme de l'une ou de l'autre série, il sera $< \frac{1}{1\,000\,000}$; par conséquent la somme des dix premiers termes donnera la valeur de la série exacte jusqu'à la sixième décimale; ce qui est plus que suffisant pour notre objet. Dans les autres un plus petit nombre de termes suffira pour avoir ce même degré de précision.

49. Jusqu'à présent nous n'avons mis aux formules des variations séculaires qu'une seule limitation; c'est que les inclinaisons et les excentricités des orbites soient assez petites pour qu'on puisse en négliger les carrés et les produits de plusieurs dimensions; ce qui a effectivement lieu dans notre système planétaire. Cela supposé, nos équations sont entièrement rigoureuses et ont lieu également quelles que puissent être les masses des Planètes; et comme ces équations ne sont que linéaires et ont tous leurs coefficients constants, elles peuvent toujours être intégrées exactement par les méthodes connues; et la solution complète du Problème n'a plus d'autre difficulté que la longueur du calcul.

Mais lorsqu'on applique cette solution au système solaire, elle devient susceptible de nouvelles simplifications, dues à la petitesse des masses de toutes les Planètes vis-à-vis de celle du Soleil, et à la petitesse des masses de quelques-unes d'entre elles par rapport aux autres. On sait que Jupiter, la plus grosse de toutes les Planètes, a environ mille fois moins de masse que le Soleil; donc, puisque nous prenons la masse du Soleil pour l'unité (37), les masses T, T', T'',... des Planètes seront toujours des nombres au-dessous d'un millième; par conséquent ayant négligé, dans les équations différentielles des variations séculaires, les termes où se trouveraient les carrés et les produits des inclinaisons et des excentricités, on pourra à plus forte raison y négliger aussi ceux où les quantités T, T', T'',... monteraient au-dessus de la première dimension.

Or, puisque (38)

$$m = M - \frac{dN}{dp} - \frac{d^2M}{dp^2} + \ldots,$$

$$n = N + \frac{dM}{dp} - \frac{d^2N}{dp^2} - \ldots,$$

il est visible qu'en substituant successivement pour dM, dN, d^2M,...

leurs valeurs tirées des équations différentielles du n° 43, on aura

$$m = M + \mu, \quad n = N + \nu,$$

les quantités μ et ν ayant tous leurs termes multipliés par T', ou T'',... ou par T'^{2}, ou par T'T'',..., ou .... Si donc on fait ces substitutions dans les seconds membres des mêmes équations, il faudra y négliger les quantités μ et ν, parce qu'elles s'y trouveraient encore multipliées par T', ou T'', ou ....

D'où il s'ensuit qu'il suffira de mettre, dans les équations dont il s'agit, M au lieu de m, et N au lieu de n; et par la même raison on y pourra changer m', m'',... en M', M'',..., et n', n'',... en N', N'',...; ce qui, d'après les réductions du n° 44, les réduira d'abord à cette formule plus simple

$$dN = -T'(\alpha' M + \beta' M') \frac{dt}{r^{\frac{3}{2}}} - T''(\alpha'' M + \beta'' M'') \frac{dt}{r^{\frac{3}{2}}} - \ldots,$$

$$dM = T'(\alpha' N + \beta' N') \frac{dt}{r^{\frac{3}{2}}} + T''(\alpha'' N + \beta'' N'') \frac{dt}{r^{\frac{3}{2}}} + \ldots,$$

en faisant, pour abréger,

$$\alpha' = r^2 \frac{dA'}{dr} + \frac{r^3}{2} \frac{d^2 A'}{dr^2}, \quad \beta' = r \frac{B'}{2} - \frac{r^2}{2} \frac{dB'}{dr} - \frac{r^3}{4} \frac{d^2 B'}{dr^2},$$

$$\alpha'' = r^2 \frac{dA''}{dr} + \frac{r^3}{2} \frac{d^2 A''}{dr^2}, \quad \beta'' = \frac{r}{2} B'' - \frac{r^2}{2} \frac{dB''}{dr} - \frac{r^3}{4} \frac{d^2 B''}{dr^2},$$

$$\ldots\ldots\ldots\ldots, \quad \ldots\ldots\ldots\ldots$$

Et, si l'on substitue enfin les valeurs trouvées à la fin du n° 45, on aura

$$\alpha' = \frac{r^2 r'}{4} (r, r')_1, \quad \beta' = \frac{3 r^2 r'}{2} (r, r') - \frac{r(r^2 + r'^2)}{2} (r, r')_1,$$

$$\alpha'' = \frac{r^2 r''}{4} (r, r'')_1, \quad \beta'' = \frac{3 r^2 r''}{2} (r, r'') - \frac{r(r^2 + r''^2)}{2} (r, r'')_1,$$

$$\ldots\ldots\ldots\ldots, \quad \ldots\ldots\ldots\ldots$$

50. Changeons, pour plus de simplicité, les lettres M, N en x, y (il ne faut pas confondre ces x, y avec celles qui représentaient les coordonnées rectangles dans le plan de projection, dont nous n'avons plus besoin dans nos calculs); et, conservant les caractères (0, 1), (0, 2),

$(1, 0), \ldots$ pour désigner les mêmes quantités que dans le n° 40, faisons de plus

$$[0, 1] = T' \frac{(r^2 + r'^2)(r, r')_1 - 3rr'(r, r')}{2\sqrt{r}},$$

$$[0, 2] = T'' \frac{(r^2 + r''^2)(r, r'')_1 - 3rr''(r, r'')}{2\sqrt{r}},$$

$$\ldots\ldots\ldots\ldots\ldots\ldots\ldots\ldots\ldots\ldots\ldots;$$

nous aurons ces équations

$$\frac{dx}{dt} - \Big[(0, 1) + (0, 2) + \ldots\Big] y + [0, 1] y' + [0, 2] y'' + \ldots = 0,$$

$$\frac{dy}{dt} + \Big[(0, 1) + (0, 2) + \ldots\Big] x - [0, 1] x' - [0, 2] x'' - \ldots = 0;$$

et, faisant pareillement

$$[1, 0] = T \frac{(r'^2 + r^2)(r', r)_1 - 3r'r(r', r)}{2\sqrt{r'}},$$

$$[1, 2] = T'' \frac{(r'^2 + r''^2)(r', r'')_1 - 3r'r''(r', r'')}{2\sqrt{r'}},$$

$$\ldots\ldots\ldots\ldots\ldots\ldots\ldots\ldots\ldots\ldots,$$

$$[2, 0] = T \frac{(r''^2 + r^2)(r'', r)_1 - 3r''r(r'', r)}{2\sqrt{r''}},$$

$$[2, 1] = T' \frac{(r''^2 + r'^2)(r'', r')_1 - 3r''r'(r'', r')}{2\sqrt{r''}},$$

$$\ldots\ldots\ldots\ldots\ldots\ldots\ldots\ldots\ldots\ldots,$$

on aura aussi

$$\frac{dx'}{dt} - \Big[(1, 0) + (1, 2) + \ldots\Big] y' + [1, 0] y + [1, 2] y'' + \ldots = 0,$$

$$\frac{dy'}{dt} + \Big[(1, 0) + (1, 2) + \ldots\Big] x' - [1, 0] x - [1, 2] x'' - \ldots = 0,$$

$$\frac{dx''}{dt} - \Big[(2, 0) + (2, 1) + \ldots\Big] y'' + [2, 0] y + [2, 1] y' + \ldots = 0,$$

$$\frac{dy''}{dt} + \Big[(2, 0) + (2, 1) + \ldots\Big] x'' - [2, 0] x - [2, 1] x' - \ldots = 0,$$

$$\ldots\ldots\ldots\ldots\ldots\ldots\ldots\ldots\ldots\ldots\ldots$$

V.

Ces équations, analogues, comme on voit, à celles du n° 40, serviront à déterminer les variations séculaires des excentricités et des aphélies, comme celles-là servent à déterminer les variations séculaires des inclinaisons et des nœuds. Car on aura ici

$$x = \lambda \cos\eta \sin\varphi, \quad y = \lambda \cos\eta \cos\varphi,$$

λ étant l'excentricité, φ la longitude de l'aphélie et η sa latitude dépendante de l'équation

$$\tang\eta = \theta \sin(\varphi - \omega);$$

et à cause de la petitesse de η et de ce que nous négligeons les quantités très-petites au-dessus du premier ordre, on aura simplement $\lambda \sin\varphi$, $\lambda \cos\varphi$ pour les valeurs de x, y, et de même $\lambda'\sin\varphi'$, $\lambda'\cos\varphi'$, $\lambda''\sin\varphi''$, $\lambda''\cos\varphi''$,... pour celles de x', y', x'', y'',..., où λ, λ', λ'',... sont les excentricités et φ, φ', φ'',... les longitudes des aphélies des Planètes T, T', T'',....

Si dans ces équations on change les quantités

en
$$[0, 1], \quad [0, 2], \quad [1, 0], \ldots$$
$$(0, 1), \quad (0, 2), \quad (1, 0), \ldots,$$

et qu'on y prenne t négatif, elles se réduisent à celles du n° 40, les variables x, y,..., x', y',... répondant à s, u, s', u',... Ainsi les excentricités λ, λ',... deviendront alors les tangentes θ, θ',... des inclinaisons, et les longitudes φ, φ',... des aphélies deviendront celles des nœuds ω, ω',...

51. Le Problème des variations séculaires est donc résolu analytiquement, puisqu'il est réduit à des équations dont l'intégration est connue. Celles du n° 40 ont déjà été intégrées dans le Mémoire cité *Sur les variations séculaires des nœuds et des inclinaisons*; et l'on peut intégrer de la même manière les équations du numéro précédent.

On fera pour cela

$$x = A \sin(at + \alpha), \quad y = A \cos(at + \alpha),$$
$$x' = A' \sin(at + \alpha), \quad y' = A' \cos(at + \alpha),$$
$$x'' = A'' \sin(at + \alpha), \quad y'' = A'' \cos(at + \alpha),$$
$$\ldots\ldots\ldots\ldots, \quad \ldots\ldots\ldots\ldots,$$

a, α, A, A′, A″,... étant des quantités constantes indéterminées; on substituera ces valeurs, et il viendra ces équations de condition entre les constantes

$$a\mathrm{A} - \big[(0,1) + (0,2) + \ldots\big]\mathrm{A} + [0,1]\mathrm{A}' + [0,2]\mathrm{A}'' + \ldots = 0,$$

$$a\mathrm{A}' - \big[(1,0) + (1,2) + \ldots\big]\mathrm{A}' + [1,0]\mathrm{A} + [1,2]\mathrm{A}'' + \ldots = 0,$$

$$a\mathrm{A}'' - \big[(2,0) + (2,1) + \ldots\big]\mathrm{A}'' + [2,0]\mathrm{A} + [2,1]\mathrm{A}' + \ldots = 0,$$

$$\ldots\ldots\ldots\ldots\ldots\ldots\ldots\ldots\ldots\ldots\ldots\ldots\ldots\ldots\ldots,$$

dont le nombre sera égal à celui des coefficients indéterminés A, A′, A″,...; mais, puisque tous les termes de ces équations sont multipliés par un de ces coefficients, il s'ensuit que par leur moyen on ne peut déterminer que le rapport des mêmes coefficients, en sorte qu'il en demeurera toujours un, comme A, indéterminé; en effet, en éliminant successivement ces coefficients, on parviendra à une équation finale où il n'y aura plus d'inconnue que la constante a, et qui servira par conséquent à déterminer cette constante. Cette équation se trouvera toujours d'un degré égal au nombre des coefficients A, A′, A″,..., qui est égal à celui des Planètes dont on considère l'action mutuelle, et aura en conséquence autant de racines.

Soient a, b, c,... ces différentes racines; et prenant autant de coefficients arbitraires A, B, C,... et d'angles indéterminés α, β, γ,..., on aura par la Théorie des équations linéaires ces expressions complètes de x, y, x', y',...

$$x = \mathrm{A}\sin(at+\alpha) + \mathrm{B}\sin(bt+\beta) + \mathrm{C}\sin(ct+\gamma) + \ldots,$$

$$y = \mathrm{A}\cos(at+\alpha) + \mathrm{B}\cos(bt+\beta) + \mathrm{C}\cos(ct+\gamma) + \ldots,$$

$$x' = \mathrm{A}'\sin(at+\alpha) + \mathrm{B}'\sin(bt+\beta) + \mathrm{C}'\sin(ct+\gamma) + \ldots,$$

$$y' = \mathrm{A}'\cos(at+\alpha) + \mathrm{B}'\cos(bt+\beta) + \mathrm{C}'\cos(ct+\gamma) + \ldots,$$

$$\ldots\ldots\ldots\ldots\ldots\ldots\ldots\ldots\ldots\ldots\ldots\ldots\ldots\ldots\ldots,$$

les constantes B, B′, B″,... devant avoir entre elles des rapports exprimés par des fonctions de b semblables aux fonctions de a qui expriment les rapports des constantes A, A', A''.... entre elles; et ainsi des constantes C, C', C'',....

A l'égard des quantités A, B, C,..., α, β, γ,... qui ne sont pas encore déterminées, elles doivent l'être d'après les valeurs supposées connues des variables $x, y, x', y',...$, qui sont en même nombre que ces quantités, pour une époque quelconque donnée dans laquelle on fera pour plus de simplicité $t = 0$. J'ai donné, dans le Mémoire cité, pour cet objet, une méthode générale qui s'applique également au cas dont il s'agit, ainsi qu'à tous les cas semblables; mais comme elle est peut-être plus curieuse pour l'Analyse qu'utile pour la pratique, je ne la rappellerai point ici.

Après avoir ainsi trouvé les intégrales des équations en $x, y, x', y',...$, on aura tout de suite, et sans aucun autre calcul, les intégrales des équations en $s, u, s', u',...$, en changeant seulement les lettres x, y en s, u, les crochets carrés en crochets ronds, et mettant $-a$ au lieu de a dans l'équation en a; c'est ce qui suit évidemment de l'analogie déjà remarquée (numéro précédent) entre les deux systèmes d'équations dont il s'agit.

52. Si maintenant on substitue ces valeurs de x, y à la place de M, N, dans l'expression du rayon vecteur r, que nous avons vu être (38), aux quantités du second ordre près,

$$\frac{1 + M \sin q + N \cos q}{\Delta},$$

on aura, en conservant, ainsi que nous en avons usé plus haut, la lettre r pour dénoter la distance moyenne $\frac{1}{\Delta}$, et représentant, en général, le rayon vecteur par $r(1 + \xi)$, on aura, dis-je,

$$\xi = A \cos(q - at - \alpha) + B \cos(q - bt - \beta) + C \cos(q - ct - \gamma) + \ldots$$

De même, puisque

$$z = \frac{r}{R}(Q \sin q - P \cos q),$$

comme on l'a vu dans le n° 29, si l'on fait

$$z = r\zeta$$

(r est ici le rayon vecteur), et qu'on substitue pour $\dfrac{P}{R}$, $\dfrac{Q}{R}$ les valeurs de s, u, qui sont exprimées d'une manière semblable à celles de x, y, on aura aussi

$$\zeta = A\sin(q - at - \alpha) + B\sin(q - bt - \beta) + C\sin(q - ct - \gamma) + \ldots,$$

les constantes $A, B, \ldots, a, b, \ldots, \alpha, \beta, \ldots$ étant différentes de celles de l'expression de ξ. Ce sont les premières valeurs approchées de ξ et ζ.

On aurait donc pu chercher d'abord ces valeurs par l'intégration immédiate des équations différentielles de ξ et ζ, et puis en déduire la loi des variations séculaires des excentricités des aphélies, des inclinaisons et des nœuds. C'est ainsi que j'en ai usé il y a longtemps dans ma Pièce sur les Satellites de Jupiter (*), où j'ai donné le premier la véritable Théorie de ces valeurs, en résolvant d'une manière particulière les difficultés que l'intégration renferme et qui avaient échappé à tous ceux qui s'étaient occupés avant moi de la Théorie des Planètes. M. de Laplace a donné depuis, dans les *Mémoires de l'Académie des Sciences de Paris* pour 1772, d'autres moyens de lever ces difficultés et d'arriver à la vraie forme des intégrales; et, pour ne rien laisser à désirer sur le sujet que je traite, je vais faire voir ici, le plus simplement qu'il me sera possible, l'accord des formules, qui résultent de l'intégration des équations de ξ et ζ, avec celles que je viens de trouver.

53. Commençons par chercher ces équations d'après celles du n° 2. En y substituant $r\cos q$, $r\sin q$ à la place de x, y et $\dfrac{d\Omega}{dx}$, $\dfrac{d\Omega}{dy}$, ou bien

$$\frac{d\Omega}{dr}\cos q - \frac{d\Omega}{dq}\frac{\sin q}{r}, \quad \frac{d\Omega}{dr}\sin q + \frac{d\Omega}{dq}\frac{\cos q}{r},$$

(*) Cette Pièce, déjà citée, appartient à la troisième Section des *OEuvres de Lagrange*.
(*Note de l'Éditeur.*)

à la place de X, Y (16, 29, 41), les deux premières se changent en

$$\left(\frac{d^2r - r\,dq^2}{dt^2} + \frac{gr}{\rho^3} + \frac{d\Omega}{dr}\right)\cos q - \left(\frac{2\,dr\,dq + r\,d^2q}{dt^2} + \frac{1}{r}\frac{d\Omega}{dq}\right)\sin q = 0,$$

$$\left(\frac{d^2r - r\,dq^2}{dt^2} + \frac{gr}{\rho^3} + \frac{d\Omega}{dr}\right)\sin q + \left(\frac{2\,dr\,dq + r\,d^2q}{dt^2} + \frac{1}{r}\frac{d\Omega}{dq}\right)\cos q = 0,$$

d'où l'on tire ces deux-ci

$$\frac{d^2r - r\,dq^2}{dt^2} + \frac{gr}{\rho^3} + \frac{d\Omega}{dr} = 0,$$

$$\frac{d.(r^2\,dq)}{dt^2} + \frac{d\Omega}{dq} = 0,$$

lesquelles serviront à déterminer le rayon vecteur r et la longitude q en t.

Ces équations se rapportent à la Planète T; on en aura de semblables pour chacune des autres Planètes T', T'',..., en marquant seulement toutes les lettres d'un, deux,... traits.

Prenons maintenant la lettre r pour désigner la distance moyenne, et représentons, comme plus haut, le rayon vecteur par $r(1+\xi)$; soit aussi p la longitude moyenne et $p+\psi$ l'expression de la longitude vraie; il faudra : 1° que ξ ne renferme aucun terme constant, mais seulement des sinus et cosinus; 2° que $\frac{dp}{dt}$ soit une quantité constante et que $\frac{d\psi}{dt}$ ne contienne au contraire aucun terme tout constant.

On fera donc ces substitutions, et comme on suppose les orbites peu excentriques et peu inclinées, les quantités ξ, ψ et z seront toujours très-petites, et nous en négligerons les puissances et les produits de deux ou de plusieurs dimensions. Or la fonction Ω se réduit dans cette hypothèse à une fonction de $r, r',..., q, q',...$ seulement (42); donc si, comme on en a usé dans ce numéro, on y change d'abord la lettre q en p, la quantité $\frac{d\Omega}{dr}$ deviendra

$$\frac{d\Omega}{dr} + \frac{d^2\Omega}{dr^2}r\xi + \frac{d^2\Omega}{dr\,dr'}r'\xi' + \ldots + \frac{d^2\Omega}{dr\,dp}\psi + \frac{d^2\Omega}{dr\,dp'}\psi' + \ldots;$$

et la quantité $\frac{d\Omega}{dq}$ deviendra

$$\frac{d\Omega}{dp} + \frac{d^2\Omega}{dr\,dp} r\xi + \frac{d^2\Omega}{dr'\,dp} r'\xi' + \ldots + \frac{d^2\Omega}{dp^2} \psi + \frac{d^2\Omega}{dp\,dp'} \psi' + \ldots$$

Ainsi, en faisant $g=1$, comme dans le n° 37, les équations précédentes deviendront

$$\frac{d^2\xi}{dt^2} - \frac{dp^2}{dt^2}(1+\xi) - \frac{2\,dp\,d\psi}{dt^2} + \frac{1-2\xi}{r^3}$$
$$+ \frac{1}{r}\frac{d\Omega}{dr} + \frac{d^2\Omega}{dr^2}\xi + \frac{1}{r}\frac{d^2\Omega}{dr\,dr'} r'\xi' + \ldots + \frac{1}{r}\frac{d^2\Omega}{dr\,dp}\psi + \frac{1}{r}\frac{d^2\Omega}{dr\,dp'}\psi' + \ldots = 0,$$

$$\frac{d^2\psi}{dt^2} + \frac{2\,dp\,d\xi}{dt^2} + \frac{1}{r^2}\frac{d\Omega}{dp} + \frac{1}{r}\frac{d^2\Omega}{dr\,dp}\xi + \frac{1}{r^2}\frac{d^2\Omega}{dr'\,dp} r'\xi' + \ldots$$
$$+ \frac{1}{r^2}\frac{d^2\Omega}{dp^2}\psi + \frac{1}{r^2}\frac{d^2\Omega}{dp\,dp'}\psi' + \ldots = 0;$$

et les quantités $r, r', \ldots$ seront désormais constantes.

Pour rapporter ces équations aux Planètes T′, T″,..., on n'aura besoin que d'y changer r, p, ξ, ψ en r', p', ξ', ψ', ou r'', p'', ξ'', ψ'', ou ..., et réciproquement ces quantités-ci en celles-là.

54. Si l'on supposait les forces perturbatrices nulles, on aurait, en effaçant les termes qui contiennent Ω et ses différences,

$$\frac{d^2\xi}{dt^2} - \frac{dp^2}{dt^2}(1+\xi) - \frac{2\,dp\,d\psi}{dt^2} + \frac{1-2\xi}{r^3} = 0,$$

$$\frac{d^2\psi}{dt^2} + \frac{2\,dp\,d\xi}{dt^2} = 0.$$

La seconde donne

$$\frac{d\psi}{dt} = -\frac{2\,dp}{dt}\xi;$$

il ne faut point de constante ici, puisque $\frac{d\psi}{dt}$ et ξ n'en doivent renfermer aucune; cette valeur étant substituée dans la première, elle deviendra

$$\frac{d^2\xi}{dt^2} + \left(\frac{3\,dp^2}{dt^2} - \frac{2}{r^3}\right)\xi - \frac{dp^2}{dt^2} + \frac{1}{r^3} = 0;$$

on égalera d'abord à zéro les termes tout constants $\frac{1}{r^3} - \frac{dp^2}{dt^2}$, parce que ξ n'en doit renfermer aucun de ce genre; on aura

$$\frac{1}{r^3} = \frac{dp^2}{dt^2},$$

ce qui réduira l'équation à

$$\frac{d^2\xi}{dt^2} + \frac{dp^2}{dt^2}\xi = 0,$$

laquelle a évidemment pour intégrale

$$\xi = F\cos(p - \alpha);$$

et de là on aura

$$\psi = -2F\sin(p - \alpha),$$

F et α étant des constantes arbitraires.

On aura de pareilles expressions pour ξ', ψ', ξ'', ψ'',... en marquant simplement les termes d'un, deux,... traits.

Supposons à présent qu'en ayant égard aux forces perturbatrices les termes que nous venons de trouver dans les expressions de ξ et ψ deviennent

$$\xi = F\cos(p - at - \alpha), \quad \psi = f\sin(p - at - \alpha),$$

F, f étant des constantes indéterminées ainsi que α et a; et comme dans ce cas les équations de ξ et ψ renferment aussi ξ', ψ', ξ'', ψ'',..., supposons qu'il entre aussi dans les expressions de ces dernières variables des termes analogues, en sorte qu'on ait en même temps

$$\xi' = F'\cos(p' - at - \alpha), \quad \psi' = f'\sin(p' - at - \alpha),$$
$$\xi'' = F''\cos(p'' - at - \alpha), \quad \psi'' = f''\sin(p'' - at - \alpha),$$
$$\dots\dots\dots\dots\dots\dots\dots, \quad \dots\dots\dots\dots\dots\dots\dots,$$

F', F'',..., f', f'',... étant de nouvelles constantes indéterminées.

Pour vérifier ces suppositions et déterminer en même temps les constantes arbitraires, on fera d'abord les substitutions précédentes dans les équations de ξ et de ψ, et l'on y égalera à zéro les coefficients des sinus et cosinus de $p - at - \alpha$; on les fera ensuite de même dans les équations de ξ' et de ψ', et l'on égalera à zéro les coefficients des sinus et cosinus de $p' - at - \alpha$, et ainsi de suite.

Or il est visible que les quantités ξ et ψ ne peuvent donner des sinus ou cosinus de $p - at - \alpha$ qu'autant qu'elles ne sont multipliées par aucun sinus ni cosinus; qu'au contraire les quantités ξ', ψ' ne donneront de pareils sinus ou cosinus qu'autant qu'elles se trouveront multipliées par le sinus ou cosinus de $p - p'$, et ainsi de suite. D'où il suit qu'en substituant dans les équations de ξ et de ψ la valeur de la fonction Ω (43), il suffira d'avoir égard aux termes de la forme dont nous venons de parler. Ainsi l'on pourra d'abord les réduire à celles-ci

$$0 = \frac{d^2\xi}{dt^2} - \left(\frac{dp^2}{dt^2} + \frac{2}{r^3}\right)\xi - \frac{2\,dp\,d\psi}{dt^2} - \frac{dp^2}{dt^2} + \frac{1}{r^3}$$
$$- T'\left[\frac{1}{r}\frac{dA'}{dr} + \frac{d^2A'}{dr^2}\xi + \left(\frac{1}{r}\frac{d^2B'}{dr\,dr'} + \frac{2}{rr'^3}\right)r'\cos(p-p') \times \xi' + \left(\frac{1}{r}\frac{dB'}{dr} - \frac{1}{rr'^2}\right)\sin(p-p') \times \psi'\right]$$
$$- T''\left[\frac{1}{r}\frac{dA''}{dr} + \frac{d^2A''}{dr^2}\xi + \left(\frac{1}{r}\frac{d^2B''}{dr\,dr''} + \frac{2}{rr''^3}\right)r''\cos(p-p'') \times \xi'' + \left(\frac{1}{r}\frac{dB''}{dr} - \frac{1}{rr''^2}\right)\sin(p-p'') \times \psi''\right]$$
$$- \dots\dots\dots\dots\dots\dots\dots\dots\dots\dots\dots\dots\dots\dots\dots\dots\dots\dots,$$

$$0 = \frac{d^2\psi}{dt^2} + \frac{2\,dp\,d\xi}{dt^2}$$
$$+ T'\left[\left(\frac{1}{r^2}\frac{dB'}{dr'} + \frac{2}{rr'^3}\right)r'\sin(p-p') \times \xi' - \left(\frac{B'}{r^2} - \frac{1}{rr'^2}\right)\cos(p-p') \times \psi'\right]$$
$$+ T''\left[\left(\frac{1}{r^2}\frac{dB''}{dr''} + \frac{2}{rr''^3}\right)r''\sin(p-p'') \times \xi'' - \left(\frac{B''}{r^2} - \frac{1}{rr''^2}\right)\cos(p-p'') \times \psi''\right]$$
$$+ \dots\dots\dots\dots\dots\dots\dots\dots\dots\dots\dots\dots\dots\dots\dots\dots\dots\dots$$

J'ai conservé dans la première les termes constants, parce qu'ils doivent former une équation à part servant à déterminer la relation entre $\frac{dp}{dt}$ et r, et à satisfaire à la condition que ξ ne renferme aucun terme constant. Cette équation de condition sera donc

$$-\frac{dp^2}{dt^2} + \frac{1}{r^3} - T'\frac{1}{r}\frac{dA'}{dr} - T''\frac{1}{r}\frac{dA''}{dr} - \dots = 0,$$

laquelle donne

$$\frac{1}{r^3} = \frac{dp^2}{dt^2} + T'\frac{1}{r}\frac{dA'}{dr} + T''\frac{1}{r}\frac{dA''}{dr} + \dots,$$

valeur qu'on substituera dans la première des deux équations précédentes.

Si maintenant on substitue aussi dans l'une et dans l'autre, à la place de ξ, ψ, ξ', ψ',... les expressions indiquées ci-dessus, et qu'après avoir développé les produits des sinus et cosinus en sinus et cosinus simples, on égale à zéro dans la première la somme des coefficients de $\cos(p-at-\alpha)$, et dans la seconde la somme des coefficients de $\sin(p-at-\alpha)$, on aura

$$0 = -\left(\frac{dp}{dt}-a\right)^2 F - \frac{3dp^2}{dt^2}F - \frac{2dp}{dt}\left(\frac{dp}{dt}-a\right)f$$
$$- T'\left[\left(\frac{2}{r}\frac{dA'}{dr}+\frac{d^2A'}{dr^2}\right)F + \left(\frac{1}{r}\frac{d^2B'}{drdr'}+\frac{2}{rr'^3}\right)\frac{r'F'}{2} - \left(\frac{1}{r}\frac{dB'}{dr}-\frac{1}{rr'^2}\right)\frac{f'}{2}\right]$$
$$- T''\left[\left(\frac{2}{r}\frac{dA''}{dr}+\frac{d^2A''}{dr^2}\right)F + \left(\frac{1}{r}\frac{d^2B''}{drdr''}+\frac{2}{rr''^3}\right)\frac{r''F''}{2} - \left(\frac{1}{r}\frac{dB''}{dr}-\frac{1}{rr''^2}\right)\frac{f''}{2}\right]$$
$$- \ldots\ldots\ldots\ldots\ldots\ldots\ldots\ldots\ldots\ldots\ldots\ldots\ldots\ldots,$$

$$0 = -\left(\frac{dp}{dt}-a\right)^2 f - \frac{2dp}{dt}\left(\frac{dp}{dt}-a\right)F$$
$$+ T'\left[\left(\frac{1}{r^2}\frac{dB'}{dr'}+\frac{2}{rr'^3}\right)\frac{r'F'}{2} - \left(\frac{B'}{r^2}-\frac{1}{rr'^2}\right)\frac{f'}{2}\right]$$
$$+ T''\left[\left(\frac{1}{r^2}\frac{dB''}{dr''}+\frac{2}{rr''^3}\right)\frac{r''F''}{2} - \left(\frac{B''}{r^2}-\frac{1}{rr''^2}\right)\frac{f''}{2}\right]$$
$$+ \ldots\ldots\ldots\ldots\ldots\ldots\ldots\ldots\ldots$$

On trouvera des équations analogues d'après les équations différentielles de ξ' et de ψ', et d'après celles de ξ'' et de ψ'', et ainsi de suite; et ces équations ne différeront des précédentes qu'en ce que les lettres qui n'ont aucun trait en auront respectivement un, deux,... (à l'exception de a et de t qui demeurent les mêmes pour toutes les équations), et qu'en même temps les traits manqueront à celles qui en ont un, deux,....

55. Je remarque maintenant que les quantités T, T', T'',... doivent être supposées très-petites, et qu'on en doit négliger les puissances et les produits de deux ou de plusieurs dimensions (49). Or, si l'on regarde d'abord ces quantités comme nulles, les équations précédentes donnent

$$a = 0, \quad f = -2F,$$

et l'on aura de même par les autres équations

$$f' = -2\mathrm{F}', \ldots$$

Donc les quantités a, $f+2\mathrm{F}$, $f'+2\mathrm{F}',\ldots$ seront très-petites de l'ordre de T, T',…; par conséquent il faudra rejeter partout les carrés, les cubes,… de a, et dans les termes qui sont déjà multipliés par T, T',… il faudra faire

$$a = 0, \quad f = -2\mathrm{F}, \quad f' = -2\mathrm{F}',\ldots$$

De cette manière la seconde des deux équations ci-dessus donnera d'abord

$$f = -2\left(1 + a\frac{dt}{dp}\right)\mathrm{F} + \mathrm{T}'\frac{dt^2}{dp^2}\left(\frac{r'}{2r^2}\frac{d\mathrm{B}'}{dr'} + \frac{\mathrm{B}'}{r^2}\right)\mathrm{F}' + \mathrm{T}''\frac{dt^2}{dp^2}\left(\frac{r''}{2r^2}\frac{d\mathrm{B}''}{dr''} + \frac{\mathrm{B}''}{r^2}\right)\mathrm{F}'' + \ldots,$$

et la première deviendra ensuite

$$0 = 2a\frac{dp}{dt}\mathrm{F}$$
$$- \mathrm{T}'\left[\left(\frac{2}{r}\frac{d\mathrm{A}'}{dr} + \frac{d^2\mathrm{A}'}{dr^2}\right)\mathrm{F} + \left(\frac{r'}{2r}\frac{d^2\mathrm{B}'}{drdr'} + \frac{r'}{r^2}\frac{d\mathrm{B}'}{dr'} + \frac{1}{r}\frac{d\mathrm{B}'}{dr} + \frac{2\mathrm{B}'}{r^2}\right)\mathrm{F}'\right]$$
$$- \mathrm{T}''\left[\left(\frac{2}{r}\frac{d\mathrm{A}''}{dr} + \frac{d^2\mathrm{A}''}{dr^2}\right)\mathrm{F} + \left(\frac{r''}{2r}\frac{d^2\mathrm{B}''}{drdr''} + \frac{r''}{r^2}\frac{d\mathrm{B}''}{dr''} + \frac{1}{r}\frac{d\mathrm{B}''}{dr} + \frac{2\mathrm{B}''}{r^2}\right)\mathrm{F}''\right]$$

Or on a vu dans le n° 44 que

$$r'\frac{d\mathrm{B}'}{dr'} + \frac{rr'}{2}\frac{d^2\mathrm{B}'}{drdr'} = -\mathrm{B}' - 2r\frac{d\mathrm{B}'}{dr} - \frac{r^2}{2}\frac{d^2\mathrm{B}'}{dr^2},$$

et de même

$$r''\frac{d\mathrm{B}''}{dr''} + \frac{rr''}{2}\frac{d^2\mathrm{B}''}{drdr''} = -\mathrm{B}'' - 2r\frac{d\mathrm{B}''}{dr} - \frac{r^2}{2}\frac{d^2\mathrm{B}''}{dr^2},$$

et ainsi des autres quantités analogues; donc, faisant ces substitutions et employant les quantités α', α'',…, β', β'',… du n° 49, l'équation précédente deviendra

$$0 = a\frac{dp}{dt}\mathrm{F} - \mathrm{T}'\frac{\alpha'\mathrm{F} + \beta'\mathrm{F}'}{r^3} - \mathrm{T}''\frac{\alpha''\mathrm{F} + \beta''\mathrm{F}''}{r^3} - \ldots$$

Mais on a (54), aux quantités de l'ordre de T', T'',... près,

$$\frac{dp}{dt} = \frac{1}{\sqrt{r^3}};$$

donc, puisque d'après les suppositions des n°s 40 et 50 on a

$$\frac{T'\alpha'}{\sqrt{r^3}} = (0, 1), \quad \frac{T''\alpha''}{\sqrt{r^3}} = (0, 2), \ldots,$$

et

$$\frac{T'\beta'}{\sqrt{r^3}} = -[0, 1], \quad \frac{T''\beta''}{\sqrt{r^3}} = -[0, 2], \ldots,$$

il est visible que l'équation dont il s'agit étant divisée par $\frac{dp}{dt}$ se réduira à cette forme

$$a\mathrm{F} - \big[(0, 1) + (0, 2) + \ldots\big]\mathrm{F} + [0, 1]\mathrm{F}' + [0, 2]\mathrm{F}'' + \ldots = 0,$$

et les équations analogues se réduiront de la même manière à celles-ci

$$a\mathrm{F}' - \big[(1, 0) + (1, 2) + \ldots\big]\mathrm{F}' + [1, 0]\mathrm{F} + [1, 2]\mathrm{F}'' + \ldots = 0,$$

$$a\mathrm{F}'' - \big[(2, 0) + (2, 1) + \ldots\big]\mathrm{F}'' + [2, 0]\mathrm{F} + [2, 1]\mathrm{F}' + \ldots = 0,$$

$$\ldots\ldots\ldots\ldots\ldots\ldots\ldots\ldots\ldots\ldots\ldots\ldots\ldots\ldots$$

Ces équations, en y changeant, si l'on veut, les lettres F en A, sont les mêmes que celles du n° 51; d'où il suit que les quantités A, A',... et a seront aussi les mêmes de part et d'autre. Et, comme les équations différentielles de ξ et ψ sont linéaires, il est clair que l'expression de ξ sera composée d'autant de termes semblables que la quantité a aura de valeurs différentes; par conséquent cette expression sera de la même forme absolument que celle que nous avons trouvée plus haut dans le n° 52, en mettant dans celle-ci, au lieu de q, sa valeur $p + \psi$, et négligeant la quantité ψ, parce qu'elle produirait des termes du second ordre que nous rejetons; ce qui montre l'accord des deux méthodes à cet égard.

56. Pour faire voir aussi cet accord relativement aux expressions de ζ, je commence par substituer, dans l'équation différentielle de z (2),

$r\zeta$ à la place de z, ce qui la transforme en

$$\frac{r d^2\zeta + 2 dr d\zeta + \zeta d^2 r}{dt^2} + \frac{gr\zeta}{\rho^3} + Z = 0,$$

et, mettant pour $\frac{d^2r}{dt^2} + \frac{gr}{\rho^3}$ sa valeur $\frac{r dq^2}{dt^2} - \frac{d\Omega}{dr}$ tirée de l'équation de r (53), on aura, après avoir divisé par r, cette équation de ζ

$$\frac{d^2\zeta + \zeta dq^2}{dt^2} + \frac{2 dr d\zeta}{r dt^2} + \frac{Z}{r} - \frac{\zeta}{r}\frac{d\Omega}{dr} = 0.$$

On fera maintenant ici les substitutions de $r(1+\xi)$ et $p+\psi$ à la place de r et q, et ainsi des quantités analogues, comme on en a usé plus haut (53); et comme on suppose les orbites non-seulement peu excentriques, mais encore peu inclinées, on regardera les quantités ξ, ψ, ζ et leurs analogues comme très-petites du même ordre, et l'on en négligera toutes les dimensions plus hautes que la première. On aura donc de cette manière la réduite

$$\frac{d^2\zeta + \zeta dp^2}{dt^2} + \frac{Z}{r} - \frac{\zeta}{r}\frac{d\Omega}{dr} = 0,$$

où, à cause que tous les termes de la valeur de Z (15) sont déjà multipliés par les quantités très-petites z, z',..., il suffira de mettre partout, tant dans Z que dans Ω, p à la place de q, et d'y regarder en même temps r comme constante.

Maintenant, puisqu'en faisant abstraction des forces perturbatrices on avait

$$\frac{d^2\zeta + \zeta dp^2}{dt^2} = 0,$$

ce qui donne
$$\zeta = F \sin(p - \alpha),$$

on supposera, en général, à l'imitation de ce que nous avons fait plus haut,
$$\zeta = F \sin(p - at - \alpha),$$

et de même
$$\zeta' = F' \sin(p' - at - \alpha),$$
$$\zeta'' = F'' \sin(p'' - at - \alpha),$$
$$\dots\dots\dots\dots\dots\dots\dots\dots;$$

et, après avoir fait ces substitutions, on égalera à zéro la somme des coefficients de $\sin(p - at - \alpha)$; c'est pourquoi il suffira d'avoir égard dans l'équation ci-dessus aux termes qui peuvent donner de ces sinus, et qui se réduisent évidemment à ceux qui contiendront ζ seul, ou ζ' multiplié par $\cos(p - p')$, ou ζ'' multiplié par $\cos(p - p'')$, et ainsi de suite.

Ainsi l'on aura, d'après les formules des n°s 15, 39, 43,

$$0 = \frac{d^2\zeta}{dt^2} + \zeta\frac{dp^2}{dt^2}$$
$$+ T'\left[(r, r')\zeta - \frac{r'(r, r')_1 \cos(p - p')}{r}\zeta' + \frac{1}{r}\frac{dA'}{dr}\zeta\right]$$
$$+ T''\left[(r, r'')\zeta - \frac{r''(r, r'')_1 \cos(p - p'')}{r}\zeta'' + \frac{1}{r}\frac{dA''}{dr}\zeta\right]$$
$$+ \ldots\ldots\ldots\ldots\ldots\ldots\ldots\ldots\ldots\ldots\ldots,$$

équation qui, en faisant les substitutions indiquées, donnera sur-le-champ celle-ci

$$0 = -\left(\frac{dp}{dt} - a\right)^2 F + \frac{dp^2}{dt^2} F$$
$$+ T'\left[(r, r') F - \frac{r'(r, r')_1}{2r} F' + \frac{1}{r}\frac{dA'}{dr} F\right]$$
$$+ T''\left[(r, r'') F - \frac{r''(r, r'')_1}{2r} F'' + \frac{1}{r}\frac{dA''}{dr} F\right]$$
$$+ \ldots\ldots\ldots\ldots\ldots\ldots\ldots\ldots\ldots\ldots,$$

laquelle, en négligeant le carré de a, parce que a est, comme on voit, de l'ordre de T', T'',..., et substituant pour $\frac{dA'}{dr}, \frac{dA''}{dr}, \ldots$ leurs valeurs (45)

$$-r(r, r') + \frac{1}{2}r'(r, r')_1, \quad -r(r, r'') + \frac{1}{2}r''(r, r'')_1, \ldots,$$

se réduit à cette forme

$$2a\frac{dp}{dt} F + T'\frac{r'(r, r')_1}{2r}(F - F') + T''\frac{r''(r, r'')_1}{2r}(F - F'') + \ldots = 0.$$

Or (40)
$$\frac{dp}{dt} = \frac{1}{\sqrt{r^3}},$$

et
$$\frac{T'rr'(r, r')_1}{4\sqrt{r}} = (0, 1), \quad \frac{T''rr''(r, r'')_1}{4\sqrt{r}} = (0, 2), \ldots;$$

donc enfin on aura
$$a\mathrm{F} + (0, 1)(\mathrm{F} - \mathrm{F}') + (0, 2)(\mathrm{F} - \mathrm{F}'') + \ldots = 0,$$

et l'on trouvera de la même manière, d'après les équations de ζ', ζ''....

$$a\mathrm{F}' + (1, 0)(\mathrm{F}' - \mathrm{F}) + (1, 2)(\mathrm{F}' - \mathrm{F}'') + \ldots = 0,$$
$$a\mathrm{F}'' + (2, 0)(\mathrm{F}'' - \mathrm{F}) + (2, 1)(\mathrm{F}'' - \mathrm{F}') + \ldots = 0,$$
$$\ldots\ldots\ldots\ldots\ldots\ldots\ldots\ldots\ldots\ldots\ldots\ldots\ldots$$

Ces équations s'accordent, comme on voit (en changeant F en A), avec celles que donnent les intégrales des équations de s, u, s', u',... (51); ainsi l'on aura pour ζ une expression conforme à celle du n° 52, en négligeant la différence ψ entre les angles p et q, laquelle ne produirait ici que des termes du second ordre dont on ne tient point compte.

57. Cette manière de résoudre le Problème des variations séculaires par l'intégration immédiate des équations différentielles de l'orbite, est, comme on voit, plus courte et plus facile que celle que nous avons suivie; mais d'un autre côté elle ne paraît pas tout à fait si lumineuse ni si directe : d'ailleurs elle demande qu'on connaisse déjà la forme générale des intégrales, et si l'on voulait chercher directement cette forme, ainsi que nous l'avons fait dans le Chapitre IV des *Recherches sur les Satellites de Jupiter,* on retomberait dans une analyse plus ou moins longue et compliquée.

THÉORIE
DES VARIATIONS SÉCULAIRES
DES ÉLÉMENTS DES PLANÈTES.

SECONDE PARTIE
CONTENANT LA DÉTERMINATION DE CES VARIATIONS
POUR CHACUNE DES PLANÈTES PRINCIPALES.

THÉORIE

DES VARIATIONS SÉCULAIRES

DES ÉLÉMENTS DES PLANÈTES.

SECONDE PARTIE

CONTENANT LA DÉTERMINATION DE CES VARIATIONS
POUR CHACUNE DES PLANÈTES PRINCIPALES.

(*Nouveaux Mémoires de l'Académie royale des Sciences et Belles-Lettres de Berlin*, année 1782.)

Newton avait démontré que les inégalités elliptiques du mouvement des Planètes sont l'effet de leur gravitation vers le Soleil, et il avait indiqué en même temps leur attraction mutuelle comme la cause de toutes les irrégularités qu'on y pourrait observer. Ses successeurs, Euler, Clairaut, d'Alembert, ont recherché et calculé les altérations des mouvements elliptiques, dues à cette attraction. Il restait à déterminer les changements qu'elle produit dans les éléments mêmes des ellipses, et qui influent sur la forme du système planétaire. C'est l'objet qui nous occupe, et que nous nous sommes proposé de remplir dans toute son étendue.

On ne compte encore que deux siècles d'observations exactes; et il en faudrait une suite très-longue pour démêler et fixer *à posteriori* les petites inégalités qui altèrent insensiblement les dimensions et la position des orbites des Planètes. Cependant l'accord qui s'est déjà trouvé dans les principaux phénomènes célestes, entre les observations et la Théorie fondée sur le système de la gravitation universelle, autorise à penser que le même accord aura lieu aussi dans les autres phénomènes moins sensibles, et à profiter par conséquent des secours que cette Théorie offre pour prédire les variations que les éléments des Planètes doivent éprouver à la longue, et qui empêchent que les Tables actuelles, quelque exactes qu'on les suppose, ne puissent servir avec la même précision pour des temps fort éloignés. Par cette raison, après avoir donné les formules les plus générales et les plus simples pour déterminer ces variations, j'ai cru devoir donner aussi une application détaillée de ces formules à chacune des Planètes principales, afin de mettre les Astronomes à portée d'en faire usage dans la construction des Tables et dans la comparaison des observations anciennes avec les modernes. C'est le but de cette seconde Partie de mon travail, dans laquelle j'aurai soin de donner aux résultats numériques toute l'exactitude possible et la forme la plus commode pour le calcul astronomique.

SECTION PREMIÈRE.

APPLICATION DES FORMULES DIFFÉRENTIELLES DES VARIATIONS SÉCULAIRES AUX ORBITES DES PLANÈTES PRINCIPALES.

1. Cette application n'aurait d'autre difficulté que la longueur des calculs arithmétiques, si les *données* astronomiques qu'elle demande étaient toutes bien connues et déterminées avec une précision suffisante. Ces données sont : 1° les distances moyennes des Planètes au Soleil, exprimées en parties de la distance moyenne du Soleil à la Terre; 2° les rapports des masses des Planètes à celle du Soleil, ou la valeur de leurs masses, en prenant celle du Soleil pour l'unité; 3° les excentricités et les inclinaisons des orbites, ainsi que les lieux des aphélies et des nœuds pour une époque donnée. Les données de la première et de la seconde

espèce entrent dans les équations différentielles mêmes, et sont par conséquent la base de tout le calcul; les autres ne sont nécessaires que pour déterminer les constantes arbitraires des intégrales, et ce n'est qu'après l'intégration qu'on en a besoin.

Or, de ces différentes données, il n'y a guère que les premières et les dernières sur l'exactitude desquelles on puisse compter jusqu'à un certain point. Nous les prendrons dans les Tables de Halley, qui sont les plus généralement suivies pour les Planètes; d'ailleurs elles sont à peu près les mêmes dans les autres Tables; et si elles ont encore besoin de quelque correction, ce ne sera qu'après une longue suite d'observations qu'on sera en état de leur donner toute la précision dont elles sont susceptibles.

A l'égard des masses des Planètes, on sait qu'il n'y a de connues que celles de la Terre, de Jupiter et de Saturne, parce que ces Planètes sont les seules qui aient des satellites; mais la détermination de ces masses dépend d'éléments trop délicats pour qu'il n'y reste pas encore beaucoup d'incertitude; aussi les trouve-t-on déterminées différemment dans divers Ouvrages, et nous aurons soin de les déterminer de nouveau d'après les éléments qui paraîtront les plus sûrs. Quant aux masses des autres Planètes, nous les conclurons d'abord, par une espèce d'analogie, de leurs volumes et de leurs densités; mais nous donnerons ensuite le moyen de rectifier les unes et les autres par la comparaison de notre Théorie avec les observations.

2. Pour mettre dans nos calculs le plus de liaison et de netteté qu'il est possible, nous conserverons les noms employés jusqu'ici; mais, comme nous avons représenté les mêmes quantités relativement aux différentes Planètes par les mêmes lettres, sans trait, ou marquées d'un, deux,... traits, nous supposerons désormais que toutes les lettres qui n'ont point de trait se rapportent à Saturne, que celles qui n'ont qu'un trait se rapportent à Jupiter, que celles qui en ont deux se rapportent à Mars, et ainsi de suite à la Terre, à Vénus, à Mercure, en suivant l'ordre contraire des distances au Soleil.

Ainsi r sera la distance moyenne de Saturne au Soleil, T sa masse, ou plutôt le rapport de cette masse à celle du Soleil, λ son excentricité en parties de sa distance moyenne, φ la longitude de son aphélie, comptée depuis un point fixe dans le ciel, θ la tangente de l'inclinaison de son orbite sur l'écliptique regardée comme un plan fixe, et ω la longitude de son nœud ascendant sur ce même plan. Ces mêmes lettres marquées d'un trait représenteront les mêmes quantités pour Jupiter, et ainsi de suite.

On aura donc à considérer six orbites mobiles et variables en même temps, et par conséquent on aura à résoudre deux systèmes d'équations semblables à celles des n°s 40 et 50 de la première Partie, et qui dans chaque système seront au nombre de douze et contiendront trente coefficients différents qu'il faudra calculer numériquement. Ces coefficients, suivant la notation des mêmes numéros, seront représentés par les symboles (m, n) et $[m, n]$, en prenant pour m et n deux termes quelconques de la série 0, 1, 2, 3, 4, 5; et voici la suite des opérations qu'il faudra faire pour en trouver les valeurs.

3. Soient, en général,

$$M = 1 + \alpha^2 z^2 + \beta^2 z^4 + \gamma^2 z^6 + \delta^2 z^8 + \ldots,$$
$$N = \alpha z - \alpha\beta z^3 - \beta\gamma z^5 - \gamma\delta z^7 - \ldots,$$

en désignant par $\alpha, \beta, \gamma, \delta, \ldots$ les coefficients de la série qui exprime la racine carrée d'un binôme, c'est-à-dire

$$\alpha = \frac{1}{2}, \quad \beta = \frac{1}{2} \cdot \frac{1}{4}, \quad \gamma = \frac{1}{2} \cdot \frac{1}{4} \cdot \frac{3}{6}, \quad \delta = \frac{1}{2} \cdot \frac{1}{4} \cdot \frac{3}{6} \cdot \frac{5}{8}, \ldots$$

On calculera les valeurs de M et N, en faisant successivement

$$z = \frac{r'}{r}, \frac{r''}{r}, \ldots, \frac{r''}{r'}, \frac{r'''}{r''}, \ldots,$$

et ainsi de suite, suivant toutes les combinaisons des six distances moyennes

$$r, r', r'', r''', r^{IV}, r^{V}$$

prises deux à deux, de manière que la plus grande soit toujours au dénominateur et la plus petite au numérateur; le nombre de ces combinaisons monte à quinze, de sorte que les valeurs qu'il faudra déterminer de cette manière seront au nombre de trente.

Soient ensuite
$$P = \frac{\frac{3}{2}zN}{(1-z^2)^2}, \quad Q = \frac{3(1+z^2)N - \frac{3}{2}zM}{(1-z^2)^2}.$$

On calculera de même les valeurs de P et Q qui répondent aux quinze valeurs de z ci-dessus.

On aura alors

$$(0,1) = \frac{P}{\sqrt{r^3}} T', \quad [0,1] = \frac{Q}{\sqrt{r^3}} T', \quad z \text{ étant} = \frac{r'}{r};$$

$$(0,2) = \frac{P}{\sqrt{r^3}} T'', \quad [0,2] = \frac{Q}{\sqrt{r^3}} T'', \quad z \text{ étant} = \frac{r''}{r};$$

$$\dots\dots\dots\dots\dots\dots\dots\dots\dots\dots\dots\dots\dots\dots;$$

$$(1,2) = \frac{P}{\sqrt{r'^3}} T'', \quad [1,2] = \frac{Q}{\sqrt{r'^3}} T'', \quad z \text{ étant} = \frac{r''}{r'};$$

$$(1,3) = \frac{P}{\sqrt{r'^3}} T''', \quad [1,3] = \frac{Q}{\sqrt{r'^3}} T''', \quad z \text{ étant} = \frac{r'''}{r'};$$

$$\dots\dots\dots\dots\dots\dots\dots\dots\dots\dots\dots\dots\dots\dots,$$

et ainsi de suite pour toutes les quantités où des deux nombres renfermés entre les crochets le premier est moindre que le second.

Quant à celles où le premier des deux nombres renfermés entre des crochets est plus grand que le second, il suffit de remarquer que, comme dans les fonctions (r, r'), $(r, r')_1, \ldots$, les quantités $r, r', \ldots$ sont permutables (46), si dans les expressions des quantités dont il s'agit on échange entre elles les lettres $r, r', r'', \ldots$, il viendra

$$(1,0) = (0,1)\sqrt{\frac{r}{r'}}\frac{T}{T'}, \quad (2,0) = (0,2)\sqrt{\frac{r}{r''}}\frac{T}{T''}, \ldots,$$

et de même

$$[1,0] = [0,1]\sqrt{\frac{r}{r'}}\frac{T}{T'}, \quad [2,0] = [0,2]\sqrt{\frac{r}{r''}}\frac{T}{T''}, \ldots,$$

et ainsi de suite; de sorte qu'on aura, en général,

$$(n, m) = \frac{(m, n)}{\sqrt{z}} \frac{T^{(m)}}{T^{(n)}}, \quad [n, m] = \frac{[m, n]}{\sqrt{z}} \frac{T^{(m)}}{T^{(n)}},$$

z étant $= \frac{r^{(m)}}{r^{(n)}}$, où les lettres m, n en exposant représentent des traits et non des puissances.

4. Les Tables de Halley nous donnent les valeurs suivantes des distances moyennes r, r', r'', r''', r^{IV}, r^{V},

$$\begin{aligned}
r &= 9,54007, & \log. \quad 0,9795515, \\
r' &= 5,20098, & 0,7160852, \\
r'' &= 1,52369, & 0,1828966, \\
r''' &= 1,00000, & 0,0000000, \\
r^{\text{IV}} &= 0,72333, & 9,8593365, \\
r^{\text{V}} &= 0,38710, & 9,5878232.
\end{aligned}$$

Par le moyen de ces valeurs on a calculé celles des quantités M et N pour les quinze valeurs de z, en poussant l'exactitude jusqu'à six décimales; on a cherché ensuite les valeurs correspondantes des quantités P et Q, et enfin celles des quantités représentées par des crochets ronds et carrés. On a trouvé ainsi les valeurs suivantes, sur l'exactitude desquelles on peut compter.

Pour $z = \dfrac{r'}{r} = 0,545172$:

$$\begin{aligned}
\text{M} &= 1,075800, & \text{N} &= 0,262042, \\
\text{P} &= 0,433858, & \text{Q} &= 0,283512, \\
(0, 1) &= 0,014724\,\text{T}' & [0, 1] &= 0,009622\,\text{T}' \\
& 8,1680204, & & 7,9832443, \\
(1, 0) &= 0,019941\,\text{T} & [1, 0] &= 0,013031\,\text{T} \\
& 8,2997537, & & 8,1149776.
\end{aligned}$$

DES ÉLÉMENTS DES PLANÈTES.

Pour $z = \dfrac{r''}{r} = 0,159715$:

$M = 1,006387,$ $\qquad\qquad N = 0,079602,$

$P = 0,020082,$ $\qquad\qquad Q = 0,003964,$

$(0, 2) = 0,000682\,T''$ $\qquad [0, 2] = 0,000135\,T''$
$\quad\;\;\, 6,8334798,$ $\qquad\qquad\quad 6,1288064,$

$(2, 0) = 0,001705\,T$ $\qquad\; [2, 0] = 0,000337\,T$
$\quad\;\;\, 7,2318070,$ $\qquad\qquad\quad 6,5271336.$

Pour $z = \dfrac{r'''}{r} = 0,104821$:

$M = 1,002749,$ $\qquad\qquad N = 0,052338,$

$P = 0,008412,$ $\qquad\qquad Q = 0,001099,$

$(0, 3) = 0,000285\,T'''$ $\qquad [0, 3] = 0,000037\,T'''$
$\quad\;\;\, 6,4555721,$ $\qquad\qquad\quad 5,5716705,$

$(3, 0) = 0,000882\,T$ $\qquad\; [3, 0] = 0,000115\,T$
$\quad\;\;\, 6,9453479,$ $\qquad\qquad\quad 6,0614463.$

Pour $z = \dfrac{r^{\text{iv}}}{r} = 0,075820$:

$M = 1,001437,$ $\qquad\qquad N = 0,037883,$

$P = 0,004359,$ $\qquad\qquad Q = 0,000412,$

$(0, 4) = 0,000148\,T^{\text{iv}}$ $\qquad [0, 4] = 0,000014\,T^{\text{iv}}$
$\quad\;\;\, 6,1700597,$ $\qquad\qquad\quad 5,1455700,$

$(4, 0) = 0,000537\,T$ $\qquad\; [4, 0] = 0,000051\,T$
$\quad\;\;\, 6,7301678,$ $\qquad\qquad\quad 5,7056781.$

Pour $z = \dfrac{r^{\text{v}}}{r} = 0,040576$:

$M = 1,000411,$ $\qquad\qquad N = 0,020284,$

$P = 0,001239,$ $\qquad\qquad Q = 0,000063,$

$(0, 5) = 0,000042\,T^{\text{v}}$ $\qquad [0, 5] = 0,000002\,T^{\text{v}}$
$\quad\;\;\, 5,6237441,$ $\qquad\qquad\quad 4,3300133,$

$(5, 0) = 0,000209\,T$ $\qquad\; [5, 0] = 0,000011\,T$
$\quad\;\;\, 6,3196095,$ $\qquad\qquad\quad 5,0258787.$

V.

Pour $z = \dfrac{r''}{r'} = 0,292962$:

$$M = 1,021574, \qquad N = 0,144893,$$
$$P = 0,076189, \qquad Q = 0,027598,$$
$$(1,2) = 0,006423\,T''\qquad [1,2] = 0,002327\,T''$$
$$7,8077645,\qquad\qquad 7,3667498,$$
$$(2,1) = 0,011867\,T'\qquad [2,1] = 0,004299\,T'$$
$$8,0743589,\qquad\qquad 7,6333442.$$

Pour $z = \dfrac{r'''}{r'} = 0,192271$:

$$M = 1,009263, \qquad N = 0,095689,$$
$$P = 0,029757, \qquad Q = 0,007116,$$
$$(1,3) = 0,002509\,T'''\qquad [1,3] = 0,000600\,T'''$$
$$7,3994613,\qquad\qquad 6,7781081,$$
$$(3,1) = 0,005721\,T'\qquad [3,1] = 0,001368\,T'$$
$$7,7575044,\qquad\qquad 7,1361512.$$

Pour $z = \dfrac{r^{\text{IV}}}{r'} = 0,139076$:

$$M = 1,004841, \qquad N = 0,069370,$$
$$P = 0,015048, \qquad Q = 0,002611,$$
$$(1,4) = 0,001269\,T^{\text{IV}}\qquad [1,4] = 0,000220\,T^{\text{IV}}$$
$$7,1033510,\qquad\qquad 6,3426791,$$
$$(4,1) = 0,003402\,T'\qquad [4,1] = 0,000590\,T'$$
$$7,5317249,\qquad\qquad 6,7710530.$$

Pour $z = \dfrac{r^{\text{V}}}{r'} = 0,074428$:

$$M = 1,001385, \qquad N = 0,037188,$$
$$P = 0,004198, \qquad Q = 0,000390,$$
$$(1,5) = 0,000354\,T^{\text{V}}\qquad [1,5] = 0,000033\,T^{\text{V}}$$
$$6,5489146,\qquad\qquad 5,5169368,$$
$$(5,1) = 0,001297\,T'\qquad [5,1] = 0,000121\,T'$$
$$7,1130465,\qquad\qquad 6,0810687.$$

DES ÉLÉMENTS DES PLANÈTES.

Pour $z = \dfrac{r'''}{r''} = 0{,}656301$:

$M = 1{,}110961,$ $\qquad\qquad N = 0{,}309374,$
$P = 0{,}939816,$ $\qquad\qquad Q = 0{,}722709,$
$(2, 3) = 0{,}499687\,T'''$ $\qquad [2, 3] = 0{,}384256\,T'''$
$\qquad 9{,}6986980,$ $\qquad\qquad\qquad 9{,}5846187,$
$(3, 2) = 0{,}616803\,T''$ $\qquad [3, 2] = 0{,}474315\,T''$
$\qquad 9{,}7901465,$ $\qquad\qquad\qquad 9{,}6760672.$

Pour $z = \dfrac{r^{IV}}{r'''} = 0{,}474723$:

$M = 1{,}057182,$ $\qquad\qquad N = 0{,}230473,$
$P = 0{,}273498,$ $\qquad\qquad Q = 0{,}157378,$
$(2, 4) = 0{,}145415\,T^{IV}$ $\qquad [2, 4] = 0{,}0836757\,T^{IV}$
$\qquad 9{,}1626092,$ $\qquad\qquad\qquad 8{,}9225991,$
$(4, 2) = 0{,}211052\,T''$ $\qquad [4, 2] = 0{,}121445\,T''$
$\qquad 9{,}3243891,$ $\qquad\qquad\qquad 9{,}0843790.$

Pour $z = \dfrac{r^{V}}{r''} = 0{,}254054$:

$M = 1{,}016565,$ $\qquad\qquad N = 0{,}125947,$
$P = 0{,}053451,$ $\qquad\qquad Q = 0{,}016523,$
$(2, 5) = 0{,}028420\,T^{V}$ $\qquad [2, 5] = 0{,}008785\,T^{V}$
$\qquad 8{,}4536109,$ $\qquad\qquad\qquad 7{,}9437440,$
$(5, 2) = 0{,}056383\,T''$ $\qquad [5, 2] = 0{,}017429\,T''$
$\qquad 8{,}7511479,$ $\qquad\qquad\qquad 8{,}2412810.$

Pour $z = \dfrac{r^{IV}}{r'''} = 0{,}723330$:

$M = 1{,}135763,$ $\qquad\qquad N = 0{,}336131,$
$P = 1{,}604256,$ $\qquad\qquad Q = 1{,}335909,$
$(3, 4) = 1{,}604256\,T^{IV}$ $\qquad [3, 4] = 1{,}335909\,T^{IV}$
$\qquad 0{,}2052730,$ $\qquad\qquad\qquad 0{,}1257768,$
$(4, 3) = 1{,}886275\,T'''$ $\qquad [4, 3] = 1{,}570756\,T'''$
$\qquad 0{,}2756048,$ $\qquad\qquad\qquad 0{,}1961086.$

28.

Pour $z = \dfrac{r^{\mathrm{v}}}{r'''} = 0{,}38710$:

$$M = 1{,}037828, \qquad N = 0{,}189854,$$
$$P = 0{,}152524, \qquad Q = 0{,}072352,$$
$$(3, 5) = 0{,}152524\, T^{\mathrm{v}} \qquad [3, 5] = 0{,}072352\, T^{\mathrm{v}}$$
$$9{,}1833382, \qquad 8{,}8594505,$$
$$(5, 3) = 0{,}245147\, T''' \qquad [5, 3] = 0{,}116289\, T'''$$
$$9{,}3894266, \qquad 9{,}0655389.$$

Pour $z = \dfrac{r^{\mathrm{v}}}{r^{\mathrm{iv}}} = 0{,}535164$:

$$M = 1{,}072986, \qquad N = 0{,}257625,$$
$$P = 0{,}406122, \qquad Q = 0{,}260961,$$
$$(4, 5) = 0{,}660164\, T^{\mathrm{v}} \qquad [4, 5] = 0{,}424200\, T^{\mathrm{v}}$$
$$9{,}8196518, \qquad 9{,}6275709,$$
$$(5, 4) = 0{,}902419\, T^{\mathrm{iv}} \qquad [5, 4] = 0{,}579866\, T^{\mathrm{iv}}$$
$$9{,}9554084, \qquad 9{,}7633275.$$

Les nombres placés sous les valeurs des quantités marquées par des crochets sont les logarithmes des coefficients numériques qui se trouvent au-dessus; j'ai cru devoir donner aussi ces logarithmes, non-seulement pour servir de confirmation aux nombres qui leur répondent, mais encore parce qu'étant plus exacts que ces nombres, ils pourraient servir, s'il était nécessaire, à pousser la précision plus loin.

5. Il reste encore à déterminer les valeurs des six quantités T, T', T'', ..., T^{v}, c'est-à-dire des rapports des masses, ou forces attractives absolues des Planètes principales, à celle du Soleil; mais cette détermination est sujette à beaucoup de difficultés. D'abord il n'y a que trois Planètes, Saturne, Jupiter et la Terre, pour lesquelles on ait les données qu'elle demande, parce que ce sont les seules qui aient des satellites; encore ces données sont-elles peu sûres. A l'égard des autres Planètes, on n'en peut connaître par observation que le volume; et, pour en dé-

DES ÉLÉMENTS DES PLANÈTES.

duire la masse, il faut ensuite adopter quelque hypothèse sur la densité, ce qui rend les résultats douteux et précaires. Cet objet mérite donc une discussion particulière; elle est même d'autant plus nécessaire qu'on trouve dans plusieurs Ouvrages des valeurs assez différentes des masses des Planètes et de leurs densités, sans que les Auteurs y aient donné les détails convenables pour justifier ces différences.

On sait par les Théorèmes de Newton que la force attractive absolue d'un corps, autour duquel un autre corps décrit une ellipse quelconque, est en raison directe du cube de la distance moyenne et inverse du carré du temps périodique; et cette Proposition, que Newton a démontrée pour les corps qui décrivent des ellipses invariables, est vraie aussi lorsqu'on a égard aux variations séculaires des éléments. Car nous avons vu dans la première Partie (34) que dans ce cas la vitesse de la longitude moyenne est toujours représentée par $\dfrac{\Delta^{\frac{3}{2}}}{g}$, et la distance moyenne par $\dfrac{g}{\Delta}$, g étant la force attractive absolue du centre, c'est-à-dire la force centrale à la distance 1; ainsi, en nommant r la distance moyenne et m la vitesse du mouvement moyen, on a

$$\Delta = \frac{g}{r}, \quad \frac{\sqrt{g}}{r^{\frac{3}{2}}} = m;$$

donc

$$g = m^2 r^3;$$

mais il est évident que la vitesse m est toujours réciproquement proportionnelle au temps périodique; par conséquent, si l'on nomme t ce temps, on aura, en général,

$$g = \frac{r^3}{t^2}.$$

Soient maintenant S la masse du Soleil, P celle d'une Planète principale, r la distance moyenne de cette Planète au Soleil, et t son temps périodique; soient de plus ρ la distance moyenne d'un satellite de la même Planète à cette Planète, et θ son temps périodique. Les forces attractives absolues étant proportionnelles aux masses ou quantités de matière, on aura

$$S = \frac{r^3}{t^2},$$

et par la même raison

$$P = \frac{\rho^3}{\theta^2};$$

donc

$$\frac{P}{S} = \left(\frac{\rho}{r}\right)^3 \left(\frac{t}{\theta}\right)^2.$$

Soit de plus D la densité de la Planète P, et d son demi-diamètre ; comme les volumes des sphères sont en raison triplée des rayons, on aura d^3 proportionnelle au volume de la planète P ; donc D sera proportionnelle à $\left(\frac{\rho}{d}\right)^3 \frac{1}{\theta^2}$.

Appliquons ces formules aux Planètes.

6. Pour la Terre on a

$$t = \text{année sidérale} = 365^{\text{j}}\, 6^{\text{h}}\, 9^{\text{m}}\, 15^{\text{s}}$$

suivant la Caille, et

$$\theta = \text{mois périodique} = 27^{\text{j}}\, 7^{\text{h}}\, 43^{\text{m}}\, 12^{\text{s}}$$

suivant Mayer. Réduisant en décimales de jour, on a donc

$$t = 365^{\text{j}},25639, \quad \theta = 27^{\text{j}},32167,$$

et de là on trouve

$$\log\left(\frac{t}{\theta}\right) = 1,1260907.$$

Ces valeurs ne sont sujettes à aucune incertitude ; par conséquent les résultats ne sauraient pécher de ce côté-là.

Soit p la parallaxe horizontale du Soleil et ϖ celle de la Lune ; on aura, comme on sait,

$$\frac{d}{r} = \sin p, \quad \frac{d}{\rho} = \sin \varpi,$$

pourvu qu'on prenne pour ϖ la parallaxe qui répond à la distance moyenne de la Lune à la Terre. Or, comme il ne s'agit ici que de comparer les effets de la force attractive du Soleil sur la Terre et de la force attractive de la Terre sur la Lune, il est clair qu'il ne faut considérer que le simple mouvement elliptique de la Lune, qui dépend uniquement de cette dernière force, et faire abstraction de toutes les inégalités dues à l'action du Soleil. Ainsi, dans les Tables de la parallaxe de la Lune, on ne considérera que celle qui a pour argument l'anomalie de la Lune; et voici comment on déterminera la parallaxe ϖ.

Soient ρ' et ρ'' les distances qui répondent à zéro et à 180 degrés d'anomalie, et ϖ', ϖ'' les parallaxes correspondantes; on aura, par les propriétés connues des orbites elliptiques,

$$\rho = \frac{\rho' + \rho''}{2};$$

d'ailleurs

$$\frac{d}{\rho'} = \sin\varpi', \quad \frac{d}{\rho''} = \sin\varpi'';$$

donc

$$\frac{\rho' + \rho''}{2} = \frac{d}{2}\left(\frac{1}{\sin\varpi'} + \frac{1}{\sin\varpi''}\right) = \frac{d}{2}\frac{\sin\varpi'' + \sin\varpi'}{\sin\varpi'\sin\varpi''} = d\frac{\sin\frac{\varpi'+\varpi''}{2}\cos\frac{\varpi''-\varpi'}{2}}{\sin\varpi'\sin\varpi''}.$$

Donc

$$\frac{d}{\rho} = \frac{\sin\varpi'\sin\varpi''}{\sin\frac{\varpi'+\varpi''}{2}\cos\frac{\varpi''-\varpi'}{2}} = \sin\varpi.$$

La Table XI de Mayer pour la parallaxe de la Lune donne

$$\varpi' = 54'13'', \quad \varpi'' = 60'29'';$$

de là on trouve

$$\log\sin\varpi = 8{,}2209410, \quad \text{et} \quad \varpi = 57'10'',3;$$

c'est la parallaxe sous l'équateur. Pour la réduire à la latitude moyenne de 45 degrés, il en faut retrancher $7''\frac{1}{2}$. Ainsi l'on aura en nombres ronds

$$\varpi = 57'3''.$$

A l'égard de la parallaxe du Soleil, les Astronomes ne sont pas encore bien décidés sur sa quantité, les uns la faisant de 8″,5, les autres de 8″,6; nous supposerons donc successivement

$$p = 8'',5 \text{ et } = 8'',6.$$

On aura d'abord

$$\frac{p}{r} = \frac{\sin 8'',5}{\sin 57'3''},$$

dont le logarithme est égal à 7,3950320; donc le logarithme de $\left(\frac{p}{r}\right)^3 \left(\frac{t}{\theta}\right)^2$ sera 4,4372774, auquel répond la fraction $\frac{1}{365361}$. C'est la valeur de la masse de la Terre, exprimée en parties de celle du Soleil, c'est-à-dire de la quantité T‴. Ainsi, en supposant la parallaxe du Soleil de $8''\frac{1}{2}$, on a

$$\log T''' = 4,4372774, \quad T''' = \frac{1}{365361}.$$

Si l'on fait cette parallaxe de 8″,6, la valeur de T‴ se trouve augmentée dans la raison de 1 à $\left(\frac{86}{85}\right)^3$, et l'on aura alors

$$\log T''' = 4,4487158, \quad T''' = \frac{1}{355864}.$$

Dans la suite nous nous en tiendrons simplement à la première de ces valeurs de T‴.

7. Évaluons maintenant la quantité D d'après la formule

$$D = \left(\frac{p}{d}\right)^3 \frac{1}{\theta^2} = \frac{1}{\theta^2 \sin^3 \varpi};$$

en employant les mêmes éléments que ci-dessus, on trouve

$$\log D = 2,4671004.$$

Cette valeur est, comme on voit, indépendante de la parallaxe du Soleil, et étant comparée avec les valeurs de D pour les autres Planètes, elle donnera les rapports de leurs densités à celle de la Terre.

DES ÉLÉMENTS DES PLANÈTES.

8. Pour Jupiter, on a suivant Halley

$$t = 4332^j\,8^h\,28^m\,1^s,$$

et, réduisant en décimales de jour,

$$t = 4332^j,35279.$$

A l'égard de la valeur de θ, nous prendrons celle qui convient au quatrième satellite, dont la révolution périodique et la distance étant plus grandes que celles des autres satellites sont aussi plus faciles à déterminer exactement; et nous aurons d'après les déterminations de M. Wargentin

$$\theta = 16^j\,16^h\,32^m\,8^s = 16^j,68898.$$

De là on trouvera

$$\log \frac{t}{\theta} = 2,4142939,$$

valeur qui peut être regardée comme aussi exacte que la valeur analogue trouvée pour la Terre.

On ne peut pas s'attendre à un pareil degré d'exactitude relativement à la valeur de $\frac{\rho}{r}$ qui exprime le rapport entre la distance moyenne du satellite à Jupiter, et celle de Jupiter au Soleil. Il est clair que ce rapport est égal au sinus de la plus grande digression du satellite vu du Soleil, à la distance moyenne de Jupiter; et cette digression héliocentrique est toujours facile à conclure de la plus grande digression géocentrique observée dans un temps quelconque. Mais ces sortes d'observations sont très-rares; et je ne connais que celles que Newton rapporte au commencement du troisième Livre des *Principes* (Phén. I) et qu'il dit avoir été faites par Pound avec d'excellents micromètres.

La plus grande élongation héliocentrique du quatrième satellite, réduite à la distance moyenne de Jupiter, a été trouvée par cet Astronome, avec une lunette de 15 pieds, de 8′16″; et celle du troisième satellite, réduite de même, a été trouvée de 4′42″ avec une lunette de 123 pieds. Ces deux observations sont si bien d'accord avec la loi des temps périodiques que l'une confirme l'autre tout à fait. Car la révolution périodique du troisième satellite étant par les Tables de Wargentin de $7^j 3^h 42^m 33^s$, ou bien en décimales de jour de $7^j,15455$, on a pour le rapport des temps périodiques du quatrième et du troisième le nombre $2,33264$, dont le carré est $5,44121$; or le rapport de leurs distances à Jupiter est évidemment égal à celui des sinus des élongations $8'16''$ et $4'42''$, lequel se trouve de $1,75886$, dont le cube est $5,44123$.

Les Cassini avaient sans doute fait beaucoup d'observations sur les satellites de Jupiter; mais on n'en trouve que les résultats dans les *Éléments d'Astronomie;* encore les élongations n'y sont pas déterminées directement, mais par le moyen du diamètre apparent de Jupiter et des distances des satellites évaluées en parties de ce diamètre. La distance du quatrième y est supposée de $25,3$ demi-diamètres de Jupiter, et le diamètre apparent de cette Planète, vu du Soleil dans sa moyenne distance, y est de $41''\frac{1}{2}$; ce qui donne $8'45''$ pour la plus grande élongation. Mais la détermination de Pound me paraît plus sûre.

Faisant donc

$$\frac{\rho}{r} = \sin 8' 16'',$$

et employant la valeur de $\frac{t}{\theta}$ trouvée ci-dessus, on a

$$\log\left(\frac{\rho}{r}\right)^3 \left(\frac{t}{\theta}\right)^2 = \log T' = 6,9717561,$$

et de là

$$T' = \frac{1}{1067,195},$$

valeur de la masse de Jupiter en parties de celle du Soleil. Cette valeur s'accorde avec celle que Newton avait trouvée (Livre III, Proposition VIII) et dont tous les Géomètres ont fait usage jusqu'ici.

9. Cherchons maintenant la densité de Jupiter ou plutôt le rapport de cette densité à celle de la Terre. Il faut pour cela évaluer la formule

$$D = \left(\frac{\rho}{d}\right)^3 \frac{1}{\theta^2},$$

où θ a la même valeur que ci-dessus, et où $\frac{\rho}{d}$ exprime la distance du satellite à Jupiter en demi-diamètres de cette Planète. Suivant Cassini cette distance est de 25,3 pour le quatrième satellite. Or Newton rapporte dans l'endroit cité des *Principes*, que le diamètre de Jupiter observé par Pound avec la même lunette de 123 pieds, et réduit à la distance moyenne de Jupiter, s'est toujours trouvé plus petit que 40″, jamais au-dessous de 38″, mais le plus souvent de 39″. Supposons-le donc de 39″; il est clair qu'en le comparant à la plus grande élongation de 8′16″ du quatrième satellite, on aura

$$\frac{\rho}{d} = \frac{\sin 8'16''}{\sin 19''\frac{1}{2}} = 25,436;$$

valeur qui s'éloigne peu de celle de Cassini, mais que nous adopterons de préférence à celle-ci, comme plus exacte, vu la longueur des lunettes avec lesquelles elle a été trouvée. Nous aurons ainsi

$$\log D = 1,7714800,$$

et, retranchant la valeur de $\log D$ trouvée pour la Terre (7), il viendra pour le logarithme du rapport cherché

$$9,3043796,$$

auquel répond le nombre
$$0,20155;$$

c'est la densité de Jupiter, en prenant celle de la Terre pour l'unité.

Au reste Newton préfère déduire le diamètre de Jupiter de l'observation des passages du premier et du troisième satellite sur le disque de Jupiter, et il le conclut de $37''\frac{1}{4}$; mais, outre que cette valeur s'éloigne trop de celles que Cassini et Pound ont trouvées, il est clair que, comme il ne s'agit ici que du rapport du diamètre de Jupiter à la distance du quatrième satellite, il est plus sûr de s'en tenir aux observations immédiates du diamètre apparent et de l'élongation; surtout parce que ces observations ont été faites avec la même lunette, du moins relativement au troisième satellite, dont l'élongation observée s'accorde d'ailleurs entièrement avec celle du quatrième, d'après la loi des temps périodiques et des distances, ainsi qu'on l'a vu plus haut.

10. Venons à Saturne; nous aurons d'abord par les Tables de Halley

$$t = 10762^j\,20^h\,33^m\,41^s = (\text{en décimales de jour})\ 10762^j,85673;$$

ensuite on aura d'après Cassini pour le quatrième satellite, qui étant le plus gros de tous est aussi le plus facile à observer,

$$\theta = 15^j\,22^h\,41^m\,23^s = (\text{en décimales de jour})\ 15^j,94541.$$

De là on tire
$$\log \frac{t}{\theta} = 2,8292920.$$

Pour ce qui concerne la valeur de $\frac{\rho}{r}$, c'est-à-dire du rapport entre la distance du satellite à Saturne et la distance moyenne de Saturne au Soleil, nous pouvons la déduire des observations de Pound rapportées par Newton (Phén. II). Pound trouva, avec une lunette de 123 pieds armée d'un bon micromètre, la plus grande élongation du quatrième satellite, de 8,7 demi-diamètres de l'anneau, et le diamètre de l'anneau à celui de Saturne comme 7 à 3; il trouva de plus avec la même lunette le diamètre de l'anneau de 43" les 28 et 29 mai 1719, vieux style. En multipliant 43" par 8,7, on a 374" dont la moitié est 187", ou bien 3'7"; ainsi d'après ces observations la plus grande élongation du quatrième satellite aurait été les mêmes jours de 3'7". M. de Lalande dit en effet dans son *Astronomie* que Pound avait observé cette élongation le 9 juin 1719 à 10 heures; mais, comme il ne cite point la source d'où il a tiré cette observation de Pound, on pourrait soupçonner qu'il l'a simplement déduite, comme nous venons de le faire, de celles que Newton avait rapportées.

Quoi qu'il en soit, Newton réduit le diamètre observé de l'anneau à 42" et celui de Saturne à 18" pour la moyenne distance de Saturne à la Terre; ensuite il réduit encore ce dernier à 16" à cause de l'irradiation; enfin dans la Proposition VIII, où il calcule les masses de la Terre, de Jupiter et de Saturne en parties de celle du Soleil, il prend $3'4''$ pour la plus grande élongation du quatrième satellite de Saturne, réduite à la moyenne distance de cette Planète; ce qui ne s'accorde pas avec le diamètre apparent de l'anneau supposé de $42''$; car, en multipliant $21''$ par $8,7$, on a $182'',7$, c'est-à-dire $3'2'',7$ seulement; et l'on trouverait moins encore si l'on avait égard à la correction due à l'irradiation supposée par Newton.

D'ailleurs, en calculant les lieux de Saturne et de la Terre pour le 29 mai 1719, vieux style, c'est-à-dire pour le 9 juin de la même année, on trouve que la distance de Saturne à la Terre était alors à la distance moyenne de Saturne au Soleil dans le rapport de 953 à 1000; par là le diamètre de l'anneau, observé par Pound de $43''$, se réduit à $40'',97$ pour la distance moyenne de Saturne; et, ce diamètre étant multiplié par la moitié de $8,7$, il vient $178'',3$, ou $2'58'',3$ pour la plus grande élongation du quatrième satellite réduite à la même distance moyenne.

Suivant les déterminations de Bradley rapportées dans l'*Astronomie* de M. de Lalande, la distance de ce satellite est, en demi-diamètres de Saturne, de $20,295$, et en demi-diamètres de l'anneau, de $8,698$; ainsi, en multipliant $40'',97$ par $4,359$, on aurait $178'',18$, ou bien $2'58'',18$ pour la plus grande élongation du même satellite.

Cassini établit, dans ses *Éléments d'Astronomie*, la distance du quatrième satellite de Saturne, en demi-diamètres de l'anneau, de 8 seulement; mais il donne ensuite $45''$ au diamètre apparent de l'anneau, ce qui rend la plus grande élongation de $3'$. Il y a peut-être lieu de croire que ces éléments sont moins exacts que ceux qui résultent des observations de Pound, d'autant plus que suivant Cassini le diamètre apparent de Saturne est de $20''$, ce qui donne le rapport de ce diamètre à celui de l'anneau dans la proportion de 4 à 9, tandis que par les observations de Pound et de Bradley faites avec de très-longues lunettes cette proportion est de 3 à 7.

Nous supposerons cependant par un milieu la plus grande élongation du satellite en question de $2'59''$; nous aurons ainsi

$$\frac{\rho}{r} = \sin 2'59'';$$

et, employant la valeur de $\frac{t}{\theta}$ donnée ci-dessus, il viendra

$$\log\left(\frac{\rho}{r}\right)^3\left(\frac{t}{\theta}\right)^2 = \log T = 6,4738674;$$

d'où

$$T = \frac{1}{3358,40},$$

valeur de la masse de Saturne en parties de celle du Soleil.

Si l'on supposait avec Newton

$$\frac{\rho}{r} = \sin 3'4'',$$

on trouverait

$$\log T = 6,5097618,$$

et par conséquent

$$T = \frac{1}{3091,9},$$

valeur très-peu différente de celle qu'il a donnée dans la Proposition VIII, du Livre III. Mais, d'après la discussion où nous sommes entrés sur la vraie élongation du quatrième satellite de Saturne, on ne peut que regarder cette valeur comme beaucoup trop forte.

Au reste il est surprenant que dans ces derniers temps, où le nombre des Observatoires et des Observateurs s'est si fort accru, et où les instruments optiques ont été portés à une si grande perfection, on n'ait pas cherché à rectifier de nouveau des éléments si essentiels pour la Théorie du système du monde; nous exhortons les Astronomes à réparer cette omission et à déterminer par de nouvelles observations les distances des satellites de Jupiter et de Saturne à leurs Planètes principales avec toute l'exactitude que l'on peut attendre dans l'état actuel de l'Astronomie.

11. Quant à la densité de Saturne, laquelle dépend de la formule

$$D = \left(\frac{\rho}{d}\right)^3\frac{1}{\theta^2},$$

en prenant pour $\frac{\rho}{d}$ la valeur trouvée par Bradley de 20,295, il vient

$$\log D = 1,5168958;$$

d'où, retranchant la valeur de log D pour la Terre (7), on a

$$9,0497954$$

pour le logarithme du rapport de la densité de Saturne à celle de la Terre; en sorte que la densité de Saturne sera

$$0,11215,$$

celle de la Terre étant prise pour l'unité.

Au reste cette détermination suppose que l'on fasse abstraction de l'attraction de l'anneau sur les satellites, et que la force centrale de ceux-ci soit due uniquement à la masse de Saturne. Si une partie $m^{\text{ième}}$ de cette force provenait de l'anneau, alors la valeur que nous venons de trouver pour la densité devrait être diminuée de la $m^{\text{ième}}$ partie.

12. A l'égard des masses des autres Planètes qui n'ont point de satellites, il faut, comme nous l'avons dit plus haut, les conclure de leurs volumes combinés avec leurs densités. C'est ainsi que M. Euler en a usé le premier dans ses *Recherches sur les perturbations des Planètes* (*Prix de l'Académie des Sciences de Paris*, tome VIII, page 123). Newton avait trouvé que les densités de la Terre, de Jupiter et de Saturne étaient dans la proportion des nombres 400, $94\frac{1}{2}$ et 67 (Livre III, Proposition VIII), ou bien en divisant par 400, de ceux-ci : 1, 0,23625, 0,1675. M. Euler a remarqué que ces nombres sont presque comme les racines des mouvements moyens de ces Planètes; en effet, comme les carrés des mouvements moyens sont en raison inverse des cubes des distances moyennes, il s'ensuit que les racines des mouvements moyens seront en raison inverse des puissances $\frac{3}{4}$ de ces mêmes distances; or d'après les valeurs du n° 4 on trouve

$$\frac{1}{r'''^{\frac{3}{4}}} = 1, \quad \frac{1}{r'^{\frac{3}{4}}} = 0,29036, \quad \frac{1}{r^{\frac{3}{4}}} = 0,18422;$$

et l'on voit que ces deux derniers nombres ne s'éloignent pas beaucoup de ceux qui expriment, suivant Newton, les densités de Jupiter et de Saturne en parties de celle de la Terre. De là M. Euler a conclu qu'on pouvait supposer que les densités inconnues de Mars, Vénus et Mercure suivent la même loi des racines des mouvements moyens; et c'est d'après cette hypothèse qu'ont été calculées les densités et les masses de ces Planètes qu'on trouve dans la *Connaissance des Temps*, et dont nous avons fait usage dans nos *Recherches sur les équations séculaires des nœuds et des inclinaisons*, quoique d'ailleurs les densités de la Terre, de Jupiter et de Saturne y soient assez différentes de celles de Newton, et s'éloignent considérablement de la loi supposée.

Suivant les déterminations précédentes, les densités de la Terre, de Jupiter et de Saturne sont comme les nombres 1, $0,20155$ et $0,11215$. Or ces nombres sont à peu près en raison inverse des distances moyennes; car on a

$$\frac{1}{r'''} = 1, \quad \frac{1}{r''} = 0,19228, \quad \frac{1}{r'} = 0,10482.$$

Pour Jupiter la différence est moindre qu'un vingtième de la densité; pour Saturne elle est environ d'un quinzième; mais nous avons remarqué que la force attractive de l'anneau doit diminuer la densité de Saturne; ainsi cette considération peut l'approcher davantage de la valeur $\frac{1}{r'}$. Dans la *Connaissance des Temps* cette densité est seulement de $0,1045$, et par conséquent presque égale à $\frac{1}{r'}$; mais, comme j'ignore sur quelles données elle a été calculée, je ne puis savoir quel degré de confiance elle mérite.

Quoi qu'il en soit, s'il y a une loi entre les densités des Planètes et leurs distances au Soleil, on peut regarder celle que nous venons de découvrir et qui fait ces densités réciproquement proportionnelles aux distances, comme la plus plausible par sa simplicité et par son accord avec les densités connues; nous l'adopterons donc aussi pour Mars, Vénus et Mercure, et nous supposerons leurs densités égales respectivement aux quantités $\frac{1}{r'''}$, $\frac{1}{r^{\text{IV}}}$, $\frac{1}{r^{\text{V}}}$, c'est-à-dire, à

$$0{,}65630, \quad 1{,}38250, \quad 2{,}58331,$$

d'après les valeurs du n° 4.

13. Comme ces densités sont exprimées en parties de celle de la Terre, il est clair que si on les multiplie respectivement par les cubes des diamètres exprimés pareillement en parties de celui de la Terre, on aura les masses correspondantes, exprimées aussi en parties de la masse de la Terre; car on sait que les volumes des sphères et de tous les corps semblables sont en raison triplée des côtés homologues. Il ne s'agit donc que d'avoir les diamètres des trois Planètes Mars, Vénus et Mercure; mais le manque d'observations rend de nouveau cette détermination difficile et incertaine.

M. le Monnier rapporte dans les *Institutions astronomiques* que Picard avait observé, le 5 septembre 1672, le diamètre de Mars de 26″; mais que Flamsteed l'avait trouvé à peu près dans le même temps tantôt de 2″, tantôt de 7″ plus grand; ainsi, suivant Flamsteed, ce diamètre aurait été alors par un milieu d'environ 30″; sur quoi M. de Lalande observe dans son *Astronomie* que Picard lui-même dit l'avoir trouvé de 30″ dans le temps de l'opposition qui a eu lieu le 8 septembre 1672. Or la distance de Mars à la Terre était alors de 0,3815 en parties de la distance moyenne de la Terre au Soleil; ainsi le diamètre apparent de Mars vu à cette dernière distance sera de 11″,4; c'est ainsi qu'il se trouve dans la *Connaissance des Temps*. Mais dans les Suppléments à l'*Astronomie*, M. de Lalande réduit ce diamètre à 10″,175 d'après les observations faites par M. l'Abbé Rochon en 1777 avec son nouveau micromètre. Nous le supposerons cependant encore de 11″,4 avec Picard et Flamsteed.

Le passage de Vénus sur le disque du Soleil, arrivé le 6 juin 1761, a fourni aux Astronomes l'occasion de rectifier le diamètre de Vénus, que les observations d'Horroccius avaient donné d'environ 20″ à la distance moyenne du Soleil. M. de Lalande l'a déterminé de 16″,7 à cette même distance, tant par ses propres observations que par celles que Short avait faites en Angleterre; et il ne paraît pas que les observations du passage de 1769 aient rien changé à cette détermination (*Mémoires de l'Académie des Sciences de Paris* pour 1762, page 260).

Le diamètre de Mercure ayant été mesuré par Bradley en 1723, dans le temps du passage de cette Planète sur le disque du Soleil, avec un micromètre appliqué à un télescope d'Huyghens de 120 pieds, fut trouvé de $10''45'''$ (*Transactions philosophiques*, n° 386). Or le calcul donne pour la distance de Mercure à la Terre à cette époque 0,67657; de sorte que ce diamètre, réduit à la distance moyenne du Soleil, devient $7'',27$. Mais M. de Lalande, dans le passage de 1753, ne l'a trouvé pour cette même distance que de $6''\frac{1}{2}$; et il le fixe en conséquence par une espèce de milieu à $6'',9$. Nous le supposerons en nombres ronds de $7''$, tel qu'il se trouve dans la *Connaissance des Temps*.

14. Les valeurs que nous venons d'assigner aux diamètres de Mars, Vénus et Mercure, réduits à la distance moyenne du Soleil à la Terre, étant maintenant divisés par $17''$, diamètre de la Terre vue du Soleil dans la supposition de la parallaxe de cet astre de $8''\frac{1}{2}$, on a les nombres suivants

$$0{,}67059, \quad 0{,}98235, \quad 0{,}41176$$

pour les valeurs de ces diamètres exprimées en parties de celui de la Terre. Les cubes de ces nombres, étant multipliés respectivement par les densités (12)

$$0{,}65630, \quad 1{,}38250, \quad 2{,}58331,$$

donneront les masses en parties de celle de la Terre; et ces masses étant ensuite multipliées par $\frac{1}{365361}$, rapport de la masse de la Terre à celle du Soleil, donneront enfin les rapports des masses de Mars, de Vénus et Mercure à celle du Soleil, ou, ce qui revient au même, les masses de ces Planètes exprimées en parties de celle du Soleil, c'est-à-dire, les valeurs des quantités T'', T^{IV}, T^V. D'après ce calcul on trouve

$$\log T'' = 3{,}7337488, \qquad T'' = \frac{1}{1846082},$$

$$\log T^{IV} = 4{,}5547437, \qquad T^{IV} = \frac{1}{278777},$$

$$\log T^V = 3{,}6934015, \qquad T^V = \frac{1}{2025810}.$$

Et les autres masses seront, comme on les a trouvées ci-dessus,

$$\log T = 6{,}4738674, \qquad T = \frac{1}{3358{,}40},$$

$$\log T' = 6{,}9717561, \qquad T' = \frac{1}{1067{,}195},$$

$$\log T''' = 4{,}4372774, \qquad T''' = \frac{1}{365361}.$$

15. Après avoir ainsi déterminé les valeurs des quantités T, T',..., T^V, il n'y a plus qu'à les substituer dans les expressions des quantités marquées par des crochets ronds et carrés (4); mais avant de faire cette substitution nous remarquerons que, dans les équations différentielles dont ces quantités doivent être les coefficients, la variable t est censée représentée par l'angle du mouvement moyen de la Terre autour du Soleil. Or il est beaucoup plus commode pour le calcul et pour les usages astronomiques d'exprimer le temps en années Juliennes de 365 jours et 6 heures. Soit donc α l'angle que la Terre ou le Soleil parcourt relativement aux étoiles fixes dans l'espace d'une année Julienne, il est clair qu'il n'y a qu'à changer t en αt pour que la quantité t se trouve exprimée en années et en parties d'année. Mettant ainsi αt à la place de t, et par conséquent αdt à la place de dt, dans les équations dont il s'agit, et les multipliant ensuite par α, elles ne recevront d'autre changement, si ce n'est que tous leurs coefficients représentés par des crochets ronds et carrés se trouveront eux-mêmes multipliés par α. D'où il s'ensuit que, pour faire en sorte que le temps t se trouve exprimé en nombres qui représentent des années Juliennes, il suffira de multiplier par α les valeurs de toutes les quantités marquées par des crochets, ou encore de multiplier simplement par α les valeurs des six quantités T, T', T'',..., T^v, puisque chacune de celles-là est multipliée par une de celles-ci.

Mais il faut déterminer la valeur de α; pour cela je prends dans les Tables de Mayer pour le Soleil le mouvement pour 100 années Juliennes, que je trouve de cent circonférences complètes plus 46'23", ce qui fait 129602783"; j'en retranche le mouvement séculaire des équinoxes, qui est, suivant les mêmes Tables, de 1°23'50", ou bien de 5030"; reste 129597753" pour le mouvement séculaire du Soleil ou de la Terre relativement aux étoiles fixes; d'où l'on a

$$1295977'',53$$

pour le mouvement annuel que nous avons dénoté par α.

Je multiplie donc les valeurs des quantités T, T', T'',..., T^v trouvées dans les numéros précédents par le nombre 1295977",53; j'ai comme il suit

$$\log T = 2,5864648, \qquad T = 385'',891,$$
$$\log T' = 3,0843535, \qquad T' = 1214'',376,$$
$$\log T'' = 9,8463462, \qquad T'' = 0'',702,$$
$$\log T''' = 0,5498748, \qquad T''' = 3'',547,$$
$$\log T^{iv} = 0,6673411, \qquad T^{iv} = 4'',649,$$
$$\log T^v = 9,8059989, \qquad T^v = 0'',640.$$

Ce sont les valeurs des masses des six Planètes Saturne, Jupiter, Mars, la Terre, Vénus et Mercure, en supposant la masse du Soleil représentée par l'angle que cet astre décrit dans l'espace d'une année Julienne.

16. On substituera maintenant ces valeurs dans celles des quantités marquées par des crochets (4); mais, comme les masses que nous venons de trouver pourraient encore avoir besoin de quelque correction, surtout celles de Mars, Vénus et Mercure qui n'ont été déterminées qu'hypothétiquement, il sera bon de multiplier auparavant les valeurs précédentes de T, T', T'', T''', T^{iv}, T^v, par des coefficients indéterminés, m, m', m'', m''',

DES ÉLÉMENTS DES PLANÈTES.

m^{IV}, m^{V}, qui seront par conséquent censés représenter des nombres peu différents de l'unité. On verra dans la Section suivante comment on peut déterminer ces coefficients d'après les observations.

On aura donc comme il suit

$(0, 1) = 17'', 8804\, m'$
  $1, 2523739,$

$[0, 1] = 11'', 6842\, m'$
  $1, 0675978,$

$(0, 2) = 0'', 0005\, m''$
  $6, 6798260,$

$[0, 2] = 0'', 0001\, m''$
  $5, 9751526,$

$(0, 3) = 0'', 0010\, m'''$
  $7, 0054469,$

$[0, 3] = 0'', 0001\, m'''$
  $6, 1215453,$

$(0, 4) = 0'', 0007\, m^{IV}$
  $6, 8374008,$

$[0, 4] = 0'', 0001\, m^{IV}$
  $5, 8129111,$

$(0, 5) = 0'', 0000\, m^{V}$
  $5, 4297430,$

$[0, 5] = 0'', 0000\, m^{V}$
  $4, 1360122,$

$(1, 0) = 7'', 6952\, m$
  $0, 8862185,$

$[1, 0] = 5'', 0286\, m$
  $0, 7014424,$

$(1, 2) = 0'', 0045\, m''$
  $7, 6541107,$

$[1, 2] = 0'', 0016\, m''$
  $7, 2130960,$

$(1, 3) = 0'', 0089\, m'''$
  $7, 9493361,$

$[1, 3] = 0'', 0021\, m'''$
  $7, 3279829,$

$(1, 4) = 0'', 0059\, m^{IV}$
  $7, 7706921,$

$[1, 4] = 0'', 0010\, m^{IV}$
  $7, 0100202,$

$(1, 5) = 0'', 0002\, m^{V}$
  $6, 3549135,$

$[1, 5] = 0'', 0000\, m^{V}$
  $5, 3229357,$

$(2, 0) = 0'', 6581\, m$
  $9, 8182718,$

$[2, 0] = 0'', 1299\, m$
  $9, 1135984,$

$(2, 1) = 14'', 4116\, m'$
  $1, 1587124,$

$[2, 1] = 5'', 2203\, m'$
  $0, 7176977,$

$(2, 3) = 1'', 7724\, m'''$
  $0, 2485728,$

$[2, 3] = 1'', 3630\, m'''$
  $0, 1344935,$

$(2, 4) = 0'',6760\, m^{\text{IV}}$
$ 9,8299503,$

$[2, 4] = 0'',3889\, m^{\text{IV}}$
$ 9,5899402,$

$(2, 5) = 0'',8182\, m^{\text{V}}$
$ 8,2596098,$

$[2, 5] = 0'',0056\, m^{\text{V}}$
$ 7,7497429,$

$(3, 0) = 0'',3403\, m$
$ 9,5318127,$

$[3, 0] = 0'',0445\, m$
$ 8,6479111,$

$(3, 1) = 6'',9480\, m'$
$ 0,8418589,$

$[3, 1] = 1'',6615\, m'$
$ 0,2205047,$

$(3, 2) = 0'',4330\, m''$
$ 9,6364927,$

$[3, 2] = 0'',3330\, m''$
$ 9,5224134,$

$(3, 4) = 7'',4579\, m^{\text{IV}}$
$ 0,8726141,$

$[3, 4] = 6'',2104\, m^{\text{IV}}$
$ 0,7931179,$

$(3, 5) = 0'',0976\, m^{\text{V}}$
$ 8,9893371,$

$[3, 5] = 0'',0463\, m^{\text{V}}$
$ 8,6654494,$

$(4, 0) = 0'',2073\, m$
$ 9,3166326,$

$[4, 0] = 0'',0196\, m$
$ 8,2921429,$

$(4, 1) = 4'',1312\, m'$
$ 0,6160784,$

$[4, 1] = 0'',7168\, m'$
$ 9,8554065,$

$(4, 2) = 0'',1482\, m''$
$ 9,1707353,$

$[4, 2] = 0'',0853\, m''$
$ 8,9307252,$

$(4, 3) = 6'',6908\, m'''$
$ 0,8254796,$

$[4, 3] = 5'',5716\, m'''$
$ 0,7459834,$

$(4, 5) = 0'',4223\, m^{\text{V}}$
$ 9,6256507,$

$[4, 5] = 0'',2714\, m^{\text{V}}$
$ 9,4335698,$

$(5, 0) = 0'',0806\, m$
$ 8,9060743,$

$[5, 0] = 0'',0041\, m$
$ 7,6123435,$

DES ÉLÉMENTS DES PLANÈTES.

$(5, 1) = 1'',5754 m'$ $\qquad$ $[5; 1] = 0'',1464 m'$
$\qquad 0,1974000,$ $\qquad\qquad\qquad 9,1654222,$

$(5, 2) = 0'',0396 m''$ $\qquad$ $[5, 2] = 0'',0122 m''$
$\qquad 8,5974941,$ $\qquad\qquad\qquad 8,0876272,$

$(5, 3) = 0'',8696 m'''$ $\qquad$ $[5, 3] = 0'',4125 m'''$
$\qquad 9,9393014,$ $\qquad\qquad\qquad 9,6154137,$

$(5, 4) = 4'',1952 m^{\text{iv}}$ $\qquad$ $[5, 4] = 2'',6957 m^{\text{iv}}$
$\qquad 0,6227495,$ $\qquad\qquad\qquad 0,4306686.$

J'ai placé aussi sous les coefficients numériques leurs logarithmes, comme je l'ai déjà fait plus haut (4), et par la même raison. C'est ainsi que j'en userai toujours dans la suite.

17. Voilà donc les valeurs numériques de tous les coefficients des différentes équations différentielles qui doivent servir à déterminer les variations séculaires des aphélies, des excentricités, des nœuds et des inclinaisons des six Planètes principales. Ces équations, au nombre de vingt-quatre, auront la forme que voici.

1° Pour les variations des aphélies et des excentricités, en nommant $\varphi, \varphi', \ldots$ les longitudes des aphélies de Saturne, Jupiter,..., $\lambda, \lambda', \ldots$ les excentricités de leurs orbites, en parties de leurs moyennes distances au Soleil, et supposant $x = \lambda \sin\varphi$, $y = \lambda \cos\varphi$, $x' = \lambda' \sin\varphi'$, $y' = \lambda' \cos\varphi', \ldots,$

$$\frac{dx}{dt} - \Big[(0,1) + (0,2) + (0,3) + (0,4) + (0,5)\Big] y$$
$$+ [0,1] y' + [0,2] y'' + [0,3] y''' + [0,4] y^{\text{iv}} + [0,5] y^{\text{v}} = 0,$$

$$\frac{dy}{dt} + \Big[(0,1) + (0,2) + (0,3) + (0,4) + (0,5)\Big] x$$
$$- [0,1] x' - [0,2] x'' - [0,3] x''' - [0,4] x^{\text{iv}} - [0,5] x^{\text{v}} = 0;$$

$$\frac{dx'}{dt} - \Big[(1,0) + (1,2) + (1,3) + (1,4) + (1,5)\Big] y'$$
$$+ [1,0] y + [1,2] y'' + [1,3] y''' + [1,4] y^{\text{iv}} + [1,5] y^{\text{v}} = 0,$$

$$\frac{dy'}{dt} + \Big[(1,0)+(1,2)+(1,3)+(1,4)+(1,5)\Big]x'$$
$$-[1,0]x-[1,2]x''-[1,3]x'''-[1,4]x^{\text{iv}}-[1,5]\,x^{\text{v}}=0;$$

$$\frac{dx''}{dt} - \Big[(2,0)+(2,1)+(2,3)+(2,4)+(2,5)\Big]y''$$
$$+[2,0]y+[2,1]y'+[2,3]y'''+[2,4]y^{\text{iv}}+[2,5]\,y^{\text{v}}=0,$$

$$\frac{dy''}{dt} + \Big[(2,0)+(2,1)+(2,3)+(2,4)+(2,5)\Big]x''$$
$$-[2,0]x-[2,1]x'-[2,3]x'''-[2,4]x^{\text{iv}}-[2,5]\,x^{\text{v}}=0;$$

$$\frac{dx'''}{dt} - \Big[(3,0)+(3,1)+(3,2)+(3,4)+(3,5)\Big]y'''$$
$$+[3,0]y+[3,1]y'+[3,2]y''+[3,4]y^{\text{iv}}+[3,5]\,y^{\text{v}}=0,$$

$$\frac{dy'''}{dt} + \Big[(3,0)+(3,1)+(3,2)+(3,4)+(3,5)\Big]x'''$$
$$-[3,0]x-[3,1]x'-[3,2]x''-[3,4]x^{\text{iv}}-[3,5]\,x^{\text{v}}=0;$$

$$\frac{dx^{\text{iv}}}{dt} - \Big[(4,0)+(4,1)+(4,2)+(4,3)+(4,5)\Big]y^{\text{iv}}$$
$$+[4,0]y+[4,1]y'+[4,2]y''+[4,3]y'''+[4,5]\,y^{\text{v}}=0,$$

$$\frac{dy^{\text{iv}}}{dt} + \Big[(4,0)+(4,1)+(4,2)+(4,3)+(4,5)\Big]x^{\text{iv}}$$
$$-[4,0]x-[4,1]x'-[4,2]x''-[4,3]x'''-[4,5]\,x^{\text{v}}=0;$$

$$\frac{dx^{\text{v}}}{dt} - \Big[(5,0)+(5,1)+(5,2)+(5,3)+(5,4)\Big]y^{\text{v}}$$
$$+[5,0]y+[5,1]y'+[5,2]y''+[5,3]y'''+[5,4]\,y^{\text{iv}}=0,$$

$$\frac{dy^{\text{v}}}{dt} + \Big[(5,0)+(5,1)+(5,2)+(5,3)+(5,4)\Big]x^{\text{v}}$$
$$-[5,0]x-[5,1]x'-[5,2]x''-[5,3]x'''-[5,4]\,x^{\text{iv}}=0.$$

2° Pour les variations des nœuds et des inclinaisons, en nommant $\omega, \omega',\ldots$ les longitudes des nœuds ascendants de Saturne, Jupiter,…, $\theta, \theta',\ldots$ les tangentes des inclinaisons de leurs orbites sur le plan de l'écliptique supposée fixe, et faisant $s = \theta \sin\omega$, $u = \theta \cos\omega$, $s' = \theta' \sin\omega'$, $u' = \theta' \cos\omega', \ldots,$

$$\frac{ds}{dt} + \left[(0,1) + (0,2) + (0,3) + (0,4) + (0,5)\right]u$$
$$- (0,1)u' - (0,2)u'' - (0,3)u''' - (0,4)u^{\text{iv}} - (0,5)u^{\text{v}} = 0,$$

$$\frac{du}{dt} - \left[(0,1) + (0,2) + (0,3) + (0,4) + (0,5)\right]s$$
$$+ (0,1)s' + (0,2)s'' + (0,3)s''' + (0,4)s^{\text{iv}} + (0,5)s^{\text{v}} = 0;$$

$$\frac{ds'}{dt} + \left[(1,0) + (1,2) + (1,3) + (1,4) + (1,5)\right]u'$$
$$- (1,0)u - (1,2)u'' - (1,3)u''' - (1,4)u^{\text{iv}} - (1,5)u^{\text{v}} = 0,$$

$$\frac{du'}{dt} - \left[(1,0) + (1,2) + (1,3) + (1,4) + (1,5)\right]s'$$
$$+ (1,0)s + (1,2)s'' + (1,3)s''' + (1,4)s^{\text{iv}} + (1,5)s^{\text{v}} = 0;$$

$$\frac{ds''}{dt} + \left[(2,0) + (2,1) + (2,3) + (2,4) + (2,5)\right]u''$$
$$- (2,0)u - (2,1)u' - (2,3)u''' - (2,4)u^{\text{iv}} - (2,5)u^{\text{v}} = 0,$$

$$\frac{du''}{dt} - \left[(2,0) + (2,1) + (2,3) + (2,4) + (2,5)\right]s''$$
$$+ (2,0)s + (2,1)s' + (2,3)s''' + (2,4)s^{\text{iv}} + (2,5)s^{\text{v}} = 0;$$

$$\frac{ds'''}{dt} + \left[(3,0) + (3,1) + (3,2) + (3,4) + (3,5)\right]u'''$$
$$- (3,0)u - (3,1)u' - (3,2)u'' - (3,4)u^{\text{iv}} - (3,5)u^{\text{v}} = 0,$$

$$\frac{du'''}{dt} - \left[(3,0) + (3,1) + (3,2) + (3,4) + (3,5)\right]s'''$$
$$+ (3,0)s + (3,1)s' + (3,2)s'' + (3,4)s^{\text{iv}} + (3,5)s^{\text{v}} = 0;$$

$$\frac{ds^{\text{iv}}}{dt} + \left[(4,0) + (4,1) + (4,2) + (4,3) + (4,5)\right]u^{\text{iv}}$$
$$- (4,0)u - (4,1)u' - (4,2)u'' - (4,3)u''' - (4,5)u^{\text{v}} = 0,$$

$$\frac{du^{\text{iv}}}{dt} - \left[(4,0) + (4,1) + (4,2) + (4,3) + (4,5)\right]s^{\text{iv}}$$
$$+ (4,0)s + (4,1)s' + (4,2)s'' + (4,3)s''' + (4,5)s^{\text{v}} = 0;$$

$$\frac{ds^{\text{v}}}{dt} + \Big[(5,0)+(5,1)+(5,2)+(5,3)+(5,4)\Big]u^{\text{v}}$$
$$- (5,0)u - (5,1)u' - (5,2)u'' - (5,3)u''' - (5,4)u^{\text{iv}} = 0,$$
$$\frac{du^{\text{v}}}{dt} - \Big[(5,0)+(5,1)+(5,2)+(5,3)+(5,4)\Big]s^{\text{v}}$$
$$+ (5,0)s + (5,1)s' + (5,2)s'' + (5,3)s''' + (5,4)s^{\text{iv}} = 0.$$

Quant à la variable t, elle représente, dans ces équations, le nombre entier ou fractionnaire des années Juliennes écoulées depuis une époque fixe qui est encore arbitraire, de sorte que t sera positif pour les temps postérieurs à cette époque et négatif pour les antérieurs.

18. Nous avons supposé jusqu'ici que les orbites des Planètes étaient rapportées à une écliptique fixe, c'est-à-dire au plan dans lequel la Terre s'est mue à une époque donnée; et nous avons rapporté également à ce même plan la position variable de l'écliptique réelle ou de la vraie orbite de la Terre, pour un instant quelconque. Mais en Astronomie on a coutume de rapporter immédiatement les orbites des Planètes à cette écliptique réelle; on rapporte ensuite la position variable de celle-ci à celle de l'équateur, en tenant compte des changements auxquels ce dernier plan est lui-même sujet. Ainsi, pour rapprocher autant qu'il est possible nos formules des méthodes astronomiques, il faut encore faire voir comment elles peuvent servir à déterminer directement la position des orbites des Planètes par rapport au vrai plan de l'écliptique.

Pour cela on se rappellera que la tangente de la latitude correspondante à une longitude q, pour un point quelconque d'une orbite dont la tangente d'inclinaison est θ et la longitude du nœud est ω, est exprimée, en général, par $\theta \sin(q - \omega)$, comme on l'a vu dans la première Partie; ce qui est d'ailleurs connu par les propriétés des triangles sphériques rectangles. Ainsi, en supposant deux orbites rapportées premièrement à l'écliptique fixe, et ensuite l'une à l'autre, et nommant θ, θ' les tangentes de leurs inclinaisons à l'écliptique, ω, ω' les longitudes de leurs nœuds ascendants sur ce plan, ϑ la tangente de l'inclinaison de l'une à l'autre, et Ω la longitude du nœud ascendant de la première sur la seconde, comptée sur celle-ci, les tangentes des latitudes correspondantes à une même longitude q seront, pour les deux orbites relativement à l'écliptique, $\theta \sin(q - \omega)$, $\theta' \sin(q - \omega')$, et pour la première orbite relativement à la seconde $\vartheta \sin(q - \Omega)$.

Or, si l'inclinaison des deux orbites à l'écliptique est supposée très-petite, en sorte que θ et θ' soient des quantités fort petites, ainsi que ϑ, les tangentes des latitudes seront à très-peu près égales aux latitudes elles-mêmes, et le cercle de latitude correspondant à la longitude q comptée sur l'écliptique se confondra à très-peu près avec le cercle de latitude correspondant à la même longitude q comptée sur l'une des orbites. D'où il est aisé de conclure que la latitude $\vartheta \sin(q - \Omega)$ sera à très-peu près égale à la différence des deux latitudes $\theta \sin(q - \omega)$ et $\theta' \sin(q - \omega')$; ce qui donnera cette équation

$$\vartheta \sin(q - \Omega) = \theta \sin(q - \omega) - \theta' \sin(q - \omega'),$$

laquelle sera vraie quelle que soit la longitude q. De sorte qu'en développant les sinus et comparant séparément les termes qui contiennent $\sin q$ et $\cos q$, on aura ces deux équations

$$\vartheta \sin \Omega = \theta \sin \omega - \theta' \sin \omega' = s - s',$$
$$\vartheta \cos \Omega = \theta \cos \omega - \theta' \cos \omega' = u - u',$$

par lesquelles on déterminera facilement le lieu du nœud commun et l'inclinaison mutuelle des deux orbites.

Or, puisque $\vartheta \sin \Omega$ et $\vartheta \cos \Omega$ sont des quantités analogues à s et u, pour l'orbite rapportée non à l'écliptique fixe, mais à une autre orbite dépendante de s' et u', il s'ensuit, en général, que si des éléments s et u relatifs à une orbite quelconque on retranche les éléments correspondants pour une autre orbite, on aura sur-le-champ ceux de la première orbite rapportée à la seconde.

Ainsi, pour rapporter les orbites de Saturne, Jupiter,... à l'écliptique vraie ou à l'orbite de la Terre, il n'y aura qu'à prendre, à la place des éléments $s, u, s', u',...$, les différences $s - s''', u - u''', s' - s''', u' - u''',...$ de ces mêmes éléments avec les éléments analogues s''', u''' pour cette dernière orbite.

Quant au degré de précision de ces réductions, il n'est pas difficile de se convaincre qu'elles sont exactes aux quantités du troisième ordre près, en regardant les inclinaisons à l'écliptique comme des quantités du premier ordre; ainsi, vu la petitesse effective de ces inclinaisons pour les Planètes de notre système, on pourra toujours employer les réductions dont il s'agit comme si elles étaient tout à fait rigoureuses.

19. A l'égard du changement de position de l'écliptique vraie par rapport à l'équateur, on le déterminera facilement d'après celui qui a lieu relativement à l'écliptique fixe, et qui dépend des quantités $s''' = \theta''' \sin \omega'''$, $u''' = \theta''' \cos \omega'''$.

En effet, comme θ''' est la tangente d'inclinaison, ou l'inclinaison elle-même (à cause de sa petitesse) de l'écliptique vraie avec l'écliptique fixe, et ω''' la longitude du nœud ou du point d'intersection de ces écliptiques; si l'on nomme de plus I l'inclinaison ou l'obliquité de l'écliptique fixe de 1700 sur l'équateur, $I + i$ l'obliquité de l'écliptique vraie, $\omega''' - \eta$ la longitude du nœud des deux écliptiques comptée sur l'écliptique vraie, tandis que la longitude ω''' du même nœud est comptée sur l'écliptique fixe; enfin ε l'arc de l'équateur compris entre les deux écliptiques; on aura évidemment un triangle sphérique formé par les trois côtés ε, ω''', $\omega''' - \eta$, et dans lequel les angles opposés à ces côtés seront θ''', $180° - I - i$, I. De sorte que par les propriétés connues on aura ces formules

$$\cos(I + i) = \cos I \cos \theta''' - \sin I \sin \theta''' \cos \omega''';$$

$$\frac{\sin \omega'''}{\sin(I + i)} = \frac{\sin \varepsilon}{\sin \theta'''} = \frac{\sin(\omega''' - \eta)}{\sin I},$$

d'où l'on tirera i, ε et η.

Or, en regardant θ''' comme très-petit, i et η seront également très-petits du même ordre, et l'on trouvera par la méthode différentielle

$$i = \theta''' \cos \omega'''; \quad \varepsilon = \frac{\theta''' \sin \omega'''}{\sin I}, \quad \eta = \frac{i \tang \omega'''}{\tang I} = \frac{\theta''' \sin \omega'''}{\tang I};$$

donc

$$i = u''', \quad \varepsilon = \frac{s'''}{\sin I}, \quad \eta = \frac{s'''}{\tang I}.$$

Il est clair, d'après les dénominations précédentes, que i sera l'accroissement de l'obliquité de l'écliptique, ε le mouvement des points équinoxiaux en ascension droite, et η leur mouvement en longitude.

Ces éléments étant connus, on déterminera facilement les variations séculaires de la latitude et de la longitude des étoiles, dues au déplacement de l'écliptique; et il n'est pas difficile de voir que, si X est la longitude d'une étoile, Y sa latitude supposée boréale, l'une et l'autre rapportées à l'écliptique fixe de 1700, on aura à très-peu près

$$\theta''' \sin(X - \omega'''),$$

pour la quantité dont la latitude sera diminuée, et

$$\theta''' \cos(X - \omega) \tang Y - \eta,$$

pour celle dont la longitude se trouvera augmentée.

De sorte que l'augmentation de la latitude sera représentée par

$$s''' \cos X - u''' \sin X, \quad \text{ou} \quad \eta \tang I \cos X - i \sin X,$$

et l'augmentation de la longitude sera

$$(u''' \cos X + s''' \sin X) \tang Y - \eta, \quad \text{ou} \quad i \cos X \tang Y - \eta(1 - \tang I \sin X \tang Y).$$

Au reste, comme nous avons supposé que les longitudes étaient comptées depuis un point fixe de l'écliptique fixe, pour avoir égard à la précession des équinoxes, provenant du mouvement rétrograde de l'équateur, et qu'on estime communément de $50''\frac{1}{3}$ par an, il faudra augmenter ces longitudes de $50''\frac{1}{3} \times t$; c'est pourquoi il faudra mettre dans les formules que nous venons de donner $\omega''' + 50''\frac{1}{3} \times t$ au lieu de ω''', ce qui changera la quantité s''' en

$$s''' \cos(50''\tfrac{1}{3} \times t) + u''' \sin(50''\tfrac{1}{3} \times t),$$

et u''' en

$$u''' \cos(50''\tfrac{1}{3} \times t) - s''' \sin(50''\tfrac{1}{3} \times t).$$

Il en sera de même pour les longitudes des nœuds et des aphélies de toutes les Planètes.

20. On sera peut-être surpris de ce que dans les calculs précédents nous n'avons point tenu compte de l'action de la nouvelle Planète. Mais:

1° il n'est peut-être pas encore suffisamment constaté que c'en soit une; 2° sa distance au Soleil est trop grande, et sa masse paraît être trop petite pour pouvoir produire des effets sensibles sur les autres Planètes.

En effet, quant à la distance moyenne de cette Planète, d'après les derniers calculs appuyés sur les observations faites depuis deux ans, elle est à peu près double de celle de Saturne, et son diamètre apparent n'est, suivant les observations de M. Herschel, que d'environ $4''$; ainsi ce diamètre n'est que $\frac{2}{9}$ de celui de Saturne; de sorte que le diamètre vrai de la nouvelle Planète sera $\frac{4}{9}$ de celui de Saturne, et son volume $\frac{64}{729}$, à peu près $\frac{1}{11\frac{1}{2}}$ de celui de Saturne. Ce rapport serait aussi celui de leurs masses, si la densité était la même de part et d'autre; mais, suivant la loi des densités trouvée dans le n° **12**, celle de la nouvelle Planète serait la moitié moindre que celle de Saturne, et par conséquent sa masse ne serait qu'environ $\frac{1}{23}$ de la masse même de Saturne. D'après ces données il est facile de se convaincre que l'action de la nouvelle Planète doit être très-peu sensible sur Saturne même, et à plus forte raison sur les autres Planètes plus éloignées d'elle; et cette raison, jointe à l'incertitude qui peut rester encore sur les éléments de cet astre, nous a paru suffisante pour nous déterminer à faire quant à présent entièrement abstraction de son action, dans la Théorie des variations séculaires des éléments des Planètes.

SECTION SECONDE.

VALEURS DES VARIATIONS ANNUELLES DES ÉLÉMENTS DES SIX PLANÈTES PRINCIPALES, POUR L'ÉPOQUE DE 1700. COMPARAISON DE CES VALEURS AVEC CELLES QUI RÉSULTENT DES OBSERVATIONS.

21. Nous venons de présenter les équations différentielles qui renferment la loi des variations séculaires des éléments des six Planètes principales; et ces équations n'ont besoin que d'être intégrées pour donner cette loi sous une forme finie et générale pour un temps quelconque; mais dans l'état où elles sont, elles peuvent servir à déterminer les variations annuelles des mêmes éléments, puisque, ces variations étant très-petites, il est permis de les supposer égales aux rapports de leurs différentielles à celle du temps, que nous exprimons en années Juliennes. Quoique la quantité de ces variations change d'une année à l'autre, on pourra cependant la regarder et la traiter comme constante pendant plusieurs années, et même pendant un ou deux siècles; ainsi, si l'on détermine les variations dont il s'agit pour le commencement de ce siècle, on pourra y comparer les résultats des observations faites depuis le renouvellement de l'Astronomie, et fixer par là jusqu'à un certain point l'incertitude qui reste encore dans les rapports des masses des Planètes.

Cette époque a de plus l'avantage de répondre à peu près au milieu de l'intervalle dans lequel Flamsteed et Halley ont fait les observations qui ont servi à ce dernier pour calculer ses Tables des Planètes; de sorte qu'il est à présumer que les éléments de ces Tables ont été principalement établis pour l'époque dont nous parlons, ou que du moins ils sont, par rapport à elle, les résultats moyens de toutes les observations sur lesquelles les Tables sont fondées; et qu'ainsi ils peuvent être employés avec confiance comme des données fournies immédiatement par l'observation.

22. Pour avoir les expressions des variations annuelles des aphélies et des excentricités, il ne s'agit donc que de trouver celles des quantités $\frac{d\varphi}{dt}$, $\frac{d\varphi'}{dt}$, ..., $\frac{d\lambda}{dt}$, $\frac{d\lambda'}{dt}$, ...; or, ayant supposé dans les équations du n° **17**

$$x = \lambda \sin\varphi, \quad y = \lambda \cos\varphi, \quad x' = \lambda' \sin\varphi', \quad y' = \lambda' \cos\varphi', \ldots,$$

on aura

$$y\,dx - x\,dy = \lambda^2 d\varphi, \quad x^2 + y^2 = \lambda^2,$$

$$xx' + yy' = \lambda\lambda' \cos(\varphi' - \varphi), \quad x'y - y'x = \lambda\lambda' \sin(\varphi - \varphi'),$$

et ainsi de suite; ainsi ces équations donneront:

THÉORIE DES VARIATIONS SÉCULAIRES

1° Pour les mouvements annuels des aphélies

$$\frac{d\varphi}{dt} = (0,1) + (0,2) + (0,3) + (0,4) + (0,5)$$
$$- [0,1]\frac{\lambda' \cos(\varphi' - \varphi)}{\lambda} - [0,2]\frac{\lambda'' \cos(\varphi'' - \varphi)}{\lambda} - [0,3]\frac{\lambda''' \cos(\varphi''' - \varphi)}{\lambda}$$
$$- [0,4]\frac{\lambda^{\text{IV}} \cos(\varphi^{\text{IV}} - \varphi)}{\lambda} - [0,5]\frac{\lambda^{\text{V}} \cos(\varphi^{\text{V}} - \varphi)}{\lambda},$$

$$\frac{d\varphi'}{dt} = (1,0) + (1,2) + (1,3) + (1,4) + (1,5)$$
$$- [1,0]\frac{\lambda \cos(\varphi - \varphi')}{\lambda'} - [1,2]\frac{\lambda'' \cos(\varphi'' - \varphi')}{\lambda'} - [1,3]\frac{\lambda''' \cos(\varphi''' - \varphi')}{\lambda'}$$
$$- [1,4]\frac{\lambda^{\text{IV}} \cos(\varphi^{\text{IV}} - \varphi')}{\lambda'} - [1,5]\frac{\lambda^{\text{V}} \cos(\varphi^{\text{V}} - \varphi')}{\lambda'},$$

$$\frac{d\varphi''}{dt} = (2,0) + (2,1) + (2,3) + (2,4) + (2,5)$$
$$- [2,0]\frac{\lambda \cos(\varphi - \varphi'')}{\lambda''} - [2,1]\frac{\lambda' \cos(\varphi' - \varphi'')}{\lambda''} - [2,3]\frac{\lambda''' \cos(\varphi''' - \varphi'')}{\lambda''}$$
$$- [2,4]\frac{\lambda^{\text{IV}} \cos(\varphi^{\text{IV}} - \varphi'')}{\lambda''} - [2,5]\frac{\lambda^{\text{V}} \cos(\varphi^{\text{V}} - \varphi'')}{\lambda''},$$

$$\frac{d\varphi'''}{dt} = (3,0) + (3,1) + (3,2) + (3,4) + (3,5)$$
$$- [3,0]\frac{\lambda \cos(\varphi - \varphi''')}{\lambda'''} - [3,1]\frac{\lambda' \cos(\varphi' - \varphi''')}{\lambda'''} - [3,2]\frac{\lambda'' \cos(\varphi'' - \varphi''')}{\lambda'''}$$
$$- [3,4]\frac{\lambda^{\text{IV}} \cos(\varphi^{\text{IV}} - \varphi''')}{\lambda'''} - [3,5]\frac{\lambda^{\text{V}} \cos(\varphi^{\text{V}} - \varphi''')}{\lambda'''},$$

$$\frac{d\varphi^{\text{IV}}}{dt} = (4,0) + (4,1) + (4,2) + (4,3) + (4,5)$$
$$- [4,0]\frac{\lambda \cos(\varphi - \varphi^{\text{IV}})}{\lambda^{\text{IV}}} - [4,1]\frac{\lambda' \cos(\varphi' - \varphi^{\text{IV}})}{\lambda^{\text{IV}}} - [4,2]\frac{\lambda'' \cos(\varphi'' - \varphi^{\text{IV}})}{\lambda^{\text{IV}}}$$
$$- [4,3]\frac{\lambda''' \cos(\varphi''' - \varphi^{\text{IV}})}{\lambda^{\text{IV}}} - [4,5]\frac{\lambda^{\text{V}} \cos(\varphi^{\text{V}} - \varphi^{\text{IV}})}{\lambda^{\text{IV}}},$$

$$\frac{d\varphi^{\text{V}}}{dt} = (5,0) + (5,1) + (5,2) + (5,3) + (5,4)$$
$$- [5,0]\frac{\lambda \cos(\varphi - \varphi^{\text{V}})}{\lambda^{\text{V}}} - [5,1]\frac{\lambda' \cos(\varphi' - \varphi^{\text{V}})}{\lambda^{\text{V}}} - [5,2]\frac{\lambda'' \cos(\varphi'' - \varphi^{\text{V}})}{\lambda^{\text{V}}}$$
$$- [5,3]\frac{\lambda''' \cos(\varphi''' - \varphi^{\text{V}})}{\lambda^{\text{V}}} - [5,4]\frac{\lambda^{\text{IV}} \cos(\varphi^{\text{IV}} - \varphi^{\text{V}})}{\lambda^{\text{V}}}.$$

DES ÉLÉMENTS DES PLANÈTES.

2° Pour les variations annuelles des excentricités

$$\frac{d\lambda}{dt} = [0,1]\lambda'\sin(\varphi'-\varphi) + [0,2]\lambda''\sin(\varphi''-\varphi)$$
$$+ [0,3]\lambda'''\sin(\varphi'''-\varphi) + [0,4]\lambda^{\text{IV}}\sin(\varphi^{\text{IV}}-\varphi) + [0,5]\lambda^{\text{V}}\sin(\varphi^{\text{V}}-\varphi),$$

$$\frac{d\lambda'}{dt} = [1,0]\lambda\sin(\varphi-\varphi') + [1,2]\lambda''\sin(\varphi''-\varphi')$$
$$+ [1,3]\lambda'''\sin(\varphi'''-\varphi') + [1,4]\lambda^{\text{IV}}\sin(\varphi^{\text{IV}}-\varphi') + [1,5]\lambda^{\text{V}}\sin(\varphi^{\text{V}}-\varphi'),$$

$$\frac{d\lambda''}{dt} = [2,0]\lambda\sin(\varphi-\varphi'') + [2,1]\lambda'\sin(\varphi'-\varphi'')$$
$$+ [2,3]\lambda'''\sin(\varphi'''-\varphi'') + [2,4]\lambda^{\text{IV}}\sin(\varphi^{\text{IV}}-\varphi'') + [2,5]\lambda^{\text{V}}\sin(\varphi^{\text{V}}-\varphi''),$$

$$\frac{d\lambda'''}{dt} = [3,0]\lambda\sin(\varphi-\varphi''') + [3,1]\lambda'\sin(\varphi'-\varphi''')$$
$$+ [3,2]\lambda''\sin(\varphi''-\varphi''') + [3,4]\lambda^{\text{IV}}\sin(\varphi^{\text{IV}}-\varphi''') + [3,5]\lambda^{\text{V}}\sin(\varphi^{\text{V}}-\varphi'''),$$

$$\frac{d\lambda^{\text{IV}}}{dt} = [4,0]\lambda\sin(\varphi-\varphi^{\text{IV}}) + [4,1]\lambda'\sin(\varphi'-\varphi^{\text{IV}})$$
$$+ [4,2]\lambda''\sin(\varphi''-\varphi^{\text{IV}}) + [4,3]\lambda'''\sin(\varphi'''-\varphi^{\text{IV}}) + [4,5]\lambda^{\text{V}}\sin(\varphi^{\text{V}}-\varphi^{\text{IV}}),$$

$$\frac{d\lambda^{\text{V}}}{dt} = [5,0]\lambda\sin(\varphi-\varphi^{\text{V}}) + [5,1]\lambda'\sin(\varphi'-\varphi^{\text{V}})$$
$$+ [5,2]\lambda''\sin(\varphi''-\varphi^{\text{V}}) + [5,3]\lambda'''\sin(\varphi'''-\varphi^{\text{V}}) + [5,4]\lambda^{\text{IV}}\sin(\varphi^{\text{IV}}-\varphi^{\text{V}}).$$

On substituera donc, dans ces formules, les valeurs de φ, φ',..., λ, λ',... pour l'époque donnée, et comme les coefficients marqués par des crochets sont déjà exprimés en secondes, on aura aussi en secondes les variations annuelles des aphélies et des excentricités relativement à la même époque; mais on sait que la plus grande équation pour une excentricité peu considérable λ, est à très-peu près $2\lambda + \frac{11\lambda^3}{48}$; donc les quantités $\frac{2d\lambda}{dt}$, $\frac{2d\lambda'}{dt}$,... exprimeront elles-mêmes les variations annuelles des plus grandes équations des Planètes, en négligeant les quantités du troisième ordre.

V.

23. Si l'on voulait avoir ces variations plus exactement, il n'y aurait qu'à chercher, par des différentiations et des substitutions successives, les valeurs des différences secondes, troisièmes,... de φ, φ',..., λ, λ',... en fonction de ces variables; et regardant ensuite ces mêmes variables comme des fonctions du temps, on aurait par le Théorème connu leurs variations pour un temps quelconque t peu considérable, exprimées en séries de t.

Il faut seulement remarquer que, comme dans les valeurs des différences secondes, les coefficients marqués par des crochets formeront partout des produits de deux dimensions, que dans celles des différences troisièmes, ils formeront des produits de trois dimensions, et ainsi de suite, il sera nécessaire pour l'homogénéité, à cause que ces coefficients sont exprimés en secondes, de diviser les différences secondes par le nombre de secondes de l'arc égal au rayon, les différences troisièmes par le carré de ce nombre, et ainsi de suite.

Ainsi, en faisant, pour abréger,

$$n = 206264,8,$$

et supposant connues les valeurs de $\dfrac{d\varphi}{dt}$, $\dfrac{d^2\varphi}{dt^2}$,... pour une époque donnée, on aura pour un nombre quelconque d'années Juliennes écoulées depuis cette époque la variation de φ exprimée par la série

$$\frac{d\varphi}{dt}t + \frac{d^2\varphi}{dt^2}\frac{t^2}{2n} + \frac{d^3\varphi}{dt^3}\frac{t^3}{2.3.n^2} + \ldots,$$

laquelle servira également pour les années qui précèdent l'époque en prenant t négatif. Il en sera de même pour la variation des autres éléments.

Or, en faisant $t = 100$, on aura $\dfrac{t^2}{2n} = \dfrac{1}{40}$ à très-peu près, et le second terme de la série précédente ne pourra donner tout au plus que quelques secondes; mais les suivants ne donneront que des fractions de seconde. C'est pourquoi on pourra sans scrupule s'en tenir au premier terme $\frac{d\varphi}{dt} t$ pendant la durée d'un siècle et même de deux ; et la variation annuelle de φ sera représentée avec une exactitude suffisante par la différentielle $\frac{d\varphi}{dt}$; et ainsi des autres, comme nous l'avons supposé plus haut.

24. Venons maintenant aux variations annuelles des nœuds et des inclinaisons. Elles seront exprimées par $\frac{d\omega}{dt}, \frac{d\omega'}{dt}, \ldots, \frac{d\theta}{dt}, \frac{d\theta'}{dt}, \ldots$ si l'on rapporte les orbites des Planètes à l'écliptique supposée fixe ; mais en les rapportant à l'écliptique vraie et mobile, ces variations devront être représentées par $\frac{d\Omega}{dt}, \frac{d\Omega'}{dt}, \ldots, \frac{d\vartheta}{dt}, \frac{d\vartheta'}{dt}, \ldots$, en supposant

$$\vartheta \sin\Omega = s - s''', \quad \vartheta \cos\Omega = u - u''', \quad \vartheta' \sin\Omega' = s' - s''', \quad \vartheta' \cos\Omega' = u' - u''', \ldots,$$

d'après ce que nous avons démontré dans le n° 18. Ainsi l'on aura

$$d\Omega = \frac{(u-u''')(ds-ds''')-(s-s''')(du-du''')}{(s-s''')^2+(u-u''')^2},$$

$$d\vartheta = \frac{(s-s''')(ds-ds''')+(u-u''')(du-du''')}{\sqrt{(s-s''')^2+(u-u''')^2}};$$

mais en prenant pour l'écliptique fixe le plan dans lequel la vraie écliptique s'est trouvée à l'époque donnée, on a $\theta''' = 0$, et par conséquent $s''' = 0, u''' = 0$; ce qui simplifie les formules précédentes, et les réduit à celles-ci

$$d\Omega = \frac{u(ds-ds''')-s(du-du''')}{\theta^2}, \quad d\vartheta = \frac{s(ds-ds''')+u(du-du''')}{\theta};$$

et l'on aura de pareilles formules pour $d\Omega', d\vartheta', \ldots$

Substituant donc les valeurs de $ds, ds', \ldots, du, du', \ldots$ tirées des équations différentielles du n° **17**, en faisant toujours $s''' = 0, u''' = 0$, et remettant pour $s, u, \ldots$ leurs valeurs $\theta \sin\omega, \theta \cos\omega, \ldots$, on aura :

1° Pour les mouvements annuels des nœuds par rapport à l'écliptique vraie

$$\frac{d\Omega}{dt} = -(0,1) - (0,2) - (0,3) - (0,4) - (0,5) - (3,0)$$
$$+ \left[(0,1) - (3,1)\right] \frac{\theta' \cos(\omega' - \omega)}{\theta} + \left[(0,2) - (3,2)\right] \frac{\theta'' \cos(\omega'' - \omega)}{\theta}$$
$$+ \left[(0,4) - (3,4)\right] \frac{\theta^{\text{IV}} \cos(\omega^{\text{IV}} - \omega)}{\theta} + \left[(0,5) - (3,5)\right] \frac{\theta^{\text{V}} \cos(\omega^{\text{V}} - \omega)}{\theta},$$

$$\frac{d\Omega'}{dt} = -(1,0) - (1,2) - (1,3) - (1,4) - (1,5) - (3,1)$$
$$+ \left[(1,0) - (3,0)\right] \frac{\theta \cos(\omega - \omega')}{\theta'} + \left[(1,2) - (3,2)\right] \frac{\theta'' \cos(\omega'' - \omega')}{\theta'}$$
$$+ \left[(1,4) - (3,4)\right] \frac{\theta^{\text{IV}} \cos(\omega^{\text{IV}} - \omega')}{\theta'} + \left[(1,5) - (3,5)\right] \frac{\theta^{\text{V}} \cos(\omega^{\text{V}} - \omega')}{\theta'},$$

$$\frac{d\Omega''}{dt} = -(2,0) - (2,1) - (2,3) - (2,4) - (2,5) - (3,2)$$
$$+ \left[(2,0) - (3,0)\right] \frac{\theta \cos(\omega - \omega'')}{\theta''} + \left[(2,1) - (3,1)\right] \frac{\theta' \cos(\omega' - \omega'')}{\theta''}$$
$$+ \left[(2,4) - (3,4)\right] \frac{\theta^{\text{IV}} \cos(\omega^{\text{IV}} - \omega'')}{\theta''} + \left[(2,5) - (3,5)\right] \frac{\theta^{\text{V}} \cos(\omega^{\text{V}} - \omega'')}{\theta''},$$

$$\frac{d\Omega^{\text{IV}}}{dt} = -(4,0) - (4,1) - (4,2) - (4,3) - (4,5) - (3,4)$$
$$+ \left[(4,0) - (3,0)\right] \frac{\theta \cos(\omega - \omega^{\text{IV}})}{\theta^{\text{IV}}} + \left[(4,1) - (3,1)\right] \frac{\theta' \cos(\omega' - \omega^{\text{IV}})}{\theta^{\text{IV}}}$$
$$+ \left[(4,2) - (3,2)\right] \frac{\theta'' \cos(\omega'' - \omega^{\text{IV}})}{\theta^{\text{IV}}} + \left[(4,5) - (3,5)\right] \frac{\theta^{\text{V}} \cos(\omega^{\text{V}} - \omega^{\text{IV}})}{\theta^{\text{IV}}},$$

$$\frac{d\Omega^{\text{V}}}{dt} = -(5,0) - (5,1) - (5,2) - (5,3) - (5,4) - (3,5)$$
$$+ \left[(5,0) - (3,0)\right] \frac{\theta \cos(\omega - \omega^{\text{V}})}{\theta^{\text{V}}} + \left[(5,1) - (3,1)\right] \frac{\theta' \cos(\omega' - \omega^{\text{V}})}{\theta^{\text{V}}}$$
$$+ \left[(5,2) - (3,2)\right] \frac{\theta'' \cos(\omega'' - \omega^{\text{V}})}{\theta^{\text{V}}} + \left[(5,4) - (3,4)\right] \frac{\theta^{\text{IV}} \cos(\omega^{\text{IV}} - \omega^{\text{V}})}{\theta^{\text{V}}}.$$

DES ÉLÉMENTS DES PLANÈTES.   253

2° Pour les variations annuelles des inclinaisons par rapport à l'écliptique vraie

$$\frac{d\vartheta}{dt} = \Big[(3,1)-(0,1)\Big]\theta'\sin(\omega'-\omega) + \Big[(3,2)-(0,2)\Big]\theta''\sin(\omega''-\omega)$$
$$+ \Big[(3,4)-(0,4)\Big]\theta^{\mathrm{IV}}\sin(\omega^{\mathrm{IV}}-\omega) + \Big[(3,5)-(0,5)\Big]\theta^{\mathrm{V}}\sin(\omega^{\mathrm{V}}-\omega),$$

$$\frac{d\vartheta'}{dt} = \Big[(3,0)-(1,0)\Big]\theta\sin(\omega-\omega') + \Big[(3,2)-(1,2)\Big]\theta''\sin(\omega''-\omega')$$
$$+ \Big[(3,4)-(1,4)\Big]\theta^{\mathrm{IV}}\sin(\omega^{\mathrm{IV}}-\omega') + \Big[(3,5)-(1,5)\Big]\theta^{\mathrm{V}}\sin(\omega^{\mathrm{V}}-\omega'),$$

$$\frac{d\vartheta''}{dt} = \Big[(3,0)-(2,0)\Big]\theta\sin(\omega-\omega'') + \Big[(3,1)-(2,1)\Big]\theta'\sin(\omega'-\omega'')$$
$$+ \Big[(3,4)-(2,4)\Big]\theta^{\mathrm{IV}}\sin(\omega^{\mathrm{IV}}-\omega'') + \Big[(3,5)-(2,5)\Big]\theta^{\mathrm{V}}\sin(\omega^{\mathrm{V}}-\omega''),$$

$$\frac{d\vartheta^{\mathrm{IV}}}{dt} = \Big[(3,0)-(4,0)\Big]\theta\sin(\omega-\omega^{\mathrm{IV}}) + \Big[(3,1)-(4,1)\Big]\theta'\sin(\omega'-\omega^{\mathrm{IV}})$$
$$+ \Big[(3,2)-(4,2)\Big]\theta''\sin(\omega''-\omega^{\mathrm{IV}}) + \Big[(3,5)-(4,5)\Big]\theta^{\mathrm{V}}\sin(\omega^{\mathrm{V}}-\omega^{\mathrm{IV}}),$$

$$\frac{d\vartheta^{\mathrm{V}}}{dt} = \Big[(3,0)-(5,0)\Big]\theta\sin(\omega-\omega^{\mathrm{V}}) + \Big[(3,1)-(5,1)\Big]\theta'\sin(\omega'-\omega^{\mathrm{V}})$$
$$+ \Big[(3,2)-(5,2)\Big]\theta''\sin(\omega''-\omega^{\mathrm{V}}) + \Big[(3,4)-(5,4)\Big]\theta^{\mathrm{IV}}\sin(\omega^{\mathrm{IV}}-\omega^{\mathrm{V}}).$$

Au reste, si dans ces expressions des variations annuelles relativement à la vraie écliptique on suppose nuls les coefficients $(3,0)$, $(3,1)$, $(3,2)$, $(3,4)$, $(3,5)$, ce qui ne demande que d'y effacer tous les termes où ces coefficients se trouvent, elles donneront les variations annuelles par rapport à l'écliptique fixe; les quantités $d\Omega$, $d\Omega'$,..., $d\vartheta$, $d\vartheta'$,... se changeant alors en $d\omega$, $d\omega'$,..., $d\theta$, $d\theta'$,..., comme on le voit par les formules ci-dessus, puisque dans cette hypothèse les différences ds''' et du''' disparaissent.

25. Enfin, pour déterminer les variations annuelles de l'obliquité de l'écliptique et du lieu des équinoxes, on remarquera que $\frac{ds'''}{dt}$ et $\frac{du'''}{dt}$ sont les variations annuelles des quantités s''' et u'''; par conséquent, suivant les formules du n° 19, l'accroissement annuel de l'obliquité de l'écliptique sera représenté par $\dfrac{du'''}{dt}$, et le mouvement annuel des équinoxes en longitude sera $\dfrac{1}{\tang I} \dfrac{ds'''}{dt}$, en nommant I l'obliquité de l'écliptique.

Il est vrai que nous avons dit dans le même numéro qu'il fallait, à raison de la précession des équinoxes, substituer $u'''\cos(50''\tfrac{1}{3} \times t) - s'''\sin(50''\tfrac{1}{3} \times t)$ au lieu de u''', et $s'''\cos(50''\tfrac{1}{3} \times t) + u'''\sin(50''\tfrac{1}{3} \times t)$ au lieu de s'''; mais il est aisé de voir que les différences du''' et ds''' demeurent les mêmes pour l'époque de $t=0$, puisque s''' et u''' y sont supposés nuls.

Donc, en faisant, dans les valeurs de $\dfrac{du'''}{dt}$, $\dfrac{ds'''}{dt}$ du n° 17, $s'''=0$, $u'''=0$, et mettant pour $s, u, \ldots$ leurs valeurs $\theta\sin\omega$, $\theta\cos\omega, \ldots$, on aura

Variation annuelle de l'obliquité de l'écliptique.

$$\frac{du'''}{dt} = -(3,0)\theta\sin\omega - (3,1)\theta'\sin\omega' - (3,2)\theta''\sin\omega''$$
$$- (3,4)\theta^{\text{IV}}\sin\omega^{\text{IV}} - (3,5)\theta^{\text{V}}\sin\omega^{\text{V}}.$$

Mouvement annuel des équinoxes en longitude.

$$\frac{ds'''}{dt}\cot I = (3,0)\frac{\theta\cos\omega}{\tang I} + (3,1)\frac{\theta'\cos\omega'}{\tang I} + (3,2)\frac{\theta''\cos\omega''}{\tang I}$$
$$+ (3,4)\frac{\theta^{\text{IV}}\cos\omega^{\text{IV}}}{\tang I} + (3,5)\frac{\theta^{\text{V}}\cos\omega^{\text{V}}}{\tang I}.$$

Et, si dans cette dernière formule on change $\tang I$ en $\sin I$, on aura le mouvement annuel des équinoxes en ascension droite.

26. Il s'agit maintenant d'évaluer ces différentes expressions en y substituant pour $\varphi, \varphi', \ldots, \lambda, \lambda', \ldots, \omega, \omega', \ldots, \theta, \theta', \ldots$ les longitudes des aphélies, les excentricités, les longitudes des nœuds, et les tangentes des inclinaisons des orbites de Saturne, Jupiter,... pour 1700.

Voici d'abord ces éléments tirés des Tables de Halley, à l'exception

DES ÉLÉMENTS DES PLANÈTES.

seulement de l'aphélie de la Terre et de son excentricité, que nous avons préféré déduire des Tables de Mayer comme les plus exactes pour cette Planète; les époques sont réduites au méridien de l'Observatoire de Berlin.

$$\varphi = 8^s\ 28°\ 33'\ 18'', \qquad \lambda = 0,057002,$$
$$\varphi' = 6\ \ \ 9\ 33\ 46\ , \qquad \lambda' = 0,048220,$$
$$\varphi'' = 5\ \ \ 0\ 33\ 18\ , \qquad \lambda'' = 0,092998,$$
$$\varphi''' = 9\ \ \ 7\ 42\ 34\ , \qquad \lambda''' = 0,0168021,$$
$$\varphi^{IV} = 10\ \ \ 6\ 31\ 27\ , \qquad \lambda^{IV} = 0,0069816,$$
$$\varphi^V = 8\ \ \ 12\ 43\ 23\ , \qquad \lambda^V = 0,205890,$$

$$\omega = 3^s\ 21°\ 5'\ 6'', \qquad \theta = \tang 2°\ 30'\ 10'',$$
$$\omega' = 3\ \ \ 7\ 34\ 9\ , \qquad \theta' = \tang 1\ 19\ 10\ ,$$
$$\omega'' = 1\ \ \ 17\ 24\ 41\ , \qquad \theta'' = \tang 1\ 51\ 0\ ,$$
$$\omega^{IV} = 2\ \ \ 13\ 57\ 52\ , \qquad \theta^{IV} = \tang 3\ 23\ 20\ ,$$
$$\omega^V = 1\ \ \ 14\ 40\ 18\ , \qquad \theta^V = \tang 6\ 59\ 20\ .$$

A l'égard de l'obliquité de l'écliptique I, je la prendrai en nombres ronds de 23° 29', telle qu'elle a dû être à très-peu près au commencement du siècle, d'après les nouvelles déterminations de M. Cassini.

Par ces valeurs et par celles du n° **16**, j'ai donc trouvé les suivantes

$$[0,1]\ \frac{\lambda'\cos(\varphi'-\varphi)}{\lambda} = 1'',8873\,m' \qquad [0,1]\,\lambda'\sin(\varphi'-\varphi) = -0'',5530\,m'$$
$$0,2758508, \qquad\qquad\qquad 9,7427571,$$

$$[0,2]\ \frac{\lambda''\cos(\varphi''-\varphi)}{\lambda} = -0'',0001\,m'' \qquad [0,2]\,\lambda''\sin(\varphi''-\varphi) = -0'',0000\,m''$$
$$5,8593395, \qquad\qquad\qquad 4,8895608,$$

$$[0,3]\ \frac{\lambda'''\cos(\varphi'''-\varphi)}{\lambda} = 0'',0000\,m''' \qquad [0,3]\,\lambda'''\sin(\varphi'''-\varphi) = 0'',0000\,m'''$$
$$5,5854447, \qquad\qquad\qquad 3,5486212,$$

$$[0,4]\ \frac{\lambda^{IV}\cos(\varphi^{IV}-\varphi)}{\lambda} = 0'',0000\,m^{IV} \qquad [0,4]\,\lambda^{IV}\sin(\varphi^{IV}-\varphi) = 0'',0000\,m^{IV}$$
$$4,7976833, \qquad\qquad\qquad 3,4459114,$$

$[0,5]\dfrac{\lambda^{v}\cos(\varphi^{v}-\varphi)}{\lambda}=0'',0000\,m^{v}$ ・・・・・・ $4,6769535,$

$[0,5]\lambda^{v}\sin(\varphi^{v}-\varphi)=-0'',0000\,m^{v}$ ・・・・・・ $2,8855182,$

$[1,0]\dfrac{\lambda\cos(\varphi-\varphi')}{\lambda'}=1'',1351\,m$ ・・・・・・ $0,0550368,$

$[1,0]\lambda\sin(\varphi-\varphi')=0'',2814\,m$ ・・・・・・ $9,4492724,$

$[1,2]\dfrac{\lambda''\cos(\varphi''-\varphi')}{\lambda'}=0'',0024\,m''$ ・・・・・・ $7,3887957,$

$[1,2]\lambda''\sin(\varphi''-\varphi')=-0'',0001\,m''$ ・・・・・・ $5,9805191,$

$[1,3]\dfrac{\lambda'''\cos(\varphi'''-\varphi')}{\lambda'}=0'',0000\,m'''$ ・・・・・・ $5,3798767,$

$[1,3]\lambda'''\sin(\varphi'''-\varphi')=0'',0000\,m'''$ ・・・・・・ $5,5531194,$

$[1,4]\dfrac{\lambda^{\text{IV}}\cos(\varphi^{\text{IV}}-\varphi')}{\lambda'}=-0'',0001\,m^{\text{IV}}$ ・・・・・・ $5,8272179,$

$[1,4]\lambda^{\text{IV}}\sin(\varphi^{\text{IV}}-\varphi')=0'',0000\,m^{\text{IV}}$ ・・・・・・ $4,8040061,$

$[1,5]\dfrac{\lambda^{v}\cos(\varphi^{v}-\varphi')}{\lambda'}=0'',0000\,m^{v}$ ・・・・・・ $5,6079875,$

$[1,5]\lambda^{v}\sin(\varphi^{v}-\varphi')=0'',0000\,m^{v}$ ・・・・・・ $4,5870718,$

$[2,0]\dfrac{\lambda\cos(\varphi-\varphi'')}{\lambda''}=-0'',0374\,m$ ・・・・・・ $8,5726301,$

$[2,0]\lambda\sin(\varphi-\varphi'')=0'',0065\,m$ ・・・・・・ $7,8154290,$

$[2,1]\dfrac{\lambda'\cos(\varphi'-\varphi'')}{\lambda''}=2'',1033\,m'$ ・・・・・・ $0,3229008,$

$[2,1]\lambda'\sin(\varphi'-\varphi'')=0'',1584\,m'$ ・・・・・・ $9,1998725,$

$[2,3]\dfrac{\lambda'''\cos(\varphi'''-\varphi'')}{\lambda''}=-0'',1487\,m'''$ ・・・・・・ $9,1724071,$

$[2,3]\lambda'''\sin(\varphi'''-\varphi'')=0'',0183\,m'''$ ・・・・・・ $8,2613147,$

$[2,4]\dfrac{\lambda^{\text{IV}}\cos(\varphi^{\text{IV}}-\varphi'')}{\lambda''}=-0'',0267\,m^{\text{IV}}$ ・・・・・・ $8,4260488,$

$[2,4]\lambda^{\text{IV}}\sin(\varphi^{\text{IV}}-\varphi'')=0'',0011\,m^{\text{IV}}$ ・・・・・・ $7,0437282,$

$[2,5]\dfrac{\lambda^{v}\cos(\varphi^{v}-\varphi'')}{\lambda''}=-0'',0026\,m^{v}$ ・・・・・・ $7,4186849,$

$[2,5]\lambda^{v}\sin(\varphi^{v}-\varphi'')=0'',0011\,m^{v}$ ・・・・・・ $7,0535119,$

$[3,0] \dfrac{\lambda \cos(\varphi - \varphi''')}{\lambda'''} = 0'',1489\,m$ $\qquad$ $[3,0]\, \lambda \sin(\varphi - \varphi''') = -0'',0004\,m$

$\qquad\qquad 9,1728747,$ $\qquad\qquad\qquad\qquad\qquad 6,6055191,$

$[3,1] \dfrac{\lambda' \cos(\varphi' - \varphi''')}{\lambda'''} = 0'',1542\,m'$ $\qquad$ $[3,1]\, \lambda' \sin(\varphi' - \varphi''') = -0'',0801\,m'$

$\qquad\qquad 9,1881213,$ $\qquad\qquad\qquad\qquad\qquad 8,9035026,$

$[3,2] \dfrac{\lambda'' \cos(\varphi'' - \varphi''')}{\lambda'''} = -1'',1131\,m''$ $\qquad$ $[3,2]\, \lambda'' \sin(\varphi'' - \varphi''') = -0'',0247\,m''$

$\qquad\qquad 0,0465464,$ $\qquad\qquad\qquad\qquad\qquad 8,3923443,$

$[3,4] \dfrac{\lambda^{\text{iv}} \cos(\varphi^{\text{iv}} - \varphi''')}{\lambda'''} = 2'',2610\,m^{\text{iv}}$ $\qquad$ $[3,4]\, \lambda^{\text{iv}} \sin(\varphi^{\text{iv}} - \varphi''') = -0'',0209\,m^{\text{iv}}$

$\qquad\qquad 0,3543074,$ $\qquad\qquad\qquad\qquad\qquad 8,3200893,$

$[3,5] \dfrac{\lambda^{\text{v}} \cos(\varphi^{\text{v}} - \varphi''')}{\lambda'''} = 0'',5141\,m^{\text{v}}$ $\qquad$ $[3,5]\, \lambda^{\text{v}} \sin(\varphi^{\text{v}} - \varphi''') = -0'',0040\,m''$

$\qquad\qquad 9,7110457,$ $\qquad\qquad\qquad\qquad\qquad 7,6048069,$

$[4,0] \dfrac{\lambda \cos(\varphi - \varphi^{\text{iv}})}{\lambda^{\text{iv}}} = 0'',1261\,m$ $\qquad$ $[4,0]\, \lambda \sin(\varphi - \varphi^{\text{iv}}) = -0'',0007\,m$

$\qquad\qquad 9,1007967,$ $\qquad\qquad\qquad\qquad\qquad 6,8370840,$

$[4,1] \dfrac{\lambda' \cos(\varphi' - \varphi^{\text{iv}})}{\lambda^{\text{iv}}} = -2'',2446\,m'$ $\qquad$ $[4,1]\, \lambda' \sin(\varphi' - \varphi^{\text{iv}}) = -0'',0308\,m'$

$\qquad\qquad 0,3511444,$ $\qquad\qquad\qquad\qquad\qquad 8,4886625,$

$[4,2] \dfrac{\lambda'' \cos(\varphi'' - \varphi^{\text{iv}})}{\lambda^{\text{iv}}} = -1'',0372\,m''$ $\qquad$ $[4,2]\, \lambda'' \sin(\varphi'' - \varphi^{\text{iv}}) = -0'',0032\,m''$

$\qquad\qquad 0,0158706,$ $\qquad\qquad\qquad\qquad\qquad 7,5090316,$

$[4,3] \dfrac{\lambda''' \cos(\varphi''' - \varphi^{\text{iv}})}{\lambda^{\text{iv}}} = 11'',7487\,m'''$ $\qquad$ $[4,3]\, \lambda''' \sin(\varphi''' - \varphi^{\text{iv}}) = -0'',0451\,m'''$

$\qquad\qquad 1,0699903,$ $\qquad\qquad\qquad\qquad\qquad 8,6543635,$

$[4,5] \dfrac{\lambda^{\text{v}} \cos(\varphi^{\text{v}} - \varphi^{\text{iv}})}{\lambda^{\text{iv}}} = 4'',7266\,m^{\text{v}}$ $\qquad$ $[4,5]\, \lambda^{\text{v}} \sin(\varphi^{\text{v}} - \varphi^{\text{iv}}) = -0'',0451\,m^{\text{v}}$

$\qquad\qquad 0,6745476,$ $\qquad\qquad\qquad\qquad\qquad 8,6540571,$

$[5,0] \dfrac{\lambda \cos(\varphi - \varphi^{\text{iv}})}{\lambda^{\text{v}}} = 0'',0011\,m$ $\qquad$ $[5,0]\, \lambda \sin(\varphi - \varphi^{\text{v}}) = 0'',0001\,m$

$\qquad\qquad 7,0378060,$ $\qquad\qquad\qquad\qquad\qquad 5,8041101,$

V.

$[5,1] \dfrac{\lambda' \cos(\varphi' - \varphi^v)}{\lambda^v} = 0'',0155\, m'$ $\qquad$ $[5,1]\, \lambda' \sin(\varphi' - \varphi^v) = -0'',0063\, m'$

$\qquad\qquad\qquad 8,1896538,$ $\qquad\qquad\qquad\qquad\qquad 7,7991482,$

$[5,2] \dfrac{\lambda'' \cos(\varphi'' - \varphi^v)}{\lambda^v} = -0'',0012\, m''$ $\qquad$ $[5,2]\, \lambda'' \sin(\varphi'' - \varphi^v) = -0'',0011\, m''$

$\qquad\qquad\qquad 7,0662456,$ $\qquad\qquad\qquad\qquad\qquad 7,0462344,$

$[5,3] \dfrac{\lambda''' \cos(\varphi''' - \varphi^v)}{\lambda^v} = 0'',0305\, m'''$ $\qquad$ $[5,3]\, \lambda''' \sin(\varphi''' - \varphi^v) = 0'',0029\, m'''$

$\qquad\qquad\qquad 8,4844670,$ $\qquad\qquad\qquad\qquad\qquad 7,4664997,$

$[5,4] \dfrac{\lambda^{IV} \cos(\varphi^{IV} - \varphi^v)}{\lambda^v} = 0'',0540\, m^{IV}$ $\qquad$ $[5,4]\, \lambda^{IV} \sin(\varphi^{IV} - \varphi^v) = 0'',0152\, m^{IV}$

$\qquad\qquad\qquad 8,7322860,$ $\qquad\qquad\qquad\qquad\qquad 8,1814757,$

$(0,1) \dfrac{\theta' \cos(\omega' - \omega)}{\theta} = 9'',1610\, m'$ $\qquad$ $(0,1)\, \theta' \sin(\omega' - \omega) = -0'',0963\, m'$

$\qquad\qquad\qquad 0,9619444,$ $\qquad\qquad\qquad\qquad\qquad 8,9834303,$

$(3,1) \dfrac{\theta' \cos(\omega' - \omega)}{\theta} = 3'',5598\, m'$ $\qquad$ $(3,1)\, \theta' \sin(\omega' - \omega) = -0'',0374\, m'$

$\qquad\qquad\qquad 0,5514294,$ $\qquad\qquad\qquad\qquad\qquad 8,5729153,$

$(0,2) \dfrac{\theta'' \cos(\omega'' - \omega)}{\theta} = 0'',0002\, m''$ $\qquad$ $(0,2)\, \theta'' \sin(\omega'' - \omega) = -0'',0000\, m''$

$\qquad\qquad\qquad 6,1953068,$ $\qquad\qquad\qquad\qquad\qquad 5,1414765,$

$(3,2) \dfrac{\theta'' \cos(\omega'' - \omega)}{\theta} = 0'',1419\, m''$ $\qquad$ $(3,2)\, \theta'' \sin(\omega'' - \omega) = -0'',0125\, m''$

$\qquad\qquad\qquad 9,1519735,$ $\qquad\qquad\qquad\qquad\qquad 8,0981432,$

$(0,4) \dfrac{\theta^{IV} \cos(\omega^{IV} - \omega)}{\theta} = 0'',0007\, m^{IV}$ $\qquad$ $(0,4)\, \theta^{IV} \sin(\omega^{IV} - \omega) = -0'',0000\, m^{IV}$

$\qquad\qquad\qquad 6,8709313,$ $\qquad\qquad\qquad\qquad\qquad 5,4905043,$

$(3,4) \dfrac{\theta^{IV} \cos(\omega^{IV} - \omega)}{\theta} = 8'',0564\, m^{IV}$ $\qquad$ $(3,4)\, \theta^{IV} \sin(\omega^{IV} - \omega) = -0'',2665\, m^{IV}$

$\qquad\qquad\qquad 0,9061446,$ $\qquad\qquad\qquad\qquad\qquad 9,4257176,$

$(0,5) \dfrac{\theta^v \cos(\omega^v - \omega)}{\theta} = 0'',0000\, m^v$ $\qquad$ $(0,5)\, \theta^v \sin(\omega^v - \omega) = -0'',0000\, m^v$

$\qquad\qquad\qquad 5,4798117,$ $\qquad\qquad\qquad\qquad\qquad 4,4803034,$

DES ÉLÉMENTS DES PLANÈTES.

$(3,5)\ \dfrac{\theta^{v}\cos(\omega^{v}-\omega)}{\theta}=0'',1095\,m^{v}$ $\qquad(3,5)\ \theta^{v}\sin(\omega^{v}-\omega)=-0'',0110\,m^{v}$
$\qquad\qquad 9,0394058,\qquad\qquad\qquad\qquad\qquad\qquad 8,0398975,$

$(1,0)\ \dfrac{\theta\cos(\omega-\omega')}{\theta'}=14'',1988\,m$ $\qquad(1,0)\ \theta\sin(\omega-\omega')=0'',0786\,m$
$\qquad\qquad 1,1522504,\qquad\qquad\qquad\qquad\qquad\qquad 8,8955056,$

$(3,0)\ \dfrac{\theta\cos(\omega-\omega')}{\theta'}=0'',6278\,m$ $\qquad(3,0)\ \theta\sin(\omega-\omega')=0'',0035\,m$
$\qquad\qquad 9,7978446,\qquad\qquad\qquad\qquad\qquad\qquad 7,5410998,$

$(1,2)\ \dfrac{\theta''\cos(\omega''-\omega')}{\theta'}=0'',0041\,m''$ $\qquad(1,2)\ \theta''\sin(\omega''-\omega')=-0'',0001\,m''$
$\qquad\qquad 7,6075987,\qquad\qquad\qquad\qquad\qquad\qquad 6,0485690,$

$(3,2)\ \dfrac{\theta''\cos(\omega''-\omega')}{\theta'}=0'',3890\,m''$ $\qquad(3,2)\ \theta''\sin(\omega''-\omega')=-0'',0107\,m''$
$\qquad\qquad 9,5899807,\qquad\qquad\qquad\qquad\qquad\qquad 8,0309510,$

$(1,4)\ \dfrac{\theta^{\text{iv}}\cos(\omega^{\text{iv}}-\omega')}{\theta'}=0'',0139\,m^{\text{iv}}$ $\qquad(1,4)\ \theta^{\text{iv}}\sin(\omega^{\text{iv}}-\omega')=-0'',0001\,m^{\text{iv}}$
$\qquad\qquad 8,1428374,\qquad\qquad\qquad\qquad\qquad\qquad 6,1456689,$

$(3,4)\ \dfrac{\theta^{\text{iv}}\cos(\omega^{\text{iv}}-\omega')}{\theta'}=17'',5695\,m^{\text{iv}}$ $\qquad(3,4)\ \theta^{\text{iv}}\sin(\omega^{\text{iv}}-\omega')=-0'',1768\,m^{\text{iv}}$
$\qquad\qquad 1,2447594,\qquad\qquad\qquad\qquad\qquad\qquad 9,2475909,$

$(1,5)\ \dfrac{\theta^{v}\cos(\omega^{v}-\omega')}{\theta'}=0'',0007\,m^{v}$ $\qquad(1,5)\ \theta^{v}\sin(\omega^{v}-\omega')=-0'',0000\,m^{v}$
$\qquad\qquad 6,8615101,\qquad\qquad\qquad\qquad\qquad\qquad 5,3451210,$

$(3,5)\ \dfrac{\theta^{v}\cos(\omega^{v}-\omega')}{\theta'}=0'',3133\,m^{v}$ $\qquad(3,5)\ \theta^{v}\sin(\omega^{v}-\omega')=-0'',0095\,m^{v}$
$\qquad\qquad 9,4959337,\qquad\qquad\qquad\qquad\qquad\qquad 7,9795446,$

$(2,0)\ \dfrac{\theta\cos(\omega-\omega'')}{\theta''}=0'',3949\,m$ $\qquad(2,0)\ \theta\sin(\omega-\omega'')=0'',0258\,m$
$\qquad\qquad 9,5965044,\qquad\qquad\qquad\qquad\qquad\qquad 8,4112978,$

$(3,0)\ \dfrac{\theta\cos(\omega-\omega'')}{\theta''}=0'',2042\,m$ $\qquad(3,0)\ \theta\sin(\omega-\omega'')=0'',0133\,m$
$\qquad\qquad 9,3100453,\qquad\qquad\qquad\qquad\qquad\qquad 8,1248387,$

33.

$(2,1) \dfrac{\theta' \cos(\omega' - \omega'')}{\theta''} = 6'',5840\, m'$ $\qquad (2,1)\, \theta' \sin(\omega' - \omega'') = 0'',2549\, m'$

$\qquad\qquad 0,8184908,$ $\qquad\qquad\qquad\qquad\qquad 9,4063159,$

$(3,1) \dfrac{\theta' \cos(\omega' - \omega'')}{\theta''} = 3'',1742\, m'$ $\qquad (3,1)\, \theta' \sin(\omega' - \omega'') = 0'',1229\, m'$

$\qquad\qquad 0,5016373,$ $\qquad\qquad\qquad\qquad\qquad 9,0894624,$

$(2,4) \dfrac{\theta^{\mathrm{IV}} \cos(\omega^{\mathrm{IV}} - \omega'')}{\theta''} = 1'',1086\, m^{\mathrm{IV}}$ $\qquad (2,4)\, \theta^{\mathrm{IV}} \sin(\omega^{\mathrm{IV}} - \omega'') = 0'',0179\, m^{\mathrm{IV}}$

$\qquad\qquad 0,0447833,$ $\qquad\qquad\qquad\qquad\qquad 8,2527208,$

$(3,4) \dfrac{\theta^{\mathrm{IV}} \cos(\omega^{\mathrm{IV}} - \omega'')}{\theta''} = 12'',2306\, m^{\mathrm{IV}}$ $\qquad (3,4)\, \theta^{\mathrm{IV}} \sin(\omega^{\mathrm{IV}} - \omega'') = 0'',1974\, m^{\mathrm{IV}}$

$\qquad\qquad 1,0874471,$ $\qquad\qquad\qquad\qquad\qquad 9,2953846,$

$(2,5) \dfrac{\theta^{\mathrm{V}} \cos(\omega^{\mathrm{V}} - \omega'')}{\theta''} = 0'',0688\, m^{\mathrm{V}}$ $\qquad (2,5)\, \theta^{\mathrm{V}} \sin(\omega^{\mathrm{V}} - \omega'') = -0'',0001\, m^{\mathrm{V}}$

$\qquad\qquad 8,8376803,$ $\qquad\qquad\qquad\qquad\qquad 6,0274752,$

$(3,5) \dfrac{\theta^{\mathrm{V}} \cos(\omega^{\mathrm{V}} - \omega'')}{\theta''} = 0'',3693\, m^{\mathrm{V}}$ $\qquad (3,5)\, \theta^{\mathrm{V}} \sin(\omega^{\mathrm{V}} - \omega'') = -0'',0006\, m^{\mathrm{V}}$

$\qquad\qquad 9,5674076,$ $\qquad\qquad\qquad\qquad\qquad 6,7572025,$

$(4,0) \dfrac{\theta \cos(\omega - \omega^{\mathrm{IV}})}{\theta^{\mathrm{IV}}} = 0'',1220\, m$ $\qquad (4,0)\, \theta \sin(\omega - \omega^{\mathrm{IV}}) = 0'',0055\, m$

$\qquad\qquad 9,0864319,$ $\qquad\qquad\qquad\qquad\qquad 7,7378705,$

$(3,0) \dfrac{\theta \cos(\omega - \omega^{\mathrm{IV}})}{\theta^{\mathrm{IV}}} = 0'',2003\, m$ $\qquad (3,0)\, \theta \sin(\omega - \omega^{\mathrm{IV}}) = 0'',0090\, m$

$\qquad\qquad 9,3016120,$ $\qquad\qquad\qquad\qquad\qquad 7,9530506,$

$(4,1) \dfrac{\theta' \cos(\omega' - \omega^{\mathrm{IV}})}{\theta^{\mathrm{IV}}} = 1'',4724\, m'$ $\qquad (4,1)\, \theta' \sin(\omega' - \omega^{\mathrm{IV}}) = 0'',0381\, m'$

$\qquad\qquad 0,1680311,$ $\qquad\qquad\qquad\qquad\qquad 8,5809589,$

$(3,1) \dfrac{\theta' \cos(\omega' - \omega^{\mathrm{IV}})}{\theta^{\mathrm{IV}}} = 2'',4764\, m'$ $\qquad (3,1)\, \theta' \sin(\omega' - \omega^{\mathrm{IV}}) = 0'',0641\, m'$

$\qquad\qquad 0,3938116,$ $\qquad\qquad\qquad\qquad\qquad 8,8067394,$

$(4,2) \dfrac{\theta'' \cos(\omega'' - \omega^{\mathrm{IV}})}{\theta^{\mathrm{IV}}} = 0'',0723\, m''$ $\qquad (4,2)\, \theta'' \sin(\omega'' - \omega^{\mathrm{IV}}) = -0'',0021\, m''$

$\qquad\qquad 8,8590853,$ $\qquad\qquad\qquad\qquad\qquad 7,3302643,$

$(3,2)\ \dfrac{\theta''\cos(\omega''-\omega^{\text{IV}})}{\theta^{\text{IV}}}=0'',2113\,m''$ $\qquad(3,2)\,\theta''\sin(\omega''-\omega^{\text{IV}})=-0'',0063\,m''$

$\qquad\qquad\qquad\qquad 9,3248427,$ $\qquad\qquad\qquad\qquad\qquad\qquad 7,7960217,$

$(4,5)\ \dfrac{\theta^{\text{V}}\cos(\omega^{\text{V}}-\omega^{\text{IV}})}{\theta^{\text{IV}}}=0'',7625\,m^{\text{V}}$ $\qquad(4,5)\,\theta^{\text{V}}\sin(\omega^{\text{V}}-\omega^{\text{IV}})=-0'',0253\,m^{\text{V}}$

$\qquad\qquad\qquad\qquad 9,8822425,$ $\qquad\qquad\qquad\qquad\qquad\qquad 8,4036335,$

$(3,5)\ \dfrac{\theta^{\text{V}}\cos(\omega^{\text{V}}-\omega^{\text{IV}})}{\theta^{\text{IV}}}=0'',1762\,m^{\text{V}}$ $\qquad(3,5)\,\theta^{\text{V}}\sin(\omega^{\text{V}}-\omega^{\text{IV}})=-0'',0059\,m^{\text{V}}$

$\qquad\qquad\qquad\qquad 9,2459289,$ $\qquad\qquad\qquad\qquad\qquad\qquad 7,7673199,$

$(5,0)\ \dfrac{\theta\cos(\omega-\omega^{\text{V}})}{\theta^{\text{V}}}=0'',0115\,m$ $\qquad(5,0)\,\theta\sin(\omega-\omega^{\text{V}})=0'',0032\,m$

$\qquad\qquad\qquad\qquad 8,0604010,$ $\qquad\qquad\qquad\qquad\qquad\qquad 7,5087637,$

$(3,0)\ \dfrac{\theta\cos(\omega-\omega^{\text{V}})}{\theta^{\text{V}}}=0'',0485\,m$ $\qquad(3,0)\,\theta\sin(\omega-\omega^{\text{V}})=0'',0136\,m$

$\qquad\qquad\qquad\qquad 8,6861394,$ $\qquad\qquad\qquad\qquad\qquad\qquad 8,1345025,$

$(5,1)\ \dfrac{\theta'\cos(\omega'-\omega^{\text{V}})}{\theta^{\text{V}}}=0'',1786\,m'$ $\qquad(5,1)\,\theta'\sin(\omega'-\omega^{\text{V}})=0'',0289\,m'$

$\qquad\qquad\qquad\qquad 9,2517932,$ $\qquad\qquad\qquad\qquad\qquad\qquad 8,4615058,$

$(3,1)\ \dfrac{\theta'\cos(\omega'-\omega^{\text{V}})}{\theta^{\text{V}}}=0'',7875\,m'$ $\qquad(3,1)\,\theta'\sin(\omega'-\omega^{\text{V}})=0'',1276\,m'$

$\qquad\qquad\qquad\qquad 9,8962521,$ $\qquad\qquad\qquad\qquad\qquad\qquad 9,1059647,$

$(5,2)\ \dfrac{\theta''\cos(\omega''-\omega^{\text{V}})}{\theta^{\text{V}}}=0'',0104\,m''$ $\qquad(5,2)\,\theta''\sin(\omega''-\omega^{\text{V}})=0'',0001\,m''$

$\qquad\qquad\qquad\qquad 8,0177508,$ $\qquad\qquad\qquad\qquad\qquad\qquad 5,7861126,$

$(3,2)\ \dfrac{\theta''\cos(\omega''-\omega^{\text{V}})}{\theta^{\text{V}}}=0'',1139\,m''$ $\qquad(3,2)\,\theta''\sin(\omega''-\omega^{\text{V}})=0'',0007\,m''$

$\qquad\qquad\qquad\qquad 9,0567494,$ $\qquad\qquad\qquad\qquad\qquad\qquad 6,8251112,$

$(5,4)\ \dfrac{\theta^{\text{IV}}\cos(\omega^{\text{IV}}-\omega^{\text{V}})}{\theta^{\text{V}}}=1'',7674\,m^{\text{IV}}$ $\qquad(5,4)\,\theta^{\text{IV}}\sin(\omega^{\text{IV}}-\omega^{\text{V}})=0'',1215\,m^{\text{IV}}$

$\qquad\qquad\qquad\qquad 0,2473305,$ $\qquad\qquad\qquad\qquad\qquad\qquad 9,0847269,$

$(3,4)\ \dfrac{\theta^{\text{IV}}\cos(\omega^{\text{IV}}-\omega^{\text{V}})}{\theta^{\text{V}}}=3'',1420\,m^{\text{IV}}$ $\qquad(3,4)\,\theta^{\text{IV}}\sin(\omega^{\text{IV}}-\omega^{\text{V}})=0'',2161\,m^{\text{IV}}$

$\qquad\qquad\qquad\qquad 0,4971951,$ $\qquad\qquad\qquad\qquad\qquad\qquad 9,3345915,$

$(3,0)\ \dfrac{\theta\cos\omega}{\tang I} = -0'',0123\,m$ $(3,0)\ \theta\sin\omega = 0'',0139\,m$

$\qquad\qquad\qquad 8,0904581,$ $\qquad\qquad\qquad 8,1422893,$

$(3,1)\ \dfrac{\theta'\cos\omega'}{\tang I} = -0'',0485\,m'$ $(3,1)\ \theta'\sin\omega' = 0'',1586\,m'$

$\qquad\qquad\qquad 8,6859252,$ $\qquad\qquad\qquad 9,2004031,$

$(3,2)\ \dfrac{\theta''\cos\omega''}{\tang I} = 0'',0218\,m''$ $(3,2)\ \theta''\sin\omega'' = 0'',0103\,m''$

$\qquad\qquad\qquad 8,3381540,$ $\qquad\qquad\qquad 8,0127053,$

$(3,4)\ \dfrac{\theta^{IV}\cos\omega^{IV}}{\tang I} = 0'',2808\,m^{IV}$ $(3,4)\ \theta^{IV}\sin\omega^{IV} = 0'',4244\,m^{IV}$

$\qquad\qquad\qquad 9,4483909,$ $\qquad\qquad\qquad 9,6278188,$

$(3,5)\ \dfrac{\theta^{V}\cos\omega^{V}}{\tang I} = 0'',0196\,m^{V}$ $(3,5)\ \theta^{V}\sin\omega^{V} = 0'',0084\,m^{V}$

$\qquad\qquad\qquad 8,2917832,$ $\qquad\qquad\qquad 7,9247703.$

27. De là j'ai eu les résultats que voici.

Mouvements annuels des aphélies.

$$\dfrac{d\varphi}{dt} = 15'',9931\,m' + 0'',0006\,m'' + 0'',0010\,m''' + 0'',0007\,m^{IV},$$

$$\dfrac{d\varphi'}{dt} = 6'',5601\,m + 0'',0021\,m'' + 0'',0089\,m''' + 0'',0060\,m^{IV} + 0'',0002\,m^{V},$$

$$\dfrac{d\varphi''}{dt} = 0'',6955\,m + 12'',3083\,m' + 1'',9211\,m''' + 0'',7027\,m^{IV} + 0'',0208\,m^{V},$$

$$\dfrac{d\varphi'''}{dt} = 0'',1914\,m + 6'',7938\,m' + 1'',5461\,m'' + 5'',1969\,m^{IV} - 0'',4165\,m^{V},$$

$$\dfrac{d\varphi^{IV}}{dt} = 0'',0812\,m + 6'',3758\,m' + 1'',1854\,m'' - 5'',0579\,m''' - 4'',3043\,m^{V},$$

$$\dfrac{d\varphi^{V}}{dt} = 0'',0795\,m + 1'',5599\,m' + 0'',0408\,m'' + 0'',8391\,m''' + 4'',1412\,m^{IV}.$$

Variations annuelles des plus grandes équations.

$$\frac{2\,d\lambda}{dt} = -1'',1060\,m',$$

$$\frac{2\,d\lambda'}{dt} = 0'',5628\,m - 0'',0002\,m'',$$

$$\frac{2\,d\lambda''}{dt} = 0'',0130\,m + 0'',3168\,m' + 0'',0366\,m''' + 0'',0022\,m^{\text{iv}} + 0'',0022\,m^{\text{v}},$$

$$\frac{2\,d\lambda'''}{dt} = -0'',0008\,m - 0'',1602\,m' - 0'',0494\,m'' + 0'',0418\,m^{\text{iv}} - 0'',0080\,m^{\text{v}},$$

$$\frac{2\,d\lambda^{\text{iv}}}{dt} = -0'',0014\,m - 0'',0616\,m' - 0'',0064\,m'' - 0'',0902\,m''' - 0'',0902\,m^{\text{v}},$$

$$\frac{2\,d\lambda^{\text{v}}}{dt} = 0'',0002\,m - 0'',0126\,m' - 0'',0022\,m'' + 0'',0058\,m''' + 0'',0304\,m^{\text{iv}}.$$

Mouvements annuels des nœuds sur l'écliptique vraie.

$$\frac{d\Omega}{dt} = -0'',3403\,m - 12'',2792\,m' - 0'',1422\,m'' - 0'',0010\,m''' - 8'',0564\,m^{\text{iv}}$$
$$- 0'',1095\,m^{\text{v}},$$

$$\frac{d\Omega'}{dt} = 5'',8758\,m - 6'',9480\,m' - 0'',3894\,m'' - 0'',0089\,m''' - 17'',5615\,m^{\text{iv}}$$
$$- 0'',3128\,m^{\text{v}},$$

$$\frac{d\Omega''}{dt} = -0'',4674\,m - 11'',0018\,m' - 0'',4330\,m'' - 1'',7724\,m''' - 11'',7980\,m^{\text{iv}}$$
$$- 0'',3187\,m^{\text{v}},$$

$$\frac{d\Omega^{\text{iv}}}{dt} = -0'',2856\,m - 5'',1352\,m' - 0'',2872\,m'' - 6'',6908\,m''' - 7'',4579\,m^{\text{iv}}$$
$$+ 0'',1640\,m^{\text{v}},$$

$$\frac{d\Omega^{\text{v}}}{dt} = -0'',1176\,m - 2'',1843\,m' - 0'',1431\,m'' - 0'',8696\,m''' - 5'',5698\,m^{\text{iv}}$$
$$- 0'',0976\,m^{\text{v}}.$$

Variations annuelles des inclinaisons sur l'écliptique vraie.

$$\frac{d\vartheta}{dt} = 0'',0589\,m' - 0'',0125\,m'' - 0'',2665\,m^{\text{IV}} - 0'',0110\,m^{\text{V}},$$

$$\frac{d\vartheta'}{dt} = -0'',0751\,m - 0'',0106\,m'' - 0'',1767\,m^{\text{IV}} - 0'',0095\,m^{\text{V}},$$

$$\frac{d\vartheta''}{dt} = -0'',0125\,m - 0'',1320\,m' + 0'',1795\,m^{\text{IV}} - 0'',0005\,m^{\text{V}},$$

$$\frac{d\vartheta^{\text{IV}}}{dt} = 0'',0035\,m + 0'',0260\,m' - 0'',0042\,m'' + 0'',0194\,m^{\text{V}},$$

$$\frac{d\vartheta^{\text{V}}}{dt} = 0'',0104\,m + 0'',0987\,m' + 0'',0006\,m'' + 0'',0946\,m^{\text{IV}}.$$

Mouvements annuels des nœuds sur l'écliptique fixe de 1700.

$$\frac{d\omega}{dt} = -8'',7194\,m' - 0'',0003\,m'' - 0'',0010\,m''',$$

$$\frac{d\omega'}{dt} = 6'',5036\,m - 0'',0004\,m'' - 0'',0089\,m''' + 0'',0080\,m^{\text{IV}} - 0'',0005\,m^{\text{V}},$$

$$\frac{d\omega''}{dt} = -0'',2632\,m - 7'',8276\,m' - 1'',7724\,m''' + 0'',4326\,m^{\text{IV}} + 0'',0506\,m^{\text{V}},$$

$$\frac{d\omega^{\text{IV}}}{dt} = -0'',0853\,m - 2'',6588\,m' - 0'',0759\,m'' - 6'',6908\,m''' + 0'',3402\,m^{\text{V}},$$

$$\frac{d\omega^{\text{V}}}{dt} = -0'',0691\,m - 1'',3968\,m' - 0'',0292\,m'' - 0'',8696\,m''' - 2'',4278\,m^{\text{IV}}.$$

Variations annuelles des inclinaisons sur l'écliptique fixe de 1700.

$$\frac{d\theta}{dt} = 0'',0963\,m',$$

$$\frac{d\theta'}{dt} = -0'',0786\,m + 0'',0001\,m''' + 0'',0001\,m^{\text{IV}},$$

$$\frac{d\theta''}{dt} = -0''{,}0258\,m - 0''{,}2549\,m' - 0''{,}0179\,m^{\text{iv}} + 0''{,}0001\,m^{\text{v}},$$

$$\frac{d\theta^{\text{iv}}}{dt} = -0''{,}0055\,m - 0''{,}0381\,m' + 0''{,}0021\,m'' + 0''{,}0253\,m^{\text{v}},$$

$$\frac{d\theta^{\text{v}}}{dt} = -0''{,}0032\,m - 0''{,}0289\,m' + 0''{,}0006\,m'' - 0''{,}1215\,m^{\text{iv}}.$$

Mouvement annuel des équinoxes en longitude.

$$\frac{ds'''}{dt}\cot I = -0''{,}0123\,m - 0''{,}0485\,m' + 0''{,}0218\,m'' + 0''{,}2808\,m^{\text{iv}} + 0''{,}0196\,m^{\text{v}}.$$

Variation annuelle de l'obliquité de l'écliptique.

$$\frac{du'''}{dt} = -0''{,}0139\,m - 0''{,}1586\,m' - 0''{,}0103\,m'' - 0''{,}4244\,m^{\text{iv}} - 0''{,}0084\,m^{\text{v}}.$$

Si l'on fait cette dernière quantité $= i$ et la précédente $= \eta$, on aura les variations annuelles de la latitude et de la longitude des étoiles, en substituant ces valeurs dans les formules de ces variations, que nous avons données dans le n° 19.

28. Telles sont les valeurs que la Théorie donne pour les variations annuelles des éléments des Planètes; et, quoique ces valeurs ne se rapportent qu'au commencement de ce siècle, elles peuvent néanmoins, comme nous l'avons fait voir plus haut, servir pour quelques siècles, avant ou après cette époque.

Les quantités m, m', m'',..., contenues dans ces valeurs, expriment les rapports des véritables masses des Planètes à celles que nous avons déterminées dans la Section précédente (14) par la considération des satellites, et par la comparaison des volumes et des densités; comme ces déterminations peuvent être sujettes à des incertitudes de la part des éléments qui y servent de base, pour n'en laisser aucune dans les résultats de nos calculs, nous avons encore multiplié les masses trouvées par les coefficients indéterminés m, m', m'',..., afin d'avoir par là des formules générales pour des masses quelconques. Mais, quelques corrections que ces masses puissent demander, il paraît certain qu'elles ne sauraient être que fort petites, et qu'ainsi les coefficients dont il s'agit ne peuvent différer que très-peu de l'unité. De sorte que, si l'on fait

$$m = 1 + \mu, \quad m' = 1 + \mu', \quad m'' = 1 + \mu'', \ldots,$$

les quantités $\mu, \mu', \mu'', \ldots$ seront nécessairement des fractions fort petites et exprimeront les corrections à faire aux masses que nous avons adoptées.

Nous ferons donc ces substitutions dans les expressions précédentes, et, comme nous avons jusqu'ici compté les longitudes depuis un point fixe, qui dans ces expressions répond à l'équinoxe de 1700, il faudra, par rapport aux aphélies et aux nœuds, ajouter à leurs variations annuelles le mouvement rétrograde annuel des équinoxes qu'on sait être de $50''\frac{1}{3}$, pour avoir les changements entiers de ces éléments pendant une année.

29. De cette manière on aura les variations annuelles totales des éléments des six Planètes principales, comme il suit

Saturne.

Aphélie......... $66'',3287 + 15'',9931 \mu' + 0'',0006 \mu'' + 0'',0010 \mu''' + 0'',0007 \mu^{\text{iv}}$,

Équation........ $-1'',1060 - 1'',1060 \mu'$,

Nœud vrai...... $29'',4047 - 0'',3403 \mu - 12'',2792 \mu' - 0'',1422 \mu'' - 0'',0010 \mu'''$
$\quad\quad\quad\quad - 8'',0564 \mu^{\text{iv}} - 0'',1095 \mu^{\text{v}}$,

Inclin. vraie..... $-0'',2311 + 0'',0589 \mu' - 0'',0125 \mu'' - 0'',2665 \mu^{\text{iv}} - 0'',0110 \mu^{\text{v}}$,

Nœud moyen.... $41'',6126 - 8'',7194 \mu' - 0'',0003 \mu'' - 0'',0010 \mu'''$,

Inclin. moyenne. $0'',0963 + 0'',0963 \mu'$.

Jupiter.

Aphélie......... $56'',9106 + 6'',5601 \mu + 0'',0021 \mu'' + 0'',0089 \mu''' + 0'',0060 \mu^{\text{iv}}$
$\quad\quad\quad\quad + 0'',0002 \mu^{\text{v}}$,

Équation........ $0'',5626 + 0'',5628 \mu - 0'',0002 \mu''$,

DES ÉLÉMENTS DES PLANÈTES.

Nœud vrai ...... $30'',9885 + 5'',8758\mu - 6'',9480\mu' - 0'',3894\mu'' - 0'',0089\mu'''$
$- 17'',5615\mu^{\text{iv}} - 0'',3128\mu^{\text{v}}$,

Inclin. vraie ..... $-0'',2719 - 0'',0751\mu - 0'',0106\mu'' - 0'',1767\mu^{\text{iv}} - 0'',0095\mu^{\text{v}}$,

Nœud moyen .... $56'',8351 + 6'',5036\mu - 0'',0004\mu'' - 0'',0089\mu''' + 0'',0080\mu^{\text{iv}}$
$- 0'',0005\mu^{\text{v}}$,

Inclin. moyenne. $-0'',0784 - 0'',0786\mu + 0'',0001\mu'' + 0'',0001\mu^{\text{iv}}$.

Mars.

Aphélie .... $65'',9817 + 0'',6955\mu + 12'',3083\mu' + 1'',9211\mu''' + 0'',7027\mu^{\text{iv}}$
$+ 0'',0208\mu^{\text{v}}$,

Équation .... $0'',3708 + 0'',0130\mu + 0'',3168\mu' + 0'',0366\mu''' + 0'',0022\mu^{\text{iv}}$
$+ 0'',0022\mu^{\text{v}}$,

Nœud vrai ...... $24'',5420 - 0'',4674\mu - 11'',0018\mu' - 0'',4330\mu'' - 1'',7724\mu'''$
$- 11'',7980\mu^{\text{iv}} - 0'',3187\mu^{\text{v}}$,

Inclin. vraie ..... $0'',0345 - 0'',0125\mu - 0'',1320\mu' + 0'',1795\mu^{\text{iv}} - 0'',0005\mu^{\text{v}}$,

Nœud moyen .... $40'',9533 - 0'',2632\mu - 7'',8276\mu' - 1'',7724\mu''' + 0'',4326\mu^{\text{iv}}$
$+ 0'',0506\mu^{\text{v}}$,

Inclin. moyenne. $-0'',2985 - 0'',0258\mu - 0'',2549\mu' - 0'',0179\mu^{\text{iv}} + 0'',0001\mu^{\text{v}}$.

Vénus.

Aphélie .... $48'',6135 + 0'',0812\mu + 6'',3758\mu' + 1'',1854\mu'' - 5'',0579\mu'''$
$- 4'',3043\mu^{\text{v}}$,

Équation .... $-0'',2498 - 0'',0014\mu - 0'',0616\mu' - 0'',0064\mu'' - 0'',0902\mu'''$
$- 0'',0902\mu^{\text{v}}$,

Nœud vrai ...... $30'',6406 - 0'',2856\mu - 5'',1352\mu' - 0'',2872\mu'' - 6'',6908\mu'''$
$- 7'',4579\mu^{\text{iv}} + 0'',1640\mu^{\text{v}}$,

Inclin. vraie ..... $0'',0447 + 0'',0035\mu + 0'',0260\mu' - 0'',0042\mu'' + 0'',0194\mu^{\text{v}}$,

Nœud moyen.... $41'',1627 - 0'',0853\mu - 2'',6588\mu' - 0'',0759\mu'' - 6'',6908\mu'''$
$+ 0'',3402\mu^{\text{v}}$,

Inclin. moyenne. $-0'',0162 - 0'',0055\mu - 0'',0381\mu' + 0'',0021\mu'' + 0'',0253\mu^{\text{v}}$.

Mercure.

Aphélie........ $56'',9938 + 0'',0795\mu + 1'',5599\mu' + 0'',0408\mu'' + 0'',8391\mu'''$
$+ 4'',1412\mu^{\text{iv}}$,

Équation....... $0'',0216 + 0'',0002\mu - 0'',0126\mu' - 0'',0022\mu'' + 0'',0058\mu'''$
$+ 0'',0304\mu^{\text{iv}}$,

Nœud vrai...... $41'',3513 - 0'',1176\mu - 2'',1843\mu' - 0'',1431\mu'' - 0'',8696\mu'''$
$- 5'',5698\mu^{\text{iv}} - 0'',0976\mu^{\text{v}}$,

Inclin. vraie.... $0'',2043 + 0'',0104\mu + 0'',0987\mu' + 0'',0006\mu'' + 0'',0946\mu^{\text{iv}}$,

Nœud moyen.... $45'',5408 - 0'',0691\mu - 1'',3968\mu' - 0'',0292\mu'' - 0'',8696\mu'''$
$- 2'',4278\mu^{\text{iv}}$,

Inclin. moyenne. $-0'',1530 - 0'',0032\mu - 0'',0289\mu' + 0'',0006\mu'' - 0'',1215\mu^{\text{iv}}$.

Soleil.

Apogée......... $63'',6450 + 0'',1914\mu + 6'',7938\mu' + 1'',5461\mu'' + 5'',1969\mu^{\text{iv}}$
$- 0'',4165\mu^{\text{v}}$,

Équation....... $-0'',1766 - 0'',0008\mu - 0'',1602\mu' - 0'',0494\mu'' + 0'',0418\mu^{\text{iv}}$
$- 0'',0080\mu^{\text{v}}$.

Mouvement des points équinoxiaux en longitude. $\begin{cases} 0'',2614 - 0'',0123\mu - 0'',0485\mu' + 0'',0218\mu'' + 0,2809\mu^{\text{iv}} \\ + 0'',0196\mu^{\text{v}}, \end{cases}$

Diminution de l'obliquité de l'écliptique. $\begin{cases} 0'',6156 + 0'',0139\mu + 0'',1586\mu' + 0'',0103\mu'' + 0'',4244\mu^{\text{iv}} \\ + 0'',0084\mu^{\text{v}}. \end{cases}$

Ces valeurs, étant multipliées par 100, donneront les variations séculaires, et pour cela il n'y aura qu'à faire avancer de deux chiffres la virgule qui sépare les décimales.

J'entends, au reste, par nœud et inclinaison vrais le nœud et l'inclinaison de la Planète sur le plan mobile de l'orbite réelle de la Terre, et par nœud et inclinaison moyens le nœud et l'inclinaison sur l'écliptique de 1700 regardée comme fixe.

30. Il ne reste plus maintenant qu'à comparer les quantités que nous venons de trouver par la Théorie, avec celles qui résultent des observations. Il y a longtemps qu'on a reconnu que les aphélies et les nœuds des Planètes ont des mouvements propres; mais les Astronomes ne sont point d'accord sur la quantité de ces mouvements; il en est de même de la diminution de l'obliquité de l'écliptique dont l'existence est hors de doute, mais dont la quantité paraît encore incertaine. Quant aux équations du centre et aux inclinaisons, quoique les observations y semblent indiquer aussi quelques changements, elles sont encore en trop petit nombre et trop peu d'accord entre elles pour servir à déterminer les variations annuelles de ces éléments; d'ailleurs ces variations sont trop petites pour pouvoir être aperçues, même dans l'espace d'un ou de deux siècles, et l'on ne peut pas assez compter sur l'exactitude des anciennes observations pour les employer à des recherches aussi délicates. Nous nous contenterons donc ici de considérer les mouvements des aphélies et des nœuds, et la diminution de l'obliquité de l'écliptique; encore par rapport aux mouvements des nœuds y a-t-il une difficulté considérable, qui rend incertaine toute comparaison de la Théorie avec les observations : c'est qu'on ignore si les mouvements donnés par les observations doivent être rapportés au plan de la véritable écliptique ou route de la Terre, lequel est mobile comme celui des autres Planètes, ou bien à une écliptique supposée fixe. Nous avons calculé, pour plus de généralité, les mouvements des nœuds et les variations des inclinaisons dans l'une et dans l'autre hypothèse, en prenant pour l'écliptique fixe celle du commencement de 1700, époque à laquelle nous avons rapporté tous les autres éléments; et l'on voit que les résultats sont assez différents dans les deux hypothèses pour qu'il ne soit pas permis de les confondre et de les employer indistinctement. Mais comme ce n'est que dans ces derniers

temps que les Astronomes se sont convaincus de la mobilité de l'écliptique qu'ils avaient toujours prise pour fixe dans le ciel, ils n'ont pas tenu compte jusqu'ici de cette circonstance dans la détermination des nœuds et des inclinaisons des Planètes; et il faudrait peut-être discuter de nouveau les observations originales qui ont servi à déterminer ces éléments, pour pouvoir en déduire des résultats exempts d'incertitude.

En général, il paraît que les Planètes inférieures, qui se comparent immédiatement au Soleil, doivent se trouver rapportées naturellement à l'écliptique vraie; mais quant aux Planètes supérieures, qu'on ne compare immédiatement qu'aux étoiles, tout dépend de la manière dont on aura déterminé les longitudes et les latitudes des étoiles auxquelles on les compare; cependant, comme on peut toujours corriger ces longitudes et latitudes, relativement aux variations de l'écliptique, il est possible d'avoir aussi la position des orbites des Planètes supérieures relativement à l'écliptique vraie, comme celle des inférieures. C'est un point auquel nous exhortons les Astronomes à se rendre attentifs.

Quoi qu'il en soit, nous rapporterons ici succinctement ce que les Astronomes ont découvert relativement aux éléments dont il s'agit; mais nous croyons devoir nous borner aux résultats des observations faites depuis Tycho jusqu'ici, d'un côté parce que les observations plus anciennes méritent peu de confiance par la manière vague et inexacte avec laquelle elles paraissent avoir été faites, ou du moins nous avoir été transmises; de l'autre parce que les variations annuelles déduites de la Théorie ne sont rigoureusement exactes que pour l'espace d'un ou de deux siècles tout au plus, à compter de l'époque pour laquelle elles sont calculées, et que nous avons fixée au commencement de 1700.

31. Commençons par considérer les mouvements des aphélies, et d'abord celui de Saturne.

On voit par les *Éléments d'Astronomie* de Cassini et par l'*Astronomie* de M. de Lalande que les observations de Tycho, comparées à celles du siècle passé et de celui-ci, donnent, à raison des différents intervalles de temps, les mouvements annuels suivants

De 1590 à 1694.................. 1′ 55″,
1590 à 1708.................. 1′ 23″,5,
1590 à 1769.................. 1′ 34″,7.

Si l'on consulte les *Tables Astronomiques*, on trouve ceux-ci

Cassini...................... 1′ 18″,
Halley....................... 1′ 20″,
De Lalande................... 1′ 30″.

Enfin la Théorie donne, en négligeant les centièmes de seconde, $66″,3 + 16″,0\,\mu'$.

Il paraît donc que, pour accorder la Théorie avec les observations, il faudrait supposer μ' égal à l'unité ou même plus grand, ce qui reviendrait à faire la masse de Jupiter une fois plus grande que nous ne l'avons déterminée d'après les temps périodiques et les distances observées de ses satellites; or c'est ce qui ne paraît en aucune manière admissible. Il est donc extrêmement probable que les grands dérangements auxquels on sait que le mouvement de Saturne est sujet, et dont on ignore encore la loi et la cause, produisent ces différences entre la Théorie et les observations relativement au mouvement de l'aphélie; et par cette raison il me semble qu'il conviendrait peut-être de donner sur ce point la préférence à la Théorie, en réduisant dans les Tables le mouvement de l'aphélie de Saturne à 1′ 6″, puisque, de toutes les masses des Planètes, celle de Jupiter est peut-être une des mieux déterminées par les observations des satellites.

32. Passons à l'aphélie de celle-ci : nous avons sur les éléments de Jupiter, dans les *Mémoires de l'Académie des Sciences de Paris*, un beau travail de M. Bailly qui nous dispense de recourir ailleurs pour notre objet.

M. Bailly, ayant choisi et combiné trois à trois un certain nombre d'observations de Jupiter, en a conclu les éléments de cette Planète pour différentes époques, et de là il a trouvé, à raison des intervalles de temps entre ces époques, ces mouvements annuels de l'aphélie

De 1590 à 1762................. 65″,9,
1661 à 1762................. 60″,7,
1703 à 1762................. 60″,1.

Selon les *Tables Astronomiques* on a

Cassini...................... 57″24‴.
Halley....................... 72″,
Wargentin, de Lalande......... 62″.

La Théorie donne $56″,9 + 6″,6\mu$.

Il faudrait donc ici de nouveau supposer μ égal ou presque égal à l'unité pour accorder la Théorie avec les observations, et par conséquent rendre la masse de Saturne presque double de ce que nous l'avons faite. Quoique la masse de Saturne ne soit pas aussi bien connue que celle de Jupiter par l'incertitude qui reste encore sur les distances des satellites, il ne paraît cependant pas possible qu'elle soit susceptible d'une si forte correction. Il est vrai que nous avons cru devoir faire cette masse plus petite que Newton ne l'avait déterminée, par les raisons détaillées dans la Section précédente; mais la différence n'est pas d'un dixième; et, faisant seulement $\mu = \frac{1}{10}$ dans la formule ci-dessus, on n'augmenterait par là le mouvement de l'aphélie que d'environ une demi-seconde.

Au reste, M. Bailly donne lui-même la préférence au mouvement annuel des Tables de Cassini, qui n'est que de 57″, par la raison qu'il s'accorde mieux qu'aucun autre avec les anciennes observations de Ptolémée; ainsi, en adoptant ce mouvement, on peut supposer à très-peu près nulle la correction μ de la masse de Saturne.

M. Bailly a examiné aussi les variations de l'équation du centre de Jupiter, et il a trouvé que toutes les observations concourent à y montrer une augmentation continuelle; mais elles ne s'accordent pas sur la quantité de cette augmentation : par les unes on trouve 1′56″ d'augmentation séculaire, par d'autres 1′43″, et M. Wargentin la suppose de 2′15″; mais M. Bailly remarque que ces différences dépendent beaucoup des petites équations de Mayer dont l'exactitude n'est peut-être pas encore assez constatée.

La Théorie ne donne pour cette augmentation séculaire que $56''+56''\mu$; et l'on peut en conclure qu'elle est nécessairement moindre que les déterminations précédentes, puisqu'il faudrait faire presque $\mu=1$ pour la porter à 1′40″.

33. A l'égard de l'aphélie de Mars, Cassini l'a trouvé pour le commencement de 1696 à $5^s 0° 31′ 34″$. M. de Lalande l'a trouvé en 1748 à $5^s 1° 26′ 10″$; ces deux époques comparées ensemble donnent pour mouvement annuel 63″. Mais si l'on compare l'époque de M. de Lalande avec celle de Kepler pour 1592, laquelle est de $4^s 28° 49′ 50″$, on a 1′ de mouvement annuel.

Par les Tables on a

$$\begin{aligned}&\text{Cassini} \ldots \ldots \ldots \ldots \ldots \ldots 1′ 12″,\\&\text{Halley} \ldots \ldots \ldots \ldots \ldots \ldots \ldots 1′ 10″,\\&\text{De Lalande} \ldots \ldots \ldots \ldots \ldots \ldots 1′ 7″.\end{aligned}$$

La Théorie donne, en rejetant les corrections des masses, 66″; ce qui tient le milieu entre les déterminations précédentes, et s'approche fort de celle de M. de Lalande.

34. Pour ce qui est de l'aphélie de Vénus, Cassini a trouvé que les lieux déterminés par les observations de Tycho, de Byrgius, d'Horoccius, et par les siennes, donnent ces mouvements annuels à raison des intervalles suivants

$$\begin{aligned}&\text{De } 1596 \text{ à } 1716 \ldots \ldots \ldots \ldots \ldots 2′ 28″,\\&\phantom{\text{De }} 1639 \text{ à } 1716 \ldots \ldots \ldots \ldots \ldots 1′ 26″;\end{aligned}$$

et, joignant à ces observations celles de M. de Lalande, on a

$$\text{De } 1596 \text{ à } 1768 \ldots \ldots \ldots \ldots \ldots 2′ 28″.$$

Selon les Tables Astronomiques, on a

$$\text{Cassini} \dotfill 1' 26'',$$
$$\text{Halley} \dotfill 56'' \tfrac{1}{2},$$
$$\text{De Lalande} \dotfill 1' 27''.$$

La Théorie donne, en négligeant les centièmes de seconde,

$$48'',6 + 6'',4\mu' + 1'',2\mu'' - 5'',1\mu''' - 4'',3\mu^{\text{v}};$$

ainsi, pour que cette quantité allât au delà d'une minute, il faudrait donner des valeurs assez grandes positives à μ' et μ'', et assez grandes négatives à μ''', μ^{v}; mais en faisant μ' et μ'' égaux à 1, et μ''', μ^{v} égaux à -1, ce qui reviendrait à supposer les masses de Jupiter et de Mars doubles, et celles de la Terre et de Mercure nulles, on n'aurait qu'environ $1' 3''$, ce qui est encore assez éloigné des observations.

De là, et du peu d'accord qu'il y a entre les résultats des différentes observations et les éléments des différentes Tables, je conclus que le mouvement de l'aphélie de Vénus est encore trop peu connu, et qu'il serait peut-être mieux de le déterminer uniquement d'après la Théorie en le réduisant à $48''$ ou à peu près.

35. Il n'y a guère plus d'accord entre les Astronomes relativement à l'aphélie de Mercure.

Cassini, l'ayant fixé à $8^s 12° 22' 25''$ pour le 9 novembre 1690, a trouvé que cette époque, combinée avec un mouvement annuel de $1' 20''$, répondait assez bien aux passages observés dans le dernier siècle et au commencement de celui-ci.

M. de Lalande, par les passages de 1740, 1743 et 1753, a déterminé cet aphélie pour le 6 mai 1753 à $8^s 13° 55' 8''$; et cette époque, comparée à la précédente, donne un mouvement annuel de $1' 29''$. Cependant M. de Lalande le réduit à $1' 10''$ pour mieux accorder les observations modernes avec celles de Ptolémée.

Enfin Halley ne fait ce mouvement que de $52'' \tfrac{1}{2}$; et il paraît néanmoins que ses Tables représentent assez bien les différents passages arrivés dans ces deux derniers siècles.

La Théorie donne 57″, en négligeant les corrections des masses, quantité qui tient le milieu entre celles de Halley et de M. de Lalande, et, comme la seule correction un peu sensible est celle qui pourrait venir de la masse de Vénus, et qui est de $4'' \times \mu^{\text{iv}}$, il s'ensuit que le mouvement annuel de l'aphélie de Mercure ne saurait être plus grand que 61″ ni moindre que 53″, qui sont les valeurs que l'on aurait en faisant $\mu^{\text{iv}} = 1$ ou $\mu^{\text{iv}} = -1$, c'est-à-dire en doublant la masse de Vénus ou en la réduisant à zéro.

36. Venons enfin à l'apogée du Soleil. L'Abbé de la Caille, qui s'est occupé avec tant de succès de la Théorie de cette Planète, a trouvé que la plupart des observations s'accordaient à donner à cet apogée un mouvement annuel entre 1′ 6″ et 1′ 5″, et il a en conséquence adopté 1′ 5″ $\frac{1}{2}$; mais Mayer le fait dans ses Tables de 1′ 6″, et M. Lemonnier ne le suppose que de 1′ 3″.

La Théorie donne, en négligeant les corrections des masses, 63″, 645, valeur qui s'accorde assez avec les précédentes; et, comme les principales corrections sont celles qui viendraient des masses de Jupiter et de Vénus, et qu'elles sont l'une et l'autre positives, il s'ensuit qu'il faudrait augmenter ces masses pour rendre le mouvement de l'apogée plus considérable; en les augmentant l'une et l'autre d'un dixième, ce mouvement serait alors à très-peu près de 65″, comme la Caille l'a trouvé.

A l'égard de la plus grande équation du Soleil, on voit par notre formule qu'elle va en diminuant; mais comme cette diminution n'est guère que de 18″ par siècle, elle ne pourra être aperçue qu'au bout d'un temps très-considérable. Cependant l'existence de cette diminution parait déjà confirmée par les anciennes déterminations, qui donnent toutes une équation du centre du Soleil plus grande que celle d'aujourd'hui, comme M. Bailly l'observe dans l'*Astronomie moderne*, tome III, page 251.

37. Considérons maintenant les variations de l'obliquité de l'écliptique. L'observation et la Théorie s'accordent à prouver que cette obliquité va en diminuant; mais les Astronomes sont encore partagés sur la quantité de sa diminution séculaire. Cependant les recherches que

M. Cassini le fils a faites en dernier lieu sur ce sujet, et dont il a donné les résultats en 1778 à l'Académie des Sciences de Paris, paraissent très-propres, par la précision et la finesse qui les distinguent, à décider cette question, du moins jusqu'à ce qu'une plus longue suite d'observations exactes nous apporte de nouvelles lumières sur les lois de ce phénomène.

M. Cassini, persuadé avec raison que, dans les points d'Astronomie de la nature de celui-ci, des observations faites avec une grande exactitude pendant l'espace d'un seul siècle doivent l'emporter sur plusieurs siècles d'observations inexactes, s'est contenté de discuter celles qui ont été faites à l'Observatoire de Paris, et qu'il a trouvées consignées dans les Registres originaux ; il en déduit les résultats suivants

ANNÉES.	INTERVALLE.	PAR LES OBSERVATIONS	DIMINUTION DE L'OBLIQUITÉ	
			observée.	par siècle.
De 1755 à 1778	23 ans.	du solstice d'été.	14″	60″
» »	»	d'Arcturus.	14	60
De 1743 à 1778	35 ans.	du solstice d'été.	29,3	83
» »	»	d'Arcturus.	31	88
De 1743 à 1774	31 ans.	des solstices.	22	71
De 1739 à 1778	39 ans.	du solstice d'été.	32	82
De 1689 à 1778	89 ans.	de β d'Hercule.	56,5	63
De 1669 à 1778	109 ans.	de β d'Hercule.	66,4	61

M. Cassini remarque en même temps que les observations dans lesquelles on compare le Soleil à une fixe ont de l'avantage sur celles des hauteurs immédiates du Soleil ; et les observations relatives à l'étoile β d'Hercule paraissent en avoir aussi sur celles qui ont rapport à Arcturus, à cause du mouvement particulier de cette étoile, dont il faut tenir compte, et qu'on doit par conséquent connaître d'ailleurs. Par cette raison il paraît que le dernier des résultats que nous venons de rapporter mérite la préférence sur tous les autres, comme étant en même temps celui qui répond au plus grand intervalle entre les observations. D'ailleurs ce résultat, qui est de 61″ par siècle, tient presque le milieu entre ceux qui paraissent les plus certains et qui s'accordent le mieux ensemble. Ainsi nous croyons qu'on peut regarder la diminution séculaire de 61″ dans l'obliquité de l'écliptique comme aussi prouvée par les observations qu'on puisse le désirer dans l'état actuel de l'Astronomie.

Or cette quantité est à très-peu près celle qui résulte de notre Théorie en supposant nulles les corrections des masses; car, ayant dans ce cas 0″,6156 pour la diminution annuelle, on aura 61″,56 pour la séculaire.

Quant à ces corrections, on voit qu'elles sont toutes positives, de sorte qu'en augmentant les valeurs des masses des Planètes on augmenterait la quantité de la diminution de l'écliptique, et réciproquement en diminuant celles-là on rendrait celle-ci moindre. On voit aussi que les principales de ces corrections sont celles qui dépendent des masses de Jupiter et de Vénus; elles sont représentées par les termes $15″,86\mu' + 42″,44\mu^{IV}$; en sorte que, si l'on voulait augmenter chacune de ces masses d'un dixième, pour rendre le mouvement de l'apogée plus conforme à celui que l'Abbé de la Caille a établi, on augmenterait en même temps d'environ 5″ la quantité séculaire de la diminution de l'écliptique; ce qui paraît trop fort.

Il résulte encore de là qu'on ne saurait rabaisser cette quantité à près de 30″, comme des Astronomes célèbres le prétendent, sans diminuer la masse de Vénus d'environ trois quarts, puisque celle de Jupiter, qui est donnée par les observations immédiates des satellites, ne paraît guère susceptible de correction; mais, outre qu'une si grande diminution dans la masse de Vénus paraît hors de toute vraisemblance, il s'ensuivrait que le mouvement annuel de l'apogée du Soleil se trouverait encore par là diminué d'environ 4″, et par conséquent d'autant plus éloigné de la quantité adoptée généralement par tous les Astronomes.

38. A l'égard du mouvement des points équinoxiaux résultant du déplacement de l'écliptique, les observations ne peuvent le faire connaître

en particulier, parce qu'il s'y trouve confondu avec celui des mêmes points qui résulte du déplacement de l'équateur; la différence de ces deux mouvements, dont le premier est direct et l'autre rétrograde, forme la rétrogradation totale des points équinoxiaux, qui est évaluée à $50''\frac{1}{3}$ par an. On voit donc seulement par notre Théorie que cette quantité n'est qu'une partie de celle qui est due au mouvement de l'axe de la Terre autour des pôles de l'écliptique; et qu'il y faut ajouter environ un quart de seconde pour avoir l'effet entier de l'action du Soleil et de la Lune sur l'équateur.

39. Il resterait encore à examiner les mouvements des nœuds des Planètes; mais il y a ici, comme sur les mouvements des aphélies, trop peu d'accord entre les résultats des différentes observations, pour en pouvoir rien conclure pour ou contre la Théorie; l'incertitude est même beaucoup plus grande relativement aux nœuds que par rapport aux aphélies, à cause de la mobilité de l'écliptique elle-même, à laquelle il ne paraît pas que les Astronomes aient encore eu égard. Ainsi, jusqu'à ce que de nouvelles recherches de leur part jointes à de nouvelles observations aient fixé ces éléments avec plus de précision, il serait peut-être mieux de s'en rapporter là-dessus uniquement à la Théorie, et d'adopter pour les mouvements des aphélies et des nœuds les quantités que nous avons trouvées d'après les valeurs les plus probables des masses des Planètes.

SECTION TROISIÈME.

EXPRESSIONS GÉNÉRALES ET COMPLÈTES DES VARIATIONS SÉCULAIRES DES ÉLÉMENTS DES SIX PLANÈTES PRINCIPALES, POUR UN TEMPS INDÉFINI.

40. Les résultats trouvés, dans la Section précédente, pour les variations annuelles des éléments des six Planètes principales ne peuvent servir, comme nous l'avons remarqué, que pendant quelques siècles avant ou après l'époque de 1700, à laquelle ils se rapportent; ainsi l'on ne saurait connaître par leur moyen la période de ces variations, ni par con-

séquent déterminer quelle sera au bout d'un temps quelconque la valeur des éléments.

A la vérité cette détermination indéfinie n'est point nécessaire pour l'Astronomie dans son état actuel, parce que le petit nombre d'observations exactes, sur lesquelles elle peut compter, ne lui permet pas d'embrasser des phénomènes aussi délicats dans l'étendue de plusieurs siècles; mais il n'en est pas de même de l'Astronomie physique, dont le but est de suppléer aux observations, en découvrant, d'après elles, les lois qui règlent la marche des phénomènes; et parmi ces lois il n'en est peut-être point de plus intéressantes à connaître que celles des variations lentes et insensibles des orbites des Planètes, puisque cette connaissance peut seule nous mettre en état de prononcer sur l'importante question de la stabilité de notre Système planétaire.

Nous avons déjà décidé le point principal de cette question, en démontrant rigoureusement que les distances moyennes des Planètes au Soleil et leurs temps périodiques autour de cet astre ne peuvent, en vertu de l'attraction mutuelle, être sujets à aucune espèce de variation séculaire (première Partie, n° 36); mais comme les excentricités et les inclinaisons des orbites sont au contraire, par l'effet de cette attraction, nécessairement variables, il est clair que le système pourrait cependant changer de forme, et que la permanence de sa constitution actuelle dépend de plus de la condition que ces éléments demeurent toujours fort petits, tels que nous les observons; or cette condition, si elle a lieu, ne peut se conclure que des expressions générales des variations séculaires, et demande par conséquent l'intégration des équations différentielles qui renferment la loi de ces variations. Cette intégration est donc une des parties les plus essentielles de l'objet que nous nous sommes proposé, et c'est aussi la seule qui nous reste encore à remplir pour compléter la Théorie des variations séculaires; elle va faire la matière de cette Section.

41. Avant d'entrer dans le détail de l'intégration dont il s'agit, nous commencerons par quelques considérations générales sur la forme des intégrales.

Nous avons déjà vu dans la première Partie (51) que les valeurs complètes des variables x, y pour chaque Planète sont de cette forme

$$A \sin(at + \alpha) + B \sin(bt + \beta) + C \sin(ct + \gamma) + \ldots,$$
$$A \cos(at + \alpha) + B \cos(bt + \beta) + C \cos(ct + \gamma) + \ldots,$$

les coefficients a, b, c,... étant les racines d'une équation déterminée d'un degré égal au nombre des Planètes qui altèrent mutuellement leurs orbites, et A, B, C,..., α, β, γ,... étant des constantes arbitraires dont la détermination dépend des valeurs de x et y pour chaque Planète à une époque donnée. Il faut donc, pour que ces expressions ne contiennent point d'arcs de cercle, mais seulement des sinus et cosinus d'angles, que les racines de l'équation dont il s'agit soient toutes réelles et inégales; les racines égales y feraient entrer l'arc t et ses puissances hors du signe de sinus ou cosinus, et les racines imaginaires y donneraient, au lieu de sinus et cosinus, des exponentielles réelles. Dans l'un et dans l'autre cas, les valeurs de x et y ne seraient plus resserrées entre de certaines bornes, mais pourraient augmenter continuellement; et comme les équations qui déterminent ces valeurs sont fondées sur la supposition qu'elles soient fort petites, ces équations cesseraient alors d'être exactes au bout de quelque temps, lorsque les valeurs dont il s'agit seraient parvenues à une certaine grandeur.

Donc, puisque
$$x = \lambda \sin \varphi, \quad y = \lambda \cos \varphi,$$

en nommant λ l'excentricité et φ la longitude de l'aphélie, il est visible que la valeur de $\lambda = \sqrt{x^2 + y^2}$ pourra être sujette à des variations considérables si l'équation d'où dépendent les quantités a, b, c,... n'a pas toutes ses racines réelles et inégales; au contraire, si les racines de cette équation sont toutes réelles et inégales, la valeur de λ ne pourra passer certaines limites.

En effet, en substituant les expressions de x et y, on aura

$$= \sqrt{A^2 + B^2 + C^2 + \ldots + 2AB \cos[(a-b)t + \alpha - \beta] + 2AC \cos[(a-c)t + \alpha - \gamma] + 2BC \cos[(b-c)t + \beta - \gamma] + \ldots,}$$

quantité dont la valeur, tant que les cosinus sont tous réels, ne peut jamais surpasser la somme de tous les coefficients A, B, C,... pris avec le même signe.

De là il s'ensuit donc que, si pour les Planètes on trouve non-seulement que les racines a, b, c,... sont toutes réelles et inégales, mais encore que les quantités A, B, C,... sont fort petites, on sera assuré que leurs excentricités demeureront toujours fort petites; autrement elles pourront devenir considérablement différentes de ce qu'elles sont actuellement.

On pourrait au reste trouver des limites plus étroites pour les valeurs de λ en cherchant ses maximum et minimum par la différentiation; mais il faudrait pour cela résoudre l'équation

$$AB(a-b)\sin[(a-b)t+\alpha-\beta]+AC(a-c)\sin[(a-c)t+\alpha-\gamma]$$
$$+BC(b-c)\sin[(b-c)t+\beta-\gamma]+\ldots=0,$$

ce qui n'est pas facile lorsqu'il y a plus d'un terme.

42. Ce que nous venons de dire relativement aux excentricités doit s'appliquer aussi aux inclinaisons. Car, en nommant θ la tangente de l'inclinaison et ω la longitude du nœud et faisant

$$s = \theta \sin \omega, \quad u = \theta \cos \omega,$$

nous avons trouvé, dans l'endroit cité, pour les valeurs de s et u, des expressions semblables à celles de x, y, dans lesquelles les quantités a, b, c,... sont aussi les racines d'une équation d'un degré égal au nombre des orbites, mais différente de celle qui répond aux x et y, et où les constantes A, B, C,..., α, β, γ,... dépendent de la position des orbites à une époque donnée. Donc aussi les expressions de λ et de θ seront semblables, ainsi que celles de φ et ω.

Par conséquent, si les racines a, b, c,... sont toutes réelles et inégales, et que de plus les constantes A, B, C,... se trouvent très-petites, on sera assuré pareillement que les inclinaisons des orbites des Planètes sur l'écliptique fixe seront toujours fort petites; autrement elles pour-

282   THÉORIE DES VARIATIONS SÉCULAIRES

ront varier beaucoup, et l'on ne pourra rien connaître de certain à leur égard que pour un temps plus ou moins long.

43. A l'égard des aphélies et des nœuds, comme on a

$$\tang\varphi = \frac{x}{y}, \quad \tang\omega = \frac{s}{u},$$

on en connaitra la position par les tangentes de leurs longitudes, qui seront exprimées, en général, par la formule

$$\frac{A \sin(at+\alpha) + B \sin(bt+\beta) + C \sin(ct+\gamma) + \ldots}{A \cos(at+\alpha) + B \cos(bt+\beta) + C \cos(ct+\gamma) + \ldots};$$

mais il n'est pas facile de déduire, en général, de cette expression de la tangente, celle de l'arc correspondant, ni par conséquent de déterminer le mouvement moyen des aphélies et des nœuds.

Cette détermination n'est même possible par les méthodes connues que lorsqu'il n'y a que deux termes, et lorsque, le nombre des termes étant quelconque, il y a un des coefficients A, B, C,... qui surpasse en grandeur la somme de tous les autres pris positivement.

44. Examinons d'abord le premier cas, et considérons pour cela l'équation

$$\tang\varphi = \frac{A \sin(at+\alpha) + B \sin(bt+\beta)}{A \cos(at+\alpha) + B \cos(bt+\beta)}.$$

Si $A = B$, cette équation devient

$$\tang\varphi = \tang\left(\frac{a+b}{2} t + \frac{\alpha+\beta}{2}\right);$$

donc

$$\varphi = \frac{a+b}{2} t + \frac{\alpha+\beta}{2}.$$

Et, si $A = -B$, elle devient

$$\tang\varphi = -\cot\left(\frac{a+b}{2} t + \frac{\alpha+\beta}{2}\right);$$

donc
$$\varphi = \frac{a+b}{2} t + \frac{\alpha+\beta}{2} - 90°.$$

Mais, si $A > \pm B$, alors en retranchant de l'angle φ l'angle $at + \alpha$ qui répond au plus grand coefficient A, je la réduis à cette forme

$$\tang(\varphi - at - \alpha) = \frac{B \sin[(b-a)t + \beta - \alpha]}{A + B \cos[(b-a)t + \beta - \alpha]};$$

de sorte que, si l'on prend un angle ψ tel que

$$\tang \psi = \frac{B \sin[(b-a)t + \beta - \alpha]}{A + B \cos[(b-a)t + \beta - \alpha]},$$

on aura
$$\varphi - at - \alpha = \psi,$$

et par conséquent
$$\varphi = at + \alpha + \psi.$$

Or, puisque $B < \pm A$, il est clair que le dénominateur de l'expression de $\tang \psi$ ne peut jamais devenir nul; donc $\tang \psi$ ne pourra jamais devenir infinie, et par conséquent ψ ne pourra jamais atteindre à l'angle droit. Ainsi l'angle ψ sera nécessairement resserré dans ces limites $+90°$ et $-90°$, entre lesquelles il ne pourra faire que des oscillations plus ou moins grandes.

D'où il s'ensuit que $at + \alpha$ représentera le mouvement moyen de l'angle φ, et que ψ exprimera les inégalités de cet angle.

Pour déterminer ces inégalités, il faudra résoudre l'équation précédente, ce qui ne se peut que par le moyen des séries; et la meilleure méthode pour cela me paraît celle dont je me suis déjà servi dans plusieurs occasions semblables, et qui consiste à employer les exponentielles imaginaires.

Suivant cette méthode on aura

$$\psi = \frac{1}{2\sqrt{-1}} \log \frac{1 + \tang \psi \sqrt{-1}}{1 - \tang \psi \sqrt{-1}} = \frac{1}{2\sqrt{-1}} \log \frac{A + B e^{\sigma\sqrt{-1}}}{A + B e^{-\sigma\sqrt{-1}}},$$

en faisant, pour abréger,
$$\sigma = (b-a)t + \beta - \alpha.$$
Donc
$$\psi = \frac{1}{2\sqrt{-1}} \log\left(1 + \frac{B}{A} e^{\sigma\sqrt{-1}}\right) - \frac{1}{2\sqrt{-1}} \log\left(1 + \frac{B}{A} e^{-\sigma\sqrt{-1}}\right),$$
et, réduisant ces logarithmes en séries,
$$\psi = \frac{1}{2\sqrt{-1}}\left[\frac{B}{A}(e^{\sigma\sqrt{-1}} - e^{-\sigma\sqrt{-1}}) - \frac{B^2}{2A^2}(e^{2\sigma\sqrt{-1}} - e^{-2\sigma\sqrt{-1}}) + \frac{B^3}{3A^3}(e^{3\sigma\sqrt{-1}} - e^{-3\sigma\sqrt{-1}}) - \ldots\right],$$
c'est-à-dire
$$\psi = \frac{B}{A}\sin\sigma - \frac{B^2}{2A^2}\sin 2\sigma + \frac{B^3}{3A^3}\sin 3\sigma - \ldots,$$
série qui sera toujours convergente à cause de $\frac{B}{A} < \pm 1$ par l'hypothèse.

45. On peut résoudre de la même manière l'équation générale
$$\tang\varphi = \frac{A\sin(at+\alpha) + B\sin(bt+\beta) + C\sin(ct+\gamma) + \ldots}{A\cos(at+\alpha) + B\cos(bt+\beta) + C\cos(ct+\gamma) + \ldots},$$
lorsqu'un des coefficients, comme A, est plus grand que la somme de tous les autres pris positivement.

On aura ainsi d'abord
$$\varphi = at + \alpha + \psi,$$
et
$$\tang\psi = \frac{B\sin[(b-a)t + \beta - \alpha] + C\sin[(c-a)t + \gamma - \alpha] + \ldots}{A + B\cos[(b-a)t + \beta - \alpha] + C\cos[(c-a)t + \gamma - \alpha] + \ldots};$$
par où l'on voit que, le dénominateur de $\tang\psi$ ne pouvant jamais devenir nul dans le cas supposé, l'angle ψ sera nécessairement renfermé entre $+90°$ et $-90°$, et qu'ainsi $at + \alpha$ sera le mouvement moyen de l'angle φ, et ψ n'en exprimera que les inégalités.

Ensuite, employant la même formule
$$\psi = \frac{1}{2\sqrt{-1}} \log \frac{1 + \tang\psi\sqrt{-1}}{1 - \tang\psi\sqrt{-1}},$$

et faisant, pour abréger,
$$\sigma = (b-a)t + \beta - \alpha, \quad \rho = (c-a)t + \gamma - \alpha, \ldots,$$

on aura pareillement

$$\psi = \frac{1}{2\sqrt{-1}} \log\left(1 + \frac{Be^{\sigma\sqrt{-1}} + Ce^{\rho\sqrt{-1}} + \ldots}{A}\right)$$
$$- \frac{1}{2\sqrt{-1}} \log\left(1 + \frac{Be^{-\sigma\sqrt{-1}} + Ce^{-\rho\sqrt{-1}} + \ldots}{A}\right),$$

d'où l'on tire, par la réduction en séries et la substitution des sinus,

$$\psi = \frac{B\sin\sigma + C\sin\rho + \ldots}{A} - \frac{B^2 \sin 2\sigma + 2BC\sin(\sigma+\rho) + C^2\sin 2\rho + \ldots}{2A^2} + \ldots,$$

série toujours convergente dans le cas dont il s'agit.

46. Hors de ces deux cas, il est fort difficile et peut-être même impossible de prononcer, en général, sur la nature de l'angle φ; mais on peut dans tous les cas construire la valeur de cet angle, ainsi que celle de la quantité λ, par le moyen des épicycles.

En effet soient décrits différents cercles qui aient pour rayons les constantes $A, B, C, \ldots$; ayant mené dans le premier de ces cercles un diamètre fixe, qu'on prenne depuis ce diamètre un arc qui comprenne l'angle $at + \alpha$; qu'ensuite on place à l'extrémité de cet arc le centre du second cercle et qu'on y prenne, depuis un diamètre mené parallèlement à celui du cercle précédent, un arc qui réponde à l'angle $bt + \beta$; que de même on place à l'extrémité de cet arc le centre du troisième cercle, et qu'on y prenne aussi, depuis un diamètre parallèle aux précédents, un nouvel arc qui sous-tende l'angle $ct + \gamma$, et ainsi de suite. Je dis que, si du centre du premier cercle on tire une ligne droite ou rayon vecteur à l'extrémité de l'arc pris sur la circonférence du dernier épicycle, ce rayon vecteur sera égal à λ et fera avec le diamètre du premier cercle l'angle φ.

Car il est visible, d'après cette construction, que, si l'on abaisse de l'extrémité du dernier arc une ordonnée rectangle au diamètre du premier cercle, cette ordonnée se trouvera exprimée par

$$A \sin(at + \alpha) + B \sin(bt + \beta) + C \sin(ct + \gamma) + \ldots,$$

et que l'abscisse correspondante prise du centre du cercle sera

$$A \cos(at + \alpha) + B \cos(bt + \beta) + C \cos(ct + \gamma) + \ldots.$$

Ces deux coordonnées seront donc égales à y et x; et, comme

$$\lambda = \sqrt{x^2 + y^2}, \quad \tang\varphi = \frac{y}{x},$$

on voit que λ sera le rayon vecteur et φ l'angle de ce rayon avec l'axe des abscisses.

Il s'ensuit de là que, si l'on imagine que le Soleil soit au centre du premier cercle et que le diamètre de ce cercle soit dirigé vers le premier point d'*Aries* d'où l'on compte les longitudes, le centre de l'orbite de chaque Planète se trouvera sur la circonférence du dernier épicycle à l'extrémité de l'arc qu'on y aura marqué.

La construction précédente servira également à trouver les valeurs de θ et de ω; par conséquent on pourra par son moyen déterminer pour un temps donné les éléments variables de chaque Planète, dès qu'on connaîtra par le calcul les valeurs des différentes constantes A, B, C,..., $a, b, c, \ldots, \alpha, \beta, \gamma, \ldots$ qui entrent dans les expressions générales de ces éléments.

47. Au reste, par la construction que nous venons de donner, on voit clairement que, lorsque le rayon du premier cercle surpasse la somme des rayons de tous les épicycles, les angles $bt + \beta$, $ct + \gamma, \ldots$ décrits autour des centres de ceux-ci ne peuvent qu'augmenter ou diminuer l'angle $at + \alpha$ décrit autour du centre du premier cercle, sans jamais le rendre nul; et qu'ainsi dans ce cas le rayon vecteur doit avoir un mouvement angulaire continuel, dont $at + \alpha$ sera la valeur moyenne.

Il n'en est pas de même lorsque la somme des rayons des épicycles est égale ou plus grande que le rayon du cercle principal; car alors il est facile de concevoir que les mouvements autour des épicycles peuvent détruire le mouvement autour du cercle principal; et, s'il y a quelque cas où celui-ci soit seulement altéré, mais jamais totalement anéanti, cela doit dépendre des rapports entre ces mouvements et entre les rayons des différents cercles; de sorte que la détermination du mouvement moyen doit être dans ces cas extrêmement difficile.

48. Venons maintenant aux équations différentielles qu'il s'agit d'intégrer et que nous avons données plus haut (17). Ces équations forment, comme on voit, deux systèmes indépendants, l'un relatif aux excentricités et aux aphélies, l'autre relatif aux inclinaisons et aux nœuds; et chacun de ces systèmes est composé de douze équations qui contiennent autant de variables mêlées ensemble, mais dont chacune n'y paraît que sous la forme linéaire; de sorte que l'intégration de ces équations, quoique toujours possible, entraînerait néanmoins dans des calculs fort longs, s'il fallait, comme cela paraît nécessaire au premier aspect, traiter à la fois toutes les équations d'un même système. Mais heureusement, à cause de la petitesse excessive de plusieurs coefficients, on peut séparer chaque système en deux et même trois systèmes partiels; car en supposant les masses des Planètes telles que nous les avons déterminées (14), et faisant par conséquent tous les nombres m, m', m'', m''', m^{IV}, m^{V} égaux à l'unité dans les valeurs du n° 16, il est visible que tous les coefficients qui contiennent, entre des crochets ronds ou carrés, les chiffres 0 ou 1 avant la virgule, et 2, 3, 4, 5 après, sont au-dessous d'un centième de seconde; de sorte qu'on peut sans erreur sensible regarder et traiter ces coefficients comme nuls, et négliger ainsi dans les équations tous les termes qui en seront multipliés. De cette manière les quatre premières équations de chaque système deviendront indépendantes de toutes les autres et pourront par conséquent être traitées séparément; ce qui en simplifie beaucoup le calcul.

Cette simplification revient à calculer séparément l'effet de l'attraction mutuelle de Saturne et de Jupiter, en faisant abstraction de l'action des autres Planètes, qui sont effectivement trop petites et trop éloignées de celles-ci pour pouvoir y causer des dérangements sensibles. Ainsi nous commencerons par donner séparément la Théorie des variations séculaires de Saturne et de Jupiter; nous donnerons ensuite celle des variations des quatre autres Planètes.

Théorie des variations séculaires de Saturne et de Jupiter.

49. Cette Théorie est renfermée dans les deux systèmes suivants d'équations différentielles

Premier système, pour les excentricités et les aphélies.

$$\frac{dx}{dt} - (0,1)y + [0,1]y' = 0,$$

$$\frac{dy}{dt} + (0,1)x - [0,1]x' = 0,$$

$$\frac{dx'}{dt} - (1,0)y' + [1,0]y = 0,$$

$$\frac{dy'}{dt} + (1,0)x' - [1,0]x = 0.$$

Deuxième système, pour les inclinaisons et les nœuds.

$$\frac{ds}{dt} + (0,1)(u-u') = 0,$$

$$\frac{du}{dt} - (0,1)(s-s') = 0,$$

$$\frac{ds'}{dt} + (1,0)(u'-u) = 0,$$

$$\frac{du'}{dt} - (1,0)(s'-s) = 0.$$

Nous supposerons les masses de Saturne et de Jupiter égales à $\frac{1}{3358,40}$, et $\frac{1}{1067,195}$ de celle du Soleil, comme nous les avons déterminées dans la première Section, et nous ferons en conséquence $m=1$, $m'=1$, dans les valeurs des coefficients (**16**); de sorte qu'on aura

$$(0,1) = 17'',8804 \qquad [0,1] = 11'',6842$$
$$1,2523739, \qquad\qquad 1,0675978,$$
$$(1,0) = 7'',6952 \qquad [1,0] = 5'',0286$$
$$0,8862185, \qquad\qquad 0,7014424.$$

A l'égard des valeurs de $x, y, \ldots$ pour l'époque donnée, on trouvera, en employant les éléments du n° **26** pour 1700,

$$x = \lambda \sin\varphi = -0,05698 \qquad y = \lambda \cos\varphi = -0,00144$$
$$8,7557577, \qquad\qquad 7,1575949,$$
$$x' = \lambda' \sin\varphi' = -0,00801 \qquad y' = \lambda' \cos\varphi' = -0,04755$$
$$7,9037182, \qquad\qquad 8,6771464,$$
$$s = \theta \sin\omega = 0,04078 \qquad u = \theta \cos\omega = -0,01573$$
$$8,6104766, \qquad\qquad 8,1966017,$$
$$s' = \theta' \sin\omega' = 0,02283 \qquad u' = \theta' \cos\omega' = -0,00303$$
$$8,3585442, \qquad\qquad 7,4820226.$$

Par les logarithmes placés au-dessous des valeurs numériques on peut augmenter l'exactitude de celles-ci d'une décimale; il en sera de même pour tous les calculs de cette Section.

Excentricités et aphélies.

50. Pour intégrer les équations du premier système, on supposera d'abord

$$x = \mathrm{A}\sin(at+\alpha), \quad y = \mathrm{A}\cos(at+\alpha),$$
$$x' = \mathrm{A}'\sin(at+\alpha), \quad y' = \mathrm{A}'\cos(at+\alpha);$$

les substitutions faites, on aura, entre les trois coefficients A, A', a, ces deux équations

$$\mathrm{A}\big[a - (0,1)\big] + \mathrm{A}'[0,1] = 0,$$
$$\mathrm{A}'\big[a - (1,0)\big] + \mathrm{A}[1,0] = 0,$$

d'où l'on tire

$$\frac{A'}{A} = \frac{(0,1)-a}{[0,1]} = \frac{[1,0]}{(1,0)-a};$$

donc

$$[a-(0,1)] \times [a-(1,0)] = [0,1] \times [1,0];$$

ce qui donne cette équation en a du second degré

$$a^2 - [(0,1)+(1,0)]a + (0,1)\times(1,0) - [0,1]\times[1,0] = 0,$$

dont les racines sont

$$a = \frac{(0,1)+(1,0)}{2} \pm \sqrt{\left[\frac{(0,1)+(1,0)}{2}\right]^2 + [0,1]\times[1,0]},$$

et par conséquent toutes deux réelles; par où l'on est assuré que les expressions des variables ne contiennent point d'arcs de cercle.

En nommant ces deux racines a et b, on trouve

$$a = 21'',9905, \quad b = 3'',5851;$$

et les expressions complètes de x, y, x', y' seront

$$x = A \sin(at+\alpha) + B \sin(bt+\beta),$$
$$y = A \cos(at+\alpha) + B \cos(bt+\beta),$$
$$x' = A' \sin(at+\alpha) + B' \sin(bt+\beta),$$
$$y' = A' \cos(at+\alpha) + B' \cos(bt+\beta),$$

en faisant

$$\frac{A'}{A} = \frac{(0,1)-a}{[0,1]} = -0,3518$$
$$9,5462518,$$

$$\frac{B'}{B} = \frac{(0,1)-b}{[0,1]} = 1,2235$$
$$0,0875927.$$

Il reste ainsi quatre arbitraires A, B, α, β qu'il faudra déterminer par les valeurs données de x, y, x', y' pour l'époque de 1700. De sorte qu'en faisant $t=0$ pour cette époque, on aura à résoudre ces quatre équations

$$-0,05698 = \text{A}\sin\alpha + \text{B}\sin\beta,$$
$$-0,00144 = \text{A}\cos\alpha + \text{B}\cos\beta,$$
$$-0,00801 = -0,3518\text{A}\sin\alpha + 1,2235\text{B}\sin\beta,$$
$$-0,04755 = -0,3518\text{A}\cos\alpha + 1,2235\text{B}\cos\beta;$$

d'où l'on tire

$$\text{A}\sin\alpha = -0,03916 \qquad \text{A}\cos\alpha = 0,02906$$
$$8,5928609, \qquad\qquad 8,4632971,$$

$$\text{B}\sin\beta = -0,01781 \qquad \text{B}\cos\beta = -0,03050$$
$$8,2505522, \qquad\qquad 8,4842651,$$

et de là on conclut

$$\alpha = 360° - 53°25'20'', \qquad \beta = 180° + 30°16'40'',$$

$$\text{A} = 0,04877 \qquad\qquad \text{B} = 0,03532$$
$$8,6881165, \qquad\qquad 8,5479562,$$

$$\text{A}' = -0,01715 \qquad\qquad \text{B}' = 0,04321$$
$$8,2343683, \qquad\qquad 8,6355489.$$

Or
$$x = \lambda\sin\varphi, \quad y = \lambda\cos\varphi, \quad x' = \lambda'\sin\varphi', \quad y' = \lambda'\cos\varphi',$$

en nommant λ, λ' les excentricités de Saturne et de Jupiter, et φ, φ' les longitudes de leurs aphélies comptées sur le plan de l'écliptique de 1700; ainsi les formules précédentes feront connaître les valeurs de ces éléments pour un nombre indéfini t d'années Juliennes, après ou avant 1700, en prenant dans le second cas t négatif.

51. Soit, pour abréger,

$$z = 83°42' - 18'',4054\,t.$$

On aura d'abord pour Saturne

$$\lambda = \sqrt{A^2 + B^2 - 2AB\cos z} = 0{,}06021 \sqrt{1 - 0{,}95009 \cos z};$$

c'est l'expression générale de l'excentricité de son orbite.

Cette excentricité sera donc la plus grande lorsque

$$\cos z = -1,$$

par conséquent, lorsque

$$z = 180° + 360° \times n,$$

n étant un nombre entier quelconque positif ou négatif, et elle sera alors

$$A + B = 0{,}08408.$$

Elle sera au contraire la plus petite lorsque $\cos z = 1$, et par conséquent lorsque

$$z = 360° \times n;$$

elle sera alors

$$A - B = 0{,}01345.$$

L'intervalle entre ces époques est déterminé par l'équation

$$18'',4054\, t = 180°,$$

laquelle donne

$$t = 35207,10;$$

c'est donc par une période de ce nombre d'années Juliennes que les maxima et minima de l'excentricité de Saturne sont ramenés successivement.

Ensuite on aura pour la longitude de l'aphélie de cette même Planète les formules

$$\varphi = at + \alpha - p, \quad \tang p = \frac{B \sin z}{A - B \cos z},$$

à cause de $A > B$.

Ainsi le lieu moyen de son aphélie sera, en ayant égard à la précession des équinoxes de $50'',3333$ par an, à

$$10^s\, 6°\, 34'\, 40'' + 1'\, 12'',3234\, t;$$

et pour avoir le lieu vrai il faudra y appliquer une équation soustractive p, déterminée par la formule

$$\tang p = \frac{\sin z}{1{,}38090 - \cos z}, \quad \text{ou} \quad \cot p = 1{,}38090 \, \cosec z - \cot z.$$

Cette équation sera la plus grande lorsque

$$\cos z = \frac{B}{A} = 0{,}72416,$$

et elle sera alors déterminée par

$$\sin p = \pm \frac{B}{A}.$$

Ainsi les plus grandes équations p seront de $\pm 46°24'$, et répondront aux angles z de

$$360° \times n \pm 43°36'.$$

L'équation sera au contraire nulle lorsque $\sin z = 0$; ce qui répond aux époques des plus grandes et plus petites excentricités.

Pour réduire facilement cette équation en Tables, il conviendra de transformer la formule

$$\tang p = \frac{B \sin z}{A - B \cos z}$$

en celle-ci

$$\tang \left(\frac{z}{2} + p \right) = \frac{A + B}{A - B} \tang \frac{z}{2}.$$

De cette manière il n'y aura qu'à calculer l'angle P par la formule

$$\tang P = 6{,}25091 \, \tang \frac{z}{2},$$

et l'on aura

$$p = P - \frac{z}{2}.$$

Enfin, si l'on voulait avoir la valeur de p directement en série, on trouverait, par la méthode du n° 44,

$$p = \frac{B}{A} \sin z + \frac{B^2}{2 A^2} \sin 2z + \frac{B^3}{3 A^3} \sin 3z + \ldots;$$

mais l'usage de cette série est moins commode que celui de la formule précédente.

52. On aura pareillement, pour l'excentricité de Jupiter, l'expression générale

$$\lambda' = \sqrt{A'^2 + B'^2 - 2A'B'\cos z} = 0{,}04649\sqrt{1 + 0{,}68592\cos z}.$$

Cette excentricité sera donc la plus grande lorsque $\cos z = 1$, et sa valeur sera alors

$$B' - A' = 0{,}06036;$$

au contraire elle sera la plus petite lorsque $\cos z = -1$, et deviendra alors

$$B' + A' = 0{,}02605.$$

D'où l'on voit que les maxima et minima de l'excentricité de Jupiter répondent exactement, mais en sens contraire, à ceux de l'excentricité de Saturne, en sorte que l'une de ces excentricités est la plus grande lorsque l'autre est la plus petite, et *vice versâ;* par conséquent la période qui ramène ces époques est la même pour les deux Planètes.

De même on aura pour la longitude de l'aphélie de Jupiter les formules

$$\varphi' = bt + \beta - p', \quad \tang p' = \frac{-A'\sin z}{B' - A'\cos z},$$

à cause de $B' > A'$.

Donc le lieu moyen de cet aphélie sera, eu égard à la précession des équinoxes, à

$$7^s 0° 16' 40'' + 53'',9184\, t;$$

et pour avoir son lieu vrai il y faudra appliquer une équation soustractive p' déterminée par la formule

$$\tang p' = \frac{\sin z}{2{,}51872 + \cos z} \quad \text{ou} \quad \cot p' = 2{,}51872\, \cosec z + \cot z.$$

Le maximum de cette équation aura lieu lorsque

$$\cos z = \frac{A'}{B'} = -0{,}39703;$$

et sa valeur se trouvera par l'équation

$$\sin p' = \pm \frac{A'}{B'}.$$

Donc les plus grandes équations p' seront de

$$\pm 23°23'30'',$$

et elles répondront aux angles z de

$$180°(2n+1) \mp 66°36'30''.$$

Au contraire l'équation sera nulle lorsque $\sin z = 0$; ce qui répond aux époques des plus grandes et plus petites excentricités.

On peut au reste déterminer l'angle p' par cette formule plus simple

$$\tang\left(\frac{z}{2} - p'\right) = \frac{B' + A'}{B' - A'} \tang \frac{z}{2};$$

de sorte que si l'on cherche un angle P' tel que

$$\tang P' = 0,43163 \tang \frac{z}{2},$$

on aura sur-le-champ

$$p' = \frac{z}{2} - P';$$

ce qui est très-commode pour construire une Table de l'équation p'.

Enfin, si l'on voulait employer les séries, on aurait directement

$$p' = -\frac{A'}{B'}\sin z - \frac{A'^2}{2B'^2}\sin 2z - \frac{A'^3}{3B'^3}\sin 3z - \ldots$$

Inclinaisons et nœuds.

53. Passons aux équations du second système. On y supposera pareillement

$$s = A\sin(at + \alpha), \quad u = A\cos(at + \alpha),$$
$$s' = A'\sin(at + \alpha), \quad u' = A'\cos(at + \alpha);$$

et l'on aura, après les substitutions, ces deux équations-ci

$$Aa + (0, 1)(A - A') = 0, \quad A'a + (1, 0)(A' - A) = 0,$$

lesquelles donnent

$$\frac{A'}{A} = \frac{a + (0, 1)}{(0, 1)} = \frac{(1, 0)}{a + (1, 0)};$$

donc

$$[a + (0, 1)] \times [a + (1, 0)] - (0, 1) \times (1, 0) = 0,$$

équation qui se réduit à cette forme

$$a^2 + [(0, 1) + (1, 0)]a = 0,$$

et dont les racines sont 0 et $-(0, 1) - (1, 0)$; ainsi, ces racines étant toutes deux réelles, on n'a point à craindre les arcs de cercle.

Nous aurons donc

$$a = 0, \quad b = -(0, 1) - (1, 0),$$

c'est-à-dire

$$b = -25'',5756;$$

et les expressions complètes de s, u, s', u' seront, à cause de $A' = A$,

$$s = A \sin\alpha + B \sin(bt + \beta),$$
$$u = A \cos\alpha + B \cos(bt + \beta),$$
$$s' = A \sin\alpha + B' \sin(bt + \beta),$$
$$u' = A \cos\alpha + B' \cos(bt + \beta),$$

en faisant

$$\frac{B'}{B} = \frac{b + (0, 1)}{(0, 1)} = -0,4304$$
$$9,6338420.$$

Pour déterminer maintenant les quatre arbitraires A, B, α, β, on fera $t = 0$, relativement à l'époque de 1700 pour laquelle les valeurs de s, u,

DES ÉLÉMENTS DES PLANÈTES.

s', u' sont données; on aura ainsi ces quatre équations

$$0{,}04078 = A \sin\alpha + B \sin\beta,$$
$$-0{,}01573 = A \cos\alpha + B \cos\beta,$$
$$0{,}02283 = A \sin\alpha - 0{,}4304\, B \sin\beta,$$
$$-0{,}00303 = A \cos\alpha - 0{,}4304\, B \cos\beta,$$

lesquelles donnent

$$A \sin\alpha = 0{,}02823 \qquad A \cos\alpha = -0{,}00685$$
$$8{,}4507463, \qquad\qquad 7{,}8358628,$$
$$B \sin\beta = 0{,}01255 \qquad B \cos\beta = -0{,}00887$$
$$8{,}0986126, \qquad\qquad 7{,}9480439,$$

d'où l'on tire

$$\alpha = 180° - 76°21'20'', \qquad \beta = 180° - 54°44'20'',$$
$$A = 0{,}02905 \qquad\qquad B = 0{,}01537$$
$$8{,}4631770, \qquad\qquad 8{,}1866402,$$
$$B' = -0{,}00661$$
$$7{,}8204822.$$

Donc, puisque

$$s = \theta \sin\omega, \quad u = \theta \cos\omega, \quad s' = \theta' \sin\omega', \quad u' = \theta' \cos\omega',$$

en nommant θ, θ' les tangentes des inclinaisons des orbites de Saturne et de Jupiter, et ω, ω' les longitudes de leurs nœuds ascendants, relativement à l'écliptique et à l'équinoxe de l'époque 1700, on pourra, à l'aide des formules précédentes, trouver la position des orbites de ces Planètes au bout d'un nombre quelconque t d'années Juliennes, écoulées depuis l'époque, ou qui la précèdent, en faisant dans ce dernier cas t négatif.

54. En effet, si, pour abréger, on fait

$$r = 21°37' - 25'',5756\,t,$$

on aura pour Saturne

$$\theta = \sqrt{A^2 + B^2 + 2AB\cos r} = 0,03287\sqrt{1 + 0,82665\cos r};$$

c'est l'expression générale de la tangente de son inclinaison, de sorte que l'inclinaison elle-même sera représentée à très-peu près par la formule

$$1°52'55'' \times \sqrt{1 + 0,82665\cos r}.$$

Le maximum aura lieu lorsque

$$\cos r = 1;$$

alors

$$\theta = A + B = 0,04442,$$

et la plus grande inclinaison sera de

$$2°32'40''.$$

Le minimum aura lieu lorsque

$$\cos r = -1;$$

la valeur de θ sera alors

$$\theta = A - B = 0,01368,$$

et la plus petite inclinaison sera de

$$0°47'.$$

L'intervalle entre l'une et l'autre de ces deux époques sera déterminé par l'équation

$$25'',5756\,t = 180°,$$

et sera par conséquent de

$$25336,65 \text{ années Juliennes.}$$

DES ÉLÉMENTS DES PLANÈTES. 299

Quant au nœud de Saturne, sa longitude sera donnée par les formules

$$\omega = \alpha + q, \quad \tang q = \frac{B \sin r}{A + B \cos r},$$

à cause de $A > B$.

Donc le lieu moyen de ce nœud sera, en ayant égard à la précession des équinoxes, à

$$3^s 13° 38' 40'' + 50'',3333 \, t;$$

et pour en déduire le lieu vrai, il n'y aura qu'à y appliquer une équation additive q, déterminée par la formule

$$\tang q = \frac{\sin r}{1,89033 + \cos r}, \quad \text{ou} \quad \cot q = 1,89033 \, \cosec r + \cot r.$$

Le maximum de cette équation aura lieu lorsque

$$\cos r = -\frac{B}{A} = 0,52901,$$

et sa valeur se déterminera par

$$\sin q = \pm \frac{B}{A}.$$

Donc les plus grandes équations q seront de

$$\pm 31° 56' 20'',$$

et répondront aux angles r de

$$180° \times (2n + 1) \mp 58° 3' 40''.$$

Au contraire l'équation q sera nulle lorsque

$$\sin r = 0,$$

ce qui répond aux époques des plus grandes et plus petites inclinaisons.
Au reste la formule

$$\tang q = \frac{B \sin r}{A + B \cos r}$$

38.

peut se réduire à cette forme plus simple

$$\tang\left(\frac{r}{2}-q\right)=\frac{A-B}{A+B}\tang\frac{r}{2},$$

laquelle donne un moyen facile de réduire l'équation q en Table. Car il n'y aura qu'à calculer les angles Q par la formule

$$\tang Q = 0{,}30803\,\tang\frac{r}{2},$$

et l'on aura

$$q = \frac{r}{2} - Q.$$

Mais si l'on voulait avoir directement la valeur de q en série, on trouverait, par la méthode du n° 45,

$$q = \frac{B}{A}\sin r - \frac{B^2}{2A^2}\sin 2r + \frac{B^3}{3A^3}\sin 3r - \ldots.$$

55. Pour Jupiter on trouvera de la même manière

$$\theta' = \sqrt{A^2 + B'^2 + 2AB'\cos r} = 0{,}02980\sqrt{1 - 0{,}43290\cos r},$$

expression générale de la tangente de l'inclinaison de son orbite ; de sorte que l'inclinaison elle-même sera représentée à très-peu près par la formule

$$1°42'25'' \times \sqrt{1 - 0{,}43290\cos r}.$$

Le maximum a lieu lorsque

$$\cos r = -1;$$

alors

$$\theta = A - B' = 0{,}03567,$$

et la plus grande inclinaison sera de

$$2°2'30''.$$

Le minimum au contraire aura lieu lorsque

$$\cos r = 1,$$

et la valeur de θ sera alors

$$\theta = A + B' = 0,02244,$$

laquelle donne la plus petite inclinaison de

$$1° 17' 10''.$$

Ainsi les plus grandes et plus petites inclinaisons de Jupiter répondent aux plus petites et plus grandes inclinaisons de Saturne, et réciproquement; en sorte que la période qui ramène ces époques est la même pour l'une et pour l'autre Planète. Nous avons vu que la même chose a lieu aussi à l'égard des excentricités.

Quant à la longitude du nœud ascendant de Jupiter, on aura de même les formules

$$\omega' = \alpha - q, \quad \tang q' = -\frac{B' \sin r}{A + B' \cos r},$$

à cause de $A > B'$.

Ainsi le lieu moyen de ce nœud sera, eu égard à la précession des équinoxes, à

$$3^s 13° 38' 40'' + 50'',3333\, t,$$

c'est-à-dire qu'il coïncidera avec celui de Saturne; mais pour avoir son lieu vrai il faudra appliquer au lieu moyen une équation soustractive q' déterminée par la formule

$$\tang q' = \frac{\sin r}{4,39232 - \cos r}, \quad \text{ou} \quad \cot q' = 4,39232 \cosec r - \cot r.$$

Le maximum de cette équation aura lieu lorsque

$$\cos r = -\frac{B'}{A} = 0,22767,$$

et sa valeur sera déterminée par

$$\sin q' = \pm \frac{B'}{A}.$$

Donc les plus grandes équations q' seront de

$$\pm 13°9'40'',$$

et répondront aux angles r de

$$360° \times n \pm 76°50'30''.$$

L'équation q' sera au contraire nulle lorsque

$$\sin r = 0,$$

ce qui répond aux plus grandes et plus petites inclinaisons.

La formule

$$\tang q' = - \frac{B' \sin r}{A + B' \cos r}$$

est réductible à cette forme plus simple

$$\tang\left(\frac{r}{2} + q'\right) = \frac{A - B'}{A + B'} \tang \frac{r}{2}.$$

Si donc on calcule les angles Q', tels que

$$\tang Q' = 1,58954 \tang \frac{r}{2},$$

on aura

$$q' = Q' - \frac{r}{2};$$

et par ce moyen on construira facilement une Table de l'équation q'.

Si l'on voulait déterminer directement la valeur de q' en r, on pourrait faire usage de la série

$$q' = -\frac{B'}{A}\sin r + \frac{B'^2}{2A^2}\sin 2r - \frac{B'^3}{3A^3}\sin 3r + \ldots$$

56. Au reste il ne faut pas oublier que, dans ces déterminations, les orbites de Saturne et Jupiter sont rapportées au plan de l'écliptique ou de l'orbite de la Terre pour le commencement de 1700. Comme ce dernier plan est lui-même variable, ce ne sera qu'en combinant les formules

que nous venons de donner pour la variabilité des plans des orbites de Saturne et de Jupiter avec celles que nous donnerons ci-après pour la variabilité du plan de l'écliptique, qu'on pourra déterminer la position des mêmes orbites relativement à l'écliptique vraie pour un temps quelconque, comme nous l'avons enseigné plus haut (18). *Voyez* plus bas le n° 75.

57. On voit donc, par les résultats que nous venons de trouver, que les excentricités et les inclinaisons des orbites de Saturne et de Jupiter doivent demeurer toujours très-petites, et que leurs variations ne consistent que dans des espèces d'oscillations par lesquelles ces éléments deviennent alternativement plus grands et plus petits que leurs valeurs moyennes, mais sans s'en écarter jamais que de quantités très-petites. On voit aussi par nos formules que les coefficients de t sous les signes de sinus et cosinus sont nécessairement toujours réels, quelques valeurs qu'on donne aux masses des deux Planètes, parce qu'en augmentant ou diminuant ces masses on ne fait qu'augmenter ou diminuer proportionnellement les coefficients marqués par des crochets ronds ou carrés, sans en changer les signes. D'où il s'ensuit que le système de Saturne et de Jupiter, en tant qu'on le regarde comme indépendant des autres Planètes, ce qui est toujours permis, comme nous l'avons montré plus haut, est de lui-même dans un état stable et permanent, du moins en faisant abstraction de l'action de toute cause étrangère, comme serait celle d'une Comète, ou d'un milieu résistant dans lequel les Planètes nageraient, ou,....

Théorie des variations séculaires de Mars, de la Terre, de Vénus et de Mercure.

58. Après avoir donné séparément la Théorie des variations séculaires de Saturne et de Jupiter, il nous reste encore à donner celle des variations séculaires de Mars, de la Terre, de Vénus et de Mercure; mais celle-ci demande beaucoup plus de travail, si l'on veut considérer à la

fois, ainsi que nous nous le sommes proposé, l'action mutuelle de ces quatre dernières Planètes, qui à cause de l'éloignement des deux premières paraissent en effet constituer un système à part.

Les variations séculaires des excentricités et des aphélies sont indépendantes de celles des inclinaisons et des nœuds; leurs lois sont renfermées dans deux systèmes séparés d'équations différentielles dont le nombre égale le double de celui des Planètes dont on considère le mouvement. Nous avons donné dans le n° 17 les deux systèmes complets pour les six Planètes, et, comme nous venons d'intégrer séparément les quatre premières équations de chaque système, ils se réduisent maintenant à ceux-ci plus simples, dans lesquels je fais, pour abréger,

$$(2) = (2,0) + (2,1) + (2,3) + (2,4) + (2,5),$$
$$(3) = (3,0) + (3,1) + (3,2) + (3,4) + (3,5),$$
$$(4) = (4,0) + (4,1) + (4,2) + (4,3) + (4,5),$$
$$(5) = (5,0) + (5,1) + (5,2) + (5,3) + (5,4).$$

Premier système pour les excentricités et les aphélies.

$$\frac{dx''}{dt} - (2)y'' + [2,0]y + [2,1]y' + [2,3]y''' + [2,4]y^{\text{iv}} + [2,5]y^{\text{v}} = 0,$$

$$\frac{dy''}{dt} + (2)x'' - [2,0]x - [2,1]x' - [2,3]x''' - [2,4]x^{\text{iv}} - [2,5]x^{\text{v}} = 0,$$

$$\frac{dx'''}{dt} - (3)y''' + [3,0]y + [3,1]y' + [3,2]y'' + [3,4]y^{\text{iv}} + [3,5]y^{\text{v}} = 0,$$

$$\frac{dy'''}{dt} + (3)x''' - [3,0]x - [3,1]x' - [3,2]x'' - [3,4]x^{\text{iv}} - [3,5]x^{\text{v}} = 0,$$

$$\frac{dx^{\text{iv}}}{dt} - (4)y^{\text{iv}} + [4,0]y + [4,1]y' + [4,2]y'' + [4,3]y''' + [4,5]y^{\text{v}} = 0,$$

$$\frac{dy^{\text{iv}}}{dt} + (4)x^{\text{iv}} - [4,0]x - [4,1]x' - [4,2]x'' - [4,3]x''' - [4,5]x^{\text{v}} = 0,$$

$$\frac{dx^{\text{v}}}{dt} - (5)y^{\text{v}} + [5,0]y + [5,1]y' + [5,2]y'' + [5,3]y''' + [5,4]y^{\text{iv}} = 0,$$

$$\frac{dy^{\text{v}}}{dt} + (5)x^{\text{v}} - [5,0]x - [5,1]x' - [5,2]x'' - [5,3]x''' - [5,4]x^{\text{iv}} = 0.$$

DES ÉLÉMENTS DES PLANÈTES.

Deuxième système pour les inclinaisons et les nœuds.

$$\frac{ds''}{dt} + (2)\,u'' - (2,0)\,u - (2,1)\,u' - (2,3)\,u''' - (2,4)\,u^{\text{IV}} - (2,5)\,u^{\text{V}} = 0,$$

$$\frac{du''}{dt} - (2)\,s'' + (2,0)\,s + (2,1)\,s' - (2,3)\,s''' - (2,4)\,s^{\text{IV}} - (2,5)\,s^{\text{V}} = 0,$$

$$\frac{ds'''}{dt} + (3)\,u''' - (3,0)\,u - (3,1)\,u' - (3,2)\,u'' - (3,4)\,u^{\text{IV}} - (3,5)\,u^{\text{V}} = 0,$$

$$\frac{du'''}{dt} - (3)\,s''' + (3,0)\,s + (3,1)\,s' + (3,2)\,s'' + (3,4)\,s^{\text{IV}} + (3,5)\,s^{\text{V}} = 0,$$

$$\frac{ds^{\text{IV}}}{dt} + (4)\,u^{\text{IV}} - (4,0)\,u - (4,1)\,u' - (4,2)\,u'' - (4,3)\,u''' - (4,5)\,u^{\text{V}} = 0,$$

$$\frac{du^{\text{IV}}}{dt} - (4)\,s^{\text{IV}} + (4,0)\,s + (4,1)\,s' + (4,2)\,s'' + (4,3)\,s''' + (4,5)\,s^{\text{V}} = 0,$$

$$\frac{ds^{\text{V}}}{dt} + (5)\,u^{\text{V}} - (5,0)\,u - (5,1)\,u' - (5,2)\,u'' - (5,3)\,u''' - (5,4)\,u^{\text{IV}} = 0,$$

$$\frac{du^{\text{V}}}{dt} - (5)\,s^{\text{V}} + (5,0)\,s + (5,1)\,s' + (5,2)\,s'' + (5,3)\,s''' + (5,4)\,s^{\text{IV}} = 0.$$

Nous prendrons ici, comme nous l'avons fait ci-dessus, les masses des Planètes telles que nous les avons déterminées dans la première Section; c'est pourquoi nous ferons m, m', m'', m''', m^{IV}, $m^{\text{V}} = 1$ dans les valeurs des coefficients de ces équations (16). Ainsi l'on aura comme il suit

$[2,0] = 0'',1299$	$[3,0] = 0'',0445$	$[4,0] = 0'',0196$	$[5,0] = 0'',0041$
9,1135984,	8,6479111,	8,2921429,	7,6123435,
$[2,1] = 5'',2203$	$[3,1] = 1'',6615$	$[4,1] = 0'',7168$	$[5,1] = 0'',1464$
0,7176977,	0,2205047,	9,8554065,	9,1654222,
$[2,3] = 1'',3631$	$[3,2] = 0'',3330$	$[4,2] = 0'',0853$	$[5,2] = 0'',0122$
0,1344935,	9,5224134,	8,9307252,	8,0876272,
$[2,4] = 0'',3889$	$[3,4] = 6'',2104$	$[4,3] = 5'',5716$	$[5,3] = 0'',4125$
9,5899402,	0,7931179,	0,7459834,	9,6154137,
$[2,5] = 0'',0056$	$[3,5] = 0'',0463$	$[4,5] = 0'',2714$	$[5,4] = 2'',6957$
7,7497429,	8,6654494,	9,4335698,	0,4306686,

$(2, 0) = 0'',6581$ $(3, 0) = 0'',3403$ $(4, 0) = 0'',2073$ $(5, 0) = 0'',0806$
   $9,8182718,$ $9,5318127,$ $9,3166326,$ $8,9060743,$

$(2, 1) = 14'',4116$ $(3, 1) = 6'',9480$ $(4, 1) = 4'',1312$ $(5, 1) = 1'',5754$
   $1,1587124,$ $0,8418589,$ $0,6160784,$ $0,1974000,$

$(2, 3) = 1'',7724$ $(3, 2) = 0'',4330$ $(4, 2) = 0'',1482$ $(5, 2) = 0'',0396$
   $0,2485728,$ $9,6364927,$ $9,1707353,$ $8,5974941,$

$(2, 4) = 0'',6760$ $(3, 4) = 7'',4579$ $(4, 3) = 6'',6908$ $(5, 3) = 0'',8696$
   $9,8299503,$ $0,8726141,$ $0,8254796,$ $9,9393014,$

$(2, 5) = 0'',0182$ $(3, 5) = 0'',0976$ $(4, 5) = 0'',4223$ $(5, 4) = 4'',1952$
   $8,2596098,$ $8,9893371,$ $9,6256507,$ $0,6227495,$

$(2) = 17'',5363$ $(3) = 15'',2767$ $(4) = 11'',5999$ $(5) = 6'',7603$
   $1,2439386,$ $1,1840290,$ $1,0644529,$ $0,8299660.$

Et si l'on détermine, d'après les éléments du n° 26, les valeurs des variables x'', y'', x''',..., s'', u'', s''',... pour l'époque de 1700, on trouvera celles-ci.

Pour 1700 :

$$x'' = \lambda'' \sin\varphi'' = 0,04572$$
$$8,6600670,$$

$$y'' = \lambda'' \cos\varphi'' = -0,08099$$
$$8,9084081,$$

$$x''' = \lambda''' \sin\varphi''' = -0,01665$$
$$8,2214213,$$

$$y''' = \lambda''' \cos\varphi''' = 0,00225$$
$$7,3528905,$$

$$x^{IV} = \lambda^{IV} \sin\varphi^{IV} = -0,00561$$
$$7,7489933,$$

$$y^{IV} = \lambda^{IV} \cos\varphi^{IV} = 0,00416$$
$$7,6185985,$$

$$x^V = \lambda^V \sin\varphi^V = -0,19660$$
$$9,2935821,$$

$$y^V = \lambda^V \cos\varphi^V = -0,06115$$
$$8,7863982,$$

$$s'' = \theta'' \sin\omega'' = 0,02378$$
$$8,3762126,$$

$$u'' = \theta'' \cos\omega'' = 0,02186$$
$$8,3396176,$$

$$s''' = \theta''' \sin\omega''' = 0,$$

$$u''' = \theta''' \cos\omega''' = 0,$$

$$s^{IV} = \theta^{IV} \sin\omega^{IV} = 0,05691$$
$$8,7552047,$$

$$u^{IV} = \theta^{IV} \cos\omega^{IV} = 0,01636$$
$$8,2137331,$$

$$s^V = \theta^V \sin\omega^V = 0,08619$$
$$8,9354332,$$

$$u^V = \theta^V \cos\omega^V = 0,08718$$
$$8,9404024.$$

Ce sont là tous les éléments nécessaires pour le calcul des variations séculaires des Planètes dont il s'agit. Nous allons en exposer le procédé et les résultats avec le détail dû à l'importance du sujet.

Excentricités et aphélies.

59. Commençons par le premier système, et remarquons d'abord que les variables x, y, x', y' ayant déjà été déterminées ci-dessus (50), les termes qui contiennent ces variables doivent être regardés comme tout connus. Or ayant trouvé

$$x = A \sin(at + \alpha) + B \sin(bt + \beta),$$
$$y = A \cos(at + \alpha) + B \cos(bt + \beta),$$
$$x' = A' \sin(at + \alpha) + B' \sin(bt + \beta),$$
$$y' = A' \cos(at + \alpha) + B' \cos(bt + \beta),$$

il est facile de se convaincre, par la nature des équations à intégrer, que toutes les variables x'', x''', x^{IV}, x^V doivent contenir aussi les sinus des mêmes angles déjà connus $at + \alpha$, $bt + \beta$, et les variables y'', y''', y^{IV}, y^V les cosinus correspondants.

On supposera donc, pour satisfaire à ces équations,

$$x'' = A'' \sin(at + \alpha) + B'' \sin(bt + \beta) + C'' \sin(ct + \gamma),$$
$$y'' = A'' \cos(at + \alpha) + B'' \cos(bt + \beta) + C'' \cos(ct + \gamma),$$
$$x''' = A''' \sin(at + \alpha) + B''' \sin(bt + \beta) + C''' \sin(ct + \gamma),$$
$$y''' = A''' \cos(at + \alpha) + B''' \cos(bt + \beta) + C''' \cos(ct + \gamma),$$
$$x^{IV} = A^{IV} \sin(at + \alpha) + B^{IV} \sin(bt + \beta) + C^{IV} \sin(ct + \gamma),$$
$$y^{IV} = A^{IV} \cos(at + \alpha) + B^{IV} \cos(bt + \beta) + C^{IV} \cos(ct + \gamma),$$
$$x^V = A^V \sin(at + \alpha) + B^V \sin(bt + \beta) + C^V \sin(ct + \gamma),$$
$$y^V = A^V \cos(at + \alpha) + B^V \cos(bt + \beta) + C^V \cos(ct + \gamma),$$

les coefficients $A'', B'', C'', A''', B''', \ldots$ étant tous constants et indéterminés, ainsi que les deux quantités c et γ.

THÉORIE DES VARIATIONS SÉCULAIRES

Les substitutions faites, on égalera séparément à zéro les coefficients des différents sinus et cosinus; il en résultera trois systèmes d'équations de cette forme

$$(A)\begin{cases} [2,0]A + [2,1]A' + \big[a-(2)\big]A'' + [2,3]A''' + [2,4]A^{IV} + [2,5]A^V = 0, \\ [3,0]A + [3,1]A' + [3,2]A'' + \big[a-(3)\big]A''' + [3,4]A^{IV} + [3,5]A^V = 0, \\ [4,0]A + [4,1]A' + [4,2]A'' + [4,3]A''' + \big[a-(4)\big]A^{IV} + [4,5]A^V = 0, \\ [5,0]A + [5,1]A' + [5,2]A'' + [5,3]A''' + [5,4]A^{IV} + \big[a-(5)\big]A^V = 0; \end{cases}$$

$$(B)\begin{cases} [2,0]B + [2,1]B' + \big[b-(2)\big]B'' + [2,3]B''' + [2,4]B^{IV} + [2,5]B^V = 0, \\ [3,0]B + [3,1]B' + [3,2]B'' + \big[b-(3)\big]B''' + [3,4]B^{IV} + [3,5]B^V = 0, \\ [4,0]B + [4,1]B' + [4,2]B'' + [4,3]B''' + \big[b-(4)\big]B^{IV} + [4,5]B^V = 0, \\ [5,0]B + [5,1]B' + [5,2]B'' + [5,3]B''' + [5,4]B^{IV} + \big[b-(5)\big]B^V = 0; \end{cases}$$

$$(C)\begin{cases} \big[c-(2)\big]C'' + [2,3]C''' + [2,4]C^{IV} + [2,5]C^V = 0, \\ [3,2]C'' + \big[c-(3)\big]C''' + [3,4]C^{IV} + [3,5]C^V = 0, \\ [4,2]C'' + [4,3]C''' + \big[c-(4)\big]C^{IV} + [4,5]C^V = 0, \\ [5,2]C'' + [5,3]C''' + [5,4]C^{IV} + \big[c-(5)\big]C^V = 0. \end{cases}$$

60. Comme les quantités A, A', B, B', ainsi que a et b sont déjà connues, il est clair que les quatre équations (A) serviront à déterminer les quatre constantes A'', A''', A^{IV}, A^V; que de même les équations (B) détermineront les constantes B'', B''', B^{IV}, B^V. Commençons par ces déterminations; nous aurons d'abord, par les valeurs de A, A', B, B' du n° 50,

$$[2,0]A + [2,1]A' = -0{,}083215, \quad [2,0]B + [2,1]B' = 0{,}230139,$$
$$[3,0]A + [3,1]A' = -0{,}026334, \quad [3,0]B + [3,1]B' = 0{,}073359,$$
$$[4,0]A + [4,1]A' = -0{,}011340, \quad [4,0]B + [4,1]B' = 0{,}031663,$$
$$[5,0]A + [5,1]A' = -0{,}002311, \quad [5,0]B + [5,1]B' = 0{,}006469;$$

ensuite, à cause de $a = 21'',9905$, $b = 3'',5851$ (même numéro), on aura

$$a-(2) = 4'',4542, \qquad b-(2) = -13'',9512,$$
$$a-(3) = 6,7136, \qquad b-(3) = -11,6916,$$
$$a-(4) = 10,3906, \qquad b-(4) = -8,0148,$$
$$a-(5) = 15,2302, \qquad b-(5) = -3,1752.$$

Substituant ces valeurs ainsi que celles des autres coefficients données plus haut, et résolvant les équations à la manière ordinaire, on trouve

$$A'' = 0,01748 \qquad B'' = 0,01837$$
$$8,2424843, \qquad 8,2641896,$$
$$A''' = 0,00433 \qquad B''' = 0,01485$$
$$7,6366283, \qquad 8,1718434,$$
$$A^{IV} = -0,00138 \qquad B^{IV} = 0,01504$$
$$7,1403509, \qquad 8,1772767,$$
$$A^{V} = 0,00027 \qquad B^{V} = 0,01681$$
$$6,4234834, \qquad 8,2255003.$$

61. A l'égard des équations (C), comme elles ne contiennent aucun terme tout connu, il est visible qu'elles ne suffisent point pour déterminer les quatre inconnues C'', C''', C^{IV}, C^{V}; car, si l'on divise chacune de ces équations par C^V, on n'a plus que trois inconnues $\frac{C''}{C^V}$, $\frac{C'''}{C^V}$, $\frac{C^{IV}}{C^V}$, qu'on pourra déterminer par trois quelconques de ces mêmes équations; alors la quatrième servira à déterminer l'inconnue c.

Par les règles ordinaires de l'élimination on trouve que les valeurs des inconnues $\frac{C''}{C^V}$, $\frac{C'''}{C^V}$, $\frac{C^{IV}}{C^V}$, déduites des trois premières équations, sont de cette forme $\frac{M}{N}$, $\frac{M'}{N}$, $\frac{M''}{N}$, en faisant, pour abréger,

$$M = -[2,5] \times [c-(3)] \times [c-(4)] + [2,3] \times [3,5] \times [c-(4)]$$
$$+ [2,4] \times [4,5] \times [c-(3)] + [3,4] \times [4,3] \times [2,5]$$
$$- [2,3] \times [3,4] \times [4,5] - [3,5] \times [4,3] \times [3,4],$$

$$M' = -[3,5] \times [c-(2)] \times [c-(4)] + [3,2] \times [2,5] \times [c-(4)]$$
$$+ [3,4] \times [4,5] \times [c-(2)] + [2,4] \times [4,2] \times [3,5]$$
$$- [2,5] \times [3,4] \times [4,2] - [3,2] \times [4,5] \times [2,4],$$

$$M'' = -[4,5] \times [c-(2)] \times [c-(3)] + [2,5] \times [4,2] \times [c-(3)]$$
$$+ [3,5] \times [4,3] \times [c-(2)] + [2,3] \times [3,2] \times [4,5]$$
$$- [2,3] \times [3,5] \times [4,2] - [3,2] \times [4,3] \times [2,5],$$

$$N = [c-(2)] \times [c-(3)] \times [c-(4)] - [2,3] \times [3,2] \times [c-(4)]$$
$$- [2,4] \times [4,2] \times [c-(3)] - [3,4] \times [4,3] \times [c-(2)]$$
$$+ [2,3] \times [3,4] \times [4,2] + [3,2] \times [4,3] \times [2,4];$$

et ces valeurs étant substituées dans la quatrième équation, elle deviendra

$$[5,2]M + [5,3]M' + [5,4]M'' + [c-(5)]N = 0.$$

Cette équation dont c est la seule inconnue, en ordonnant les termes et faisant, pour abréger,

$A = [2,3] \times [3,2],$
$B = [2,4] \times [4,2],$
$C = [2,5] \times [5,2],$
$D = [3,4] \times [4,3],$
$E = [3,5] \times [5,3],$
$F = [4,5] \times [5,4],$
$G = [2,3] \times [3,4] \times [4,2] + [3,2] \times [4,3] \times [2,4],$
$H = [2,3] \times [3,5] \times [5,2] + [3,2] \times [5,3] \times [2,5],$
$I = [2,4] \times [4,5] \times [5,2] + [4,2] \times [5,4] \times [2,5],$
$K = [3,4] \times [4,5] \times [5,3] + [4,3] \times [5,4] \times [3,5],$
$L = [2,3] \times [3,2] \times [4,5] \times [5,4] + [2,4] \times [4,2] \times [3,5] \times [5,3]$
$\quad + [3,4] \times [4,3] \times [2,5] \times [5,2] - [2,3] \times [3,4] \times [4,5] \times [5,2]$
$\quad - [2,4] \times [4,3] \times [3,5] \times [5,2] - [3,2] \times [2,4] \times [4,5] \times [5,3]$
$\quad - [3,2] \times [4,3] \times [5,4] \times [2,5] - [4,2] \times [3,4] \times [5,3] \times [2,5]$
$\quad - [2,3] \times [4,2] \times [5,4] \times [3,5],$

se réduit à cette forme, où j'ai changé c en x,

$$(X) \left\{ \begin{aligned} & [x-(2)] \times [x-(3)] \times [x-(4)] \times [x-(5)] \\ & - A[x-(4)] \times [x-(5)] - B[x-(3)] \times [x-(5)] \\ & - C[x-(3)] \times [x-(4)] - D[x-(2)] \times [x-(5)] \\ & - E[x-(2)] \times [x-(4)] - F[x-(2)] \times [x-(3)] \\ & + G[x-(5)] + H[x-(4)] + I[x-(3)] \\ & + K[x-(2)] + L \end{aligned} \right\} = 0.$$

Étant développée, elle montera au quatrième degré, et donnera par conséquent quatre valeurs de x, qui pourront être également employées pour c; et c'est de la réalité et de l'inégalité de ces racines que dépend l'exclusion des arcs de cercle dans les variables du Problème, et par conséquent la permanence de la forme actuelle des orbites des Planètes que nous considérons (41).

Il importe donc de résoudre cette équation rigoureusement. Pour cela, après l'avoir ordonnée par rapport aux puissances de x, il faudra commencer par lui ôter le second terme. Or, à l'inspection seule de cette équation, il est visible que le second terme sera

$$- [(2) + (3) + (4) + (5)] x^3;$$

ainsi il n'y aura qu'à y substituer d'abord

$$y + \frac{(2) + (3) + (4) + (5)}{4}$$

à la place de x, ou, ce qui revient au même, retrancher de chacune des quantités (2), (3), (4), (5), la quantité

$$\frac{(2) + (3) + (4) + (5)}{4}$$

et changer en même temps x en y.

Si donc on fait
$$x = y + \frac{(2)+(3)+(4)+(5)}{4},$$

et
$$[2] = (2) - \frac{(2)+(3)+(4)+(5)}{4},$$
$$[3] = (3) - \frac{(2)+(3)+(4)+(5)}{4},$$
$$[4] = (4) - \frac{(2)+(3)+(4)+(5)}{4},$$
$$[5] = (5) - \frac{(2)+(3)+(4)+(5)}{4},$$

on aura une transformée en y de la même forme que l'équation en x, mais dans laquelle les crochets ronds seront changés en crochets carrés, et qui étant ordonnée par rapport à y se trouvera privée du second terme, et sera de cette forme
$$y^4 + Py^2 + Qy + R = 0,$$

dans laquelle on aura
$$P = [2] \times [3] + [2] \times [4] + [2] \times [5] + [3] \times [4]$$
$$+ [3] \times [5] + [4] \times [5]$$
$$- A - B - C - D - E - F,$$

$$Q = -[2] \times [3] \times [4] - [2] \times [3] \times [5] - [2] \times [4] \times [5]$$
$$- [3] \times [4] \times [5]$$
$$+ A\big[[4]+[5]\big] + B\big[[3]+[5]\big] + C\big[[3]+[4]\big]$$
$$+ D\big[[2]+[5]\big] + E\big[[2]+[4]\big] + F\big[[2]+[3]\big]$$
$$+ G + H + I + K,$$

$$R = [2] \times [3] \times [4] \times [5] - A[4] \times [5] - B[3] \times [5]$$
$$- C[3] \times [4] - D[2] \times [5] - E[2] \times [4]$$
$$- F[2] \times [3] - G[5] - H[4] - I[3]$$
$$- K[2] + L.$$

On formera maintenant cette réduite en z du troisième degré

$$z^3 + 2Pz^2 + (P^2 - 4R)z - Q^2 = 0,$$

et désignant ses trois racines par z', z'', z''', on aura sur-le-champ, pour les quatre racines ou valeurs de y, ces expressions fort simples

$$\frac{\sqrt{z'} + \sqrt{z''} + \sqrt{z'''}}{2}, \quad \frac{\sqrt{z'} - \sqrt{z''} - \sqrt{z'''}}{2},$$

$$\frac{\sqrt{z''} - \sqrt{z'} - \sqrt{z'''}}{2}, \quad \frac{\sqrt{z'''} - \sqrt{z'} - \sqrt{z''}}{2},$$

dans lesquelles il faudra avoir soin de prendre les trois radicaux, chacun avec un signe contraire à celui de la valeur du coefficient Q.

Cette manière de déterminer les racines des équations du quatrième degré est plus commode que la manière ordinaire qui n'emploie qu'une seule racine de la réduite, mais qui demande en même temps la résolution d'une équation du second degré. Elle résulte aussi directement de la nature de la réduite, dont les racines expriment les carrés des sommes des racines de la proposée prises deux à deux; et quant au signe qu'on doit donner aux radicaux, il suffit de remarquer que la somme des produits des quatre racines ci-dessus multipliées trois à trois se trouve exprimée par $\sqrt{z'}\sqrt{z''}\sqrt{z'''}$, quantité qui doit par conséquent être égale à $-Q$ par la nature des équations. *Voyez* là-dessus les *Mémoires de* 1770 (*).

Pour ce qui regarde la résolution de l'équation en z du troisième degré, ce qu'il y a de plus simple, lorsque les racines sont toutes réelles, comme elles le sont dans notre cas, c'est de la ramener à la trisection de l'angle, et d'y employer les Tables trigonométriques. Pour cela, après avoir privé l'équation du second terme, il n'y aura qu'à la comparer à celle-ci

$$u^3 - 3r^2 u - 2r^3 \cos\varphi = 0,$$

dont les racines sont

$$2r\cos\frac{\varphi}{3}, \quad -2r\cos\left(60° + \frac{\varphi}{3}\right), \quad -2r\cos\left(60° - \frac{\varphi}{3}\right).$$

(*) *OEuvres de Lagrange*, t. III, p. 269.

62. Voici maintenant les résultats numériques de ces formules. J'ai calculé d'abord les valeurs des coefficients A, B,..., et j'ai trouvé

$$A = 0,45384$$
$$9,6569069,$$
$$B = 0,03316$$
$$8,5206654,$$
$$C = 0,00007$$
$$5,8373701,$$
$$D = 34,60200$$
$$1,5391013,$$
$$E = 0,01909$$
$$8,2808631,$$
$$F = 0,73154$$
$$9,8642384,$$

$$G = 1,44334$$
$$0,1593668,$$
$$H = 0,00154$$
$$7,1886001,$$
$$I = 0,00258$$
$$7,4121670,$$
$$K = 1,39038$$
$$0,1431314,$$
$$L = 0,24730$$
$$9,3932241.$$

J'ai fait ensuite
$$x = y + 12,7933$$

et

$$[2] = 4,7430 \qquad [4] = -1,1934$$
$$0,6760531, \qquad 0,0767860,$$
$$[3] = 2,4834 \qquad [5] = -6,0330$$
$$0,3950467, \qquad 0,7805333.$$

De là j'ai calculé les valeurs de P, Q, R, comme il suit

$$P = -69,0824, \quad Q = -6,7522, \quad R = 1066,0018,$$

et j'ai trouvé cette réduite en z

$$z^3 - 3mz^2 + nz - p = 0,$$

dans laquelle

$$m = -\frac{2P}{3} = 46,0549,$$
$$n = P^2 - 4R = 508,3708,$$
$$p = Q^2 = 45,5922.$$

En faisant
$$z = m(u+1),$$
elle se réduit à cette forme
$$u^3 - \left(3 - \frac{n}{m^2}\right)u - \left(2 - \frac{n}{m^2} + \frac{p}{m^3}\right) = 0,$$
de sorte qu'en la comparant à
$$u^3 - 3r^2 u - 2r^3 \cos\varphi = 0,$$
on a
$$r^2 = 1 - \frac{n}{3m^2} = 0{,}92011,$$
$$r^3 \cos\varphi = 1 - \frac{n}{2m^2} + \frac{p}{2m^3} = 0{,}88039;$$
ce qui donne
$$r = 0{,}95922, \quad \varphi = 4°3', \quad \frac{\varphi}{3} = 1°21'$$

(il est inutile de porter ici la précision jusqu'aux secondes, puisque la valeur de $\cos\varphi$ n'est exacte qu'à la cinquième décimale près).

Ainsi les trois racines ou valeurs de u seront
$$1{,}91791, \quad -0{,}91990, \quad -0{,}99802;$$
et de là on trouvera
$$z' = 134{,}384, \quad z'' = 3{,}6892, \quad z''' = 0{,}09124.$$

Donc, puisque $-Q$ est un nombre positif, on aura
$$\sqrt{z'} = 11{,}5924, \quad \sqrt{z''} = 1{,}9207, \quad \sqrt{z'''} = 0{,}3021.$$

Par conséquent les quatre racines ou valeurs de y seront
$$6{,}9076, \quad 4{,}6848, \quad -4{,}9869, \quad -6{,}6055.$$

Mais, quoique ces valeurs soient poussées jusqu'à la quatrième décimale, on ne peut cependant compter que sur la troisième; c'est pourquoi, afin de les vérifier et de leur donner en même temps une plus grande exactitude, je les ai substituées successivement dans l'équation
$$y^4 + Py^2 + Qy + R = 0,$$

et, employant la méthode ordinaire de tâtonnement, j'ai trouvé celles-ci corrigées et exactes jusqu'à la quatrième décimale inclusivement

$$y = 6,9081, \quad 4,6843, \quad -4,9876, \quad -6,6048;$$

ainsi, en y ajoutant 12,7933, on aura

$$x = 19,7014, \quad 17,4776, \quad 7,8057, \quad 6,1885.$$

Telles sont les racines de l'équation qui détermine la quantité c; d'où l'on voit que cette quantité peut avoir quatre valeurs différentes toutes réelles, que nous désignerons par c, d, e, f, et qui donneront par conséquent autant de sinus et de cosinus dans les expressions des variables du Problème. Ainsi nous sommes déjà assurés que ces expressions ne sauraient contenir des arcs de cercle, et que par conséquent leur exactitude ne sera pas bornée à un temps limité, mais aura toujours lieu à l'infini.

Mais, comme les racines que nous venons de trouver dépendent des valeurs supposées aux masses des Planètes, on pourrait douter si, en changeant ces valeurs, on ne tomberait peut-être pas dans des racines égales ou imaginaires. Pour lever tout à fait ce doute, il faudrait pouvoir démontrer, en général, que, quelles que soient les valeurs des masses, pourvu seulement qu'elles soient positives, les racines de l'équation dont il s'agit sont toujours nécessairement réelles et inégales. Cela est facile lorsqu'on ne considère à la fois que l'action mutuelle de deux Planètes, comme nous l'avons vu plus haut relativement à Saturne et Jupiter, parce qu'alors l'équation n'est que du second degré; mais cette équation se complique et s'élève à mesure que le nombre des Planètes augmente; c'est pourquoi il devient de plus en plus difficile de juger *à priori* de la qualité des racines. Cependant il ne paraît pas impossible de parvenir, par quelque artifice particulier, à décider cette question d'une manière générale; et comme c'est un objet également intéressant pour l'Analyse et pour l'Astronomie physique, je me propose de m'en occuper. En attendant, je me contenterai de remarquer que, dans le cas présent, les racines trouvées sont trop différentes entre elles pour qu'un petit changement dans les masses adoptées puisse les rendre égales, et encore moins imaginaires. En effet, les expressions générales des racines de y font voir que l'égalité de deux de ces racines ne peut avoir lieu sans celle des racines de z; or l'inégalité de celles-ci est assez grande pour ne pouvoir être détruite que par une altération considérable des coefficients. Il faudrait pour cela que l'angle φ, que nous avons trouvé de $4°3'$, devînt nul ou de 180 degrés; ce qui, vu la nature des formules, demanderait, dans les éléments, des changements beaucoup trop grands pour pouvoir être admis.

63. Nous ferons donc

$$c = 19'',7014, \quad d = 17'',4776, \quad e = 7'',8057, \quad f = 6'',1885$$

(les valeurs de ces coefficients sont censées exprimées en secondes, puisque celles des coefficients marqués par des crochets sont exprimées ainsi); et nous aurons pour les valeurs complètes des variables x'', y'', x''',..., des expressions de cette forme

$$x'' = A'' \sin(at + \alpha) + B'' \sin(bt + \beta) + C'' \sin(ct + \gamma)$$
$$+ D'' \sin(dt + \delta) + E'' \sin(et + \varepsilon) + F'' \sin(ft + \varpi),$$

$$y'' = A'' \cos(at + \alpha) + B'' \cos(bt + \beta) + C'' \cos(ct + \gamma)$$
$$+ D'' \cos(dt + \delta) + E'' \cos(et + \varepsilon) + F'' \cos(ft + \varpi),$$

$$x''' = A''' \sin(at + \alpha) + B''' \sin(bt + \beta) + C''' \sin(ct + \gamma)$$
$$+ D''' \sin(dt + \delta) + E''' \sin(et + \varepsilon) + F''' \sin(ft + \varpi),$$

$$y''' = A''' \cos(at + \alpha) + B''' \cos(bt + \beta) + C''' \cos(ct + \gamma)$$
$$+ D''' \cos(dt + \delta) + E''' \cos(et + \varepsilon) + F''' \cos(ft + \varpi),$$

$$x^{IV} = A^{IV} \sin(at + \alpha) + B^{IV} \sin(bt + \beta) + C^{IV} \sin(ct + \gamma)$$
$$+ D^{IV} \sin(dt + \delta) + E^{IV} \sin(et + \varepsilon) + F^{IV} \sin(ft + \varpi),$$

$$y^{IV} = A^{IV} \cos(at + \alpha) + B^{IV} \cos(bt + \beta) + C^{IV} \cos(ct + \gamma)$$
$$+ D^{IV} \cos(dt + \delta) + E^{IV} \cos(et + \varepsilon) + F^{IV} \cos(ft + \varpi),$$

$$x^{V} = A^{V} \sin(at + \alpha) + B^{V} \sin(bt + \beta) + C^{V} \sin(ct + \gamma)$$
$$+ D^{V} \sin(dt + \delta) + E^{V} \sin(et + \varepsilon) + F^{V} \sin(ft + \varpi),$$

$$y^{V} = A^{V} \cos(at + \alpha) + B^{V} \cos(bt + \beta) + C^{V} \cos(ct + \gamma)$$
$$+ D^{V} \cos(dt + \delta) + E^{V} \cos(et + \varepsilon) + F^{V} \cos(ft + \varpi),$$

318   THÉORIE DES VARIATIONS SÉCULAIRES

qui, étant substituées dans les équations du *premier système* (58), donneront (en égalant à zéro les coefficients des différents sinus et cosinus), outre les trois équations (A), (B), (C) déjà trouvées (59), ces trois autres-ci semblables aux équations (C)

$$(D)\begin{cases} [d-(2)]D'' + [2,3]D''' + [2,4]D^{IV} + [2,5]D^V = 0, \\ [3,2]D'' + [d-(3)]D''' + [3,4]D^{IV} + [3,5]D^V = 0, \\ [4,2]D'' + [4,3]D''' + [d-(4)]D^{IV} + [4,5]D^V = 0, \\ [5,2]D'' + [5,3]D''' + [5,4]D^{IV} + [d-(5)]D^V = 0; \end{cases}$$

$$(E)\begin{cases} [e-(2)]E'' + [2,3]E''' + [2,4]E^{IV} + [2,5]E^V = 0, \\ [3,2]E'' + [e-(3)]E''' + [3,4]E^{IV} + [3,5]E^V = 0, \\ [4,2]E'' + [4,3]E''' + [e-(4)]E^{IV} + [4,5]E^V = 0, \\ [5,2]E'' + [5,3]E''' + [5,4]E^{IV} + [e-(5)]E^V = 0; \end{cases}$$

$$(F)\begin{cases} [f-(2)]F'' + [2,3]F''' + [2,4]F^{IV} + [2,5]F^V = 0, \\ [3,2]F'' + [f-(3)]F''' + [3,4]F^{IV} + [3,5]F^V = 0, \\ [4,2]F'' + [4,3]F''' + [f-(4)]F^{IV} + [4,5]F^V = 0, \\ [5,2]F'' + [5,3]F''' + [5,4]F^{IV} + [f-(5)]F^V = 0. \end{cases}$$

Les équations (A) et (B) ont été résolues ci-dessus (60) et ont donné les valeurs des coefficients A″, A‴,..., B″, B‴,.... Les équations (C) ne donnent, comme nous l'avons vu (61), que les rapports entre les coefficients C″, C‴, C^{IV}, C^V; mais elles donnent en même temps la valeur de la constante c par une équation déterminée du quatrième degré; et, comme les équations précédentes (D), (E), (F) sont en tout semblables aux équations (C), il est clair que les équations résultantes en d, e, f seront les mêmes que l'équation en c; de sorte que ces équations seront satisfaites en prenant, comme nous le faisons, pour c, d, e, f les racines de l'équation trouvée en c. Ainsi il suffira d'employer trois des équations de chacun des quatre systèmes (C), (D), (E), (F), pour déterminer les valeurs des rapports $\dfrac{C'''}{C''}, \dfrac{C^{\text{iv}}}{C''}, \dfrac{C^{\text{v}}}{C''}, \dfrac{D'''}{D''}, \dfrac{D^{\text{iv}}}{D''}, \ldots$

On pourrait, dans cette détermination, faire usage des expressions générales trouvées dans le numéro cité, en y changeant successivement les lettres C, c, en D, d, en E, e et en F, f; mais, pour éviter l'inconvénient des fractions dont le numérateur et le dénominateur sont des nombres très-petits, il est à propos de résoudre immédiatement les équations dont il s'agit, par la méthode ordinaire; d'autant que, comme il y a dans chaque système une équation de plus qu'il ne faut, on a par là l'avantage de pouvoir choisir celles qui déterminent les inconnues par des nombres plus grands, et par conséquent avec plus de précision.

De cette manière donc j'ai trouvé les valeurs suivantes exactes jusqu'à la quatrième décimale inclusivement

$$\dfrac{C'''}{C''} = -1{,}9742 \qquad \dfrac{C^{\text{iv}}}{C''} = 1{,}3545 \qquad \dfrac{C^{\text{v}}}{C''} = -0{,}2202$$

$$0{,}2953823, \qquad 0{,}1317950, \qquad 9{,}3427808,$$

$$\dfrac{D'''}{D''} = 0{,}0649 \qquad \dfrac{D^{\text{iv}}}{D''} = -0{,}0767 \qquad \dfrac{D^{\text{v}}}{D''} = 0{,}0157$$

$$8{,}8123116, \qquad 8{,}8850218, \qquad 8{,}1949552,$$

$$\dfrac{E'''}{E''} = 5{,}3541 \qquad \dfrac{E^{\text{iv}}}{E''} = 6{,}5286 \qquad \dfrac{E^{\text{v}}}{E''} = -18{,}9587$$

$$0{,}7286857, \qquad 0{,}8148187, \qquad 1{,}2778090,$$

$$\dfrac{F'''}{F''} = 5{,}8237 \qquad \dfrac{F^{\text{iv}}}{F''} = 8{,}1506 \qquad \dfrac{F^{\text{v}}}{F''} = 42{,}6478$$

$$0{,}7651967, \qquad 0{,}9111875, \qquad 1{,}6298968.$$

64. Il reste donc encore huit constantes arbitraires, C'', D'', E'', F'', γ, δ, ε, ϖ, lesquelles, étant en même nombre que les équations différentielles, prouvent que les expressions adoptées pour les variables en sont les intégrales complètes. Pour les déterminer, on fera dans ces expressions $t = 0$, et on les égalera aux valeurs données par les Tables pour cette époque, et que nous avons rapportées plus haut (58).

Or d'après les valeurs de A'', A''', A^{IV}, A^V, B'', B''', B^{IV}, B^V trouvées dans le n° 60, combinées avec celles des angles α et β déterminées dans le n° 50, on trouve

$$A'' \sin\alpha + B'' \sin\beta = -0{,}02330,$$

$$A'' \cos\alpha + B'' \cos\beta = -0{,}00545,$$

$$A''' \sin\alpha + B''' \sin\beta = -0{,}01097,$$

$$A''' \cos\alpha + B''' \cos\beta = -0{,}01025,$$

$$A^{IV} \sin\alpha + B^{IV} \sin\beta = -0{,}00648,$$

$$A^{IV} \cos\alpha + B^{IV} \cos\beta = -0{,}01381,$$

$$A^V \sin\alpha + B^V \sin\beta = -0{,}00869,$$

$$A^V \cos\alpha + B^V \cos\beta = -0{,}01436.$$

Donc, retranchant respectivement de ces valeurs celles de x'', y'', x''',... pour 1700, et substituant les valeurs de C''', C^{IV}, C^V, D''',..., on aura à résoudre ces huit équations

$$C'' \sin\gamma + D'' \sin\delta + E'' \sin\varepsilon + F'' \sin\varpi - 0{,}06902 = 0,$$

$$-1{,}9742 C'' \sin\gamma + 0{,}0649 D'' \sin\delta + 5{,}3541 E'' \sin\varepsilon + 5{,}8237 F'' \sin\varpi + 0{,}00568 = 0,$$

$$1{,}3545 C'' \sin\gamma - 0{,}0767 D'' \sin\delta + 6{,}5286 E'' \sin\varepsilon + 8{,}1506 F'' \sin\varpi + 0{,}00087 = 0,$$

$$-0{,}2202 C'' \sin\gamma + 0{,}0157 D'' \sin\delta - 18{,}9587 E'' \sin\varepsilon + 42{,}6478 F'' \sin\varpi + 0{,}18791 = 0.$$

$$C'' \cos\gamma + D'' \cos\delta + E'' \cos\varepsilon + F'' \sin\varpi + 0{,}07553 = 0,$$

$$-1{,}9742 C'' \cos\gamma + 0{,}0649 D'' \cos\delta + 5{,}3541 E'' \cos\varepsilon + 5{,}8237 F'' \cos\varpi - 0{,}01250 = 0,$$

$$1{,}3545 C'' \cos\gamma - 0{,}0767 D'' \cos\delta + 6{,}5286 E'' \cos\varepsilon + 8{,}1506 F'' \cos\varpi - 0{,}01797 = 0,$$

$$-0{,}2202 C'' \cos\gamma + 0{,}0157 D'' \cos\delta - 18{,}9587 E'' \cos\varepsilon + 42{,}6478 F'' \cos\varpi + 0{,}04679 = 0,$$

DES ÉLÉMENTS DES PLANÈTES.

lesquelles donnent

$$C''\sin\gamma = 0{,}00550$$
$$7{,}7399993,$$
$$C''\cos\gamma = -0{,}00240$$
$$7{,}3799035,$$

$$D''\sin\delta = 0{,}06307$$
$$8{,}7997863,$$
$$D''\cos\delta = -0{,}07550$$
$$8{,}8779688,$$

$$E''\sin\varepsilon = 0{,}00336$$
$$7{,}5265433,$$
$$E''\cos\varepsilon = 0{,}00239$$
$$7{,}3780671,$$

$$F''\sin\varpi = -0{,}00291$$
$$7{,}4633944,$$
$$F''\cos\varpi = -0{,}00002$$
$$5{,}3029756.$$

De là on tire aisément les déterminations suivantes

$$\gamma = 180° - 66° 25' 20'',$$
$$\delta = 180° - 39° 52' 10'',$$
$$\varepsilon = 54° 36' 30'',$$
$$\varpi = 180° + 89° 36' 10'',$$

$$C'' = 0{,}00600 \quad D'' = 0{,}09838 \quad E'' = 0{,}00412 \quad F'' = 0{,}00291$$
$$\quad 7{,}7778566, \qquad 8{,}9928923, \qquad 7{,}6152702, \qquad 7{,}4634043;$$

et, multipliant ces valeurs de C'', D'', ... respectivement par celles de $\frac{C'''}{C''}$, $\frac{C^{IV}}{C''}$, ... trouvées dans le numéro précédent, on aura celles de C''', C^{IV}, ... comme il suit

$$C''' = -0{,}01184 \quad D''' = 0{,}00639 \quad E''' = 0{,}02208 \quad F''' = 0{,}01693$$
$$\quad 8{,}0732389, \qquad 7{,}8052039, \qquad 8{,}3439559, \qquad 8{,}2286010,$$

$$C^{IV} = 0{,}00812 \quad D^{IV} = -0{,}00755 \quad E^{IV} = 0{,}02692 \quad F^{IV} = 0{,}02369,$$
$$\quad 7{,}9096516, \qquad 7{,}8779141, \qquad 8{,}4300889, \qquad 8{,}3745918,$$

$$C^V = -0{,}00132 \quad D^V = 0{,}00154 \quad E^V = -0{,}07818 \quad F^V = 0{,}12397$$
$$\quad 7{,}1206374, \qquad 7{,}1878475, \qquad 8{,}8930792, \qquad 0{,}0933011.$$

65. Si l'on joint ces valeurs à celles de A'', B'', A''', ... du n° **60**, et à celles de a, b et de α, β trouvées dans la théorie de Saturne et Jupi-

ter (50), on connaîtra toutes les constantes qui entrent dans les expressions complètes des variables x'', y'', x''',... (63); ainsi l'on pourra déterminer les valeurs de ces variables pour un temps quelconque; et comme

$$x''=\lambda''\sin\varphi'', \quad y''=\lambda''\cos\varphi'', \quad x'''=\lambda'''\sin\varphi''', \quad y'''=\lambda'''\cos\varphi''',\ldots,$$

on aura par là les excentricités λ'', λ''', λ^{iv}, λ^{v} des quatre Planètes, Mars, la Terre, Vénus et Mercure, ainsi que les longitudes φ'', φ''', φ^{iv}, φ^{v} de leurs aphélies, pour le temps donné.

Mais ces longitudes sont supposées comptées depuis le lieu de l'équinoxe de 1700 regardé comme fixe dans le ciel; de sorte que, pour avoir les vraies longitudes comptées depuis l'équinoxe mobile, il faudra augmenter celles-là de la précession des équinoxes, qui, à raison de $50''\frac{1}{3}$ par an, donne l'angle $50'',3333\,t$ à ajouter aux angles φ'', φ''',....

Or

$$\sin(\varphi''+50'',3333\,t) = \sin\varphi''\cos(50'',3333\,t) + \cos\varphi''\sin(50'',3333\,t),$$

et

$$\cos(\varphi''+50'',3333\,t) = \cos\varphi''\cos(50'',3333\,t) - \sin\varphi''\sin(50'',3333\,t);$$

donc, en augmentant φ'' de $50'',3333\,t$, les quantités x'' et y'' deviendront

$$x''\cos(50'',3333\,t) + y''\sin(50'',3333\,t),$$

et

$$y''\cos(50'',3333\,t) - x''\sin(50'',3333\,t);$$

et il est aisé de voir qu'en substituant pour x'', y'' leurs expressions (63), il en résultera de nouveau des expressions semblables, mais dans lesquelles tous les angles sous les signes de sinus et cosinus se trouveront aussi augmentés du même angle $50'',3333\,t$. D'où il s'ensuit que, pour augmenter l'angle φ'' de l'angle dû à la précession des équinoxes, ou, en général, d'un autre angle quelconque, il suffira d'augmenter en même temps de ce même angle tous ceux qui se trouvent sous sinus et cosinus dans les expressions générales de x'', y''; ce qui est évidemment une suite de la forme de ces expressions; et il en sera par conséquent de même pour les autres angles φ''', φ^{iv},....

DES ÉLÉMENTS DES PLANÈTES.

Donc, en général, pour que les longitudes soient comptées depuis le point mobile de l'équinoxe, suivant l'usage ordinaire des Astronomes, il n'y aura qu'à augmenter de $50'',3333$ les valeurs de tous les coefficients a, b, c,... de la variable t.

66. Voici donc les formules générales par lesquelles on pourra déterminer les excentricités et les aphélies de Mars, de la Terre, de Vénus et de Mercure, pour un nombre quelconque d'années Juliennes t comptées depuis le commencement de 1700, ou avant cette époque, en faisant t négatif.

Soit, pour abréger,

$$L = 53°25'20'' - 72'',3238\, t,$$
$$M = 30°16'40'' + 53'',9184\, t,$$
$$N = 66°25'20'' - 70'',0347\, t,$$
$$P = 39°52'10'' - 67'',8109\, t,$$
$$Q = 54°36'30'' + 58'',1390\, t,$$
$$R = 89°36'10'' + 56'',5218\, t,$$

on aura

Pour Mars.

excent. $\times$ sin(long. aph.) $= -0{,}01748 \sin L - 0{,}01837 \sin M + 0{,}00600 \sin N$
$\qquad + 0{,}09838 \sin P + 0{,}00412 \sin Q - 0{,}00291 \sin R$,

excent. $\times$ cos(long. aph.) $= +0{,}01748 \cos L - 0{,}01837 \cos M - 0{,}00600 \cos N$
$\qquad - 0{,}09838 \cos P + 0{,}00412 \cos Q - 0{,}00291 \cos R$;

Pour la Terre.

excent. $\times$ sin(long. aph.) $= -0{,}00433 \sin L - 0{,}01485 \sin M - 0{,}01184 \sin N$
$\qquad + 0{,}00639 \sin P + 0{,}02208 \sin Q - 0{,}01693 \sin R$,

excent. $\times$ cos(long. aph.) $= +0{,}00433 \cos L - 0{,}01485 \cos M + 0{,}01184 \cos N$
$\qquad - 0{,}00639 \cos P + 0{,}02208 \cos Q - 0{,}01693 \cos R$;

Pour Vénus.

excent. × sin(long. aph.) = + 0,00138 sin L — 0,01504 sin M + 0,00812 sin N
— 0,00755 sin P + 0,02692 sin Q — 0,02369 sin R,

excent. × cos(long. aph.) = — 0,00138 cos L — 0,01504 cos M — 0,00812 cos N
+ 0,00755 cos P + 0,02692 cos Q — 0,02369 cos R ;

Pour Mercure.

excent. × sin(long. aph.) = — 0,00027 sin L — 0,01681 sin M — 0,00132 sin N
+ 0,00154 sin P — 0,07818 sin Q — 0,12397 sin R,

excent. × cos(long. aph.) = + 0,00027 cos L — 0,01681 cos M + 0,00132 cos N
— 0,00154 cos P — 0,07818 cos Q — 0,12397 cos R.

Il est visible que la racine carrée de la somme des carrés des deux formules relatives à chaque Planète donnera la valeur de l'excentricité, et que le quotient des mêmes formules divisées l'une par l'autre donnera la tangente de la longitude de l'aphélie.

Mais, quoiqu'on puisse avoir de cette manière des expressions générales et directes de ces éléments, il serait fort difficile, peut-être même impossible, de déterminer exactement leurs valeurs moyennes, leurs maxima et minima, les périodes de leurs variations,..., comme nous l'avons fait pour Saturne et Jupiter. Cependant on peut, du moins relativement aux excentricités, fixer des limites au delà desquelles il sera impossible qu'elles puissent croître, et ces limites sont données par la somme des coefficients de tous les sinus ou cosinus, pris chacun positivement, comme nous l'avons fait voir dans le n° 41.

Ainsi nous aurons, pour les limites des excentricités de Mars, de la Terre, de Vénus et de Mercure, les valeurs suivantes

0,14726, 0,07641, 0,08271, 0,22208,

qu'on voit être encore assez petites pour que les orbites demeurent toujours des ellipses peu excentriques. De sorte qu'à cet égard on peut prononcer décisivement que la constitution du système solaire est inaltérable par le simple effet de l'attraction mutuelle des six Planètes principales.

Inclinaisons et nœuds.

67. Venons enfin aux équations différentielles du second système (58), lesquelles étant, comme on voit, analogues à celles du premier, peuvent être traitées d'une manière semblable. Ainsi, puisque les variables s, u, s', u' sont déjà connues (53), et contiennent les sinus et cosinus des angles α et $bt + \beta$, nous supposerons d'abord

$$s'' = A'' \sin\alpha + B'' \sin(bt + \beta) + C'' \sin(ct + \gamma),$$
$$u'' = A'' \cos\alpha + B'' \cos(bt + \beta) + C'' \cos(ct + \gamma),$$
$$s''' = A''' \sin\alpha + B''' \sin(bt + \beta) + C''' \sin(ct + \gamma),$$
$$u''' = A''' \cos\alpha + B''' \cos(bt + \beta) + C''' \cos(ct + \gamma),$$
$$s^{IV} = A^{IV} \sin\alpha + B^{IV} \sin(bt + \beta) + C^{IV} \sin(ct + \gamma),$$
$$u^{IV} = A^{IV} \cos\alpha + B^{IV} \cos(bt + \beta) + C^{IV} \cos(ct + \gamma),$$
$$s^{V} = A^{V} \sin\alpha + B^{V} \sin(bt + \beta) + C^{V} \sin(ct + \gamma),$$
$$u^{V} = A^{V} \cos\alpha + B^{V} \cos(bt + \beta) + C^{V} \cos(ct + \gamma),$$

et nous aurons, après les substitutions, ces trois systèmes d'équations de condition

$$(a) \begin{cases} (2,0)A + (2,1)A - (2)A'' + (2,3)A''' + (2,4)A^{IV} + (2,5)A^{V} = 0, \\ (3,0)A + (3,1)A + (3,2)A'' - (3)A''' + (3,4)A^{IV} + (3,5)A^{V} = 0, \\ (4,0)A + (4,1)A + (4,2)A'' + (4,3)A''' - (4)A^{IV} + (4,5)A^{V} = 0, \\ (5,0)A + (5,1)A + (5,2)A'' + (5,3)A''' + (5,4)A^{IV} - (5)A^{V} = 0; \end{cases}$$

$$(b) \begin{cases} (2,0)B + (2,1)B' - [b+(2)]B'' + (2,3)B''' + (2,4)B^{IV} + (2,5)B^{V} = 0, \\ (3,0)B + (3,1)B' + (3,2)B'' - [b+(3)]B''' + (3,4)B^{IV} + (3,5)B^{V} = 0, \\ (4,0)B + (4,1)B' + (4,2)B'' + (4,3)B''' - [b+(4)]B^{IV} + (4,5)B^{V} = 0, \\ (5,0)B + (5,1)B' + (5,2)B'' + (5,3)B''' + (5,4)B^{IV} - [b+(5)]B^{V} = 0; \end{cases}$$

$$(c)\begin{cases} -[c+(2)]C''+(2,3)C'''+(2,4)C^{IV}+(2,5)C^V=0,\\ (3,2)C''-[c+(3)]C'''+(3,4)C^{IV}+(3,5)C^V=0,\\ (4,2)C''+(4,3)C'''-[c+(4)]C^{IV}+(4,5)C^V=0,\\ (5,2)C''+(5,3)C'''+(5,4)C^{IV}-[c+(5)]C^V=0. \end{cases}$$

68. On voit d'abord, par rapport aux équations (a), que, puisque les coefficients (2), (3),... sont égaux chacun à la somme de tous les autres coefficients de la même équation, on satisfera à ces équations en faisant tous les coefficients égaux. De sorte qu'on aura $A''=A$, $A'''=A$,.... Donc (53)

$$A''=A'''=A^{IV}=A^V=0{,}02905$$

$$\log 8{,}4631770.$$

Quant aux équations (b), il faudra commencer par y substituer les valeurs de b et de B, B', trouvées dans le même numéro, valeurs qui donnent

$$(2,0)B+(2,1)B'=-0{,}085208, \quad b+(2)=-8{,}0393,$$
$$(3,0)B+(3,1)B'=-0{,}040727, \quad b+(3)=-10{,}2989,$$
$$(4,0)B+(4,1)B'=-0{,}024139, \quad b+(4)=-13{,}9757,$$
$$(5,0)B+(5,1)B'=-0{,}009182, \quad b+(5)=-18{,}8153;$$

et, résolvant ensuite ces équations à la manière ordinaire, on trouvera

$$B''=0{,}00981 \qquad B'''=0{,}00363$$
$$7{,}9916247, \qquad 7{,}5597870,$$
$$B^{IV}=-0{,}00012 \qquad B^V=0{,}00033$$
$$6{,}0920185, \qquad 6{,}5142785.$$

69. Les équations (c) donneront les rapports entre les quatre constantes C'', C''', C^{IV}, C^V; et, éliminant ces rapports, on aura une équation

DES ÉLÉMENTS DES PLANÈTES.

déterminée en c, qui, en suivant le procédé du n° **61**, et faisant, pour abréger,

$$A = (2,3) \times (3,2),$$
$$B = (2,4) \times (4,2),$$
$$C = (2,5) \times (5,2),$$
$$D = (3,4) \times (4,3),$$
$$E = (3,5) \times (5,3),$$
$$F = (4,5) \times (5,4),$$
$$G = (2,3) \times (3,4) \times (4,2) + (3,2) \times (4,3) \times (2,4),$$
$$H = (2,3) \times (3,5) \times (5,2) + (3,2) \times (5,3) \times (2,5),$$
$$I = (2,4) \times (4,5) \times (5,2) + (4,2) \times (5,4) \times (2,5),$$
$$K = (3,4) \times (4,5) \times (5,3) + (4,3) \times (5,4) \times (3,5),$$
$$L = (2,3) \times (3,2) \times (4,5) \times (5,4) + (2,4) \times (4,2) \times (3,5) \times (5,3)$$
$$+ (3,4) \times (4,3) \times (2,5) \times (5,2) - (2,3) \times (3,4) \times (4,5) \times (5,2)$$
$$- (2,4) \times (4,3) \times (3,5) \times (5,2) - (3,2) \times (2,4) \times (4,5) \times (5,3)$$
$$- (3,2) \times (4,3) \times (5,4) \times (2,5) - (4,2) \times (3,4) \times (5,3) \times (2,5)$$
$$- (2,3) \times (4,2) \times (5,4) \times (3,5),$$

sera (après avoir changé c en $-x$) de la même forme que l'équation en x du numéro que nous venons de citer, et pourra par conséquent être traitée de la même manière et par les mêmes formules.

Commençons par chercher les valeurs numériques des quantités A, B,...; nous trouvons les suivantes

$$A = 0,76748 \qquad D = 49,89920$$
$$9,8850655, \qquad 1,6980937,$$
$$B = 0,10016 \qquad E = 0,08485$$
$$9,0006856, \qquad 8,9286385,$$
$$C = 0,00072 \qquad F = 1,77174$$
$$6,8571039, \qquad 0,2484002,$$

$$G = 3{,}91699 \qquad K = 5{,}47766$$
$$0{,}5929524, \qquad 0{,}7385692,$$
$$H = 0{,}01369 \qquad L = 0{,}712306$$
$$8{,}1364340, \qquad 9{,}8526666.$$
$$I = 0{,}02260$$
$$8{,}3541250,$$

Faisons ensuite, comme dans le n° 62,

$$x = y + 12{,}7933,$$

et calculons les valeurs des coefficients P, Q, R de la transformée en y d'après les mêmes expressions données dans le n° 61, en conservant les valeurs des quantités [2], [3], [4], [5] (62), mais en employant pour celles de A, B, C,... les précédentes. Nous aurons ainsi

$$P = -85{,}8669, \quad Q = -14{,}6457, \quad R = 1486{,}5581;$$

et de là nous trouverons cette réduite en z

$$z^3 - 3mz^2 + nz - p = 0,$$

dans laquelle

$$m = -\frac{2P}{3} = 57{,}3113,$$
$$n = P^2 - 4R = 1426{,}8896,$$
$$p = Q^2 = 214{,}4984.$$

Faisant donc

$$z = m(u + 1),$$

et, comparant avec

$$u^3 - 3r^2 u - 2r^3 \cos\varphi = 0,$$

il viendra

$$r^2 = 0{,}8552, \quad \text{et} \quad r^3 \cos\varphi = 0{,}78336;$$

ce qui donne

$$r = 0{,}9248, \quad \varphi = 7°54', \quad \frac{\varphi}{3} = 2°38'.$$

Donc, puisque les trois racines ou valeurs de u sont représentées par

$$2r\cos\tfrac{\varphi}{3}, \quad -2r\cos\left(60°+\tfrac{\varphi}{3}\right), \quad -2r\cos\left(60°-\tfrac{\varphi}{3}\right),$$

elles deviendront

$$1,8476, \quad -0,8503, \quad -0,9973;$$

et de là on aura ces trois valeurs de z

$$z' = 163,199, \quad z'' = 8,581, \quad z''' = 0,1546.$$

Or Q étant négatif, il faudra prendre les racines carrées de ces valeurs positivement, en sorte qu'on aura

$$\sqrt{z'} = 12,775, \quad \sqrt{z''} = 2,929, \quad \sqrt{z'''} = 0,393;$$

faisant ces substitutions dans les expressions générales des racines ou valeurs de y (61), il viendra enfin celles-ci

$$8,048, \quad 4,726, \quad -5,119, \quad -7,655,$$

qui ne sont, à proprement parler, exactes qu'à la troisième décimale près.

Mais il est facile par leur moyen de pousser l'approximation aussi loin qu'on veut, en opérant directement sur l'équation

$$y^4 + Py^2 + Qy + R = 0,$$

selon les méthodes connues. J'ai trouvé ainsi les valeurs suivantes exactes jusqu'à la quatrième décimale inclusivement

$$y = 8,0447, \quad 4,7219, \quad -5,1132, \quad -7,6534;$$

et de là, en ajoutant 12,7933, j'ai eu ces valeurs ou racines de x

$$x = 20,8380, \quad 17,5152, \quad 7,6801, \quad 5,1399.$$

En prenant ces valeurs négativement, on aura donc celles de la constante c, laquelle multiplie la variable t sous les signes de sinus et co-

330 THÉORIE DES VARIATIONS SÉCULAIRES

sinus; de sorte que ces valeurs pourront fournir autant de différents sinus et cosinus dans les expressions des variables s'', u'', s''',..., mais aucun arc de cercle.

On peut, au reste, faire ici sur la réalité et sur l'inégalité de ces racines, et par conséquent sur l'exclusion des arcs de cercle dans les variables du Problème, des remarques analogues à celles du n° 62, auquel nous renvoyons.

70. Faisant donc, à l'imitation du n° 63,

$$c = -20'',8380, \quad d = -17'',5152, \quad e = -7'',6801, \quad f = -5'',1399,$$

on aura ces expressions complètes des variables s'', u'', s''',...

$$s'' = A\sin\alpha + B''\sin(bt+\beta) + C''\sin(ct+\gamma) + D''\sin(dt+\delta)$$
$$+ E''\sin(et+\varepsilon) + F''\sin(ft+\varpi),$$

$$u'' = A\cos\alpha + B''\cos(bt+\beta) + C''\cos(ct+\gamma) + D''\cos(dt+\delta)$$
$$+ E''\cos(et+\varepsilon) + F''\cos(ft+\varpi),$$

$$s''' = A\sin\alpha + B'''\sin(bt+\beta) + C'''\sin(ct+\gamma) + D'''\sin(dt+\delta)$$
$$+ E'''\sin(et+\varepsilon) + F'''\sin(ft+\varpi),$$

$$u''' = A\cos\alpha + B'''\cos(bt+\beta) + C'''\cos(ct+\gamma) + D'''\cos(dt+\delta)$$
$$+ E'''\cos(et+\varepsilon) + F'''\cos(ft+\varpi),$$

$$s^{IV} = A\sin\alpha + B^{IV}\sin(bt+\beta) + C^{IV}\sin(ct+\gamma) + D^{IV}\sin(dt+\delta)$$
$$+ E^{IV}\sin(et+\varepsilon) + F^{IV}\sin(ft+\varpi),$$

$$u^{IV} = A\cos\alpha + B^{IV}\cos(bt+\beta) + C^{IV}\cos(ct+\gamma) + D^{IV}\cos(dt+\delta)$$
$$+ E^{IV}\cos(et+\varepsilon) + F^{IV}\cos(ft+\varpi),$$

$$s^{V} = A\sin\alpha + B^{V}\sin(bt+\beta) + C^{V}\sin(ct+\gamma) + D^{V}\sin(dt+\delta)$$
$$+ E^{V}\sin(et+\varepsilon) + F^{V}\sin(ft+\varpi),$$

$$u^{V} = A\cos\alpha + B^{V}\cos(bt+\beta) + C^{V}\cos(ct+\gamma) + D^{V}\cos(dt+\delta)$$
$$+ E^{V}\cos(et+\varepsilon) + F^{V}\cos(ft+\varpi),$$

DES ÉLÉMENTS DES PLANÈTES.

dont la substitution dans les équations du *second système* (58) donnera, outre les équations (a), (b), (c) trouvées plus haut (67), encore les trois suivantes semblables aux équations (c)

$$(d)\begin{cases} -[d+(2)]D''+(2,3)D'''+(2,4)D^{IV}+(2,5)D^V=0, \\ (3,2)D''-[d+(3)]D'''+(3,4)D^{IV}+(3,5)D^V=0, \\ (4,2)D''+(4,3)D'''-[d+(4)]D^{IV}+(4,5)D^V=0, \\ (5,2)D''+(5,3)D'''+(5,4)D^{IV}-[d+(5)]D^V=0; \end{cases}$$

$$(e)\begin{cases} -[e+(2)]E''+(2,3)E'''+(2,4)E^{IV}+(2,5)E^V=0, \\ (3,2)E''-[e+(3)]E'''+(3,4)E^{IV}+(3,5)E^V=0, \\ (4,2)E''+(4,3)E'''-[e+(4)]E^{IV}+(4,5)E^V=0, \\ (5,2)E''+(5,3)E'''+(5,4)E^{IV}-[e+(5)]E^V=0; \end{cases}$$

$$(f)\begin{cases} -[f+(2)]F''+(2,3)F'''+(2,4)F^{IV}+(2,5)F^V=0, \\ (3,2)F''-[f+(3)]F'''+(3,4)F^{IV}+(3,5)F^V=0, \\ (4,2)F''+(4,3)F'''-[f+(4)]F^{IV}+(4,5)F^V=0, \\ (5,2)F''+(5,3)F'''+(5,4)F^{IV}-[f+(5)]F^V=0. \end{cases}$$

Ainsi les équations finales en d, e, f, qu'on en déduira, seront identiques avec l'équation en c déjà trouvée, et auront par conséquent lieu en même temps que celle-ci, puisque les valeurs de c, d, e, f en sont les racines. De sorte qu'il ne restera qu'à déterminer les valeurs des neuf inconnues $\frac{C'''}{C''}$, $\frac{C^{IV}}{C''}$, $\frac{C^V}{C''}$, $\frac{D'''}{D''}$, ... au moyen des équations (c), (d), (e), (f); et, comme cette détermination ne demande que trois équations de chaque système, on sera le maître de choisir et d'employer celles qui pourront donner une plus grande exactitude.

Voici les valeurs que j'ai trouvées et qui sont exactes jusqu'à la qua-

332   THÉORIE DES VARIATIONS SÉCULAIRES

trième décimale inclusivement

$$\frac{C'''}{C''} = -2{,}5693 \qquad \frac{C^{IV}}{C''} = 1{,}8631 \qquad \frac{C^V}{C''} = -0{,}3993$$

$$0{,}4098080, \qquad 0{,}2702292, \qquad 9{,}6013200,$$

$$\frac{D'''}{D''} = 0{,}0383 \qquad \frac{D^{IV}}{D''} = -0{,}0698 \qquad \frac{D^V}{D''} = 0{,}0205$$

$$8{,}5835841, \qquad 8{,}8440047, \qquad 8{,}3107647,$$

$$\frac{E'''}{E''} = 4{,}1127 \qquad \frac{E^{IV}}{E''} = 4{,}4481 \qquad \frac{E^V}{E''} = -24{,}2205$$

$$0{,}6141312, \qquad 0{,}6481736, \qquad 1{,}3841831,$$

$$\frac{F'''}{F''} = 4{,}5591 \qquad \frac{F^{IV}}{F''} = 5{,}9063 \qquad \frac{F^V}{F''} = 17{,}7634$$

$$0{,}6588800, \qquad 0{,}7713140, \qquad 1{,}2495253.$$

71. A l'égard des huit constantes C'', D'', E'', F'', γ, δ, ε, ϖ, qui sont encore arbitraires, elles sont dues à l'intégration; et il faudra les déterminer par les valeurs données des variables pour l'époque de 1700, dans laquelle nous supposons $t = 0$.

Or nous trouvons d'abord, en employant les valeurs connues de A, α, β (53) et de B'', B''', B^{IV}, B^V (68),

$$A \sin\alpha + B'' \sin\beta = 0{,}03624, \quad A \cos\alpha + B'' \cos\beta = -0{,}01252,$$
$$A \sin\alpha + B''' \sin\beta = 0{,}03120, \quad A \cos\alpha + B''' \cos\beta = -0{,}00895,$$
$$A \sin\alpha + B^{IV} \sin\beta = 0{,}02813, \quad A \cos\alpha + B^{IV} \cos\beta = -0{,}00678,$$
$$A \sin\alpha + B^V \sin\beta = 0{,}02850, \quad A \cos\alpha + B^V \cos\beta = -0{,}00704;$$

retranchant donc respectivement les valeurs de s'', u'', s''', ... du n° 58, nous aurons ces huit équations

$$C'' \sin\gamma + D'' \sin\delta + E'' \sin\varepsilon + F'' \sin\varpi + 0{,}01246 = 0,$$
$$-2{,}5693 C'' \sin\gamma + 0{,}0383 D'' \sin\delta + 4{,}1127 E'' \sin\varepsilon + 4{,}5591 F'' \sin\varpi + 0{,}03120 = 0,$$
$$1{,}8631 C'' \sin\gamma - 0{,}0698 D'' \sin\delta + 4{,}4481 E'' \sin\varepsilon + 5{,}9063 F'' \sin\varpi + 0{,}02878 = 0,$$
$$-0{,}3993 C'' \sin\gamma + 0{,}0205 D'' \sin\delta - 24{,}2205 E'' \sin\varepsilon + 17{,}7634 F'' \sin\varpi - 0{,}05769 = 0;$$

DES ÉLÉMENTS DES PLANÈTES.

$$C''\cos\gamma + D''\cos\delta + E''\cos\varepsilon + F''\cos\varpi - 0,03437 = 0,$$
$$-2,5693\,C''\cos\gamma + 0,0383\,D''\cos\delta + 4,1127\,E''\cos\varepsilon + 4,5591\,F''\cos\varpi - 0,00895 = 0,$$
$$1,8631\,C''\cos\gamma - 0,0698\,D''\cos\delta + 4,4481\,E''\cos\varepsilon + 5,9063\,F''\cos\varpi - 0,02314 = 0,$$
$$-0,3993\,C''\cos\gamma + 0,0205\,D''\cos\delta - 24,2205\,E''\cos\varepsilon + 17,7634\,F''\cos\varpi - 0,09422 = 0;$$

d'où l'on tire

$$C''\sin\gamma = 0,01251 \qquad\qquad C''\cos\gamma = 0,00273$$
$$8,0973614, \qquad\qquad 7,4353346,$$

$$D''\sin\delta = -0,02526 \qquad\qquad D''\cos\delta = 0,02848$$
$$8,4024162, \qquad\qquad 8,4545400,$$

$$E''\sin\varepsilon = -0,00139 \qquad\qquad E''\cos\varepsilon = -0,00092$$
$$7,1412930, \qquad\qquad 6,9615682,$$

$$F''\sin\varpi = 0,00167 \qquad\qquad F''\cos\varpi = 0,00409$$
$$7,2227479, \qquad\qquad 7,6111361,$$

et de là

$$\gamma = 77°43'0'',$$
$$\delta = 360° - 41°34'10'',$$
$$\varepsilon = 180° + 56°31'50'',$$
$$\varpi = 22°14'20'',$$

$$C'' = 0,01281 \qquad D'' = 0,03807 \qquad E'' = 0,00166 \qquad F'' = 0,00441$$
$$8,1074203, \qquad 8,5805533, \qquad 7,2200506, \qquad 7,6447084;$$

enfin, multipliant ces dernières valeurs respectivement par celles du n° 70, on aura

$$C''' = -0,03290 \qquad D''' = 0,00146 \qquad E''' = 0,00683 \qquad F''' = 0,02012$$
$$8,5172283, \qquad 7,1641374, \qquad 7,8341818, \qquad 8,3035884,$$

$$C^{\text{iv}} = 0,02386 \qquad D^{\text{iv}} = -0,00266 \qquad E^{\text{iv}} = 0,00738 \qquad F^{\text{iv}} = 0,02606$$
$$\phantom{C^{\text{iv}} = }8,3776495, \qquad \phantom{D^{\text{iv}} = }7,4245580, \qquad \phantom{E^{\text{iv}} = }7,8682242, \qquad \phantom{F^{\text{iv}} = }8,4160224,$$

$$C^{\text{v}} = -0,00511 \qquad D^{\text{v}} = 0,00078 \qquad E^{\text{v}} = -0,04020 \qquad F^{\text{v}} = 0,07839$$
$$\phantom{C^{\text{v}} = }7,7087403, \qquad \phantom{D^{\text{v}} = }6,8913180, \qquad \phantom{E^{\text{v}} = }8,6042337, \qquad \phantom{F^{\text{v}} = }8,8942337.$$

72. Les déterminations précédentes, jointes à celles de A, α, β du n° 53, et de B″, B‴,... du n° 68, fixent les valeurs de toutes les constantes qui entrent dans les expressions complètes des variables s'', u'', s''',... (70); de sorte qu'on pourra calculer les valeurs particulières de ces variables pour un temps donné, et connaître par là la position instantanée des orbites de Mars, de la Terre, de Vénus et de Mercure, par rapport au plan de l'écliptique de 1700 supposé fixe; car on a

$$s'' = \theta'' \sin\omega'', \quad u'' = \theta'' \cos\omega'', \quad s''' = \theta''' \sin\omega''', \quad u''' = \theta''' \cos\omega''', \ldots,$$

où θ'', θ''',... sont les tangentes des inclinaisons, et ω'', ω''',... les longitudes des nœuds ascendants.

Mais ces longitudes sont comptées aussi depuis l'équinoxe de 1700, et par conséquent elles doivent être augmentées toutes de l'angle $50'',3333\,t$, dû à la précession des équinoxes, pour être rapportées au vrai point de l'équinoxe; or on prouve aisément par un raisonnement semblable à celui du n° 65, qu'il suffit pour cela d'augmenter de ce même angle tous ceux qui se trouvent sous les signes de sinus et cosinus dans les expressions de s'', u'', s''', u''',....

73. Voici donc les formules générales pour les inclinaisons et les nœuds des orbites de Mars, de la Terre, de Vénus et de Mercure, rapportées au plan fixe de l'écliptique de 1700, t étant le nombre des années Juliennes écoulées depuis cette époque, ou qui la précèdent si t est négatif.

Soit

$$l = 76°\,21'\,20'' - 50'',3333\,t,$$

$$m = 54°\,44'\,20'' - 24'',7577\,t,$$

$$n = 77°\,43'\,0'' + 29'',4953\,t,$$

$$p = 41°\,34'\,10'' - 32'',8181\,t,$$

$$q = 56°\,31'\,50'' + 42'',6532\,t,$$

$$r = 22°\,14'\,20'' + 45'',1934\,t,$$

on aura

Pour Mars.

$$\tan(\text{incl.}) \times \sin(\text{long. nœud}) = +0{,}02905 \sin l + 0{,}00981 \sin m + 0{,}01281 \sin n$$
$$- 0{,}03807 \sin p - 0{,}00166 \sin q + 0{,}00441 \sin r,$$

$$\tan(\text{incl.}) \times \cos(\text{long. nœud}) = -0{,}02905 \cos l - 0{,}00981 \cos m + 0{,}01281 \cos n$$
$$+ 0{,}03807 \cos p - 0{,}00166 \cos q + 0{,}00441 \cos r;$$

Pour la Terre.

$$\tan(\text{incl.}) \times \sin(\text{long. nœud}) = +9{,}02905 \sin l + 0{,}00363 \sin m - 0{,}03290 \sin n$$
$$- 0{,}00146 \sin p - 0{,}00683 \sin q + 0{,}02012 \sin r,$$

$$\tan(\text{incl.}) \times \cos(\text{long. nœud}) = -0{,}02905 \cos l - 0{,}00363 \cos m - 0{,}03290 \cos n$$
$$+ 0{,}00146 \cos p - 0{,}00683 \cos q + 0{,}02012 \cos r;$$

Pour Vénus.

$$\tan(\text{incl.}) \times \sin(\text{long. nœud}) = +0{,}02905 \sin l - 0{,}00012 \sin m + 0{,}02386 \sin n$$
$$+ 0{,}00266 \sin p - 0{,}00738 \sin q + 0{,}02606 \sin r,$$

$$\tan(\text{incl.}) \times \cos(\text{long. nœud}) = -0{,}02905 \cos l + 0{,}00012 \cos m + 0{,}02386 \cos n$$
$$- 0{,}00266 \cos p - 0{,}00738 \cos q + 0{,}02606 \cos r;$$

Pour Mercure.

$$\tan(\text{incl.}) \times \sin(\text{long. nœud}) = +0{,}02905 \sin l + 0{,}00033 \sin m - 0{,}00511 \sin n$$
$$- 0{,}00078 \sin p - 0{,}02606 \sin q + 0{,}07839 \sin r,$$

$$\tan(\text{incl.}) \times \cos(\text{long. nœud}) = -0{,}02905 \cos l - 0{,}00033 \cos m - 0{,}00511 \cos n$$
$$+ 0{,}00078 \cos p - 0{,}02606 \cos q + 0{,}07839 \cos r.$$

Quoique ces formules ne donnent pas immédiatement les inclinaisons et les nœuds des Planètes, il n'en est pas moins facile de déterminer la valeur de ces éléments pour un temps donné; car on voit que la racine de la somme des carrés des deux formules relatives à chaque Planète donnera la tangente de son inclinaison, et que le quotient des mêmes formules, divisées la première par la seconde, donnera celle de la longitude du nœud. Mais il n'est pas aisé de déterminer, en général, la marche des variations de ces éléments, ni par conséquent d'en fixer les valeurs moyennes, les maxima et minima, les périodes, etc., comme on l'a fait pour Saturne et Jupiter. Ces formules étant semblables à celles des excentricités et des aphélies sont sujettes à cet égard aux mêmes difficultés; mais de même qu'on a trouvé des limites pour les excentricités, on en peut trouver aussi pour les inclinaisons, en prenant simplement la somme de tous les coefficients des sinus ou cosinus sans égard aux signes.

De cette manière on trouvera pour les limites des tangentes des inclinaisons de Mars, de la Terre, de Vénus et de Mercure, les nombres suivants

$$0{,}09581, \quad 0{,}09399, \quad 0{,}08914, \quad 0{,}13972,$$

auxquels répondent les angles

$$5°29', \quad 5°23', \quad 5°6', \quad 7°58'.$$

Ainsi l'on est assuré que les orbites de ces Planètes, quelque variation qu'elles puissent éprouver dans leur position, ne peuvent s'écarter du plan de l'écliptique de 1700 que par des angles d'inclinaison moindres que ceux que nous venons de trouver; et comme le plus grand de ces angles est au-dessous de 8 degrés, largeur ordinaire du zodiaque, il s'ensuit que les Planètes dont il s'agit doivent demeurer éternellement renfermées dans cette enceinte, et que par conséquent la constitution du système solaire est à cet égard aussi inaltérable qu'à celui de la forme des orbites.

On voit aussi par là que l'obliquité de l'écliptique ne pourra jamais différer, de celle qui avait lieu en 1700, que d'un angle moindre que $5°23'$; car en considérant le triangle sphérique formé par l'équateur, par l'écliptique fixe de 1700 et par l'écliptique mobile d'une autre époque quelconque, il est aisé de démontrer par les formules connues que l'angle de cette écliptique mobile avec l'équateur, ou son obliquité, aura pour maximum et minimum la somme et la différence de l'angle de l'écliptique fixe avec l'équateur ou de l'obliquité de 1700, et de l'angle de l'écliptique mobile avec la même écliptique fixe, angle que nous avons vu devoir toujours être au-dessous de $5°23'$; de sorte que cet angle sera en même temps la limite des variations de l'obliquité de l'écliptique par rapport à l'obliquité qui avait lieu en 1700.

74. Les inclinaisons et les nœuds, qui résultent des formules précédentes, répondent aux inclinaisons et aux nœuds que nous avons appelés *moyens*, et dont nous avons déterminé les variations annuelles dans le n° 29. Pour avoir les inclinaisons et les nœuds vrais suivant la dénomination du même numéro, il faut rapporter les orbites des Planètes à l'orbite mobile de la Terre; ce qui est facile d'après ce que nous avons démontré dans le n° 18. Car il ne faut que prendre, pour les valeurs des quantités $\tang(\text{incl.}) \times \sin(\text{long. nœud})$ et $\tang(\text{incl.}) \times \cos(\text{long. nœud})$, les différences des valeurs données par les formules précédentes et de celles qui appartiennent à la Terre. Et de même on aura les inclinaisons et les nœuds vrais de Saturne et Jupiter en retranchant ces dernières valeurs de celles de s, u, s', u' trouvées plus haut (53), après y avoir augmenté tous les angles sous les sinus et cosinus, de l'angle $50'',3333\,t$ dû à la précession des équinoxes.

On aura de cette manière les formules suivantes relatives à l'écliptique vraie et mobile.

Pour Saturne.

$$\tang(\text{incl.}) \times \sin(\text{long. nœud}) = + 0,01174 \sin m + 0,03290 \sin n + 0,00146 \sin p$$
$$+ 0,00683 \sin q - 0,02012 \sin r,$$

$$\tang(\text{incl.}) \times \cos(\text{long. nœud}) = - 0,01174 \cos m + 0,03290 \cos n - 0,00146 \cos p$$
$$+ 0,00683 \cos q - 0,02012 \cos r;$$

Pour Jupiter.

$$\tang(\text{incl.}) \times \sin(\text{long. nœud}) = - 0,01024 \sin m + 0,03290 \sin n + 0,00146 \sin p$$
$$+ 0,00683 \sin q - 0,02012 \sin r,$$

$$\tang(\text{incl.}) \times \cos(\text{long. nœud}) = + 0,01024 \cos m + 0,03290 \cos n - 0,00146 \cos p$$
$$+ 0,00683 \cos q - 0,02012 \cos r;$$

Pour Mars.

$$\tan(\text{incl.}) \times \sin(\text{long. nœud}) = + 0{,}00618 \sin m + 0{,}04571 \sin n - 0{,}03661 \sin p$$
$$+ 0{,}00517 \sin q - 0{,}01571 \sin r,$$

$$\tan(\text{incl.}) \times \cos(\text{long. nœud}) = - 0{,}00618 \cos m + 0{,}04571 \cos n + 0{,}03661 \cos p$$
$$+ 0{,}00517 \cos q - 0{,}01571 \cos r;$$

Pour Vénus.

$$\tan(\text{incl.}) \times \sin(\text{long. nœud}) = - 0{,}00375 \sin m + 0{,}05676 \sin n + 0{,}00412 \sin p$$
$$- 0{,}00056 \sin q + 0{,}00595 \sin r,$$

$$\tan(\text{incl.}) \times \cos(\text{long. nœud}) = + 0{,}00375 \cos m + 0{,}05676 \cos n - 0{,}00412 \cos p$$
$$- 0{,}00056 \cos q + 0{,}00595 \cos r;$$

Pour Mercure.

$$\tan(\text{incl.}) \times \sin(\text{long. nœud}) = - 0{,}00330 \sin m + 0{,}02779 \sin n + 0{,}00068 \sin p$$
$$- 0{,}01924 \sin q + 0{,}05827 \sin r,$$

$$\tan(\text{incl.}) \times \cos(\text{long. nœud}) = + 0{,}00330 \cos m + 0{,}02779 \cos n - 0{,}00068 \cos p$$
$$- 0{,}01924 \cos q + 0{,}05827 \cos r.$$

Déplacement de l'écliptique.

75. Comme les formules du n° 73 donnent la position que l'écliptique doit avoir dans un instant quelconque par rapport à l'écliptique fixe de 1700, rien n'est plus facile que d'en déduire sa position sur l'équateur; mais, vu la petitesse des variations de cette position, on peut les exprimer directement par des formules générales, comme nous l'avons déjà fait voir dans le n° 19, où nous avons trouvé que l'accroissement de l'obliquité est représenté par

$$u''' \cos 50'',3333\, t - s''' \sin 50'',3333\, t,$$

et que le mouvement des points équinoxiaux en longitude l'est par

$$\frac{s''' \cos 50'',3333\, t + u''' \sin 50'',3333\, t}{\tan I},$$

en nommant I l'obliquité de 1700, qui était de 23° 29' à très-peu près; et il est clair par ce que nous avons observé dans le n° 72, que ces deux quantités se réduisent à u''' et $\frac{s'''}{\tang I}$, en augmentant de $50'',3333\,t$ tous les angles sous les signes de sinus et cosinus dans les expressions de u''' et s'''.

Ainsi, en employant les formules du n° 73 relatives à la Terre, on aura

$$\text{variation de l'obliquité} = \tang(\text{incl.}) \times \cos(\text{long. nœud}),$$

$$\text{mouv. des équin. en long.} = \frac{\tang(\text{incl.}) \times \sin(\text{long. nœud})}{\tang. \text{obliq. de } 1700},$$

où il faudra réduire les coefficients numériques en angles, en les multipliant par l'arc égal au rayon.

Voici ces formules réduites en secondes, et présentées de manière que les parties constantes des angles se trouvent en coefficients, ce qui est plus commode à quelques égards.

Diminution de l'obliquité de l'écliptique.

$$1414'' \cos(50'',3333\,t) + 5823'' \sin(50'',3333\,t)$$
$$+ 432'' \cos(24'',7577\,t) + 611'' \sin(24'',7577\,t)$$
$$+ 1444'' \cos(29'',4953\,t) - 6631'' \sin(29'',4953\,t)$$
$$- 225'' \cos(32'',8181\,t) - 200'' \sin(32'',8181\,t)$$
$$+ 776'' \cos(42'',6532\,t) - 1174'' \sin(42'',6532\,t)$$
$$- 3841'' \cos(45'',1934\,t) + 1571'' \sin(45'',1934\,t).$$

Mouvement des équinoxes en longitude.

$$13404'' \cos(50'',3333\,t) - 3253'' \sin(50'',3333\,t)$$
$$+ 1407'' \cos(24'',7577\,t) - 995'' \sin(24'',7577\,t)$$
$$-15263'' \cos(29'',4953\,t) - 3324'' \sin(29'',4953\,t)$$
$$- 460'' \cos(32'',8181\,t) + 518'' \sin(32'',8181\,t)$$
$$- 2703'' \cos(42'',6532\,t) - 1787'' \sin(42'',6532\,t)$$
$$+ 3615'' \cos(45'',1934\,t) + 8841'' \sin(45'',1934\,t).$$

La quantité t exprime toujours le nombre entier ou fractionnaire d'années Juliennes écoulées depuis le commencement de 1700, ou qui ont précédé cette époque en faisant t négatif. Ainsi, comme les formules précédentes sont nulles pour $t = 0$, elles donnent immédiatement les corrections à faire à l'obliquité, et au lieu des équinoxes de 1700 pour avoir la valeur de ces éléments dans une autre époque quelconque éloignée de t années.

76. Ce mouvement des équinoxes produit par le déplacement de l'écliptique doit donc se retrancher du mouvement de précession dû à la rétrogradation de l'équateur; et leur différence formera la précession totale, qui, d'après les observations de Copernic et de Tycho-Brahé, est évaluée à $50''\frac{1}{3}$ par an. Or la formule précédente donne (en y faisant $t = 1$), pour le commencement du siècle, le mouvement annuel des équinoxes de $0'',261$, ce qui s'accorde avec les résultats du n° 29, en y supposant $\mu, \mu', \ldots$ nuls; ainsi la précession due au seul mouvement de l'équateur sera de $50'',594$ par an, et, pour avoir la précession totale pour un temps quelconque, il faudra retrancher de la quantité $50'',594 t$ celle qui résulte du mouvement des équinoxes. Mais, comme la quantité $0'',261$ est plus petite que l'incertitude qui reste encore sur le mouvement annuel des équinoxes déduit des observations, on peut la négliger entièrement, et prendre simplement $50''\frac{1}{3}$ pour la rétrogradation annuelle et uniforme de l'équateur, suivant l'usage ordinaire.

Ainsi, pour réduire les longitudes du Soleil et des autres Planètes au vrai point de l'équinoxe, il suffira de les corriger par la formule que nous venons de trouver pour le mouvement de l'équinoxe en longitude, en retranchant ce mouvement des longitudes calculées à l'ordinaire, mais en ayant égard à la variation des éléments.

Quant aux étoiles fixes, il faudra de plus, pour les rapporter à la vraie écliptique, tenir compte de l'effet de son déplacement relativement aux étoiles; et nous avons donné, dans le n° 19, les formules pour calculer cet effet, dans lesquelles il n'y aura qu'à mettre pour η le mouvement des équinoxes, et pour $-i$ la diminution de l'obliquité de l'écliptique.

On aura donc les corrections suivantes à faire aux longitudes et aux latitudes calculées par rapport à l'écliptique de 1700.

Augmentation de la latitude boréale.

mouvem. des équin.×cos long.× tang obliq. de 1700 + dimin. obliq.× sin long.

Diminution de la longitude.

mouvem. des équin. × (1 − sin long. × tang lat. × tang obliq. 1700)
+ dimin. obliq. × cos long. × tang lat.

77. Comme l'année tropique commence exactement dans l'instant que le Soleil traverse le plan de l'équateur, il est clair que le mouvement des équinoxes en longitude, que nous avons déterminé ci-dessus, doit influer aussi sur le commencement de l'année, ainsi que sur sa durée, à raison des inégalités de ce mouvement; et il est aisé de voir que ce mouvement, réduit en temps en raison du mouvement du Soleil, donnera la quantité dont le commencement de l'année sera retardé; ensuite, la différence de cette quantité d'une année à l'autre exprimera la variation de la durée de l'année.

Pour avoir donc l'expression générale de la variation de l'année, on différentiera la formule donnée ci-dessus pour le mouvement des équinoxes, en faisant varier t et supposant $dt = 1$; mais il faudra auparavant réduire de nouveau les coefficients des sinus et cosinus en parties du rayon, parce que la variable t se trouve elle-même multipliée par des angles, lesquels deviennent coefficients par la différentiation; ensuite il faudra réduire les secondes de degré en secondes de temps, en les multipliant par le rapport de 24^h ou 86400^s au mouvement journalier moyen du Soleil, qui est de $59'8'',3$; ce qui donne le nombre $24,3497$ pour le rapport dont il s'agit. Il faudrait, à la rigueur, prendre, au lieu du mouvement journalier moyen, le mouvement vrai au temps de l'équinoxe, lequel dans ce siècle est plus grand d'environ $3''$; mais, comme cette différence est variable à raison du mouvement de l'apogée du Soleil, nous préférons de la négliger, d'autant plus que sa plus grande valeur n'étant que de 20″, il n'en résulterait pas une seconde de différence dans les coefficients de la formule générale. Il serait, au reste, très-facile d'y avoir égard si on le jugeait nécessaire. Il faudrait aussi, pour plus d'exactitude, comme t est exprimé en nombres d'années Juliennes, faire dt égal au rapport de l'année tropique de $365^j 5^h 48^m 45^s$ à l'année Julienne de $365^j 6^h$; mais, outre que l'année tropique est variable, il ne pourrait jamais résulter de là que des corrections tout à fait insensibles. On aura ainsi la formule suivante

Diminution de l'année.

$19^s,331 \cos(50'',3333\,t) + 79^s,641 \sin(50'',3333\,t)$
$+ 2^s,907 \cos(24'',7577\,t) + 4^s,112 \sin(24'',7577\,t)$
$+ 11^s,573 \cos(29'',4953\,t) - 53^s,144 \sin(29'',4953\,t)$
$- 2^s,008 \cos(32'',8181\,t) - 1^s,781 \sin(32'',8181\,t)$
$+ 8^s,999 \cos(42'',6532\,t) - 13^s,612 \sin(42'',6532\,t)$
$- 47^s,166 \cos(45'',1934\,t) + 19^s,286 \sin(45'',1934\,t)$.

La valeur de cette formule étant retranchée de la longueur moyenne de l'année, on aura la longueur vraie, donnée par l'observation. Or, en faisant $t = 0$, ce qui répond à 1700, la formule donne $-6^s,364$; ainsi $6^s,364$, ajoutées à l'année moyenne, donneront la longueur de l'année 1700, et réciproquement si on les retranche de celle-ci on aura celle-là.

D'où je conclus qu'en ajoutant $6^s,364$ à la formule précédente, on aura la quantité dont l'année tropique doit diminuer dans l'espace de t années Juliennes comptées depuis 1700 en prenant t positif, ou avant cette époque en faisant t négatif, c'est-à-dire la quantité qu'on doit retrancher de la longueur de l'année 1700 pour avoir celle de l'année $t^{ième}$.

Cette formule donne, pour l'espace de plusieurs siècles, une diminution dans la longueur de l'année, laquelle peut aller à deux minutes et au delà; ce qui paraît conforme aux observations anciennes, qui, comme l'a remarqué M. Bailly, s'accordent toutes à faire l'année plus longue de quelques minutes qu'elle ne l'est aujourd'hui; mais, en général, elle n'indique que des alternatives de diminution et d'augmentation, dont il serait difficile de fixer les périodes et les maxima et minima. On peut cependant avoir une limite de ces variations en ajoutant ensemble les racines de la somme des carrés des coefficients des sinus et cosinus correspondants; car on sait que le maximum de toute expression de la forme $A\sin\varphi + B\cos\varphi$ est $\sqrt{A^2+B^2}$. De cette manière on trouve, pour la limite cherchée, $217^s,7$; de sorte qu'on est assuré que la longueur de l'année ne peut varier que d'une quantité moindre que $3^m 40^s$.

Au reste le moyen, par lequel nous venons de déterminer les variations de l'année, est le seul que la Théorie de la gravitation puisse fournir pour expliquer ce phénomène; car, quant à l'année sidérale, ou la durée de la révolution même de la Terre autour du Soleil, nous avons démontré rigoureusement qu'elle n'est susceptible d'aucune inégalité séculaire et indépendante de la situation respective des Planètes (première Partie, n° 36); si donc les observations pouvaient jamais découvrir dans la longueur de l'année des changements plus grands ou d'un autre genre que ceux que nous venons d'assigner, il en faudrait chercher la cause ailleurs que dans la gravitation des corps célestes; mais ce point est un de ceux dont la décision est réservée aux générations futures.

78. Telles sont les formules générales des variations séculaires pour les six Planètes principales. Ces formules ne sont point limitées à un certain espace de temps, mais ont lieu pour un temps indéfini, parce que, ne s'y trouvant aucun terme qui soit susceptible d'augmenter à l'infini, les variables supposées très-petites dans les équations différentielles, telles que les excentricités et les inclinaisons des orbites, restent en effet toujours fort petites; et comme cette supposition est la seule que nous nous soyons permise dans ces équations pour les simplifier, qu'ensuite leur intégration est entièrement rigoureuse, il ne peut rester aucun doute sur la légitimité et la généralité de notre solution appliquée au système solaire. Il n'y a qu'une seule circonstance qui puisse empêcher que les formules que nous venons de trouver n'aient toute la perfection dont elles sont susceptibles : c'est l'incertitude qui reste encore dans les valeurs des masses des Planètes, dont quelques-unes n'ont pu être déter-

minées que d'une manière hypothétique. Un petit changement dans ces déterminations en produirait un du même ordre dans les coefficients numériques des formules; et il faudrait chercher les nouveaux coefficients par un calcul semblable à celui que nous avons fait; mais la forme des expressions n'en serait point altérée, et il n'y aurait point à craindre, comme nous l'avons prouvé, que des arcs de cercle pussent s'y glisser et les rendre insuffisantes. Quant aux autres données du Problème, les distances moyennes des Planètes au Soleil et leur position dans une époque donnée, elles sont connues avec assez de précision pour n'avoir besoin d'aucune correction sensible; et comme nous avons rigoureusement démontré que ces distances sont invariables, on peut regarder la solution précédente comme à l'abri de toute atteinte de ce côté.

Cette constance des distances moyennes, et celle des moyens mouvements qui en est la suite, sont le résultat le plus intéressant de notre analyse, et le point le plus remarquable du Système du monde. Les Planètes, en vertu de leur attraction mutuelle, changent insensiblement la forme et la position de leurs orbites, mais sans sortir de certaines limites; leurs grands axes seuls demeurent inaltérables; du moins la Théorie de la gravitation n'y montre que des altérations périodiques et dépendantes des positions respectives des Planètes, et n'en indique aucune du genre des séculaires, soit constamment croissantes, soit simplement périodiques, mais d'une période très-longue et indépendante de la situation des Planètes, comme celles que la même Théorie donne dans les autres éléments de l'orbite, et que nous venons de déterminer. Nous avions déjà démontré cette propriété des grands axes dans les *Mémoires* de 1776; mais la démonstration que nous en avons donnée dans la première Partie de ces Recherches est en quelque manière plus générale et plus complète, parce que nous y avons considéré tous les éléments de l'orbite comme variables à la fois, et que nous avons eu égard aux effets de cette variabilité avec tout le scrupule nécessaire dans une matière si délicate.

THÉORIE
DES VARIATIONS PÉRIODIQUES
DES MOUVEMENTS DES PLANÈTES.

PREMIÈRE PARTIE
CONTENANT LES FORMULES GÉNÉRALES DE CES VARIATIONS.

THÉORIE
DES VARIATIONS PÉRIODIQUES
DES MOUVEMENTS DES PLANÈTES.

PREMIÈRE PARTIE
CONTENANT LES FORMULES GÉNÉRALES DE CES VARIATIONS.

(*Nouveaux Mémoires de l'Académie royale des Sciences et Belles-Lettres de Berlin*, année 1783.)

Après avoir donné dans la *Théorie des variations séculaires* la partie la plus importante et la plus difficile du Calcul des perturbations des Planètes, j'ai cru devoir compléter ce Calcul, en donnant aussi l'autre partie qui concerne les variations périodiques.

Plusieurs Géomètres se sont déjà occupés de ce dernier objet; mais leurs travaux se trouvent épars dans divers Ouvrages, et les résultats de ces travaux, dépendant de méthodes et de données différentes, présentent une variété embarrassante pour les Astronomes qui voudraient en faire usage. D'ailleurs ils n'ont point tenu compte de l'effet des variations séculaires, et, quoique cet effet ne puisse être que très-petit, la rigueur ne permet pas de le négliger, sans avoir auparavant démontré qu'il n'en saurait résulter que des altérations insensibles dans le mouvement des Planètes.

L'Analyse par laquelle nous avons déterminé les variations séculaires donne aussi directement les variations périodiques; car nous avons commencé par réduire tout l'effet des perturbations à la variation des éléments des orbites; nous avons ensuite séparé ce qui, dans ces variations, n'était que périodique de ce qui était indépendant des lieux des Planètes; et cette dernière Partie nous a donné les variations séculaires qui affectent immédiatement et continuellement les dimensions et la position des orbites elliptiques. Il ne s'agit donc que d'avoir égard à la partie périodique des variations de ces mêmes éléments, et de tenir compte des termes négligés dans le premier calcul. On aura par là les variations totales des éléments des Planètes causées par leur attraction mutuelle; et, en employant les éléments corrigés par ces variations, on pourra calculer pour chaque instant les lieux des Planètes par les règles ordinaires.

A la vérité, comme les variations périodiques demeurent toujours très-petites et n'ont, pour ainsi dire, qu'un effet passager et alternatif, il est peu important pour l'Astronomie de connaître en particulier les altérations qui en résultent dans chacun des éléments des orbites; et il suffit d'avoir l'effet total de ces variations sur les lieux des Planètes. Aussi les Astronomes sont-ils dans l'usage de regarder les orbites comme constantes relativement aux variations périodiques, et de ne traiter ces variations que comme des corrections à faire aux lieux elliptiques calculés par les règles ordinaires. Mais après avoir déterminé par nos formules générales la partie périodique des variations des éléments, rien ne sera plus facile que d'en conclure les inégalités du rayon vecteur, de la longitude et de la latitude. Il est vrai qu'on peut calculer ces inégalités d'une manière plus simple, en les déduisant immédiatement des équations différentielles de l'orbite; mais cette méthode a, d'un autre côté, l'inconvénient de ne donner les variations séculaires qu'indirectement et par des réductions particulières; et ne doit-il pas être plus satisfaisant de trouver toutes les inégalités du mouvement des Planètes par une même analyse et par des procédés directs et uniformes?

1. Nous nous proposons donc ici d'appliquer à la détermination des inégalités périodiques des Planètes les formules générales trouvées dans

la première Partie de la *Théorie des variations séculaires;* mais auparavant il est bon de faire à ces formules un changement qui servira à les rendre plus simples et plus exactes à quelques égards, sans influer d'ailleurs en rien sur les résultats trouvés pour les variations séculaires. Ce changement est relatif à la manière dont nous avons déterminé l'anomalie vraie par l'anomalie moyenne dans une ellipse dont les éléments sont variables; voici en quoi il consiste.

Après être parvenus dans le n° 30 de la Partie citée à l'équation différentielle

$$dq + \beta \sin q\, dq + \gamma \cos q\, dq + \delta \sin 2q\, dq + \varepsilon \cos 2q\, dq + \ldots = dp,$$

dans laquelle p est l'angle du mouvement moyen, q celui du mouvement vrai, et $\beta, \gamma, \delta, \ldots$ des coefficients dépendant des éléments de l'ellipse, nous avons intégré le premier membre par approximation, et nous avons obtenu la formule

$$q - (\beta)\cos q + (\gamma)\sin q - \frac{1}{2}(\delta)\cos 2q + \frac{1}{2}(\varepsilon)\sin 2q - \ldots = p,$$

d'où nous avons ensuite déduit la valeur de q en p.

J'ai reconnu depuis qu'au lieu de cette approximation il vaut mieux laisser le premier membre de l'intégrale sous la forme qu'il aurait si les éléments étaient constants, et appliquer à la valeur de p, qui constitue le second membre, les corrections résultantes de la variabilité des mêmes éléments.

Ainsi, en faisant

$$d\Sigma = -\cos q\, d\beta + \sin q\, d\gamma - \frac{1}{2}\cos 2q\, d\delta + \frac{1}{2}\sin 2q\, d\varepsilon - \ldots,$$

et ajoutant cette équation à l'équation différentielle ci-dessus, on aura, après l'intégration, cette formule

$$q - \beta \cos q + \gamma \sin q - \frac{1}{2}\delta \cos 2q + \frac{1}{2}\varepsilon \sin 2q - \ldots = p + \Sigma,$$

qu'on voit être de la même forme que la précédente, les coefficients (β), (γ), (δ),... étant changés en $\beta, \gamma, \delta,\ldots$, et la variable p en $p + \Sigma$.

On fera donc ces mêmes changements dans les autres formules dépendantes de celle-ci; et par conséquent les quantités m et n des n°s 38 et suivants se réduiront d'abord à M et N, réduction que nous avons faite aussi dans le n° 49, mais d'après la considération de la petitesse des forces perturbatrices dont nous avons négligé les carrés. Par cette considération, on pourra donc aussi négliger dans les formules des variations des éléments la quantité Σ, ou du moins la partie périodique de cette quantité, l'autre partie proportionnelle à p se confondant avec le mouvement moyen; de sorte que les équations différentielles des n°s 40 et 50 demeureront les mêmes; et toute la Théorie des variations séculaires des éléments des orbites planétaires subsistera en son entier.

A l'égard de la quantité Σ, il est clair qu'elle représentera la variation du mouvement moyen due aux forces perturbatrices, variation indépendante du grand axe de l'ellipse, et qu'on pourra rapporter à l'époque du moyen mouvement, laquelle, dans les orbites invariables, contient la sixième constante arbitraire des intégrales, et par conséquent le sixième élément du mouvement elliptique.

2. Pour avoir donc la formule de cette variation, il faut d'abord connaître les valeurs des coefficients β, γ, δ,... en M, N, P, Q, R; or, par le n° 30 de l'Ouvrage cité, on voit que la série

$$\alpha(1 + \beta \sin q + \gamma \cos q + \delta \sin 2q + \varepsilon \cos 2q + \zeta \sin 3q + \eta \cos 3q + \ldots)$$

résulte du développement de la fraction

$$\left[g\sqrt{R^2 + (Q\sin q - P\cos q)^2} + C\sin q - B\cos q\right]^{-2},$$

dans laquelle (n°s 8, 29)

$$B = RN - PL, \quad C = -RM - QL$$

et

$$L = \frac{MQ - NP}{R},$$

et l'on trouve par les méthodes ordinaires, en poussant l'approximation jusqu'aux troisièmes dimensions de M, N, P, Q, et faisant $g=1$ conformément au n° 37 du même Ouvrage,

$$\beta = 2M - \frac{NPQ}{2R^2} + \frac{M(3Q^2+P^2)}{4R^2},$$

$$\gamma = 2N - \frac{MPQ}{2R^2} + \frac{N(3P^2+Q^2)}{4R^2},$$

$$\delta = 3MN + \frac{PQ}{R^2},$$

$$\varepsilon = \frac{3(N^2-M^2)}{2} + \frac{Q^2-P^2}{2R^2},$$

$$\zeta = 3MN^2 - M^3 + \frac{3M(Q^2-P^2)}{4R^2} + \frac{3NPQ}{2R^2},$$

$$\eta = N^3 - 3NM^2 + \frac{3N(Q^2-P^2)}{4R^2} - \frac{3MPQ}{2R^2}.$$

Après avoir différentié ces valeurs, on y substituera pour dM, dN, dP, dQ, dR celles que nous avons données dans les n°s 17 et 41 de l'Ouvrage cité ; on aura ainsi les expressions de $d\beta$, $d\gamma$, $d\delta$,..., qu'il faudra substituer dans celle de $d\Sigma$ du numéro précédent.

3. Si dans cette expression de $d\Sigma$ on veut se contenter d'avoir égard aux premières dimensions des quantités M, N, P, Q, ainsi que nous l'avons fait dans les formules des variations des éléments de l'orbite, il suffira alors d'avoir égard aux secondes dimensions de ces quantités dans les valeurs de β, γ,..., ce qui les réduira à celles-ci

$$\beta = 2M, \quad \gamma = 2N, \quad \delta = 3MN + \frac{PQ}{R^2}, \quad \varepsilon = \frac{3(N^2-M^2)}{2} + \frac{Q^2-P^2}{2R^2}, \quad \zeta = 0,\ldots;$$

et, comme les valeurs de dP et dQ contiennent déjà les premières dimensions de P et Q (ainsi qu'on le voit par les formules du n° 39), il est clair qu'on pourra négliger les différences des termes $\frac{PQ}{R^2}$ et $\frac{Q^2-P^2}{2R^2}$. On aura ainsi, après les substitutions, et en n'employant pour $d\mathrm{N}$ et $d\mathrm{M}$ que les valeurs du n° 42 du même Ouvrage,

$$d\Sigma = 2r^2 \frac{d\Omega}{dr} dq + 2 \frac{d\Omega}{dq} dr + 3r \frac{d\Omega}{dq} (\mathrm{N}\sin q - \mathrm{M}\cos q) dq$$
$$+ \frac{3r^2}{2} \frac{d\Omega}{dr} (\mathrm{M}\sin q + \mathrm{N}\cos q) dq + \frac{3}{2} \frac{d\Omega}{dq} (\mathrm{M}\sin q + \mathrm{N}\cos q) dr;$$

et il n'y aura plus qu'à faire les autres substitutions de ce dernier numéro, en se souvenant d'y changer m, n en M, N, et p en $p + \Sigma$.

4. Dénotons par $\bar{p}$ la valeur moyenne de l'angle $p + \Sigma$, c'est-à-dire la partie indépendante des sinus et cosinus, et proportionnelle au temps; et par $\bar{r}$ le demi-grand axe de l'ellipse invariable dans laquelle le mouvement moyen serait $\bar{p}$, en sorte que l'on ait $dp = \dfrac{dt}{\bar{r}^{\frac{3}{2}}}$; il est clair que, dans les termes dus aux forces perturbatrices, on pourra mettre partout $\bar{p}$ au lieu de $p + \Sigma$, et $\bar{r}$ au lieu de $\dfrac{1}{\Delta}$ demi-grand axe de l'ellipse variable (37), du moins en tant qu'on néglige les carrés de ces forces, comme on l'a toujours pratiqué dans la Théorie des perturbations des corps célestes.

Ainsi les substitutions dont il s'agit se réduiront à faire

$$q = \bar{p} + 2\mathrm{M}\cos\bar{p} - 2\mathrm{N}\sin\bar{p}, \quad dq = (1 - 2\mathrm{M}\sin\bar{p} - 2\mathrm{N}\cos\bar{p}) d\bar{p},$$
$$r = \bar{r}(1 + \mathrm{M}\sin\bar{p} + \mathrm{N}\cos\bar{p}), \quad dr = \bar{r}(\mathrm{M}\cos\bar{p} - \mathrm{N}\sin\bar{p}) d\bar{p},$$

$$\frac{d\Omega}{dr} = \frac{d\Omega}{d\bar{r}} + \bar{r}\frac{d^2\Omega}{d\bar{r}^2} (\mathrm{M}\sin\bar{p} + \mathrm{N}\cos\bar{p})$$
$$+ \bar{r}' \frac{d^2\Omega}{d\bar{r} d\bar{r}'} (\mathrm{M}'\sin\bar{p}' + \mathrm{N}'\cos\bar{p}') + \ldots$$
$$+ 2 \frac{d^2\Omega}{d\bar{r} d\bar{p}} (\mathrm{M}\cos\bar{p} - \mathrm{N}\sin\bar{p})$$
$$+ 2 \frac{d^2\Omega}{d\bar{r} d\bar{p}'} (\mathrm{M}'\cos\bar{p}' - \mathrm{N}'\sin\bar{p}') + \ldots,$$

DES MOUVEMENTS DES PLANÈTES.

$$\frac{d\Omega}{dq} = \frac{d\Omega}{d\bar{p}} + \bar{r}\frac{d^2\Omega}{d\bar{r}\,d\bar{p}} (\mathrm{M}\sin\bar{p} + \mathrm{N}\cos\bar{p})$$

$$+ \bar{r}'\frac{d^2\Omega}{d\bar{r}'\,d\bar{p}} (\mathrm{M}'\sin\bar{p}' + \mathrm{N}'\cos\bar{p}') + \ldots$$

$$+ 2\frac{d^2\Omega}{d\bar{p}^2} (\mathrm{M}\cos\bar{p} - \mathrm{N}\sin\bar{p})$$

$$+ 2\frac{d^2\Omega}{d\bar{p}\,d\bar{p}'} (\mathrm{M}'\cos\bar{p}' - \mathrm{N}'\sin\bar{p}') + \ldots,$$

$$\Omega = \mathrm{T}'\left[\frac{\bar{r}\cos(\bar{p}-\bar{p}')}{\bar{r}'^2} - \frac{1}{\sqrt{\bar{r}^2 - 2\bar{r}\bar{r}'\cos(\bar{p}-\bar{p}') + \bar{r}'^2}}\right]$$

$$+ \mathrm{T}''\left[\frac{\bar{r}\cos(\bar{p}-\bar{p}'')}{\bar{r}''^2} - \frac{1}{\sqrt{\bar{r}^2 - 2\bar{r}\bar{r}''\cos(\bar{p}-\bar{p}'') + \bar{r}''^2}}\right]$$

$$+ \ldots\ldots\ldots\ldots\ldots\ldots\ldots\ldots\ldots\ldots$$

Négligeant donc dans ces substitutions les secondes dimensions des quantités M, N, M', N', ..., et changeant les lettres M, N en x, y, ainsi que nous l'avons fait dans le n° 50 de l'Ouvrage cité, on aura pour la variation de Σ cette formule

$$d\Sigma = 2\bar{r}^2\frac{d\Omega}{d\bar{r}}d\bar{p} + \left(2\bar{r}^3\frac{d^2\Omega}{d\bar{r}^2} + \frac{3\bar{r}^2}{2}\frac{d\Omega}{d\bar{r}}\right)(x\sin\bar{p} + y\cos\bar{p})d\bar{p}$$

$$+ 2\bar{r}^2\bar{r}'\frac{d^2\Omega}{d\bar{r}\,d\bar{r}'} (x'\sin\bar{p}' + y'\cos\bar{p}')d\bar{p}$$

$$+ 2\bar{r}^2\bar{r}''\frac{d^2\Omega}{d\bar{r}\,d\bar{r}''} (x''\sin\bar{p}'' + y''\cos\bar{p}'')d\bar{p} + \ldots$$

$$+ \left(4\bar{r}^2\frac{d^2\Omega}{d\bar{r}\,d\bar{p}} - \bar{r}\frac{d\Omega}{d\bar{p}}\right)(x\cos\bar{p} - y\sin\bar{p})d\bar{p}$$

$$+ 4\bar{r}^2\frac{d^2\Omega}{d\bar{r}\,d\bar{p}'} (x'\cos\bar{p}' - y'\sin\bar{p}')d\bar{p}$$

$$+ 4\bar{r}^2\frac{d^2\Omega}{d\bar{r}\,d\bar{p}''} (x''\cos\bar{p}'' - y''\sin\bar{p}'')d\bar{p} + \ldots,$$

dans laquelle il ne s'agira plus que de substituer la valeur précédente de Ω.

5. Mais, pour avoir une formule intégrable, il est nécessaire de réduire en série les radicaux qui entrent dans l'expression de Ω; on supposera donc

$$[\bar{r}^2 - 2\bar{r}\bar{r}'\cos(\bar{p}-\bar{p}') + \bar{r}'^2]^{-\frac{1}{2}} = [\bar{r}, \bar{r}'] + [\bar{r}, \bar{r}']_1 \cos(\bar{p}-\bar{p}') + [\bar{r}, \bar{r}']_2 \cos 2(\bar{p}-\bar{p}') + [\bar{r}, \bar{r}']_3 \cos 3(\bar{p}-\bar{p}') + \ldots,$$

et ainsi des autres radicaux semblables; alors l'expression de $d\Sigma$ se trouvera composée de termes tous intégrables, dont les uns, simplement proportionnels à $d\bar{p}$, seront

$$-2\mathrm{T}'\bar{r}^2 \frac{d[\bar{r}, \bar{r}']}{d\bar{r}'} d\bar{p} - 2\mathrm{T}''\bar{r}^2 \frac{d[\bar{r}, \bar{r}'']}{d\bar{r}''} d\bar{p} - \ldots,$$

et dont les autres contiendront tous des sinus ou cosinus des angles $\bar{p}, \bar{p}', \bar{p}'',\ldots$, et donneront par conséquent la partie périodique de la valeur de Σ.

Quant aux premiers termes, nous verrons ci-après comment, étant joints à un terme semblable provenant de la valeur de p, il en résulte le terme unique $\bar{p}$ que nous avons supposé représenter la partie uniforme du mouvement moyen $p + \Sigma$ dans l'ellipse variable.

Ainsi, tant qu'on n'a égard qu'aux premières dimensions des excentricités et des inclinaisons, auxquelles les quantités M, N, $\frac{\mathrm{P}}{\mathrm{R}}$, $\frac{\mathrm{Q}}{\mathrm{R}}$, ou x, y, s, u sont proportionnelles, on ne trouve point de variation séculaire dans le mouvement moyen des Planètes; mais, si l'on poussait l'approximation jusqu'aux secondes dimensions de ces quantités dans l'expression de $d\Sigma$, on trouverait alors des termes proportionnels à $d\bar{p}$ et indépendants des sinus et cosinus de $\bar{p}, \bar{p}',\ldots$, lesquels auraient pour coefficients les quantités

$$x^2 + y^2, \quad x'^2 + y'^2, \quad xx' + yy',\ldots, \quad s^2 + u^2, \quad s'^2 + u'^2, \quad ss' + uu',\ldots;$$

ces termes donneraient donc, par la substitution des valeurs de x, y, x', y',…, s, u, s', u',… relatives à chaque Planète, des variations séculaires dans leur mouvement moyen, variations qui n'affecteraient que le mouvement circulatoire dans l'ellipse variable, mais nullement le demi-grand axe ou la distance moyenne. Comme cet objet est de la plus grande importance dans la Théorie des Planètes, je me propose de le discuter à fond dans une autre occasion (*).

6. Si dans l'expression de $d\Sigma$ du n° 4 on néglige les termes où se trouvent les quantités $x, y, x', y',\ldots$ dues aux excentricités des orbites, elle se réduit à celle-ci

$$= 2\bar{r}^2 \frac{d\Omega}{d\bar{r}} d\bar{p}$$

$$= -2\bar{r}^2 T'\left[\frac{d[\bar{r},\bar{r}']}{d\bar{r}} + \left(\frac{d[\bar{r},\bar{r}']_1}{d\bar{r}} - \frac{1}{\bar{r}'^2}\right)\cos(\bar{p}-\bar{p}') + \frac{d[\bar{r},\bar{r}']_2}{d\bar{r}}\cos 2(\bar{p}-\bar{p}') + \ldots\right] d\bar{p}$$

$$- 2\bar{r}^2 T''\left[\frac{d[\bar{r},\bar{r}'']}{d\bar{r}} + \left(\frac{d[\bar{r},\bar{r}'']_1}{d\bar{r}} - \frac{1}{\bar{r}''^2}\right)\cos(\bar{p}-\bar{p}'') + \frac{d[\bar{r},\bar{r}'']_2}{d\bar{r}}\cos 2(\bar{p}-\bar{p}'') + \ldots\right] d\bar{p}$$

$$-\ldots\ldots\ldots\ldots\ldots\ldots\ldots\ldots\ldots\ldots\ldots\ldots\ldots\ldots\ldots\ldots\ldots\ldots\ldots$$

Soient

$$d\bar{p} - d\bar{p}' = n' d\bar{p}, \quad d\bar{p} - d\bar{p}'' = n'' d\bar{p},\ldots,$$

les coefficients $n', n'',\ldots$ étant constants et donnés par les rapports connus des mouvements moyens des Planètes $\left[\text{puisque } d\bar{p} = \frac{dt}{\bar{r}^{\frac{3}{2}}}, d\bar{p}' = \frac{dt}{\bar{r}'^{\frac{3}{2}}},\ldots,\right.$ n' sera $= 1 - \left(\frac{\bar{r}}{\bar{r}'}\right)^{\frac{3}{2}}, n'' = 1 - \left(\frac{\bar{r}}{\bar{r}''}\right)^{\frac{3}{2}},\ldots\bigg]$; on aura, en substituant pour $d\bar{p}, \frac{d\bar{p}-d\bar{p}'}{n'}$, ou $\frac{d\bar{p}-d\bar{p}''}{n''}$, ou $\ldots$, une équation intégrable, et dont l'intégrale sera

$$\Sigma = -2\bar{r}^2 \left(T'\frac{d[\bar{r},\bar{r}']}{d\bar{r}} + T''\frac{d[\bar{r},\bar{r}'']}{d\bar{r}} + \ldots\right)\bar{p}$$

$$- \frac{2\bar{r}^2 T'}{n'}\left[\left(\frac{d[\bar{r},\bar{r}']_1}{d\bar{r}} - \frac{1}{\bar{r}'^2}\right)\sin(\bar{p}-\bar{p}') + \frac{1}{2}\frac{d[\bar{r},\bar{r}']_2}{d\bar{r}}\sin 2(\bar{p}-\bar{p}') + \ldots\right]$$

$$- \frac{2\bar{r}^2 T''}{n''}\left[\left(\frac{d[\bar{r},\bar{r}'']_1}{d\bar{r}} - \frac{1}{\bar{r}''^2}\right)\sin(\bar{p}-\bar{p}'') + \frac{1}{2}\frac{d[\bar{r},\bar{r}'']_2}{d\bar{r}}\sin 2(\bar{p}-\bar{p}'') + \ldots\right]$$

$$-\ldots\ldots\ldots\ldots\ldots\ldots\ldots\ldots\ldots\ldots\ldots\ldots\ldots\ldots\ldots\ldots\ldots\ldots$$

(*) *Voir* le Mémoire *Sur les variations séculaires des mouvements moyens des Planètes*, page 381 de ce volume. (*Note de l'Éditeur.*)

7. Si l'on voulait aussi tenir compte des excentricités dans la valeur de Σ, il n'y aurait qu'à substituer dans l'expression de $d\Sigma$ les valeurs de x, y, x', y',... déterminées dans la Théorie des variations séculaires; ce qui ne donnerait que des termes en sinus et cosinus d'angles proportionnels à t ou p, et par conséquent tous intégrables.

Mais pour simplifier ce calcul on remarquera :

1° Que l'on peut regarder les quantités x, y, x',... comme constantes, puisque leurs différentielles étant de l'ordre des forces perturbatrices doivent être négligées, par la raison que ces quantités se trouvent ici déjà multipliées par la quantité Ω, qui est aussi du même ordre.

2° Qu'à cause de la petitesse des termes dont il s'agit, il suffira d'avoir égard à ceux qui pourront augmenter beaucoup par l'intégration; et il est clair que ce sont les termes qui contiendront des sinus ou cosinus d'angles dont la variation sera très-petite vis-à-vis de celle de l'angle $\bar{p}$; car si, par exemple, Π désigne un de ces angles, et que $d\Pi = \nu d\bar{p}$, ν étant un coefficient fort petit, la première intégration introduira au dénominateur le coefficient ν, et la seconde y introduira le carré ν^2. Comme l'angle Π ne peut être composé que de multiples des angles $\bar{p}$, $\bar{p}'$, $\bar{p}''$,... joints ensemble par les signes $+$ ou $-$, ce n'est que par les rapports connus des mouvements moyens des Planètes qu'on pourra juger dans chaque cas de la valeur du coefficient ν; il faudra donc un examen particulier pour chaque Planète dont on voudra calculer les perturbations.

3° Que, s'il arrivait que le coefficient ν fût très-petit du même ordre que les coefficients de t dans les sinus ou cosinus des valeurs de x, y, x', y',..., il faudrait alors, dans les termes qui contiendraient les sinus ou cosinus de Π, substituer immédiatement ces valeurs, et intégrer ensuite, après avoir réduit les produits des sinus et cosinus en sinus et cosinus simples. Mais ce cas ne paraît pas pouvoir exister dans notre Système planétaire.

8. Considérons maintenant les variations du demi-grand axe de l'ellipse. Nous avons trouvé, dans le n° 35 de la Théorie citée, que ce grand axe est constant, relativement aux variations séculaires; mais il ne l'est plus lorsqu'on a égard aux variations périodiques. Car la quantité Δ, qui est en raison inverse du demi-grand axe, est telle que

$$d\Delta = 2(d\Omega),$$

en désignant par $(d\Omega)$ la différentielle partielle de la fonction Ω, relativement aux seules variables de la Planète troublée; par conséquent cette quantité sera essentiellement variable, mais ses variations ne seront que périodiques, puisque l'expression de $(d\Omega)$ ne peut contenir que des termes affectés de sinus et cosinus.

Prenons pour un moment r pour dénoter le demi-grand axe de l'ellipse variable dans laquelle p est l'angle du mouvement moyen; on aura par les n^{os} **34** et **37** de la Théorie citée

$$r = \frac{1}{\Delta}, \quad \frac{dp}{dt} = \Delta^{\frac{3}{2}}.$$

Donc : 1°

$$d\frac{1}{r} = 2(d\Omega),$$

et, intégrant,

$$\frac{1}{r} = \frac{1}{\bar{r}} + 2\int(d\Omega).$$

La quantité $\frac{1}{\bar{r}}$ est une constante arbitraire qui serait égale à la valeur moyenne de $\frac{1}{r}$, si l'intégrale $\int(d\Omega)$ ne contenait aucun terme constant. Mais nous supposerons que cette intégrale contienne encore une petite constante arbitraire, que nous déterminerons en sorte que le mouvement moyen dans l'ellipse qui aurait $\bar{r}$ pour demi-grand axe soit le même que la partie uniforme $\bar{p}$ de l'angle $p+\Sigma$, conformément à ce que nous avons supposé dans le n° **4**.

Si donc on fait $r = \bar{r} + \rho$, la quantité ρ exprimant ainsi les variations périodiques du demi-grand axe, et qu'on néglige les secondes puissances de cette quantité, on aura

$$\rho = -2\bar{r}^2 \int(d\Omega).$$

2° On aura par conséquent

$$dp = \frac{dt}{r^{\frac{3}{2}}} = \frac{dt}{\bar{r}^{\frac{3}{2}}} - \frac{3\rho\, dt}{2\bar{r}^{\frac{5}{2}}}.$$

Mais $\dfrac{dt}{\bar{r}^{\frac{3}{2}}}$ est la valeur de dp qui aurait lieu dans l'ellipse dont le demi-grand axe serait $\bar{r}$, et que nous avons déjà désignée par $d\bar{p}$; donc, intégrant,

$$p = \bar{p} - \dfrac{3}{2\bar{r}^{\frac{5}{2}}} \int \rho\, dt = \bar{p} + 3\bar{r} \int d\bar{p} \int (d\Omega).$$

Donc, si l'on fait $p + \Sigma = \bar{p} + \varpi$, la quantité ϖ exprimant la partie périodique de l'angle $p + \Sigma$, on aura

$$\varpi = \Sigma + 3\bar{r} \int d\bar{p} \int (d\Omega);$$

et il faudra que dans cette expression il n'entre aucun terme proportionnel à $\bar{p}$.

9. Il ne s'agit maintenant que d'évaluer la quantité $(d\Omega)$. Or on a vu dans le n° 41 de la Théorie citée que cette quantité est réductible à la forme

$$\dfrac{d\Omega}{dr}\, dr + \dfrac{d\Omega}{dq}\, dq + \dfrac{d\Omega}{dz}\, dz,$$

r étant ici le rayon vecteur de l'orbite; donc, négligeant le terme $\dfrac{d\Omega}{dz} dz$ parce qu'il contiendrait les secondes puissances des inclinaisons des orbites, et faisant dans les autres les mêmes substitutions et réductions que dans le n° 4 ci-dessus, on aura

$$(d\Omega) = \dfrac{d\Omega}{d\bar{p}}\, d\bar{p} + \left(\bar{r}\dfrac{d^2\Omega}{d\bar{r}\, d\bar{p}} - 2\dfrac{d\Omega}{d\bar{p}} \right) (x\sin\bar{p} + y\cos\bar{p})\, d\bar{p}$$
$$+ \bar{r}'\dfrac{d^2\Omega}{d\bar{r}'\, d\bar{p}}\, (x'\sin\bar{p}' + y'\cos\bar{p}')\, d\bar{p}$$
$$+ \bar{r}''\dfrac{d^2\Omega}{d\bar{r}''\, d\bar{p}}\, (x''\sin\bar{p}'' + y''\cos\bar{p}'')\, d\bar{p} + \ldots$$
$$+ \left(2\dfrac{d^2\Omega}{d\bar{p}^2} + \bar{r}'\dfrac{d\Omega}{d\bar{r}} \right) (x\cos\bar{p} - y\sin\bar{p})\, d\bar{p}$$
$$+ 2\dfrac{d^2\Omega}{d\bar{p}\, d\bar{p}'}\, (x'\cos\bar{p}' - y'\sin\bar{p}')\, d\bar{p}$$
$$+ 2\dfrac{d^2\Omega}{d\bar{p}\, d\bar{p}''}\, (x''\cos\bar{p}'' - y''\sin\bar{p}'')\, d\bar{p} + \ldots.$$

Et l'on intégrera cette formule d'une manière semblable à celle que nous avons indiquée plus haut pour l'intégration de la différentielle $d\Sigma$.

10. Si l'on néglige les excentricités et par conséquent les quantités $x, y, x', y', \ldots$ qui en dépendent, on aura simplement

$$(d\Omega) = \frac{d\Omega}{d\bar{p}} d\bar{p}.$$

Cette différentielle est intégrable rigoureusement; car en substituant la valeur de Ω du n° 4 ci-dessus, et faisant comme dans le n° 6

$$d\bar{p} = \frac{d\bar{p} - d\bar{p}'}{n'} = \frac{d\bar{p} - d\bar{p}''}{n''} = \ldots,$$

on aura

$$\int (d\Omega) = \frac{T'}{n'} \left[\frac{\bar{r} \cos(\bar{p} - \bar{p}')}{\bar{r}'^2} - \frac{1}{\sqrt{\bar{r}^2 - 2\bar{r}\bar{r}' \cos(\bar{p} - \bar{p}') + \bar{r}'^2}} \right]$$

$$+ \frac{T''}{n''} \left[\frac{\bar{r} \cos(\bar{p} - \bar{p}'')}{\bar{r}''^2} - \frac{1}{\sqrt{\bar{r}^2 - 2\bar{r}\bar{r}'' \cos(\bar{p} - \bar{p}'') + \bar{r}''^2}} \right]$$

$$+ \ldots + \chi,$$

χ étant une constante arbitraire.

Cette expression multipliée par $2\bar{r}^2$ et prise négativement donnera la valeur de ρ, c'est-à-dire les variations du demi-grand axe en tant qu'on néglige les excentricités des orbites. Mais pour en déduire ensuite celles du mouvement moyen qui en dépendent, il faudra une nouvelle intégration qui, n'étant pas possible en général, oblige d'avoir recours aux séries. On pourrait, à la vérité, construire l'intégrale par les méthodes connues pour la quadrature arithmétique des courbes, et l'on pourrait en faire de même pour la valeur de $d\Sigma$ dans ce même cas; mais on n'aurait pas de cette manière des formules générales qui fassent connaître la marche des variations, et l'on n'aurait pas même une plus grande exactitude que par les séries.

Employant donc les séries du n° 5 ci-dessus, on aura

$$\int (d\Omega) = -\frac{T'}{n'}\left[[\bar{r}, \bar{r}'] + \left([\bar{r}, \bar{r}']_1 - \frac{\bar{r}}{\bar{r}'^2}\right)\cos(\bar{p}-\bar{p}') + [\bar{r}, \bar{r}']_2 \cos 2(\bar{p}-\bar{p}') + \ldots\right]$$
$$-\frac{T''}{n''}\left[[\bar{r}, \bar{r}''] + \left([\bar{r}, \bar{r}'']_1 - \frac{\bar{r}}{\bar{r}''^2}\right)\cos(\bar{p}-\bar{p}'') + [\bar{r}, \bar{r}'']_2 \cos 2(\bar{p}-\bar{p}'') + \ldots\right]$$
$$-\ldots + \chi,$$

et de là

$$\int d\bar{p} \int (d\Omega) = -\frac{T'}{n'^2}\left[\left([\bar{r}, \bar{r}']_1 - \frac{\bar{r}}{\bar{r}'^2}\right)\sin(\bar{p}-\bar{p}') + \frac{1}{2}[\bar{r}, \bar{r}']_2 \sin 2(\bar{p}-\bar{p}') + \ldots\right]$$
$$-\frac{T''}{n''^2}\left[\left([\bar{r}, \bar{r}'']_1 - \frac{\bar{r}}{\bar{r}''^2}\right)\sin(\bar{p}-\bar{p}'') + \frac{1}{2}[\bar{r}, \bar{r}'']_2 \sin 2(\bar{p}-\bar{p}'') + \ldots\right]$$
$$-\ldots + \left(\chi - \frac{T'}{n'}[\bar{r}, \bar{r}'] - \frac{T''}{n''}[\bar{r}, \bar{r}''] - \ldots\right)\bar{p}.$$

Or il faut (8) que la valeur de ϖ, c'est-à-dire

$$\Sigma + 3\bar{r}\int d\bar{p}\int (d\Omega),$$

ne contienne aucun terme proportionnel à $\bar{p}$; égalant donc à zéro la somme des coefficients de ces sortes de termes dans Σ et dans

$$3\bar{r}\int d\bar{p}\int(d\Omega),$$

on aura l'équation

$$-2\bar{r}^2\left(T'\frac{d[\bar{r}, \bar{r}']}{d\bar{r}} + T''\frac{d[\bar{r}, \bar{r}'']}{d\bar{r}} + \ldots\right)$$
$$+ 3\bar{r}\left(\chi - \frac{T'}{n'}[\bar{r}, \bar{r}'] - \frac{T''}{n''}[\bar{r}, \bar{r}''] - \ldots\right) = 0,$$

d'où l'on tire

$$\chi = T'\left(\frac{[\bar{r}, \bar{r}']}{n'} + \frac{2\bar{r}}{3}\frac{d[\bar{r}, \bar{r}']}{d\bar{r}}\right) + T''\left(\frac{[\bar{r}, \bar{r}'']}{n''} + \frac{2\bar{r}}{3}\frac{d[\bar{r}, \bar{r}'']}{d\bar{r}}\right) + \ldots$$

Par le moyen de ces substitutions, les expressions de ρ et de ϖ du n° 8 deviendront

$$\rho = -\mathrm{T}'\frac{4\bar{r}^3}{3}\frac{d[\bar{r},\bar{r}']}{d\bar{r}} - \mathrm{T}''\frac{4\bar{r}^3}{3}\frac{d[\bar{r},\bar{r}'']}{d\bar{r}} - \ldots$$
$$+ 2\mathrm{T}'\frac{\bar{r}^2}{n'}\left[\left([\bar{r},\bar{r}']_1 - \frac{\bar{r}}{\bar{r}'^2}\right)\cos(\bar{p}-\bar{p}') + [\bar{r},\bar{r}']_2\cos 2(\bar{p}-\bar{p}') + \ldots\right]$$
$$+ 2\mathrm{T}''\frac{\bar{r}^2}{n''}\left[\left([\bar{r},\bar{r}'']_1 - \frac{\bar{r}}{\bar{r}''^2}\right)\cos(\bar{p}-\bar{p}'') + [\bar{r},\bar{r}'']_2\cos 2(\bar{p}-\bar{p}'') + \ldots\right]$$
$$+\ldots\ldots\ldots\ldots\ldots\ldots\ldots\ldots\ldots\ldots\ldots\ldots\ldots\ldots,$$

$$\varpi = \mathrm{T}'\left[[[\bar{r},\bar{r}']_1]\sin(\bar{p}-\bar{p}') + [[\bar{r},\bar{r}']_2]\sin 2(\bar{p}-\bar{p}') + \ldots\right]$$
$$+ \mathrm{T}''\left[[[\bar{r},\bar{r}'']_1]\sin(\bar{p}-\bar{p}'') + [[\bar{r},\bar{r}'']_2]\sin 2(\bar{p}-\bar{p}'') + \ldots\right]$$
$$+\ldots\ldots\ldots\ldots\ldots\ldots\ldots\ldots\ldots\ldots\ldots\ldots,$$

en supposant, pour abréger,

$$[[\bar{r},\bar{r}']_1] = \frac{\bar{r}^2}{\bar{r}'^2}\left(\frac{3}{n'^2} + \frac{2}{n'}\right) - \frac{3\bar{r}}{n'^2}[\bar{r},\bar{r}']_1 - \frac{2\bar{r}^2}{n'}\frac{d[\bar{r},\bar{r}']_1}{d\bar{r}},$$

$$[[\bar{r},\bar{r}']_2] = -\frac{3\bar{r}}{2n'^2}[\bar{r},\bar{r}']_2 - \frac{2\bar{r}^2}{2n'}\frac{d[\bar{r},\bar{r}']_2}{d\bar{r}},$$

$$[[\bar{r},\bar{r}']_3] = -\frac{3\bar{r}}{3n'^2}[\bar{r},\bar{r}']_3 - \frac{2\bar{r}^2}{3n'}\frac{d[\bar{r},\bar{r}']_3}{d\bar{r}},$$

$$\ldots\ldots\ldots\ldots\ldots\ldots\ldots\ldots\ldots\ldots,$$

et ainsi des autres expressions semblables.

11. Après avoir vu comment on doit déterminer les variations périodiques de la distance moyenne et du mouvement moyen, passons à la recherche de celles des excentricités et des aphélies.

Celles-ci sont contenues dans les formules du n° 41 de la Théorie citée, lesquelles donnent les variations des quantités M et N ou x et y; car en nommant λ l'excentricité, φ la longitude de l'aphélie sur le plan de projection et η sa latitude, nous avons supposé

$$x = \lambda\cos\eta\sin\varphi, \quad y = \lambda\cos\eta\cos\varphi.$$

Or on a vu dans le n° 42 qu'en négligeant les carrés des excentricités et des inclinaisons, les formules dont il s'agit se réduisent à celles-ci

$$dM = -r^2 \frac{d\Omega}{dr} \cos q\, dq + \frac{d\Omega}{dq}(2r\sin q\, dq - \cos q\, dr),$$

$$dN = r^2 \frac{d\Omega}{dr} \sin q\, dq + \frac{d\Omega}{dq}(2r\cos q\, dq + \sin q\, dr).$$

Faisant donc dans ces formules les substitutions du n° 4 ci-dessus, et changeant M, N en x, y, on aura des équations de cette forme

$$dx = (X\sin\bar{p} - Y\cos\bar{p})\,d\bar{p}, \quad dy = (X\cos\bar{p} + Y\sin\bar{p})\,d\bar{p},$$

dans lesquelles

$$X = 2\bar{r}\frac{d\Omega}{d\bar{p}} + \left(-2\bar{r}\frac{d\Omega}{d\bar{p}} + 2\bar{r}^2\frac{d^2\Omega}{d\bar{p}\,d\bar{r}}\right)(x\sin\bar{p} + y\cos\bar{p})$$

$$+ 2\bar{r}\bar{r}'\frac{d^2\Omega}{d\bar{p}\,d\bar{r}'}(x'\sin\bar{p}' + y'\cos\bar{p}')$$

$$+ 2\bar{r}\bar{r}''\frac{d^2\Omega}{d\bar{p}\,d\bar{r}''}(x''\sin\bar{p}'' + y''\cos\bar{p}'') + \ldots$$

$$+ \left(2\bar{r}^2\frac{d\Omega}{d\bar{r}} + 4\bar{r}\frac{d^2\Omega}{d\bar{p}^2}\right)(x\cos\bar{p} - y\sin\bar{p})$$

$$+ 4\bar{r}\frac{d^2\Omega}{d\bar{p}\,d\bar{p}'}(x'\cos\bar{p}' - y'\sin\bar{p}')$$

$$+ 4\bar{r}\frac{d^2\Omega}{d\bar{p}\,d\bar{p}''}(x''\cos\bar{p}'' - y''\sin\bar{p}'')$$

$$+ \ldots\ldots\ldots\ldots\ldots\ldots\ldots,$$

$$Y = \bar{r}^2\frac{d\Omega}{d\bar{r}} + \bar{r}^3\frac{d^2\Omega}{d\bar{r}^2}(x\sin\bar{p} + y\cos\bar{p})$$

$$+ \bar{r}^2\bar{r}'\frac{d^2\Omega}{d\bar{r}\,d\bar{r}'}(x'\sin\bar{p}' + y'\cos\bar{p}')$$

$$+ \bar{r}^2\bar{r}''\frac{d^2\Omega}{d\bar{r}\,d\bar{r}''}(x''\sin\bar{p}'' + y''\cos\bar{p}'') + \ldots$$

$$+ \left(-3\bar{r}\frac{d\Omega}{d\bar{p}} + 2\bar{r}^2\frac{d^2\Omega}{d\bar{r}\,d\bar{p}}\right)(x\cos\bar{p} - y\sin\bar{p})$$

$$+ 2\bar{r}^2\frac{d^2\Omega}{d\bar{r}\,d\bar{p}'}(x'\cos\bar{p}' - y'\sin\bar{p}')$$

$$+ 2\bar{r}^2\frac{d^2\Omega}{d\bar{r}\,d\bar{p}''}(x''\cos\bar{p}'' - y''\sin\bar{p}'')$$

$$+\ldots\ldots\ldots\ldots\ldots\ldots\ldots.$$

12. Si maintenant on substitue dans ces expressions de X et Y la valeur de Ω en série (4 et 5), qu'ensuite on développe les différents produits des sinus et cosinus en sinus et cosinus simples, on aura des termes proportionnels à $\sin\bar{p}$ et $\cos\bar{p}$, lesquels étant ensuite multipliés par $\sin\bar{p}$ et $\cos\bar{p}$, donneront, dans les valeurs de dx et dy, des termes sans sinus ni cosinus; ce sont ceux que nous avons déterminés à part dans les n°[s] 43 et 49 de la Théorie citée, et auxquels nous avons eu uniquement égard dans les équations différentielles en x et y du n° 50, parce que nous faisions alors abstraction des inégalités périodiques. Les autres termes de X et Y ne pourront donner dans dx et dy que des termes affectés de sinus ou cosinus d'angles composés de multiples de $\bar{p}, \bar{p}', \bar{p}'',\ldots$; et il faudra maintenant tenir compte aussi de ces termes, pour pouvoir déterminer la partie périodique des valeurs de x et y.

Désignons, pour abréger, par (X) la totalité des termes affectés de sinus et cosinus dans la valeur de

$$X \sin\bar{p} - Y \cos\bar{p},$$

et par (Y) la totalité des termes pareils dans la valeur de

$$X \cos\bar{p} + Y \sin\bar{p};$$

il faudra donc ajouter respectivement aux valeurs de $\dfrac{dx}{dt}$, $\dfrac{dy}{dt}$ des équations différentielles citées les quantités $(X)\dfrac{d\bar{p}}{dt}$, $(Y)\dfrac{d\bar{p}}{dt}$; de sorte que ces quantités formeront maintenant les seconds membres des deux premières équations différentielles dont il s'agit.

Ainsi, puisque (4)
$$d\bar{p} = \frac{dt}{\bar{r}^{\frac{3}{2}}},$$

les équations complètes seront

$$\frac{dx}{dt} - \left((0,1)+(0,2)+\ldots\right)y + [0,1]y' + [0,2]y'' + \ldots = \frac{(X)}{\bar{r}^{\frac{3}{2}}},$$

$$\frac{dy}{dt} + \left((0,1)+(0,2)+\ldots\right)x - [0,1]x' - [0,2]x'' - \ldots = \frac{(Y)}{\bar{r}^{\frac{3}{2}}}.$$

De même, en dénotant par X', Y' ce que deviennent les expressions de X et Y lorsqu'on y change $\bar{r}$, $\bar{p}$, x, y en $\bar{r}'$, $\bar{p}'$, x', y', et *vice versâ*, et par (X'), (Y') la totalité des termes affectés de sinus et cosinus dans les valeurs de

$$X'\sin\bar{p}' - Y'\cos\bar{p}', \quad X'\cos\bar{p}' + Y'\sin\bar{p}',$$

on aura les équations

$$\frac{dx'}{dt} - \big((1,0) + (1,2) + \ldots\big)y' + [1,0]y + [1,2]y'' + \ldots = \frac{(X')}{\bar{r}^{\frac{3}{2}}},$$

$$\frac{dy'}{dt} + \big((1,0) + (1,2) + \ldots\big)x' - [1,0]x - [1,2]x'' - \ldots = \frac{(Y')}{\bar{r}^{\frac{3}{2}}},$$

et ainsi de suite.

13. Comme dans les premiers membres de ces équations les variations sont linéaires, et que les seconds membres peuvent être regardés comme des fonctions connues de la variable t, l'intégration est toujours possible par les méthodes connues. Dans la Théorie précédente nous avons déjà donné les intégrales complètes pour le cas où les seconds membres seraient nuls; et ces mêmes intégrales, en y faisant varier les constantes arbitraires, donneront celles des équations dont il s'agit par la méthode indiquée dans le n° **27** de la même Théorie.

Désignons, en général, par $\bar{x}$, $\bar{y}$, $\bar{x}'$, $\bar{y}'$, ... les expressions de x, y, x', y', ... trouvées dans cette Théorie (**51**), et soient $\bar{x} + \xi$, $\bar{y} + \psi$, $\bar{x}' + \xi'$, $\bar{y}' + \psi'$, ... les valeurs de x, y, x', y', ... dans les équations ci-dessus, en ayant égard à leurs seconds membres; il est clair qu'en y substituant ces valeurs, les termes en $\bar{x}$, $\bar{y}$, $\bar{x}'$, $\bar{y}'$, ... s'en iront d'eux-mêmes, et que les transformées ne seront autre chose que les mêmes équations, en y changeant x, y, x', y', ... en ξ, ψ, ξ', ψ', ...; et comme les valeurs de $\bar{x}$, $\bar{y}$, $\bar{x}'$, $\bar{y}'$, ... contiennent déjà toutes les constantes arbitraires nécessaires pour l'intégration complète, il suffira que celles de ξ, ψ, ξ', ψ', ... satisfassent aux équations d'une manière quelconque.

Or les quantités qui forment les seconds membres des équations dont il s'agit étant dues aux forces perturbatrices, on peut supposer que les valeurs des variables ξ, ψ, ξ', ψ',... soient très-petites du même ordre, et, dans cette supposition, les termes qui renferment ces mêmes variables sous une forme finie deviendront très-petits de l'ordre des carrés de ces forces, puisque les coefficients $(0, 1)$, $[0, 1]$, $(1, 0)$, $[1, 0]$,... sont eux-mêmes très-petits de l'ordre des mêmes forces. Ainsi, comme nous négligeons dans les recherches présentes les carrés des forces perturbatrices, et toutes les quantités du même ordre, les équations en ξ, ψ, se réduiront simplement à

$$\frac{d\xi}{dt} = \frac{(X)}{\bar{r}^{\frac{3}{2}}}, \quad \frac{d\psi}{dt} = \frac{(Y)}{\bar{r}^{\frac{3}{2}}},$$

d'où l'on tire, en remettant $d\bar{p}$ pour $\dfrac{dt}{\bar{r}^{\frac{3}{2}}}$,

$$\xi = \int (X) d\bar{p}, \quad \psi = \int (Y) d\bar{p}.$$

Et il en sera de même pour ξ', ψ',....

14. Si dans les expressions de X, Y du n° 11 on fait d'abord abstraction des excentricités, et que par conséquent on y néglige les termes multipliés par x, y, x', y',..., elles se réduisent aux quantités $2\bar{r}\dfrac{d\Omega}{d\bar{p}}$, $\bar{r}^2 \dfrac{d\Omega}{d\bar{r}}$; et comme par la substitution de la valeur de Ω en série il ne vient aucun terme proportionnel à $\sin\bar{p}$ et $\cos\bar{p}$, on aura simplement, dans ce cas,

$$(X) = X \sin\bar{p} - Y \cos\bar{p}, \quad (Y) = X \cos\bar{p} + Y \sin\bar{p}.$$

L'intégration de $(X)d\bar{p}$ et $(Y)d\bar{p}$ ne présente aucune difficulté, puisqu'on a (6)

$$d\bar{p} - d\bar{p}' = n' d\bar{p}, \quad d\bar{p} - d\bar{p}'' = n'' d\bar{p}, \ldots;$$

mais on peut la simplifier beaucoup en remarquant, en général, que si $M \sin \Pi$ est un terme quelconque de X, et $N \cos \Pi$ le terme correspondant de Y, Π étant un angle tel que

$$d\Pi = \mu\, d\bar{p},$$

ces termes donneront dans l'intégrale de $(X)d\bar{p}$ deux termes de la forme

$$P \cos \Pi \sin \bar{p} - Q \sin \Pi \cos \bar{p},$$

et dans l'intégrale de $(Y)d\bar{p}$ les termes correspondants

$$P \cos \Pi \cos \bar{p} + Q \sin \Pi \sin \bar{p}.$$

En effet, en différentiant et comparant les termes analogues, on parvient aux équations

$$P - \mu Q = -N, \quad -\mu P + Q = M,$$

d'où l'on tire

$$P = \frac{\mu M - N}{1 - \mu^2}, \quad Q = \frac{M - \mu N}{1 - \mu^2}.$$

Or dans le cas présent on a

$$X = 2\bar{r}\frac{d\Omega}{d\bar{p}}$$
$$= 2T'\bar{r}\left[\left([\bar{r}, \bar{r}']_1 - \frac{\bar{r}}{\bar{r}'^2}\right)\sin(\bar{p} - \bar{p}') + 2[\bar{r}, \bar{r}']_2 \sin 2(\bar{p} - \bar{p}') + \ldots\right]$$
$$+ 2T''\bar{r}\left[\left([\bar{r}, \bar{r}'']_1 - \frac{\bar{r}}{\bar{r}''^2}\right)\sin(\bar{p} - \bar{p}'') + 2[\bar{r}, \bar{r}'']_2 \sin 2(\bar{p} - \bar{p}'') + \ldots\right]$$
$$+ \ldots\ldots\ldots\ldots\ldots\ldots\ldots\ldots\ldots\ldots\ldots\ldots\ldots\ldots,$$

$$Y = \bar{r}^2 \frac{d\Omega}{d\bar{r}}$$
$$= -T'\bar{r}^2\left[\frac{d[\bar{r}, \bar{r}']}{d\bar{r}} + \left(\frac{d[\bar{r}, \bar{r}']_1}{d\bar{r}} - \frac{1}{\bar{r}'^2}\right)\cos(\bar{p} - \bar{p}') + \frac{d[\bar{r}, \bar{r}']_2}{d\bar{r}}\cos 2(\bar{p} - \bar{p}') + \ldots\right]$$
$$- T''\bar{r}^2\left[\frac{d[\bar{r}, \bar{r}'']}{d\bar{r}} + \left(\frac{d[\bar{r}, \bar{r}'']_1}{d\bar{r}} - \frac{1}{\bar{r}''^2}\right)\cos(\bar{p} - \bar{p}'') + \frac{d[\bar{r}, \bar{r}'']_2}{d\bar{r}}\cos 2(\bar{p} - \bar{p}'') + \ldots\right]$$
$$- \ldots\ldots\ldots\ldots\ldots\ldots\ldots\ldots\ldots\ldots\ldots\ldots\ldots\ldots.$$

Si donc on fait successivement

$$\mu = 0, \ n', \ 2n', \ldots, \ n'', \ 2n'', \ldots,$$

et qu'on prenne pour M et N les coefficients respectifs des sinus et cosinus dans les séries précédentes, on aura pour

$$\int (X)d\bar{p} \quad \text{et} \quad \int (Y)d\bar{p},$$

c'est-à-dire pour ξ et ψ, des expressions de cette forme

$$\xi = \Xi \sin \bar{p} - \Psi \cos \bar{p}, \quad \psi = \Xi \cos \bar{p} + \Psi \sin \bar{p},$$

dans lesquelles

$$\Xi = T' \Big[[[\bar{r}, \bar{r}']] + [[\bar{r}, \bar{r}']]_1 \cos(\bar{p} - \bar{p}') + [[\bar{r}, \bar{r}']]_2 \cos 2(\bar{p} - \bar{p}') + \ldots \Big]$$
$$+ T'' \Big[[[\bar{r}, \bar{r}'']] + [[\bar{r}, \bar{r}'']]_1 \cos(\bar{p} - \bar{p}'') + [[\bar{r}, \bar{r}'']]_2 \cos 2(\bar{p} - \bar{p}'') + \ldots \Big]$$
$$+ \ldots \ldots \ldots \ldots \ldots \ldots \ldots \ldots \ldots \ldots \ldots \ldots \ldots \ldots$$

$$\Psi = T' \Big[[\bar{r}, \bar{r}']_1 \sin(\bar{p} - \bar{p}') + [\bar{r}, \bar{r}']_2 \sin 2(\bar{p} - \bar{p}') + \ldots \Big]$$
$$+ T'' \Big[[\bar{r}, \bar{r}'']_1 \sin(\bar{p} - \bar{p}'') + [\bar{r}, \bar{r}'']_2 \sin 2(\bar{p} - \bar{p}'') + \ldots \Big]$$
$$+ \ldots \ldots \ldots \ldots \ldots \ldots \ldots \ldots \ldots \ldots \ldots,$$

en supposant

$$[[\bar{r}, \bar{r}']] = \bar{r}^2 \frac{d[\bar{r}, \bar{r}']}{d\bar{r}},$$

$$[[\bar{r}, \bar{r}']]_1 = \frac{\bar{r}^2 \dfrac{d[\bar{r}, \bar{r}']_1}{d\bar{r}} + 2n' \bar{r} [\bar{r}, \bar{r}']_1 - \dfrac{\bar{r}^2}{\bar{r}'^2}(1 + 2n')}{1 - n'^2},$$

$$[[\bar{r}, \bar{r}']]_2 = \frac{\bar{r}^2 \dfrac{d[\bar{r}, \bar{r}']_2}{d\bar{r}} + 2.4\, n' \bar{r} [\bar{r}, \bar{r}']_2}{1 - 4n'^2},$$

$$[[\bar{r}, \bar{r}']]_3 = \frac{\bar{r}^2 \dfrac{d[\bar{r}, \bar{r}']_3}{d\bar{r}} + 2.9\, n' \bar{r} [\bar{r}, \bar{r}']_3}{1 - 9n'^2},$$

$$\ldots \ldots \ldots \ldots \ldots \ldots \ldots \ldots \ldots,$$

$$[\bar{r}, \bar{r}']_1 = \frac{n' \bar{r}^2 \dfrac{d[\bar{r}, \bar{r}']_1}{d\bar{r}} + 2\bar{r} [\bar{r}, \bar{r}']_1 - \dfrac{\bar{r}^2}{\bar{r}'^2}(n' + 2)}{1 - n'^2},$$

$$[\bar{r}, \bar{r}']_2 = 2\, \frac{n' \bar{r}^2 \dfrac{d[\bar{r}, \bar{r}']_2}{d\bar{r}} + 2\bar{r} [\bar{r}, \bar{r}']_2}{1 - 4n'^2},$$

$$[\bar{r}, \bar{r}']_3 = 3\, \frac{n' \bar{r}^2 \dfrac{d[\bar{r}, \bar{r}']_3}{d\bar{r}} + 2\bar{r} [\bar{r}, \bar{r}']_3}{1 - 9n'^2},$$

$$\ldots \ldots \ldots \ldots \ldots \ldots \ldots \ldots \ldots,$$

et ainsi des autres fonctions semblables.

On pourra avec la même facilité tenir compte des termes multipliés par les variables x, y, x', y',... dans les expressions de X et Y; pour cela on y changera d'abord ces variables en $\bar{x}$, $\bar{y}$, $\bar{x}'$, $\bar{y}'$,..., et l'on y substituera leurs valeurs trouvées dans la Théorie des variations séculaires; on n'aura ainsi à intégrer que des termes en sinus et cosinus, et l'on pourra même simplifier beaucoup le calcul par des remarques semblables à celles que nous avons faites (7).

15. Il ne reste plus qu'à déterminer les inégalités des nœuds et des inclinaisons, lesquelles dépendent des équations différentielles du n° 39 de la Théorie citée; mais nous réduirons auparavant ces mêmes équations à une forme plus simple et plus générale à quelques égards.

En supposant, comme nous l'avons fait,

$$s = \frac{P}{R} = \theta \sin\omega, \quad u = \frac{Q}{R} = \theta \cos\omega,$$

où θ représente la tangente de l'inclinaison et ω la longitude du nœud ascendant comptée depuis un point fixe, on a

$$ds = \frac{dP}{R} - \frac{P\,dR}{R^2}, \quad du = \frac{dQ}{R} - \frac{Q\,dR}{R^2}.$$

Or

$$dP = T'\left(\frac{1}{\rho'^3} - \frac{1}{\sigma'^3}\right)(y'z - yz')\,dt + T''\left(\frac{1}{\rho''^3} - \frac{1}{\sigma''^3}\right)(y''z - yz'')\,dt + \ldots,$$

$$dQ = T'\left(\frac{1}{\rho'^3} - \frac{1}{\sigma'^3}\right)(x'z - xz')\,dt + T''\left(\frac{1}{\rho''^3} - \frac{1}{\sigma''^3}\right)(x''z - xz'')\,dt + \ldots,$$

$$dR = T'\left(\frac{1}{\rho'^3} - \frac{1}{\sigma'^3}\right)(x'y - xy')\,dt + T''\left(\frac{1}{\rho''^3} - \frac{1}{\sigma''^3}\right)(x''y - xy'')\,dt + \ldots;$$

mais

$$z = \frac{Qy - Px}{R}, \quad z' = \frac{Q'y' - P'x'}{R'}, \ldots,$$

donc

$$y'z - yz' = \left(\frac{Q}{R} - \frac{Q'}{R'}\right)yy' - \frac{P}{R}xy' + \frac{P'}{R'}x'y,$$

$$x'z - xz' = -\left(\frac{P}{R} - \frac{P'}{R'}\right)xx' + \frac{Q}{R}x'y - \frac{Q'}{R'}xy';$$

faisant ces substitutions dans les valeurs de ds et de du, et supposant, pour abréger,

$$Z = T' \left(\frac{1}{\rho'^3} - \frac{1}{\sigma'^3}\right) [(u-u')y' - (s-s')x']$$
$$+ T'' \left(\frac{1}{\rho''^3} - \frac{1}{\sigma''^3}\right) [(u-u'')y'' - (s-s'')x'']$$
$$+ \ldots\ldots\ldots\ldots\ldots\ldots\ldots\ldots\ldots\ldots,$$

on aura

$$ds = Zy \frac{dt}{R}, \quad du = Zx \frac{dt}{R};$$

et il n'y aura plus qu'à mettre pour $x, y, x', y',\ldots$ leurs valeurs

$$r\cos q, \quad r\sin q, \quad r'\cos q', \quad r'\sin q',\ldots,$$

et pour

$$\frac{1}{\rho'^3} - \frac{1}{\sigma'^3}, \quad \frac{1}{\rho''^3} - \frac{1}{\sigma''^3},\ldots$$

les expressions en séries données dans le numéro cité, ensuite substituer partout les valeurs de $r, q, r', q',\ldots$ en $\bar{p}, \bar{p}',\ldots$.

En négligeant les quantités du second ordre ($s, u, s', u',\ldots$ étant regardées comme du premier, ainsi que $x, y, x', y',\ldots$), il suffira de changer r en $\bar{r}$, q en $\bar{p}$ et R en $\sqrt{\bar{r}}$; ainsi, à cause de

$$d\bar{p} = \frac{d\varepsilon}{\bar{r}^{\frac{3}{2}}},$$

on aura alors simplement

$$ds = \bar{r}^2 Z \sin\bar{p}\, d\bar{p}, \quad du = \bar{r}^2 Z \cos\bar{p}\, d\bar{p},$$

et

$$Z = T'\bar{r}'[(u-u')\sin\bar{p}' - (s-s')\cos\bar{p}']$$
$$\times \left[\frac{1}{\bar{r}'^3} - (\bar{r},\bar{r}') - (\bar{r},\bar{r}')_1 \cos(\bar{p}-\bar{p}') - (\bar{r},\bar{r}')_2 \cos 2(\bar{p}-\bar{p}') - \ldots\right]$$
$$+ T''\bar{r}''[(u-u'')\sin\bar{p}'' - (s-s'')\cos\bar{p}'']$$
$$\times \left[\frac{1}{\bar{r}''^3} - (\bar{r},\bar{r}'') - (\bar{r},\bar{r}'')_1 \cos(\bar{p}-\bar{p}'') - (\bar{r},\bar{r}'')_2 \cos 2(\bar{p}-\bar{p}'') - \ldots\right]$$
$$+ \ldots\ldots\ldots\ldots\ldots\ldots\ldots\ldots\ldots\ldots\ldots\ldots\ldots\ldots,$$

les quantités $(\bar{r},\bar{r}'), (\bar{r},\bar{r}')_1, (\bar{r},\bar{r}')_2,\ldots$ étant les coefficients de la série qui représente le radical $[\bar{r}^2 - 2\bar{r}\bar{r}'\cos(\bar{p} - \bar{p}') + \bar{r}'^2]^{-\frac{3}{2}}$, et ainsi des autres fonctions semblables.

16. Si dans cette expression de Z on développe les produits des sinus et cosinus, il viendra des termes proportionnels à $\sin\bar{p}$ et $\cos\bar{p}$, lesquels donneront par conséquent, dans les valeurs de ds et du, des termes exempts de sinus et cosinus. Ce seront les mêmes que nous avons trouvés dans l'endroit cité de la *Théorie des variations séculaires,* et qui nous ont donné les équations pour les variations séculaires de s et u; et comme l'analyse précédente est indépendante de la condition $d\mathrm{R} = 0$, que nous avions employée dans le même endroit, il s'ensuit que les équations dont il s'agit auraient également lieu quand même le grand axe de l'orbite serait aussi sujet à des variations séculaires; qu'ainsi notre Théorie des nœuds et des inclinaisons des orbites planétaires subsiste indépendamment de l'inaltérabilité des distances moyennes.

A l'égard des autres termes, ils ne pourront donner que des sinus et cosinus dans les valeurs de ds et du; nous les avons négligés dans les équations du n° 40 de la Théorie citée, parce qu'il n'était question alors que des variations séculaires; mais, pour avoir maintenant les valeurs complètes de ds et du, il faudra ajouter ces termes aux équations dont il s'agit.

Désignons par (S) la totalité des termes en sinus et cosinus de la valeur de $\bar{r}^2 Z \sin\bar{p}$, et par (U) la totalité des termes pareils dans la valeur de $\bar{r}^2 Z \cos\bar{p}$; il faudra donc ajouter respectivement aux valeurs de $\dfrac{ds}{dt}$, $\dfrac{du}{dt}$ les quantités $(\mathrm{S})\dfrac{d\bar{p}}{dt}$, $(\mathrm{U})\dfrac{d\bar{p}}{dt}$; de sorte que ces quantités formeront les seconds membres des équations du numéro cité, lesquelles deviendront de cette manière

$$\frac{ds}{dt} + (0, 1)(u - u') + (0, 2)(u - u'') + \ldots = \frac{(\mathrm{S})}{\bar{r}^{\frac{3}{2}}},$$

$$\frac{du}{dt} - (0, 1)(s - s') - (0, 2)(s - s'') - \ldots = \frac{(\mathrm{U})}{\bar{r}^{\frac{3}{2}}},$$

et ainsi des autres équations semblables.

17. On appliquera à ces équations ce que nous avons dit (13) relativement aux équations en x et y, et l'on en conclura que si $\bar{s}, \bar{u}, \bar{s}', \bar{u}',\ldots$ désignent les valeurs de $s, u, s', u',\ldots$ déterminées dans la *Théorie des variations séculaires*, et qu'on suppose

$$s = \bar{s} + \sigma, \quad u = \bar{u} + \upsilon, \quad s' = \bar{s}' + \sigma', \quad u' = \bar{u}' + \upsilon',\ldots,$$

on aura avec assez d'exactitude

$$\sigma = \int (S)\,d\bar{p}, \quad \upsilon = \int (U)\,d\bar{p},$$

et ainsi de $\sigma', \upsilon',\ldots$.

Au reste, comme la quantité Z du n° 15 ne contient que des termes déjà multipliés par $s, u, s', u',\ldots$, il s'ensuit qu'en faisant abstraction, dans l'effet des forces perturbatrices, des inclinaisons des orbites, les quantités dont il s'agit seront nulles; par conséquent on aura aussi dans cette hypothèse (S) et (U) nuls, et de là

$$\sigma = 0, \quad \upsilon = 0,$$

et de même

$$\sigma' = 0, \quad \upsilon' = 0,\ldots$$

Lorsqu'on voudra pousser l'exactitude plus loin, ce qui cependant ne paraît guère nécessaire dans la Théorie du système planétaire, il n'y aura qu'à substituer dans Z pour $s, u, s', u',\ldots$ les valeurs déjà connues $\bar{s}, \bar{u}, \bar{s}', \bar{u}',\ldots$, et intégrer les différents termes qui en proviendront, suivant les méthodes ordinaires. Sur quoi voyez ce que nous avons dit (7).

18. La pratique ordinaire des Astronomes dans le calcul des Planètes est de chercher d'abord le lieu dans l'orbite, et de le réduire ensuite à l'écliptique. Ce lieu dépend de la longitude moyenne $p + \Sigma$ et des éléments de l'orbite, c'est-à-dire du demi-grand axe r, de l'excentricité λ et de la longitude de l'aphélie; or, quoique dans les orbites peu inclinées, comme celles des Planètes, la longitude de l'aphélie dans l'orbite soit presque la même que sa longitude dans l'écliptique, que nous avons désignée par φ, si l'on voulait néanmoins la déterminer rigoureusement par nos formules, il faudrait faire attention que, ω étant la longitude du nœud dans le plan de projection, sa longitude doit être exprimée par $\int \cos i\, d\omega$, i étant l'angle d'inclinaison; car il est évident que, tandis que le nœud avance de l'angle $d\omega$ dans le plan de projection, il n'avance dans le plan de l'orbite que de l'angle $\cos i\, d\omega$, qui est le côté adjacent à l'angle i dans le triangle rectangle dont $d\omega$ est l'hypoténuse.

Ainsi, nommant Ω la longitude $\int \cos i\, d\omega$ du nœud dans l'orbite, Φ la longitude de l'aphélie dans la même orbite, et η la latitude de cet aphélie comme dans le n° 9 de la *Théorie des variations séculaires*, et considérant le triangle sphérique rectangle dont $\Phi - \Omega$ est l'hypoténuse, $\varphi - \omega$, η les deux côtés, et i l'angle opposé au côté η, on aura par les formules connues

$$\sin(\Phi - \Omega) = \frac{\sin \eta}{\sin i}; \quad \cos(\Phi - \Omega) = \cos(\varphi - \omega) \cos \eta;$$

faisant les substitutions du numéro cité, on aura

$$\lambda \sin(\Phi - \Omega) = \frac{L}{\sin i}, \quad \lambda \cos(\Phi - \Omega) = M \sin \omega + N \cos \omega.$$

Or

$$L = (M \cos \omega - N \sin \omega) \tang i;$$

donc, puisque

$$\frac{1}{\sin i} = \frac{1}{\tang i} + \tang \frac{i}{2},$$

la première équation deviendra

$$\lambda \sin(\Phi - \Omega) = M \cos \omega - N \sin \omega + L \tang \frac{i}{2},$$

laquelle, étant combinée avec la seconde, donnera

$$\lambda \sin \Phi = M \cos(\omega - \Omega) - N \sin(\omega - \Omega) + L \tang \frac{i}{2} \cos \Omega,$$

$$\lambda \cos \Phi = M \sin(\omega - \Omega) + N \cos(\omega - \Omega) - L \tang \frac{i}{2} \sin \Omega.$$

En ajoutant ensemble les carrés de ces équations, on aura

$$\lambda^2 = M^2 + N^2 + L^2,$$

comme cela doit être d'après nos formules primitives, et en les divisant l'une par l'autre on aura la valeur de $\tang \Phi$ en quantités toutes connues, puisque les angles ω et i sont donnés par les formules

$$s = \tang i \sin \omega, \quad u = \tang i \cos \omega.$$

Si l'on voulait au contraire déterminer les valeurs de N, M, L en λ, Φ, Ω, ω, i, ce qui pourrait être utile dans quelques occasions, on trouverait par les formules précédentes

$$N = \lambda [\cos(\Phi - \Omega) \cos \omega - \sin(\Phi - \Omega) \sin \omega \cos i],$$
$$M = \lambda [\cos(\Phi - \Omega) \sin \omega + \sin(\Phi - \Omega) \cos \omega \cos i],$$
$$L = \lambda \sin(\Phi - \Omega) \sin i.$$

19. Comme l'objet final des observations et des calculs astronomiques relativement aux Planètes se réduit toujours à la détermination de leurs lieux rapportés à l'écliptique, et que cette détermination ne dépend que de trois éléments, de la distance accourcie ou rayon vecteur de l'orbite projetée, de la longitude vraie ou angle de ce rayon avec une ligne fixe, et de la latitude ou angle du rayon vecteur de l'orbite vraie avec celui de l'orbite projetée, il suffira de connaître les altérations que ces éléments doivent subir par l'effet des variations périodiques que nous avons déterminées.

Cet effet consiste à changer les éléments de l'orbite

$$\bar{r}, \quad \bar{x}, \quad \bar{y}, \quad \bar{s}, \quad \bar{u}$$

en

$$\bar{r} + \rho, \quad \bar{x} + \xi, \quad \bar{y} + \psi, \quad \bar{s} + \sigma, \quad \bar{u} + \upsilon,$$

et la longitude moyenne $\bar{p}$ en $\bar{p} + \varpi$; ainsi il n'y aura qu'à faire ces changements dans les expressions connues de la longitude vraie, du rayon vecteur et de la latitude, calculées pour une ellipse invariable. Par conséquent, si q est la longitude vraie, r le rayon vecteur, l la tangente de la latitude, ces quantités étant exprimées par l'angle $\bar{p}$ du mouvement moyen, et par les éléments $\bar{r}, \bar{x}, \bar{y}, \bar{s}, \bar{u}$ supposés constants, on aura, en négligeant les carrés des corrections $\rho, \xi, \ldots$ dues aux forces perturbatrices,

Correction de la longitude

$$\frac{dq}{d\bar{p}}\varpi + \frac{dq}{d\bar{x}}\xi + \frac{dq}{d\bar{y}}\psi + \frac{dq}{d\bar{s}}\sigma + \frac{dq}{d\bar{u}}\upsilon,$$

Correction du rayon vecteur

$$\frac{dr}{d\bar{p}}\varpi + \frac{dr}{d\bar{x}}\xi + \frac{dr}{d\bar{y}}\psi + \frac{dr}{d\bar{s}}\sigma + \frac{dr}{d\bar{u}}\upsilon + \frac{dr}{d\bar{r}}\rho,$$

Correction de la tangente de latitude

$$\frac{dl}{d\bar{p}}\varpi + \frac{dl}{d\bar{x}}\xi + \frac{dl}{d\bar{y}}\psi + \frac{dl}{d\bar{s}}\sigma + \frac{dl}{d\bar{u}}\upsilon.$$

20. Les expressions de q, r, l en $\bar{p}, \bar{r}, \bar{x}, \ldots$ peuvent se déduire immédiatement des formules de la Théorie citée (29 et suivants). Car, en n'ayant égard qu'aux quantités très-petites du premier et du second ordre, ce qui suffit dans la recherche présente, on aura

$$q = P + (B)\cos\bar{p} - (C)\sin\bar{p} + (D)\cos 2\bar{p} - (E)\sin 2\bar{p},$$

où

$$(B) = \beta - \frac{1}{4}\beta\varepsilon + \frac{1}{4}\gamma\delta,$$

$$(C) = \gamma + \frac{1}{4}\beta\delta + \frac{1}{4}\gamma\varepsilon,$$

$$(D) = \frac{1}{2}\delta - \beta\gamma,$$

$$(E) = \frac{1}{2}\varepsilon + \frac{2}{1}\beta^2 - \frac{1}{2}\gamma^2;$$

de sorte qu'en faisant les substitutions du n° 2, et changeant M, N, $\frac{P}{R}$, $\frac{Q}{R}$ en $\bar{x}, \bar{y}, \bar{s}, \bar{u}$, on aura

$$q = \bar{p} + 2\bar{x}\cos\bar{p} - 2\bar{y}\sin\bar{p} - \frac{5\bar{x}\bar{y} - \bar{s}\bar{u}}{2}\cos 2\bar{p} - \frac{5(\bar{x}^2 - \bar{y}^2) + \bar{u}^2 - \bar{s}^2}{4}\sin 2\bar{p}.$$

Pour le rayon vecteur r de l'orbite projetée, on aura d'abord cette série en q

$$\bar{r}\left[1 + \bar{x}\sin q + \bar{y}\cos q - \left(\frac{\bar{x}^2 - \bar{y}^2}{2} + \frac{\bar{s}^2 - \bar{u}^2}{4}\right)\cos 2q \right.$$
$$\left. + \left(\bar{x}\bar{y} + \frac{\bar{s}\bar{u}}{2}\right)\sin 2q - \frac{\bar{x}^2 + \bar{y}^2}{2} - \frac{\bar{s}^2 + \bar{u}^2}{4}\right],$$

laquelle par la substitution de la valeur précédente de q en p donnera

$$r = \bar{r}\left[1 + \bar{x}\sin\bar{p} + \bar{y}\cos\bar{p} + \left(\frac{\bar{x}^2 - \bar{y}^2}{2} - \frac{\bar{s}^2 - \bar{u}^2}{4}\right)\cos 2\bar{p} \right.$$
$$\left. - \left(\bar{x}\bar{y} - \frac{\bar{s}\bar{u}}{2}\right)\sin 2\bar{p} + \frac{\bar{x}^2 + \bar{y}^2}{2} - \frac{\bar{s}^2 + \bar{u}^2}{4}\right].$$

Enfin, pour la tangente de la latitude, on a l'expression

$$\frac{z}{r} = \bar{u}\sin q - \bar{s}\cos q;$$

de sorte qu'en substituant aussi la valeur de q en $\bar{p}$, on aura

$$l = \bar{u}\sin\bar{p} - \bar{s}\cos\bar{p} + (\bar{x}\bar{u} - \bar{y}\bar{s})\cos 2\bar{p} + (\bar{x}\bar{s} - \bar{y}\bar{u})\sin 2\bar{p} + \bar{x}\bar{u} - \bar{y}\bar{s}.$$

Ainsi l'on trouvera par des différentiations partielles les valeurs des quantités d'où dépendent les corrections cherchées.

21. Si dans ces corrections on néglige d'abord les excentricités et les inclinaisons des orbites, on aura simplement par les formules précédentes

$$\frac{dq}{d\bar{p}} = 1, \quad \frac{dq}{d\bar{x}} = 2\cos\bar{p}, \quad \frac{dq}{d\bar{y}} = -2\sin\bar{p},$$

$$\frac{dr}{d\bar{r}} = 1, \quad \frac{dr}{d\bar{x}} = \bar{r}\sin\bar{p}, \quad \frac{dr}{d\bar{y}} = \bar{r}\cos\bar{p},$$

$$\frac{dl}{d\bar{s}} = -\cos\bar{p}, \quad \frac{dl}{d\bar{u}} = \sin\bar{p},$$

et toutes les autres différences partielles seront nulles.

Donc :

1° La correction de la longitude deviendra

$$\varpi + 2\xi \cos\bar{p} - 2\psi \sin\bar{p},$$

et, mettant pour ξ et ψ les valeurs trouvées dans le n° 14, elle se réduira à $\varpi - 2\Psi$;

2° La correction de la latitude sera nulle, puisque les quantités σ et υ deviennent nulles dans le cas dont il s'agit (17) ;

3° La correction du rayon vecteur sera

$$\rho + \bar{r}(\xi \sin\bar{p} + \psi \cos\bar{p}),$$

laquelle par la substitution des valeurs de ξ et ψ se réduit à $\rho + \bar{r}\Xi$.

Les valeurs de ρ, ϖ, Ψ, Ξ ont été données dans les n°s 10, 14 ; en les réunissant, on aura ces formules très-simples

Correction de la longitude

$$-T'\left[\frac{2}{n'}\bar{r}^2\frac{d[\bar{r},\bar{r}']_1}{d\bar{r}} + \left(1+\frac{3}{n'^2}\right)\bar{r}[\bar{r},\bar{r}']_1 - \left(1+\frac{2}{n'}+\frac{3}{n'^2}\right)\frac{\bar{r}^2}{\bar{r}'^2}\right]\frac{\sin(\bar{p}-\bar{p}')}{1-n'^2}$$

$$-T'\left[\frac{2}{2n'}\bar{r}^2\frac{d[\bar{r},\bar{r}']_2}{d\bar{r}} + \left(2+\frac{3}{2n'^2}\right)\bar{r}[\bar{r},\bar{r}']_2\right]\frac{\sin 2(\bar{p}-\bar{p}')}{1-4n'^2}$$

$$-T'\left[\frac{2}{3n'}\bar{r}^2\frac{d[\bar{r},\bar{r}']_3}{d\bar{r}} + \left(3+\frac{3}{3n'^2}\right)\bar{r}[\bar{r},\bar{r}']_3\right]\frac{\sin 3(\bar{p}-\bar{p}')}{1-9n'^2}$$

$$-\ldots\ldots\ldots\ldots\ldots\ldots\ldots\ldots\ldots\ldots\ldots\ldots\ldots\ldots$$

Correction du rayon vecteur

$$-T'\bar{r}^3\frac{1}{3}\frac{d[\bar{r},\bar{r}']}{d\bar{r}} + T'\left[\bar{r}^3\frac{d[\bar{r},\bar{r}']_1}{d\bar{r}} + \frac{2}{n'}\bar{r}^2[\bar{r},\bar{r}']_1 - \left(1+\frac{2}{n'}\right)\frac{\bar{r}^3}{\bar{r}'^2}\right]\frac{\cos(\bar{p}-\bar{p}')}{1-n'^2}$$

$$+T'\left(\bar{r}^3\frac{d[\bar{r},\bar{r}']_2}{d\bar{r}} + \frac{2}{n'}\bar{r}^2[\bar{r},\bar{r}']_2\right)\frac{\cos 2(\bar{p}-\bar{p}')}{1-4n'^2}$$

$$+T'\left(\bar{r}^3\frac{d[\bar{r},\bar{r}']_3}{d\bar{r}} + \frac{2}{n'}\bar{r}^2[\bar{r},\bar{r}']_3\right)\frac{\cos 3(\bar{p}-\bar{p}')}{1-9n'^2}$$

$$+\ldots\ldots\ldots\ldots\ldots\ldots\ldots\ldots\ldots\ldots\ldots\ldots\ldots$$

Ces formules représentent les inégalités périodiques d'une Planète quelconque T troublée par une autre Planète T′, la masse du Soleil étant prise pour l'unité; chaque Planète perturbatrice en donnera de pareilles, et leur somme exprimera l'effet total des perturbations, en tant qu'on fait abstraction des excentricités et des inclinaisons des orbites; ce qui suffit dans la plupart des cas. Le calcul ne sera pas plus difficile, mais seulement un peu plus long, lorsqu'on voudra tenir compte aussi des termes dus aux excentricités et aux inclinaisons.

Quant à l'application de ces formules aux Planètes, elle n'aura d'autre difficulté que celle qui consiste dans l'évaluation des fonctions $[\bar{r}, \bar{r}']$, $[\bar{r}, \bar{r}']_1, \ldots$ et de leurs différences; et nous avons aussi déjà donné tous les secours nécessaires pour ce calcul dans la *Théorie des variations séculaires*, à laquelle nous renvoyons.

SUR

LES VARIATIONS SÉCULAIRES

DES

MOUVEMENTS MOYENS DES PLANÈTES.

SUR

LES VARIATIONS SÉCULAIRES

DES

MOUVEMENTS MOYENS DES PLANÈTES.

(*Nouveaux Mémoires de l'Académie royale des Sciences et Belles-Lettres de Berlin*, année 1783.)

Les observations ont fait apercevoir des variations dans les révolutions de Jupiter et de Saturne, mais on n'a pu encore les expliquer par la Théorie de la gravitation. M. de Laplace, ayant calculé en détail les termes proportionnels au carré du temps que les forces perturbatrices d'une Planète peuvent introduire dans l'expression de sa longitude, trouva que ces termes se détruisaient mutuellement, du moins dans la première approximation. Ce résultat m'a donné occasion de chercher rigoureusement, et par une méthode directe, la loi des variations du grand axe de l'orbite d'une Planète troublée par l'action de plusieurs autres; et j'ai démontré que ces variations ne pouvaient être que périodiques, et relatives aux configurations des Planètes entre elles; d'où il s'ensuit que le mouvement moyen d'une Planète ne peut être sujet à aucune variation séculaire, en tant que cette variation dépendrait du grand axe de son orbite; mais comme les autres éléments, l'excentricité, l'inclinaison, les lieux de l'aphélie et du nœud sont au contraire sujets à des variations séculaires, celles-ci ne pourraient-elles pas influer dans le mouvement moyen et y produire aussi des variations du même genre?

Dans la Théorie que je viens de donner sur les variations périodiques, j'ai fait voir que l'effet des variations des éléments de l'orbite sur le mouvement moyen n'est que périodique tant qu'on n'a égard qu'aux premières dimensions des excentricités et des inclinaisons; et j'ai avancé en même temps, qu'en portant la précision jusqu'aux secondes dimensions de ces quantités, on trouverait des termes qui donneraient des équations séculaires dans le mouvement moyen. Il ne s'agit donc, pour décider la question des variations séculaires des mouvements moyens des Planètes, que d'exécuter l'analyse que nous avons indiquée et d'en appliquer ensuite les résultats à chaque Planète; c'est l'objet du présent Mémoire, qui doit être regardé comme un supplément à la *Théorie générale des variations séculaires*.

SECTION PREMIÈRE.

FORMULES GÉNÉRALES POUR LA VARIATION SÉCULAIRE DU MOUVEMENT MOYEN.

1. L'analyse donnée dans la première Partie de la *Théorie des variations séculaires* fait voir :

1° Que l'expression du rayon vecteur, par la longitude vraie ou angle décrit par ce rayon sur un plan fixe, est la même, soit que les éléments de l'orbite soient constants ou variables; et qu'il en est de même pour l'expression différentielle de ce rayon;

2° Que la même chose a lieu pour l'expression de la latitude par la longitude, ainsi que pour la différentielle de cette expression;

3° Qu'à l'égard de l'expression de la longitude moyenne par la longitude vraie, il n'y a que sa différentielle qui soit la même pour les éléments constants ou variables; l'expression finie doit être différente à raison de la variabilité des éléments (**29** et suivants).

2. L'équation différentielle entre la longitude moyenne p et la longitude vraie q est de la forme

$$dp = f(q)\,dq,$$

$f(q)$ étant une fonction algébrique de sinus et cosinus de q, dans laquelle les éléments de l'orbite entrent comme coefficients. Soit $F(q)$ l'intégrale de $f(q)\,dq$, en regardant ces éléments comme constants; on aura alors

$$p = F(q),$$

d'où l'on tire

$$q = \Phi(p);$$

c'est l'expression de la longitude vraie par la moyenne dans les orbites invariables.

Lorsque l'orbite est variable, $F(q)$ ne sera plus l'intégrale exacte de $f(q)\,dq$; car la différentielle de $F(q)$ contient, outre la partie $f(q)\,dq$ due à la variabilité de q, encore celle qui vient de la variabilité des éléments; de sorte qu'en dénotant celle-ci par la caractéristique δ, et la différentielle totale par la caractéristique ordinaire d, on aura

$$dF(q) = f(q)\,dq + \delta F(q);$$

donc

$$f(q)\,dq = dp = dF(q) - \delta F(q),$$

ou

$$dp + \delta F(q) = dF(q),$$

et, intégrant,

$$p + \int \delta F(q) = F(q),$$

équation d'où l'on tirera ensuite

$$q = \Phi\left[p + \int \delta F(q)\right].$$

On voit par là que la variabilité des éléments de l'orbite ne fait qu'ajouter à la longitude moyenne p la quantité $\int \delta F(q)$; c'est celle que nous avons dénotée par Σ dans le Mémoire précédent; en sorte que l'on aura, en général,

$$d\Sigma = \delta F(q).$$

3. Donc la détermination du lieu d'une Planète dans une orbite variable et troublée par l'action des autres Planètes dépendra des mêmes formules que si les éléments de l'orbite étaient constants, pourvu qu'on y prenne $p + \Sigma$ pour la longitude moyenne.

Or l'angle p dépend du temps et du demi-grand axe de l'ellipse de la même manière que si cet axe était constant, puisqu'on a, en nommant r le demi-grand axe,

$$dp = \frac{dt}{r^{\frac{3}{2}}};$$

et nous avons vu que la valeur de r ne saurait jamais contenir des inégalités séculaires, de sorte que la valeur de l'angle p n'en saurait contenir non plus; donc, si l'angle $p + \Sigma$, qui doit faire la fonction de longitude moyenne, peut contenir des variations séculaires, elles ne peuvent venir que de la quantité Σ; ainsi tout se réduit à examiner si cette quantité peut contenir de pareilles inégalités.

On suivra pour cela une méthode semblable à celle par laquelle nous avons recherché les inégalités séculaires des éléments de l'orbite; on développera la valeur de la différentielle $d\Sigma$ en séries de sinus et cosinus d'angles multiples des longitudes moyennes, et l'on ne retiendra, après toutes les substitutions et réductions, que les termes qui se trouveront débarrassés de tout sinus et cosinus de ces angles.

4. On commencera donc par chercher la valeur de la fonction $F(q)$; ensuite on la différentiera, en y faisant varier seulement les quantités dépendantes des éléments de l'orbite, et l'on y substituera, à la place des différentielles de ces quantités, leurs valeurs données dans la première Partie de la *Théorie des variations séculaires;* on aura ainsi l'expression générale de $d\Sigma$; et comme nous avons vu dans le Mémoire précédent que les termes qui peuvent donner des variations séculaires dépendent des secondes dimensions des excentricités et des inclinaisons, il faudra, dans le développement de la fonction $F(q)$, pousser la précision jusqu'aux troisièmes dimensions de ces quantités inclusivement; c'est ce qui rend le calcul long et épineux, par l'attention qu'il faut y avoir pour n'omettre

aucun des termes qui peuvent donner des équations séculaires. Pour le simplifier autant qu'il est possible, nous ferons d'abord abstraction de l'inclinaison de l'orbite; nous verrons ensuite comment les formules trouvées pour ce cas s'appliquent, en général, aux orbites dont la position est variable; et nous donnerons même à cette occasion une nouvelle analyse pour la détermination des variations séculaires des éléments de l'orbite.

5. Ayant déjà donné dans le Mémoire précédent (1) l'expression générale de $F(q)$, exacte jusqu'au degré de précision qui est nécessaire dans la recherche présente, nous nous contenterons de l'emprunter, en y effaçant seulement les termes affectés des quantités P et Q, lesquelles deviennent nulles dans l'hypothèse de l'orbite non inclinée.

On aura donc

$$F(q) = q - 2M\cos q + 2N\sin q - \frac{3MN}{2}\cos 2q + \frac{3(N^2 - M^2)}{4}\sin 2q$$
$$- \frac{3MN^2 - M^3}{3}\cos 3q + \frac{N^3 - 3NM^2}{3}\sin 3q,$$

et la différentielle prise en faisant varier M et N et regardant q comme constante sera la valeur de $d\Sigma$.

De sorte qu'on aura

$$d\Sigma = -2(\cos q\, dM - \sin q\, dN) - \frac{3M}{2}(\sin 2q\, dM + \cos 2q\, dN)$$
$$+ \frac{3N}{2}(\cos 2q\, dM - \sin 2q\, dN) - 2MN(\sin 3q\, dM + \cos 3q\, dN)$$
$$+ (M^2 - N^2)(\cos 3q\, dM - \sin 3q\, dN).$$

Les valeurs de dM et dN ont été données dans le n° 41 de la *Théorie des variations séculaires* (*). Dans le cas présent, les termes qui contiennent z doivent disparaître, puisque z est l'ordonnée perpendiculaire au plan de projection; les valeurs dont il s'agit se réduisent alors à la forme de celles du n° 42 de la même *Théorie*; de sorte qu'en prenant ρ pour dénoter le

---

(*) *Voir* à la page 176 de ce volume.

rayon vecteur à la place de la lettre r que nous conserverons pour exprimer le demi-grand axe, on aura

$$d\mathrm{M} = -\frac{d\Omega}{dq}\cos q\, d\rho + \left(2\rho\frac{d\Omega}{dq}\sin q - \rho^2\frac{d\Omega}{d\rho}\cos q\right)dq,$$

$$d\mathrm{N} = \frac{d\Omega}{dq}\sin q\, d\rho + \left(2\rho\frac{d\Omega}{dq}\cos q + \rho^2\frac{d\Omega}{d\rho}\sin q\right)dq;$$

donc, faisant ces substitutions et réduisant, on aura

$$d\Sigma = 2\frac{d\Omega}{dq}d\rho + 2\rho^2\frac{d\Omega}{d\rho}dq$$

$$+ \frac{3\,\mathrm{M}}{2}\left(\frac{d\Omega}{dq}\sin q\, d\rho - 2\rho\frac{d\Omega}{dq}\cos q\, dq + \rho^2\frac{d\Omega}{d\rho}\sin q\, dq\right)$$

$$+ \frac{3\,\mathrm{N}}{2}\left(\frac{d\Omega}{dq}\cos q\, d\rho + 2\rho\frac{d\Omega}{dq}\sin q\, dq + \rho^2\frac{d\Omega}{d\rho}\cos q\, dq\right)$$

$$+ 2\mathrm{MN}\left(\frac{d\Omega}{dq}\sin 2q\, d\rho - 2\rho\frac{d\Omega}{dq}\cos 2q\, dq + \rho^2\frac{d\Omega}{d\rho}\sin 2q\, dq\right)$$

$$+ (\mathrm{N}^2 - \mathrm{M}^2)\left(\frac{d\Omega}{dq}\cos 2q\, d\rho + 2\rho\frac{d\Omega}{dq}\sin 2q\, dq + \rho^2\frac{d\Omega}{d\rho}\cos 2q\, dq\right),$$

expression qu'on peut mettre sous cette forme

$$d\Sigma = \mathrm{A}\left(\frac{d\Omega}{d\rho}\rho^2\, dq + \frac{d\Omega}{dq}d\rho\right) + \mathrm{B}\frac{d\Omega}{dq}\rho\, dq,$$

en faisant

$$\mathrm{A} = 2 + \frac{3\,\mathrm{M}}{2}\sin q + \frac{3\,\mathrm{N}}{2}\cos q + 2\mathrm{MN}\sin 2q - (\mathrm{M}^2 - \mathrm{N}^2)\cos 2q,$$

$$\mathrm{B} = 3\mathrm{N}\sin q - 3\mathrm{M}\cos q - 2(\mathrm{M}^2 - \mathrm{N}^2)\sin 2q - 4\mathrm{MN}\cos 2q.$$

6. Il faut maintenant substituer dans cette formule les valeurs de ρ et q exprimées par la distance moyenne r et par le mouvement moyen p; et comme nous tenons compte des secondes dimensions de M et N, il faudra aussi y avoir égard dans les valeurs dont il s'agit. Or nous pouvons emprunter pour cet objet les expressions données dans le n° **20** du Mémoire précédent, en y changeant x et y en M et N, et y faisant s, u nuls, puisque nous regardons l'inclinaison comme nulle.

Ainsi à la place de q il faudra substituer

$$p + 2\mathrm{M}\cos p - 2\mathrm{N}\sin p - \frac{5\mathrm{MN}}{2}\cos 2p - \frac{5(\mathrm{M}^2 - \mathrm{N}^2)}{4}\sin 2p,$$

et à la place de ρ

$$r\left(1 + \mathrm{M}\sin p + \mathrm{N}\cos p + \frac{\mathrm{M}^2 - \mathrm{N}^2}{2}\cos 2p - \mathrm{MN}\sin 2p + \frac{\mathrm{M}^2 + \mathrm{N}^2}{2}\right).$$

A la vérité il faudrait, d'après ce que nous avons dit au commencement de ce Mémoire, mettre dans ces expressions $p + \Sigma$ à la place de p; mais : 1° on peut retenir pour plus de simplicité la seule lettre p, en se souvenant qu'à la rigueur elle doit être augmentée de Σ; 2° comme nous ne cherchons pas la valeur entière de $d\Sigma$, mais seulement les termes de cette valeur qui doivent être indépendants de tout sinus et cosinus de p, il est indifférent pour le résultat du calcul de mettre $p + \Sigma$ à la place de p ou non.

Pour avoir les valeurs de dq et dr, on différentiera les expressions précédentes, en n'y faisant varier que p, puisque nous avons vu que les différentielles sont les mêmes que si les éléments étaient constants.

De sorte qu'on aura pour dq

$$\left(1 - 2\mathrm{M}\sin p - 2\mathrm{N}\cos p + 5\mathrm{MN}\sin 2p - \frac{5(\mathrm{M}^2 - \mathrm{N}^2)}{2}\cos 2p\right)dp,$$

et pour $d\rho$

$$r(\mathrm{M}\cos p - \mathrm{N}\sin p - (\mathrm{M}^2 - \mathrm{N}^2)\sin 2p - 2\mathrm{MN}\cos 2p)\,dp.$$

Faisant donc ces substitutions dans les valeurs de A et B du numéro précédent, elles deviendront, aux troisièmes dimensions près de M et N,

$$\mathrm{A} = 2 + \frac{3\mathrm{M}}{2}\sin p + \frac{3\mathrm{N}}{2}\cos p - \mathrm{MN}\sin 2p + \frac{\mathrm{M}^2 - \mathrm{N}^2}{2}\cos 2p + \frac{3(\mathrm{M}^2 + \mathrm{N}^2)}{2},$$

$$\mathrm{B} = 3\mathrm{N}\sin p - 3\mathrm{M}\cos p + (\mathrm{M}^2 - \mathrm{N}^2)\sin 2p + 2\mathrm{MN}\cos 2p.$$

Ensuite on aura pour $\rho\, dq$ l'expression

$$r\left[1 - M\sin p - N\cos p + 2MN\sin 2p - (M^2 - N^2)\cos 2p - \frac{M^2 + N^2}{2}\right],$$

et pour $\rho^2 dq$ celle-ci

$$r^2\left(1 - \frac{M^2 + N^2}{2}\right)dp.$$

De sorte que la quantité $A\rho^2 dq$ deviendra, en négligeant toujours les troisièmes dimensions de M et N,

$$r^2\left(2 + \frac{3M}{2}\sin p + \frac{3N}{2}\cos p - MN\sin 2p + \frac{M^2 - N^2}{2}\cos 2p + \frac{M^2 + N^2}{2}\right)dp,$$

la quantité $A\,d\rho$ deviendra

$$r\left[2M\cos p - 2N\sin p - \frac{5}{4}(M^2 - N^2)\sin 2p - \frac{5}{2}MN\cos 2p\right]dp,$$

et la quantité $B\rho\, dq$ deviendra

$$r\left[3N\sin p - 3M\cos p + 5MN\cos 2p + \frac{5}{2}(M^2 - N^2)\sin 2p\right]dp.$$

Donc enfin, faisant ces substitutions dans l'expression de $d\Sigma$ du numéro précédent, on aura

$$\frac{d\Sigma}{dp} = r^2\frac{d\Omega}{d\rho}\left(2 + \frac{3M}{2}\sin p + \frac{3N}{2}\cos p - MN\sin 2p + \frac{M^2 - N^2}{2}\cos 2p + \frac{M^2 + N^2}{2}\right)$$

$$+ r\frac{d\Omega}{dq}\left[N\sin p - M\cos p + \frac{5}{4}(M^2 - N^2)\sin 2p + \frac{5}{2}MN\cos 2p\right].$$

7. Il ne reste plus qu'à faire les mêmes substitutions dans la fonction Ω, qui par le n° 5 est (42, Théorie citée)

$$\Omega = T'\left[\frac{\rho\cos(q - q')}{\rho'^2} - \frac{1}{\sqrt{\rho^2 - 2\rho\rho'\cos(q - q') + \rho'^2}}\right]$$

$$+ T''\left[\frac{\rho\cos(q - q'')}{\rho''^2} - \frac{1}{\sqrt{\rho^2 - 2\rho\rho''\cos(q - q'') + \rho''^2}}\right]$$

$$+ \ldots\ldots\ldots\ldots\ldots\ldots\ldots\ldots\ldots\ldots,$$

T′, T″,… étant les masses des Planètes perturbatrices exprimées en parties de celle du Soleil, ρ', q', ρ'', q'',… désignant des quantités analogues à ρ, q, pour les Planètes T′, T″,….

Comme cette fonction Ω n'entre dans l'expression de $d\Sigma$ que sous la forme linéaire, et qu'elle est composée d'autant de formules semblables qu'il y a de Planètes perturbatrices, il est clair que la valeur totale de $d\Sigma$ pour plusieurs Planètes perturbatrices sera toujours la somme des valeurs particulières et semblables, dues à chacune de ces Planètes; de sorte qu'il suffira de n'avoir égard d'abord qu'à l'action d'une seule Planète.

De plus, si l'on représente par $r(1+\alpha)$ et $p+\beta$ les valeurs de ρ et de q données dans le numéro précédent, les quantités α et β seront de l'ordre de M et N, et comme dans les substitutions dont il s'agit nous n'avons besoin que d'avoir égard aux secondes dimensions de M, N, il est clair que ces substitutions se réduiront à changer d'abord dans Ω, ρ en r, q en p, et à y faire croître ensuite r de $r\alpha$, p de β, en poussant la série jusqu'aux secondes dimensions de α, β.

8. On fera donc simplement

$$\Omega = T'\left[\frac{r\cos(p-p')}{r'^2} - \frac{1}{\sqrt{r^2 - 2rr'\cos(p-p') + r'^2}}\right],$$

les quantités r, r' étant les demi-axes ou les distances moyennes, et p, p' les angles du mouvement moyen; et l'on aura, pour la fonction Ω dont il s'agit, cette transformée

$$\Omega + r\frac{d\Omega}{dr}\alpha + r'\frac{d\Omega}{dr'}\alpha' + \frac{d\Omega}{dp}\beta + \frac{d\Omega}{dp'}\beta'$$

$$+ \frac{r^2}{2}\frac{d^2\Omega}{dr^2}\alpha^2 + \frac{r'^2}{2}\frac{d^2\Omega}{dr'^2}\alpha'^2 + \frac{1}{2}\frac{d^2\Omega}{dp^2}\beta^2 + \frac{1}{2}\frac{d^2\Omega}{dp'^2}\beta'^2$$

$$+ rr'\frac{d^2\Omega}{dr\,dr'}\alpha\alpha' + r\frac{d^2\Omega}{dr\,dp}\alpha\beta + r\frac{d^2\Omega}{dr\,dp'}\alpha\beta'$$

$$+ r'\frac{d^2\Omega}{dr'\,dp}\alpha'\beta + r'\frac{d^2\Omega}{dr'\,dp'}\alpha'\beta' + \frac{d^2\Omega}{dp\,dp'}\beta\beta'.$$

Pour avoir les transformées de $\frac{d\Omega}{d\rho}$ et $\frac{d\Omega}{dq}$, il n'y aura qu'à changer, dans la précédente, la quantité Ω en $\frac{d\Omega}{dr}$, $\frac{d\Omega}{dp}$.

Substituant ces valeurs dans la formule du numéro précédent, et négligeant les dimensions de M, N, α, β, α', β' au-dessus du second degré, on aura

$$\frac{d\Sigma}{dp} = r^2 \frac{d\Omega}{dr}\left(2 + \frac{3M}{2}\sin p + \frac{3N}{2}\cos p - MN\sin 2p + \frac{M^2-N^2}{2}\cos 2p + \frac{M^2+N^2}{2}\right)$$

$$+ r^2\left(r\frac{d^2\Omega}{dr^2}\alpha + r'\frac{d^2\Omega}{dr\,dr'}\alpha' + \frac{d^2\Omega}{dr\,dp}\beta + \frac{d^2\Omega}{dr\,dp'}\beta'\right)\left(2 + \frac{3M}{2}\sin p + \frac{3N}{2}\cos p\right)$$

$$+ r^2\left(r^2\frac{d^3\Omega}{dr^3}\alpha^2 + r'^2\frac{d^3\Omega}{dr\,dr'^2}\alpha'^2 + \frac{d^3\Omega}{dr\,dp^2}\beta^2 + \frac{d^3\Omega}{dr\,dp'^2}\beta'^2\right.$$

$$+ 2rr'\frac{d^3\Omega}{dr^2\,dr'}\alpha\alpha' + 2r\frac{d^3\Omega}{dr^2\,dp}\alpha\beta + 2r\frac{d^3\Omega}{dr^2\,dp}\alpha\beta'$$

$$\left. + 2r'\frac{d^3\Omega}{dr\,dr'\,dp}\alpha'\beta + 2r'\frac{d^3\Omega}{dr\,dr'\,dp'}\alpha'\beta' + 2\frac{d^3\Omega}{dr\,dp\,dp'}\beta\beta'\right)$$

$$+ r\frac{d\Omega}{dp}\left[N\sin p - M\cos p + \frac{5}{4}(M^2-N^2)\sin 2p + \frac{5}{2}MN\cos 2p\right]$$

$$+ r\left(r\frac{d^2\Omega}{dr\,dp}\alpha + r'\frac{d^2\Omega}{dr'\,dp}\alpha' + \frac{d^2\Omega}{dp^2}\beta + \frac{d^2\Omega}{dp\,dp'}\beta'\right)(N\sin p - M\cos p).$$

Or on a par le n° 6

$$\alpha = M\sin p + N\cos p + \frac{M^2-N^2}{2}\cos 2p - MN\sin 2p + \frac{M^2+N^2}{2},$$

$$\beta = 2(M\cos p - N\sin p) - \frac{5MN}{2}\cos 2p - \frac{5(M^2-N^2)}{4}\sin 2p,$$

et, marquant toutes les lettres d'un trait, on aura la valeur de α', β'.

De plus, si l'on développe la fraction irrationnelle

$$[r^2 - 2rr'\cos(p-p') + r'^2]^{-\frac{1}{2}}$$

en une série de cosinus de multiples de $p-p'$, et qu'on représente cette série comme dans le Mémoire précédent par

$$[r, r'] + [r, r']_1 \cos(p - p') + [r, r']_2 \cos 2(p - p') + \ldots,$$

la fonction Ω deviendra

$$-\mathrm{T}' \left[[r, r'] + \left([r, r']_1 - \frac{r}{r'^2} \right) \cos(p - p') + [r, r']_2 \cos 2(p - p') + \ldots \right].$$

Ainsi il faudra encore faire ces substitutions dans la valeur précédente de $\frac{d\Sigma}{dp}$; mais comme nous ne cherchons que les termes exempts de sinus et cosinus, nous observerons que les différences de Ω, qui se trouvent dans la valeur dont il s'agit, ne peuvent donner de ces sortes de termes qu'autant que leurs multiplicateurs contiendront des termes de la forme de ceux qui entrent dans les expressions de ces différences.

Par cette considération on pourra donc, en substituant les valeurs de α, β, α', β', réduire d'abord la valeur de $\frac{d\Sigma}{dp}$ à celle-ci

$$\frac{d\Sigma}{dp} = r^2 \frac{d\Omega}{dr} \left(2 + \frac{M^2 + N^2}{2} \right) + r^3 \frac{d^2\Omega}{dr^2} (M^2 + N^2)$$

$$+ \left(\frac{3 r^3}{2} \frac{d^2\Omega}{dr^2} + r^4 \frac{d^3\Omega}{dr^3} \right) (M \sin p + N \cos p)^2$$

$$+ r^2 r' \frac{d^2\Omega}{dr\, dr'} (M'^2 + N'^2) + r^2 r'^2 \frac{d^3\Omega}{dr\, dr'^2} (M' \sin p' + N' \cos p')^2$$

$$+ \left(\frac{3 r^2 r'}{2} \frac{d^2\Omega}{dr\, dr'} + 2 r^3 r' \frac{d^3\Omega}{dr^2\, dr'} \right) (M \sin p + N \cos p)(M' \sin p' + N' \cos p')$$

$$+ \left(3 r^2 \frac{d^2\Omega}{dr\, dp'} + 4 r^3 \frac{d^3\Omega}{dr^2\, dp'} \right) (M \sin p + N \cos p)(M' \cos p' - N' \sin p')$$

$$+ \left(4 r^2 r' \frac{d^3\Omega}{dr\, dr'\, dp} - r r' \frac{d^2\Omega}{dr'\, dp} \right) (M \cos p - N \sin p)(M' \sin p' + N' \cos p')$$

$$+ \left(8 r^2 \frac{d^3\Omega}{dr\, dp\, dp'} - 2 r \frac{d^2\Omega}{dp\, dp'} \right) (M \cos p - N \sin p)(M' \cos p' - N' \sin p').$$

Donc enfin, substituant la valeur ci-dessus de Ω, développant les produits des sinus et cosinus, et ne retenant que les termes tout constants, on aura

$$\frac{d\Sigma}{dp} = -\mathrm{T}' \Bigg\{ r^2 \frac{d[r,r']}{dr}\left(2 + \frac{\mathrm{M}^2+\mathrm{N}^2}{2}\right) + r^3 \frac{d^2[r,r']}{dr^2}(\mathrm{M}^2+\mathrm{N}^2)$$

$$+ \left(\frac{3r^3}{2}\frac{d^2[r,r']}{dr^2} + r^4 \frac{d^3[r,r']}{dr^3}\right)\frac{\mathrm{M}^2+\mathrm{N}^2}{2}$$

$$+ r^2 r' \frac{d^2[r,r']}{dr\,dr'}(\mathrm{M}'^2+\mathrm{N}'^2) + r^2 r'^2 \frac{d^3[r,r']}{dr\,dr'^2}\frac{\mathrm{M}'^2+\mathrm{N}'^2}{2}$$

$$+ \left[\frac{3r^2 r'}{2}\frac{d^2\left([r,r']_1 - \frac{r}{r'^2}\right)}{dr\,dr'} + 2r^3 r' \frac{d^3\left([r,r']_1 - \frac{r}{r'^2}\right)}{dr^2\,dr'}\right]\frac{\mathrm{MM}'+\mathrm{NN}'}{4}$$

$$+ \left[3r^2 \frac{d\left([r,r']_1 - \frac{r}{r'^2}\right)}{dr} + 4r^3 \frac{d^2\left([r,r']_1 - \frac{r}{r'^2}\right)}{dr^2}\right]\frac{\mathrm{MM}'+\mathrm{NN}'}{4}$$

$$+ \left[4r^2 r' \frac{d^2\left([r,r']_1 - \frac{r}{r'^2}\right)}{dr\,dr'} - rr'\frac{d\left([r,r']_1 - \frac{r}{r'^2}\right)}{dr'}\right]\frac{\mathrm{MM}'+\mathrm{NN}'}{4}$$

$$+ \left[8r^2 \frac{d\left([r,r']_1 - \frac{r}{r'^2}\right)}{dr} - 2r\left([r,r']_1 - \frac{r}{r'^2}\right)\right]\frac{\mathrm{MM}'+\mathrm{NN}'}{4}\Bigg\}.$$

9. Dans cette équation les termes qui ne contiennent point les fonctions $[r, r']$, $[r, r']_1$ se détruisent mutuellement; effaçant donc ces termes, et changeant les lettres M, N en x, y, comme on en a usé dans la *Théorie des variations séculaires*, on aura une équation de cette forme

$$\frac{d\Sigma}{dp} = (0) + (1)(x^2+y^2) + (2)(x'^2+y'^2) + (3)(xx'+yy'),$$

dans laquelle

$$(0) = -\mathrm{T}' \, 2r^2 \frac{d[r,r']}{dr},$$

$$(1) = -\mathrm{T}' \left(\frac{r^2}{2}\frac{d[r,r']}{dr} + \frac{7r^3}{4}\frac{d^2[r,r']}{dr^2} + \frac{r^4}{2}\frac{d^3[r,r']}{dr^3}\right),$$

$$(2) = -\,\mathrm{T}'\left(r^2r'\,\frac{d^2[r,r']}{dr\,dr'} + \frac{r^2r'^2}{2}\,\frac{d^3[r,r']}{dr\,dr'^2}\right),$$

$$(3) = -\,\mathrm{T}'\left(-\,\frac{r[r,r']_1}{2} + \frac{11\,r^2}{4}\,\frac{d[r,r']_1}{dr} - \frac{rr'}{4}\,\frac{d[r,r']_1}{dr'}\right.$$
$$\left.+ r^3\,\frac{d^2[r,r]_1}{dr^2} + \frac{11\,r^2r'}{8}\,\frac{d^2[r,r']_1}{dr\,dr'} + \frac{r^3r'}{2}\,\frac{d^3[r,r']_1}{dr^2\,dr'}\right).$$

Cette équation donnera la variation séculaire Σ du mouvement moyen d'une Planète T troublée par l'action d'une autre Planète quelconque T', la masse du Soleil étant prise pour l'unité des masses des Planètes.

S'il y avait une seconde Planète perturbatrice T″, il n'y aurait qu'à ajouter à la valeur de $\dfrac{d\Sigma}{dp}$ une autre partie composée des mêmes termes que ceux qui répondent à la Planète T', mais dans lesquels les lettres affectées d'un accent le seraient de deux, et ainsi de suite (7).

10. Pour faire usage de l'équation précédente, il n'y aura qu'à substituer pour x, y, x', y',... les valeurs déterminées dans la *Théorie des variations séculaires*, et comme $dp = \dfrac{dt}{r^{\frac{3}{2}}}$ (3), on aura, en multipliant par dt, une équation intégrable, puisque les distances moyennes r, r',... sont des quantités constantes.

Or nous avons vu dans la Théorie citée que les expressions de x, y, x', y',... sont, en général, de la forme

$$\mathrm{A}\sin(at+\alpha) + \mathrm{B}\sin(bt+\beta) + \mathrm{C}\sin(ct+\gamma) + \ldots,$$
$$\mathrm{A}\cos(at+\alpha) + \mathrm{B}\cos(bt+\beta) + \mathrm{C}\cos(ct+\gamma) + \ldots,$$
$$\mathrm{A}'\sin(at+\alpha) + \mathrm{B}'\sin(bt+\beta) + \mathrm{C}'\sin(ct+\gamma) + \ldots,$$
$$\mathrm{A}'\cos(at+\alpha) + \mathrm{B}'\cos(bt+\beta) + \mathrm{C}'\cos(ct+\gamma) + \ldots,$$
$$\ldots\ldots\ldots\ldots\ldots\ldots\ldots\ldots\ldots\ldots\ldots\ldots\ldots\ldots,$$

le nombre des termes étant toujours égal à celui des Planètes qui agissent les unes sur les autres.

Donc, faisant ces substitutions dans la valeur de $\dfrac{d\Sigma}{dp}$, il en résultera :

1° des termes sans sinus ni cosinus; 2° des termes proportionnels aux cosinus des angles

$$(a-b)t+\alpha-\beta, \quad (a-c)t+\alpha-\gamma, \quad (b-c)t+\beta-\gamma,\ldots,$$

et qui étant multipliés par dt seront tous intégrables.

Il s'ensuit de là que la valeur de Σ se trouvera composée de deux sortes de termes, les uns rigoureusement proportionnels à p, et qui se confondront par conséquent avec le mouvement moyen et uniforme de la Planète; les autres proportionnels aux sinus des angles $(a-b)t+\alpha-\beta$, $(a-c)t+\alpha-\gamma,\ldots$, et dont les coefficients seront beaucoup plus grands que ceux des cosinus correspondants dans l'équation différentielle, puisque l'intégration les aura augmentés dans la raison de $a-b$, $a-c,\ldots$ à 1. Ces termes donneront donc de véritables équations séculaires dans le mouvement moyen de la Planète; et il ne s'agira que de voir si elles sont assez sensibles pour être aperçues par les observations.

11. Nous avons fait abstraction jusqu'ici de l'inclinaison des orbites, de sorte que la formule trouvée n'a lieu que pour le cas où la Planète troublée et les Planètes perturbatrices seraient mues dans un même plan fixe. Il faut donc, pour ne rien laisser à désirer, voir encore ce qui peut résulter de l'inclinaison mutuelle des orbites, et surtout de la variation de cette inclinaison. On pourrait pour cela employer la valeur complète de $F(q)$ donnée dans le Mémoire précédent, et avoir égard dans le calcul aux quantités $\frac{P}{R}$, $\frac{Q}{R}$ et à leurs variations déterminées dans la *Théorie des variations séculaires;* mais il sera beaucoup plus simple de considérer immédiatement l'orbite réelle de la Planète, et de chercher la variation du mouvement moyen d'après celles des éléments de cette orbite. Pour cela il faut commencer par déterminer ces variations; c'est à quoi on peut parvenir directement et facilement par les principes donnés à la fin de la première Section de la *Théorie* citée.

12. Soit ρ le rayon vecteur de l'orbite réelle de la Planète, q la longitude vraie dans cette orbite, φ la longitude de l'aphélie prise aussi sur l'orbite, λ l'excentricité et $\varkappa$ le demi-paramètre; on aura, comme on sait, pour l'équation de l'orbite elliptique

$$\frac{\varkappa}{\rho} = 1 - \lambda \cos(q - \varphi),$$

laquelle, en faisant

$$\lambda \sin\varphi = m, \quad \lambda \cos\varphi = n,$$

devient

(a) $$\frac{\varkappa}{\rho} = 1 - m \sin q - n \cos q.$$

De plus, cette orbite étant décrite par une force centrale $\frac{1}{\rho^2}$, comme le sont celles des Planètes en prenant la somme des masses du Soleil et de la Planète pour l'unité, on aura, par la propriété connue des aires,

(b) $$\rho^2 \, dq = dt \sqrt{\varkappa}.$$

La valeur de $d\rho$ doit être la même, soit que l'orbite varie ou non; ainsi, en différentiant l'équation (a), on aura d'un côté

(c) $$\frac{\varkappa \, d\rho}{\rho^2} = (m \cos q - n \sin q) \, dq,$$

et de l'autre

(d) $$\frac{d\varkappa}{\rho} = - \sin q \, dm - \cos q \, dn.$$

En substituant dans l'équation (c) la valeur de dq tirée de l'équation (b), elle devient

(e) $$\frac{d\rho \sqrt{\varkappa}}{dt} = m \cos q - n \sin q.$$

13. Pour que cette équation appartienne à l'orbite troublée, en y regardant les éléments $\varkappa$, m, n comme variables, il faudra que sa différentielle satisfasse aux équations différentio-différentielles de cette orbite,

lesquelles sont, par rapport aux coordonnées rectangles x, y, z,

$$\frac{d^2x}{dt^2} + \frac{x}{\rho^3} + X = 0, \quad \frac{d^2y}{dt^2} + \frac{y}{\rho^3} + Y = 0, \quad \frac{d^2z}{dt^2} + \frac{z}{\rho^3} + Z = 0,$$

X, Y, Z étant les forces perturbatrices.

Ainsi, comme
$$\rho = \sqrt{x^2 + y^2 + z^2},$$
et par conséquent
$$d\rho = \frac{x\,dx + y\,dy + z\,dz}{\rho},$$

il n'y aura qu'à substituer dans la différentielle de l'équation (e) pour

$$\frac{d^2x}{dt^2}, \frac{d^2y}{dt^2}, \frac{d^2z}{dt^2}$$

les valeurs
$$-\frac{x}{\rho} - X, \quad -\frac{y}{\rho} - Y, \quad -\frac{z}{\rho} - Z.$$

Mais, puisque la variabilité des éléments ne vient que des forces perturbatrices, il s'ensuit que les termes affectés de $d\varkappa$, dm, dn et de X, Y, Z doivent former une équation à part, celle composée des autres termes devant subsister d'elle-même, parce que l'équation dont il s'agit satisfait par l'hypothèse aux équations de l'orbite invariable.

Il n'y aura donc qu'à faire varier dans l'équation (e) les éléments $\varkappa$, m, n et les différences dx, dy, dz, et substituer simplement $-X$, $-Y$, $-Z$ à la place de $\frac{d^2x}{dt^2}, \frac{d^2y}{dt^2}, \frac{d^2z}{dt^2}$; ce qui donnera sur-le-champ celle-ci

$$-\frac{dt\sqrt{\varkappa}}{\rho}(Xx + Yy + Zz) + \frac{d\rho\,d\varkappa}{2\,dt\sqrt{\varkappa}} = \cos q\,dm - \sin q\,dn,$$

ou bien, en faisant, pour abréger,

$$Xx + Yy + Zz = \Phi,$$

et substituant pour $dt\sqrt{\varkappa}$ sa valeur $\rho^2 dq$ de l'équation (b),

$$\cos q\,dm - \sin q\,dn = \frac{d\rho\,d\varkappa}{2\rho^2 dq} - \Phi\rho\,dq.$$

Et cette équation combinée avec l'équation (d) donnera les valeurs de dm et dn; on aura ainsi

$$(f) \quad \begin{cases} dm = -\dfrac{dx}{\rho} \sin q + \left(\dfrac{d\rho\, dx}{2\rho^2 dq} - \Phi\rho\, dq \right) \cos q, \\ dn = -\dfrac{dx}{\rho} \cos q - \left(\dfrac{d\rho\, dx}{2\rho^2 dq} - \Phi\rho\, dq \right) \sin q. \end{cases}$$

14. Il ne reste plus qu'à trouver la valeur de dx; on la tirera de l'équation (b), en y appliquant le même raisonnement que nous venons de faire sur l'équation (e). Ainsi, comme

$$x = \frac{\rho^4 dq^2}{dt^2},$$

et que

$$\rho^2 dq^2 + d\rho^2 = dx^2 + dy^2 + dz^2,$$

puisque ces deux quantités expriment également le carré de l'élément de l'espace parcouru, que par conséquent

$$\rho^4 dq^2 = \rho^2(dx^2 + dy^2 + dz^2) - (\rho\, d\rho)^2,$$

il s'ensuit qu'on aura la valeur de dx, en faisant varier dans

$$\frac{\rho^2(dx^2 + dy^2 + dz^2)}{dt^2} - \frac{(x\,dx + y\,dy + z\,dz)^2}{dt^2}$$

les différences dx, dy, dz seulement et substituant ensuite $-X$, $-Y$, $-Z$ pour $\dfrac{d^2x}{dt^2}$, $\dfrac{d^2y}{dt^2}$, $\dfrac{d^2z}{dt^2}$.

Donc, faisant, pour abréger,

$$X\,dx + Y\,dy + Z\,dz = (d\Omega),$$

on aura sur-le-champ

$$(g) \quad dx = 2\Phi\rho\, d\rho - 2\rho^2(d\Omega),$$

valeur qu'il faudra substituer dans les deux équations (f) ci-dessus.

Cherchons maintenant les valeurs de Φ et de $(d\Omega)$. En ne supposant qu'une seule Planète perturbatrice T', on a

$$X = T'\left(\frac{x-x'}{\sigma'^3} + \frac{x'}{\rho'^3}\right), \quad Y = T'\left(\frac{y-y'}{\sigma'^3} + \frac{y'}{\rho'^3}\right), \quad Z = T'\left(\frac{z-z'}{\sigma'^3} + \frac{z'}{\rho'^3}\right),$$

σ' exprimant la distance rectiligne d'une Planète à l'autre, et x', y', z', ρ' étant pour la Planète T' ce que x, y, z, ρ sont pour la Planète troublée T. S'il y avait plusieurs Planètes perturbatrices T', T'',..., chacune donnerait des formules semblables dans les valeurs de X, Y, Z.

On aura donc, en substituant ces valeurs,

$$\Phi = T'\left[\frac{\rho^2}{\sigma'^3} + \left(\frac{1}{\rho'^3} - \frac{1}{\sigma'^3}\right)(xx' + yy' + zz')\right],$$

$$(d\Omega) = T'\left[\frac{\rho\, d\rho}{\sigma'^3} + \left(\frac{1}{\rho'^3} - \frac{1}{\sigma'^3}\right)(x'dx + y'dy + z'dz)\right].$$

15. Maintenant, puisque σ' est la distance rectiligne entre la Planète T et la Planète T', on aura, par les coordonnées rectangles,

$$\sigma'^2 = (x-x')^2 + (y-y')^2 + (z-z')^2 = \rho^2 + \rho'^2 - 2(xx' + yy' + zz').$$

D'un autre côté, si l'on nomme ε l'angle intercepté entre les deux rayons ρ et ρ', en considérant le triangle rectiligne dont ρ, ρ', σ' sont les trois côtés et où ε est l'angle opposé au côté σ', on aura aussi

$$\sigma'^2 = \rho^2 + \rho'^2 - 2\rho\rho' \cos\varepsilon;$$

de sorte qu'en comparant cette expression de σ'^2 à la précédente, on aura

$$xx' + yy' + zz' = \rho\rho' \cos\varepsilon;$$

et comme cette équation est indépendante d'aucune relation entre la position des deux Planètes, elle aura lieu aussi en supposant que la Planète T avance infiniment peu dans son orbite, auquel cas x, y, z, ρ deviennent

$$x + dx, \quad y + dy, \quad z + dz, \quad \rho + d\rho,$$

et $\cos\varepsilon$ deviendra

$$\cos\varepsilon + \delta\cos\varepsilon;$$

ainsi l'on aura par là

$$x'dx + y'dy + z'dz = \rho'\cos\varepsilon\, d\rho + \rho\rho'\,\delta\cos\varepsilon;$$

mais il faut encore déterminer la valeur de $\cos\varepsilon$ et de $\delta\cos\varepsilon$.

Pour cela, si l'on imagine que du centre des rayons vecteurs ρ, ρ' on mène au point d'intersection des deux orbites un troisième rayon, et qu'ensuite sur la surface d'une sphère décrite du même centre on trace trois arcs de grand cercle qui joignent les trois rayons dont il s'agit, il est visible que l'un de ces arcs sera ε, que les deux autres seront les distances des deux Planètes au nœud commun de leurs orbites, et dans le triangle sphérique formé par ces trois arcs, l'angle opposé au côté ε sera l'inclinaison mutuelle des orbites.

Par conséquent, si l'on nomme η cette inclinaison et ψ la longitude du nœud commun, en sorte que $q - \psi$ et $q' - \psi$ soient les distances des Planètes à ce nœud, on aura, par la propriété connue des triangles sphériques,

$$\cos\varepsilon = \cos(q-\psi)\cos(q'-\psi) + \cos\eta\,\sin(q-\psi)\sin(q'-\psi);$$

or, tandis que la Planète T se meut infiniment peu dans son orbite, il n'y a que l'angle q qui varie, les autres quantités ψ, η, q' demeurant constantes; d'où il suit que la variation de $\cos\varepsilon$, que nous avons désignée ci-dessus par $\delta\cos\varepsilon$, devra être exprimée par $\dfrac{d\cos\varepsilon}{dq}dq$.

16. Substituons les valeurs qu'on vient de trouver dans les expressions de Φ et de $(d\Omega)$ du n° 14; on aura, en retenant le $\cos\varepsilon$ pour plus de simplicité,

$$\Phi = T'\left(\frac{\rho^2 - \rho\rho'\cos\varepsilon}{\sigma'^3} + \frac{\rho\cos\varepsilon}{\rho'^2}\right)$$

$$(d\Omega) = T'\left(\frac{\rho\, d\rho - \rho'\cos\varepsilon\, d\rho - \rho\rho'\dfrac{d\cos\varepsilon}{dq}dq}{\sigma'^3} + \frac{\cos\varepsilon\, d\rho + \rho\dfrac{d\cos\varepsilon}{dq}dq}{\rho'^2}\right).$$

Si donc on fait

$$\Omega = T'\left(\frac{\rho\cos\varepsilon}{\rho'^2} - \frac{1}{\sigma'}\right),$$

on aura, à cause de
$$\sigma' = \sqrt{\rho^2 - 2\rho\rho'\cos\varepsilon + \rho'^2}$$

et de $\cos\varepsilon$ fonction de q sans ρ,

$$\Phi = \rho\frac{d\Omega}{d\rho}, \quad (d\Omega) = \frac{d\Omega}{d\rho}d\rho + \frac{d\Omega}{dq}dq.$$

Donc l'équation (g) du n° 14 donnera par ces substitutions

$$d\varkappa = -\rho^2\frac{d\Omega}{dq}dq;$$

et enfin, substituant cette valeur de $d\varkappa$ ainsi que celle de Φ dans les équations (f) du même numéro, on aura

$$dm = -\frac{d\Omega}{dq}\cos q\,d\rho + \left(2\rho\frac{d\Omega}{dq}\sin q - \rho^2\frac{d\Omega}{d\rho}\cos q\right)dq,$$

$$dn = \frac{d\Omega}{dq}\sin q\,d\rho + \left(2\rho\frac{d\Omega}{dq}\cos q + \rho^2\frac{d\Omega}{d\rho}\sin q\right)dq,$$

expressions qu'on voit être de la même forme que celles de $d\mathrm{M}$ et $d\mathrm{N}$ du n° 5.

Et à l'égard de la fonction Ω, on voit qu'elle est aussi de la même forme que celle du n° 7, si ce n'est qu'à la place de l'angle $q - q'$ il y a l'angle ε; mais ces deux angles sont d'ailleurs analogues entre eux, puisqu'ils expriment également dans les deux hypothèses la distance d'une Planète à l'autre.

17. Prenant r pour représenter le demi-grand axe, comme dans les calculs ci-dessus, on a, par les propriétés de l'ellipse, le demi-paramètre

$$\varkappa = r(1 - \lambda^2) = r(1 - m^2 - n^2).$$

Ainsi l'équation (a) du n° 12 donnera

$$\rho = \frac{r(1 - m^2 - n^2)}{1 - m\sin q - n\cos q};$$

et, cette valeur substituée dans l'équation (b) du même numéro, on aura

$$\frac{dt}{r^{\frac{3}{2}}} = dp = \frac{(1 - m^2 - n^2)^{\frac{3}{2}} dq}{(1 - m\sin q - n\cos q)^2};$$

ce sont les formules connues entre le rayon vecteur ρ, la longitude vraie q dans l'orbite et la longitude moyenne p.

La dernière équation étant intégrée en regardant m et n comme constantes donnera la valeur de la fonction $F(q)$ (**2**), et cette valeur exprimée en série sera de la même forme que celle du n° **5**, m et n étant ici à la place de M et N; de là l'expression de $\delta F(q)$ ou de $d\Sigma$ sera encore de la même forme que dans ce numéro, et cela aura lieu aussi après la substitution des valeurs de dm et dn, que nous avons vu être semblables à celles de dM et dN.

De plus les valeurs de ρ et q en p, tirées des équations précédentes, seront aussi de la même forme que celles qu'on a employées dans le n° **6**, ce qui est d'ailleurs évident par la comparaison de ces équations et de celles d'où ces valeurs ont été déduites. Donc la valeur de $\dfrac{d\Sigma}{dp}$ sera encore de la même forme que celle qui se trouve à la fin du même numéro, m et n étant toujours à la place de M et N; mais la substitution de la valeur de Ω y produira une différence, à cause que l'angle ε tient la place de $q - q'$; et c'est uniquement de là que peut venir la différence des résultats dans les deux cas.

18. Pour déterminer cette différence, nous remarquerons d'abord qu'en mettant, dans l'expression de $\cos\varepsilon$ du n° **15**, $1 - 2\sin^2\dfrac{\eta}{2}$ au lieu de $\cos\eta$, elle devient

$$\cos(q - q') - 2\sin^2\frac{\eta}{2} \sin(q - \psi) \sin(q' - \psi);$$

de sorte que tout se réduit à augmenter, dans l'expression de Ω du n° **7**, $\cos(q - q')$ de la quantité

$$- 2\sin^2\frac{\eta}{2} \sin(q - \psi) \sin(q' - \psi).$$

Or, comme η représente l'inclinaison réciproque des orbites que nous supposons du même ordre que l'excentricité λ et par conséquent que les quantités m et n, il est clair que la quantité dont il s'agit est déjà très-petite du second ordre, et qu'ainsi l'accroissement de Ω sera au quatrième ordre près

$$2\mathrm{V}\sin^2\frac{\eta}{2}\sin(q-\psi)\sin(q'-\psi),$$

en faisant

$$\mathrm{V}=-\mathrm{T}'\left[\frac{\rho}{\rho'^2}-\frac{\rho\rho'}{[\rho^2-2\rho\rho'\cos(q-q')+\rho'^2]^{\frac{3}{2}}}\right].$$

Donc, puisque dans l'expression de $\dfrac{d\Sigma}{dp}$ nous avons négligé les troisièmes dimensions de M et N, il s'ensuit qu'en négligeant pareillement les troisièmes dimensions de m, n, η, il n'y aura que le premier terme $2r^2\dfrac{d\Omega}{dp}$ de cette expression dans lequel on doive avoir égard à l'accroissement de Ω, et qu'ainsi la valeur de $\dfrac{d\Sigma}{dp}$ se trouvera par là simplement augmentée de la quantité

$$4r^2\frac{d\mathrm{V}}{d\rho}\sin^2\frac{\eta}{2}\sin(q-\psi)\sin(q'-\psi).$$

Par la même raison, puisque cette quantité est du second ordre, on pourra d'abord y substituer r, r', p, p' à la place de ρ, ρ', q, q', ce qui la réduira à

$$-4r^2\frac{d\mathrm{V}}{dr}\sin^2\frac{\eta}{2}\sin(p-\psi)\sin(p'-\psi),$$

V étant $=-\mathrm{T}'\left[\dfrac{r}{r'^2}-\dfrac{rr'}{[r^2-2rr'\cos(p-p')+r'^2]^{\frac{3}{2}}}\right].$

Développons en série le radical irrationnel

$$[r^2-2rr'\cos(p-p')+r'^2]^{-\frac{3}{2}},$$

et supposons, comme dans la *Théorie des variations séculaires*, cette série représentée par

$$(r,r')+(r,r')_1\cos(p-p')+(r,r')_2\cos 2(p-p')+\ldots;$$

on aura pour la valeur de $\frac{dV}{dr}$

$$-T'\left[\frac{1}{r'^2} - \frac{d[rr'(r,r')]}{dr} - \frac{d[rr'(r,r')_1]}{dr}\cos(p-p') - \ldots\right].$$

Substituant cette valeur dans la quantité dont il s'agit, développant les produits des sinus et cosinus, et ne retenant que les termes sans sinus ni cosinus, on aura enfin

$$T'r^2 \frac{d[rr'(r,r')_1]}{dr}\sin^2\frac{\eta}{2}$$

pour la quantité à ajouter à la valeur de $\frac{d\Sigma}{dp}$.

Ainsi il n'y aura qu'à ajouter ce nouveau terme au second membre de la dernière équation du n° 8, en y changeant en même temps les quantités M et N en m et n.

19. Nous remarquerons maintenant que les quantités m, n sont au troisième ordre près égales à M, N; car ces quantités, étant exprimées par $\lambda\sin\varphi$, $\lambda\cos\varphi$, où φ est la longitude de l'aphélie dans l'orbite (12), ont par conséquent la même valeur que les quantités $\lambda\sin\Phi$, $\lambda\cos\Phi$ du n° 18 du Mémoire précédent; et il est aisé de voir que celles-ci se réduisent à M, N en négligeant les quantités du troisième ordre, puisque

$$\Omega = \int \cos i\, d\omega = \omega - \frac{1}{2}\int i^2\, d\omega.$$

Ainsi, comme dans la *Théorie des variations séculaires* nous avons nommé x, y les quantités M, N, on pourra également, dans l'équation précédente, changer m, n en x, y.

De plus, on a aussi au troisième ordre près

$$\sin\frac{\eta}{2} = \frac{\eta}{2} = \frac{\tang\eta}{2};$$

mais nous avons démontré, dans le n° 18 de la seconde Partie de la Théorie citée, que, pour des orbites peu inclinées, on a au troisième ordre près

$$\vartheta \sin\Omega = s - s', \quad \vartheta \cos\Omega = u - u',$$

ϑ étant la même chose que $\tang\eta$. Donc à la place de $\sin^2\frac{\eta}{2}$ on pourra substituer la quantité

$$\frac{(s-s')^2 + (u-u')^2}{4}.$$

D'où l'on doit conclure que la considération de l'inclinaison des orbites ne fera qu'augmenter l'expression de $\frac{d\Sigma}{dp}$ du n° 9 du terme

$$(4) \times [(s-s')^2 + (u-u')^2]$$

en supposant

$$(4) = T' \frac{r^2}{4} \frac{d[rr'(r,r')_1]}{dr} = T' \left[\frac{r^2 r'(r,r')_1}{4} + \frac{r^3 r'}{4} \frac{d(r,r')_1}{dr} \right].$$

Et s'il y a plusieurs Planètes perturbatrices, chacune d'elles fournira un pareil terme dans la valeur de $\frac{d\Sigma}{dp}$.

Les valeurs des quantités $s, s', \ldots, u, u', \ldots$ ont aussi été données dans la *Théorie des variations séculaires* pour toutes les Planètes, et comme elles sont d'une forme semblable à celle de $x, x', \ldots, y, y', \ldots$, il en résultera des termes analogues dans l'expression de la variation séculaire Σ du mouvement moyen.

20. Pour appliquer aux Planètes les formules que nous venons de trouver, il faudra commencer par déterminer les valeurs des coefficients $(o), (1), \ldots$; et l'on peut employer pour cela les méthodes et les données de la Théorie citée; mais, comme ces coefficients contiennent les différences des fonctions $[r, r'], [r, r']_1$ relativement aux deux quantités r, r', il sera à propos de réduire d'abord toutes les différences à la seule quantité r, comme nous en avons usé dans la même Théorie.

Or, par la propriété des fonctions homogènes, telles que sont nécessairement les quantités $[r, r']$, $[r, r']_1$, on a

$$r \frac{d[r, r']}{dr} + r' \frac{d[r, r']}{dr'} + [r, r'] = 0,$$

$$r \frac{d[r, r']_1}{dr} + r' \frac{d[r, r']_1}{dr'} + [r, r']_1 = 0;$$

donc

$$\frac{d[r, r']}{dr'} = -\frac{[r, r']}{r'} - \frac{r}{r'} \frac{d[r, r']}{dr},$$

et, différentiant successivement par r, r',

$$\frac{d^2[r, r']}{dr\,dr'} = -\frac{2}{r'} \frac{d[r, r']}{dr} - \frac{r}{r'} \frac{d^2[r, r']}{dr^2},$$

$$\frac{d^3[r, r']}{dr^2\,dr'} = -\frac{3}{r'} \frac{d^2[r, r']}{dr^2} - \frac{r}{r'} \frac{d^3[r, r']}{dr^3},$$

$$\frac{d^3[r, r']}{dr\,dr'^2} = \frac{2}{r'^2} \frac{d[r, r']}{dr} + \frac{r}{r'^2} \frac{d^2[r, r']}{dr^2} - \frac{2}{r'} \frac{d^2[r, r']}{dr\,dr'} - \frac{r}{r'} \frac{d^3[r, r']}{dr^2\,dr'},$$

ou bien, en substituant dans cette dernière formule les valeurs données par les deux précédentes,

$$\frac{d^3[r, r']}{dr\,dr'^2} = \frac{6}{r'^2} \frac{d[r, r']}{dr} + \frac{6r}{r'^2} \frac{d^2[r, r']}{dr^2} + \frac{r^2}{r'^2} \frac{d^3[r, r']}{dr^3}.$$

On aura de pareilles expressions pour les différences de $[r, r']_1$; et, faisant ces substitutions dans les valeurs des coefficients (2) et (3) données dans le n° 9, on aura

$$(2) = -\mathrm{T}'' \left[r^2 \frac{d[r, r']}{dr} + 2r^3 \frac{d^2[r, r']}{dr^2} + \frac{r^4}{2} \frac{d^3[r, r']}{dr^3} \right],$$

$$(3) = -\mathrm{T}'' \left[-\frac{r[r, r']_1}{4} + \frac{r^2}{4} \frac{d[r, r']_1}{dr} - \frac{15r^3}{8} \frac{d^2[r, r']_1}{dr^2} - \frac{r^4}{2} \frac{d^3[r, r']_1}{dr^3} \right].$$

21. Les quantités $[r, r']$, $[r, r']_1$ sont évidemment les mêmes que nous avions d'abord désignées par A', B' dans le n° 43 de la première Partie de la *Théorie des variations séculaires*, et dont nous avons ensuite, dans le n° 45, donné les valeurs exprimées par les quantités (r, r'), $(r, r')_1$, ainsi que celles de leurs différences premières et secondes. On aura donc par les formules de ce dernier numéro

$$[r, r'] = (r^2 + r'^2)(r, r') - rr'(r, r')_1,$$

$$[r, r']_1 = 4rr'(r, r') - (r^2 + r'^2)(r, r')_1,$$

$$\frac{d[r, r']}{dr} = -r(r, r') + \frac{1}{2} r'(r, r')_1,$$

$$\frac{d[r, r']_1}{dr} = -2r'(r, r') + \frac{r'^2}{r}(r, r')_1,$$

$$\frac{d^2[r, r']}{dr^2} = 2(r, r') - \frac{r'}{2r}(r, r')_1,$$

$$\frac{d^2[r, r']_1}{dr^2} = \frac{6r'}{r}(r, r') - \frac{2r'^2}{r^2}(r, r')_1,$$

les quantités (r, r'), $(r, r')_1$ étant les mêmes que nous avons déjà employées ci-dessus.

Différentiant les deux dernières équations par r, on aura

$$\frac{d^3[r, r']}{dr^3} = 2\frac{d(r, r')}{dr} + \frac{r'}{2r^2}(r, r')_1 - \frac{r'}{2r}\frac{d(r, r')_1}{dr},$$

$$\frac{d^3[r, r']_1}{dr^3} = -\frac{6r'}{r^2}(r, r') + \frac{6r'}{r}\frac{d(r, r')}{dr} + \frac{4r'^2}{r^3}(r, r')_1 - \frac{2r'^2}{r^2}\frac{d(r, r')_1}{dr}.$$

Or, si dans les formules générales du même numéro cité on fait $s = \frac{3}{2}$, les quantités A, B deviennent (r, r'), $(r, r')_1$; ainsi l'on aura par ces formules

$$\frac{d(r, r')}{dr} = -\frac{6r(r, r') + r'(r, r')_1}{2(r^2 - r'^2)},$$

$$\frac{d(r, r')_1}{dr} = -\frac{6r'(r, r') + \left(2r - \frac{r'^2}{r}\right)(r, r')_1}{r^2 - r'^2};$$

de sorte que par ces substitutions les formules précédentes deviendront

$$\frac{d^3[r, r']}{dr^3} = \frac{\left(-6r + \frac{3r'^2}{r}\right)(r, r') + \left(\frac{r'}{2} - \frac{r'^3}{r^2}\right)(r, r')_1}{r^2 - r'^2},$$

$$\frac{d^3[r, r']_1}{dr^3} = \frac{\left(-24r' + \frac{18r'^3}{r^2}\right)(r, r') + \left(\frac{5r'^2}{r} - \frac{6r'^4}{r^3}\right)(r, r')_1}{r^2 - r'^2}.$$

22. On pourra donc exprimer tous les coefficients (0), (1), (2), (3), (4) par les seules quantités (r, r'), $(r, r')_1$; et l'on aura ainsi

$$(0) = T'[2r^3(r, r') - r^2 r'(r, r')_1],$$

$$(1) = T' \frac{12 r^3 r'^2 (r, r') + (3 r^4 r' - r^2 r'^3)(r, r')_1}{8(r^2 - r'^2)},$$

$$(2) = T' \frac{6 r^3 r'^2 (r, r') + r^2 r'^3 (r, r')_1}{4(r^2 - r'^2)},$$

$$(3) = T' \frac{(3 r^4 r' - 15 r^2 r'^3)(r, r') - (r^5 + 6 r^3 r'^2 - 5 r r'^4)(r, r')_1}{4(r^2 - r'^2)},$$

$$(4) = -T' \frac{6 r^3 r'^2 (r, r') + r^4 r'(r, r')_1}{4(r^2 - r'^2)}.$$

Nous avons déjà donné, dans la *Théorie des variations séculaires* (n° 48, première Partie), la manière de calculer les valeurs des quantités (r, r'), $(r, r')_1$; et nous y avons trouvé des expressions de cette forme

$$(r, r') = \frac{M}{r^3(1 - z^2)^2}, \quad (r, r')_1 = \frac{6N}{r^3(1 - z^2)^2},$$

dans lesquelles $z = \dfrac{r'}{r}$, r' étant supposée la plus petite des deux quantités r, r', et M, N représentent les séries

$$1 + \alpha^2 z^2 + \ldots, \quad \alpha z - \alpha \beta z^3 - \ldots,$$

comme dans le n° 3 de la seconde Partie de la même Théorie.

Nous avons de plus donné dans le même endroit les valeurs numériques de z, M, N pour toutes les distances moyennes $r, r', \ldots$ des Planètes principales combinées deux à deux; ainsi l'on pourra partir immédiatement de ces valeurs dans le calcul des coefficients de la formule trouvée pour l'altération du mouvement moyen des Planètes; nous allons maintenant appliquer cette formule à Saturne et à Jupiter, et voir les conséquences qui en résultent relativement à leurs mouvements moyens.

SECTION SECONDE.

VARIATION SÉCULAIRE DU MOUVEMENT MOYEN DE SATURNE PRODUITE PAR L'ACTION DE JUPITER.

23. Nous supposerons ici, comme nous l'avons fait dans la *Théorie générale des variations séculaires,* que les lettres sans trait se rapportent à Saturne, qu'avec un trait elles se rapportent à Jupiter, et ainsi de suite; de cette manière T sera la masse de Saturne, T' celle de Jupiter, ces masses étant exprimées en parties de celle du Soleil; il en sera de même des distances moyennes r, r' et des mouvements moyens p, p'.

Ainsi l'altération Σ du mouvement moyen de Saturne due à l'action de Jupiter sera déterminée par l'équation différentielle

$$\frac{d\Sigma}{dp} = (0) + (1)(x^2+y^2) + (2)(x'^2+y'^2) + (3)(xx'+yy') + (4)[(s-s')^2+(u-u')^2],$$

dont les coefficients seront exprimés par les quantités $z = \frac{r'}{r}$, M, N, de la manière suivante

$$(0) = T' \frac{2M - 6zN}{(1-z^2)^2},$$

$$(1) = T' \frac{6z^2M + 3(3z - z^3)N}{4(1-z^2)^3},$$

$$(2) = T' \frac{3z^2M + 3z^3N}{2(1-z^2)^3},$$

$$(3) = T' \frac{3(z - 5z^3)M - 6(1 + 6z^2 - 5z^4)N}{4(1-z^2)^3},$$

$$(4) = -T' \frac{3z^2M + 3zN}{2(1-z^2)^3}.$$

Ces formules, en y changeant les traits des lettres T, r,..., serviront aussi pour toute autre Planète en tant qu'elle sera troublée par une Planète inférieure, la quantité z devant toujours être une fraction moindre que l'unité pour l'exactitude des expressions de M et N.

DES MOUVEMENTS MOYENS DES PLANÈTES.

24. L'action de Jupiter sur Saturne étant, à raison des masses et des distances, infiniment plus considérable que celle des autres Planètes, il suffira de tenir compte de cette action, comme nous l'avons fait dans la *Théorie des variations séculaires;* ainsi la formule précédente donnera l'altération totale du mouvement moyen de Saturne, en y substituant pour $x, y, x', y', s, u, s', u'$ les valeurs dues à la même action et qui ont été calculées dans les n°s 50 et 53 de la deuxième Partie de cette Théorie.

Par ces substitutions on aura donc en premier lieu

$$x^2 + y^2 = A^2 + B^2 + 2AB\cos[(a-b)t + \alpha - \beta],$$
$$x'^2 + y'^2 = A'^2 + B'^2 + 2A'B'\cos[(a-b)t + \alpha - \beta],$$
$$xx' + yy' = AA' + BB' + (AB' + A'B)\cos[(a-b)t + \alpha - \beta].$$

En second lieu on aura

$$(s-s')^2 + (u-u')^2 = [(B)-(B')]^2,$$

en désignant par (B), (B') les coefficients B, B' des expressions de s, u, s', u' pour les distinguer de ceux de x, y, x', y' que nous avons représentés par les mêmes lettres.

Donc enfin, substituant ces valeurs et faisant, pour abréger,

$$[0] = (0) + (1)(A^2+B^2) + (2)(A'^2+B'^2) + (3)(AA'+BB') + (4)[(B)-(B')]^2,$$
$$[1] = 2(1)AB + 2(2)A'B' + (3)(AB' + A'B),$$

on aura

$$\frac{d\Sigma}{dp} = [0] + [1]\cos[(a-b)t + \alpha - \beta].$$

Or p représente l'angle du mouvement moyen de Saturne, et nous avons exprimé le temps t en années Juliennes; si donc on nomme n le nombre d'années Juliennes de la révolution de Saturne, on aura $\frac{dp}{dt} = \frac{360°}{n}$; par conséquent la formule précédente étant multipliée par dp et intégrée donnera

$$\Sigma = [0]p + [1]\frac{360°}{n(a-b)}\sin[(a-b)t + \alpha - \beta];$$

c'est l'expression de l'altération du mouvement moyen et qui doit être ajoutée à ce mouvement.

25. Le terme $[o]p$ ne fait qu'augmenter le mouvement moyen primitif dans la raison de 1 à $1+[o]$; de sorte que le mouvement moyen, tel que les observations doivent le donner, sera $(1+[o])p$, et répondra par conséquent à une distance moyenne égale à $\dfrac{r}{(1+[o])^{\frac{2}{3}}}$; ainsi, par cette distance qui est celle qui résulte de la comparaison des temps périodiques, on pourra déterminer la distance primitive r, qui entre comme élément dans le calcul des perturbations; mais la quantité $[o]$ étant une fraction infiniment petite, puisqu'elle est de l'ordre des masses des Planètes rapportées à celle du Soleil, il ne résultera de là qu'une correction insensible, et de nulle considération dans les distances moyennes. On peut donc n'avoir aucun égard à l'effet du terme dont il s'agit.

26. Il n'en est pas de même de l'autre terme qui contient le sinus de l'angle $(a-b)t + \alpha - \beta$; ce terme donnera une véritable équation séculaire périodique, dont la période sera extrêmement longue. En effet, en substituant pour a, b, α, β les valeurs données dans le n° 50 de la deuxième Partie de la *Théorie des variations séculaires,* on trouve pour l'angle dont il s'agit

$$180° - 83°42' + 18'',4054\, t;$$

de sorte que la période de l'équation séculaire sera déterminée par l'équation

$$18'',4054\, t = 360°,$$

laquelle donne

$$t = 70414$$

pour le nombre d'années de cette période. Mais il faut voir si la valeur de cette équation est assez forte pour pouvoir être aperçue par les observations.

Pour cela il faut commencer par calculer les valeurs des coefficients

(1), (2), (3); or, par le n° 4 de la deuxième Partie de la *Théorie des variations séculaires*, on a

$$z = \frac{r'}{r} = 0{,}545172, \quad M = 1{,}075800, \quad N = 0{,}262042,$$

et, substituant ces valeurs dans les formules du n° **23**, il vient

$$(1) = 2{,}21597\,T', \quad (2) = 1{,}56520\,T', \quad (3) = -3{,}26743\,T'.$$

De plus on a par le n° **50** du même Ouvrage

$$A = 0{,}04877, \qquad B = 0{,}03532,$$
$$A' = -0{,}01715, \qquad B' = 0{,}04321.$$

Toutes ces valeurs étant substituées dans l'expression de [1], on aura

$$[1] = 0{,}000408\,T',$$

et il ne s'agira plus que de multiplier cette quantité par $\dfrac{360°}{n(a-b)}$, où $a - b = 18'',4054$ par le même numéro, et de substituer en même temps pour T', masse de Jupiter, sa valeur $\dfrac{1}{1067{,}195}$, suivant le n° **15** de l'Ouvrage cité.

Le calcul fait, on trouve

$$\frac{360°}{a-b}[1] = 0'',02692,$$

de sorte qu'en divisant encore par $n = 30$ à peu près, on n'aura qu'un millième de seconde pour la plus grande valeur de l'équation séculaire; quantité absolument imperceptible et inappréciable.

D'où l'on doit conclure que le mouvement moyen de Saturne est inaltérable par l'action de Jupiter; et qu'ainsi, si ce mouvement est sujet à des variations, on en doit chercher la cause ailleurs que dans la gravitation mutuelle des Planètes.

SECTION TROISIÈME.

VARIATION SÉCULAIRE DU MOUVEMENT MOYEN DE JUPITER PRODUITE PAR L'ACTION DE SATURNE.

27. Calculons de la même manière l'altération du mouvement de Jupiter due à Saturne. Suivant les dénominations établies dans la Section précédente, il faudra affecter d'un trait les lettres de l'équation différentielle qui n'en ont aucun, et réciproquement effacer le trait aux autres; de sorte que pour l'altération Σ' du mouvement moyen de Jupiter, on aura cette équation

$$\frac{d\Sigma'}{dp'} = (0) + (1)(x'^2 + y'^2) + (2)(x^2 + y^2) + (3)(xx' + yy') + (4)[(s-s')^2 + (u-u')^2],$$

dont les coefficients (0), (1),... seront exprimés de la même manière que dans le n° **22**, mais en y changeant T' en T, r en r' et r' en r. Or, en faisant toujours $z = \dfrac{r'}{r}$ et observant que les valeurs des quantités (r, r'), $(r, r')_1$ ne changent point en y changeant r en r', puisque l'expression dont le développement engendre ces quantités demeure la même par les changements dont il s'agit, on trouvera les expressions suivantes en z, M, N

$$(0) = T \frac{2z^3 M - 6z^2 N}{(1-z^2)^2},$$

$$(1) = T \frac{-6z^3 M + 3(z^2 - 3z^4)N}{4(1-z^2)^3},$$

$$(2) = -T \frac{3z^3 M + 3z^2 N}{2(1-z^2)^3},$$

$$(3) = T \frac{3(5z^2 - z^4)M - 6(5z - 6z^3 - z^5)N}{4(1-z^2)^3},$$

$$(4) = T \frac{3z^3 M + 3z^4 N}{2(1-z^2)^3}.$$

Et ces formules, en y changeant les traits des lettres T, r,..., serviront aussi pour une autre Planète quelconque, en tant qu'elle sera troublée par une Planète supérieure.

DES MOUVEMENTS MOYENS DES PLANÈTES.

28. On fera maintenant, dans l'équation différentielle, les mêmes substitutions que ci-dessus pour x, y, x', y',...; et, intégrant ensuite de la même manière, on aura

$$\Sigma' = (\text{o})p' + [\text{1}] \frac{360°}{n'(a-b)} \sin[(a-b)t + \alpha - \beta],$$

en supposant

$$[\text{o}] = (\text{o}) + (\text{1})(A'^2 + B'^2) + (\text{2})(A^2 + B^2) + (\text{3})(AA' + BB') + (\text{4})[(B) - (B')]^2,$$
$$[\text{1}] = 2(\text{1})A'B' + 2(\text{2})AB + (\text{3})(AB' + A'B),$$

et prenant n' pour le nombre d'années Juliennes de la révolution de Jupiter.

L'expression de Σ', étant entièrement analogue à celle de Σ de la Section précédente, donne lieu à des conséquences semblables; ainsi le mouvement moyen de Jupiter sera altéré par une équation de la même forme que celle du mouvement de Saturne, mais dont la quantité est différente; nous allons en déterminer la valeur numérique.

29. En conservant les données du n° 26, on trouve

$$(\text{1}) = -0,73503\,T, \quad (\text{2}) = -1,08980\,T, \quad (\text{3}) = 1,31769\,T,$$

et de là

$$[\text{1}] = -0,000687\,T.$$

Or T, masse de Saturne, est égale à $\frac{1}{3358,4}$; substituant cette valeur et multipliant par $\frac{360°}{a-b}$, on aura

$$\frac{360°}{a-b}[\text{1}] = -0'',0144.$$

Ce nombre divisé par n', dont la valeur est à peu près 12, sera donc le coefficient de l'équation séculaire; d'où l'on voit que ce coefficient ne montera guère qu'à un millième de seconde, à peu près comme celui de l'équation de Saturne, mais avec cette différence que l'un est positif et l'autre négatif.

Donc les équations séculaires des mouvements moyens de Saturne et de Jupiter sont également insensibles, et peuvent être réputées absolument nulles.

Ce résultat nous dispensera maintenant d'examiner aussi les équations séculaires du mouvement des autres Planètes, comme nous nous l'étions proposé; car il est facile de prévoir que les valeurs de ces équations seront encore moindres que celles que nous venons de trouver. Ainsi l'on peut désormais regarder comme une vérité rigoureusement démontrée que l'attraction mutuelle des Planètes principales ne peut produire dans leurs mouvements moyens aucune altération sensible.

THÉORIE

DES VARIATIONS PÉRIODIQUES

DES MOUVEMENTS DES PLANÈTES.

SECONDE PARTIE

CONTENANT LE CALCUL DES VARIATIONS INDÉPENDANTES DES EXCENTRICITÉS
ET DES INCLINAISONS POUR CHACUNE DES SIX PLANÈTES PRINCIPALES.

THÉORIE
DES VARIATIONS PÉRIODIQUES
DES MOUVEMENTS DES PLANÈTES.

SECONDE PARTIE
CONTENANT LE CALCUL DES VARIATIONS INDÉPENDANTES DES EXCENTRICITÉS ET DES INCLINAISONS POUR CHACUNE DES SIX PLANÈTES PRINCIPALES.

(*Nouveaux Mémoires de l'Académie royale des Sciences et Belles-Lettres de Berlin*, année 1784.)

Les variations périodiques des Planètes ont déjà été calculées par plusieurs Géomètres; mais leurs calculs, épars dans différents Ouvrages, et fondés sur des formules et des données différentes, ne sauraient former un corps. D'ailleurs leurs méthodes mêmes n'ont peut-être pas toute la précision nécessaire pour ne laisser aucun doute sur les résultats; car un défaut commun à toutes ces méthodes est de donner, dès la seconde approximation, une expression inexacte du rayon vecteur, en y introduisant des termes proportionnels au temps, qui ne doivent point s'y trouver sous cette forme; et parmi les différents moyens qu'on a employés pour se débarrasser de ces sortes de termes et les faire servir à la détermination des variations séculaires, les uns sont ou trop compliqués ou trop indirects, et les autres ne sont pas assez rigoureux.

On peut donc encore désirer un Ouvrage où cette partie importante de l'Astronomie physique soit traitée avec autant de généralité que d'exactitude, et qui réunisse à une analyse directe et uniforme l'application numérique des formules algébriques à toutes les Planètes principales. C'est le motif qui m'a déterminé à entreprendre ce nouveau travail, comme une suite de celui que j'ai donné sur les *Variations séculaires*. En les réunissant on aura une analyse complète des perturbations des Planètes principales, causées par leur attraction mutuelle; et les Astronomes y trouveront tous les secours que la Théorie peut fournir pour la perfection des Tables.

Comme nous avons déjà donné dans la première Partie de la *Théorie des variations périodiques* les formules générales de ces variations, il ne s'agit plus dans cette seconde Partie que de traduire les mêmes formules en nombres pour chacune des Planètes principales. Or, parmi les différentes espèces de variations périodiques que l'action mutuelle des Planètes peut produire dans leurs mouvements, celles qui se présentent les premières sont les variations qui dépendent uniquement de la distance ou commutation des Planètes entre elles, et qui auraient lieu également si les orbites des Planètes étaient sans excentricité et sans inclinaison. Nous commencerons donc par calculer celles-ci, pour lesquelles nous avons trouvé des formules très-simples, qui représentent directement les corrections de la longitude et du rayon vecteur; et nous pourrons même négliger entièrement les corrections du rayon vecteur, comme inutiles pour les applications astronomiques, tant à cause de leur petitesse, que parce que les observations immédiates des longitudes sont les seules dont on fasse usage et sur lesquelles on puisse compter. Nous passerons ensuite à la détermination des autres variations qui dépendent tout à la fois des distances des Planètes et de leurs excentricités et inclinaisons.

SECTION PREMIÈRE

OÙ L'ON DONNE LES VARIATIONS PÉRIODIQUES DU MOUVEMENT DE SATURNE DÉPENDANTES DE SA DISTANCE HÉLIOCENTRIQUE A JUPITER.

Quoique l'attraction soit mutuelle entre toutes les Planètes, on peut néanmoins, dans le calcul du mouvement de Saturne, n'avoir égard qu'à l'action de Jupiter, les autres Planètes étant et trop petites et trop éloignées pour pouvoir produire dans Saturne des dérangements sensibles; et si cette action se trouve insuffisante pour expliquer tous ceux que les Astronomes y ont observés, il faudra avoir recours à d'autres causes pour en rendre raison. Mais, comme les preuves que l'on a déjà de la gravitation universelle ne permettent pas de douter de l'action réciproque de Jupiter et de Saturne, il est important de déterminer *à priori* les irrégularités dues à cette action, pour pouvoir en dépouiller les résultats des observations, et séparer d'abord les effets de cette cause générale et constante de ceux des autres causes particulières et accidentelles. Je vais donner dans cette Section les inégalités de la longitude de Saturne, dépendantes uniquement de sa distance ou commutation avec Jupiter.

1. Soit p l'angle du mouvement moyen de Saturne, et r sa distance moyenne au Soleil due au mouvement moyen p dans une orbite invariable; soit de même p' l'angle du mouvement moyen de Jupiter décrit en même temps que l'angle p du mouvement de Saturne, et r' la distance moyenne de Jupiter au Soleil due à ce mouvement moyen; enfin soit T' la masse de Jupiter en parties de celle du Soleil.

En appliquant à ces Planètes les résultats donnés dans la première Partie de la *Théorie des variations périodiques* (21), on aura pour les inégalités de la longitude de Saturne produites par l'action de Jupiter et indépendantes des excentricités et des inclinaisons, la formule suivante

$$-T'\left[\frac{1}{n(1-n^2)}2r^2\frac{d[r,r']_1}{dr} + \frac{3+n^2}{n^2(1-n^2)}r[r,r']_1 - \frac{3+2n+n^2}{n^2(1-n^2)}\frac{r^2}{r'^2}\right]\sin(p-p')$$

$$-T'\left[\frac{1}{2n(1-4n^2)}2r^2\frac{d[r,r']_2}{dr} + \frac{3+4n^2}{2n^2(1-4n^2)}r[r,r']_2\right]\sin 2(p-p')$$

$$-T'\left[\frac{1}{3n(1-9n^2)}2r^2\frac{d[r,r']_3}{dr} + \frac{3+9n^2}{3n^2(1-9n^2)}r[r,r']_3\right]\sin 3(p-p')$$

$$-T'\left[\frac{1}{4n(1-16n^2)}2r^2\frac{d[r,r']_4}{dr} + \frac{3+16n^2}{4n^2(1-16n^2)}r[r,r']_4\right]\sin 4(p-p')$$

$$\dots\dots\dots\dots\dots\dots\dots\dots\dots\dots\dots\dots\dots\dots,$$

dans laquelle
$$n = 1 - \frac{dp'}{dp} = 1 - \left(\frac{r}{r'}\right)^{\frac{3}{2}},$$

et où $[r, r']_1$, $[r, r']_2$, $[r, r']_3,\ldots$ sont les coefficients de $\cos u$, $\cos 2u$, $\cos 3u,\ldots$ dans la série résultante du développement de la fonction irrationnelle
$$(r^2 - 2rr'\cos u + r'^2)^{-\frac{1}{2}}.$$

Cette formule exprime la correction à faire à la longitude de Saturne calculée dans son orbite elliptique. Il y en a une pareille pour la correction du rayon vecteur, mais que nous omettons comme inutile pour les usages astronomiques, ainsi que nous l'avons remarqué plus haut.

2. Pour pouvoir évaluer la formule précédente, il faudra donc commencer par déterminer les valeurs des fonctions $[r, r']_1$, $[r, r']_2,\ldots$ et de leurs différences premières relativement à r; c'est à quoi on peut employer les formules données dans le n° 45 de la première Partie de la *Théorie des variations séculaires*.

En faisant dans ces formules $s = \frac{1}{2}$, il est visible que les coefficients A, B, C,... deviennent $[r, r']$, $[r, r']_1$, $[r, r']_2,\ldots$; de sorte qu'on aura d'abord
$$[r, r']_2 = \frac{2}{3}\left(\frac{r}{r'} + \frac{r'}{r}\right)[r, r']_1 - \frac{2}{3}[r, r'],$$

et l'on trouvera de même
$$[r, r']_3 = \frac{4}{5}\left(\frac{r}{r'} + \frac{r'}{r}\right)[r, r']_2 - \frac{3}{5}[r, r']_1,$$
$$[r, r']_4 = \frac{6}{7}\left(\frac{r}{r'} + \frac{r'}{r}\right)[r, r']_3 - \frac{5}{7}[r, r']_2,$$
$$\ldots\ldots\ldots\ldots\ldots\ldots\ldots\ldots\ldots\ldots;$$

d'où, en faisant varier r, on tirera les valeurs des différences de $[r, r']_2,\ldots$; par conséquent il suffira de connaître les valeurs des deux premières fonctions $[r, r']$, $[r, r']_1$ et celles de leurs différences, pour avoir les valeurs de toutes les autres à l'infini.

3. Dans le même endroit, nous avons fait dépendre ces valeurs de celles des fonctions (r, r') et $(r, r')_1$ résultantes du développement de la quantité
$$(r^2 - 2rr'\cos u + r'^2)^{-\frac{3}{2}},$$
fonctions qui sont plus faciles à calculer, et pour lesquelles nous avons donné dans le n° **48** du même Ouvrage des séries très-convergentes; nous en userons de même ici, d'autant plus que nous avons aussi déjà donné dans la seconde Partie de la même Théorie les valeurs numériques de ces séries pour toutes les Planètes principales; et même, au lieu de faire dépendre les fonctions $[r, r']$, $[r, r']_1$, $[r, r']_2$, ... et leurs différences les unes des autres, il sera plus simple de les faire dépendre simplement et immédiatement des fonctions correspondantes (r, r'), $(r, r')_1$, $(r, r')_2$, ...

Pour cela on trouvera d'abord, en faisant dans les formules citées $s = \frac{3}{2}$ et changeant a, b, c, ... en (r, r'), $(r, r')_1$, $(r, r')_2$, ...,

$$(r, r')_2 = 2\left(\frac{r}{r'} + \frac{r'}{r}\right)(r, r')_1 - 6(r, r'),$$

$$(r, r')_3 = \frac{4}{3}\left(\frac{r}{r'} + \frac{r'}{r}\right)(r, r')_2 - \frac{5}{3}(r, r')_1,$$

$$(r, r')_4 = \frac{6}{5}\left(\frac{r}{r'} + \frac{r'}{r}\right)(r, r')_3 - \frac{7}{5}(r, r')_2,$$

$$\dots\dots\dots\dots\dots\dots\dots\dots\dots\dots\dots\dots$$

On trouvera ensuite

$$[r, r'] = (r^2 + r'^2)(r, r') - rr'(r, r')_1,$$

$$[r, r']_1 = \frac{rr'}{2}[2(r, r') - (r, r')_2] = 4rr'(r, r') - (r^2 + r'^2)(r, r')_1,$$

$$[r, r']_2 = \frac{rr'}{4}[(r, r')_1 - (r, r')_3] = \tfrac{2}{3}rr'(r, r')_1 - \tfrac{1}{3}(r^2 + r'^2)(r, r')_2,$$

$$[r, r']_3 = \frac{rr'}{6}[(r, r')_2 - (r, r')_4] = \tfrac{2}{5}rr'(r, r')_2 - \tfrac{1}{5}(r^2 + r'^2)(r, r')_3,$$

$$\dots\dots\dots\dots\dots\dots\dots\dots\dots\dots\dots\dots$$

Enfin on aura par les mêmes formules

$$2r\frac{d[r, r']}{dr} = -[r, r'] - (r^2 - r'^2)(r, r'),$$

$$2r\frac{d[r, r']_1}{dr} = -[r, r']_1 - (r^2 - r'^2)(r, r')_1,$$

$$2r\frac{d[r, r']_2}{dr} = -[r, r']_2 - (r^2 - r'^2)(r, r')_2,$$

....

4. Or, en faisant $z = \dfrac{r'}{r}$ et prenant pour M et N les expressions en z du n° 3 de la seconde Partie de la Théorie citée, on a

$$(r, r') = \frac{M}{r^3(1-z^2)^2}, \quad (r, r')_1 = \frac{6N}{r^3(1-z^2)^2}.$$

Si donc on suppose

$$(0) = \frac{M}{(1-z^2)^2}, \quad (1) = \frac{6N}{(1-z^2)^2},$$

et ensuite

$$(2) = 2\left(z + \frac{1}{z}\right)(1) - 6(0),$$

$$(3) = \frac{4}{3}\left(z + \frac{1}{z}\right)(2) - \frac{5}{3}(1),$$

$$(4) = \frac{6}{5}\left(z + \frac{1}{z}\right)(3) - \frac{7}{5}(2),$$

$$(5) = \frac{8}{7}\left(z + \frac{1}{z}\right)(4) - \frac{9}{7}(3),$$

....,

on aura

$$r[r, r'] = (1 + z^2)(0) - z(1),$$

$$r[r, r']_1 = 4z(0) - (1 + z^2)(1),$$

$$r[r, r']_2 = \tfrac{2}{3}z(1) - \tfrac{1}{3}(1 + z^2)(2),$$

$$r[r, r']_3 = \tfrac{2}{5}z(2) - \tfrac{1}{5}(1 + z^2)(3),$$

$$r[r, r']_4 = \tfrac{2}{7}z(3) - \tfrac{1}{7}(1 + z^2)(4),$$

....,

DES MOUVEMENTS DES PLANÈTES.

$$2r^2 \frac{d[r,r']}{dr} = -r[r,r'] - (1-z^2)(0),$$

$$2r^2 \frac{d[r,r']_1}{dr} = -r[r,r']_1 - (1-z^2)(1),$$

$$2r^2 \frac{d[r,r']_2}{dr} = -r[r,r']_2 - (1-z^2)(2),$$

$$2r^2 \frac{d[r,r']_3}{dr} = -r[r,r']_3 - (1-z^2)(3),$$

$$2r^2 \frac{d[r,r']_4}{dr} = -r[r,r']_4 - (1-z^2)(4),$$

. . . .

Par ces substitutions la formule générale du n° 1 ne contiendra que les quantités connues z, T'; et cette formule pourra servir pour une Planète quelconque, en tant qu'elle sera dérangée par une Planète inférieure T', en prenant r pour la distance moyenne de la Planète troublée et r' pour celle de la Planète perturbatrice.

5. En employant les données du n° 4 de la seconde Partie de la Théorie citée, on aura d'abord

$$z = 0,545172, \quad M = 1,075800, \quad N = 0,262042;$$

et de là on trouvera

$(0) = 2,178132$	log. $0,3380841$,
$(1) = 3,183280$	$0,5028748$,
$(2) = 2,080150$	$0,3180946$,
$(3) = 1,294033$	$0,1119453$,
$(4) = 0,782704$	$9,8935975$,
$(5) = 0,464710$	$9,6671820$,
$(6) = 0,271980$	$9,4345370$,
$(7) = 0,156794$	$9,1953295$,
$(8) = 0,087960$	$8,9442852$,
. . . .	. . . . ,

ensuite

$$r[r, r'] = 1{,}090064 \qquad \log.\ 0{,}0374519,$$
$$r[r, r']_1 = 0{,}620438 \qquad 9{,}7926980,$$
$$r[r, r']_2 = 0{,}257492 \qquad 9{,}4107629,$$
$$r[r, r']_3 = 0{,}117889 \qquad 9{,}0714723,$$
$$r[r, r']_4 = 0{,}056515 \qquad 8{,}7521669,$$
$$r[r, r']_5 = 0{,}027843 \qquad 8{,}4447193,$$
$$r[r, r']_6 = 0{,}013989 \qquad 8{,}1457824,$$
$$r[r, r']_7 = 0{,}007166 \qquad 7{,}8552712,$$
$$r[r, r']_8 = 0{,}003790 \qquad 7{,}5786891,$$

$$\dots\dots\dots\dots\dots\dots\dots\dots,$$

enfin

$$2r^2 \frac{d[r, r']}{dr} = -2{,}620828 \qquad \log.\ \overline{0}{,}4184385,$$
$$2r^2 \frac{d[r, r']_1}{dr} = -2{,}857608 \qquad \overline{0}{,}4560026,$$
$$2r^2 \frac{d[r, r']_2}{dr} = -1{,}719395 \qquad \overline{0}{,}2353758,$$
$$2r^2 \frac{d[r, r']_3}{dr} = -1{,}027319 \qquad \overline{0}{,}0117053,$$
$$2r^2 \frac{d[r, r']_4}{dr} = -0{,}606589 \qquad \overline{9}{,}7828946,$$
$$2r^2 \frac{d[r, r']_5}{dr} = -0{,}354435 \qquad \overline{9}{,}5495366,$$
$$2r^2 \frac{d[r, r']_6}{dr} = -0{,}205133 \qquad \overline{9}{,}3120356,$$
$$2r^2 \frac{d[r, r']_7}{dr} = -0{,}117359 \qquad \overline{9}{,}0695164,$$
$$2r^2 \frac{d[r, r']_8}{dr} = -0{,}065607 \qquad \overline{8}{,}8169502,$$

$$\dots\dots\dots\dots\dots\dots\dots\dots$$

DES MOUVEMENTS DES PLANÈTES.

6. Maintenant, puisque

$$n = 1 - \left(\frac{r}{r'}\right)^{\frac{3}{2}} = 1 - \frac{1}{z^{\frac{3}{2}}},$$

on aura

$$n = -1,484276.$$

Par le moyen de cette valeur et des précédentes on trouvera celles des coefficients de $\sin(p-p')$, $\sin 2(p-p'),\ldots$ dans la formule du n° 1, et elle deviendra

$$-T'[+0,01835 \sin (p-p') - 0,16250 \sin 2(p-p')$$
$$- 0,03388 \sin 3(p-p') - 0,01015 \sin 4(p-p')$$
$$- 0,00360 \sin 5(p-p') - 0,00141 \sin 6(p-p')$$
$$- 0,00059 \sin 7(p-p') - 0,00026 \sin 8(p-p') - \ldots].$$

7. Il ne reste donc plus qu'à substituer la valeur de T', masse de Jupiter exprimée en parties de celle du Soleil, et de réduire les coefficients en arc, en les multipliant par l'arc égal au rayon.

Nous prendrons pour T' la valeur que nous avons employée dans la seconde Partie de la *Théorie des variations séculaires* et qui est $\frac{1}{1067,195}$ (8). Multipliant cette fraction par 206264,8, nombre des secondes contenues dans l'arc égal au rayon, on a le nombre 193″,2775 pour la valeur de T' en secondes qu'il faudra substituer dans la formule précédente.

Si donc, pour plus de simplicité, on désigne par ♄ le lieu moyen de Saturne et par ♃ celui de Jupiter, on aura

Correction de la longitude de Saturne due à l'action de Jupiter et dépendante de la distance de Saturne à Jupiter

$$-3'',547 \sin (♄-♃) + 31'',408 \sin 2(♄-♃)$$
$$+6'',548 \sin 3(♄-♃) + 1'',961 \sin 4(♄-♃)$$
$$+0'',695 \sin 5(♄-♃) + 0'',272 \sin 6(♄-♃)$$
$$+0'',114 \sin 7(♄-♃) + 0'',050 \sin 8(♄-♃) + \ldots.$$

8. Cette formule, quoique composée de plusieurs termes, ne constitue cependant qu'une seule équation dépendante de la distance, ou angle au Soleil, entre Saturne et Jupiter, et peut par conséquent être renfermée dans une Table unique, qui aura cette distance pour argument.

On voit que cette équation sera nulle dans les conjonctions et les oppositions de Jupiter et Saturne, que dans les quadratures de ces Planètes elle sera $\pm 9'',512$, et que dans les octants elle montera à $\pm 32'',686$ ou $\pm 33'',230$, et sera à peu près à son maximum. D'où il s'ensuit que cette équation sera toujours beaucoup au-dessous des erreurs auxquelles les meilleures Tables connues de Saturne sont encore sujettes, et qui montent à près de 20 minutes; elle ne pourra par conséquent contribuer que très-peu à la perfection de ces Tables.

Il était cependant important de voir ce que la Théorie peut donner à cet égard, et quoique la même équation ait déjà été calculée dans les deux Pièces sur les inégalités de Saturne et Jupiter qui ont remporté le Prix de l'Académie des Sciences de Paris en 1748 et 1752; cependant, comme les résultats sont fort différents relativement au premier terme, qui dans la Pièce de 1748 a $4''$ pour coefficient et dans celle de 1752 a $-12''$, j'ai cru qu'il était nécessaire de revenir sur ces calculs pour dissiper les doutes que cette différence pourrait faire naître sur leur exactitude, et fixer ce point de la Théorie de Saturne d'une manière incontestable.

Par cette raison j'ai aussi calculé deux fois plus de termes que M. Euler n'avait fait, afin qu'on puisse être d'autant mieux assuré de la convergence de la série et du degré de précision sur lequel on pourra compter.

SECTION DEUXIÈME

OÙ L'ON DONNE LES VARIATIONS PÉRIODIQUES DU MOUVEMENT DE JUPITER, DÉPENDANTES DE SA DISTANCE HÉLIOCENTRIQUE A SATURNE, AVEC LES INÉGALITÉS QUI EN RÉSULTENT DANS LES ÉCLIPSES DE SES SATELLITES.

Comme dans le calcul des variations de Saturne nous n'avons eu égard qu'à l'effet de l'attraction de Jupiter, nous pouvons ainsi et par la même raison ne tenir compte que de l'action de Saturne dans la détermination des variations de Jupiter; car ces deux Planètes forment par la grandeur de leurs masses, et par leur éloignement du Soleil, comme un système à part et indépendant des autres Planètes.

Les inégalités du mouvement de Jupiter sont d'autant plus importantes à connaître qu'elles influent sur le temps des éclipses de ses satellites, et par conséquent sur la détermination des longitudes, un des principaux objets de l'Astronomie et un des avantages les plus sensibles qui résultent de cette science. Par cette raison il est nécessaire de calculer ces inégalités avec une précision et une étendue qui ne laissent rien à désirer; je vais remplir une partie de cet objet dans la Section présente, qui est uniquement destinée à la recherche des inégalités dépendantes de la distance ou commutation entre Jupiter et Saturne.

1. Soient, comme dans la Section précédente, p l'angle du mouvement moyen de Saturne, r sa distance moyenne, p' l'angle contemporain du mouvement moyen de Jupiter, r' sa distance moyenne, et soit de plus T la masse de Saturne exprimée en parties de celle du Soleil; on aura pour les inégalités de la longitude de Jupiter dues à l'action de Saturne, et indépendantes des excentricités et des inclinaisons, une formule semblable à celle du n° 1 de la même Section, en changeant seulement dans celle-ci les lettres p', r', T' en p, r, T, et *vice versâ*; ce qui est évident, puisque dans le cas présent ce sont les lettres affectées d'un trait qui appartiennent à la Planète troublée, tandis que celles sans trait se rapportent à la Planète perturbatrice.

Or on sait que les fonctions $[r, r']$, $[r, r']_1, \ldots$ demeurent les mêmes en y changeant r en r' et r' en r, puisque le radical $(r^2 - 2rr'\cos u + r'^2)^{-\frac{1}{2}}$, d'où elles dérivent, ne subit aucune altération par ce changement; ainsi la formule des inégalités dont il s'agit sera de cette forme

$$- \mathrm{T} \left[\frac{1}{n(1-n^2)} 2r'^2 \frac{d[r,r']_1}{dr'} + \frac{3+n^2}{n^2(1-n^2)} r'[r,r']_1 - \frac{3+2n+n^2}{n^2(1-n^2)} \frac{r'^2}{r^2} \right] \sin(p'-p)$$

$$- \mathrm{T} \left[\frac{1}{2n(1-4n^2)} 2r'^2 \frac{d[r,r']_2}{dr'} + \frac{3+4n^2}{2n^2(1-4n^2)} r'[r,r']_2 \right] \sin 2(p'-p)$$

$$- \mathrm{T} \left[\frac{1}{3n(1-9n^2)} 2r'^2 \frac{d[r,r']_3}{dr'} + \frac{3+9n^2}{3n^2(1-9n^2)} r'[r,r']_3 \right] \sin 3(p'-p)$$

$$- \mathrm{T} \left[\frac{1}{4n(1-16n^2)} 2r'^2 \frac{d[r,r']_4}{dr'} + \frac{3+16n^2}{4n^2(1-16n^2)} r'[r,r']_4 \right] \sin 4(p'-p)$$

$$-\ldots\ldots\ldots\ldots\ldots\ldots\ldots\ldots\ldots\ldots\ldots\ldots\ldots\ldots,$$

n étant $= 1 - \dfrac{dp}{dp'} = 1 - \left(\dfrac{r'}{r}\right)^{\frac{3}{2}}$.

Quant aux inégalités du rayon vecteur, on peut les négliger, comme on l'a fait pour Saturne et par les mêmes raisons.

2. Les valeurs des fonctions $[r, r']$, $[r, r']_1$, $[r, r']_2, \ldots$ sont les mêmes ici que dans la Section précédente.

A l'égard des différences $\dfrac{d[r,r']}{dr'}$, $\dfrac{d[r,r']_1}{dr'}, \ldots$, il n'y aura qu'à changer dans les formules du n° 3 de la même Section r en r' et r' en r, en observant que les fonctions (r, r'), $(r, r')_1, \ldots$ demeurent aussi les mêmes dans ces changements. De sorte qu'on aura

$$2r' \frac{d[r,r']}{dr'} = -[r,r'] - (r'^2 - r^2)(r,r'),$$

$$2r' \frac{d[r,r']_1}{dr'} = -[r,r']_1 - (r'^2 - r^2)(r,r')_1,$$

$$\ldots\ldots\ldots\ldots\ldots\ldots\ldots\ldots\ldots$$

Ainsi, en faisant, comme dans le n° 4 de la Section citée, $z = \dfrac{r'}{r}$, et

DES MOUVEMENTS DES PLANÈTES.

conservant les mêmes valeurs des quantités (o), (1), (2),..., on aura dans le cas présent

$$r'[r, r'] = z[(1+z^2)(0) - z(1)],$$
$$r'[r, r']_1 = z[4z(0) - (1+z^2)(1)],$$
$$r'[r, r']_2 = z[\tfrac{2}{3}z(1) - \tfrac{1}{3}(1+z^2)(2)],$$
$$r'[r, r']_3 = z[\tfrac{2}{5}z(2) - \tfrac{1}{5}(1+z^2)(3)],$$
$$\dots\dots\dots\dots\dots\dots\dots\dots\dots\dots\dots;$$

$$2r'^2\frac{d[r, r']}{dr'} = -r'[r, r'] + z(1-z^2)(0),$$
$$2r'^2\frac{d[r, r']_1}{dr'} = -r'[r, r']_1 + z(1-z^2)(1),$$
$$2r'^2\frac{d[r, r']_2}{dr'} = -r'[r, r']_2 + z(1-z^2)(2),$$
$$\dots\dots\dots\dots\dots\dots\dots\dots\dots\dots\dots$$

Mais, comme on a déjà calculé dans la Section précédente les valeurs des quantités

$$r[r, r'], \quad r[r, r']_1, \quad r[r, r']_2, \dots,$$

ainsi que celles de

$$2r^2\frac{d[r, r']}{dr}, \quad 2r^2\frac{d[r, r']_1}{dr}, \quad 2r^2\frac{d[r, r']_2}{dr}, \dots,$$

on pourra déduire immédiatement de ces valeurs celles des quantités ci-dessus, en faisant

$$r'[r, r'] = z\, r[r, r'],$$
$$r'[r, r']_1 = z\, r[r, r']_1,$$
$$r'[r, r']_2 = z\, r[r, r']_2,$$
$$\dots\dots\dots\dots\dots\dots;$$

$$2r'^2\frac{d[r, r']}{dr'} = -2r'[r, r'] - z \times 2r^2\frac{d[r, r']}{dr},$$
$$2r'^2\frac{d[r, r']_1}{dr'} = -2r'[r, r']_1 - z \times 2r^2\frac{d[r, r']_1}{dr},$$
$$2r'^2\frac{d[r, r']_2}{dr'} = -2r'[r, r']_2 - z \times 2r^2\frac{d[r, r']_2}{dr},$$
$$\dots\dots\dots\dots\dots\dots\dots\dots\dots\dots\dots$$

Telles sont les valeurs qu'il faudra substituer dans la formule générale du numéro précédent; et cette formule servira, en général, pour une Planète quelconque, en tant qu'elle sera dérangée par une Planète supérieure T, en prenant r' pour la distance moyenne de la Planète troublée et r pour celle de la Planète perturbatrice.

3. De cette manière on trouvera

$$r'[r, r'] = 0,594272 \qquad \log. \quad 9,7739854,$$
$$r'[r, r']_1 = 0,338245 \qquad\qquad 9,5292315,$$
$$r'[r, r']_2 = 0,140377 \qquad\qquad 9,1472964,$$
$$r'[r, r']_3 = 0,064270 \qquad\qquad 8,8080058,$$
$$r'[r, r']_4 = 0,030811 \qquad\qquad 8,4887004,$$
$$r'[r, r']_5 = 0,015179 \qquad\qquad 8,1812527,$$
$$r'[r, r']_6 = 0,007626 \qquad\qquad 7,8823159,$$
$$r'[r, r']_7 = 0,003907 \qquad\qquad 7,5918047,$$
$$r'[r, r']_8 = 0,002066 \qquad\qquad 7,3152226,$$
$$\dots\dots\dots\dots\dots\dots\dots\dots\dots\dots,$$

ensuite

$$2r'^2 \frac{d[r, r']}{dr'} = 0,240257 \qquad \log. \quad 9,3806766,$$
$$2r'^2 \frac{d[r, r']_1}{dr'} = 0,881397 \qquad\qquad 9,9451715,$$
$$2r'^2 \frac{d[r, r']_2}{dr'} = 0,656612 \qquad\qquad 9,8173089,$$
$$2r'^2 \frac{d[r, r']_3}{dr'} = 0,431526 \qquad\qquad 9,6350069,$$
$$2r'^2 \frac{d[r, r']_4}{dr'} = 0,269074 \qquad\qquad 9,4298726,$$
$$2r'^2 \frac{d[r, r']_5}{dr'} = 0,162869 \qquad\qquad 9,2118399,$$
$$2r'^2 \frac{d[r, r']_6}{dr'} = 0,096580 \qquad\qquad 8,9848869,$$

$$2r'^2 \frac{d[r, r']_7}{dr'} = 0,056167 \qquad \log. \quad 8,7494844,$$

$$2r'^2 \frac{d[r, r']_8}{dr'} = 0,031635 \qquad \qquad 8,5001636,$$

....

4. Or, n étant ici égal à

$$1 - \left(\frac{r'}{r}\right)^{\frac{3}{2}} = 1 - z^{\frac{3}{2}},$$

on trouve

$$n = 0,597468,$$

et la formule du n° 1 deviendra par ces substitutions

$$-\text{T}[+ 1,34704 \sin(p'-p) - 3,31904 \sin 2(p'-p)$$
$$- 0,27731 \sin 3(p'-p) - 0,06379 \sin 4(p'-p)$$
$$- 0,01968 \sin 5(p'-p) - 0,00704 \sin 6(p'-p)$$
$$- 0,00276 \sin 7(p'-p) - 0,00116 \sin 8(p'-p) - \ldots].$$

5. Dans la première Section de la seconde Partie de la *Théorie des variations séculaires*, je suis entré dans une discussion assez étendue sur les valeurs des masses des Planètes, et j'ai trouvé pour la masse de Saturne une valeur moindre que celle qu'on avait adoptée jusqu'ici d'après Newton. Cette valeur est de $\frac{1}{3358,40}$; de sorte qu'en l'employant ici pour T, après l'avoir multipliée par 206264,8, nombre de secondes de l'arc égal au rayon, on aura $614'',1756$ pour la valeur de T en secondes, qu'il faudra substituer dans la formule précédente.

On aura ainsi, en dénotant toujours par ♄ le lieu moyen de Saturne et par ♃ celui de Jupiter,

Correction de la longitude de Jupiter due à l'action de Saturne et dépendante de la distance de Jupiter à Saturne

$$-82'',732 \sin(♃-♄) + 203'',847 \sin 2(♃-♄)$$
$$+17'',032 \sin 3(♃-♄) + 3'',918 \sin 4(♃-♄)$$
$$+ 1'',209 \sin 5(♃-♄) + 0'',432 \sin 6(♃-♄)$$
$$+ 0'',169 \sin 7(♃-♄) + 0'',071 \sin 8(♃-♄) + \ldots$$

6. Cette formule est, comme on voit, analogue à celle que nous avons trouvée pour Saturne, et peut de même être représentée par une seule Table, dont l'argument sera la distance ou angle au Soleil entre ces deux Planètes.

Elle est pareillement nulle dans leurs conjonctions et oppositions; dans les quadratures elle sera de $\pm 98'',724$, et dans les octants elle montera à $156'',691$ ou $-250'',139$, et cette dernière valeur sera très-près du maximum. D'où l'on voit que l'équation de Jupiter est presque huit fois plus grande que celle de Saturne, quoique la masse de Saturne qui la produit ne soit qu'environ le tiers de celle de Jupiter qui produit l'équation de Saturne; ce qui vient de ce que l'action d'une Planète perturbatrice est encore plus augmentée par la lenteur de son mouvement que par la grandeur de sa masse.

Dans la seconde Pièce déjà citée, sur les *irrégularités de Jupiter et de Saturne*, l'équation dont il s'agit n'est calculée que jusqu'au quatrième terme, et les coefficients s'accordent à très-peu près avec ceux de la formule précédente, en ayant égard à la différence de la masse de Saturne, qui y est supposée, d'après Newton, de $\frac{1}{3021}$; de sorte qu'ils s'y trouvent augmentés tous dans la raison de 3558 à 3021 ou de 1,1117 à 1. Cet accord peut servir de confirmation à la bonté de nos calculs, et augmenter encore la confiance qu'on y doit avoir. Au reste notre formule, contenant deux fois plus de termes, est aussi à cet égard plus exacte et montre en même temps combien la série est convergente.

7. Les inégalités, qui altèrent le mouvement de Jupiter autour du Soleil, doivent affecter aussi les retours des satellites de cette Planète à leurs conjonctions et les intervalles des éclipses; et il n'est pas difficile de voir que chaque équation du mouvement de Jupiter produira une équation semblable pour le temps des éclipses de chacun de ses satellites, et dont la quantité en temps sera à la quantité de l'équation de Jupiter en arc comme le temps de la révolution synodique du satellite sera à l'arc de 360 degrés.

Or, pour le premier satellite, la durée de la révolution synodique, ou de ses retours aux conjonctions avec Jupiter, est de $1^j 18^h 28^m 35^s,948$ ou $152915^s,948$. Divisant ce nombre par 1296000, nombre de secondes du cercle entier, on aura le nombre 0,11799, par lequel il faudra multiplier les équations de Jupiter en secondes de degrés, pour avoir les équations correspondantes du premier satellite en secondes de temps. Appliquant donc cette réduction à la correction de la longitude de Jupiter donnée ci-dessus (5), on aura

Correction du temps des éclipses du premier satellite de Jupiter, dépendante de la distance de cette Planète à Saturne

$$-9^s,762 \sin(♃-♄) + 24^s,052 \sin 2(♃-♄)$$
$$+2^s,010 \sin 3(♃-♄) + 0^s,462 \sin 4(♃-♄)$$
$$+0^s,143 \sin 5(♃-♄) + 0^s,051 \sin 6(♃-♄)$$
$$+0^s,020 \sin 7(♃-♄) + 0^s,008 \sin 8(♃-♄).$$

Pour le second satellite, la durée de la révolution synodique est de $3^j 13^h 17^m 53^s,749$, ou de $307073^s,749$, et ce nombre divisé par 1296000 donne le nombre 0,23694, par lequel il faudra multiplier les coefficients de la correction de Jupiter pour avoir celle du second satellite en temps. Donc

Correction du temps des éclipses du second satellite, dépendante de la distance de Jupiter à Saturne

$$-19^s,603 \sin(♃-♄) + 48^s,300 \sin 2(♃-♄)$$
$$+4^s,036 \sin 3(♃-♄) + 0^s,928 \sin 4(♃-♄)$$
$$+0^s,286 \sin 5(♃-♄) + 0^s,102 \sin 6(♃-♄)$$
$$+0^s,040 \sin 7(♃-♄) + 0^s,017 \sin 8(♃-♄).$$

Pour le troisième satellite, la durée de la révolution synodique est de $7^j 3^h 59^m 35^s,868$, ou de $619175^s,868$, et ce nombre divisé par 1296000 donne le nombre 0,47776, par lequel il faudra multiplier la correction de Jupiter pour avoir celle du troisième satellite. Ainsi l'on aura

Correction du temps des éclipses du troisième satellite, dépendante de la distance de Jupiter à Saturne.

$$-39^s,526 \sin(♃-♄) + 97^s,390 \sin 2(♃-♄)$$
$$+ 8^s,137 \sin 3(♃-♄) + 1^s,872 \sin 4(♃-♄)$$
$$+ 0^s,577 \sin 5(♃-♄) + 0^s,207 \sin 6(♃-♄)$$
$$+ 0^s,081 \sin 7(♃-♄) + 0^s,034 \sin 8(♃-♄).$$

Enfin, pour le quatrième satellite, la durée de la révolution synodique étant de $16^j 18^h 5^m 7^s,092$, ou de $1447507^s,092$, on aura, en divisant ce nombre par 1296000, le nombre 1,11690, par lequel la correction de Jupiter devra être multipliée pour obtenir celle des éclipses du quatrième satellite. Donc

Correction du temps des éclipses du quatrième satellite, dépendante de la distance de Jupiter à Saturne

$$-92^s,404 \sin(♃-♄) + 227^s,678 \sin 2(♃-♄)$$
$$+ 19^s,023 \sin 3(♃-♄) + 4^s,376 \sin 4(♃-♄)$$
$$+ 1^s,350 \sin 5(♃-♄) + 0^s,483 \sin 6(♃-♄)$$
$$+ 0^s,189 \sin 7(♃-♄) + 0^s,080 \sin 8(♃-♄).$$

Au reste ces différentes corrections étant simplement proportionnelles à celle de la longitude de Jupiter, lorsqu'on aura réduit celle-ci en Table, on n'aura plus qu'à multiplier tous les nombres de la Table par les multiplicateurs donnés pour construire les Tables des corrections des éclipses.

8. Parmi les Tables des satellites de Jupiter dressées par feu M. Wargentin, on en trouve pour chaque satellite une qui a pour titre : *Somme des équations dépendantes de l'action de Saturne sur Jupiter*, et qui est proprement composée de différentes Tables, fondées sur diverses équations de Jupiter produites par Saturne. M. de Lalande a donné dans la

DES MOUVEMENTS DES PLANÈTES.

Connaissance des mouvements célestes pour 1763 les Tables de ces équations pour Jupiter, et je me suis assuré que celles des satellites en dépendent uniquement. M. de Lalande dit qu'elles sont de feu M. Mayer, qui les avait déduites de la Théorie; mais il ne donne point les formules d'où elles résultent, et je ne sache pas que le travail de Mayer sur cette matière ait jamais été publié.

Cependant, comme il n'est pas difficile de retrouver ces formules d'après les Tables mêmes, les voici

Équations de Mayer pour la correction de la longitude de Jupiter due à l'action de Saturne.

$$- 83'' \sin(♃ - ♄) + 224'' \sin 2(♃ - ♄) + 14'' \sin 3(♃ - ♄)$$
$$+ 143'' \sin[2(♃ - ♄) - \text{anom. moy. } ♃]$$
$$+ 47'' \sin[3(♃ - ♄) - \text{anom. moy. } ♃]$$
$$+ 56'' \sin(♃ - ♄ - \text{anom. moy. } ♄)$$
$$+ 90'' \sin[2(♃ - ♄) - \text{anom. moy. } ♄].$$

9. Il est visible que les trois premières équations dépendantes simplement de la distance de Jupiter à Saturne répondent à celles que nous venons de calculer dans cette Section, et en particulier aux trois premiers termes de la formule trouvée dans le n° 5. Aussi le coefficient de $\sin(♃ - ♄)$ est, aux dixièmes de seconde près, le même dans cette formule et dans la précédente; mais le coefficient du $\sin 2(♃ - ♄)$ est dans notre formule moindre d'un dixième que dans celle de Mayer, et le coefficient du $\sin 3(♃ - ♄)$ est au contraire plus grand dans celle-là que dans celle-ci d'environ un cinquième. Or, comme le rapport des coefficients est indépendant de la masse de Saturne et n'est donné que par les rapports des distances et des temps périodiques de Saturne et de Jupiter, ainsi qu'on le voit par la formule générale du n° 1, il s'ensuit que les équations de Mayer ne sont pas exactement conformes à la Théorie de la gravitation; puisque d'un côté les distances et les temps périodiques des Planètes ne sont susceptibles d'aucune correction qui puisse avoir un effet

55.

sensible sur les coefficients dont il s'agit, et que de l'autre on peut compter entièrement sur l'exactitude de nos calculs, laquelle se trouve d'ailleurs confirmée par l'accord de nos résultats avec ceux de la Pièce citée de 1752.

Cependant le grand mérite de l'Auteur et la précision singulière qui distingue tous ses Ouvrages ne permettent pas de douter de la justesse de ses calculs sur les inégalités de Jupiter; on peut donc présumer qu'il en aura usé à l'égard de ces inégalités comme il l'a fait pour les inégalités de la Lune, et qu'après avoir déterminé les coefficients par la Théorie, il aura cherché à les corriger d'après les observations; mais les équations trouvées de la sorte ne peuvent être regardées que comme des équations empiriques, du moins en tant qu'elles s'écartent de celles qui résultent de la Théorie, et si ces équations peuvent rapprocher les Tables des observations pendant un certain espace de temps, on doit toujours craindre qu'elles ne les en éloignent dans la suite de plus en plus, comme il arrive déjà aux équations empiriques que feu M. Lambert avait données pour détruire les erreurs des Tables de Halley dans les oppositions de Saturne et de Jupiter.

Nous croyons donc qu'il est beaucoup plus sûr de s'en tenir uniquement à la Théorie, du moins pour les équations que celle-ci peut fournir, et qu'il conviendrait par conséquent d'employer dans les Tables des satellites les corrections que nous venons de donner, à la place de celles qui résultent de la Table de Mayer pour les inégalités de Jupiter dépendantes de sa distance à Saturne.

Quant aux autres Tables de Mayer qui dépendent à la fois de la distance de Jupiter à Saturne et des anomalies de ces deux Planètes, nous nous réservons de les apprécier lorsque nous aurons calculé la partie des inégalités de Jupiter qui dépend des excentricités.

SECTION TROISIÈME.

OÙ L'ON DONNE LES VARIATIONS PÉRIODIQUES DU MOUVEMENT DE MARS, DÉPENDANTES DE SES DISTANCES HÉLIOCENTRIQUES AUX AUTRES PLANÈTES.

Après avoir déterminé les variations de Jupiter et de Saturne, nous allons entreprendre le calcul de celles des autres Planètes. Ce calcul ne sera pas plus difficile, mais beaucoup plus long; car il faudra y avoir égard pour chaque Planète à l'action de toutes les autres. En effet les orbites de Mars, de la Terre, de Vénus et de Mercure sont assez proches les unes des autres pour qu'elles puissent être sensiblement dérangées par l'attraction mutuelle de ces Planètes; et en même temps elles doivent l'être aussi par l'action de Jupiter et de Saturne, dont l'éloignement se trouve compensé par la grandeur des masses. Cette Section contiendra les variations périodiques de Mars dues aux actions de Saturne, Jupiter, la Terre, Vénus et Mercure, et dépendantes simplement de sa distance héliocentrique à chacune de ces Planètes.

§ I. — *Calcul des variations de Mars dues à l'action de Saturne.*

1. La formule générale des inégalités de la longitude de Mars, provenantes de l'action de Saturne, sera la même que celle que nous avons donnée dans le n° 1 de la Section précédente pour les inégalités de Jupiter dues à la même action, en y changeant simplement les quantités relatives à Jupiter en quantités analogues pour Mars.

Ayant désigné jusqu'ici par T, r, p la masse, la distance moyenne et l'angle du mouvement moyen de Saturne, et par T', r', p' les mêmes quantités pour Jupiter, nous désignerons pareillement par T'' la masse de Mars, par r'' sa distance moyenne et par p'' l'angle de son mouvement moyen dû à cette distance supposée constante.

Et, en général, les mêmes lettres marquées de trois, de quatre, de cinq traits se rapporteront successivement à la Terre, à Vénus, à Mercure, ainsi que nous en avons usé dans la seconde Partie de la *Théorie des variations séculaires*.

Il n'y aura donc qu'à changer dans la formule citée r' et p' en r'' et p''; et l'on aura, pour les inégalités de la longitude de Mars dépendantes de sa distance à Saturne, la formule suivante

$$-\mathrm{T}\left[\frac{1}{n(1-n^2)}2r''^2\frac{d[r,r'']_1}{dr''}+\frac{3+n^2}{n^2(1-n^2)}r''[r,r'']_1-\frac{3+2n+n^2}{n^2(1-n^2)}\frac{r''^2}{r^2}\right]\sin(p''-p)$$

$$-\mathrm{T}\left[\frac{1}{2n(1-4n^2)}2r''^2\frac{d[r,r'']_2}{dr''}+\frac{3+4n^2}{2n^2(1-4n^2)}r''[r,r'']_2\right]\sin 2(p''-p)$$

$$-\mathrm{T}\left[\frac{1}{3n(1-9n^2)}2r''^2\frac{d[r,r'']_3}{dr''}+\frac{3+9n^2}{3n^2(1-9n^2)}r''[r,r'']_3\right]\sin 3(p''-p)$$

$$-\mathrm{T}\left[\frac{1}{4n(1-16n^2)}2r''^2\frac{d[r,r'']_4}{dr''}+\frac{3+16n^2}{4n^2(1-16n^2)}r''[r,r'']_4\right]\sin 4(p''-p)$$

$$-\dots\dots\dots\dots\dots\dots\dots\dots\dots\dots\dots\dots\dots\dots\dots\dots\dots,$$

dans laquelle

$$n=1-\frac{dp}{dp''}=1-\left(\frac{r''}{r}\right)^{\frac{3}{2}}.$$

2. On fera maintenant $z=\dfrac{r''}{r}$, et, prenant pour M et N les valeurs correspondantes données dans le n° 4 de la seconde Partie de la *Théorie des variations séculaires*, on aura comme dans le n° 4 de la première Section

$$(0)=\frac{\mathrm{M}}{(1-z^2)^2},$$

$$(1)=\frac{6\mathrm{N}}{(1-z^2)^2},$$

$$(2)=2\left(z+\frac{1}{z}\right)(1)-6(0),$$

$$(3)=\frac{4}{3}\left(z+\frac{1}{z}\right)(2)-\frac{5}{3}(1),$$

$$(4)=\frac{6}{5}\left(z+\frac{1}{z}\right)(3)-\frac{7}{5}(2),$$

$$(5)=\frac{8}{7}\left(z+\frac{1}{z}\right)(4)-\frac{9}{7}(3),$$

$$\dots\dots\dots\dots\dots\dots\dots\dots\dots;$$

et de là, par les formules du n° 2 de la Section précédente,

$$r''[r, r''] = z[(1 + z^2)(0) - z(1)],$$
$$r''[r, r'']_1 = z[4z(0) - (1 + z^2)(1)],$$
$$r''[r, r'']_2 = z[\tfrac{2}{3}z(1) - \tfrac{1}{3}(1 + z^2)(2)],$$
$$r''[r, r'']_3 = z[\tfrac{2}{5}z(2) - \tfrac{1}{5}(1 + z^2)(3)],$$
$$r''[r, r'']_4 = z[\tfrac{2}{7}z(3) - \tfrac{1}{7}(1 + z^2)(4)],$$
$$\dots\dots\dots\dots\dots\dots\dots\dots\dots\dots;$$

$$2r''\frac{d[r, r'']}{dr''} = -r''[r, r''] + z(1 - z^2)(0),$$

$$2r''\frac{d[r, r'']_1}{dr''} = -r''[r, r'']_1 + z(1 - z^2)(1),$$

$$2r''\frac{d[r, r'']_2}{dr''} = -r''[r, r'']_2 + z(1 - z^2)(2),$$

$$2r''\frac{d[r, r'']_3}{dr''} = -r''[r, r'']_3 + z(1 - z^2)(3),$$

$$2r''\frac{d[r, r'']_4}{dr''} = -r''[r, r'']_4 + z(1 - z^2)(4),$$
$$\dots\dots\dots\dots\dots\dots\dots\dots\dots\dots$$

Ainsi il n'y aura qu'à calculer ces différentes valeurs et les substituer ensuite dans la formule du numéro précedent.

3. On a d'abord, par l'endroit cité de la *Théorie des variations séculaires*,

$$z = 0,159715, \quad M = 1,006387, \quad N = 0,079602;$$

et ces valeurs donnent

$(0) = 1,059765$	log. $0,0252095,$
$(1) = 0,502944$	$9,7015197,$
$(2) = 0,100085$	$9,0003689,$
$(3) = 0,018603$	$8,2695830,$
$(4) = 0,003218$	$7,5075860,$
$\dots\dots\dots$	$\dots\dots\dots;$

ensuite

$$r''[r, r''] = 0,160748 \qquad \log. \quad 9,2061467,$$
$$r''[r, r'']_1 = 0,025757 \qquad \qquad 8,4108933,$$
$$r''[r, r'']_2 = 0,003089 \qquad \qquad 7,4897829,$$
$$r''[r, r'']_3 = 0,000412 \qquad \qquad 6,6147187,$$
$$\dots\dots\dots\dots\dots\dots \qquad \dots\dots\dots;$$

enfin

$$2r''^2 \frac{d[r, r'']}{dr''} = 0,004195 \qquad \log. \quad 7,6227320,$$
$$2r''^2 \frac{d[r, r'']_1}{dr''} = 0,052522 \qquad \qquad 8,7203396,$$
$$2r''^2 \frac{d[r, r'']_2}{dr''} = 0,012489 \qquad \qquad 8,0965140,$$
$$2r''^2 \frac{d[r, r'']_3}{dr''} = 0,002484 \qquad \qquad 7,3950816,$$
$$\dots\dots\dots\dots\dots\dots \qquad \dots\dots\dots$$

4. Maintenant, puisque
$$n = 1 - z^{\frac{3}{2}},$$
on trouvera
$$n = 0,936181;$$
et la formule du n° **1** deviendra par ces substitutions

$$-\mathrm{T}[0,021878 \sin(p''-p) - 0,007237 \sin 2(p''-p) - 0,000376 \sin 3(p''-p) - \dots],$$

dans laquelle il ne s'agira plus que de substituer pour T sa valeur en secondes 193″,2775, comme dans le n° **7** de la première Section.

5. Désignant donc les lieux moyens de Saturne et de Mars par les caractères de ces Planètes, ainsi que nous en userons toujours dans la suite par rapport aux autres Planètes, on aura

Correction de la longitude de Mars due à l'action de Saturne et dépendante uniquement de la distance de Mars à Saturne.

$$-1'',3437 \sin(\mathrm{♂} - \mathrm{♄}) + 0'',4445 \sin 2(\mathrm{♂} - \mathrm{♄}) + 0'',0231 \sin 3(\mathrm{♂} - \mathrm{♄}) + \dots$$

On voit que cette correction, lorsqu'elle est la plus grande, ce qui n'arrive que près des quadratures, ne va qu'un peu au delà d'une seconde; ce qui étant fort au-dessous de l'incertitude qui peut rester dans les lieux de Mars déduits des observations, il s'ensuit qu'elle peut être absolument négligée; mais il était nécessaire de la calculer pour pouvoir s'assurer de sa quantité, et, comme personne n'avait jusqu'ici rempli cet objet, j'ai cru devoir, pour ne rien laisser à désirer dans la Théorie de l'attraction des Planètes, donner aussi la formule numérique de la correction dont il s'agit.

§ II. — *Calcul des variations de Mars dues à l'action de Jupiter.*

6. Pour appliquer à l'action de Jupiter les formules données dans les deux premiers numéros pour l'action de Saturne, il n'y aura qu'à changer dans ces formules les quantités r, p, T en r', p', T', puisque ces deux Planètes sont l'une et l'autre supérieures par rapport à Mars.

Faisant donc $z = \dfrac{r''}{r'}$ et prenant pour M et N les valeurs correspondantes du n° 4 de la seconde Partie de la *Théorie des variations séculaires*, on aura ici

$$z = 0,292962, \quad M = 1,021574, \quad N = 0,144893,$$

et de là, par les formules du n° **2** ci-dessus, on trouvera

$$(0) = 1,222399 \qquad \text{log. } 0,0872130,$$
$$(1) = 1,040260 \qquad 0,0171419,$$
$$(2) = 0,376780 \qquad 9,5760878,$$
$$(3) = 0,128217 \qquad 9,1079455,$$
$$(4) = 0,042773 \qquad 8,6311697,$$
$$(5) = 0,016330 \qquad 8,2129862,$$
$$(6) = 0,014982 \qquad 8,1755698,$$
$$\ldots\ldots\ldots\ldots \qquad \ldots\ldots\ldots;$$

ensuite

$$r''[r', r''] = 0,299570 \qquad \log.\ 9,4764990,$$
$$r''[r', r'']_1 = 0,088745 \qquad 8,9481444,$$
$$r''[r', r'']_2 = 0,0195694 \qquad 8,2915777,$$
$$r''[r', r'']_3 = 0,004778 \qquad 7,6792282,$$
$$r''[r', r'']_4 = 0,001200 \qquad 7,0793117,$$
$$r''[r', r'']_5 = 0,000239 \qquad 6,3776848,$$
$$\ldots\ldots\ldots\ldots\ldots\ldots\ldots\ldots\ldots ;$$

enfin

$$2r''^2 \frac{d[r', r'']}{dr''} = 0,027810 \qquad \log.\ 8,4442010,$$
$$2r''^2 \frac{d[r', r'']_1}{dr''} = 0,189855 \qquad 9,2784220,$$
$$2r''^2 \frac{d[r', r'']_2}{dr''} = 0,081339 \qquad 8,9102988,$$
$$2r''^2 \frac{d[r', r'']_3}{dr''} = 0,029561 \qquad 8,4707191,$$
$$2r''^2 \frac{d[r', r'']_4}{dr''} = 0,010255 \qquad 8,0109357,$$
$$2r''^2 \frac{d[r', r'']_5}{dr''} = 0,0041349 \qquad 7,6164650,$$
$$\ldots\ldots\ldots\ldots\ldots\ldots\ldots\ldots\ldots$$

7. Or, n étant comme dans le n° 4 égal à

$$1 - z^{\frac{3}{2}},$$

on aura

$$n = 0,841432;$$

et, faisant ces substitutions dans la formule du n° **1** après y avoir changé r, p, T en r', p', T', il viendra

$$-\mathrm{T}'[0,126279 \sin(p'' - p') - 0,070377 \sin 2(p'' - p') - 0,006104 \sin 3(p'' - p')$$
$$- 0,000883 \sin 4(p'' - p') - 0,000142 \sin 5(p'' - p') - \ldots],$$

où il ne faudra plus que substituer la valeur de T′ en secondes $614'',1756$, comme nous l'avons vu dans le n° 5 de la seconde Section.

8. De sorte qu'on aura

Correction de la longitude de Mars due à l'action de Jupiter et dépendante uniquement de la distance de Mars à Jupiter

$$-24'',4069 \sin(\mars - \jupiter) + 13'',6023 \sin 2(\mars - \jupiter)$$
$$+ 1'',1798 \sin 3(\mars - \jupiter) + 0'',1707 \sin 4(\mars - \jupiter)$$
$$+ 0'',0275 \sin 5(\mars - \jupiter) + \ldots$$

Cette correction, quoique beaucoup plus sensible que celle qui vient de l'action de Saturne, est encore assez petite, puisque dans les quadratures où elle est à peu près à son maximum elle ne monte qu'à $26''$; cependant, comme les Tables de Halley dans les oppositions de Mars au Soleil s'écartent rarement des observations au delà d'une demi-minute, on pourrait peut-être par le moyen de la correction précédente diminuer encore l'erreur de ces Tables et ajouter à l'exactitude des éléments sur lesquels elles sont fondées. Mais cet objet demande qu'on ait égard aussi aux corrections qui dépendent en même temps de la commutation des deux Planètes et de leurs anomalies, et dont nous donnerons le calcul dans la suite.

9. M. de Lalande avait déjà calculé les inégalités du mouvement de Mars dues à Jupiter, dans le volume de l'Académie de Paris pour 1761; mais je n'ai pas cru que son travail dût me dispenser de les déterminer de nouveau par mes formules, soit parce que celles-ci sont différentes de celles qu'il a employées d'après la méthode de Clairaut, soit parce que je ne pouvais pas répondre de ses calculs comme je crois pouvoir le faire des miens. D'ailleurs il n'a calculé que les deux premiers termes proportionnels au sinus de la distance simple et double de Mars à Saturne; et l'on pouvait désirer de voir ce que donneraient les autres termes de la série, ne fût-ce que pour s'assurer qu'on n'a aucune erreur sensible à craindre de leur omission.

Les termes que M. de Lalande a trouvés sont

$$-25'',74\sin(\sigma'-\mathcal{U}) + 12'',21\sin 2(\sigma'-\mathcal{U}),$$

dont les coefficients diffèrent de ceux de notre formule d'environ une seconde en plus ou en moins. Cette différence est très-petite en elle-même ; cependant, comme nos calculs sont fondés sur les mêmes éléments, elle aurait dû être sinon tout à fait nulle, du moins beaucoup moindre ; mais je n'ai pas cru qu'il valût la peine d'en chercher la raison dans les procédés du calcul de M. de Lalande.

§ III. — *Calcul des variations de Mars dues à l'action de la Terre.*

10. Comme l'orbite de Mars est au-dessus de celle de la Terre, il faudra employer dans ce calcul des formules analogues à celles que nous avons données dans la première Section pour les inégalités de Saturne dues à Jupiter, et que nous avons vu être générales pour toute Planète troublée par une Planète inférieure par rapport à elle.

Changeant donc dans ces formules les lettres r, p, T qui se rapportent à Saturne en r'', p'', T'' pour Mars, et les lettres r', p', T' qui répondent à Jupiter en r''', p''', T''' pour la Terre, on aura pour les inégalités de la longitude de Mars dépendantes de sa distance à la Terre

$$-T'''\left[\frac{1}{n(1-n^2)}2r''^2\frac{d[r'',r''']_1}{dr''} + \frac{3+n^2}{n^2(1-n^2)}r''[r'',r''']_1 - \frac{3+2n+n^2}{n^2(1-n^2)}\frac{r''^2}{r'''^2}\right]\sin(p''-p''')$$

$$-T'''\left[\frac{1}{2n(1-4n^2)}2r''^2\frac{d[r'',r''']_2}{dr''} + \frac{3+4n^2}{2n^2(1-4n^2)}r''[r'',r''']_2\right]\sin 2(p''-p''')$$

$$-T'''\left[\frac{1}{3n(1-9n^2)}2r''^2\frac{d[r'',r''']_3}{dr''} + \frac{3+9n^2}{3n^2(1-9n^2)}r''[r'',r''']_3\right]\sin 3(p''-p''')$$

$$-T'''\left[\frac{1}{4n(1-16n^2)}2r''^2\frac{d[r'',r''']_4}{dr''} + \frac{3+16n^2}{4n^2(1-16n^2)}r''[r'',r''']_4\right]\sin 4(p''-p''')$$

$$-\ldots\ldots\ldots\ldots\ldots\ldots\ldots\ldots\ldots\ldots\ldots\ldots\ldots,$$

n étant égal à $1 - \dfrac{dp'''}{dp''} = 1 - \left(\dfrac{r''}{r'''}\right)^{\frac{3}{2}}$.

DES MOUVEMENTS DES PLANÈTES.

11. Soit maintenant $z = \dfrac{r'''}{r''}$, et qu'on prenne pour M et N les valeurs correspondantes parmi celles du n° 4 de la seconde Partie de la Théorie citée, on déterminera d'abord les valeurs des quantités (o), (1), (2),... par les mêmes formules que ci-dessus (**2**); mais ensuite il faudra faire, comme dans le n° 4 de la Section première,

$$r''[r'', r'''] = (1 + z^2)(0) - z(1),$$
$$r''[r'', r''']_1 = 4z(0) - (1 + z^2)(1),$$
$$r''[r'', r''']_2 = \tfrac{2}{3}z(1) - \tfrac{1}{3}(1 + z^2)(2),$$
$$r''[r'', r''']_3 = \tfrac{2}{5}z(2) - \tfrac{1}{5}(1 + z^2)(3),$$
$$r''[r'', r''']_4 = \tfrac{2}{7}z(3) - \tfrac{1}{7}(1 + z^2)(4),$$
$$\dots\dots\dots\dots\dots\dots\dots\dots\dots\dots\dots\dots;$$

$$2r''^2 \frac{d[r'', r''']}{dr''} = -r''[r'', r'''] - (1 - z^2)(0),$$

$$2r''^2 \frac{d[r'', r''']_1}{dr''} = -r''[r'', r''']_1 - (1 - z^2)(1),$$

$$2r''^2 \frac{d[r'', r''']_2}{dr''} = -r''[r'', r''']_2 - (1 - z^2)(2),$$

$$2r''^2 \frac{d[r'', r''']_3}{dr''} = -r''[r'', r''']_3 - (1 - z^2)(3),$$

$$2r''^2 \frac{d[r'', r''']_4}{dr''} = -r''[r'', r''']_4 - (1 - z^2)(4),$$

$$\dots\dots\dots\dots\dots\dots\dots\dots\dots\dots\dots\dots$$

12. On aura donc de cette manière

$$z = 0{,}656301, \quad M = 1{,}110961, \quad N = 0{,}309374;$$

et de là

$$(0) = 3{,}428182 \qquad \log. \quad 0{,}5350639,$$
$$(1) = 5{,}727963 \qquad\qquad 0{,}7580002,$$
$$(2) = 4{,}404740 \qquad\qquad 0{,}6439203,$$
$$(3) = 3{,}256463 \qquad\qquad 0{,}5127461,$$
$$(4) = 2{,}352245 \qquad\qquad 0{,}3714825,$$

$$(5) = 1,673548 \qquad \log.\ 0,2236382,$$
$$(6) = 1,178726 \qquad 0,0714129,$$
$$(7) = 0,825384 \qquad 9,9166560,$$
$$(8) = 0,577671 \qquad 9,7616805,$$
$$(9) = 0,407838 \qquad 9,6104877,$$
$$(10) = 0,295751 \qquad 9,4709262,$$
$$(11) = 0,227900 \qquad 9,3577443,$$
$$(12) = 0,196564 \qquad 9,2935039,$$
$$\dots\dots\dots\dots\dots\dots\dots\dots;$$

ensuite
$$r''[r'',r'''] = 1,145540 \qquad \log.\ 0,0590103,$$
$$r''[r'',r''']_1 = 0,804502 \qquad 9,9055269,$$
$$r''[r'',r''']_2 = 0,405512 \qquad 9,6080037,$$
$$r''[r'',r''']_3 = 0,224510 \qquad 9,3512348,$$
$$r''[r'',r''']_4 = 0,129859 \qquad 9,1134706,$$
$$r''[r'',r''']_5 = 0,077018 \qquad 8,8865936,$$
$$r''[r'',r''']_6 = 0,046388 \qquad 8,6664007,$$
$$r''[r'',r''']_7 = 0,028177 \qquad 8,4498881,$$
$$r''[r'',r''']_8 = 0,017127 \qquad 8,2336881,$$
$$r''[r'',r''']_9 = 0,010279 \qquad 8,0119568,$$
$$r''[r'',r''']_{10} = 0,005905 \qquad 7,7711957,$$
$$\dots\dots\dots\dots\dots\dots\dots\dots,$$

enfin
$$2r''^2 \frac{d[r'',r''']}{dr''} = -3,097098 \qquad \log.\ \bar{0},4909550,$$
$$2r''^2 \frac{d[r'',r''']_1}{dr''} = -4,065254 \qquad \bar{0},6090876,$$
$$2r''^2 \frac{d[r'',r''']_2}{dr''} = -2,912994 \qquad \bar{0},4643397,$$
$$2r''^2 \frac{d[r'',r''']_3}{dr''} = -2,078313 \qquad \bar{0},3177109,$$

$$2r''^2 \frac{d[r'', r''']_4}{dr''} = -1,468919 \qquad \log. \quad \overline{0},1669979,$$

$$2r''^2 \frac{d[r'', r''']_5}{dr''} = -1,029717 \qquad \overline{0},0127178,$$

$$2r''^2 \frac{d[r'', r''']_6}{dr''} = -0,717400 \qquad 9,8557614,$$

$$2r''^2 \frac{d[r'', r''']_7}{dr''} = -0,498042 \qquad 9,6972659,$$

$$2r''^2 \frac{d[r'', r''']_8}{dr''} = -0,345977 \qquad 9,5390471,$$

$$2r''^2 \frac{d[r'', r''']_9}{dr''} = -0,243449 \qquad 9,3864080,$$

$$2r''^2 \frac{d[r'', r''']_{10}}{dr''} = -0,174267 \qquad 9,2412151,$$

. . . .

13. Or, n étant égal à $1 - \frac{1}{z^{\frac{3}{2}}}$ (**10** et **11**), on aura

$$n = -0,880812;$$

et la formule du n° **10** deviendra par ces substitutions

$$-\mathrm{T}''' [+11,166933 \sin(p'' - p''') - 1,544523 \sin 2(p'' - p''')$$
$$- 0,292425 \sin 3(p'' - p''') - 0,093040 \sin 4(p'' - p''') - \ldots];$$

où il faudra encore substituer la valeur de T''', masse de la Terre, et réduire les coefficients en secondes.

14. Nous ferons, comme dans la *Théorie des variations séculaires* (deuxième Partie, n° **14**),

$$\mathrm{T}''' = \frac{1}{365361};$$

ce nombre, multiplié par celui des secondes de l'arc égal au rayon, donne

0″,564549 pour la valeur de T‴ en secondes qu'il faudra substituer dans la formule précédente. Ainsi l'on aura

Correction de la longitude de Mars due à l'action de la Terre et dépendante uniquement de la distance de Mars à la Terre

$$-6'',3043 \sin(\mars - \terre) + 0'',8720 \sin 2(\mars - \terre)$$
$$+ 0'',1651 \sin 3(\mars - \terre) + 0'',0525 \sin 4(\mars - \terre) + \ldots,$$

où l'on se souviendra que le lieu moyen ☗ de la Terre est à 180 degrés de celui du Soleil.

Cette correction ne monte, comme on voit, qu'à environ 6″ dans les quadratures de Mars et de la Terre, où elle est à très-peu près la plus grande; elle est donc peu importante dans l'état actuel de l'Astronomie, mais elle peut le devenir davantage lorsque la précision des observations, qui paraît augmenter de jour en jour, mettra en état de tenir compte des secondes dans les lieux des Planètes.

15. M. de Lalande ayant aussi calculé l'effet de l'attraction de la Terre sur Mars dans les *Mémoires de l'Académie des Sciences de Paris*, année 1761, a trouvé pour la partie dépendante de la distance ou commutation de Mars à la Terre les termes

$$-13'',3 \sin(\mars - \terre) - 1'',9 \sin 2(\mars - \terre),$$

dont les coefficients sont plus que doubles de ceux que nous venons de trouver pour les termes semblables.

Cette différence vient uniquement de ce que M. de Lalande a employé pour le rapport de la masse de la Terre à la masse du Soleil celui que Newton avait donné d'après la parallaxe du Soleil supposée de $10''\frac{1}{2}$; mais cette parallaxe ayant été rabaissée à $8''\frac{1}{2}$ par les observations des derniers passages de Vénus, le rapport dont il s'agit a dû être diminué dans la raison des cubes des parallaxes; ce rapport étant suivant Newton de 1 à 169282, et suivant nos déterminations de 1 à 365361, il s'ensuit que les coefficients de la formule de M. de Lalande doivent être diminués dans le rapport de 365361 à 169282, ou de 2,1583 à 1; ce qui les réduira à $-6'',16$ et $0'',88$, lesquels s'accordent à très-peu près avec ceux de notre formule.

M. de Lalande rapporte dans le même endroit (page 288) une formule que feu M. Mayer lui avait communiquée pour le même objet, et dans laquelle les termes dépendants de la distance de Mars à la Terre sont

$$-10'',9 \sin(\mars - \terre) + 1'',6 \sin 2(\mars - \terre) + 0'',3 \sin 3(\mars - \terre).$$

Les lieux de Mars et de la Terre sont, suivant les suppositions de Mayer, des lieux vrais; mais, en exprimant ces lieux par les lieux moyens, il ne peut résulter aucune différence dans les termes indépendants des excentricités.

En comparant cette formule avec la nôtre, on trouve que pour que les premiers termes deviennent les mêmes, il faut diminuer celui de la formule de Mayer dans la raison de 1,729 à 1; diminuant ensuite dans la même proportion les coefficients des deux autres termes de celle-ci, ils deviennent $0'',93$, $0'',17$, lesquels s'accordent à peu près avec ceux des termes correspondants de notre formule; d'où l'on peut conclure que Mayer avait employé pour la masse de la Terre une valeur plus grande que celle que nous avons adoptée dans la même raison de 1 à 1,729, et par conséquent une parallaxe du Soleil plus grande que $8''\frac{1}{2}$ dans la raison de 1 à 1,2; ce qui donne environ $10''$. J'ai cru ce détail nécessaire, moins pour la justification de mes calculs, que pour la satisfaction des Astronomes qui voudront faire usage de la correction dont il s'agit dans la Théorie de Mars.

§ IV. — *Calcul des variations de Mars dues à l'action de Vénus.*

16. Ce calcul dépend des mêmes formules que celui que nous venons de donner pour l'action de la Terre, puisque Vénus est aussi inférieure à Mars. Seulement il faudra changer dans ces formules (n°s 10 et 11) les lettres r''', p''', T''', qui se rapportent à la Terre, en r^{IV}, p^{IV}, T^{IV} pour Vénus (1).

Faisant donc $z = \dfrac{r^{IV}}{r'''}$, et prenant pour M et N les valeurs correspondantes dans la Table du n° 4 (deuxième Partie de la *Théorie des variations séculaires*), on aura d'abord

$$z = 0,474723, \quad M = 1,057182, \quad N = 0,230473,$$

et de là par les formules du n° 2 ci-dessus

$$
\begin{aligned}
(0) &= 1,761782 & \log.\ & 0,2459522, \\
(1) &= 2,304484 & & 0,3625737, \\
(2) &= 1,326042 & & 0,1225573, \\
(3) &= 0,722926 & & 9,8590938, \\
(4) &= 0,382775 & & 9,5829436, \\
(5) &= 0,199695 & & 9,3003672, \\
(6) &= 0,104892 & & 9,0207424, \\
(7) &= 0,059359 & & 8,7734866, \\
(8) &= 0,043975 & & 8,6432058, \\
&\ldots & & \ldots,
\end{aligned}
$$

ensuite par les formules du n° 11

$$
\begin{aligned}
r''[r'', r^{IV}] &= 1,064806 & \log.\ & 0,0272705, \\
r''[r'', r^{IV}]_1 &= 0,521607 & & 9,7173436, \\
r''[r'', r^{IV}]_2 &= 0,187701 & & 9,2734656, \\
r''[r'', r^{IV}]_3 &= 0,074632 & & 8,8729244, \\
r''[r'', r^{IV}]_4 &= 0,031049 & & 8,4920437, \\
r''[r'', r^{IV}]_5 &= 0,013192 & & 8,1203011, \\
r''[r'', r^{IV}]_6 &= 0,005552 & & 7,7444270, \\
&\ldots & & \ldots,
\end{aligned}
$$

enfin

$$2r''^2\frac{d[r'', r^{\text{iv}}]}{dr''} = -2{,}429549 \qquad \log. \ \overline{0},3855257,$$

$$2r''^2\frac{d[r'', r^{\text{iv}}]_1}{dr''} = -2{,}306748 \qquad \overline{0},3630001,$$

$$2r''^2\frac{d[r'', r^{\text{iv}}]_2}{dr''} = -1{,}214904 \qquad \overline{0},0845419,$$

$$2r''^2\frac{d[r'', r^{\text{iv}}]_3}{dr''} = -0{,}634638 \qquad \overline{9},8025260,$$

$$2r''^2\frac{d[r'', r^{\text{iv}}]_4}{dr''} = -0{,}327561 \qquad \overline{9},5152922,$$

$$2r''^2\frac{d[r'', r^{\text{iv}}]_5}{dr''} = -0{,}167883 \qquad \overline{9},2250068,$$

$$2r''^2\frac{d[r'', r^{\text{iv}}]_6}{dr''} = -0{,}086805 \qquad \overline{8},9385447,$$

....

17. L'expression de n étant comme dans le paragraphe précédent

$$1 - \frac{dt}{z^{\frac{3}{2}}},$$

on aura ici

$$n = -2{,}057310;$$

et, ces substitutions faites dans la formule du n° 10 appliquée au cas présent, on aura celle-ci

$$-\mathrm{T}^{\text{iv}}[0{,}388610 \sin(p'' - p^{\text{iv}}) - 0{,}046276 \sin 2(p'' - p^{\text{iv}}) - \ldots].$$

Prenons pour T^{iv}, masse de Vénus, la valeur $\frac{1}{278777}$ adoptée dans la *Théorie des variations séculaires*; ce nombre, multiplié par celui des secondes de l'arc égal au rayon, donnera en secondes

$$\mathrm{T}^{\text{iv}} = 0'',73989.$$

Ainsi en substituant cette valeur, et dénotant toujours les lieux moyens de Mars et de Vénus par les caractères de ces Planètes, on aura

Correction de la longitude de Mars due à l'action de Vénus, et dépendante uniquement de la distance de Mars à Vénus

$$- 0'',2876 \sin(\mars - \venus) + 0'',0342 \sin 2(\mars - \venus) + \ldots$$

On voit que cette correction est insensible, et que, pour qu'elle pût monter à une seconde, il faudrait que la masse de Vénus fût plus que triple de celle que nous avons adoptée, ce qui ne se peut; ainsi l'on pourra toujours négliger cette correction en toute sûreté.

§ V. — *Calcul des variations de Mars dues à l'action de Mercure.*

18. Nous pourrions à la rigueur nous dispenser de calculer ces variations; car Mercure étant plus éloigné de Mars que Vénus, et ayant en même temps une masse moindre que cette Planète, on en peut d'abord conclure que l'effet de son action sur Mars sera nécessairement encore moindre que celui de l'action de Vénus, que nous avons vu être insensible. Nous donnerons cependant encore ce calcul, ne fût-ce que pour ne laisser aucun vide dans la Théorie des perturbations des Planètes principales.

On y suivra le même procédé que dans le calcul précédent, mais en prenant, à la place des quantités r^{iv}, p^{iv}, T^{iv} relatives à Vénus, les quantités r^{v}, p^{v}, T^{v} qui répondent à Mercure.

Ainsi l'on fera $z = \dfrac{r^{\text{v}}}{r''}$, et l'on aura

$$z = 0{,}254054, \quad M = 1{,}016202, \quad N = 0{,}125994,$$

d'où l'on tirera

$$\begin{aligned}
(0) &= 1{,}161267 & \text{log.} \quad & 0{,}0649321, \\
(1) &= 0{,}863880 & & 9{,}9364534, \\
(2) &= 0{,}272098 & & 9{,}4347254,
\end{aligned}$$

$$(3) = 0,080402 \qquad \log. \ 8,9052669,$$
$$(4) = 0,023346 \qquad \qquad 8,3682125,$$
$$\ldots\ldots\ldots\ldots\ldots \qquad \ldots\ldots\ldots,$$

ensuite
$$r''[r'', r^v] = 1,016747 \qquad \log. \ 0,0072129,$$
$$r''[r'', r^v]_1 = 0,260461 \qquad \qquad 9,4157422,$$
$$r''[r'', r^v]_2 = 0,049762 \qquad \qquad 8,6968923,$$
$$r''[r'', r^v]_3 = 0,010533 \qquad \qquad 8,0225428,$$
$$r''[r'', r^v]_4 = 0,002286 \qquad \qquad 7,3590238,$$
$$\ldots\ldots\ldots\ldots\ldots \qquad \ldots\ldots\ldots,$$

enfin
$$2r''^2 \frac{d[r'', r^v]}{dr''} = -2,103063 \qquad \log. \ \overline{0},3228523,$$
$$2r''^2 \frac{d[r'', r^v]_1}{dr''} = -1,068583 \qquad \qquad \overline{0},0288080,$$
$$2r''^2 \frac{d[r'', r^v]_2}{dr''} = -0,304298 \qquad \qquad \overline{9},4832991,$$
$$2r''^2 \frac{d[r'', r^v]_3}{dr''} = -0,085746 \qquad \qquad \overline{8},9332139,$$
$$2r''^2 \frac{d[r'', r^v]_4}{dr''} = -0,024125 \qquad \qquad \overline{8},3824673,$$
$$\ldots\ldots\ldots\ldots\ldots \qquad \ldots\ldots\ldots$$

19. Or, n étant égal à $1 - \dfrac{1}{z^{\frac{3}{2}}}$, on aura

$$n = -6,809280;$$

et ces substitutions donneront la formule

$$-T^v[0,247740 \sin(p'' - p^v) - 0,022278 \sin 2(p'' - p^v) - \ldots].$$

La masse T^v de Mercure a été déterminée dans la *Théorie des variations séculaires* de $\dfrac{1}{2025810}$ (n° 14, seconde Partie); en la multipliant par

206264″,8 pour la réduire en secondes, on aura

$$T^v = 0'',101818,$$

valeur qu'il faudra substituer dans la formule précédente. On aura ainsi

Correction de la longitude de Mars due à l'action de Mercure, et dépendante simplement de la distance de Mars à Mercure

$$- 0'',0252 \sin(\mathrm{♂} - \mathrm{☿}) + 0'',0023 \sin 2(\mathrm{♂} - \mathrm{☿}) + \ldots.$$

20. Je dois remarquer, au reste, que les valeurs des quantités M et N, que j'ai employées ci-dessus (18), ne sont pas tout à fait les mêmes qui se trouvent dans la Table du n° 4 de la seconde Partie de la *Théorie des variations séculaires;* mais aussi sont-elles plus exactes que celles-là. Les valeurs des quantités M, N, P, Q de cette Table sont les seules que je n'ai pas calculées moi-même, et dont par conséquent je ne suis pas responsable à la rigueur; ayant voulu en dernier lieu m'assurer aussi de leur exactitude, j'ai trouvé qu'il s'était glissé une légère méprise dans le calcul de celles dont il s'agit, et qu'au lieu de M = 1,016565, N = 0,125947, il fallait faire

$$M = 1,016202, \quad N = 0,125994.$$

Ce changement dans les valeurs de M et N en produit un aussi dans celles de P et Q qui en dépendent; et, au lieu de P = 0,053451, Q = 0,016523, il faudra faire

$$P = 0,054868, \quad Q = 0,017282.$$

Ainsi les valeurs des quantités (2, 5), (5, 2) qui sont proportionnelles à P devront être augmentées dans la raison de 53451 à 54868, et celles de [2, 5], [5, 2] qui sont proportionnelles à Q devront l'être aussi dans la raison de 16523 à 17282.

Il faudra donc réformer ainsi la partie correspondante de la Table citée dans la *Théorie des variations séculaires* (*).

(*) Page 219 de ce volume.

Pour $z = \dfrac{r^{\text{v}}}{r''} = 0,254054$,

$$M = 1,016202, \qquad N = 0,125994,$$
$$P = 0,054868, \qquad Q = 0,017282,$$

$$(2,5) = 0,029173\,T^{\text{v}} \qquad [2,5] = 0,00989\,T^{\text{v}}$$
$$8,4649745, \qquad 7,9632491,$$

$$(5,2) = 0,057878\,T'' \qquad [5,2] = 0,018230\,T''$$
$$8,7625115, \qquad 8,2607861.$$

Par conséquent il faudra corriger comme il suit les valeurs de $(2, 5)$, $[2, 5]$, $(5, 2)$, $[5, 2]$ dans la Table du n° 16 (*) :

$$(2,5) = 0'',0187\,m^{\text{v}} \qquad [2,5] = 0'',0059\,m^{\text{v}}$$
$$8,2709734, \qquad 7,7692480,$$

$$(5,2) = 0'',0406\,m'' \qquad [5,2] = 0'',0128\,m''$$
$$8,6088577, \qquad 8,1071323.$$

Mais, comme ces corrections ne tombent que sur les dernières décimales des valeurs dont il s'agit, elles ne sauraient avoir une influence sensible sur les résultats que nous avons déduits pour les variations séculaires; d'autant que les dernières décimales demeurent toujours plus ou moins incertaines, et que les deux premières sont plus que suffisantes pour la détermination de ces variations. Il n'y aura donc rien à changer à cet égard, et j'aurais même pu me dispenser de donner l'errata précédent, si je ne croyais que la précision la plus scrupuleuse est indispensable dans ces sortes de calculs.

SECTION QUATRIÈME

OÙ L'ON DONNE LES VARIATIONS PÉRIODIQUES DU MOUVEMENT DE LA TERRE DÉPENDANTES DE SA DISTANCE AUX AUTRES PLANÈTES.

Parmi les inégalités dont la recherche est l'objet du travail qui nous occupe, il n'y en a pas de plus importantes à connaître que celles du

---

(*) Pages 238 et 239 de ce volume.

mouvement de la Terre; car elles affectent également le mouvement apparent du Soleil, et l'on sait que la détermination de ce mouvement est comme la base de toutes les autres déterminations astronomiques. Aussi les Astronomes s'y sont-ils tous appliqués particulièrement, et ils sont déjà venus à bout de donner aux Tables du Soleil une précision bien supérieure à celle des Tables des autres Planètes; mais pour pouvoir les perfectionner encore, il est nécessaire d'avoir une Théorie exacte et complète de tous les dérangements que la Terre peut éprouver de la part des Planètes. Nous allons donner, en suivant notre plan, la partie de cette Théorie qui concerne les variations périodiques, dépendantes uniquement des distances ou commutations entre la Terre et les autres Planètes principales.

§ I. — *Calcul des variations de la Terre dues à l'action de Saturne.*

1. Il est visible que la formule de ces variations sera la même que celle des variations de Mars dues à la même action de Saturne, en ne faisant qu'y substituer à la place des quantités relatives à Mars, les quantités analogues pour la Terre; ce qui revient à marquer simplement de trois traits les lettres marquées de deux dans la formule du n° 1 de la Section précédente.

Ainsi les variations qu'il s'agit de calculer seront contenues dans la formule suivante

$$-T\left[\frac{1}{n(1-n^2)}2r'''^2\frac{d[r,r''']_1}{dr'''}+\frac{3+n^2}{n^2(1-n^2)}r'''[r,r''']_1-\frac{3+2n+n^2}{n^2(1-n^2)}\frac{r'''^2}{r^2}\right]\sin(p'''-p)$$

$$-T\left[\frac{1}{2n(1-4n^2)}2r'''^2\frac{d[r,r''']_2}{dr'''}+\frac{3+4n^2}{2n^2(1-4n^2)}r'''[r,r''']_2\right]\sin 2(p'''-p)$$

$$-T\left[\frac{1}{3n(1-9n^2)}2r'''^2\frac{d[r,r''']_3}{dr'''}+\frac{3+9n^2}{3n^2(1-9n^2)}r'''[r,r''']_3\right]\sin 3(p'''-p)$$

$$-T\left[\frac{1}{4n(1-16n^2)}2r'''^2\frac{d[r,r''']_4}{dr'''}+\frac{3+16n^2}{4n^2(1-16n^2)}r'''[r,r''']_4\right]\sin 4(p'''-p)$$

— . . . .

dans laquelle

$$n = 1 - \frac{dp}{dp'''} = 1 - \left(\frac{r'''}{r}\right)^{\frac{3}{2}},$$

r''' étant la distance moyenne de la Terre au Soleil, et r celle de Saturne au Soleil.

2. On fera $z = \dfrac{r'''}{r}$, et, prenant pour M et N les valeurs correspondantes données dans le n° 4 de la seconde Partie de la *Théorie des variations séculaires*, on déterminera les valeurs des quantités

$$r'''[r, r'''], \quad r'''[r, r''']_1, \ldots, \quad 2r'''^2 \frac{d[r, r''']}{dr'''}, \quad 2r'''^2 \frac{d[r, r''']_1}{dr'''}, \ldots$$

comme dans le n° 2 de la Section précédente, en changeant simplement r'' en r''' dans les formules de ce numéro.

On aura donc d'abord

$$z = 0,104821, \quad M = 1,002749, \quad N = 0,052338,$$

et de là on trouvera

$$(0) = 1,025152 \qquad \text{log. } 0,0107882,$$
$$(1) = 0,321044 \qquad \qquad 9,5065644,$$
$$(2) = 0,041950 \qquad \qquad 8,6227320,$$
$$(3) = 0,004397 \qquad \qquad 7,6431565,$$
$$\ldots\ldots\ldots\ldots \qquad \qquad \ldots\ldots\ldots,$$

ensuite

$$r'''[r, r'''] = 0,105111 \qquad \text{log. } 9,0216465,$$
$$r'''[r, r''']_1 = 0,011033 \qquad \qquad 8,0427070,$$
$$r'''[r, r''']_2 = 0,000870 \qquad \qquad 6,9394116,$$
$$r'''[r, r''']_3 = 0,000091 \qquad \qquad 5,9598912,$$
$$\ldots\ldots\ldots\ldots \qquad \qquad \ldots\ldots\ldots,$$

V.

enfin

$$2r'''^2 \frac{d[r, r''']}{dr'''} = 0,001166 \qquad \text{log. } 7,0666986,$$

$$2r'''^2 \frac{d[r, r''']_1}{dr'''} = 0,022249 \qquad 8,3473105,$$

$$2r'''^2 \frac{d[r, r''']_2}{dr'''} = 0,003479 \qquad 7,5414669,$$

$$2r'''^2 \frac{d[r, r''']_3}{dr'''} = 0,000365 \qquad 6,5618762,$$

. . . .

3. Or, n étant égal à $1 - z^{\frac{3}{2}}$, on aura

$$n = 0,966063,$$

et par ces substitutions la formule du n° 1 deviendra

$$-\mathrm{T}[0,007151\sin(p'''-p) - 0,001807\sin 2(p'''-p) - 0,000067\sin 3(p'''-p) - \ldots].$$

Mettant donc pour T sa valeur en secondes $61'',4176$ (n° 4, Section précédente), on aura enfin

Correction de la longitude de la Terre ou du Soleil, due à l'action de Saturne et dépendante uniquement de la distance de la Terre à Saturne

$$-0'',4392\sin(☉-♄) + 0'',1110\sin 2(☉-♄) + 0'',0041\sin 3(☉-♄) + \ldots,$$

le lieu moyen ☉ de la Terre étant, comme l'on sait, à 180 degrés de celui du Soleil.

4. Les inégalités du mouvement du Soleil, dues à l'action des Planètes principales sur la Terre ont été calculées d'abord par feu M. Euler dans la Pièce qui a remporté le Prix de l'Académie des Sciences de Paris pour 1756. Il n'y a que la partie de ce calcul qui concerne les inégalités de la longitude, qu'on puisse regarder comme exacte, celle qui concerne les variations des aphélies et des excentricités étant fondée sur une analyse insuffisante, comme on peut s'en convaincre par notre *Théorie des variations séculaires*.

Pour les inégalités qui dépendent de Saturne, on ne trouve dans cette Pièce que le terme $-\frac{1''}{2}\sin(\oplus - \saturn)$; et comme la masse de Saturne y est supposée de $\frac{1}{3021}$, tandis que nous l'avons réduite à $\frac{1}{3358}$, il faudra, pour comparer ce terme au terme correspondant $-0'',4392\sin(\oplus - \saturn)$ de notre formule, diminuer le coefficient $\frac{1''}{2}$ dans le rapport de 3358 à 3021 ou de 1 à 1,1117, ce qui le réduira à $0'',4498$, lequel diffère très-peu de celui que nous avons trouvé.

Au reste on voit, par les autres termes que nous avons encore calculés, qu'en effet ce premier terme, quelque peu considérable qu'il soit, est néanmoins le seul dont l'effet puisse être sensible.

§ II. — *Calcul des variations de la Terre dues à l'action de Jupiter*.

5. Ce calcul est entièrement semblable à celui que nous venons d'exposer, et dépend des mêmes formules, en changeant seulement les lettres T, r, p, relatives à Saturne, en T', r', p' pour Jupiter.

On fera donc $z = \frac{r'''}{r'}$, et l'on aura (n° 4, seconde Partie des *Variations séculaires*)

$$z = 0,192271, \quad M = 1,009263, \quad N = 0,095689,$$

d'où l'on tirera

$(0) = 1,088236$ log. $0,0367229$,

$(1) = 0,619059$ $9,7917319$,

$(2) = 0,148080$ $9,1704964$,

$(3) = 0,033081$ $8,5195786$,

$(4) = 0,0067856$ $7,8315883$,

. . . . ,

ensuite

$$r'''[r', r'''] = 0,194086 \qquad \log. \quad 9,2879938,$$
$$r'''[r', r''']_1 = 0,037493 \qquad 8,5739495,$$
$$r'''[r', r''']_2 = 0,005416 \qquad 7,7336483,$$
$$r'''[r', r''']_3 = 0,000871 \qquad 6,9398001,$$
$$r'''[r', r''']_4 = 0,000265 \qquad 6,4233208,$$
$$\dots\dots\dots\dots \qquad \dots\dots,$$

enfin

$$2r'''^2\frac{d[r', r''']}{dr'''} = 0,007415 \qquad \log. \quad 7,8701287,$$
$$2r'''^2\frac{d[r', r''']_1}{dr'''} = 0,077134 \qquad 8,8872459,$$
$$2r'''^2\frac{d[r', r''']_2}{dr'''} = 0,020033 \qquad 8,3017547,$$
$$2r'''^2\frac{d[r', r''']_3}{dr'''} = 0,005255 \qquad 7,7205579,$$
$$2r'''^2\frac{d[r', r''']_4}{dr'''} = 0,000991 \qquad 6,9962445,$$
$$\dots\dots\dots\dots \qquad \dots\dots$$

6. Maintenant

$$n = 1 - z^{\frac{3}{2}},$$

ce qui donnera

$$n = 0,915692;$$

et la formule des inégalités de la Terre dues à Jupiter deviendra

$$-T'[+0,036497 \sin(p'''-p') - 0,013364 \sin 2(p'''-p')$$
$$-0,000850 \sin 3(p'''-p') - 0,000126 \sin 4(p'''-p') - \dots].$$

Il ne s'agira donc plus que d'y substituer pour T' sa valeur en secondes $193'',2775$ (Section précédente, n° 7), ce qui donnera

Correction de la longitude de la Terre ou du Soleil, due à l'action de Jupiter et dépendante simplement de la distance de la Terre à Jupiter

$$-7'',0540 \sin(☼-♃) + 2'',5829 \sin 2(☼-♃)$$
$$+0'',1642 \sin 3(☼-♃) + 0'',0243 \sin 4(☼-♃) + \dots.$$

7. Dans la Pièce citée (4) les inégalités de la longitude du Soleil dues à l'action de Jupiter sont représentées par ces deux termes

$$-7'',06 \sin(☌ - ♃) + 2'',67 \sin 2(☌ - ♃),$$

lesquels s'accordent assez bien avec les deux premiers termes de la formule précédente, la valeur de la masse de Jupiter étant d'ailleurs la même de part et d'autre, c'est-à-dire $\frac{1}{1067}$.

Ces mêmes inégalités ont de plus été calculées par Clairaut dans les *Mémoires de l'Académie des Sciences de Paris* pour 1754; et elles y sont exprimées par les termes

$$-7'',1 \sin(☌ - ♃) + 2'',7 \sin 2(☌ - ♃)$$

qui s'accordent aussi à très-peu près avec les deux premiers de notre formule, quoiqu'un peu moins que ceux d'Euler.

A l'égard des autres termes de cette formule, on voit qu'ils ne sont presque d'aucune considération, mais il était nécessaire de les connaître pour être assuré de leur peu de valeur.

§ III. — *Calcul des variations de la Terre dues à l'action de Mars.*

8. On emploiera encore pour ce calcul les mêmes formules que dans le § I, en changeant seulement les quantités r, p, T, relatives à Saturne, en r'', p'', T'' pour Mars; on pourra même le simplifier beaucoup, en déduisant immédiatement les valeurs des quantités

$$r'''[r'', r'''], \quad r'''[r'', r''']_1, \ldots, \quad 2r'''^2 \frac{d[r'', r''']}{dr'''}, \quad 2r'''^2 \frac{d[r'', r''']_1}{dr'''}, \ldots$$

de celles de

$$r''[r'', r'''], \quad r''[r'', r''']_1, \ldots, \quad 2r''^2 \frac{d[r'', r''']}{dr''}, \quad 2r''^2 \frac{d[r'', r''']_1}{dr''}, \ldots$$

déjà données dans le § III de la Section troisième pour l'action de la Terre sur Mars; nous avons donné les formules nécessaires pour cela dans le n° 2 de la Section deuxième; il suffira pour les appliquer au cas présent d'y changer r en r'' et r' en r'''.

Faisant donc $z = \dfrac{r'''}{r''} = 0{,}656301$, on aura

$$r'''[r'', r'''] = 0{,}751819 \qquad \text{log.} \quad 9{,}8761134,$$
$$r'''[r'', r''']_1 = 0{,}527995 \qquad\qquad 9{,}7226300,$$
$$r'''[r'', r''']_2 = 0{,}266138 \qquad\qquad 9{,}4251068,$$
$$r'''[r'', r''']_3 = 0{,}147346 \qquad\qquad 9{,}1683379,$$
$$r'''[r'', r''']_4 = 0{,}085226 \qquad\qquad 8{,}9305737,$$
$$r'''[r'', r''']_5 = 0{,}050547 \qquad\qquad 8{,}7036967,$$
$$r'''[r'', r''']_6 = 0{,}030443 \qquad\qquad 8{,}4835038,$$
$$\ldots\ldots\ldots\ldots\ldots\ldots\ldots\qquad\qquad \ldots\ldots\ldots,$$

et ensuite

$$2r'''^2 \frac{d[r'', r''']}{dr'''} = 0{,}528991 \qquad \text{log.} \quad 9{,}7234483,$$
$$2r'''^2 \frac{d[r'', r''']_1}{dr'''} = 1{,}612040 \qquad\qquad 0{,}2073758,$$
$$2r'''^2 \frac{d[r'', r''']_2}{dr'''} = 1{,}379525 \qquad\qquad 0{,}1397296,$$
$$2r'''^2 \frac{d[r'', r''']_3}{dr'''} = 1{,}069307 \qquad\qquad 0{,}0291023,$$
$$2r'''^2 \frac{d[r'', r''']_4}{dr'''} = 0{,}793601 \qquad\qquad 9{,}8996022,$$
$$2r'''^2 \frac{d[r'', r''']_5}{dr'''} = 0{,}574695 \qquad\qquad 9{,}7594374,$$
$$2r'''^2 \frac{d[r'', r''']_6}{dr'''} = 0{,}409944 \qquad\qquad 9{,}6127245,$$
$$\ldots\ldots\ldots\ldots\ldots\ldots\ldots\qquad\qquad \ldots\ldots\ldots.$$

9. Or
$$n = 1 - z^{\frac{3}{2}} = 0{,}468315;$$

et de là on aura pour les inégalités dues à Mars,

$$- \mathrm{T}''[\,+\,3{,}881779 \sin\,(p''' - p'') + 31{,}170190 \sin 2(p''' - p'')$$
$$-\,1{,}925284 \sin 3(p''' - p'') -\,0{,}420867 \sin 4(p''' - p'') - \ldots].$$

La valeur de T″ masse de Mars, telle que nous l'avons déterminée dans la *Théorie des variations séculaires*, est de $\frac{1}{1846082}$ en parties de celle du Soleil. En la multipliant par l'arc égal au rayon pour la réduire en secondes, elle devient 0″,11731; c'est la valeur qu'il faut substituer dans la formule précédente. On aura donc

Correction de la longitude de la Terre ou du Soleil, due à l'action de Mars et dépendante simplement de la distance de la Terre à Mars

$$- 0″,4337 \sin(☿ - ♂) - 3″,4827 \sin 2(☿ - ♂)$$
$$+ 0″,2151 \sin 3(☿ - ♂) + 0″,0470 \sin 4(☿ - ♂) + \ldots$$

10. Dans la même Pièce déjà citée (4), on trouve pour les inégalités de la longitude du Soleil dues à l'action de Mars ces deux termes

$$- 0″,403 \sin(☿ - ♂) - 3″,231 \sin 2(☿ - ♂);$$

mais la masse de Mars y est supposée de $\frac{1}{2000000}$. En augmentant donc les coefficients 0″,403 et 3″,231 dans le rapport de 1846082 à 2000000, ils deviendront 0″,437 et 3″,500, lesquels s'accordent, comme on voit, à très-peu près avec les deux premiers de notre formule.

A l'égard des autres termes de cette formule, on voit qu'ils peuvent être entièrement négligés, ne pouvant jamais monter qu'à des décimales de seconde.

§ IV. — *Calcul des variations de la Terre dues à l'action de Vénus.*

11. La formule de ces variations sera encore la même que celle du § I en y changeant seulement les quantités T, r, p, relatives à Saturne, en T^{IV}, r^{IV}, p^{IV} pour Vénus. Mais Vénus étant inférieure à la Terre, il faudra, pour la détermination des valeurs de

$$r''' [r''', r^{IV}], \quad r''' [r''', r^{IV}]_1, \ldots, \quad 2 r'''^2 \frac{d[r''', r^{IV}]}{dr'''}, \quad 2 r'''^2 \frac{d[r''', r^{IV}]_1}{dr'''}, \ldots,$$

employer des formules semblables à celles du § III de la Section précédente, en y changeant respectivement r'' en r''' et r''' en r^{iv}, pour rapporter à la Terre et à Vénus ce qui dans cet endroit est relatif à Mars et à la Terre.

Faisant donc $z = \dfrac{r^{\text{iv}}}{r'''}$, et prenant les valeurs correspondantes de M et N dans le n° 4 de la seconde Partie des *Variations séculaires*, on aura

$$z = 0,723330, \quad M = 1,135763, \quad N = 0,336131;$$

d'où l'on tire

$$(0) = 4,996046 \qquad \log.\ 0,6986264,$$
$$(1) = 8,871529 \qquad 0,9479985,$$
$$(2) = 7,387485 \qquad 0,8684966,$$
$$(3) = 5,956443 \qquad 0,7749870,$$
$$(4) = 4,709397 \qquad 0,6729654,$$
$$(5) = 3,675619 \qquad 0,5653305,$$
$$(6) = 2,844299 \qquad 0,4539753,$$
$$(7) = 2,190188 \qquad 0,3404813,$$
$$(8) = 1,685046 \qquad 0,2266118,$$
$$(9) = 1,302760 \qquad 0,1148644,$$
$$(10) = 1,021472 \qquad 0,0092265,$$
$$(11) = 0,824360 \qquad 9,9161169,$$
$$(12) = 0,699867 \qquad 9,8450155,$$
$$\dots\dots\dots\dots\dots\dots\dots\dots\dots\dots\dots,$$

ensuite

$$r'''[r''', r^{\text{iv}}] = 1,192961 \qquad \log.\ 0,0766261,$$
$$r'''[r''', r^{\text{iv}}]_1 = 0,941995 \qquad 9,9740485,$$
$$r'''[r''', r^{\text{iv}}]_2 = 0,527142 \qquad 9,7219282,$$
$$r'''[r''', r^{\text{iv}}]_3 = 0,322858 \qquad 9,5090115,$$
$$r'''[r''', r^{\text{iv}}]_4 = 0,206224 \qquad 9,3143386,$$
$$r'''[r''', r^{\text{iv}}]_5 = 0,134908 \qquad 9,1300378,$$

DES MOUVEMENTS DES PLANÈTES.

$$r'''[r''', r^{\text{iv}}]_6 = 0{,}089538 \qquad \log. \ 8{,}9520073,$$
$$r'''[r''', r^{\text{iv}}]_7 = 0{,}059894 \qquad \qquad 8{,}7773862,$$
$$r'''[r''', r^{\text{iv}}]_8 = 0{,}040119 \qquad \qquad 8{,}6033502,$$
$$\ldots\ldots\ldots\ldots\ldots\ldots \qquad \qquad \ldots\ldots\ldots,$$

enfin

$$2r'''^2 \frac{d[r''', r^{\text{iv}}]}{dr'''} = -3{,}575045 \qquad \log. \ \overline{0}{,}5532815,$$

$$2r'''^2 \frac{d[r''', r^{\text{iv}}]_1}{dr'''} = -5{,}171886 \qquad \overline{0}{,}7136489,$$

$$2r'''^2 \frac{d[r''', r^{\text{iv}}]_2}{dr'''} = -4{,}049450 \qquad \overline{0}{,}6073961,$$

$$2r'''^2 \frac{d[r''', r^{\text{iv}}]_3}{dr'''} = -3{,}162854 \qquad \overline{0}{,}5000790,$$

$$2r'''^2 \frac{d[r''', r^{\text{iv}}]_4}{dr'''} = -2{,}451637 \qquad \overline{0}{,}3894561,$$

$$2r'''^2 \frac{d[r''', r^{\text{iv}}]_5}{dr'''} = -1{,}887421 \qquad \overline{0}{,}2758688,$$

$$2r'''^2 \frac{d[r''', r^{\text{iv}}]_6}{dr'''} = -1{,}445683 \qquad \overline{0}{,}1600731,$$

$$2r'''^2 \frac{d[r''', r^{\text{iv}}]_7}{dr'''} = -1{,}104162 \qquad \overline{0}{,}0430328,$$

$$2r'''^2 \frac{d[r''', r^{\text{iv}}]_8}{dr'''} = -0{,}843539 \qquad \overline{9}{,}9261051,$$

$$\ldots\ldots\ldots\ldots\ldots\ldots\ldots \qquad \qquad \ldots\ldots\ldots$$

12. La valeur de n est ici égale à $1 - \dfrac{1}{z^{\frac{3}{2}}}$, ce qui donne

$$n = -0{,}625531.$$

Par ces substitutions la formule des inégalités dues à Vénus deviendra

$$-\mathrm{T}^{\text{iv}}[+9{,}820869 \sin(p''' - p^{\text{iv}}) - 11{,}168298 \sin 2(p''' - p^{\text{iv}})$$
$$-1{,}379716 \sin 3(p''' - p^{\text{iv}}) - 0{,}418198 \sin 4(p''' - p^{\text{iv}})$$
$$-0{,}169076 \sin 5(p''' - p^{\text{iv}}) - 0{,}079229 \sin 6(p''' - p^{\text{iv}}) - \ldots].$$

V.

Et mettant pour T^{IV}, masse de Vénus, sa valeur en secondes $0'',73989$, comme dans le n° 17 de la Section précédente, il viendra

Correction de la longitude de la Terre ou du Soleil due à l'action de Vénus et dépendante uniquement de la distance de la Terre à Vénus

$$-7'',2663 \sin(☊-♀) + 8'',2634 \sin 2(☊-♀)$$
$$+ 1'',0208 \sin 3(☊-♀) + 0'',3094 \sin 4(☊-♀)$$
$$+ 0'',1251 \sin 5(☊-♀) + 0'',0586 \sin 6(☊-♀) + \ldots$$

13. Les inégalités du mouvement du Soleil produites par l'action de Vénus sur la Terre ont déjà été calculées plusieurs fois; nous allons rapporter ici les résultats de ces différents calculs, pour les comparer à ceux du nôtre.

On trouve d'abord dans la Pièce déjà citée (4) la formule

$$-5'',75 \sin(☊-♀) + 6'',02 \sin 2(☊-♀).$$

Mais la masse de Vénus y est supposée de $\frac{1}{404762}$ en parties de celle du Soleil, au lieu que nous l'avons faite de $\frac{1}{278777}$. Il faudra donc augmenter les coefficients $5'',75$ et $6'',02$ dans la raison de ces deux valeurs, pour pouvoir comparer la formule précédente à la nôtre. Par là ils deviennent $8'',348$ et $8'',741$, lesquels sont, comme on voit, assez différents de ceux des deux premiers termes de notre formule pour qu'on ne puisse attribuer cette différence qu'à quelque erreur dans les calculs. Or j'ai mis dans le mien assez de soin et de précision pour pouvoir répondre de son exactitude.

Ces mêmes inégalités ont ensuite été calculées par Clairaut dans les *Mémoires de l'Académie des Sciences de Paris* pour 1754. Il y donne la formule

$$-10'' \sin(☊-♀) + 11'',5 \sin 2(☊-♀)$$
$$+ 1'',4 \sin 3(☊-♀) + 0'',4 \sin 4(☊-♀),$$

en supposant la masse de Vénus de $\frac{1}{198991}$ de celle du Soleil. Il faudra donc diminuer les coefficients de cette formule dans le rapport des nombres 278777 à 198991, pour pouvoir la comparer avec la nôtre, et elle deviendra alors

$$-7'',14\ \sin(☿-♀) + 8'',21 \sin 2(☿-♀)$$
$$+ 1'',00 \sin 3(☿-♀) + 0'',29 \sin 4(☿-♀),$$

laquelle s'accorde, à quelques centièmes de seconde près, avec celle que nous avons trouvée; de sorte que cet accord peut servir de confirmation à l'exactitude de toutes les deux.

Au reste Clairaut n'avait adopté pour la masse de Vénus la valeur rapportée que pour simplifier sa formule en réduisant le coefficient du premier terme à 10'', et afin d'en faciliter par là la comparaison avec les observations. L'abbé de la Caille remarqua bientôt que la Table construite sur la formule de Clairaut donnait des résultats trop forts, et en substitua dans ses Tables du Soleil une autre qui peut se réduire à cette formule

$$-8'',2\ \sin(☿-♀) + 9'',5 \sin 2(☿-♀)$$
$$+ 1'',2 \sin 3(☿-♀) + 0'',3 \sin 4(☿-♀),$$

laquelle ne diffère de celle de Clairaut qu'en ce que tous les coefficients sont diminués dans le rapport de 100 à 82.

Mayer a conservé la même Table dans son *Recueil des Tables solaires*, mais en réduisant encore les valeurs des équations aux deux cinquièmes; car la plus grande équation, qui dans la Table de la Caille est de 15'', n'est plus que de 6'' dans celle de Mayer.

Ainsi, suivant la Caille, la masse de Vénus serait de $\frac{1}{242672}$, et suivant Mayer elle ne serait que de $\frac{1}{606680}$. Celle que nous avons adoptée est entre ces deux-ci, mais beaucoup plus près de la première que de la seconde; et l'on peut voir, dans la seconde Partie de la *Théorie des variations séculaires*, comment nous avons été conduits à cette détermination, qui a d'ailleurs l'avantage de donner des résultats conformes aux observations relativement à un des principaux points de la Théorie du Soleil, le mouvement de son apogée.

14. Depuis, feu M. Euler a donné dans les *Commentaires de Pétersbourg* deux Mémoires dont le but est de montrer l'insuffisance de la méthode des séries dans la détermination des perturbations de la Terre causées par l'action de Vénus, et l'inexactitude des Tables que la Caille et Mayer en ont données d'après les formules que Clairaut avait trouvées par cette méthode. (*Voyez* le tome XVI des *Novi Commentarii* et la première Partie des *Acta* pour 1778.) L'Auteur y calcule les perturbations dont il s'agit par la méthode des quadratures, ou sommations arithmétiques, et il parvient à une Table toute différente de celles dont nous venons de parler, non-seulement pour la valeur des équations, mais aussi par rapport à leur marche. Il importait non-seulement à l'Astronomie, mais à l'Analyse même, de découvrir la cause d'une si grande différence entre les résultats des deux méthodes, surtout parce que la méthode des séries est comme la base de toutes les recherches sur le système du monde, et que si l'on était obligé d'abandonner cette méthode, on serait forcé aussi de renoncer à toute Théorie générale sur l'effet de l'attraction mutuelle des Planètes.

Heureusement on a reconnu que cette différence ne venait que de la manière d'appliquer la méthode des quadratures à la question dont il s'agit, et feu M. Lexell a fait voir dans la seconde Partie des *Actes de Pétersbourg* pour 1779 qu'en faisant entrer dans le calcul toutes les circonstances nécessaires, il résultait de cette méthode une Table des perturbations de la Terre assez conforme à celle que donnent les formules déduites de l'autre méthode.

Enfin M. Fuss a calculé de nouveau ces perturbations par la méthode des séries dans la première Partie des *Actes* pour 1780, et il est arrivé à des résultats qui s'accordent avec ceux de M. Lexell, ainsi qu'avec la Table de l'abbé de la Caille déduite de la formule de Clairaut.

La conformité que nous avons trouvée entre celle-ci et la nôtre peut servir de confirmation à ces conclusions, et à assurer davantage la légitimité de la méthode des séries, sur laquelle toute la Théorie des variations du mouvement des Planètes est fondée.

§ V. — *Calcul des variations de la Terre dues à l'action de Mercure.*

15. Ce calcul dépend des mêmes formules que celui du paragraphe précédent, en y changeant seulement les quantités T^{IV}, r^{IV}, p^{IV}, relatives à Vénus, dans les quantités T^v, r^v, p^v relatives à Mercure.

On fera donc $z = \frac{r^v}{r'''}$, et l'on aura par le n° 4 de la seconde Partie des *Variations séculaires*

$$z = 0,387100, \quad M = 1,037828, \quad N = 0,189854.$$

De là on tire les valeurs suivantes

$(0) = 1,435919$	log. $0,1571301,$
$(1) = 1,576071$	$0,1975757,$
$(2) = 0,747647$	$9,8736965,$
$(3) = 0,334310$	$9,5241494,$
$(4) = 0,144943$	$9,1611973,$
. . . .	. . . . ,

ensuite

$r^v [r''', r^v] = 1,040991$	log. $0,0174471,$
$r^v [r''', r^v]_1 = 0,411137$	$9,6139864,$
$r^v [r''', r^v]_2 = 0,120172$	$9,0798017,$
$r^v [r''', r^v]_3 = 0,038885$	$8,5897774,$
$r^v [r''', r^v]_4 = 0,013166$	$8,1194463,$
. . . .	. . . . ,

enfin

$2 r^{v2} \frac{d[r''', r^v]}{dr^v} = -2,261744$	log. $\bar{0},3544435,$
$2 r^{v2} \frac{d[r''', r^v]_1}{dr^v} = -1,751040$	$\bar{0},2432960,$
$2 r^{v2} \frac{d[r''', r^v]_2}{dr^v} = -0,755787$	$\bar{9},8783995,$

$$2r^{v_2}\frac{d[r''',r^v]_3}{dr^v} = -0{,}323100 \qquad \log.\ \overline{9}{,}5093370,$$

$$2r^{v_2}\frac{d[r''',r^v]_4}{dr^v} = -0{,}136390 \qquad \overline{9}{,}1347825,$$

$$\dots\dots\dots\dots\dots\dots\dots\dots\dots\dots\dots$$

16. La valeur de n est exprimée ici, comme dans le paragraphe précédent, par $1 - \dfrac{1}{z^{\frac{3}{2}}}$, de sorte qu'on aura

$$n = -3{,}152075.$$

Et de là on aura pour les inégalités dues à Mercure la formule

$$-\mathrm{T}^v[0{,}376404\sin(p'''-p^v) - 0{,}009766\sin 2(p'''-p^v) - \dots].$$

En substituant pour T^v, masse de Mercure, sa valeur en secondes $0''{,}101818$, comme dans le n° 19 de la Section précédente, on aura

Correction de la longitude de la Terre ou du Soleil, due à l'action de Mercure et dépendante de la distance de la Terre à Mercure

$$-0''{,}0383\sin(\oplus - \mercury) + 0''{,}0010\sin 2(\oplus - \mercury) + \dots.$$

On voit que cette correction est insensible; aussi ne l'ai-je calculée que parce qu'elle ne l'avait pas encore été, et pour ne laisser aucun vide dans la Théorie dont il s'agit.

SECTION CINQUIÈME

OÙ L'ON DONNE LES VARIATIONS PÉRIODIQUES DU MOUVEMENT DE VÉNUS DÉPENDANTES DE SA DISTANCE AUX AUTRES PLANÈTES.

La Théorie de Vénus est une des plus importantes après celle de la Terre. Car cette Planète paraissant très-souvent et avec beaucoup d'éclat, elle peut être d'un grand usage pour y comparer la Lune dans l'observation des longitudes en mer. D'ailleurs la célébrité de ses derniers passages sur le disque du Soleil, et les recherches nombreuses que les observations de ces passages ont occasionnées relativement à la détermination de la parallaxe du Soleil, ont augmenté encore l'intérêt que cette partie de l'Astronomie peut inspirer par elle-même. Elles ont surtout fait souhaiter de connaître parfaitement les inégalités du mouvement de Vénus, pour être en état de mettre dans la détermination dont il s'agit toute la précision dont elle peut être susceptible. C'est donc une recherche très-nécessaire aux progrès de l'Astronomie que celle des dérangements que cette Planète peut éprouver de la part des autres Planètes en vertu de leur attraction mutuelle; et les Astronomes ne pourront que me savoir gré du travail dont je vais exposer les résultats dans cette Section.

§ I. — *Calcul des variations de Vénus dues à l'action de Saturne.*

1. Nous pouvons emprunter des Sections précédentes les formules nécessaires pour ce calcul. Ainsi, en changeant seulement, dans celle du n° 1 de la Section quatrième, les quantités r''', p''', relatives à la Terre, dans les quantités analogues r^{IV}, p^{IV}, relatives à Vénus, on aura pour les variations dont il s'agit la formule générale

$$-T\left[\frac{1}{n(1-n^2)}2r^{IV2}\frac{d[r,r^{IV}]_1}{dr^{IV}} + \frac{3+n^2}{n^2(1-n^2)}r^{IV}[r,r^{IV}]_1 - \frac{3+2n+n^2}{n^2(1-n^2)}\frac{r^{IV2}}{r^2}\right]\sin(p^{IV}-p)$$

$$-T\left[\frac{1}{2n(1-4n^2)}2r^{IV2}\frac{d[r,r^{IV}]_2}{dr^{IV}} + \frac{3+4n^2}{2n^2(1-4n^2)}r^{IV}[r,r^{IV}]_2\right]\sin 2(p^{IV}-p)$$

$$-T\left[\frac{1}{3n(1-9n^2)}2r^{IV2}\frac{d[r,r^{IV}]_3}{dr^{IV}} + \frac{3+9n^2}{3n^2(1-9n^2)}r^{IV}[r,r^{IV}]_3\right]\sin 3(p^{IV}-p)$$

$$-T\left[\frac{1}{4n(1-16n^2)}2r^{IV2}\frac{d[r,r^{IV}]_4}{dr^{IV}} + \frac{3+16n^2}{4n^2(1-16n^2)}r^{IV}[r,r^{IV}]_4\right]\sin 4(p^{IV}-p)$$

$$\dots\dots\dots\dots\dots\dots\dots\dots\dots\dots\dots\dots\dots\dots\dots\dots,$$

dans laquelle

$$n = 1 - \frac{dp}{dp^{IV}} = 1 - \left(\frac{r^{IV}}{r}\right)^{\frac{3}{2}},$$

r^{IV} étant la distance moyenne de Vénus au Soleil, et r celle de Saturne au Soleil.

2. Pour la détermination des quantités

$$r^{IV}[r, r^{IV}]_1, \quad r^{IV}[r, r^{IV}]_2, \ldots, \quad 2r^{IV2}\frac{d[r, r^{IV}]_1}{dr^{IV}}, \quad 2r^{IV2}\frac{d[r, r^{IV}]_2}{dr^{IV}}, \ldots,$$

on aura les mêmes formules que dans le n° 2 de la Section troisième, en changeant r'' en r^{IV}.

Faisant donc $z = \dfrac{r^{IV}}{r}$, on aura par la Table du n° 4 de la seconde Partie des *Variations séculaires*

$$z = 0,075820, \quad M = 1,001437, \quad N = 0,037883,$$

et de là on trouvera

$$(0) = 1,0130516 \qquad \text{log. } 0,0056316,$$
$$(1) = 0,229934 \qquad 9,3616037,$$
$$(2) = 0,0218246 \qquad 8,3389464,$$
$$(3) = 0,0027794 \qquad 7,4439510,$$
$$\ldots\ldots\ldots\ldots \qquad \ldots\ldots\ldots,$$

ensuite

$$r^{IV}[r, r^{IV}] = 0,0759293 \qquad \text{log. } 8,8804096,$$
$$r^{IV}[r, r^{IV}]_1 = 0,005761 \qquad 7,7604952,$$
$$r^{IV}[r, r^{IV}]_2 = 0,000327 \qquad 6,5138292,$$
$$\ldots\ldots\ldots\ldots \qquad \ldots\ldots\ldots,$$

enfin

$$2r^{IV2}\frac{d[r, r^{IV}]}{dr^{IV}} = 0,000439 \qquad \text{log. } 6,6421676,$$

$$2r^{IV2}\frac{d[r, r^{IV}]_1}{dr^{IV}} = 0,011572 \qquad 8,0634084,$$

$$2r^{IV2}\frac{d[r, r^{IV}]_2}{dr^{IV}} = 0,001319 \qquad 7,1201460,$$

$$\ldots\ldots\ldots\ldots\ldots \qquad \ldots\ldots\ldots$$

3. Or
$$n = 1 - z^{\frac{3}{2}} = 0{,}979123;$$

ainsi la formule ci-dessus deviendra par ces substitutions

$$-\mathrm{T}[0{,}003074 \sin(p^{\mathrm{iv}} - p) - 0{,}000648 \sin 2(p^{\mathrm{iv}} - p) - \ldots].$$

De sorte qu'en y mettant pour T sa valeur en secondes $61''{,}4176$, on aura

Correction de la longitude de Vénus due à l'action de Saturne et dépendante de la distance héliocentrique de ces Planètes

$$- 0''{,}1888 \sin(♀ - ♄) + 0''{,}0398 \sin 2(♀ - ♄) + \ldots$$

Cette correction étant fort au-dessous d'une seconde peut être négligée dans tous les cas; mais il était nécessaire de s'assurer par le calcul qu'elle pouvait toujours l'être, ce que personne n'avait encore fait.

§ II. — *Calcul des variations de Vénus dues à l'action de Jupiter.*

4. Pour ce calcul il n'y a qu'à changer dans la formule du n° 1 les quantités r, p et T, relatives à Saturne, en r', p', T' pour Jupiter.

Faisant donc $z = \dfrac{r^{\mathrm{iv}}}{r'}$, on aura par la Table citée

$$z = 0{,}139076, \quad \mathrm{M} = 1{,}004841, \quad \mathrm{N} = 0{,}069370,$$

et de là on trouvera

$(0) = 1{,}044870$	log. $0{,}0190622$,
$(1) = 0{,}432801$	$9{,}6362879$,
$(2) = 0{,}075106$	$8{,}8756746$,
$(3) = 0{,}012641$	$8{,}1017814$,
$(4) = 0{,}0060326$	$7{,}7805045$,
. . . .	. . . .,

ensuite

$$r^{\text{IV}}[r', r^{\text{IV}}] = 0,139756 \qquad \log. \ 9,1453697,$$
$$r^{\text{IV}}[r', r^{\text{IV}}]_1 = 0,019484 \qquad 8,2896697,$$
$$r^{\text{IV}}[r', r^{\text{IV}}]_2 = 0,002032 \qquad 7,3078605,$$
$$r^{\text{IV}}[r', r^{\text{IV}}]_3 = 0,000223 \qquad 6,3476703,$$
$$\dots\dots\dots\dots\dots\dots\dots\dots\dots\dots\dots\dots,$$

enfin

$$2r^{\text{IV}2}\frac{d[r', r^{\text{IV}}]}{dr^{\text{IV}}} = 0,002750 \qquad \log. \ 7,4393327,$$

$$2r^{\text{IV}2}\frac{d[r', r^{\text{IV}}]_1}{dr^{\text{IV}}} = 0,039544 \qquad 8,5970850,$$

$$2r^{\text{IV}2}\frac{d[r', r^{\text{IV}}]_2}{dr^{\text{IV}}} = 0,008212 \qquad 7,9144331,$$

$$2r^{\text{IV}2}\frac{d[r', r^{\text{IV}}]_3}{dr^{\text{IV}}} = 0,001501 \qquad 7,1764906,$$

$$\dots\dots\dots\dots\dots\dots\dots\dots\dots \qquad \dots\dots\dots\dots$$

5. La valeur de n étant toujours exprimée par $1 - z^{\frac{3}{2}}$, elle sera dans le cas présent

$$n = 0,948135,$$

et la formule des inégalités dues à Jupiter deviendra

$$-\text{T}'[0,015067 \sin(p^{\text{IV}} - p') - 0,004474 \sin 2(p^{\text{IV}} - p')$$
$$- 0,001100 \sin 3(p^{\text{IV}} - p') - \dots].$$

Mettant donc pour T' sa valeur en secondes $193'', 2775$, il viendra

Correction de la longitude de Vénus due à l'action de Jupiter et dépendante de la distance héliocentrique de ces Planètes

$$-2'',9121 \sin(♀ - ♃) + 0'',8647 \sin 2(♀ - ♃) + 0'',2126 \sin 3(♀ - ♃) + \dots$$

On voit qu'il n'y a que le premier terme, qui dépend de la distance simple de Vénus à Jupiter, qui puisse être sensible; encore, étant au-dessous de 3 secondes, il pourra être négligé tant que l'exactitude des observations ne pourra pas atteindre à la précision des secondes.

§ III. — *Calcul des variations de Vénus dues à l'action de Mars.*

6. On changera dans la même formule du n° 1 les quantités r, p, T, relatives à Saturne, dans les quantités r'', p'', T'' relatives à Mars, et l'on suivra du reste le même procédé dans le calcul.

Mais on pourra abréger ce calcul en partant des quantités que nous avons déjà calculées dans le § IV de la Section troisième pour l'action de Vénus sur Mars, et employant les formules données dans le n° 2 de la Section deuxième, comme nous en avons usé dans le § III de la Section précédente.

Ainsi, faisant
$$z = \frac{r''}{r^{\text{iv}}} = 0,139076,$$
on aura

$r^{\text{iv}}[r'', r^{\text{iv}}] = 0,505488$ log. $9,7037108$,

$r^{\text{iv}}[r'', r^{\text{iv}}]_1 = 0,247619$ $9,3937839$,

$r^{\text{iv}}[r'', r^{\text{iv}}]_2 = 0,089106$ $8,9499059$,

$r^{\text{iv}}[r'', r^{\text{iv}}]_3 = 0,035429$ $8,5493647$,

$r^{\text{iv}}[r'', r^{\text{iv}}]_4 = 0,014739$ $8,1684840$,

$r^{\text{iv}}[r'', r^{\text{iv}}]_5 = 0,006262$ $7,7967414$,

....,

ensuite

$2 r^{\text{iv}2} \dfrac{d[r'', r^{\text{iv}}]}{dr^{\text{iv}}} = 0,142387$ log. $9,1534703$,

$2 r^{\text{iv}2} \dfrac{d[r'', r^{\text{iv}}]_1}{dr^{\text{iv}}} = 0,599828$ $9,7780267$,

$2 r^{\text{iv}2} \dfrac{d[r'', r^{\text{iv}}]_2}{dr^{\text{iv}}} = 0,398531$ $9,6004621$,

$2 r^{\text{iv}2} \dfrac{d[r'', r^{\text{iv}}]_3}{dr^{\text{iv}}} = 0,230419$ $9,3625183$,

$2 r^{\text{iv}2} \dfrac{d[r'', r^{\text{iv}}]_4}{dr^{\text{iv}}} = 0,126023$ $9,1004499$,

$2 r^{\text{iv}2} \dfrac{d[r'', r^{\text{iv}}]_5}{dr^{\text{iv}}} = 0,067174$ $8,8272012$,

....

7. La valeur de n étant encore exprimée par $1 - z^{\frac{3}{2}}$, elle sera ici

$$n = 0,672915,$$

et la formule des inégalités dues à Mars deviendra

$$- T''[0,715104 \sin(p^{\text{iv}} - p'') - 0,948534 \sin 2(p^{\text{iv}} - p'') - \ldots].$$

De sorte qu'en y substituant pour T'', masse de Mars, sa valeur en secondes $0'',1117$, on aura

Correction de la longitude de Vénus due à l'action de Mars et dépendante de la distance héliocentrique de ces Planètes

$$- 0'',0799 \sin(♀ - ♂) + 0'',1060 \sin 2(♀ - ♂) + \ldots.$$

Cette correction ne montant pas même à une seconde, on pourra toujours la regarder comme nulle.

§ IV. — *Calcul des variations de Vénus dues à l'action de la Terre.*

8. On suivra encore dans ce calcul le même procédé et les mêmes formules que dans celui du paragraphe précédent, en changeant seulement les quantités r'', p'', T'', relatives à Mars, en r''', p''', T''', et faisant usage des valeurs déjà calculées dans le § IV de la Section précédente pour l'action de Vénus sur la Terre, d'après les formules données dans le n° 2 de la Section deuxième.

On aura donc

$$z = \frac{r^{\text{iv}}}{r'''} = 0,723330;$$

et de là on trouvera

$$r^{\text{iv}}[r''', r^{\text{iv}}] = 0,862904 \qquad \text{log.} \quad 9,9359626,$$
$$r^{\text{iv}}[r''', r^{\text{iv}}]_1 = 0,681373 \qquad \qquad \quad 9,8333850,$$
$$r^{\text{iv}}[r''', r^{\text{iv}}]_2 = 0,381298 \qquad \qquad \quad 9,5812645,$$
$$r^{\text{iv}}[r''', r^{\text{iv}}]_3 = 0,233533 \qquad \qquad \quad 9,3683480,$$

$$r^{\text{iv}}[r''', r^{\text{iv}}]_4 = 0,149168 \qquad \log. \quad 9,1736751,$$

$$r^{\text{iv}}[r''', r^{\text{iv}}]_5 = 0,097583 \qquad\qquad 8,9893743,$$

$$r^{\text{iv}}[r''', r^{\text{iv}}]_6 = 0,064765 \qquad\qquad 8,8113438,$$

$$r^{\text{iv}}[r''', r^{\text{iv}}]_7 = 0,043323 \qquad\qquad 8,6367227,$$

$$r^{\text{iv}}[r''', r^{\text{iv}}]_8 = 0,029019 \qquad\qquad 8,4626867,$$

$$\dots\dots\dots\dots\dots\dots\dots\dots\dots\dots,$$

ensuite

$$2\,r^{\text{iv}2}\frac{d[r''', r^{\text{iv}}]}{dr^{\text{iv}}} = 0,860130 \qquad \log. \quad 9,9345641,$$

$$2\,r^{\text{iv}2}\frac{d[r''', r^{\text{iv}}]_1}{dr^{\text{iv}}} = 2,378234 \qquad\qquad 0,3762546,$$

$$2\,r^{\text{iv}2}\frac{d[r''', r^{\text{iv}}]_2}{dr^{\text{iv}}} = 2,166493 \qquad\qquad 0,3357567,$$

$$2\,r^{\text{iv}2}\frac{d[r''', r^{\text{iv}}]_3}{dr^{\text{iv}}} = 1,820720 \qquad\qquad 0,2602432,$$

$$2\,r^{\text{iv}2}\frac{d[r''', r^{\text{iv}}]_4}{dr^{\text{iv}}} = 1,475006 \qquad\qquad 0,1687938,$$

$$2\,r^{\text{iv}2}\frac{d[r''', r^{\text{iv}}]_5}{dr^{\text{iv}}} = 1,170062 \qquad\qquad 0,0682088,$$

$$2\,r^{\text{iv}2}\frac{d[r''', r^{\text{iv}}]_6}{dr^{\text{iv}}} = 0,916176 \qquad\qquad 9,9619790,$$

$$2\,r^{\text{iv}2}\frac{d[r''', r^{\text{iv}}]_7}{dr^{\text{iv}}} = 0,712027 \qquad\qquad 9,8524965,$$

$$2\,r^{\text{iv}2}\frac{d[r''', r^{\text{iv}}]_8}{dr^{\text{iv}}} = 0,552119 \qquad\qquad 9,7420326,$$

$$\dots\dots\dots\dots\dots\dots\dots\dots\dots\dots$$

9. Or
$$n = 1 - z^{\frac{3}{2}} = 0,384817;$$

donc, en faisant ces différentes substitutions, la formule des variations dues à la Terre deviendra

$$-\mathrm{T}'''[+\ 8,009396\ \sin(p^{\text{iv}} - p''') + 18,250004 \sin 2(p^{\text{iv}} - p''')$$
$$-11,584334 \sin 3(p^{\text{iv}} - p''') -\ 1,687239 \sin 4(p^{\text{iv}} - p''')$$
$$-\ 0,551945 \sin 5(p^{\text{iv}} - p''') -\ 0,231833 \sin 6(p^{\text{iv}} - p''') - \dots].$$

Ainsi, en mettant pour T''', masse de la Terre, sa valeur en secondes $0'',5645$, on aura

Correction de la longitude de Vénus due à l'action de la Terre et dépendante de la distance héliocentrique de ces Planètes

$$-4'',5217 \sin(♀-☍)-10'',3030\sin 2(♀-☍)$$
$$+6'',5399\sin 3(♀-☍)+0'',9525\sin 4(♀-☍)$$
$$+0'',3116\sin 5(♀-☍)+0'',1308\sin 6(♀-☍)+\ldots$$

10. M. de Lalande était jusqu'à présent le seul qui eût cherché à déterminer les inégalités périodiques de Vénus; encore s'était-il contenté de calculer celles qui dépendent de l'action de la Terre, comme les plus sensibles, à cause de la proximité des orbites de ces deux Planètes.

Son calcul se trouve parmi les *Mémoires de l'Académie des Sciences de Paris* pour 1760, et il donne pour résultat ces deux termes

$$-9'',6\sin(♀-☍)-22'',0\sin 2(♀-☍),$$

qui répondent, comme on voit, aux deux premiers termes de la formule que nous venons de trouver, mais avec des coefficients presque deux fois plus grands.

Cette différence dans les coefficients vient de celle dans les valeurs adoptées pour la masse de la Terre. M. de Lalande s'en est tenu à la valeur donnée par Newton, laquelle est de $\frac{1}{169282}$ en parties de la masse du Soleil, au lieu que nous l'avons réduite à $\frac{1}{365361}$ d'après les déterminations les plus exactes des parallaxes du Soleil et de la Lune. (*Voyez* le n° 6 de la seconde Partie de la *Théorie des variations séculaires*.) Il faudra donc, pour comparer les deux premiers termes de notre formule à ceux que M. de Lalande a trouvés, augmenter les coefficients de ceux-là dans le rapport de 169282 à 365361, ce qui les réduira à ceux-ci

$$-9'',759\sin(♀-☍)-22'',237\sin 2(♀-☍),$$

qui s'accordent, comme on voit, aux dixièmes de seconde près, avec ceux de la formule de M. de Lalande.

Mais, outre les deux termes dont il s'agit, notre formule en contient encore un dont le coefficient est assez considérable pour ne pouvoir pas être négligé, comme M. de Lalande l'a fait. C'est le terme

$$6'', 5399 \sin 3(♀ - ☿),$$

qui doit influer d'autant plus dans la valeur de la formule, qu'il est de signe contraire aux deux premiers. Ainsi la Table, que M. de Lalande a donnée dans les *Mémoires* cités et dans la *Connaissance des Temps* de 1762 pour les inégalités de Vénus dues à l'action de la Terre, doit être recalculée d'après la formule que nous venons de trouver.

§ V. — *Calcul des variations de Vénus dues à l'action de Mercure.*

11. La formule du n° 1 servira encore pour Mercure, en y changeant seulement les quantités r, p, T en r^v, p^v, T^v; mais, comme cette Planète est inférieure à Vénus, il faudra déterminer les valeurs des quantités

$$r^{\text{iv}}[r^{\text{iv}}, r^v], \quad r^{\text{iv}}[r^{\text{iv}}, r^v]_{\text{i}}, \ldots, \quad 2r^{\text{iv}2}\frac{d[r^{\text{iv}}, r^v]}{dr^{\text{iv}}}, \quad 2r^{\text{iv}2}\frac{d[r^{\text{iv}}, r^v]_{\text{i}}}{dr^{\text{iv}}}, \ldots,$$

par des formules analogues à celles du § III de la Section troisième, après y avoir changé les quantités r'' en r^{iv} et r''' en r^v, pour les rapporter au cas présent.

On fera donc $z = \dfrac{r^v}{r^{\text{iv}}}$, et l'on aura d'abord par la Table du n° 4 de la seconde Partie des *Variations séculaires*

$$z = 0,535164, \quad M = 1,072986, \quad N = 0,257625;$$

d'où l'on trouvera

$$(0) = 2,107096 \qquad \text{log. } 0,3236844,$$
$$(1) = 3,035496 \qquad 0,4822297,$$
$$(2) = 1,950567 \qquad 0,2901609,$$

480   THÉORIE DES VARIATIONS PÉRIODIQUES

$$(3) = 1,192407 \quad \log. \quad 0,0764244,$$
$$(4) = 0,708704 \qquad\quad 9,8504648,$$
$$(5) = 0,413817 \qquad\quad 9,6168083,$$
$$(6) = 0,239042 \qquad\quad 9,3784742,$$
$$\dots\dots\dots\dots \qquad\quad \dots\dots\dots,$$

ensuite

$$r^{\text{IV}}[r^{\text{IV}}, r^{\text{V}}] = 1,086081 \quad \log. \quad 0,0358622,$$
$$r^{\text{IV}}[r^{\text{IV}}, r^{\text{V}}]_1 = 0,605705 \qquad\quad 9,7822615,$$
$$r^{\text{IV}}[r^{\text{IV}}, r^{\text{V}}]_2 = 0,246589 \qquad\quad 9,3919731,$$
$$r^{\text{IV}}[r^{\text{IV}}, r^{\text{V}}]_3 = 0,110767 \qquad\quad 9,0444097,$$
$$r^{\text{IV}}[r^{\text{IV}}, r^{\text{V}}]_4 = 0,052084 \qquad\quad 8,7167062,$$
$$\dots\dots\dots\dots\dots \qquad\quad \dots\dots\dots,$$

enfin

$$2 r^{\text{IV}2} \frac{d[r^{\text{IV}}, r^{\text{V}}]}{dr^{\text{IV}}} = -2,589705 \quad \log. \quad \overline{0},4132503,$$

$$2 r^{\text{IV}2} \frac{d[r^{\text{IV}}, r^{\text{V}}]_1}{dr^{\text{IV}}} = -2,771835 \qquad\quad \overline{0},4427674,$$

$$2 r^{\text{IV}2} \frac{d[r^{\text{IV}}, r^{\text{V}}]_2}{dr^{\text{IV}}} = -1,638514 \qquad\quad \overline{0},2144502,$$

$$2 r^{\text{IV}2} \frac{d[r^{\text{IV}}, r^{\text{V}}]_3}{dr^{\text{IV}}} = -0,961669 \qquad\quad \overline{9},9830257,$$

$$2 r^{\text{IV}2} \frac{d[r^{\text{IV}}, r^{\text{V}}]_4}{dr^{\text{IV}}} = -0,557815 \qquad\quad \overline{9},7464901,$$

$$\dots\dots\dots\dots\dots\dots \qquad\quad \dots\dots\dots$$

12. La valeur de n sera ici

$$n = 1 - \frac{1}{z^{\frac{3}{2}}} = -1,554288;$$

et la formule des inégalités dues à Mercure deviendra

$$- \mathrm{T}^{\text{V}}[0,136642 \sin(p^{\text{V}} - p^{\text{IV}}) - 0,066733 \sin 2(p^{\text{V}} - p^{\text{IV}}) - \dots].$$

Substituant pour T^v, masse de Mercure, sa valeur en secondes $0'',1018$, on aura donc

Correction de la longitude de Vénus due à l'action de Mercure et dépendante de la distance héliocentrique entre ces Planètes

$$-0'',0139\sin(♀-☿)+0'',0068\sin2(♀-☿)+\ldots$$

Comme cette correction est toujours au-dessous d'un dixième de seconde, elle peut être réputée nulle dans tous les cas.

SECTION SIXIÈME

OÙ L'ON DONNE LES VARIATIONS PÉRIODIQUES DU MOUVEMENT DE MERCURE, DÉPENDANTES DE SES DISTANCES HÉLIOCENTRIQUES AUX AUTRES PLANÈTES.

Mercure, par sa petitesse et par sa proximité du Soleil, est de toutes les Planètes principales celle qui attire le moins notre attention. Mais les Astronomes, occupés à examiner toutes les parties du grand édifice du Système du monde, et pour qui tout phénomène céleste est également précieux, mettent la Théorie de Mercure sur la même ligne que celle des autres Planètes, et y attachent même d'autant plus d'importance qu'elle présente plus de difficultés. La rareté des observations de cette Planète, qui ne peuvent être faites que dans ses passages sur le Soleil, et surtout l'insuffisance de celles que les anciens nous ont transmises, ont retenu jusqu'ici la Théorie de Mercure dans un état d'imperfection que l'observation du dernier passage n'a que trop confirmé. Cette Théorie demande donc encore les recherches des Astronomes, et celles qui font l'objet de cette Section pourront y être utiles, en offrant le calcul des principales inégalités périodiques dues à la gravitation universelle.

§ I. — *Calcul des variations de Mercure dues à Saturne.*

1. Mercure étant comme Vénus inférieur à Saturne, on aura pour les variations cherchées une formule semblable à celle du § I de la Section précédente, en y changeant seulement les quantités r^{iv}, p^{iv}, relatives à

Vénus, dans les quantités analogues r^v, p^v relatives à Mercure. Cette formule sera donc

$$-\mathrm{T}\left[\frac{1}{n(1-n^2)} 2r^{v2}\frac{d[r,r^v]_1}{dr^v} + \frac{3+n^2}{n^2(1-n^2)} r^v[r,r^v]_1 - \frac{3+2n+n^2}{n^2(1-n^2)}\frac{r^{v2}}{r^2}\right]\sin(p^v-p)$$

$$-\mathrm{T}\left[\frac{1}{2n(1-4n^2)} 2r^{v2}\frac{d[r,r^v]_2}{dr^v} + \frac{3+4n^2}{2n^2(1-4n^2)} r^v[r,r^v]_2\right]\sin 2(p^v-p)$$

$$-\mathrm{T}\left[\frac{1}{3n(1-9n^2)} 2r^{v2}\frac{d[r,r^v]_3}{dr^v} + \frac{3+9n^2}{3n^2(1-9n^2)} r^v[r,r^v]_3\right]\sin 3(p^v-p)$$

$$-\mathrm{T}\left[\frac{1}{4n(1-16n^2)} 2r^{v2}\frac{d[r,r^v]_4}{dr^v} + \frac{3+16n^2}{4n^2(1-16n^2)} r^v[r,r^v]_4\right]\sin 4(p^v-p)$$

$$\dots\dots\dots\dots\dots\dots\dots\dots\dots\dots\dots\dots\dots\dots,$$

dans laquelle

$$n = 1 - \frac{dp}{dp^v} = 1 - \left(\frac{r^v}{r}\right)^{\frac{3}{2}},$$

r^v étant la distance moyenne de Mercure au Soleil, et r celle de Saturne au Soleil.

2. On déterminera toujours les quantités

$$r^v[r,r^v]_1, \quad r^v[r,r^v]_2,\dots, \quad 2r^{v2}\frac{d[r,r^v]}{dr^v}, \quad 2r^{v2}\frac{d[r,r^v]_1}{dr^v},\dots$$

par des formules semblables à celles du n° 2 de la Section troisième, en y changeant r'' en r^v.

Ainsi, en faisant $z = \dfrac{r^v}{r}$, on aura d'abord par la Table du n° 4 de la seconde Partie de la *Théorie des variations séculaires*

$$z = 0{,}040576, \quad \mathrm{M} = 1{,}000411, \quad \mathrm{N} = 0{,}020284,$$

de là on trouvera

$(0) = 1{,}003714$	log.	$0{,}0016099$,
$(1) = 0{,}122106$		$9{,}0867364$,
$(2) = 0{,}006252$		$7{,}7959912$,
$(3) = 0{,}002257$		$7{,}3535316$,
$\dots\dots\dots\dots$		$\dots\dots\dots$,

ensuite

$$r^v[r, r^v] = 0,040593 \qquad \log. \ 8,6084480,$$
$$r^v[r, r^v]_1 = 0,001647 \qquad \qquad 7,2167936,$$
$$r^v[r, r^v]_2 = 0,000049 \qquad \qquad 5,6931140,$$
$$\dots\dots\dots\dots\dots\dots\dots\dots\dots\dots\dots,$$

enfin

$$2\,r^{v2}\frac{d[r, r^v]}{dr^v} = 0,000167 \qquad \log. \ 6,2224563,$$

$$2\,r^{v2}\frac{d[r, r^v]_1}{dr^v} = 0,003299 \qquad \qquad 7,5183862,$$

$$2\,r^{v2}\frac{d[r, r^v]_2}{dr^v} = 0,000204 \qquad \qquad 6,3094172,$$

$$\dots\dots\dots\dots\dots\dots\dots\dots\dots\dots\dots$$

3. Or

$$n = 1 - z^{\frac{3}{2}} = 0,991827;$$

donc, faisant ces substitutions dans la formule précédente, elle deviendra

$$- \mathrm{T}\,[\,0,000625 \sin(p^v - p) - 0,000094 \sin 2(p^v - p) - \dots\,];$$

de sorte qu'en mettant pour T sa valeur en secondes $61'',4176$, on aura

Correction de la longitude de Mercure due à l'action de Saturne et dépendante de la distance héliocentrique de ces Planètes

$$- 0'',0384 \sin(\,☿ - ♄\,) + 0'',0058 \sin 2(\,☿ - ♄\,) + \dots$$

§ II. — *Calcul des variations de Mercure dues à Jupiter.*

4. On changera dans la formule du n° 1 les quantités r, p, T, relatives à Saturne, dans les quantités r', p', T' relatives à Jupiter, et l'on suivra du reste le même procédé.

Faisant donc $z = \dfrac{r^v}{r'}$, on aura par la Table citée

$$z = 0,074428, \quad \mathrm{M} = 1,001385, \quad \mathrm{N} = 0,037188,$$

et de là on trouvera

$$(0) = 1,012573 \qquad \text{log.} \quad 0,0054263,$$
$$(1) = 0,225621 \qquad \qquad 9,3533794,$$
$$(2) = 0,020948 \qquad \qquad 8,3211426,$$
$$(3) = 0,001315 \qquad \qquad 7,1189588,$$
$$\ldots\ldots\ldots\ldots\ldots \qquad \ldots\ldots\ldots,$$

ensuite

$$r^v[r', r^v] = 0,074531 \qquad \text{log.} \quad 8,8723395,$$
$$r^v[r', r^v]_1 = 0,005551 \qquad \qquad 7,7443831,$$
$$r^v[r', r^v]_2 = 0,000311 \qquad \qquad 6,4922547,$$
$$\ldots\ldots\ldots\ldots\ldots \qquad \ldots\ldots\ldots,$$

enfin

$$2r^{v2}\frac{d[r', r^v]}{dr^v} = 0,000415 \qquad \text{log.} \quad 6,6179434,$$
$$2r^{v2}\frac{d[r', r^v]_1}{dr^v} = 0,011148 \qquad \qquad 8,0471970,$$
$$2r^{v2}\frac{d[r', r^v]_2}{dr^v} = 0,001240 \qquad \qquad 7,0933516,$$
$$\ldots\ldots\ldots\ldots\ldots \qquad \ldots\ldots\ldots$$

5. La valeur de n étant

$$n = 1 - z^{\frac{3}{2}} = 0,979695,$$

on trouvera pour la formule des variations dont il s'agit

$$- \text{T}'[0,002944 \sin(p^v - p') - 0,000613 \sin 2(p^v - p') - \ldots].$$

En mettant pour T', masse de Jupiter, sa valeur en secondes $193'',2775$, on aura enfin

Correction de la longitude de Mercure due à l'action de Jupiter et dépendante de la distance héliocentrique de ces Planètes

$$- 0'',5690 \sin(\text{☿} - \text{♃}) + 0'',1184 \sin 2(\text{☿} - \text{♃}) + \ldots.$$

§ III. — *Calcul des variations de Mercure dues à Mars.*

6. On emploiera toujours les mêmes formules que dans le § I, en y changeant simplement r, p, T en r'', p'', T'', pour substituer aux quantités relatives à Saturne les quantités analogues relatives à Mars; et, comme les valeurs de

$$r''[r'', r^{\text{v}}], \quad r''[r'', r^{\text{v}}]_1, \ldots, \quad 2r''^2\frac{d[r'', r^{\text{v}}]}{dr''}, \quad 2r''^2\frac{d[r'', r^{\text{v}}]_1}{dr''}, \ldots$$

ont déjà été calculées dans le § V de la Section troisième, on en pourra déduire immédiatement celles de

$$r^{\text{v}}[r'', r^{\text{v}}], \quad r^{\text{v}}[r'', r^{\text{v}}]_1, \ldots, \quad 2r^{\text{v}2}\frac{d[r'', r^{\text{v}}]}{dr^{\text{v}}}, \quad 2r^{\text{v}2}\frac{d[r'', r^{\text{v}}]_1}{dr^{\text{v}}}, \ldots$$

par les formules données dans le n° 2 de la Section deuxième.

Ainsi faisant
$$z = \frac{r^{\text{v}}}{r''} = 0,254054,$$

on aura d'abord

$$r^{\text{v}}[r'', r^{\text{v}}] = 0,258309 \qquad \text{log.} \quad 9,4121389,$$
$$r^{\text{v}}[r'', r^{\text{v}}]_1 = 0,066171 \qquad \qquad 8,8206682,$$
$$r^{\text{v}}[r'', r^{\text{v}}]_2 = 0,012642 \qquad \qquad 8,1018183,$$
$$\ldots\ldots\ldots\ldots\ldots \qquad \qquad \ldots\ldots\ldots,$$

ensuite

$$2r^{\text{v}2}\frac{d[r'', r^{\text{v}}]}{dr^{\text{v}}} = 0,017675 \qquad \text{log.} \quad 8,2473594,$$
$$2r^{\text{v}2}\frac{d[r'', r^{\text{v}}]_1}{dr^{\text{v}}} = 0,13913 6 \qquad \qquad 9,1434395,$$
$$2r^{\text{v}2}\frac{d[r'', r^{\text{v}}]_2}{dr^{\text{v}}} = 0,052024 \qquad \qquad 8,7162037,$$
$$\ldots\ldots\ldots\ldots\ldots \qquad \qquad \ldots\ldots\ldots$$

7. Or
$$n = 1 - z^{\frac{3}{2}} = 0{,}871947;$$

donc, faisant ces différentes substitutions dans la formule générale, elle deviendra

$$- \mathrm{T}''[0{,}081663 \sin(p^v - p'') - 0{,}039223 \sin 2(p^v - p'') - \ldots];$$

par conséquent, en mettant pour T″, masse de Mars, sa valeur en secondes 0″,1117, il viendra pour la

Correction de la longitude de Mercure due à l'action de Mars et dépendante de la distance héliocentrique de ces Planètes

$$- 0''{,}0091 \sin(\mathchar"263F - \mathchar"2642) + 0''{,}0044 \sin 2(\mathchar"263F - \mathchar"2642) + \ldots.$$

§ IV. — *Calcul des variations de Mercure dues à la Terre.*

8. Ce calcul dépend encore des mêmes formules que celui du paragraphe précédent, en changeant seulement les quantités r'', p'', T'' en r''', p''', T''', et faisant usage des valeurs déjà calculées dans le § V de la Section quatrième.

On fera donc, comme dans cet endroit,

$$z = \frac{r^v}{r'''} = 0{,}387100,$$

et l'on aura

$$r^v[r''', r^v] = 0{,}402968 \qquad \text{log. } 9{,}6052703,$$
$$r^v[r''', r^v]_1 = 0{,}159151 \qquad 9{,}2018096,$$
$$r^v[r''', r^v]_2 = 0{,}046518 \qquad 8{,}6676249,$$
$$r^v[r''', r^v]_3 = 0{,}015052 \qquad 8{,}1776006,$$
$$\ldots\ldots\ldots\ldots\ldots \qquad \ldots\ldots\ldots,$$

ensuite

$$2 r^{v2} \frac{d[r''', r^v]}{dr^v} = 0{,}069585 \qquad \text{log. } 8{,}8425156,$$

$$2 r^{v2} \frac{d[r''', r^v]_1}{dr^v} = 0{,}359525 \qquad 9{,}5557291,$$

DES MOUVEMENTS DES PLANÈTES.

$$2r^{v^2}\frac{d[r''',r^v]_2}{dr^v}=0,199528 \qquad \text{log.} \quad 9,3000038,$$

$$2r^{v^2}\frac{d[r''',r^v]_3}{dr^v}=0,094868 \qquad\qquad 8,9775773,$$

....

9. Mais

$$n = 1 - z^{\frac{3}{2}} = 0,759157;$$

donc, faisant ces substitutions dans la formule des variations de Mercure, elle deviendra

$$-\text{T}'''[0,092134\sin(p^v-p''')-0,834493\sin 2(p^v-p''')-\ldots].$$

D'où, en mettant pour T''', masse de la Terre, sa valeur en secondes $0'',564549$, on aura

Correction de la longitude de Mercure due à l'action de la Terre et dépendante de la distance héliocentrique de Mercure à la Terre

$$-0'',0520\sin(☿-☾)+0'',4711\sin 2(☿-☾)+\ldots.$$

§ V. — *Calcul des variations de Mercure dues à l'action de Vénus.*

10. Les formules qu'on a employées jusqu'ici serviront encore pour ce calcul, puisque Mercure est également inférieur à Vénus. On changera donc simplement, dans la formule du § I, les quantités r, p, T en r^{iv}, p^{iv}, T^{iv}, et l'on partira des valeurs déjà calculées dans le § V de la Section cinquième, pour avoir celles de

$$r^v[r^{iv},r^v], \quad r^v[r^{iv},r^v]_1, \ldots,$$

comme on en a usé ci-dessus.

On fera ainsi

$$z=\frac{r^v}{r^{iv}}=0,535164,$$

THÉORIE DES VARIATIONS PÉRIODIQUES

et l'on trouvera d'abord

$$r^v [r^{iv}, r^v] = 0{,}581231 \qquad \log. \quad 9{,}7643490,$$
$$r^v [r^{iv}, r^v]_1 = 0{,}324152 \qquad\qquad 9{,}5107483,$$
$$r^v [r^{iv}, r^v]_2 = 0{,}131965 \qquad\qquad 9{,}1204599,$$
$$r^v [r^{iv}, r^v]_3 = 0{,}059278 \qquad\qquad 8{,}7728965,$$
$$r^v [r^{iv}, r^v]_4 = 0{,}027873 \qquad\qquad 8{,}4451930,$$
$$\dots\dots\dots\dots\dots\dots\qquad\qquad\dots\dots\dots,$$

ensuite

$$2 r^{v2} \frac{d[r^{iv}, r^v]}{dr^v} = 0{,}223454 \qquad \log. \quad 9{,}3491882,$$
$$2 r^{v2} \frac{d[r^{iv}, r^v]_1}{dr^v} = 0{,}835079 \qquad\qquad 9{,}9217276,$$
$$2 r^{v2} \frac{d[r^{iv}, r^v]_2}{dr^v} = 0{,}612944 \qquad\qquad 9{,}7874209,$$
$$2 r^{v2} \frac{d[r^{iv}, r^v]_3}{dr^v} = 0{,}396095 \qquad\qquad 9{,}5977994,$$
$$2 r^{v2} \frac{d[r^{iv}, r^v]_4}{dr^v} = 0{,}242776 \qquad\qquad 9{,}3851950,$$
$$\dots\dots\dots\dots\dots\dots\qquad\qquad\dots\dots\dots$$

11. Or

$$n = 1 - z^{\frac{3}{2}} = 0{,}608502;$$

donc la formule des variations dont il s'agit deviendra

$$- T^{iv} [+ 1{,}339359 \sin(p^v - p^{iv}) - 2{,}706669 \sin 2(p^v - p^{iv})$$
$$- 0{,}237901 \sin 3(p^v - p^{iv}) - \dots].$$

De sorte qu'en substituant pour T^{iv}, masse de Vénus, sa valeur en secondes $0'',739892$, on aura

Correction de la longitude de Mercure due à l'action de Vénus et dépendante de la distance héliocentrique entre ces Planètes

$$- 0'',9910 \sin(\mathaccent"0\hbox{☿} - ♀) + 2'',0026 \sin 2(☿ - ♀) + 0'',1760 \sin 3(☿ - ♀) + \dots$$

12. Les inégalités de Mercure dont nous venons de donner le calcul sont, comme l'on voit, trop petites pour qu'on y puisse avoir égard dans l'état d'imperfection où les Tables de cette Planète se trouvent encore. Mais ce calcul était nécessaire pour s'assurer de la véritable valeur de ces inégalités, et il sert d'ailleurs à compléter la Théorie que nous nous sommes engagé de donner sur les variations périodiques des Planètes dépendantes uniquement de leurs distances héliocentriques.

Dans plusieurs passages du Mémoire qui précède, Lagrange laisse entrevoir le projet qu'il avait formé de compléter son travail par le calcul des inégalités périodiques des Planètes, qui dépendent des excentricités et des inclinaisons. L'illustre Auteur n'a pas donné suite à ce projet, et il en fait comprendre la raison dans la seconde des deux Notes suivantes qu'il a publiées dans le Recueil de l'Académie de Berlin, et que nous croyons devoir reproduire ici.

(*Note de l'Éditeur.*)

AVERTISSEMENT DE M. DE LAGRANGE SUR UN MÉMOIRE DE M. DU VAL LE ROI.

(*Nouveaux Mémoires de l'Académie royale des Sciences et Belles-Lettres de Berlin*, année 1787.)

Ce Mémoire doit être regardé comme un Supplément à ceux que j'ai donnés en 1782 et 1784, et qui contiennent l'application de la *Théorie des variations séculaires et périodiques* aux anciennes Planètes principales. J'avais entrepris depuis d'étendre cette application à la nouvelle Planète découverte par M. Herschel; mais, pendant que je m'occupais de ce travail, M. du Val le Roi me fit l'honneur de m'envoyer celui qu'il venait de faire sur le même objet; et je vis avec plaisir que son Ouvrage remplissait le but que je m'étais proposé et rendait le mien inutile. C'est par cette raison que je prends la liberté de le présenter à l'Académie; je désire qu'elle le trouve assez intéressant pour mériter d'avoir place dans le Recueil qu'elle publie.

AVERTISSEMENT SUR UN SECOND MÉMOIRE DE M. DU VAL LE ROI.

(*Nouveaux Mémoires de l'Académie royale des Sciences et Belles-Lettres de Berlin*, années 1792 et 1793.)

Dans la première Partie de la *Théorie des variations périodiques des Planètes*, imprimée dans le volume de 1783, je me suis contenté de donner le développement de mes formules générales pour les variations indépendantes des excentricités et des inclinaisons; et dans la seconde Partie, imprimée dans le volume de 1784, j'en ai fait l'application aux six anciennes Planètes principales. La découverte d'une septième Planète exigeait une Addition à ce travail, ainsi qu'à celui sur les équations séculaires. Cet objet se trouve rempli dans le Mémoire de M. du Val le Roi imprimé dans le volume de 1787. Dans le suivant, le même Auteur donne d'abord un développement complet de mes formules pour les variations périodiques, et il en fait ensuite l'application à la nouvelle Planète; de sorte que ce Mémoire contient en même temps une Addition à son premier Mémoire et un Supplément à mon Mémoire de 1784; c'est à ce double titre que je l'offre à l'Académie, et que je désire qu'il puisse aussi avoir place dans son Recueil.

SUR LA MANIÈRE DE RECTIFIER

LES

MÉTHODES ORDINAIRES D'APPROXIMATION

POUR L'INTÉGRATION

DES ÉQUATIONS DU MOUVEMENT DES PLANÈTES.

SUR LA MANIÈRE DE RECTIFIER

LES

MÉTHODES ORDINAIRES D'APPROXIMATION

POUR L'INTÉGRATION

DES ÉQUATIONS DU MOUVEMENT DES PLANÈTES.

(*Nouveaux Mémoires de l'Académie royale des Sciences et Belles-Lettres de Berlin,* année 1783.)

La détermination du mouvement des Planètes est non-seulement le Problème le plus grand par son objet, mais encore celui auquel le calcul s'applique avec le plus de succès; parce que les Planètes sont si éloignées les unes des autres qu'on peut faire abstraction de leurs qualités physiques, et ne les regarder que comme des points qui s'attirent dans la simple raison du carré inverse de la distance.

Newton, auteur de ce Problème, l'a résolu complétement pour le cas où l'on ne considère que l'attraction de deux Planètes; il a trouvé qu'elles décrivent alors l'une autour de l'autre une ellipse dont les aires sont proportionnelles au temps. La masse du Soleil est si grande relativement à celle des Planètes principales, que l'attraction mutuelle de celles-ci ne peut avoir qu'un effet très-petit en comparaison de celui de l'action du Soleil. Aussi le mouvement de ces Planètes autour du Soleil est-il sensiblement le même que si elles n'éprouvaient que l'attraction de cet astre. Mais la comparaison des observations anciennes avec les modernes, et surtout la précision qu'on a mise dans les dernières ont fait apercevoir dans ce mouvement des inégalités qu'il est naturel de rapporter aux attractions particulières des Planètes; et la détermination de ces inégalités est devenue dans ces derniers temps l'objet principal des recherches des Géomètres.

Si le Problème de deux corps qui s'attirent en raison inverse du carré de la distance est susceptible d'une solution rigoureuse, celui de trois corps qui s'attirent de la même manière s'y refuse entièrement. Mais les orbites des Planètes sont non-seulement à très-peu près elliptiques, elles approchent encore beaucoup de la figure circulaire; et cette circonstance fournit le moyen de les calculer par approximation; car la supposition de l'orbite circulaire et du mouvement uniforme donne les premiers termes des séries, et les suivants se déduisent successivement les uns des autres, en employant à chaque correction les valeurs trouvées par les corrections précédentes.

Cependant il se rencontre, dans l'application de cette méthode aux Planètes, une difficulté qui peut en rendre l'usage inexact; c'est qu'elle introduit dans l'expression du rayon vecteur de l'orbite des termes qui ne renferment pas seulement des sinus ou cosinus de l'angle parcouru, ou de l'angle proportionnel au temps, mais encore des puissances entières de ces angles. Or, si ces termes devaient entrer dans la valeur du rayon vecteur, il s'ensuivrait que ce rayon serait susceptible d'augmenter à l'infini, ce qui étant contraire aux observations jetterait des doutes sur la Théorie de la gravitation. D'ailleurs le même inconvénient a lieu dans des cas plus simples que celui de l'orbite des Planètes, et dans lesquels on peut démontrer rigoureusement que la valeur de la quantité cherchée est resserrée entre des limites. Cette expression du rayon vecteur est donc fautive en général, et ne pourrait servir tout au plus que pour un temps plus ou moins long, au bout duquel les termes qui renferment des arcs de cercle seraient encore assez petits pour que la série ne cessât pas d'être convergente.

La difficulté dont il s'agit se présente aussi dans la Théorie de la Lune; mais les Géomètres, qui ont travaillé les premiers après Newton à cette

Théorie, reconnurent d'abord qu'elle ne venait que du mouvement de l'apogée de cette Planète, et parvinrent facilement, d'après cette considération, à se débarrasser des arcs de cercle par le secours de la méthode des coefficients indéterminés.

Dans la Théorie des Planètes principales, les arcs de cercle du rayon vecteur dérivent encore de la même cause, c'est-à-dire des mouvements de leurs aphélies; mais ces mouvements n'étant pas uniformes, comme celui de l'apogée de la Lune, sont bien plus difficiles à déterminer, surtout parce qu'ils se trouvent combinés avec la variation des excentricités, et qu'il y a entre tous ces éléments une dépendance mutuelle qui empêche qu'on ne puisse les calculer séparément pour chaque Planète. Feu M. Euler, dans la Pièce de 1748 sur la *Théorie de Jupiter et de Saturne*, a regardé les arcs de cercle qu'il avait trouvés dans le rayon de l'orbite de Saturne comme dus à une équation séculaire; dans celle de 1752 sur le même sujet, mais qui n'a paru qu'en 1769, ayant eu égard à la fois aux mouvements des aphélies de Saturne et de Jupiter, il n'a plus rencontré d'arcs de cercle, mais l'analyse par laquelle il cherche à déterminer ces mouvements est néanmoins incomplète et insuffisante.

Lorsque je travaillais en 1765 à la Théorie des satellites de Jupiter, je fus arrêté par la même difficulté; et j'imaginai, pour la résoudre, une méthode particulière d'intégrer par approximation les équations différentielles, laquelle me donna directement les rayons vecteurs des orbites sans arcs de cercle. Je découvris ainsi les vraies lois du mouvement des aphélies et des variations des excentricités, pour un nombre quelconque de Planètes qui agissent les unes sur les autres; et je trouvai de la même manière celles du mouvement des nœuds et des variations des inclinaisons. J'en fis ensuite l'application à Jupiter et à Saturne. Enfin je cherchai à déterminer directement les variations de ces éléments; et j'ai rempli cet objet dans toute son étendue dans la *Théorie des variations séculaires des éléments des Planètes,* que je viens de donner.

Cependant, comme la méthode ordinaire d'approximation a l'avantage de la simplicité et de la facilité du calcul dans la recherche des inégalités périodiques des Planètes, il était à désirer qu'on pût la délivrer de l'inconvénient de donner des arcs de cercle dans les intégrales qui ne doivent point en avoir, ou du moins qu'on trouvât moyen de chasser les termes qui contiendraient ces arcs, et de les faire servir à la détermination des variations séculaires des éléments de l'orbite.

M. de Laplace s'est occupé de cet objet, et il a donné dans les *Mémoires de l'Académie des Sciences de Paris* une méthode ingénieuse pour faire disparaître, par la variation des constantes arbitraires, les arcs de cercle qui paraissent dans les intégrales approchées des équations différentielles, et qui ne se trouvent point dans ces équations. Mais cette méthode est fondée sur une métaphysique qui ne me paraît pas porter dans l'esprit toute la satisfaction qu'on pourrait désirer; et elle se trouve d'ailleurs en défaut lorsque dans l'intégrale une des constantes arbitraires multiplie l'arc sous les signes de sinus, de cosinus ou d'exponentielles; ce qui est le cas des équations du mouvement des Planètes, considérées dans toute leur généralité.

J'ai reconnu néanmoins qu'on pouvait toujours éliminer rigoureusement les arcs de cercle des équations dont il s'agit, en faisant varier les constantes arbitraires suivant les principes que j'ai employés dans la *Théorie des intégrales particulières;* et, comme la méthode que j'ai trouvée pour ce Problème peut s'étendre à d'autres questions du même genre et servir, en général, à l'avancement de l'Analyse, j'ai cru devoir la développer à part et indépendamment de son application aux orbites des Planètes. C'est à quoi est destiné ce Mémoire.

1. Soit proposée une équation différentielle d'un ordre quelconque n entre deux variables y et x, dans laquelle la variable x, dont la différence est constante, n'entre point sous une forme algébrique; et supposons que son intégrale complète soit

$$y = X + Yx + Zx^2 + Vx^3 + \ldots,$$

$X, Y, Z, \ldots$ étant des fonctions de x en sinus, cosinus et exponentielles, et de n constantes arbitraires $a, b, c, \ldots$; en sorte que les différences de ces fonctions relativement à x ne contiennent jamais cette variable sous

DES ÉQUATIONS DU MOUVEMENT DES PLANÈTES.

une forme algébrique, soit d'ailleurs que cette intégrale soit rigoureuse, ou seulement approchée, pourvu que dans ce dernier cas elle satisfasse à l'équation différentielle, sans qu'il soit nécessaire de réduire en série ses fonctions transcendantes.

Différentiant successivement n fois cette intégrale, on aura

$$\frac{dy}{dx} = \left(\frac{dX}{dx} + Y\right) + \left(\frac{dY}{dx} + 2Z\right)x + \left(\frac{dZ}{dx} + 3V\right)x^2 + \ldots,$$

$$\frac{d^2y}{dx^2} = \left(\frac{d^2X}{dx^2} + 2\frac{dY}{dx} + 2Z\right) + \left(\frac{d^2Y}{dx^2} + 4\frac{dZ}{dx} + 6V\right)x + \ldots$$

$$\ldots\ldots\ldots\ldots\ldots\ldots\ldots\ldots\ldots\ldots$$

Et ces valeurs de y, $\frac{dy}{dx}, \ldots, \frac{d^n y}{dx^n}$ satisferont à l'équation différentielle, quelles que soient d'ailleurs celles des constantes arbitraires $a, b, c, \ldots$.

2. Or, comme cette équation ne contient point x sous une forme algébrique, il faudra que dans la substitution des valeurs précédentes, les termes qui se trouveront multipliés par les différentes puissances de x disparaissent d'eux-mêmes; donc aussi les premiers termes de ces valeurs, lesquels ne sont point multipliés par x et ne contiennent point x sous une forme algébrique, devront satisfaire seuls à la même équation.

Donc elle sera satisfaite par ces valeurs

$$y = X,$$

$$\frac{dy}{dx} = \frac{dX}{dx} + Y,$$

$$\frac{d^2 y}{dx^2} = \frac{d^2 X}{dx^2} + 2\frac{dY}{dx} + 2Z,$$

$$\ldots\ldots\ldots\ldots\ldots\ldots\ldots\ldots$$

Et comme les quantités $a, b, c, \ldots$ qui entrent dans ces valeurs demeurent indéterminées, elles pourront y être supposées constantes ou variables à volonté. En les supposant constantes, les valeurs dont il s'agit ne peuvent subsister ensemble, puisque celle de $\frac{dy}{dx}$ n'est point la différentielle de celle de y, et ainsi des autres; mais en rendant les mêmes quantités a,

b, c,... variables, on peut satisfaire à ces conditions; et il ne s'agira que de faire en sorte que la différentielle de la valeur de y, en y faisant tout varier, soit égale à la valeur de $\frac{dy}{dx} dx$, que la différentielle de la valeur de $\frac{dy}{dx}$, en faisant tout varier, soit égale à la valeur de $\frac{d^2y}{dx^2} dx$, et ainsi de suite jusqu'à la différentielle de $\frac{d^{n-1}y}{dx^{n-1}}$, qui devra être égale à la valeur de $\frac{d^n y}{dx^n} dx$; ce qui donnera n équations de condition, qui serviront par conséquent à déterminer les n arbitraires a, b, c,... devenues variables. Alors $y = X$ sera également l'intégrale de l'équation différentielle proposée.

3. Les équations de condition seront donc

$$dy = \frac{dX}{dx} dx + \frac{dX}{da} da + \frac{dX}{db} db + \ldots$$
$$= \left(\frac{dX}{dx} + Y\right) dx,$$
$$d\frac{dy}{dx} = \frac{d^2X}{dx^2} dx + \frac{dY}{dx} dx + \frac{d^2X}{dx\,da} da + \frac{d^2X}{dx\,db} db + \ldots + \frac{dY}{da} da + \frac{dY}{db} db + \ldots$$
$$= \left(\frac{d^2X}{dx^2} + 2\frac{dY}{dx} + 2Z\right) dx,$$

et ainsi de suite.

Effaçant les termes qui se détruisent dans ces équations, elles deviennent

$$\frac{dX}{da} da + \frac{dX}{db} db + \ldots = Y\,dx,$$
$$\left(\frac{d^2X}{dx\,da} + \frac{dY}{da}\right) da + \left(\frac{d^2X}{dx\,db} + \frac{dY}{db}\right) db + \ldots = \left(\frac{dY}{dx} + 2Z\right) dx,$$

et ainsi de suite.

4. En considérant la forme des équations précédentes et leur dérivation de l'intégrale
$$y = X + Yx + Zx^2 + Vx^3 + \ldots,$$

DES ÉQUATIONS DU MOUVEMENT DES PLANÈTES. 499

on verra que pour les trouver il suffit : 1° d'égaler la différentielle de l'intégrale, prise en faisant varier seulement les constantes arbitraires a, b,..., à la différentielle de la même intégrale, prise en ne faisant varier que l'arc de cercle x; 2° de différentier successivement cette équation $n-1$ fois en faisant varier x partout et regardant $a, b, \ldots$ comme constantes; 3° d'effacer partout les termes multipliés par l'arc de cercle x et ses puissances.

Ainsi l'on aura d'abord

$$\left(\frac{d\mathrm{X}}{da} + \frac{d\mathrm{Y}}{da} x + \frac{d\mathrm{Z}}{da} x^2 + \ldots\right) da + \left(\frac{d\mathrm{X}}{db} + \frac{d\mathrm{Y}}{db} x + \frac{d\mathrm{Z}}{db} x^2 + \ldots\right) db + \ldots$$
$$= (\mathrm{X} + 2\mathrm{Z}x + 3\mathrm{V}x^2 + \ldots) dx,$$

ensuite

$$\left[\frac{d^2\mathrm{X}}{dx\,da} + \frac{d\mathrm{Y}}{da} + \left(\frac{d^2\mathrm{Y}}{dx\,da} + 2\frac{d\mathrm{Z}}{da}\right) x + \ldots\right] da + \left[\frac{d^2\mathrm{X}}{dx\,db} + \frac{d\mathrm{Y}}{db} + \left(\frac{d^2\mathrm{Y}}{dx\,db} + 2\frac{d\mathrm{Z}}{db}\right) x + \ldots\right] db + \ldots$$
$$= \left[\frac{d\mathrm{Y}}{dx} + 2\mathrm{Z} + \left(2\frac{d\mathrm{Z}}{dx} + 6\mathrm{V}\right) x + \ldots\right] dx,$$

$$\left(\frac{d^3\mathrm{X}}{dx^2\,da} + 2\frac{d^2\mathrm{Y}}{dx\,da} + 2\frac{d\mathrm{Z}}{da} + \ldots\right) da + \left(\frac{d^3\mathrm{X}}{dx^2\,db} + 2\frac{d^2\mathrm{Y}}{dx\,db} + 2\frac{d\mathrm{Z}}{db} + \ldots\right) db + \ldots$$
$$= \left(\frac{d^2\mathrm{Y}}{dx^2} + 4\frac{d\mathrm{Z}}{dx} + 6\mathrm{V} + \ldots\right) dx,$$

et ainsi de suite jusqu'à la $n-1^{ième}$ différentielle.

Effaçant donc partout les termes multipliés par x, l'intégrale se réduira à $y = \mathrm{X}$; et l'on aura, pour la détermination des n quantités $a, b, c,\ldots$, les équations du premier ordre

$$\frac{d\mathrm{X}}{da} da + \frac{d\mathrm{X}}{db} db + \ldots = \mathrm{Y}\,dx,$$

$$\left(\frac{d^2\mathrm{X}}{dx\,da} + \frac{d\mathrm{Y}}{da}\right) da + \left(\frac{d^2\mathrm{X}}{dx\,db} + \frac{d\mathrm{Y}}{db}\right) db + \ldots = \left(\frac{d\mathrm{Y}}{dx} + 2\mathrm{Z}\right) dx,$$

$$\left(\frac{d^3\mathrm{X}}{dx^2\,da} + 2\frac{d^2\mathrm{Y}}{dx\,da} + 2\frac{d\mathrm{Z}}{da}\right) da + \left(\frac{d^3\mathrm{X}}{dx^2\,db} + 2\frac{d^2\mathrm{Y}}{dx\,db} + 2\frac{d\mathrm{Z}}{db}\right) db + \ldots = \left(\frac{d^2\mathrm{Y}}{dx^2} + 4\frac{d\mathrm{Z}}{dx} + 6\mathrm{V}\right) dx,$$

et ainsi de suite, le nombre de ces équations étant égal à l'exposant de l'ordre de l'équation différentielle.

Lorsque cette équation n'est que du premier ordre, il suffira donc de n'avoir égard dans l'intégrale qu'au terme qui contient la première puissance de l'arc x, puisque la première équation de condition ne dépend que des quantités X et Y; lorsque l'équation différentielle sera du second ordre, il faudra avoir égard de plus dans l'intégrale au terme multiplié par x^2, puisque la seconde équation de condition dépend aussi de la quantité Z; et ainsi de suite.

5. Selon M. de Laplace (*Mémoires de l'Académie des Sciences de Paris*, 1777, page 387), les équations de condition seraient simplement

$$\frac{d\mathrm{X}}{da} da + \frac{d\mathrm{X}}{db} db + \ldots = \mathrm{Y}\, dx,$$

$$\frac{d^2\mathrm{X}}{dx\, da} da + \frac{d^2\mathrm{X}}{dx\, db} db + \ldots = \frac{d\mathrm{Y}}{dx} dx,$$

$$\frac{d^3\mathrm{X}}{dx^2 da} da + \frac{d^3\mathrm{X}}{dx^2 db} db + \ldots = \frac{d^2\mathrm{Y}}{dx^2} dx,$$

$$\ldots\ldots\ldots\ldots\ldots\ldots\ldots\ldots\ldots\ldots\ldots$$

Donc sa méthode ne donne des résultats exacts que lorsque ces équations se trouvent avoir lieu en même temps que celles-ci

$$\frac{d\mathrm{Y}}{da} da + \frac{d\mathrm{Y}}{db} db + \ldots = 2\mathrm{Z}\, dx,$$

$$\left(\frac{d^2\mathrm{Y}}{dx\, da} + \frac{d\mathrm{Z}}{da}\right) da + \left(\frac{d^2\mathrm{Y}}{dx\, db} + \frac{d\mathrm{Z}}{db}\right) db = \left(2\frac{d\mathrm{Z}}{dx} + 3\mathrm{V}\right) dx,$$

$$\ldots\ldots\ldots\ldots\ldots\ldots\ldots\ldots\ldots\ldots\ldots$$

6. La méthode que nous venons d'exposer peut s'appliquer également à plusieurs équations différentielles du même genre entre plusieurs variables $x, y, z, \ldots$. Les valeurs complètes de $y, z, \ldots$ fourniront alors chacune autant d'équations de condition entre les différentes constantes arbitraires $a, b, c, \ldots$ devenues variables, qu'il y aura d'unités dans l'exposant de la plus haute différence de chacune de ces variables dans les équations différentielles proposées. De sorte que le nombre des équations de condition égalera toujours celui des quantités $a, b, c, \ldots$.

DES ÉQUATIONS DU MOUVEMENT DES PLANÈTES.

Il est visible aussi que ces équations seront toutes différentielles du premier ordre; par conséquent leur intégration entraînera de nouveau un pareil nombre de constantes arbitraires, de manière que les intégrales trouvées seront toujours complètes après l'évanouissement des arcs de cercle et la substitution des nouvelles valeurs de $a, b, c, \ldots$.

Toute la difficulté consistera donc à déterminer ces valeurs par l'intégration des équations de condition; mais dans plusieurs cas, et surtout lorsqu'on ne demande que des intégrales approchées, cette intégration dépendra des méthodes connues.

Au reste, quoique de cette manière les arcs de cercle disparaissent d'abord, ils pourront néanmoins reparaître dans les nouvelles valeurs de $a, b, c, \ldots$; et cela arrivera même nécessairement toutes les fois que, par la nature des équations différentielles, ces arcs devront se trouver dans les intégrales.

7. Enfin, pour le succès de l'élimination des arcs de cercle, on doit éviter le cas où l'une des constantes arbitraires se trouverait jointe à la variable x dans les fonctions algébriques de l'intégrale; cette forme de l'intégrale est toujours possible puisque, la variable x des fonctions algébriques disparaissant dans l'équation différentielle, la constante qui y serait jointe disparaîtrait aussi d'elle-même; mais en y appliquant la méthode que nous venons de donner, on trouverait une intégrale de la même forme. En effet soit

$$y = X' + Y'(x+a) + Z'(x+a)^2 + \ldots$$

l'intégrale trouvée, a étant une des constantes arbitraires, et les autres $b, c, \ldots$ étant renfermées dans les fonctions $X', Y', \ldots$.

Par la règle du n° 4, on aura d'abord l'équation

$$[Y' + 2Z'(x+a) + \ldots]da + \left[\frac{dX'}{db} + \frac{dY'}{db}(x+a) + \frac{dZ'}{db}(x+a)^2 + \ldots\right]db + \ldots$$
$$= [Y' + 2Z'(x+a) + \ldots]dx,$$

ensuite les différentielles de celles-ci en faisant varier x seule, etc.

Or il est visible qu'on satisfera à toutes ces équations, en général, en faisant

$$da = dx, \quad db = 0, \quad dc = 0, \ldots,$$

ce qui donnera

$$a = A + x, \quad \text{et} \quad b, c, \ldots \text{ constantes};$$

et ces valeurs substituées dans

$$y = X' + Y'a + Z'a^2 + \ldots$$

reproduiront la même expression de y trouvée d'abord.

8. Les équations différentielles des mouvements des Planètes, dans le système de la gravitation, sont du genre de celles dont nous venons de traiter; ainsi, par la variation des constantes arbitraires de leurs intégrales, on pourra faire disparaître de ces intégrales les arcs de cercle que la méthode ordinaire d'approximation y introduira. Or ces constantes arbitraires ne sont, comme on sait, que les éléments des orbites elliptiques; par conséquent on aura de cette manière la variation de ces éléments. Pour mettre dans ce calcul toute l'exactitude nécessaire, il faudra faire varier à la fois toutes les constantes arbitraires dont le nombre est double de celui des équations différentielles primitives, puisque celles-ci sont toutes du second ordre; et comme dans les expressions des coordonnées par le temps, la variable qui exprime le temps se trouve multipliée sous les signes de sinus et cosinus par un coefficient qui dépend de la distance moyenne, il faudra par conséquent faire varier aussi ce coefficient en faisant varier la distance moyenne; ce n'est que de cette manière qu'on pourra, par l'élimination des arcs de cercle, bien déterminer les variations séculaires de la distance moyenne, et s'assurer qu'elles doivent être nulles, comme nous l'avons trouvé par des principes directs et rigoureux. Nous nous bornerons ici à appliquer la méthode précédente à quelques autres équations.

DES ÉQUATIONS DU MOUVEMENT DES PLANÈTES.

9. Soit proposée l'équation différentielle

$$\frac{d^2y}{dx^2} - \frac{1}{y}\frac{dy^2}{dx^2} - \frac{i}{(1+iy)}\frac{dy^2}{dx^2} + 2iy(1+iy) = 0,$$

dans laquelle i est un coefficient fort petit.

En cherchant à l'intégrer par approximation suivant les méthodes ordinaires, on rejettera d'abord les termes affectés de i, et l'on aura

$$\frac{d^2y}{dx^2} - \frac{1}{y}\frac{dy^2}{dx^2} = 0,$$

dont l'intégrale complète est

$$y = ae^{bx},$$

a et b étant deux constantes arbitraires.

On fera maintenant

$$y = ae^{bx} + iy',$$

et, substituant, on aura après la division par i une équation du même ordre en y', pour laquelle il suffira de trouver une valeur satisfaisante de cette variable, puisque l'expression de y contient déjà les deux constantes arbitraires a et b.

En négligeant de nouveau les termes affectés de i on trouvera

$$y' = a^2 e^{2bx} - ae^{bx}x^2.$$

Faisant ensuite

$$y' = a^2 e^{2bx} - ae^{bx}x^2 + iy'',$$

et opérant de la même manière, on trouvera

$$y'' = a^3 e^{3bx} - 2a^2 e^{2bx}x^2 + \frac{ae^{bx}x^4}{2},$$

et ainsi de suite.

On aura donc pour la valeur de y la série

$$ae^{bx} + iy' + i^2 y'' + \ldots,$$

laquelle contient, comme on voit, l'arc de cercle x qui ne se trouve point dans l'équation différentielle.

504 RECTIFICATION DES MÉTHODES POUR L'INTÉGRATION

10. Pour le faire disparaître s'il est possible, on remarquera d'abord que, l'équation différentielle n'étant que du second ordre, il suffit d'avoir égard, dans l'intégrale, aux termes qui contiennent x et x^2. Et, comparant celle qu'on vient de trouver avec la formule générale du n° **1**, on aura

$$X = ae^{bx} + ia^2 e^{2bx} + i^2 a^3 e^{3bx} + \ldots, \quad Y = 0, \quad Z = -iae^{bx} - 2i^2 a^2 e^{2bx} - \ldots,$$

d'où l'on tire (**3**) ces deux équations de condition en a et b

$$(e^{bx} + 2iae^{2bx} + 3i^2 a^2 e^{3bx} + \ldots)da + (axe^{bx} + 2ia^2 x e^{2bx} + 3i^2 a^3 x e^{3bx} + \ldots)db = 0,$$

$$(e^{bx} + 4iae^{2bx} + 9i^2 a^2 e^{3bx} + \ldots)b\,da + (axe^{bx} + 4ia^2 x e^{2bx} + 9i^2 a^3 x e^{3bx} + \ldots)b\,db$$
$$+ (ae^{bx} + 2ia^2 e^{2bx} + 3i^2 a^3 e^{3bx} + \ldots)db = -2(iae^{bx} + 2i^2 a^2 e^{2bx} + \ldots)dx.$$

La première se réduit à

$$da + ax\,db = 0,$$

et la seconde devient par là

$$(ae^{bx} + 2i a^2 e^{2bx} + 3i^2 a^3 e^{3bx} + \ldots)db = -2i(ae^{bx} + 2ia^2 e^{2bx} + \ldots)dx,$$

laquelle donne évidemment

$$db = -2i\,dx,$$

d'où l'on tire, en intégrant,

$$b = B - 2ix.$$

Substituant dans la première valeur de db, on aura

$$\frac{da}{a} = 2ix\,dx,$$

et de là

$$a = Ae^{ix^2},$$

A et B étant les deux nouvelles constantes arbitraires.

L'intégrale sans arcs de cercle sera donc

$$y = X,$$

savoir, en mettant pour a et b les valeurs qu'on vient de trouver,

$$y = Ae^{Bx-ix^2} + iA^2 e^{2Bx-2ix^2} + i^2 A^3 e^{3Bx-3ix^2} + \ldots$$

En effet l'intégrale exacte de la proposée est

$$y = \frac{Ae^{Bx-ix^2}}{1 - iAe^{Bx-ix^2}}.$$

On voit donc que, si B a une valeur négative et i une valeur positive $< \frac{1}{A}$, la valeur de y sera toujours positive et $< \frac{A}{1-iA}$, tant que x sera positive, quoique la première intégrale avec des arcs de cercle eût pu d'abord faire croire que cette valeur ne serait point renfermée dans des bornes.

11. Lorsque l'équation différentielle contient elle-même des arcs de cercle, il semble que l'intégrale devrait en contenir nécessairement; il y a cependant des cas où cette conclusion serait fausse; ainsi il est important d'avoir aussi un moyen pour les faire disparaître des intégrales de ces sortes d'équations différentielles.

Il est évident que, si l'on a une équation différentielle d'un ordre quelconque n entre y et x, dans laquelle x entre sous la forme algébrique, on pourra toujours en déduire une équation de l'ordre $n+1$, qui ne contiendra aucune fonction algébrique de x; car il n'y aura qu'à éliminer l'x de ces fonctions, par le moyen de la proposée et de sa différentielle. Il n'y aura donc qu'à regarder cette équation de l'ordre $n+1$ comme l'équation donnée, et appliquer à son intégrale la méthode exposée.

Mais, sans chercher cette nouvelle équation, il suffira de considérer que, dans la différentielle de l'équation proposée, les fonctions algébriques de x ne peuvent venir que des fonctions de la même espèce qui se trouvent dans la proposée; car on suppose toujours que l'intégrale ne contient point de fonctions transcendantes de x qui puissent en donner d'algébriques par la différentiation (1); or, si la proposée contenait de pareilles fonctions, elles devraient aussi se rencontrer dans l'intégrale. Ainsi, en éliminant l'x des fonctions algébriques à l'aide de l'équation proposée et de sa différentielle, on aura le même résultat que si dans ces fonctions il y avait $x + h$ à la place de x, h étant une constante quelconque. D'où il s'ensuit que, si dans l'équation différentielle donnée de l'ordre n on change l'x des fonctions algébriques en $x + h$, on aura une équation qui sera l'intégrale complète de celle de l'ordre $n + 1$ sans fonctions algébriques, h étant la constante arbitraire. La valeur complète de y, qui satisfera à la proposée après la substitution dont il s'agit, sera donc aussi l'intégrale finie et complète de celle qui n'aurait contenu aucune fonction algébrique de x, les constantes arbitraires étant h, a, b, c,.... Ainsi le Problème rentre dans celui que nous avons résolu.

Il est clair au reste qu'on aurait également l'intégrale complète dont il s'agit en substituant immédiatement $x + h$ à la place de x dans les fonctions algébriques de l'intégrale de la proposée; mais on tomberait alors dans le cas dont nous avons parlé dans le n° 7, et qu'il faut éviter.

12. Lors donc que l'arc x entrera dans l'équation différentielle de x et y, et qu'on voudra éliminer cet arc de l'expression complète de y, il faudra commencer par substituer dans les fonctions algébriques de x de l'équation différentielle $x + h$ au lieu de x, h étant une constante arbitraire; ensuite on en cherchera l'intégrale à l'ordinaire, ayant soin de faire en sorte que la constante h entre aussi dans les fonctions transcendantes qui multiplient les puissances de x; on opérera enfin sur cette intégrale par la règle du n° 4, en faisant varier toutes les constantes arbitraires h, a, b, c,... et supposant que l'équation différentielle qui y répond soit d'un ordre plus élevé d'une unité que la proposée.

Si l'on avait deux ou plusieurs équations différentielles en x, y, z,..., lesquelles continssent aussi l'arc x sous la forme algébrique, on substituerait pareillement $x + h$ à la place de x dans les fonctions algébriques, et l'on traiterait les intégrales par la même méthode, en supposant seu-

DES ÉQUATIONS DU MOUVEMENT DES PLANÈTES.

lement qu'une des équations différentielles soit d'un ordre plus élevé d'une unité qu'elle n'est sous la forme donnée. Car il est visible qu'on pourrait toujours éliminer des équations proposées les fonctions algébriques de x par le moyen de la différentielle d'une quelconque de ces équations, et que l'élimination aura lieu également, en y changeant x en $x + h$.

Cette méthode sera utile dans la Théorie des Planètes pour déterminer les variations de leurs éléments en ayant égard à l'action d'un milieu peu résistant.

13. Pour en montrer l'usage par un exemple très-simple, soient les deux équations

$$\frac{dy}{dx} = (1 + 2ix)z, \quad \frac{dz}{dx} = -(1 + 2ix)y,$$

dont on sait que les intégrales exactes et complètes sont de la forme

$$y = A\sin(x + ix^2 + \alpha), \quad z = A\cos(x + ix^2 + \alpha).$$

Si on les intègre par approximation, en regardant i comme un coefficient très-petit, et négligeant d'abord les termes affectés de i, on trouvera que les intégrales contiendront des puissances de x. Pour pouvoir donc faire disparaître ces fonctions algébriques, on commencera par substituer $x + h$ au lieu de x, et faisant, pour abréger,

$$1 + 2ih = m,$$

on aura ces transformées

$$\frac{dy}{dx} = mz + 2ixz, \quad \frac{dz}{dx} = -my + 2ixy.$$

En intégrant d'abord celles-ci

$$\frac{dy}{dx} = mz, \quad \frac{dz}{dx} = -my,$$

on trouve

$$y = a\sin mx + b\cos mx, \quad z = a\cos mx - b\sin mx.$$

Faisant ensuite

$$y = a\sin mx + b\cos mx + iy', \quad z = a\cos mx - b\sin mx + iz',$$

on trouvera, aux quantités de l'ordre de i près,

$$y' = x^2(a\cos mx - b\sin mx), \quad z' = -x^2(a\sin mx + b\cos mx),$$

et ainsi de suite.

Pour éliminer de ces expressions de y et z les arcs x, on fera varier les trois constantes a, b, h, en regardant l'une des deux équations différentielles comme du second ordre. On aura donc d'abord pour l'expression de y, comparée avec celle du n° 4,

$$X = a\sin mx + b\cos mx, \quad Y = 0, \quad Z = i(a\cos mx - b\sin mx),$$

et, supposant l'équation en y du second ordre, on aura, par les formules du même numéro, ces deux équations de condition, dans lesquelles $dm = 2i\,dh$,

$$\sin mx\,da + \cos mx\,db + 2ix(a\cos mx - b\sin mx)\,dh = 0,$$
$$m\cos mx\,da - m\sin mx\,db - 2imx(a\sin mx + b\cos mx)\,dh$$
$$+ 2i(a\cos mx - b\sin mx)\,dh = 2i(a\cos mx - b\sin mx)\,dx.$$

Ensuite l'expression de z comparée avec la même formule du n° 4 donnera

$$X = a\cos mx - b\sin mx, \quad Y = 0, \quad Z = -i(a\sin mx + b\cos mx),$$

d'où l'on tire l'équation de condition

$$\cos mx\,da - \sin mx\,db - 2ix(a\sin mx + b\cos mx)\,dh = 0.$$

Cette équation comparée à la seconde des deux précédentes la réduit à

$$2i(a\cos mx - b\sin mx)\,dh = 2i(a\cos mx - b\sin mx)\,dx,$$

savoir

$$dh = dx.$$

Et la même équation étant ajoutée à la première, ou retranchée après les avoir multipliées respectivement par $\sin mx$, $\cos mx$, ou réciproquement, il viendra ces deux-ci

$$da - 2ixb\,dh = 0, \quad db + 2ixa\,dh = 0.$$

Donc, en intégrant, on aura

$$h = H + x, \quad a = B\sin(ix^2 + \beta), \quad b = B\cos(ix^2 + \beta),$$

H, B, β étant des constantes arbitraires.

Ces valeurs étant substituées dans les expressions de y et z sans arcs de cercle, savoir

$$y = a\sin[(1 + 2ih)x] + b\cos[(1 + 2ih)x],$$
$$z = a\cos[(1 + 2ih)x] - b\sin[(1 + 2ih)x],$$

les transforment en celles-ci

$$y = B\cos[(1 + 2iH)x + ix^2 - \beta], \quad z = -B\sin[(1 + 2iH)x + ix^2 - \beta].$$

Il y a ici une constante arbitraire de plus qu'il ne faut; pour la déterminer, il suffit de substituer ces valeurs de y et z dans une des deux équations différentielles. Cette substitution donnera

$$1 + 2iH + 2ix = 1 + 2ix;$$

donc

$$H = 0.$$

Par conséquent les vraies valeurs seront

$$y = B\cos(x + ix^2 - \beta), \quad z = -B\sin(x + ix^2 - \beta),$$

lesquelles s'accordent avec les intégrales exactes données ci-dessus, en faisant

$$B = A, \quad \beta = 90° - \alpha.$$

On pourrait être surpris que des intégrales simplement approchées aient donné des intégrales rigoureuses par l'élimination des arcs de cercle; la raison en est qu'en continuant l'approximation, on n'aurait trouvé que des termes multipliés par x^4, x^6,..., qui n'auraient par conséquent rien ajouté aux résultats précédents (4).

14. Non-seulement on peut, par la variation des constantes arbitraires, faire disparaître l'arc dans les fonctions algébriques de l'intégrale, comme on vient de le voir; on peut aussi par ce moyen substituer au même arc une quantité quelconque à volonté; pour cela il n'y a qu'à donner aux principes de la méthode précédente toute l'étendue dont ils sont susceptibles.

Soit une équation différentielle entre les variables y et x, dont l'une x ne s'y trouve point sous la forme algébrique; et soit

$$U = 0$$

son intégrale complète et finie ou seulement d'un ordre inférieur de n unités à celui de l'équation différentielle, en sorte que le nombre des constantes arbitraires a, b, c,... soit aussi n; enfin supposons que cette intégrale ne contienne x que sous la forme algébrique, et sous celle de sinus, cosinus et exponentielles, de manière que par rapport à ces fonctions transcendantes elle soit assujettie aux mêmes conditions que la formule du n° 1.

On sait que l'équation différentielle dont $U = 0$ est l'intégrale complète ne peut être autre chose que le résultat de l'élimination des n constantes arbitraires a, b, c,... par le moyen des $n+1$ équations

$$U = 0, \quad dU = 0, \quad d^2U = 0,\ldots, \quad d^nU = 0.$$

Or, puisque les fonctions algébriques de x qui entrent dans U et dans ses différences ne se trouvent plus dans l'équation différentielle, elles doivent disparaître d'elles-mêmes dans cette élimination. Par conséquent elles disparaîtront aussi si l'on y met $x + \xi$ à la place de x, ξ étant une quantité quelconque. Donc l'intégrale $U = 0$ satisfera également à l'équation différentielle proposée, en augmentant la variable x des fonctions algébriques de cette intégrale d'une quantité indéterminée ξ, pourvu que les équations $dU = 0$, $d^2U = 0$,..., $d^nU = 0$ subsistent aussi en y faisant la même substitution. Or c'est ce qu'on peut obtenir par la variation des n constantes arbitraires $a, b, c, \ldots$.

15. Dénotons, en général, par la caractéristique δ les différences prises en faisant varier seulement ces constantes ainsi que l'indéterminée ξ, tandis que la caractéristique ordinaire d représentera les différences relatives aux variables y et x. Il est clair que l'équation

$$U = 0,$$

après la substitution de $x + \xi$ à la place de x dans les fonctions algébriques, donnera par une différentiation complète

$$dU + \delta U = 0.$$

Or, puisque par l'hypothèse les fonctions transcendantes de x qui se trouvent dans U ne peuvent donner de fonctions algébriques dans la différentiation, il s'ensuit qu'on doit avoir le même résultat, soit qu'on substitue d'abord, dans les fonctions algébriques de x qui entrent dans U, $x + \xi$ à la place de x, et qu'on différentie ensuite par rapport à x et y, soit qu'on différentie d'abord par rapport à ces variables, et qu'on substitue, dans la différence dU, $x + \xi$ à la place des x algébriques. Donc il faudra que l'équation précédente

$$dU + \delta U = 0$$

se réduise à celle-ci

$$dU = 0,$$

et par conséquent que l'on ait en même temps

$$\delta U = 0.$$

De même la différentiation complète de l'équation

$$dU = 0$$

donnera celle-ci

$$d\,dU + \delta\,dU = 0,$$

laquelle devra se réduire à
$$d^2 U = 0;$$
de sorte qu'il faudra que l'on ait en même temps
$$\delta dU = 0.$$

En continuant ce raisonnement pour les différences des ordres suivants jusqu'au $n^{ième}$, on trouvera de la même manière les équations
$$\delta d^2 U = 0, \quad \delta d^3 U = 0, \ldots, \quad \delta d^{n-1} U = 0.$$

Or on sait par la *Théorie des variations* que δdU est la même chose que $d\delta U$, que $\delta d^2 U$ est la même chose que $d^2 \delta U$, et ainsi de suite, puisque les caractéristiques d et δ se rapportent à des variables indépendantes entre elles.

Donc les équations de condition pour que l'intégrale $U = 0$ satisfasse encore à l'équation différentielle proposée, après la substitution de $x + \xi$ à la place de x dans les fonctions algébriques de cette intégrale, seront
$$\delta U = 0, \quad d\delta U = 0, \quad d^2 \delta U = 0, \ldots, \quad d^{n-1} \delta U = 0;$$

et comme le nombre de ces équations est n, et par conséquent égal à celui des constantes arbitraires $a, b, c, \ldots$ devenues maintenant variables, on y pourra satisfaire par la détermination de ces variables; et la quantité ξ demeurera par conséquent indéterminée, et pourra être supposée tout ce qu'on voudra.

16. En supposant
$$U = X + Y.x + \ldots - y,$$

comme dans le n° 4, et faisant après toutes les différentiations
$$\xi = -x,$$

on aura les mêmes résultats que dans ce numéro.

En général, si l'on fait

$$\xi = -x + \psi,$$

et que ψ ne contienne que des sinus et cosinus, l'arc de cercle x disparaîtra toujours, quelle que soit la fonction ψ; et l'introduction de cette indéterminée pourra quelquefois faciliter l'intégration des équations en $a, b, c, \ldots$.

17. Il est visible au reste que cette méthode s'applique, en général, à autant d'équations intégrales qu'on voudra; chacune de ces équations telle que $U = o$ donnera, après la substitution de $x + \xi$ à la place de x dans les fonctions algébriques, les équations de condition $\delta U = o$, $d\delta U = o, \ldots$, en continuant les différentiations de δU jusqu'à ce que les plus hautes différences des autres variables $y, z, \ldots$ y soient d'un ordre immédiatement inférieur à celui dont elles sont dans les équations différentielles. Le nombre de ces équations sera ainsi égal à celui de toutes les constantes arbitraires, et la quantité ξ demeurera toujours indéterminée.

Enfin, si les équations différentielles contenaient aussi x sous la forme algébrique, on prouverait également par les principes exposés dans le n° 11 qu'il n'y aurait qu'à substituer $x + h$ au lieu de x dans les fonctions algébriques de ces équations, en regardant une des intégrales comme due à une équation différentielle d'un ordre plus élevé d'une unité que n'est celle qui répond directement à cette intégrale, et faire varier ensuite la constante h en même temps que les autres constantes arbitraires introduites par les intégrations.

18. Nous avons supposé jusqu'ici que les fonctions transcendantes de x dans les intégrales sont telles que leurs différentielles ne contiennent jamais cette variable sous la forme algébrique; c'est ce qui a toujours lieu lorsque ces fonctions ne renferment que des sinus, des cosinus et des exponentielles d'arcs proportionnels à x. Mais, si la variable x se trouvait sous ces mêmes signes élevée à d'autres puissances que la première, ou si des logarithmes de cette variable entraient aussi dans les fonctions dont il s'agit, il est clair que la même variable se trouverait sous la forme algébrique dans les différentielles de ces fonctions; par conséquent on ne pourrait plus supposer, en général, comme nous l'avons fait, que les valeurs des différentielles sont les mêmes, soit que la substitution de $x+\xi$ au lieu de x dans les fonctions algébriques se fasse avant ou après la différentiation. Il faudrait donc alors avoir égard dans l'analyse du n° 15 à la différence de ces valeurs; ce qui ne sera pas difficile d'après les principes que nous avons exposés.

SUR UNE

MÉTHODE PARTICULIÈRE D'APPROXIMATION

ET

D'INTERPOLATION.

SUR UNE

MÉTHODE PARTICULIÈRE D'APPROXIMATION

ET

D'INTERPOLATION.

(*Nouveaux Mémoires de l'Académie royale des Sciences et Belles-Lettres de Berlin*, année 1783.)

Lorsque l'inconnue qu'on cherche est donnée par une équation d'une forme déterminée, on peut toujours la trouver, soit rigoureusement, soit par différentes méthodes d'approximation. Mais il peut arriver que la forme de l'équation soit elle-même indéterminée; en ce cas aucune des méthodes connues ne peut servir; c'est pourquoi je me flatte que les Géomètres me sauront quelque gré de leur en communiquer une qui a l'avantage de pouvoir être pratiquée, non-seulement en employant des opérations analytiques, mais aussi à l'aide de simples opérations mécaniques, et qui renferme d'ailleurs une méthode d'interpolation applicable à un grand nombre de questions.

1. Soit $\varphi(x)$ une fonction inconnue de x, pour la détermination de laquelle on ait une équation quelconque entre $\varphi(x)$ et $\varphi(X)$, en supposant X donnée en x d'une manière quelconque. On suppose que pour une valeur donnée de x on connaisse celle de $\varphi(x)$, et l'on demande la valeur de $\varphi(x)$ correspondante à une autre valeur donnée de x.

2. Soit
$$\varphi(x) = y, \quad \varphi(X) = Y;$$
on aura donc une équation entre x et X, et une autre entre y et Y; et l'on pourra représenter ces équations par deux courbes, dans l'une desquelles x sera l'abscisse, X l'ordonnée, et dans l'autre y sera l'abscisse et Y l'ordonnée.

3. Si l'on fait $X = x$, il est clair qu'on aura aussi $Y = y$; alors l'équation entre x et X se changera en une équation en x seul, par laquelle on déterminera x; et de même l'équation entre y et Y se réduira en une équation en y seul, laquelle servira à déterminer y. Nous dénoterons par α et β les valeurs de x et y trouvées par ces deux équations.

4. Si la relation entre x et X, au lieu d'être donnée par une équation algébrique, était simplement représentée par une courbe dont x et X fussent les deux coordonnées, alors, pour avoir la valeur de α, il faudra chercher mécaniquement le point de la courbe dont l'abscisse et l'ordonnée seront égales. On trouvera de même la valeur de β dans la courbe dont y et Y seront les coordonnées.

5. Donc, puisque $x = \alpha$ donne $y = \beta$, il s'ensuit que $x = \alpha + \xi$ (en supposant ξ une quantité assez petite) donnera
$$y = \beta + \gamma \xi + \delta \xi^2 + \ldots;$$
et, prenant ξ assez petite pour que $\xi^2, \xi^3, \ldots$ puissent être négligées, on aura simplement
$$y = \beta + \gamma \xi.$$
Ainsi, pour
$$x = \alpha + \xi,$$
on aura
$$y = \beta + \gamma \xi,$$
en supposant ξ si petite que les puissances $\xi^2, \xi^3, \ldots$ puissent être censées nulles, eu égard au degré de précision auquel on veut porter le calcul. Mais il faudra déterminer le coefficient γ; et pour cela il est nécessaire

de supposer connue une valeur de y correspondante à une valeur quelconque donnée de x. Voici donc comment on parviendra à cette détermination.

6. Soient a et b les valeurs connues et données de x et y, en sorte que donne
$$x = a$$
$$y = b.$$

Qu'on cherche la valeur de X répondante à $x = a$, et qu'on la désigne par A; qu'on fasse ensuite
$$x = A$$
et qu'on cherche la valeur correspondante de X, laquelle soit A'; qu'on fasse de nouveau
$$x = A'$$
et qu'on désigne par A'' la valeur correspondante de X; qu'on continue à faire
$$x = A'',$$
et ainsi de suite.

Qu'on fasse les mêmes opérations par rapport à y et Y; c'est-à-dire que $y = b$ donne
$$Y = B,$$
qu'ensuite $y = B$ donne
$$Y = B',$$
que de plus $y = B'$ donne
$$Y = B'',$$
et ainsi de suite.

On aura de cette manière deux suites correspondantes
$$a,\ A,\ A',\ A'',\ A''',\ldots,$$
$$b,\ B,\ B',\ B'',\ B''',\ldots,$$

telles que, si x est supposé égal à un terme quelconque de la première, le terme correspondant de la seconde sera la valeur correspondante de y.

7. Or je remarque que, si les termes de la série

$$a, \text{A}, \text{A}', \text{A}'', \text{A}''', \ldots$$

approchent peu à peu de l'égalité, ils doivent approcher en même temps de la quantité α trouvée ci-dessus (3); car, puisque α est la valeur de x qui rend $X = x$, il s'ensuit que si par exemple $\text{A}' = \alpha$ on aura aussi $\text{A}'' = \alpha$, par conséquent $\text{A}' = \text{A}''$ et *vice versâ*.

Et comme, lorsque $x = X = \alpha$, on a aussi $y = Y = \beta$, il s'ensuit encore que les termes de la série

$$b, \text{B}, \text{B}', \text{B}'', \ldots$$

approcheront aussi en même temps de l'égalité et de la quantité β.

En poussant donc les deux séries assez loin pour qu'on parvienne à des termes $\text{A}''''^{\cdots}$, $\text{B}''''^{\cdots}$ peu différents de α et de β, on pourra supposer (5)

$$\text{A}''''^{\cdots} = \alpha + \xi, \quad \text{B}''''^{\cdots} = \beta + \gamma \xi.$$

De là on aura

$$\xi = \text{A}''''^{\cdots} - \alpha, \quad \text{B}''''^{\cdots} = \beta + \gamma(\text{A}''''^{\cdots} - \alpha);$$

d'où l'on tire

$$\gamma = \frac{\text{B}''''^{\cdots} - \beta}{\text{A}''''^{\cdots} - \alpha}.$$

Ainsi l'on connaîtra la valeur du coefficient γ.

8. Si la série

$$a, \text{A}, \text{A}', \text{A}'', \ldots$$

était divergente, alors elle serait convergente de l'autre côté; il faudrait donc continuer cette série en sens contraire suivant la même loi, c'est-à-dire en sorte que chaque terme soit une fonction de celui qui le précédera à gauche, telle que X l'est de x.

Ainsi l'on fera dans ce cas

$$X = a,$$

et l'on cherchera la valeur de x qui en résulte et qu'on nommera a'; on fera ensuite

$$X = a',$$

et l'on cherchera la valeur résultante de x, qu'on nommera a'', et ainsi de suite. On fera de même

$$Y = b, \quad y = b',$$

ensuite

$$Y = b', \quad y = b'',$$

et ainsi du reste.

On aura ainsi les deux séries

$$a,\ a',\ a'',\ a''',\ldots,$$
$$b,\ b',\ b'',\ b''',\ldots,$$

qui seront convergentes vers les quantités α et β, et serviront par conséquent à déterminer la valeur de γ, en faisant

$$a''''^{\cdots} = \alpha + \xi \quad \text{et} \quad b''''^{\cdots} = \beta + \gamma\xi;$$

d'où

$$\gamma = \frac{b''''^{\cdots} - \beta}{a''''^{\cdots} - \alpha}.$$

9. Au reste, lorsque les relations entre x et X, et entre y et Y, sont données algébriquement, on pourra trouver les valeurs arithmétiques des termes des séries proposées aussi exactement qu'on voudra par les règles connues. Mais, si ces relations ne sont représentées que par des courbes, il faudra alors chercher mécaniquement les termes dont il s'agit, en prenant les ordonnées correspondantes aux abscisses données, ou les abscisses correspondantes aux ordonnées données; opération qui n'a aucune difficulté lorsque les courbes sont tracées avec exactitude.

10. Cela posé, qu'on cherche maintenant la valeur de y correspondante à une valeur quelconque donnée de x.

Soit m la valeur donnée de x; qu'on fasse

$$x = m,$$

et qu'on cherche la valeur correspondante de X qu'on nommera M; qu'on fasse ensuite

$$x = M,$$

et que M′ soit la valeur correspondante de X; qu'on fasse encore

$$x = \text{M}',$$

et que M″ soit la valeur de X, et ainsi de suite.

On aura de cette manière la série

$$m, \text{ M}, \text{ M}', \text{ M}'', \ldots,$$

laquelle, si elle tend vers l'égalité, sera nécessairement convergente vers la quantité α par la même raison que nous avons vue plus haut (7). On parviendra donc dans ce cas à un terme tel que M‴⋯, lequel sera peu différent de α; en sorte qu'on pourra faire

$$\text{M}'''^{\cdots} = \alpha + \xi;$$

et alors, ce terme étant pris pour x, la valeur correspondante de y sera $\beta + \gamma\xi$ (5). Ainsi lorsque M‴⋯ sera presque égal à α, on aura, pour $x = \text{M}'''^{\cdots}$,

$$y = \beta + \gamma(\text{M}'''^{\cdots} - \alpha).$$

Supposons que n soit la valeur cherchée de y correspondante à $x = m$, que de même N soit la valeur qui en résulte pour Y, et que

donne
$$y = \text{N}$$
$$\text{Y} = \text{N}',$$

qu'ensuite
$$y = \text{N}'$$

donne
$$\text{Y} = \text{N}'',$$

et ainsi de suite. Il est clair que les termes de la série

$$n, \text{ N}, \text{ N}', \text{ N}'', \ldots$$

seront les valeurs de y répondantes aux valeurs

$$m, \text{ M}, \text{ M}', \text{ M}'', \ldots$$

de x. Donc aussi $\mathrm{N}''''\cdots$ sera la valeur de y qui répond à $x = \mathrm{M}''''\cdots$; par conséquent on aura

$$\mathrm{N}''''\cdots = \beta + \gamma(\mathrm{M}''''\cdots - \alpha).$$

Cette valeur de $\mathrm{N}''''\cdots$ sera donc connue, et de là, en remontant par des opérations contraires, on trouvera tous les termes précédents de la série

$$n,\ \mathrm{N},\ \mathrm{N}',\ \mathrm{N}'',\ \ldots,\ \mathrm{N}''''\cdots;$$

et l'on parviendra ainsi à la valeur cherchée n.

11. Si la série

$$m,\ \mathrm{M},\ \mathrm{M}',\ \mathrm{M}'',\ldots$$

ne tend pas vers l'égalité, et par conséquent ne converge pas vers la valeur de α, il faudra alors la continuer en sens contraire, c'est-à-dire former la série

$$m,\ m',\ m'',\ \ldots,$$

en faisant, comme dans le n° 8 ci-dessus,

$$\mathrm{X} = m,$$

et de là

$$x = m',$$

ensuite

$$\mathrm{X} = m',$$

et de là

$$x = m'',$$

et ainsi de suite. La série

$$m,\ m',\ m'',\ldots$$

étant convergente vers α, on la poussera jusqu'à un terme $m''''\cdots$ peu différent de α, et, faisant

$$x = m''''\cdots = \alpha + \xi,$$

on aura

$$y = \beta + \gamma\xi = \beta + \gamma(m''''\cdots - \alpha);$$

c'est le terme correspondant dans la série

$$n,\ n',\ n'',\ \ldots,\ n''''\cdots$$

formée suivant cette loi, que
$$Y = n$$
donne
$$y = n',$$
ensuite
$$Y = n'$$
donne
$$y = n'',$$

et ainsi de suite. Ainsi, en remontant de ce terme connu vers le précédent, on trouvera la valeur cherchée de m.

12. Nous avons supposé que l'équation donnée entre $\varphi(x)$ et $\varphi(X)$, c'est-à-dire entre y et Y (2), était indépendante de x; mais il n'est pas difficile de voir que la même méthode peut servir également lorsque cette équation contiendra aussi x d'une manière quelconque : seulement on ne pourra pas dans ce cas représenter la relation entre y et Y par une courbe; mais il faudra nécessairement que cette relation soit exprimée algébriquement. Il ne s'agira alors que de substituer, à chaque opération, dans l'équation entre x, y et Y, la valeur de x déjà trouvée dans l'opération correspondante et relative à x; ainsi, après avoir trouvé la valeur α de x, laquelle rend $x = X$, on mettra cette valeur pour x dans l'équation en y et Y, et, faisant $y = Y$, on en tirera la valeur β de y; et ainsi du reste.

Enfin il pourrait arriver que γ se trouvât $= 0$; alors pour
$$x = \alpha + \xi$$
on aurait (5)
$$y = \beta + \delta \xi^2,$$

et le Problème serait toujours résoluble par les mêmes principes.

13. La méthode que nous venons d'exposer n'est autre chose dans le fond qu'une généralisation de celle qui a été employée par Briggs dans la construction de sa *Table des logarithmes*. (*Voyez* son Ouvrage intitulé : *Arithmetica logarithmica*.) Cette méthode de Briggs est peu connue, et

dans la foule des Auteurs qui, dans ce siècle-ci, ont traité des logarithmes, il n'y en a peut-être pas un qui en ait fait usage, ou même mention; ils ont presque tous suivi la méthode indirecte et de tâtonnement, qui est à la vérité préférable lorsqu'il s'agit de construire des Tables; mais celle de Briggs a l'avantage d'être tout à fait directe et de donner immédiatement le logarithme de chaque nombre sans le faire dépendre d'aucun autre logarithme. Comme elle est applicable à plusieurs questions qui pourraient échapper aux méthodes connues, j'ai cru devoir en enrichir l'Analyse, en la généralisant et la présentant, ainsi que je viens de le faire, avec toute l'étendue dont elle est susceptible.

Application aux logarithmes.

14. Pour donner un exemple de cette méthode, nous choisirons la question même des logarithmes, comme renfermant l'application la plus simple qu'on en puisse faire; et nous partirons aussi de la propriété la plus simple des logarithmes, celle que le logarithme d'un carré est égal au double du logarithme de sa racine.

On aura donc dans ce cas (1)

$$\varphi(x) = \log x,$$

et, comme la propriété donnée consiste en ce que

$$\log x^2 = 2 \log x,$$

l'équation entre $\varphi(x)$ et $\varphi(X)$ sera

$$\varphi(x^2) = 2\varphi(x),$$

donc
$$X = x^2;$$

et, faisant (2)
$$\varphi(x) = y, \quad \varphi(X) = Y,$$

on aura
$$Y = 2y.$$

Ainsi le lieu de l'équation entre x et X est une parabole, et celui de l'équation entre y et Y est une simple ligne droite.

Faisant maintenant $X = x$, on a

$$x = x^2, \quad \text{donc} \quad x = 1 = \alpha;$$

et, faisant $Y = y$, on a (3)

$$y = 2y, \quad \text{donc} \quad y = 0 = \beta.$$

15. A l'égard des valeurs de x et y qu'on doit supposer connues et que nous avons désignées par a et b (6), elles dépendent du système de logarithmes qu'on veut adopter. Dans celui de Briggs, qui est le système reçu généralement, on fait $\log 10 = 1$; donc $x = 10$ donne $y = 1$; par conséquent

$$a = 10, \quad b = 1.$$

Ainsi la série

$$a, \ A, \ A', \ A'', \ldots$$

deviendra

$$10, \ 10^2, \ 10^4, \ 10^8, \ldots,$$

et la série correspondante

$$b, \ B, \ B', \ B'', \ldots$$

sera

$$1, \ 2, \ 4, \ 8, \ldots.$$

Et réciproquement la série

$$a, \ a', \ a'', \ a''', \ldots$$

sera

$$10, \ \sqrt{10}, \ \sqrt[4]{10}, \ \sqrt[8]{10}, \ldots,$$

et la correspondante

$$b, \ b', \ b'', \ b''', \ldots$$

sera

$$1, \ \frac{1}{2}, \ \frac{1}{4}, \ \frac{1}{8}, \ldots.$$

On voit ici que la série

$$a, \ A, \ A', \ A'', \ldots$$

est divergente, mais qu'au contraire la série

$$a, a', a'', a''', \ldots$$

est convergente et approche de plus en plus de la valeur de $\alpha = 1$. Ainsi il faudra employer cette dernière série pour trouver la valeur de γ (8).

16. On extraira donc la racine carrée de 10, ensuite la racine carrée de cette racine, et puis la racine carrée de celle-ci, et ainsi de suite jusqu'à ce qu'on parvienne à une racine très-peu différente de l'unité. On formera ensuite les termes correspondants de la série

$$\frac{1}{2}, \frac{1}{4}, \frac{1}{8}, \ldots$$

par une continuelle bissection de l'unité. On poussera ces séries jusqu'aux termes $a''''^{\cdots}$ et $b''''^{\cdots}$ tels que $a''''^{\cdots} - 1$ et $b''''^{\cdots}$ soient des fractions assez petites pour que leurs carrés soient comme nuls. Ainsi, en employant le calcul décimal, si l'on a fixé le nombre des décimales auquel on veut porter la précision, il faudra que les quantités dont il s'agit se trouvent exprimées par des nombres qui aient avant les chiffres ou notes significatives autant de zéros qu'il y aura de ces chiffres, afin que les carrés de ces nombres tombent hors des limites fixées.

Briggs, ayant employé 32 décimales, a poussé le nombre des extractions successives jusqu'à 54, et il a eu pour dernière racine le nombre

$$1,00000\ 00000\ 00000\ 12781\ 91493\ 20032\ 35,$$

c'est le terme a^{LIV} de notre série $a', a'', a''', \ldots$

Il a trouvé ensuite par 54 bissections continuelles de l'unité le nombre

$$0,00000\ 00000\ 00000\ 05551\ 11512\ 31257\ 827,$$

qui est par conséquent le terme b^{LIV} de la série $b', b'', b''', \ldots$

Ainsi, puisque
$$\alpha = 1, \quad \beta = 0,$$
on aura
$$\gamma = \frac{b^{\text{LIV}}}{a^{\text{LIV}} - 1},$$

savoir
$$\gamma = \frac{0{,}5551\,11512\,31257\,827}{1{,}2781\,91493\,20032\,35},$$

ce qui se réduit à
$$\gamma = 0{,}4342\,94481\,90325\,18.$$

17. Cette valeur de γ étant ainsi trouvée servira pour déterminer les logarithmes de tous les nombres. Car, si le nombre donné dont on cherche le logarithme est m, il n'y aura qu'à former la série $m, m', m'', \ldots$ par de semblables extractions de la racine carrée, en sorte que

$$m' = \sqrt{m}, \quad m'' = \sqrt{\sqrt{m}}, \ldots,$$

et, dès qu'on sera parvenu ainsi à une racine ou terme $m''''\cdots$ qui aura avant les notes décimales significatives autant de zéros qu'on veut avoir de ces notes significatives, on aura sur-le-champ le terme correspondant $n''''\cdots$ de la série

$$n, n', n'', \ldots$$

des logarithmes par la formule (11)

$$n''''\cdots = \beta + \gamma(m''''\cdots - \alpha).$$

Or les termes de cette dernière série sont formés comme ceux de la série

$$b, b', b'', \ldots$$

par une bissection continuelle du premier terme n; en sorte que, nommant λ l'exposant du terme $n''''\cdots$, on aura

$$n''''\cdots = \frac{n}{2^\lambda},$$

et par conséquent
$$n = 2^\lambda \times n''''\cdots.$$

Donc, puisque
$$\beta = 0, \quad \alpha = 1,$$

on aura
$$n = 2^\lambda \times \gamma(m''''\cdots - 1).$$

Ce sera le logarithme du nombre m.

18. Briggs a déterminé ainsi les logarithmes de 2, de 3 et de plusieurs nombres premiers; mais, pour faciliter le calcul des extractions des racines carrées, au lieu d'opérer sur le nombre 2, il opère sur la 10e puissance de 2 qui est 1024, et qui étant divisée par 1000 donne le nombre 1,024, dont l'extraction des racines carrées est beaucoup plus facile. Prenant donc 1,024 pour le nombre proposé, il trouve par 47 extractions successives le nombre

$$1,00000\ 00000\ 00000\ 16851\ 60570\ 53949\ 77,$$

qui a les conditions demandées; ainsi, mettant ce nombre à la place de $m^{''''\cdots}$ dans la formule précédente et faisant $\lambda = 47$, on a, pour le logarithme n du nombre $m = 1,024$,

$$n = 2^{47} \times 0,00000\ 00000\ 00000\ 16851\ 60570\ 53949\ 77\gamma,$$

c'est-à-dire en substituant la valeur de γ trouvée ci-dessus (16)

$$n = 2^{47} \times 0,00000\ 00000\ 00000\ 07318\ 55936\ 90623\ 9368;$$

et de là on aura enfin

$$n = 0,01029\ 99566\ 39811\ 95265 = \log 1,024.$$

Ajoutant maintenant à ce logarithme celui de 1000 qui est 3, on aura

$$3,01029\ 99566\ 39811\ 95265 = \log 1024 = \log 2^{10} = 10 \log 2;$$

donc, divisant par 10, on aura

$$\log 2 = 0,30102\ 99956\ 63981\ 19526.$$

19. Nous avons vu que la valeur du coefficient constant γ dépend du système de logarithmes qu'on veut employer, c'est-à-dire du logarithme qu'on veut assigner à un nombre donné (**15**); il peut donc y avoir tel système de logarithmes dans lequel la valeur de γ sera l'unité; et il est clair que ce système sera le plus simple, du moins par rapport à la recherche des logarithmes par la méthode présente. Dans ce système donc le logarithme $n''''\cdots$ d'un nombre $m''''\cdots$, très-peu différent de l'unité, sera simplement $m''''\cdots - 1$ (**17**), c'est-à-dire qu'on aura

$$\log(1 + \xi) = \xi,$$

lorsque ξ est une quantité infiniment petite. C'est la propriété connue des logarithmes hyperboliques. Et de là on voit en même temps comment ces sortes de logarithmes, qu'on appelle aussi *naturels*, ont pu se présenter les premiers à leur inventeur Neper, quoique d'ailleurs notre système décimal paraisse indiquer naturellement les logarithmes tabulaires ou de Briggs, dans lesquels l'unité est le logarithme de 10.

Ainsi, dans les formules du n° **16**, $a^{\text{LIV}} - 1$ sera le logarithme hyperbolique de a^{LIV}, et si l'on nomme h le logarithme hyperbolique de a ou de 10, le terme h^{LIV} de la série

$$h, h', h'', \ldots$$

des logarithmes correspondants aux nombres

$$a, a', a'', \ldots$$

sera évidemment $b^{\text{LIV}} h$, puisque ces termes procèdent par une bissection continuelle. On aura donc

$$b^{\text{LIV}} h = a^{\text{LIV}} - 1,$$

et de là

$$h = \frac{a^{\text{LIV}} - 1}{b^{\text{LIV}}} = \frac{1}{\gamma};$$

de sorte que le nombre réciproque du nombre γ du système tabulaire sera le logarithme hyperbolique de 10; et l'on aura par ce moyen

$$\log \text{hyp } 10 = 2,30258\,50929\,94045.$$

20. Au reste cette méthode de trouver les logarithmes peut être facilement traduite en formule au moyen du Théorème de Newton pour la formation des puissances des binômes. Car, suivant le n° **17**, on a

$$n = \log m = 2^{\lambda} \times \gamma \left(\sqrt[2^{\lambda}]{m} - 1 \right),$$

lorsque 2^λ est un très-grand nombre. Donc, si l'on fait

$$\frac{1}{2^\lambda} = i,$$

en sorte que i soit une fraction fort petite, on aura

$$\log m = \frac{\gamma(m^i - 1)}{i}.$$

Soit

$$m = 1 + z;$$

on aura par le Théorème cité

$$m^i = 1 + iz + \frac{i(i-1)}{2} z^2 + \frac{i(i-1)(i-2)}{2.3} z^3 + \ldots,$$

et lorsque i est un nombre très-petit, on a, en rejetant les termes affectés de i^2, i^3,...,

$$m^i = 1 + i\left(z - \frac{z^2}{2} + \frac{z^3}{3} - \ldots\right);$$

donc

$$\log(1+z) = \gamma\left(z - \frac{z^2}{2} + \frac{z^3}{3} - \ldots\right);$$

et si l'on fait $\gamma = 1$, on a

$$\log \text{hyp}(1+z) = z - \frac{z^2}{2} + \frac{z^3}{3} - \ldots,$$

comme on le trouve par le Calcul intégral.

21. Réciproquement donc, puisque

$$\log m = \frac{\gamma(m^i - 1)}{i},$$

on aura

$$m^i = 1 + \frac{i \log m}{\gamma},$$

et de là

$$m = \left(1 + \frac{i \log m}{\gamma}\right)^{\frac{1}{i}};$$

donc, développant cette puissance par la même formule et faisant en même temps i infiniment petit, on aura

$$m = 1 + \frac{\log m}{\gamma} + \frac{(\log m)^2}{2\gamma^2} + \frac{(\log m)^3}{2.3\gamma^3} + \ldots,$$

ce qui s'accorde avec ce que l'on sait d'ailleurs.

Halley est, je crois, le premier qui ait donné cette manière également simple et ingénieuse de parvenir aux expressions analytiques des logarithmes par les nombres, et des nombres par les logarithmes. (*Voyez* les *Transactions philosophiques*, n° 216.)

22. Je finirai par faire remarquer que si l'on élève la quantité $1 + z$ à une puissance quelconque t, et qu'on veuille avoir la série qui exprime cette puissance, ordonnée par rapport aux puissances mêmes de l'exposant t, on aura

$$(1+z)^t = 1 + t\zeta + \frac{t^2 \zeta^2}{2} + \frac{t^3 \zeta^3}{2.3} + \ldots,$$

ζ étant le logarithme hyperbolique de $1 + z$.

Car, faisant dans la série du numéro précédent

$$m = (1+z)^t, \quad \gamma = 1,$$

on aura

$$\log m = \log \mathrm{hyp}(1+z)^t = t \log \mathrm{hyp}(1+z) = t\zeta;$$

donc, etc.

SUR

UNE NOUVELLE PROPRIÉTÉ

DU

CENTRE DE GRAVITÉ.

SUR

UNE NOUVELLE PROPRIÉTÉ

DU

CENTRE DE GRAVITÉ.

(*Nouveaux Mémoires de l'Académie royale des Sciences et Belles-Lettres de Berlin*, année 1783.)

On sait que le centre de gravité d'un corps, ou d'un système ou assemblage quelconque de corps, est un point autour duquel le système est toujours en équilibre en vertu de la gravité, quelle que soit sa situation autour de ce point; et suivant les principes de Statique il faut que la somme des moments de tous les poids élémentaires du système par rapport à un plan quelconque passant par le point dont il s'agit, c'est-à-dire la somme des produits de ces poids par leurs distances au plan, soit nulle. Or on démontre facilement par la Géométrie que, si cette propriété a lieu par rapport à trois plans perpendiculaires entre eux, elle aura lieu aussi par rapport à un autre plan quelconque; ainsi la recherche du centre de gravité se réduit uniquement à trouver un point tel que la somme des moments par rapport à trois plans perpendiculaires et passant par ce plan soit nulle. C'est aussi de cette manière qu'on détermine le centre de gravité; mais quoique la considération des plans par rapport auxquels la somme des moments doit être nulle facilite extrêmement cette détermination, on n'en doit pas moins la regarder comme étrangère en quelque façon à la nature du centre de gravité; et puisque ce centre est un point unique, dont la position dépend simplement de celle que les différents poids ont entre eux, c'est-à-dire de leurs distances mutuelles, il serait naturel de chercher à le déterminer aussi par le moyen de ces distances. C'est l'objet de la nouvelle propriété que nous allons exposer.

Théorème I.

Soit un système ou assemblage quelconque de plusieurs corps ou masses dont chacune soit considérée comme un point; qu'on multiplie toutes ces masses deux à deux, et ensuite chaque produit de deux masses par le carré de la distance entre elles; qu'enfin on divise la somme de ces différents produits par la somme de toutes les masses; on aura une quantité égale à la somme des produits de chaque masse par le carré de sa distance au centre de gravité du système.

Démonstration.

Soient m une quelconque des masses du système, et p, q, r les trois coordonnées rectangles qui déterminent la position de cette masse dans l'espace, ces coordonnées ayant leur origine commune dans le centre de gravité de tout le système. Soient de même m', m'',... les autres masses du système; p', q', r' les coordonnées rectangles de la masse m'; p'', q'', r'' celles de la masse m''; et ainsi des autres.

Comme p, p', p'',... sont les distances des masses m, m', m'',... à un plan passant par le centre de gravité, que de même q, q', q'',... et r, r', r'',... sont les distances des mêmes masses à deux autres plans perpendiculaires à celui-là et passant de même par le centre de gravité, on aura par la propriété connue de ce centre les trois équations

$$mp + m'p' + m''p'' + \ldots = 0,$$
$$mq + m'q' + m''q'' + \ldots = 0,$$
$$mr + m'r' + m''r'' + \ldots = 0.$$

On aura donc
$$(mp + m'p' + m''p'' + \ldots)^2 = 0,$$

savoir, en développant les termes

$$m^2p^2 + m'^2p'^2 + m''^2p''^2 + \ldots = -2mm'pp' - 2mm''pp'' - 2m'm''p'p'' - \ldots;$$

qu'on ajoute de part et d'autre les termes

$$m(m'+m''+\ldots)p^2 + m'(m+m''+\ldots)p'^2 + m''(m+m'+\ldots)p''^2 + \ldots,$$

on aura

$$(m+m'+m''+\ldots)(mp^2 + m'p'^2 + m''p''^2 + \ldots)$$
$$= mm'(p-p')^2 + mm''(p-p'')^2 + m'm''(p'-p'')^2 + \ldots.$$

On trouvera de même, d'après l'équation

$$(mq + m'q' + m''q'' + \ldots)^2 = 0,$$

celle-ci

$$(m+m'+m''+\ldots)(mq^2 + m'q'^2 + m''q''^2 + \ldots)$$
$$= mm'(q-q')^2 + mm''(q-q'')^2 + m'm''(q'-q'')^2 + \ldots.$$

Et pareillement l'équation

$$(mr + m'r' + m''r'' + \ldots)^2 = 0$$

donnera

$$(m+m'+m''+\ldots)(mr^2 + m'r'^2 + m''r''^2 + \ldots)$$
$$= mm'(r-r')^2 + mm''(r-r'')^2 + m'm''(r'-r'')^2 + \ldots.$$

Donc, ajoutant ces trois équations ensemble, et faisant, pour abréger,

$$p^2 + q^2 + r^2 = a^2,$$
$$p'^2 + q'^2 + r'^2 = a'^2,$$
$$p''^2 + q''^2 + r''^2 = a''^2,$$
$$\ldots\ldots\ldots\ldots\ldots\ldots,$$

$$(p-p')^2 + (q-q')^2 + (r-r')^2 = b^2,$$
$$(p-p'')^2 + (q-q'')^2 + (r-r'')^2 = b'^2,$$
$$(p'-p'')^2 + (q'-q'')^2 + (r'-r'')^2 = b''^2,$$
$$\ldots\ldots\ldots\ldots\ldots\ldots\ldots\ldots,$$

V.

on aura
$$(m+m'+m''+\ldots)(ma^2+m'a'^2+m''a''^2+\ldots)$$
$$=mm'b^2+mm''b'^2+m'm''b''^2+\ldots.$$

Or il est visible que $a, a', a'', \ldots$ sont les distances des masses $m, m', m'', \ldots$ au centre de gravité, et $b, b', b'', \ldots$ sont les distances entre les masses m et m', m et m'', m' et $m'', \ldots$. Donc, en divisant l'équation précédente par $m+m'+m''+\ldots$, on aura le Théorème proposé.

Corollaire.

Puisque
$$mp+m'p'+m''p''+\ldots=0,$$
on aura
$$m(p-f)^2+m'(p'-f)^2+m''(p''-f)^2+\ldots$$
$$=mp^2+m'p'^2+m''p''^2+\ldots+(m+m'+m''+\ldots)f^2,$$

quelle que soit la quantité f. Donc aussi
$$(m+m'+m''+\ldots)[m(p-f)^2+m'(p'-f)^2+m''(p''-f)^2+\ldots]$$
$$=(m+m'+m''+\ldots)(mp^2+m'p'^2+m''p''^2+\ldots)+(m+m'+m''+\ldots)^2f^2;$$

et, mettant pour
$$(m+m'+m''+\ldots)(mp^2+m'p'^2+m''p''^2+\ldots)$$
sa valeur
$$mm'(p-p')^2+mm''(p-p'')^2+m'm''(p'-p'')^2+\ldots$$

trouvée dans le numéro précédent, on aura l'équation
$$(m+m'+m''+\ldots)[m(p-f)^2+m'(p'-f)^2+m''(p''-f)^2+\ldots]$$
$$=mm'(p-p')^2+mm''(p-p'')^2+m'm''(p'-p'')^2+\ldots+(m+m'+m''+\ldots)^2f^2.$$

On trouvera de même, en prenant une autre quantité quelconque g, l'équation
$$(m+m'+m''+\ldots)[m(q-g)^2+m'(q'-g)^2+m''(q''-g)^2+\ldots]$$
$$=mm'(q-q')^2+mm''(q-q'')^2+m'm''(q'-q'')^2+\ldots+(m+m'+m''+\ldots)^2g^2.$$

DU CENTRE DE GRAVITÉ.

Et pareillement on aura

$$(m + m' + m'' + \ldots)[m(r-h)^2 + m'(r'-h)^2 + m''(r''-h)^2 + \ldots]$$
$$= mm'(r-r')^2 + mm''(r-r'')^2 + m'm''(r'-r'')^2 + \ldots + (m+m'+m''+\ldots)^2 h^2.$$

De sorte qu'en ajoutant ensemble ces trois équations et faisant, pour abréger,

$$(p-f)^2 + (q-g)^2 + (r-h)^2 = \alpha^2,$$
$$(p'-f)^2 + (q'-g)^2 + (r'-h)^2 = \alpha'^2,$$
$$(p''-f)^2 + (q''-g)^2 + (r''-h)^2 = \alpha''^2,$$
$$\ldots\ldots\ldots\ldots\ldots\ldots\ldots\ldots\ldots\ldots\ldots,$$
$$f^2 + g^2 + h^2 = \delta^2,$$

on aura

$$(m + m' + m'' + \ldots)(m\alpha^2 + m'\alpha'^2 + m''\alpha''^2 + \ldots)$$
$$= mm' b^2 + mm'' b'^2 + m'm'' b''^2 + \ldots + (m+m'+m''+\ldots)^2 \delta^2.$$

Or il est clair que les quantités f, g, h peuvent représenter les coordonnées rectangles d'un point quelconque pris à volonté; alors α, α', α'',... seront évidemment les distances des masses m, m', m'',... à ce point, et δ sera la distance de ce point au centre de gravité des corps m, m', m'',.... Donc l'équation précédente donnera ce nouveau Théorème.

Théorème II.

La somme des produits de chaque masse par le carré de sa distance à un point quelconque donné est égale au produit de la somme des masses par le carré de la distance de ce point au centre de gravité de toutes ces masses, plus à la somme des produits des masses multipliées deux à deux entre elles et par le carré de leurs distances respectives, cette dernière somme étant divisée par la somme même des masses.

Corollaire.

De là résulte une nouvelle manière de trouver le centre de gravité d'un système ou assemblage quelconque de tant de corps qu'on voudra,

68.

considérés comme des points. On cherchera la somme des produits de la masse de chaque corps par le carré de sa distance à un point donné quelconque, et l'on divisera cette somme par celle de toutes les masses ; on cherchera ensuite la somme des produits des mêmes masses multipliées ensemble deux à deux, et multipliées en même temps par le carré de la distance entre les deux masses, et l'on divisera cette somme par le carré de la somme des masses ; on retranchera cette seconde quantité de la première, et l'on aura la valeur du carré de la distance du centre de gravité du système, au point donné ; de sorte qu'en tirant la racine carrée de la différence des deux quantités dont il s'agit, on aura la distance du centre cherché au point donné.

Ainsi l'on pourra trouver la distance du centre de gravité du système à trois points quelconques donnés, et par ces trois distances on aura évidemment la position du même centre. Si les corps étaient tous dans un même plan, il est visible qu'il suffirait de considérer deux points ; et il n'en faudrait qu'un seul, si tous les corps étaient sur une même ligne droite.

Au reste, comme la position de ces points est arbitraire, on peut les prendre dans quelques-uns des corps du système ; alors il suffira de connaître les masses des corps et leurs distances mutuelles, pour avoir immédiatement la distance du centre de gravité à chacun de ces corps.

Cette manière de déterminer le centre de gravité par les seules distances des corps entre eux est, je crois, nouvelle, et peut être utile dans quelques occasions.

MÉTHODE GÉNÉRALE

POUR INTÉGRER

LES ÉQUATIONS AUX DIFFÉRENCES PARTIELLES

DU PREMIER ORDRE,

LORSQUE CES DIFFÉRENCES NE SONT QUE LINÉAIRES.

MÉTHODE GÉNÉRALE

POUR INTÉGRER

LES ÉQUATIONS AUX DIFFÉRENCES PARTIELLES

DU PREMIER ORDRE,

LORSQUE CES DIFFÉRENCES NE SONT QUE LINÉAIRES.

(*Nouveaux Mémoires de l'Académie royale des Sciences et Belles-Lettres de Berlin*, année 1785.)

Si la naissance du Calcul intégral appartient au siècle dernier, il y a une branche importante de ce Calcul qui n'a été inventée qu'au milieu de celui-ci; c'est celle qui concerne les équations aux différences partielles, c'est-à-dire ces équations qui contiennent les différentielles d'une fonction de plusieurs variables, prises relativement à chacune de ces variables en particulier.

Tous les Problèmes de Géométrie où l'on considère des surfaces, et tous ceux de Mécanique où l'on considère des corps ou flexibles ou fluides, dépendent de la Théorie de ces équations. Les solutions qu'on peut trouver indépendamment de cette Théorie sont nécessairement incomplètes ou hypothétiques; et, si l'on est souvent obligé de se contenter de ces solutions limitées, c'est faute de pouvoir intégrer les équations aux différences partielles dans lesquelles les solutions rigoureuses et générales sont renfermées.

La plupart des recherches analytiques qu'on a faites depuis vingt ans ont eu pour objet l'intégration de ce genre d'équations; et elles ont produit différentes méthodes plus ou moins générales et plus ou moins utiles. Une des plus étendues et des plus simples tout à la fois est, je crois, celle que j'ai donnée dans les *Mémoires de l'Académie* pour l'année 1779 (*), et qui apprend à intégrer toutes les équations aux différences partielles du premier ordre, dans lesquelles ces différences ne paraissent que sous la forme linéaire. Mais, comme cette méthode n'y est exposée qu'en passant et presque sans démonstration, j'ai cru qu'il serait avantageux aux progrès du Calcul intégral de la présenter de nouveau de la manière la plus directe et avec toute la généralité dont elle est susceptible. C'est l'objet de ce Mémoire, qui contiendra aussi de nouvelles recherches sur le Problème des trajectoires.

1. On appelle *différences partielles* celles qui résultent de la différentiation d'une fonction de plusieurs variables, en y faisant varier chacune des variables à part. Ainsi, regardant u comme une fonction des variables $x, y, z, \ldots$, la différentielle complète du sera de la forme

$$p\,dx + q\,dy + r\,dz + \ldots,$$

et les différents termes $p\,dx$, $q\,dy$, $r\,dz$, ... de cette différentielle seront les différences partielles de u du premier ordre. On a coutume de représenter les coefficients $p, q, r, \ldots$ des différences $dx, dy, dz, \ldots$ dans la différentielle de u par $\frac{du}{dx}$, $\frac{du}{dy}$, $\frac{du}{dz}$, ...; de sorte que l'expression complète de du sera

$$\frac{du}{dx}\,dx + \frac{du}{dy}\,dy + \frac{du}{dz}\,dz + \ldots.$$

Si donc on a une équation entre

$$u,\ x,\ y,\ z,\ldots,\ \frac{du}{dx},\ \frac{du}{dy},\ \frac{du}{dz},\ldots,$$

ce sera une équation aux différences partielles du premier ordre; et, si

---

(*) *OEuvres de Lagrange*, t. IV, p. 585.

AUX DIFFÉRENCES PARTIELLES DU PREMIER ORDRE.

cette équation ne contient que les premières dimensions des quantités $\frac{du}{dx}$, $\frac{du}{dy}$, $\frac{du}{dz}$, ..., en sorte qu'elle soit représentée ainsi

$$X \frac{du}{dx} + Y \frac{du}{dy} + Z \frac{du}{dz} + \ldots = U,$$

les quantités X, Y, Z, ..., U étant des fonctions quelconques de x, y, z, ..., u, on aura la forme générale des équations intégrables par la méthode que nous allons exposer.

2. Supposons d'abord que l'équation ne contienne que trois variables u, x, y, dont la première soit regardée comme une fonction des deux autres; en employant pour plus de simplicité les quantités p et q à la place de $\frac{du}{dx}$ et $\frac{du}{dy}$, on aura donc cette équation

$$Xp + Yq = U,$$

dans laquelle X, Y, U seront des fonctions quelconques de u, x, y.

Or les quantités p et q doivent satisfaire à l'équation différentielle

$$du = p\,dx + q\,dy;$$

par conséquent il faudra qu'en éliminant, par le moyen de l'équation donnée entre p et q, l'une de ces inconnues, l'autre soit telle, que l'équation différentielle dont il s'agit puisse venir de la différentiation d'une équation finie; et cette équation finie donnera alors la valeur de u en fonction de x et y.

Mais, sans employer l'élimination, on obtiendra le même but d'une manière plus simple en multipliant ensemble les deux équations

$$Xp + Yq = U, \quad du = p\,dx + q\,dy;$$

car on aura ainsi

$$(Xp + Yq)\,du = U(p\,dx + q\,dy),$$

ou bien

$$p(X\,du - U\,dx) + q(Y\,du - U\,dy) = 0,$$

équation qui étant divisée par p ne contiendra plus qu'une seule inconnue $\dfrac{q}{p}$.

3. Je suppose maintenant
$$X\,du - U\,dx = 0, \quad Y\,du - U\,dy = 0;$$
j'ai deux équations différentielles du premier ordre entre les trois variables u, x, y; et les intégrales complètes de ces équations contiendront deux constantes arbitraires α et β, en sorte qu'on aura
$$\alpha = A, \quad \beta = B,$$
A et B étant des fonctions données des trois variables x, y, u. Ainsi, en différentiant et regardant α et β comme variables, on aura
$$d\alpha = \frac{dA}{du}\,du + \frac{dA}{dx}\,dx + \frac{dA}{dy}\,dy,$$
$$d\beta = \frac{dB}{du}\,du + \frac{dB}{dx}\,dx + \frac{dB}{dy}\,dy.$$

Mais, puisque
$$A = \alpha \quad \text{et} \quad B = \beta$$
sont les intégrales des équations
$$X\,du - U\,dx = 0, \quad Y\,du - U\,dy = 0,$$
α et β étant les constantes arbitraires, il faudra que ces équations coïncident avec les précédentes en y faisant
$$d\alpha = 0, \quad d\beta = 0;$$
par conséquent il faudra qu'en substituant pour dx et dy leurs valeurs $\dfrac{X\,du}{U}$, $\dfrac{Y\,du}{U}$, tirées des mêmes équations, dans celles-ci
$$\frac{dA}{du}\,du + \frac{dA}{dx}\,dx + \frac{dA}{dy}\,dy = 0,$$
$$\frac{dB}{du}\,du + \frac{dB}{dx}\,dx + \frac{dB}{dy}\,dy = 0,$$

AUX DIFFÉRENCES PARTIELLES DU PREMIER ORDRE.

on ait des équations identiques qui seront

$$\frac{d\mathrm{A}}{du} + \frac{d\mathrm{A}}{dx}\frac{\mathrm{X}}{\mathrm{U}} + \frac{d\mathrm{A}}{dy}\frac{\mathrm{Y}}{\mathrm{U}} = 0,$$

$$\frac{d\mathrm{B}}{du} + \frac{d\mathrm{B}}{dx}\frac{\mathrm{X}}{\mathrm{U}} + \frac{d\mathrm{B}}{dy}\frac{\mathrm{Y}}{\mathrm{U}} = 0,$$

et qui donneront

$$\frac{d\mathrm{A}}{du} = - \frac{d\mathrm{A}}{dx}\frac{\mathrm{X}}{\mathrm{U}} - \frac{d\mathrm{A}}{dy}\frac{\mathrm{Y}}{\mathrm{U}},$$

$$\frac{d\mathrm{B}}{du} = - \frac{d\mathrm{B}}{dx}\frac{\mathrm{X}}{\mathrm{U}} - \frac{d\mathrm{B}}{dy}\frac{\mathrm{Y}}{\mathrm{U}}.$$

Ainsi les différentielles $d\alpha$ et $d\beta$ se trouveront exprimées de cette manière

$$d\alpha = \frac{1}{\mathrm{U}}\frac{d\mathrm{A}}{dx}(\mathrm{U}\,dx - \mathrm{X}\,du) + \frac{1}{\mathrm{U}}\frac{d\mathrm{A}}{dy}(\mathrm{U}\,dy - \mathrm{Y}\,du),$$

$$d\beta = \frac{1}{\mathrm{U}}\frac{d\mathrm{B}}{dx}(\mathrm{U}\,dx - \mathrm{X}\,du) + \frac{1}{\mathrm{U}}\frac{d\mathrm{B}}{dy}(\mathrm{U}\,dy - \mathrm{Y}\,du),$$

d'où l'on tirera

$$\mathrm{X}\,du - \mathrm{U}\,dx = \frac{\mathrm{U}}{\mathrm{T}}\left(\frac{d\mathrm{B}}{dy}d\alpha - \frac{d\mathrm{A}}{dy}d\beta\right),$$

$$\mathrm{Y}\,du - \mathrm{U}\,dy = \frac{\mathrm{U}}{\mathrm{T}}\left(\frac{d\mathrm{A}}{dx}d\beta - \frac{d\mathrm{B}}{dx}d\alpha\right),$$

en supposant

$$\mathrm{T} = \frac{d\mathrm{A}}{dy}\frac{d\mathrm{B}}{dx} - \frac{d\mathrm{B}}{dy}\frac{d\mathrm{A}}{dx}.$$

Je conclus de là que, si à la place des variables x et y on veut introduire les variables α et β telles que

$$\alpha = \mathrm{A}, \quad \beta = \mathrm{B},$$

dans les formules

$$\mathrm{X}\,du - \mathrm{U}\,dx, \quad \mathrm{Y}\,du - \mathrm{U}\,dy,$$

elles deviendront de la forme précédente, dans laquelle il ne paraît que les deux différences $d\alpha$ et $d\beta$.

4. Faisant donc cette substitution dans l'équation

$$p(\mathrm{X}\,du - \mathrm{U}\,dx) + q(\mathrm{Y}\,du - \mathrm{U}\,dy) = 0$$

à laquelle il s'agit de satisfaire, elle deviendra

$$\left(p\,\frac{d\mathrm{B}}{dy} - q\,\frac{d\mathrm{B}}{dx}\right) d\alpha + \left(q\,\frac{d\mathrm{A}}{dx} - p\,\frac{d\mathrm{A}}{dy}\right) d\beta = 0,$$

ou bien

$$d\alpha + \frac{q\,\dfrac{d\mathrm{A}}{dx} - p\,\dfrac{d\mathrm{A}}{dy}}{p\,\dfrac{d\mathrm{B}}{dy} - q\,\dfrac{d\mathrm{B}}{dx}} d\beta = 0.$$

Comme cette équation ne contient que les deux différences $d\alpha$ et $d\beta$, elle ne peut subsister à moins que le coefficient de $d\beta$ ne soit aussi une simple fonction de α et β; par conséquent il faudra qu'en substituant dans ce coefficient pour x et y leurs valeurs en α, β, u, tirées des équations

$$\mathrm{A} = \alpha, \quad \mathrm{B} = \beta,$$

la quantité u disparaisse d'elle-même.

On aura donc, en dénotant par la caractéristique f une fonction quelconque,

$$\frac{q\,\dfrac{d\mathrm{A}}{dx} - p\,\dfrac{d\mathrm{A}}{dy}}{p\,\dfrac{d\mathrm{B}}{dy} - q\,\dfrac{d\mathrm{B}}{dx}} = f(\alpha, \beta),$$

condition à laquelle on pourra toujours satisfaire par le moyen de la quantité arbitraire $\dfrac{q}{p}$; alors l'équation

$$d\alpha + f(\alpha, \beta)\,d\beta = 0$$

sera toujours intégrable, étant multipliée par un facteur convenable; et l'intégrale sera

$$\mathrm{F}(\alpha, \beta) = 0,$$

en dénotant par F une autre fonction de α et β; et, comme la fonction

$f(\alpha, \beta)$ peut être quelconque, la fonction $F(\alpha, \beta)$ pourra être aussi quelconque.

Mais on a supposé
$$\alpha = A, \quad \beta = B;$$
donc, remettant ces valeurs à la place de α et β, on aura l'équation finie
$$F(A, B) = 0,$$
laquelle donnera la valeur cherchée de u en x et y, la fonction désignée par F demeurant arbitraire.

5. L'intégration de toute équation de la forme
$$X \frac{du}{dx} + Y \frac{du}{dy} = U,$$
X, Y, U étant des fonctions quelconques de u, x, y, se réduit donc à ce procédé fort simple.

On intégrera par les règles connues les équations différentielles
$$X\,du - U\,dx = 0, \quad Y\,du - U\,dy = 0,$$
et, ayant réduit les deux intégrales à la forme
$$A = \alpha, \quad B = \beta,$$
où A, B sont des fonctions de u, x, y, et α, β sont les deux constantes arbitraires introduites par l'intégration, on établira une équation quelconque entre A et B, qu'on pourra désigner par
$$F(A, B) = 0, \quad \text{ou bien par} \quad A = \varphi(B),$$
les caractéristiques F, φ désignant des fonctions quelconques, et cette équation sera l'intégrale complète de la proposée.

De cette manière l'intégration de l'équation aux différences partielles est réduite à celle de deux équations aux différences ordinaires; c'est tout ce qu'on peut désirer, dans le Calcul intégral des différences partielles, de le ramener à celui des différences totales et ordinaires.

6. Considérons à présent l'équation à quatre variables u, x, y, z, dont la forme est
$$X p + Y q + Z r = U,$$
en désignant par p, q, r les différences partielles $\frac{du}{dx}, \frac{du}{dy}, \frac{du}{dz}$, et par X, Y, Z, U des fonctions quelconques de u, x, y, z.

On aura ici
$$du = p\, dx + q\, dy + r\, dz;$$
donc, multipliant cette équation par celle qui est donnée entre p, q, r, on aura
$$(X p + Y q + Z r)\, du = U(p\, dx + q\, dy + r\, dz),$$
ou bien
$$p(X\, du - U\, dx) + q(Y\, du - U\, dy) + r(Z\, du - U\, dz) = 0,$$
laquelle étant divisée par p ne contiendra plus réellement que deux inconnues $\frac{q}{p}, \frac{r}{p}$; et la question sera réduite à déterminer ces deux inconnues en sorte que l'équation dont il s'agit devienne intégrable.

Supposons, à l'imitation de ce que nous avons fait plus haut,
$$X\, du - U\, dx = 0, \quad Y\, du - U\, dy = 0, \quad Z\, du - U\, dz = 0;$$
en intégrant ces équations, on aura trois équations finies entre u, x, y, z qui contiendront trois constantes arbitraires α, β, γ; de sorte qu'on pourra mettre ces équations sous la forme
$$A = \alpha, \quad B = \beta, \quad C = \gamma,$$
où A, B, C seront des fonctions connues de u, x, y, z.

Il est clair qu'on peut, à la place des variables x, y, z, introduire dans l'équation qu'il s'agit de rendre intégrable les quantités α, β, γ, regardées maintenant comme variables, et supposées telles que
$$\alpha = A, \quad \beta = B, \quad \gamma = C;$$

AUX DIFFÉRENCES PARTIELLES DU PREMIER ORDRE.

or, en différentiant, on aura

$$d\alpha = \frac{dA}{du}du + \frac{dA}{dx}dx + \frac{dA}{dy}dy + \frac{dA}{dz}dz,$$

$$d\beta = \frac{dB}{du}du + \frac{dB}{dx}dx + \frac{dB}{dy}dy + \frac{dB}{dz}dz,$$

$$d\gamma = \frac{dC}{du}du + \frac{dC}{dx}dx + \frac{dC}{dy}dy + \frac{dC}{dz}dz;$$

mais, en faisant

$$d\alpha = 0, \quad d\beta = 0, \quad d\gamma = 0,$$

on doit avoir des équations identiques avec celles-ci

$$X\,du - U\,dx = 0, \quad Y\,du - U\,dy = 0, \quad Z\,du - U\,dz = 0,$$

dont

$$A = \alpha, \quad B = \beta, \quad C = \gamma$$

sont supposées être les intégrales complètes; donc, en substituant pour dx, dy, dz les valeurs $\frac{X\,du}{U}$, $\frac{Y\,du}{U}$, $\frac{Z\,du}{U}$, on aura

$$\frac{dA}{du} + \frac{dA}{dx}\frac{X}{U} + \frac{dA}{dy}\frac{Y}{U} + \frac{dA}{dz}\frac{Z}{U} = 0,$$

$$\frac{dB}{du} + \frac{dB}{dx}\frac{X}{U} + \frac{dB}{dy}\frac{Y}{U} + \frac{dB}{dz}\frac{Z}{U} = 0,$$

$$\frac{dC}{du} + \frac{dC}{dx}\frac{X}{U} + \frac{dC}{dy}\frac{Y}{U} + \frac{dC}{dz}\frac{Z}{U} = 0;$$

d'où l'on tirera les valeurs de $\frac{dA}{du}$, $\frac{dB}{du}$, $\frac{dC}{du}$, lesquelles donneront par la substitution

$$U\,d\alpha = \frac{dA}{dx}(U\,dx - X\,du) + \frac{dA}{dy}(U\,dy - Y\,du) + \frac{dA}{dz}(U\,dz - Z\,du),$$

$$U\,d\beta = \frac{dB}{dx}(U\,dx - X\,du) + \frac{dB}{dy}(U\,dy - Y\,du) + \frac{dB}{dz}(U\,dz - Z\,du),$$

$$U\,d\gamma = \frac{dC}{dx}(U\,dx - X\,du) + \frac{dC}{dy}(U\,dy - Y\,du) + \frac{dC}{dz}(U\,dz - Z\,du);$$

et de là on aura celles de

$$X\,du - U\,dx, \quad Y\,du - U\,dy, \quad Z\,du - U\,dz$$

en $d\alpha$, $d\beta$, $d\gamma$, valeurs qui seront de la forme

$$X\,du - U\,dx = L\,d\alpha + M\,d\beta + N\,d\gamma,$$
$$Y\,du - U\,dy = L'\,d\alpha + M'\,d\beta + N'\,d\gamma,$$
$$Z\,du - U\,dz = L''\,d\alpha + M''\,d\beta + N''\,d\gamma.$$

Ainsi l'équation

$$p(X\,du - U\,dx) + q(Y\,du - U\,dy) + r(Z\,du - U\,dz) = 0$$

deviendra, par l'introduction des quantités α, β, γ à la place de x, y, z,

$$(pL + qL' + rL'')\,d\alpha + (pM + qM' + rM'')\,d\beta + (pN + qN' + rN'')\,d\gamma = 0,$$

ou bien

$$d\alpha + \frac{pM + qM' + rM''}{pL + qL' + rL''}\,d\beta + \frac{pN + qN' + rN''}{pL + qL' + rL''}\,d\gamma = 0,$$

équation qui contient, comme l'on voit, les deux indéterminées $\frac{q}{p}$ et $\frac{r}{p}$. Cette équation ne peut subsister, c'est-à-dire résulter de la différentiation d'une équation finie, qu'en n'y admettant pour variables que les trois quantités α, β, γ. Soit donc

$$F(\alpha, \beta, \gamma) = 0$$

l'équation finie; la différentielle sera de la forme

$$P\,d\alpha + Q\,d\beta + R\,d\gamma = 0,$$

ou bien

$$d\alpha + \frac{Q}{P}\,d\beta + \frac{R}{P}\,d\gamma = 0;$$

ainsi il faudra que l'on ait

$$\frac{pM + qM' + rM''}{pL + qL' + rL''} = \frac{Q}{P}, \quad \frac{pN + qN' + rN''}{pL + qL' + rL''} = \frac{R}{P},$$

équations auxquelles on pourra toujours satisfaire par le moyen des deux arbitraires $\frac{q}{p}$, $\frac{r}{p}$, quelles que soient les valeurs de P, Q, R; de sorte que ces valeurs, et par conséquent aussi la fonction finie F(α, β, γ), demeureront à volonté. Donc, puisque les quantités α, β, γ sont des fonctions des variables x, y, z, u, représentées par A, B, C, on aura l'équation

$$F(A, B, C) = 0,$$

pour la valeur cherchée de u en x, y, z.

7. De là résulte cette méthode fort simple d'intégrer toute équation de la forme

$$X\frac{du}{dx} + Y\frac{du}{dy} + Z\frac{du}{dz} = U,$$

dans laquelle X, Y, Z, U sont des fonctions quelconques de u, x, y, z.

On intégrera par les méthodes ordinaires les trois équations différentielles

$$X\,du - U\,dx = 0, \quad Y\,du - U\,dy = 0, \quad Z\,du - U\,dz = 0;$$

on réduira les trois intégrales à la forme

$$A = \alpha, \quad B = \beta, \quad C = \gamma,$$

α, β, γ étant les trois constantes arbitraires introduites par les trois intégrations; et l'on supposera entre A, B, C une équation quelconque à volonté qu'on pourra désigner par

$$F(A, B, C) = 0, \quad \text{ou par} \quad A = \varphi(B, C),$$

les caractéristiques F, φ dénotant des fonctions arbitraires; ce sera l'intégrale demandée.

En général, quelle que soit la forme sous laquelle les trois intégrales des équations

$$X\,du - U\,dx = 0, \quad Y\,du - U\,dy = 0, \quad Z\,du - U\,dz = 0$$

se présenteront, si α, β, γ sont les trois constantes arbitraires, on y supposera $\alpha = \varphi(\beta, \gamma)$, et l'on éliminera ensuite les inconnues α, β, γ;

l'équation résultante sera l'intégrale de la proposée, laquelle contiendra toujours la fonction arbitraire désignée par φ.

8. Il est aisé maintenant d'appliquer la même méthode à toute équation qui contiendra autant de différences linéaires qu'on voudra; on en trouvera toujours l'intégrale par des procédés semblables, à l'aide des intégrales de différentes équations aux différences ordinaires. Il serait superflu d'entrer là-dessus dans un plus grand détail.

9. Par la méthode que nous venons d'exposer on pourra résoudre tout Problème qui conduira à une équation aux différences partielles du premier ordre, lorsque la fonction cherchée sera, par la nature même de la question, une quantité très-petite.

Car, en négligeant les dimensions de u plus hautes que la première, on parviendra toujours à une équation de la forme

$$X\frac{du}{dx} + Y\frac{du}{dy} + Z\frac{du}{dz} + \ldots = S + Tu,$$

dans laquelle X, Y, Z,..., S, T seront des fonctions de x, y, z,... sans u. Or cette équation n'est qu'un cas particulier de celles que nous avons intégrées.

La difficulté d'intégrer l'équation dont il s'agit se réduira à intégrer celles-ci aux différences ordinaires

$$X\,du - (S + Tu)\,dx = 0,$$
$$Y\,du - (S + Tu)\,dy = 0,$$
$$Z\,du - (S + Tu)\,dz = 0,$$
$$\ldots\ldots\ldots\ldots\ldots\ldots$$

En combinant la première avec chacune des autres, on aura celles-ci

$$Y\,dx - X\,dy = 0,\quad Z\,dx - X\,dz = 0,\ldots,$$

dans lesquelles la variable u n'entre plus; ainsi l'on en tirera par l'intégration les valeurs de y, z,... en x et en autant de constantes arbitraires β, γ,....

Ensuite la première donnera

$$ue^{-\int \frac{T\,dx}{X}} = \int \frac{e^{-\int \frac{T\,dx}{X}} S\,dx}{X} + \alpha;$$

de sorte qu'on aura aussi u en x après la substitution des valeurs précédentes de y, z,....

Ayant ainsi toutes les intégrales particulières, on en tirera par la règle générale du n° 7 l'intégrale complète de la proposée.

Application de la méthode précédente à la question des trajectoires rectangles considérées par rapport aux surfaces.

10. Parmi les Problèmes qui occupèrent les Géomètres dans les premières années après la naissance des nouveaux Calculs, un des plus fameux est celui des trajectoires, lequel consiste à trouver une courbe, ou plutôt une famille de courbes qui coupent à angles droits ou sous des angles donnés une infinité d'autres courbes toutes du même genre, comme des cercles, des paraboles, des ellipses, etc.

La première idée de ce Problème est due à Jean Bernoulli, comme on le voit par la lettre sixième du *Commercium epistolicum*; il le proposa à Leibnitz en 1694, en y joignant la solution de quelques cas particuliers, et celui-ci en donna immédiatement après une solution générale pour tous les cas où les courbes à couper sont données par des équations en termes finis. Jean Bernoulli le proposa ensuite publiquement dans les *Actes de Leipzig* de 1698 avec toute la généralité dont il est susceptible. La plupart des Géomètres de ce temps-là s'en occupèrent, mais aucun ne le résolut complètement; de sorte qu'en 1716, à l'occasion de la fameuse contestation sur la découverte du Calcul différentiel, Leibnitz crut pouvoir se servir de ce Problème pour attaquer les Géomètres anglais et leur fit là-dessus un défi dans les mêmes *Actes de Leipzig*.

En effet, ce Problème étant d'un genre supérieur aux Problèmes ordinaires des tangentes, et demandant des méthodes et des artifices particuliers qui ne se présentent pas facilement, il paraissait très-propre à embarrasser tous ceux qui n'auraient pas inventé eux-mêmes le Calcul infinitésimal, ou qui du moins ne le posséderaient pas comme s'ils l'eussent inventé. Newton, à qui le défi était indirectement adressé, était aussi plus en état que personne d'y satisfaire; mais l'esquisse de solution qu'il a cru pouvoir en donner en deux mots dans les *Transactions philosophiques* de 1716 ne prouve, ce me semble, autre chose, sinon qu'il n'en avait pas connu les difficultés. Taylor est, à proprement parler, le seul parmi les Anglais qui ait résolu le Problème des trajectoires d'une manière suffisante; mais sa méthode, fondée sur les séries, est indirecte et peu lumineuse. Nicolas Bernoulli et Hermann en ont donné des solutions plus satisfaisantes et plus générales, qu'on peut lire dans le second volume des *OEuvres* de Jean Bernoulli. Enfin feu M. Euler, pour réveiller l'attention des Géomètres sur les trajectoires qu'on avait presque déjà oubliées, a donné dans les derniers volumes des *Nouveaux Commentaires de Pétersbourg* une nouvelle Théorie qui paraît ne rien laisser à désirer sur cette matière.

Quoique la question des trajectoires ne soit dans le fond que de pure curiosité, on aurait tort cependant de regarder les recherches dont nous venons de parler comme des spéculations arides et inutiles; il faut même convenir que peu de Problèmes ont autant contribué que celui-ci à l'avancement et à la perfection de l'Analyse. La méthode de différentier sous le signe et de trouver les équations nommées *modulaires,* où l'on suppose le paramètre variable; les Théorèmes sur les équations de condition pour l'intégrabilité des équations différentielles du premier ordre à deux variables, et pour la possibilité de celles à trois variables, sont autant de Théories dont on est redevable au Problème des trajectoires; et l'on sait que ces Théories ont été le germe des plus belles découvertes analytiques qui aient été faites dans ce siècle.

Par ces raisons j'ai cru qu'il ne serait pas inutile d'attirer de nouveau les regards des Géomètres sur ce Problème, en le traitant d'une manière nouvelle et sous un point de vue plus étendu qu'on ne l'a fait. On n'avait

AUX DIFFÉRENCES PARTIELLES DU PREMIER ORDRE.

jusqu'ici considéré les trajectoires que relativement aux lignes courbes; mon dessein est de les transporter aux surfaces, et par conséquent de chercher la nature de celles qui pourront couper sous des angles donnés une infinité d'autres surfaces du même genre et représentées par des équations données en termes finis ou différentiels. Cette question conduit naturellement à une équation aux différences partielles, laquelle, dans le cas des trajectoires rectangles, est intégrable par la méthode générale que nous avons exposée. Elle servira donc d'exemple pour l'usage de cette méthode, et donnera peut-être occasion d'en découvrir de plus générales encore.

11. Soient x, y, z les coordonnées rectangles des surfaces données, on aura une équation entre les trois variables x, y, z et une autre quantité qui sera constante pour chaque surface, mais qui variera d'une surface à l'autre, et que nous appellerons le *paramètre*. Cette équation étant donnée, le Problème consiste à trouver celle de la surface qui coupera partout à angle droit, ou sous un angle quelconque donné, toutes les surfaces représentées par l'équation dont il s'agit; et il est clair qu'il n'y aura pour cela qu'à faire en sorte que la perpendiculaire menée à un point quelconque d'une des surfaces à couper fasse un angle donné avec la perpendiculaire menée par le même point à la surface coupante; ainsi tout se réduit à déterminer la position de la perpendiculaire à une surface donnée.

12. Soit
$$dz = X\,dx + Y\,dy$$
l'équation différentielle de la surface proposée, et supposons que la perpendiculaire menée par un point quelconque de cette surface rencontre le plan des coordonnées x, y dans un point auquel répondent les coordonnées a, b; il est facile de voir qu'en nommant cette perpendiculaire f, on aura
$$f = \sqrt{(a-x)^2 + (b-y)^2 + z^2}.$$

Or, comme la perpendiculaire à une surface quelconque doit être la plus petite ou la plus grande de toutes les lignes qui d'un point donné peuvent être menées à la même surface, il s'ensuit que la valeur de f devra être un maximum ou un minimum en faisant varier les coordonnées x, y, z et regardant les quantités a, b comme constantes. Ainsi l'on aura l'équation différentielle

$$-(a-x)\,dx-(b-y)\,dy+z\,dz=0;$$

mais l'équation à la surface donne

$$dz = \mathrm{X}\,dx + \mathrm{Y}\,dy;$$

donc on aura

$$[\mathrm{X}z-(a-x)]\,dx+[\mathrm{Y}z-(b-y)]\,dy=0,$$

d'où l'on tire les deux équations

$$\mathrm{X}z-a+x=0,\quad \mathrm{Y}z-b+y=0,$$

lesquelles donnent

$$a=x+\mathrm{X}z,\quad b=y+\mathrm{Y}z,$$

et par conséquent

$$f=z\sqrt{1+\mathrm{X}^2+\mathrm{Y}^2}.$$

Maintenant, comme dans les points où les deux surfaces se coupent, elles doivent avoir les mêmes coordonnées, on pourra prendre aussi x, y, z pour les coordonnées de la surface qui doit couper la proposée, et, si l'on représente par

$$dz = p\,dx + q\,dy$$

l'équation différentielle de cette surface, on aura de même, en nommant r la perpendiculaire et m, n les coordonnées qui déterminent le point où cette perpendiculaire coupe le plan des x et y, on trouvera, dis-je,

$$m=x+pz,\quad n=y+qz,\quad r=z\sqrt{1+p^2+q^2}.$$

Donc, si l'on désigne par h la distance des deux points où les perpen-

AUX DIFFÉRENCES PARTIELLES DU PREMIER ORDRE. 559

diculaires f et r rencontrent le plan des coordonnées x, y, on aura

$$h = \sqrt{(a-m)^2 + (b-n)^2},$$

et, substituant les valeurs de a, b, m, n,

$$h = z\sqrt{(X-p)^2 + (Y-q)^2}.$$

13. Or soit ω l'angle sous lequel on veut que les deux surfaces se coupent, il faudra que les deux perpendiculaires f et r fassent entre elles l'angle ω; donc, dans le triangle rectiligne dont les côtés sont f, r, et la base est h, il faudra que ω soit l'angle du sommet; de sorte que par le Théorème connu on aura

$$h^2 = f^2 + r^2 - 2fr\cos\omega,$$

ce qui donne, par la substitution des valeurs de h, f, r, l'équation

$$(X-p)^2 + (Y-q)^2 = 2 + X^2 + Y^2 + p^2 + q^2 - 2\cos\omega\sqrt{1+X^2+Y^2}\sqrt{1+p^2+q^2},$$

c'est-à-dire, en développant les termes et effaçant ce qui se détruit,

$$1 + Xp + Yq - \cos\omega\sqrt{1+X^2+Y^2}\sqrt{1+p^2+q^2} = 0.$$

C'est l'équation qui renferme la condition du Problème.

14. Lorsque les surfaces à couper sont données par une équation finie, la formule précédente servira pour résoudre le Problème; car, en éliminant le paramètre par la différentiation, on aura une équation différentielle de la forme supposée

$$dz = X\,dx + Y\,dy,$$

dans laquelle X et Y seront des fonctions connues de x, y, z; alors, l'équation des surfaces coupantes étant

$$dz = p\,dx + q\,dy,$$

il ne s'agira que de trouver z en fonction de x et y d'après la condition

$$1 + Xp + Yq = \cos\omega \sqrt{1 + X^2 + Y^2} \sqrt{1 + p^2 + q^2},$$

ω étant un angle donné constant ou variable.

Ainsi, en mettant $\dfrac{dz}{dx}$ et $\dfrac{dz}{dy}$ pour p et q, on aura pour le Problème proposé cette équation aux différences partielles du premier ordre

$$1 + X\frac{dz}{dx} + Y\frac{dz}{dy} = \cos\omega \sqrt{1 + X^2 + Y^2} \sqrt{1 + \left(\frac{dz}{dx}\right)^2 + \left(\frac{dz}{dy}\right)^2}.$$

Il en sera de même lorsque les surfaces à couper ne seront données que par une équation différentielle, mais dans laquelle le paramètre n'entrera pas.

15. Mais cette équation n'est intégrable, en général, par aucune méthode connue; pour qu'elle le devienne, il faut supposer $\cos\omega = 0$ et par conséquent $\omega = 90°$, ce qui est le cas des trajectoires rectangles; elle se réduit alors à cette forme plus simple

$$X\frac{dz}{dx} + Y\frac{dz}{dy} + 1 = 0,$$

laquelle est susceptible de la méthode exposée ci-dessus.

Suivant la règle du n° 5, on intégrera donc les deux équations

$$X\,dz + dx = 0, \quad Y\,dz + dy = 0,$$

et, ayant réduit les intégrales à la forme

$$A = \alpha, \quad B = \beta,$$

où α et β sont les constantes arbitraires, on aura

$$F(A, B) = 0$$

pour l'intégrale de l'équation proposée, et par conséquent aussi pour l'équation finie des surfaces coupantes, la fonction désignée par la caractéristique F demeurant arbitraire.

16. Supposons, pour donner un exemple, que les surfaces à couper soient des sphéroïdes elliptiques semblables et ayant le même centre. L'équation finie d'un tel sphéroïde est, comme l'on sait,

$$\frac{x^2}{a^2} + \frac{y^2}{b^2} + \frac{z^2}{c^2} = 1,$$

a, b, c étant les trois demi-axes auxquels les coordonnées x, y, z sont supposées parallèles.

Comme tous les sphéroïdes doivent être semblables, les rapports entre les axes a, b, c seront constants; ainsi

$$a = mc, \quad b = nc,$$

m et n étant des quantités constantes pour tous les sphéroïdes, et c étant variable de l'un à l'autre; donc l'équation générale de ces sphéroïdes sera

$$\frac{x^2}{m^2} + \frac{y^2}{n^2} + z^2 = c^2,$$

où c sera le paramètre.

On différentiera donc en sorte que c disparaisse, pour avoir l'équation différentielle commune à toutes les surfaces à couper; et cette équation sera

$$\frac{x\,dx}{m^2} + \frac{y\,dy}{n^2} + z\,dz = 0,$$

laquelle, étant comparée à la formule générale

$$dz = \mathrm{X}\,dx + \mathrm{Y}\,dy,$$

donne

$$\mathrm{X} = -\frac{x}{m^2 z}, \quad \mathrm{Y} = -\frac{y}{n^2 z}.$$

Par conséquent les équations à intégrer seront

$$-\frac{x\,dz}{m^2 z} + dx = 0, \quad -\frac{y\,dz}{n^2 z} + dy = 0,$$

lesquelles sont intégrables chacune en particulier, et leurs intégrales seront

$$\frac{x^{m^2}}{z} = \alpha, \quad \frac{y^{n^2}}{z} = \beta.$$

Donc l'équation générale des surfaces coupantes sera

$$F\left(\frac{x^{m^2}}{z}, \frac{y^{n^2}}{z}\right) = 0.$$

Lorsque les sphéroïdes deviennent des sphères, les axes a, b, c sont égaux, et par conséquent $m = 1$, $n = 1$; dans ce cas l'équation des surfaces coupantes sera

$$F\left(\frac{x}{z}, \frac{y}{z}\right) = 0,$$

c'est-à-dire une équation quelconque homogène entre les trois variables x, y, z.

Or il est aisé de prouver que cette équation renferme toutes les surfaces composées de lignes droites qui partent du centre des coordonnées; car en prenant y proportionnel à x, ce qui donne une ligne droite dans le plan des x et y, on aura aussi z proportionnel à x, en sorte que la ligne tracée sur la surface et qui aura pour projection la droite dont il s'agit sera aussi elle-même une ligne droite; cette propriété générale est évidemment celle des surfaces coniques; par conséquent ces sortes de surfaces seront les seules trajectoires rectangles des sphères dont le centre coïncidera avec le sommet des cônes.

THÉORIE GÉOMÉTRIQUE

DU

MOUVEMENT DES APHÉLIES DES PLANÈTES

POUR SERVIR D'ADDITION

AUX PRINCIPES DE NEWTON.

THÉORIE GÉOMÉTRIQUE

DU

MOUVEMENT DES APHÉLIES DES PLANÈTES

POUR SERVIR D'ADDITION

AUX PRINCIPES DE NEWTON.

(*Nouveaux Mémoires de l'Académie royale des Sciences et Belles-Lettres de Berlin*, année 1786.)

La Théorie du mouvement des aphélies est une des parties les plus importantes du Système du monde. Si les Planètes n'étaient soumises qu'à l'action du Soleil, leurs aphélies seraient immobiles. Mais l'observation a montré que les aphélies changent de place; et il est naturel de regarder ce déplacement comme un effet de l'attraction mutuelle des Planètes. La détermination précise de cet effet est un Problème dont les difficultés n'ont pu être vaincues que dans ces derniers temps par le moyen d'une analyse aussi délicate que pénible (*). Si cette analyse ne laisse rien à désirer pour la solution complète de la question, on peut néanmoins désirer encore une solution plus simple, plus à portée des Astronomes, une solution surtout du genre de celles des *Principes mathématiques*, et qui puisse servir de supplément à ce grand Ouvrage. Un siècle s'est bientôt écoulé depuis qu'il a vu le jour, et un grand nombre

---

(*) *Voyez* la *Théorie des variations séculaires*, page 125 de ce volume.

d'Auteurs ont travaillé pour l'éclaircir et pour le compléter; mais il ne paraît pas que les parties, qui ont en effet besoin d'être perfectionnées, l'aient encore été d'une manière propre à former un véritable Commentaire. Ce sont surtout celles qui traitent du mouvement des fluides, et de l'effet de l'attraction mutuelle des Planètes, c'est-à-dire une partie du second Livre et presque tout le troisième, où l'on ne trouve plus cette rigueur et cette précision qui caractérisent le reste de l'Ouvrage.

Les Problèmes, que Newton n'avait pu résoudre avec les secours que son siècle et son génie lui avaient fournis, l'ont été ensuite en grande partie par les Géomètres de ce siècle; mais leurs solutions, fondées sur des principes différents et sur des analyses plus ou moins longues et compliquées, sont peu propres à servir de suite à un Ouvrage qui brille surtout par l'élégance et la simplicité des démonstrations.

Ce serait donc un travail très-intéressant, de traduire, pour ainsi dire, ces mêmes solutions dans la langue des *Principes mathématiques*, d'y ajouter celles qui manquent encore et de donner ainsi à la plus grande production de l'esprit humain la perfection dont elle est susceptible.

Je n'aurai pas la témérité de me charger de ce travail; mon objet est simplement de préparer les matériaux pour un Ouvrage dont l'exécution ferait peut-être autant d'honneur à notre siècle que l'Ouvrage même de Newton en a fait au siècle dernier.

1. Il n'y a dans les *Principes mathématiques* que deux endroits relatifs au mouvement des aphélies. L'un est la Proposition XLV du premier Livre, dans laquelle Newton donne une méthode générale de déterminer le mouvement des apsides dans les orbites décrites par une force tendante à un point fixe et proportionnelle à une fonction quelconque de la distance, lorsque ces orbites sont supposées presque circulaires; mais cette méthode ne s'applique point aux Planètes, parce que leurs forces perturbatrices ne sont point dirigées vers le Soleil, et ne sont point exprimées par de simples fonctions de leurs distances à cet astre.

L'autre endroit est le Scolie de la Proposition XIV du troisième Livre, où Newton avance sans démonstration que l'action réciproque des Planètes doit donner à leurs aphélies un mouvement direct en raison sesquiplée des distances moyennes, c'est-à-dire proportionnel aux temps périodiques. Halley et d'autres Astronomes ont adopté cette loi dans les Tables des Planètes; mais elle se trouve contredite par le calcul rigoureux des effets de l'attraction.

2. Si l'Ouvrage de Newton n'offre pas une Théorie exacte du mouvement des aphélies, il en contient néanmoins le germe; mais la difficulté de le développer a peut-être empêché qu'on en ait encore profité. On le trouve dans la Proposition XVII du premier Livre, laquelle enseigne à déterminer les éléments de la section conique que doit décrire un corps lancé avec une certaine vitesse de projection suivant une direction donnée, et soumis à l'action continuelle d'une force centrale en raison réciproque du carré des distances. Dans le troisième Corollaire de cette Proposition, Newton remarque que, si le corps se meut dans une section conique et qu'il soit dérangé de son orbite par une impulsion quelconque, on pourra connaître la nouvelle orbite dans laquelle il circulera ensuite, en composant le mouvement que ce corps a déjà avec le mouvement que cette impulsion seule lui aurait imprimé; car par ce moyen on aura le mouvement du corps, lorsqu'il part du lieu donné dans lequel il a reçu l'impulsion suivant une ligne droite donnée de position.

Or, comme les éléments de la section conique, c'est-à-dire ses dimensions et sa position, ne dépendent que du mouvement que le corps a dans un lieu quelconque, il s'ensuit que l'effet de l'impulsion qui dérange le corps de son orbite ne consistera qu'à changer les éléments de cette orbite, et qu'on pourra toujours déterminer ce changement par la Proposition dont il s'agit; et, si les dérangements sont continuels, on aura les changements continuels des éléments par la même Proposition.

Mais on peut regarder les forces perturbatrices qui résultent de l'attraction mutuelle des Planètes comme des impulsions instantanées et continuelles, qui dérangent l'orbite que chaque Planète décrirait sans elles autour du Soleil; par conséquent on peut déduire de la Proposition, que nous venons de citer, la méthode générale de déterminer les variations des éléments des Planètes et principalement celles des excentricités et des aphélies.

Ce n'est pas que Newton n'ait entrevu lui-même l'usage qu'on pouvait faire de cette Proposition pour déterminer les dérangements des Planètes; car il ajoute dans le Corollaire quatrième que, si le corps est continuellement troublé dans sa révolution par quelque force qui lui soit imprimée extérieurement, on connaîtra à peu près la courbe qu'il décrira, en prenant les changements que cette force produit dans plusieurs points quelconques, et en estimant par l'ordre de la série les changements continuels dans les lieux intermédiaires. Mais cette manière d'envisager le Problème serait peu exacte, et s'appliquerait difficilement aux Planètes en tant qu'elles sont dérangées par l'action continuelle de leur attraction réciproque. Aussi personne, que je sache, n'a cherché à faire cette application, ni à déduire des Théorèmes de Newton une Théorie qui en découle naturellement.

3. Nous commencerons par rappeler la construction qu'il donne pour déterminer la section conique, lorsqu'on connaît la vitesse et la direction dans un point donné.

Que P soit ce point (*fig.* 1), et que le corps en parte suivant la direc-

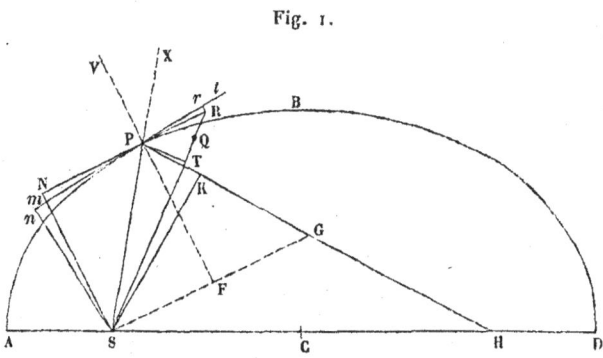

Fig. 1.

tion PR et avec une vitesse capable de lui faire décrire la petite ligne PR dans un espace de temps infiniment petit. Que dans le même temps la force centripète tendante au foyer S lui fasse décrire l'espace QR; ayant

DU MOUVEMENT DES APHÉLIES DES PLANÈTES. 569

mené PT perpendiculaire sur le rayon SR, on aura d'abord pour le paramètre de la section conique l'expression $\frac{\overline{PT}^2}{QR}$, en supposant que les lignes PT, QR soient diminuées à l'infini (*voyez* le Corollaire second de la Proposition XIII du premier Livre).

Or, si du foyer S on tire la perpendiculaire SN à la tangente RPN, on a

$$PS : SN = PR : PT,$$

donc

$$PT = \frac{PR \times SN}{PS};$$

par conséquent le paramètre sera exprimé, en général, par

$$\frac{\overline{SN}^2 \times \overline{PR}^2}{\overline{PS}^2 \times QR}.$$

Ainsi l'on connaitra d'abord le paramètre de la section conique que le corps P tend à décrire; car dans un temps donné PR est comme la vitesse et QR comme la force centripète en P; de sorte que, puisque la force centripète est en raison de la masse attirante divisée par le carré de la distance, si l'on nomme M cette masse et V la vitesse en P, le paramètre sera comme $\frac{\overline{SN}^2 \times V^2}{M}$.

Pour avoir la valeur absolue de ce paramètre, il suffira de le rapporter à celui d'une orbite connue. Par exemple, en considérant le mouvement moyen de la Terre autour du Soleil dans une orbite supposée circulaire, il n'y aura qu'à exprimer la perpendiculaire SN en parties de la distance moyenne du Soleil, la vitesse V en parties de sa vitesse moyenne et la masse M en parties de sa masse; alors la formule

$$\frac{\overline{SN}^2 \times V^2}{M}$$

donnera le paramètre cherché en parties de la même distance moyenne.

Pour avoir les autres éléments de l'orbite, on fera, suivant la Proposi-

V.

tion XVII du même Livre, l'angle RPH égal au complément à deux droits de l'angle RPS, et l'on aura ainsi la position de la ligne PH qui passera par l'autre foyer H. Pour déterminer la longueur PH, on tirera SK perpendiculaire à PH, et, nommant L le paramètre déjà connu, on fera cette proportion

$$SP + PH : PH = 2SP + 2KP : L.$$

Ainsi PH sera donnée tant de longueur que de position, et la section conique sera par là entièrement déterminée.

4. Telle est la construction donnée par Newton; on peut la simplifier un peu en considérant que l'angle SPN est égal à l'angle RPH, puisqu'ils sont l'un et l'autre compléments de l'angle SPR à deux droits, que par conséquent, si l'on mène la perpendiculaire VPF à la droite NPR, elle divisera en deux parties égales l'angle SPH, ainsi que la droite SG tirée du point S parallèlement à la droite NPR et terminée à la ligne PH; d'où il est aisé de conclure que SF sera égale à PN, SG égale à 2PN, PG égale à PS; donc

$$\overline{SG}^2 \text{ ou } 4\overline{PN}^2 = \overline{SK}^2 + \overline{KG}^2 = \overline{SK}^2 + \overline{PS - PK}^2$$
$$= \overline{SK}^2 + \overline{PK}^2 - 2PS \times PK + \overline{PS}^2 = 2\overline{PS}^2 - 2PS \times PK;$$

donc

$$PS \times PK = \overline{PS}^2 - 2\overline{PN}^2,$$

et

$$PS \times (PS + PK) = 2\overline{PS}^2 - 2\overline{PN}^2 = 2\overline{SN}^2.$$

Substituant donc dans la proportion donnée par Newton pour $SP + KP$ sa valeur $\frac{2\overline{SN}^2}{PS}$, elle deviendra

$$SP + PH : PH = \frac{4\overline{SN}^2}{PS} : L;$$

d'où l'on tire

$$L = \frac{4\overline{SN}^2 \times PH}{(SP + PH) \times SP} = 4\overline{SN}^2 \left(\frac{1}{SP} - \frac{1}{SP + PH} \right);$$

DU MOUVEMENT DES APHÉLIES DES PLANÈTES.

et de là on aura directement

$$\frac{1}{SP + PH} = \frac{1}{SP} - \frac{L}{4\overline{SN}^2},$$

ce qui donne le grand axe SP+PH, ainsi que la longueur de PH en quantités connues.

5. On peut au reste déterminer la position de l'autre foyer H d'une manière plus directe, que nous donnerons ici, parce qu'elle nous sera utile pour notre objet. Elle consiste à trouver la valeur de la ligne HI (*fig.* 2), menée du foyer H perpendiculairement au rayon SP, ainsi que la valeur de la partie SI de ce rayon.

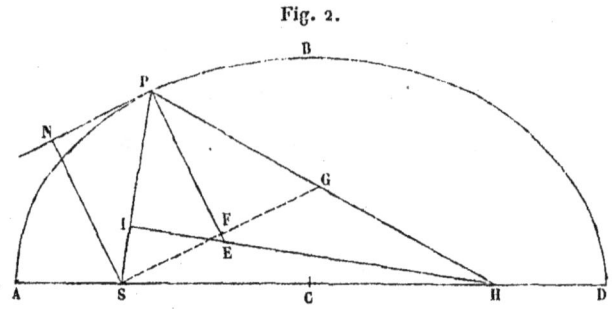

Fig. 2.

Pour cela on considérera que, puisque HI est perpendiculaire sur SP, comme SK est perpendiculaire sur PH dans la *fig.* 1, la proportion de Newton

$$SP + PH : PH = 2SP + 2KP : L,$$

étant transportée à la *fig.* 2, deviendra

$$SP + PH : PS = 2PH + 2PI : L;$$

mais

$$PI = PS - SI;$$

donc

$$PS + PH : PS = 2(PS + PH - SI) : L,$$

d'où l'on tire aisément

$$\frac{SI}{PS + PH} = 1 - \frac{L}{2PS}.$$

Maintenant, si E est le point où la droite PF qui coupe l'angle SPH en deux parties égales rencontre la droite IH, on aura par la propriété connue
$$PI : IE = PH : EH = PI + PH : IH;$$

mais PE étant perpendiculaire à PH, le triangle IPE sera semblable au triangle NSP, et l'on aura
$$PI : IE = SN : NP;$$

d'ailleurs par la proportion donnée plus haut on a
$$PI + PH = \frac{(SP + PH) \times L}{2 PS};$$

donc, substituant ces valeurs, on aura
$$SN : NP = \frac{(PS + PH) \times L}{2 PS} : IH,$$

d'où l'on tire
$$\frac{IH}{PS + PH} = \frac{NP \times L}{2 PS \times SN}.$$

Or la valeur du grand axe PS+PH est déjà connue par l'expression trouvée dans le n° 5; donc on aura aussi les lignes SI, IH en quantités toutes connues.

6. Considérons maintenant l'effet des forces perturbatrices.

D'abord, quelles que soient ces forces dans le lieu P, on peut les réduire par la décomposition à trois, dont l'une agisse dans la direction de la tangente PR, l'autre agisse dans la direction PV perpendiculaire à la tangente dans le plan SPR qui passe par cette tangente et par le foyer S, et la troisième agisse perpendiculairement à ce plan.

Il est clair que la première de ces forces n'aura d'effet que sur la vitesse du corps, que la seconde et la troisième n'en auront que sur sa direction, et en particulier la seconde y produira une déviation dans le plan de la tangente et du foyer, et la troisième y produira une déviation perpendiculaire au même plan. Or, ce plan étant celui de l'orbite que le

DU MOUVEMENT DES APHÉLIES DES PLANÈTES.

corps décrirait sans les forces perturbatrices, il s'ensuit que la troisième des forces dont il s'agit ne fera que changer la position de l'orbite, tandis que les deux premières en changeront la figure même. D'où l'on peut conclure qu'il est permis de considérer séparément l'effet de ces deux forces réunies et celui de la troisième force; l'un consistera à faire varier le paramètre, l'excentricité et la position de l'aphélie; l'autre se réduira à faire varier l'inclinaison et la ligne des nœuds par rapport à un plan fixe. Newton a donné dans la Proposition XXXI du troisième Livre et dans les suivantes la méthode de déterminer ces dernières variations relativement à la Lune; cette méthode est générale et s'applique facilement aux Planètes; elle contient de plus les principes nécessaires pour la détermination des autres variations que Newton n'a point examinées et qui font l'objet de ces recherches. C'est ce que nous allons développer, pour remplir autant qu'il est possible le plan, que nous nous sommes proposé, de faire naître des Théories données par Newton celles qui manquent encore à son Ouvrage.

7. Supposons que la force perturbatrice suivant la tangente PR (*fig.* 1, page 568) soit à la force centripète en P comme f à 1, et que la force perturbatrice suivant la perpendiculaire PV à la tangente soit à la même force centripète comme g à 1; comme ces forces sont toutes de la même nature et que RQ est l'espace que la force centripète fait décrire d'un mouvement accéléré dans le temps que le corps avec la vitesse qu'il a en P décrirait uniformément la ligne PR, il s'ensuit que $f \times$ RQ et $g \times$ RQ seront aussi les espaces que les forces perturbatrices feront décrire dans le même temps d'un mouvement accéléré dans les directions PR et PV. Mais on peut supposer que les vitesses imprimées par ces forces durant ce temps soient imprimées dans le premier instant; alors les espaces décrits en vertu de ces vitesses seront doubles, comme l'on sait par la Théorie de Galilée, et le corps, au lieu de décrire uniformément la ligne PR, décrira uniformément dans le même temps la ligne Pt, telle que

$$P t = \mathrm{PR} + 2 f \times \mathrm{RQ} \quad \text{et} \quad \mathrm{R} r = 2 g \times \mathrm{RQ},$$

en supposant la petite ligne Rr perpendiculaire à PR. De sorte que la tangente NPR sera transportée en nPr, et la perpendiculaire SN, devenant Sn, sera diminuée de la partie N$m = \dfrac{\text{R}r \times \text{PN}}{\text{PR}}$, à cause des triangles semblables RPr et NPm.

D'où il suit que, pour tenir compte des forces perturbatrices dont il s'agit, il n'y aura qu'à mettre, dans la construction donnée dans le n° 3,

$$\text{PR} + 2f \times \text{RQ}$$

à la place de PR, et

$$\text{SN} - \dfrac{2g \times \text{PN} \times \text{RQ}}{\text{PR}}$$

à la place de SN.

8. Donc, en premier lieu, le paramètre L de la section conique, qu'on a trouvé (3) égal à $\dfrac{\overline{\text{SN}}^2 \times \overline{\text{PR}}^2}{\overline{\text{PS}}^2 \times \text{QR}}$, deviendra par l'effet des forces perturbatrices

$$\dfrac{\left(\text{SN} - \dfrac{2g \times \text{PN} \times \text{RQ}}{\text{PR}}\right)^2 (\text{PR} + 2f \times \text{RQ})^2}{\overline{\text{PS}}^2 \times \text{QR}} ;$$

par conséquent l'incrément du paramètre sera

$$\dfrac{\left(\text{SN} - \dfrac{2g \times \text{PN} \times \text{RQ}}{\text{PR}}\right)^2 (\text{PR} + 2f \times \text{RQ})^2 - \overline{\text{SN}}^2 \times \overline{\text{PR}}^2}{\overline{\text{PS}}^2 \times \text{QR}},$$

c'est-à-dire, en développant les termes du numérateur et faisant attention que la flèche QR est infiniment plus petite que la tangente PR,

$$\dfrac{\overline{\text{SN}}^2 \times 4f \times \text{PR} \times \text{RQ} - \text{PR} \times 4g \times \text{SN} \times \text{PN} \times \text{RQ}}{\overline{\text{PS}}^2 \times \text{QR}},$$

ce qui se réduit à

$$\dfrac{(4f \times \text{SN} - 4g \times \text{PN}) \times \text{SN} \times \text{PR}}{\overline{\text{PS}}^2}.$$

DU MOUVEMENT DES APHÉLIES DES PLANÈTES.

Ainsi le paramètre, qui sans les forces perturbatrices serait L, deviendra par l'action de ces forces

$$L + \frac{4(f \times SN - g \times PN) \times SN \times PR}{\overline{PS}^2}.$$

9. On peut déterminer de même la variation du grand axe. Car, comme dans l'ellipse cet axe est toujours égal à la somme des distances aux foyers SP + PH, si on le nomme A, on aura, par la formule du n° 4,

$$\frac{1}{A} = \frac{1}{SP} - \frac{L}{4\overline{SN}^2}.$$

Or la distance SP étant donnée demeure la même; mais les quantités L et SN deviennent par l'action des forces perturbatrices (5 et 6)

$$L + \frac{4(f \times SN - g \times PN) \times SN \times PR}{\overline{PS}^2}, \quad SN - \frac{2g \times PN \times RQ}{PR};$$

donc le terme $\dfrac{L}{4\overline{SN}^2}$ de l'équation précédente deviendra

$$\frac{L + \dfrac{4(f \times SN - g \times PN) \times SN \times PR}{\overline{PS}^2}}{4\left(SN - \dfrac{2g \times PN \times RQ}{PR}\right)^2},$$

c'est-à-dire, en développant les termes et négligeant ce qu'on doit négliger à cause de la quantité PR infiniment petite et de la RQ infiniment plus petite que PR,

$$\frac{L}{4\overline{SN}^2} + \frac{f \times PR}{\overline{PS}^2} - \frac{g \times PN \times PR}{\overline{PS}^2 \times SN} + \frac{Lg \times PN \times RQ}{\overline{SN}^3 \times PR}.$$

Mais (6)
$$L = \frac{\overline{SN}^2 \times \overline{PR}^2}{\overline{PS}^2 \times RQ};$$

donc
$$L \times RQ = \frac{\overline{SN}^2 \times \overline{PR}^2}{\overline{PS}^2};$$

substituant cette valeur dans le dernier terme de l'expression précédente, ce terme détruira le précédent, et elle se réduira à $\dfrac{L}{4\overline{SN}^2} + \dfrac{f \times PR}{\overline{PS}^2}$; de sorte que $\dfrac{f \times PR}{\overline{PS}^2}$ sera l'incrément de la quantité $\dfrac{L}{4\overline{SN}^2}$; par conséquent $\dfrac{f \times PR}{\overline{PS}^2}$ sera le décrément de $\dfrac{1}{A}$, puisque le terme $\dfrac{1}{SP}$ demeure invariable.

Ainsi la quantité $\dfrac{1}{A}$ deviendra $\dfrac{1}{A} - \dfrac{f \times PR}{\overline{PS}^2}$, et par conséquent la quantité A deviendra

$$\dfrac{1}{\dfrac{1}{A} - \dfrac{f \times PR}{\overline{PS}^2}}, \quad \text{ou bien} \quad \dfrac{A}{1 - \dfrac{f \times A \times PR}{\overline{PS}^2}},$$

c'est-à-dire, à cause de PR infiniment petite,

$$A + \dfrac{f \times A^2 \times PR}{\overline{PS}^2}.$$

D'où il s'ensuit que le grand axe de l'orbite, qui sans les forces perturbatrices serait A, sera augmenté par l'action de ces forces de la quantité $f \times \dfrac{A^2 \times PR}{\overline{PS}^2}$.

10. Voyons maintenant les changements que cette même action doit produire dans l'excentricité de l'orbite et dans la position même du grand axe.

Il est clair que tout se réduit à déterminer ceux qui en résultent dans le lieu du second foyer H.

D'abord, puisque le grand axe A, dont nous venons de déterminer la variation, est égal à la somme des deux rayons PS et PH, et que le rayon PS est constant, les points S et P étant censés donnés, il s'ensuit que la variation de A sera aussi celle de la ligne PH; par conséquent cette ligne recevra par l'action des forces perturbatrices une augmentation exprimée par la quantité $f \times \dfrac{A^2 \times PR}{\overline{PS}^2}$.

Ensuite, comme l'angle SPH est toujours le complément à deux droits du double de l'angle NPS fait par le rayon et la tangente, le premier de ces angles augmentera d'une quantité double de celle dont le second sera diminué.

Or, la tangente NP étant transportée par l'action des forces perturbatrices en nP, en sorte que la perpendiculaire SN devient (**7**)

$$Sn = SN - 2g\frac{PN \times RQ}{PR},$$

il est clair que l'angle NPS se trouvera diminué de l'angle

$$NPn = \frac{Nm}{PN} = \frac{NS - nS}{PN} = 2g\frac{RQ}{PR};$$

donc, puisque (**3**)

$$\frac{RQ}{PR} = \frac{\overline{SN}^2 \times \dot{PR}}{L \times \overline{PS}^2},$$

l'incrément de l'angle SPH sera exprimé par

$$4g \times \frac{\overline{SN}^2 \times PR}{L \times \overline{PS}^2}.$$

11. Ainsi, dans le triangle SPH, le côté SP étant constant, le côté PH augmentant de $f \times \dfrac{A^2 \times PR}{\overline{PS}^2}$, et l'angle SPH augmentant de $4g \times \dfrac{\overline{SN}^2 \times PR}{L \times \overline{PS}^2}$, il s'agira de déterminer les variations du côté SH et de l'angle PSH; l'une sera la variation de l'excentricité et l'autre celle du lieu de l'aphélie.

Comme ces variations sont infiniment petites à cause de la PR supposée infiniment petite, on pourra les considérer chacune à part, et la somme des variations partielles sera la variation totale.

Ainsi :

1° Ayant (*fig*. 3) pris dans le prolongement de PH la partie infiniment petite $Hh = f \times \dfrac{A^2 \times PR}{\overline{PS}^2}$, et mené la S$h$, ainsi que la H$l$ perpendiculaire sur SH, on aura lh pour l'incrément de SH, et hSH pour celui de l'angle PSH en vertu de l'incrément hH du côté PH.

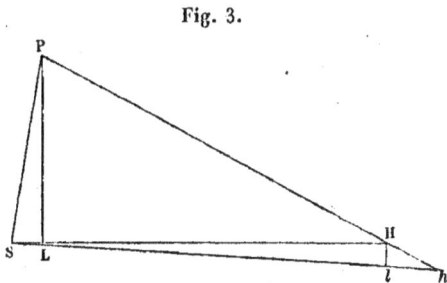

Fig. 3.

Ayant abaissé la perpendiculaire PL sur le côté SH, les triangles semblables hHl et PHL donneront

$$lh = \frac{\text{LH} \times h\text{H}}{\text{PH}}, \quad l\text{H} = \frac{\text{PL} \times h\text{H}}{\text{PH}};$$

et, comme $\frac{l\text{H}}{\text{S}l}$ ou $\frac{l\text{H}}{\text{SH}}$ est la mesure de l'angle infiniment petit hSH, cet angle sera exprimé par

$$\frac{\text{PL} \times h\text{H}}{\text{SH} \times \text{PH}}.$$

Donc l'incrément de SH sera

$$f \times \frac{\text{A}^2 \times \text{LH} \times \text{PR}}{\text{PH} \times \overline{\text{PS}}^2}.$$

et celui de l'angle PSH sera

$$f \times \frac{\text{A}^2 \times \text{PL} \times \text{PR}}{\text{SH} \times \text{PH} \times \overline{\text{PS}}^2}.$$

2° Ayant tiré la ligne Ph égale à la PH (*fig.* 4), et faisant avec elle l'angle infiniment petit HP$h = 4g \dfrac{\overline{\text{SN}}^2 \times \text{PR}}{\text{L} \times \overline{\text{PS}}^2}$, la ligne S$h$ sera ce que devient la SH par la variation de l'angle SPH. Si donc on abaisse la perpendiculaire Hi sur SH, on aura ih pour l'incrément de SH et $\dfrac{i\text{H}}{\text{SH}}$ pour le

DU MOUVEMENT DES APHÉLIES DES PLANÈTES.

décrément de l'angle PSH. Or, ayant joint la Hh et abaissé la perpendicu-

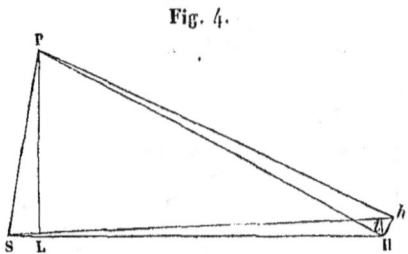

Fig. 4.

laire PL sur la base SH, on a le triangle infiniment petit hHi semblable au triangle PHL; par conséquent

$$i h = \frac{\mathrm{PL} \times \mathrm{H}h}{\mathrm{PH}}, \quad i\mathrm{H} = \frac{\mathrm{LH} \times \mathrm{H}h}{\mathrm{PH}}.$$

Mais, $\frac{\mathrm{H}h}{\mathrm{PH}}$ étant la mesure de l'angle HPh, on aura

$$\mathrm{H}h = 4g \times \frac{\overline{\mathrm{SN}}^2 \times \mathrm{PH} \times \mathrm{PR}}{\mathrm{L} \times \overline{\mathrm{PS}}^2}.$$

Donc l'incrément de SH sera exprimé par

$$4g \times \frac{\overline{\mathrm{SN}}^2 \times \mathrm{PL} \times \mathrm{PR}}{\mathrm{L} \times \overline{\mathrm{PS}}^2},$$

et le décrément de l'angle PSH le sera par

$$4g \times \frac{\overline{\mathrm{SN}}^2 \times \mathrm{LH} \times \mathrm{PR}}{\mathrm{L} \times \overline{\mathrm{PS}}^2 \times \mathrm{SH}};$$

ou bien, en mettant pour $\frac{4\overline{\mathrm{SN}}^2}{\mathrm{L}}$ sa valeur $\frac{(\mathrm{SP} + \mathrm{PH}) \times \mathrm{SP}}{\mathrm{PH}}$ tirée de l'équation du n° 4, c'est-à-dire (7) $\frac{\mathrm{A} \times \mathrm{PS}}{\mathrm{PH}}$, on aura

$$g \times \frac{\mathrm{A} \times \mathrm{PL} \times \mathrm{PR}}{\mathrm{PH} \times \mathrm{PS}}.$$

pour l'incrément de SH, et

$$g \times \frac{A \times LH \times PR}{SH \times PH \times PS}$$

pour le décrément de l'angle PSH.

De sorte que, réunissant les incréments et les décréments des mêmes quantités dus aux variations de PH et de l'angle PSH, on aura enfin pour l'incrément total de la ligne SH

$$f \times \frac{A^2 \times LH \times PR}{PH \times \overline{PS}^2} + g \times \frac{A \times PL \times PR}{PH \times PS},$$

et pour celui de l'angle PSH

$$f \times \frac{A^2 \times PL \times PR}{SH \times PH \times \overline{PS}^2} - g \times \frac{A \times LH \times PR}{SH \times PH \times PS}.$$

La première de ces deux quantités représentera la variation du double de l'excentricité CS (*fig.* 1, page 568), et la seconde exprimera celle du lieu de l'aphélie D.

12. La manière dont nous venons de déterminer ces variations est celle qui se présente naturellement d'après la construction donnée par Newton; mais on y peut parvenir plus facilement par les formules que nous avons trouvées dans le n° 5.

Ces formules sont, en mettant A pour PS + PH (*fig.* 2, page 571),

$$\frac{SI}{A} = 1 - \frac{L}{2PS}, \quad \frac{IH}{A} = \frac{L}{2PS} \times \frac{NP}{SN}.$$

Ainsi :

1° Comme PS est censée constante, l'incrément de $\frac{SI}{A}$ sera égal à $-\frac{l}{2PS}$, en représentant par l l'incrément de L; mais cet incrément a été trouvé dans le n° 8 de

$$\frac{4(f \times SN - g \times PN) \times SN \times PR}{\overline{PS}^2};$$

DU MOUVEMENT DES APHÉLIES DES PLANÈTES.

donc, substituant cette quantité pour l, on aura l'incrément de $\frac{SI}{A}$ égal à

$$-\frac{2(f \times SN - g \times PN) \times SN \times PR}{\overline{PS}^3}.$$

2° L'incrément de $\frac{IH}{A}$ sera exprimé par

$$\frac{NP}{SN} \times \frac{l}{2\,PS} + \frac{L}{2\,PS}\left[\frac{nm}{SN} - \frac{NP \times (-Nm)}{\overline{SN}^2}\right],$$

puisque nm et $-Nm$ sont les incréments des lignes NP, SN (*fig.* 1, page 568); je donne à Nm le signe $-$, parce que c'est la quantité dont SN diminue, au lieu d'augmenter, par le changement de position de la tangente NR. Or il est clair que les triangles semblables NPm et nSm donnent

$$NP : NS = Nm : nm,$$

et par conséquent

$$nm = \frac{NS \times Nm}{NP};$$

de plus on a trouvé dans le n° 7

$$Nm = \frac{PN \times Rr}{PR}, \quad Rr = 2g \times RQ;$$

d'ailleurs, puisque

$$L = \frac{\overline{SN}^2 \times \overline{PR}^2}{\overline{PS}^2 \times QR},$$

on aura

$$QR = \frac{\overline{SN}^2 \times \overline{PR}^2}{L \times \overline{PS}^2}.$$

Ainsi la seconde partie de la valeur de l'incrément dont il s'agit se réduira d'abord à

$$\frac{L}{2\,PS}\left(\frac{1}{NP} + \frac{NP}{\overline{SN}^2}\right) \times Nm,$$

ou bien, à cause de $\overline{SN}^2 + \overline{NP}^2 = \overline{SP}^2$, à

$$\frac{L \times PS \times Nm}{2 NP \times \overline{SN}^2},$$

et, mettant pour Nm sa valeur

$$\frac{2g \times PN \times RQ}{PR}, \quad \text{ou bien} \quad \frac{2g \times \overline{SN}^2 \times PN \times PR}{L \times \overline{PS}^2},$$

elle deviendra

$$\frac{g \times PR}{PS}.$$

A l'égard de la première partie de la même valeur, il n'y a qu'à y substituer la valeur de l déjà trouvée, ce qui la change en

$$\frac{2(f \times SN - g \times NP) \times NP \times PR}{\overline{PS}^3}.$$

Donc la valeur totale de l'incrément de $\frac{IH}{A}$ sera

$$\left[\frac{2(f \times SN - g \times PN) \times PN}{\overline{PS}^3} + \frac{Q}{PS}\right] \times PR;$$

et cette expression, à cause de $\overline{PS}^2 = \overline{SN}^2 + \overline{NP}^2$, peut encore se changer en celle-ci

$$\left[(f \times SN - g \times PN) \times PN + (f \times PN + g \times SN) \times SN\right]\frac{PR}{\overline{PS}^3}.$$

13. Si l'on voulait comparer ces formules avec celles qu'on a trouvées dans le numéro précédent, et en montrer l'accord, on y parviendrait facilement en employant le calcul algébrique.

Soit r le rayon SP, E la distance des foyers SH, φ l'angle PSH, θ l'angle PHS et ds le petit espace parcouru PR; il est aisé de traduire les formules du n° 11 en celles-ci, dans lesquelles j'emploie la caractéristique δ

pour représenter les incréments relatifs aux variations des éléments de l'orbite,

$$\delta E = f \frac{A^2 \cos\theta \, ds}{r^2} + g \frac{A \sin\theta \, ds}{r}, \quad \delta\varphi = f \frac{A^2 \sin\theta \, ds}{E r^2} - g \frac{A \cos\theta \, ds}{E r}.$$

Ces formules donnent directement les transformées suivantes

$$\delta(E \sin\varphi) = f \frac{A^2 \sin(\varphi + \theta) \, ds}{r^2} - g \frac{A \cos(\varphi + \theta) \, ds}{r},$$

$$\delta(E \cos\varphi) = f \frac{A^2 \cos(\varphi + \theta) \, ds}{r^2} + g \frac{A \sin(\varphi + \theta) \, ds}{r}.$$

Mais la somme des angles φ et θ étant le complément à deux droits de l'angle SPH, si l'on nomme ce dernier angle ψ, on a

$$\sin(\varphi + \theta) = \sin\psi, \quad \cos(\varphi + \theta) = -\cos\psi;$$

par conséquent on aura

$$\delta(E \sin\varphi) = f \frac{A^2 \sin\psi \, ds}{r^2} + g \frac{A \cos\psi \, ds}{r},$$

$$\delta(E \cos\varphi) = -f \frac{A^2 \cos\psi \, ds}{r^2} + g \frac{A \sin\psi \, ds}{r}.$$

Or on a trouvé dans le n° 9

$$\delta A = f \frac{A^2 ds}{r};$$

ainsi l'on aura

$$\delta\left(\frac{E \sin\varphi}{A}\right) = f \frac{A \sin\psi \, ds}{r^2} + g \frac{\cos\psi \, ds}{r} - f \frac{E \sin\varphi \, ds}{r^2},$$

$$\delta\left(\frac{E \cos\varphi}{A}\right) = -f \frac{A \cos\psi \, ds}{r^2} + g \frac{\sin\psi \, ds}{r} - f \frac{E \cos\varphi \, ds}{r^2}.$$

Si maintenant on nomme R le rayon PH, on aura, par la propriété connue,

$$A = r + R,$$

et l'on pourra mettre les équations précédentes sous la forme

$$\delta\left(\frac{E\sin\varphi}{A}\right) = \frac{f\sin\psi + g\cos\psi}{r}\,ds - f\frac{E\sin\varphi - R\sin\psi}{r^2}\,ds,$$

$$\delta\left(\frac{E\cos\varphi}{A}\right) = -\frac{f\cos\psi - g\sin\psi}{r}\,ds - f\frac{E\cos\varphi + R\cos\psi}{r^2}\,ds.$$

Or dans le triangle PSH on a évidemment

$$E\sin\varphi - R\sin\psi = 0, \quad E\cos\varphi + R\cos\psi = r;$$

donc

$$\delta\left(\frac{E\sin\varphi}{A}\right) = \frac{f\sin\psi + g\cos\psi}{r}\,ds,$$

$$\delta\left(\frac{E\cos\varphi}{A}\right) = -\frac{f(1+\cos\psi) - g\sin\psi}{r}\,ds.$$

Enfin on sait que l'angle ψ ou SPH est le complément à deux droits du double de l'angle NPS; de sorte qu'en nommant ω ce dernier angle, on aura

$$\sin\psi = \sin 2\omega = 2\sin\omega\cos\omega, \quad \cos\psi = -\cos 2\omega = \sin^2\omega - \cos^2\omega,$$

$$1 + \cos\psi = 2\sin^2\omega;$$

par ces substitutions, les équations trouvées en dernier lieu deviendront

$$\delta\left(\frac{E\sin\varphi}{A}\right) = \frac{2f\sin\omega\cos\omega + g(\sin^2\omega - \cos^2\omega)}{r}\,ds,$$

$$\delta\left(\frac{E\cos\varphi}{A}\right) = -\frac{2f\sin^2\omega - 2g\sin\omega\cos\omega}{r}\,ds,$$

ou bien

$$\delta\left(\frac{E\sin\varphi}{A}\right) = \frac{f\sin\omega - g\cos\omega}{r}\cos\omega\,ds + \frac{f\cos\omega + g\sin\omega}{r}\sin\omega\,ds,$$

$$\delta\left(\frac{E\cos\varphi}{A}\right) = -2\frac{f\sin\omega - g\cos\omega}{r}\sin\omega\,ds.$$

Il est visible qu'on a dans la *fig.* 2, page 571,

$$IH = E\sin\varphi, \quad SI = E\cos\varphi, \quad \frac{SN}{SP} = \sin\omega, \quad \frac{PN}{SP} = \cos\omega;$$

ainsi les formules précédentes sont identiques avec celles du n° 12.

DU MOUVEMENT DES APHÉLIES DES PLANÈTES.

14. On peut au reste mettre ces formules sous une forme plus simple, en réduisant les forces perturbatrices à la direction du rayon et à la perpendiculaire à ce rayon.

Supposons donc ces forces réduites à deux, l'une suivant PX et l'autre suivant PT (*fig.* 1, page 568); que la première soit à la force centripète en ρ comme ρ à 1, et que la seconde soit à la même force centripète comme ϖ à 1, il est aisé de prouver par les Théorèmes connus sur la composition et la décomposition des forces, que les deux forces suivant PR et suivant PV (**7**), étant réduites aux directions PX et PT, donneront

$$\rho = f\cos\omega + g\sin\omega, \quad \varpi = f\sin\omega - g\cos\omega.$$

De plus il est clair que

$$\sin\omega\, ds = \text{PT}, \quad \cos\omega\, ds = \text{TR},$$

puisque $ds = \text{PR}$; mais PS étant égal à r, TR sera dr, et, si l'on nomme dq le petit angle PSQ décrit autour du foyer S, on aura $\text{PT} = r\, dq$. Par le moyen de ces substitutions, les formules ci-dessus deviendront

$$\delta\left(\frac{\text{E}\sin\varphi}{\text{A}}\right) = \frac{\varpi\, dr}{r} + \rho\, dq, \quad \delta\left(\frac{\text{E}\cos\varphi}{\text{A}}\right) = -2\varpi\, dq.$$

15. Puisque dq est l'angle élémentaire décrit par le rayon r, q sera l'angle que ce rayon fait avec une ligne fixe; soit α l'angle que le grand axe AD fait avec la même ligne, on aura

$$\varphi = \alpha - q,$$

et, supposant

$$\frac{\text{E}\sin\alpha}{\text{A}} = m, \quad \frac{\text{E}\cos\alpha}{\text{A}} = n,$$

on aura

$$\frac{\text{E}\sin\varphi}{\text{A}} = m\cos q - n\sin q, \quad \frac{\text{E}\cos\varphi}{\text{A}} = n\cos q + m\sin q;$$

et, comme la caractéristique δ ne se rapporte qu'à la variation des éléments de l'ellipse et nullement à celle de l'angle q qui est censé constant relativement à ces variations, on aura

$$\delta\left(\frac{\mathrm{E}\sin\varphi}{\mathrm{A}}\right) = \cos q\,\delta m - \sin q\,\delta n, \quad \delta\left(\frac{\mathrm{E}\cos\varphi}{\mathrm{A}}\right) = \cos q\,\delta n + \sin q\,\delta m,$$

d'où l'on tire

$$\delta m = \cos q \times \delta\left(\frac{\mathrm{E}\sin\varphi}{\mathrm{A}}\right) + \sin q \times \delta\left(\frac{\mathrm{E}\cos\varphi}{\mathrm{A}}\right),$$

$$\delta n = \cos q \times \delta\left(\frac{\mathrm{E}\cos\varphi}{\mathrm{A}}\right) - \sin q \times \delta\left(\frac{\mathrm{E}\sin\varphi}{\mathrm{A}}\right).$$

Donc, en substituant les valeurs du numéro précédent, et changeant la caractéristique δ en d, puisque, les quantités m et n étant maintenant regardées comme variables en même temps que r et q, leurs variations sont de la même nature que les différences de celles-ci, on aura ces formules

$$dm = \frac{\varpi \cos q\,dr}{r} + (\rho\cos q - 2\varpi\sin q)\,dq,$$

$$dn = -\frac{\varpi \sin q\,dr}{r} - (\rho\sin q + 2\varpi\cos q)\,dq,$$

lesquelles s'accordent avec celles que nous avons trouvées dans la *Théorie des variations séculaires*, en observant que dans cette Théorie les quantités $\frac{d\Omega}{dr}$ et $\frac{1}{r}\frac{d\Omega}{dq}$ représentent les forces perturbatrices suivant PS et suivant TP (*fig.* 1, page 568), et que la force centripète en ρ y est supposée $\frac{1}{r^2}$, en sorte que $-r^2\frac{d\Omega}{dr}$ et $-r\frac{d\Omega}{dq}$ y sont ce que nous avons désigné par ρ et ϖ.

16. Si l'on voulait introduire ces quantités ρ et ϖ à la place des quantités f et g dans les premières formules du n° **11**, il n'y aurait qu'à tirer des équations

$$\rho = f\cos\omega + g\sin\omega, \quad \varpi = f\sin\omega - g\cos\omega,$$

les valeurs de f et g, lesquelles seront

$$f = \rho\cos\omega + \varpi\sin\omega, \quad g = \rho\sin\omega - \varpi\cos\omega,$$

et les substituer dans les formules dont il s'agit.

DU MOUVEMENT DES APHÉLIES DES PLANÈTES.

Puisque
$$\sin\omega\, ds = r\, dq, \quad \cos\omega\, ds = dr,$$

on aura
$$f\, ds = \rho\, dr + \varpi r\, dq, \quad g\, ds = \rho r\, dq - \varpi\, dr,$$

et l'on aura par le n° 13

$$\frac{\delta E}{A} = \frac{A\cos\theta(\rho\, dr + \varpi r\, dq)}{r^2} + \frac{\sin\theta(\rho r\, dq - \varpi\, dr)}{r},$$

$$\frac{E\delta\varphi}{A} = \frac{A\sin\theta(\rho\, dr + \varpi r\, dq)}{r^2} - \frac{\cos\theta(\rho r\, dq - \varpi\, dr)}{r}.$$

Mais on pourra avoir des formules plus simples à quelques égards, en les déduisant immédiatement de celles du n° 14. Car, puisque

$$\delta\left(\frac{E\sin\varphi}{A}\right) = \sin\varphi\,\delta\frac{E}{A} + \frac{E}{A}\cos\varphi\,\delta\varphi,$$

$$\delta\left(\frac{E\cos\varphi}{A}\right) = \cos\varphi\,\delta\frac{E}{A} - \frac{E}{A}\sin\varphi\,\delta\varphi,$$

on aura sur-le-champ

$$\delta\frac{E}{A} = \sin\varphi\left(\frac{\varpi\, dr}{r} + \rho\, dq\right) - 2\cos\varphi \times \varpi\, dq,$$

$$\frac{E\delta\varphi}{A} = \cos\varphi\left(\frac{\varpi\, dr}{r} + \rho\, dq\right) + 2\sin\varphi \times \varpi\, dq.$$

Enfin, si l'on voulait aussi exprimer par des formules analytiques les variations du paramètre L et du grand axe A, on aurait par les n°^{os} 8 et 9

$$\delta L = 4\varpi\rho\, dq, \quad \delta A = \frac{A^2(\rho\, dr + \varpi r\, dq)}{r^2}.$$

SUR LA MANIÈRE DE RECTIFIER

DEUX ENDROITS DES PRINCIPES DE NEWTON

RELATIFS

A LA PROPAGATION DU SON ET AU MOUVEMENT DES ONDES.

SUR LA MANIÈRE DE RECTIFIER

DEUX ENDROITS DES PRINCIPES DE NEWTON

RELATIFS

A LA PROPAGATION DU SON ET AU MOUVEMENT DES ONDES.

(*Nouveaux Mémoires de l'Académie royale des Sciences et Belles-Lettres de Berlin*, année 1786.)

Parmi les différentes Théories que Newton a données dans le fameux Ouvrage des *Principes mathématiques*, les unes sont entièrement rigoureuses et ont toute la perfection dont elles sont susceptibles, les autres ne sont qu'approchées et laissent plus ou moins à désirer du côté de l'exactitude et de la généralité.

A la première classe appartiennent les Propositions sur le mouvement des corps isolés et regardés comme des points, c'est-à-dire toutes celles du premier Livre et une partie de celles du second. On doit rapporter à la seconde classe les Propositions qui concernent la résistance et le mouvement des fluides, et surtout celles qui ont pour objet l'explication des phénomènes des marées, de la précession des équinoxes et des différentes inégalités du mouvement de la Lune.

Ce n'est pas que Newton ne se montre aussi grand dans ces sujets que dans les autres; on peut même dire que son génie inventeur y brille davantage. Mais, comme l'Analyse et la Mécanique de son temps ne pouvaient lui suffire pour résoudre des questions aussi compliquées, il s'est vu dans la nécessité de les simplifier par des hypothèses et des limitations précaires; et il n'est parvenu ainsi qu'à des résultats incomplets et peu exacts. C'est ce qui a lieu surtout à l'égard des Théories de la propagation du son et du mouvement des ondes.

A mesure que ces deux sciences ont acquis de nouveaux degrés de perfection, on a été en état de suppléer plus ou moins au défaut des Théories que Newton avait laissées imparfaites; et les sujets du Système du monde, comme les plus importants, ont déjà été discutés avec tant de soin par les premiers Géomètres de ce siècle, qu'il paraît difficile de pouvoir ajouter quelque chose à leurs travaux, si ce n'est peut-être plus de facilité dans les procédés et de simplicité dans les résultats. La Théorie des fluides a été également l'objet de leurs recherches, et, s'ils n'y ont pas fait des progrès aussi marqués, on doit l'attribuer uniquement aux grandes difficultés dont la matière est hérissée. Les lois générales du mouvement des fluides ont été découvertes et réduites à des équations analytiques; mais ces équations sont si composées par la nature même de la chose, que leur résolution complète sera peut-être toujours au-dessus des forces de l'Analyse; et il n'y a guère que le cas des mouvements infiniment petits qui soit susceptible d'un calcul rigoureux.

Heureusement les vibrations des particules de l'air dans la production du son, et celles des particules de l'eau dans la formation des ondes sont à peu près dans ce cas; et par conséquent il est possible de déterminer les lois de ces vibrations d'une manière plus exacte que Newton ne l'a fait dans la Section VIII du second Livre des *Principes*. C'est ce que j'ai déjà fait voir ailleurs; mais je me propose ici de faciliter aux Commentateurs les moyens d'éclaircir et de corriger cet endroit, qui a été regardé jusqu'ici comme un des plus obscurs et les plus difficiles de l'Ouvrage de Newton.

Je divise ce Mémoire en deux Sections. Dans la première, j'examine la Théorie de la propagation du son, telle qu'elle est contenue dans les Propositions XLVII et XLIX du second Livre; j'en montre l'insuffisance, et j'y donne l'exactitude et la généralité qui y manquent. Dans la seconde, je fais voir comment cette même Théorie peut s'appliquer aussi au mouvement des ondes.

SECTION PREMIÈRE.

DE LA PROPAGATION DU SON.

1. Newton considère une ligne physique d'air ou d'un milieu élastique quelconque dont l'élasticité soit en raison directe de la densité; et il imagine que tous les points physiques de cette ligne soient ébranlés successivement et agités par des mouvements semblables, en sorte qu'ils fassent chacun une oscillation entière, composée de l'allée et du retour. Il suppose ensuite que ces oscillations suivent les mêmes lois que celles des pendules suspendus entre les cycloïdes, et, comparant la force accélératrice de chaque point physique du milieu, due à l'élasticité, avec la force accélératrice du pendule correspondant, due à la gravité, il conclut de l'égalité de ces forces que la supposition est légitime, et que par conséquent le milieu doit être en effet mû de la sorte. C'est le sujet de la Proposition XLVII; et voici comment il la démontre.

2. Soient B, C (*fig.* 1) deux points physiques de la ligne AD, tels que le point C ne commence à s'ébranler que lorsque B a fini son oscillation;

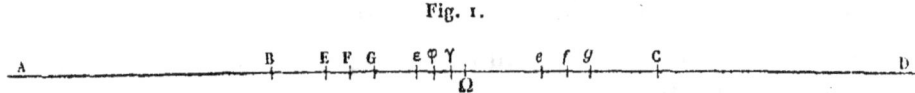

Fig. 1.

et soient E, F, G trois points quelconques intermédiaires, et placés à des distances égales EF, FG supposées très-petites.

Soient maintenant E*e*, F*f*, G*g* les espaces égaux très-petits dans lesquels ces points vont et viennent à chaque oscillation par un mouvement réciproque, et ε, φ, γ les lieux quelconques intermédiaires de ces mêmes points; de manière que les petites lignes physiques EF, FG, ou les parties linéaires du milieu qui sont entre ces points, soient transportées successivement dans les lieux εφ, φγ et *ef*, *fg*.

Cela posé, soit tirée (dit Newton) PS égale à la ligne E*e* (*fig.* 2), et soit cette ligne PS partagée en deux parties égales au point O; et, du

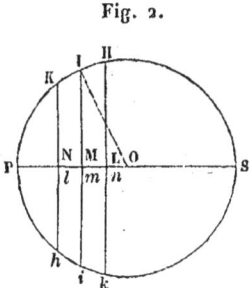

Fig. 2.

centre O et de l'intervalle OP, soit décrit le cercle S*i*PI. Que sa circonférence entière et ses parties représentent le temps entier d'une vibration avec ses parties proportionnelles; en sorte que le temps quelconque PH ou PHS*h* étant écoulé, si l'on tire HL ou *hl* perpendiculaire sur PS, et qu'on prenne Eε égale à PL ou à P*l*, le point physique E se trouve en ε. Suivant cette loi, un point quelconque E, allant de E par ε à *e*, et revenant ensuite de *e* par ε à E, achèvera chacune de ses vibrations avec les mêmes degrés d'accélération et de retardation que le pendule qui oscille, par la Proposition LII du Livre premier; par conséquent sa vitesse sera comme l'ordonnée HL, et sa force accélératrice devra être comme l'abscisse LO, ou comme sa distance au point du milieu de la vibration. Ainsi il n'y a qu'à voir si la force accélératrice réelle du point E suit en effet cette proportion.

Dans la circonférence PHS*h*P, soient pris les arcs égaux HI, IK ou *hi*, *ki* qui aient à la circonférence entière la raison que les droites égales EF, FG ont à l'intervalle entier BC; et ayant abaissé les perpendiculaires IM, KN ou *im*, *kn*, parce que les points E, F, G sont successivement agités par des mouvements semblables (hypothèse), si PH ou PHS*h* représente le temps écoulé depuis le commencement du mouvement du point E, PI ou PHS*i* représentera le temps écoulé depuis le commencement du mouvement du point F, et PK ou PHSk, le temps écoulé depuis le commencement du mouvement du point G; et par conséquent Eε, Fφ, Gγ seront égaux respectivement à PL, PM, PN, ou à Pl, Pm, Pn, le premier dans l'allée et le second dans le retour de ces points. D'où $\varepsilon\gamma$ ou EG + Gγ — Eε dans l'allée sera égal à EG — LN, et dans le retour à EG + ln. Mais $\varepsilon\gamma$ est la largeur ou l'expansion de la partie du milieu EG dans le lieu $\varepsilon\gamma$; et par conséquent l'expansion de cette partie dans l'allée est à son expansion moyenne comme EG — LN à EG; et dans le retour, comme EG + ln ou EG + LN à EG. C'est pourquoi, LN étant à KH comme IM au rayon OP, et KH étant à EG comme la circonférence PHShP à BC, c'est-à-dire (si l'on prend V pour le rayon du cercle dont la circonférence est égale à l'intervalle BC) comme OP à V; par conséquent LN étant à EG comme IM à V, l'expansion de la partie EG, ou du point physique F, dans le lieu $\varepsilon\gamma$, est à l'expansion moyenne de cette partie dans son premier lieu EG comme V — IM à V dans l'allée, et comme V + im à V dans le retour. D'où, la force élastique du point F dans le lieu $\varepsilon\gamma$ est à sa force élastique moyenne dans le lieu EG comme $\frac{1}{V-IM}$ à $\frac{1}{V}$ dans l'allée, mais dans le retour elle est comme $\frac{1}{V+im}$ à $\frac{1}{V}$. Et par le même raisonnement les forces élastiques des points physiques E et G dans l'allée sont comme $\frac{1}{V-HL}$ et $\frac{1}{V-KN}$ à $\frac{1}{V}$; et la différence des forces à la force élastique moyenne du milieu comme $\frac{HL-KN}{V^2 - V \times HL - V \times KN + HL \times KN}$ à $\frac{1}{V}$, c'est-à-dire comme $\frac{HL-KN}{V^2}$ à $\frac{1}{V}$, ou comme HL — KN à V, en supposant (à cause des limites étroites dans lesquelles se font les vibrations) HI et KN indéfiniment plus petites que la quantité V.

Comme cette quantité V est donnée, la différence des forces est comme HL — KN, c'est-à-dire (à cause des proportionnelles HL — KN à HK, et OM à OI ou OP et des données HK et OP) comme OM; ou, ce qui revient au même, si Ff est coupée en deux également à Ω, comme $\Omega\varphi$. Et par le même raisonnement la différence des forces élastiques des points physiques ε et γ dans le retour de la ligne physique $\varepsilon\gamma$ est comme $\Omega\varphi$.

Mais cette différence (c'est-à-dire l'excès de la force élastique du point ε sur la force élastique du point γ) est la force par laquelle la petite ligne physique εγ du milieu, laquelle est entre deux, est accélérée dans l'allée et dans le retour; et par conséquent la force accélératrice de la petite ligne physique εγ est comme sa distance au point du milieu Ω de la vibration.

Donc le temps est exprimé exactement par l'arc PI selon la Proposition XXXVIII du Livre premier; et la partie linéaire εγ du milieu se mouvra suivant la loi prescrite, c'est-à-dire comme les pendules oscillants. Il en est de même de toutes les parties linéaires dont le milieu entier est composé.

3. Dans la Proposition XLIX, Newton détermine ensuite la longueur du pendule simple, dont les oscillations répondent à celles des particules du milieu élastique; pour cela il suppose que ce milieu soit comprimé comme notre air par son propre poids, et que A soit la hauteur du milieu homogène dont le poids est égal au poids comprimant, et dont la densité soit la même que celle du milieu; et il trouve que le temps de l'oscillation de ce pendule est à celui d'une vibration des particules du milieu comme A à V; de sorte que, puisque les longueurs des pendules sont comme les carrés des durées des oscillations, le pendule isochrone aux particules du milieu élastique aura pour longueur $\frac{V^2}{A}$.

Car, dit-il, les constructions de la Proposition XLVII étant conservées, si une ligne physique quelconque EF, en décrivant à chaque vibration un espace PS, est pressée dans les extrémités P et S de son allée et de son retour par une force élastique égale à son poids, elle achèvera chacune de ses vibrations dans le temps que cette même ligne pourrait osciller dans une cycloïde dont le périmètre serait égal à toute la longueur PS, et cela parce que des forces égales doivent faire parcourir dans le même temps à des corpuscules égaux des espaces égaux. C'est pourquoi, comme les temps des oscillations sont en raison sous-doublée de la longueur des pendules, et que la longueur du pendule est égale à la moitié de l'arc de la cycloïde entière, le temps d'une vibration sera au temps de l'oscillation du pendule, dont la longueur est A, en raison sous-doublée de la longueur $\frac{1}{2}$ PS, ou PO, à la longueur A. Mais la force élastique qui presse la petite ligne physique EG lorsqu'elle est dans les extrémités P et S était, dans la démonstration de la Proposition XLVII, à la force élastique entière comme HL — KN à V, c'est-à-dire (lorsque le point K tombe sur P) comme HK à V; et cette force entière, c'est-à-dire le poids par lequel la petite ligne EG est comprimée, est au poids de cette petite ligne comme la hauteur A du poids comprimant est à la longueur EG de la petite ligne; donc la force, par laquelle la petite ligne EG est pressée dans les lieux P et S, est au poids de cette petite ligne comme HK $\times$ A à EG $\times$ V, ou comme PO $\times$ A à V^2; car HK était à EG comme PO à V. Ainsi, comme les temps dans lesquels les corps égaux sont poussés dans des espaces égaux sont réciproquement en raison sous-doublée des forces, le temps d'une vibration produite par la pression de la force élastique sera au temps d'une vibration produite par la force du poids en raison sous-doublée de V^2 à PO $\times$ A, et ce temps est par conséquent au temps de l'oscillation du pendule dont la longueur est A en raison sous-doublée de V^2 à PO $\times$ A et en raison sous-doublée de PO à A conjointement, c'est-à-dire dans la raison entière de V à A.

4. Maintenant, puisque le point C ne doit commencer sa vibration que dans le moment où le point B finira la sienne, ce qui est évident par la construction générale du n° 2, suivant laquelle, si la circonférence entière PHS*h*P représente le temps écoulé depuis le commencement du mouvement du point B, l'arc qui représentera le temps écoulé depuis le commencement du mouvement du point C sera nul; il s'ensuit que dans le temps d'une vibration entière le mouvement se trouvera propagé de la particule B à la particule C, par l'espace BC, et il est visible par la même construction que cette propagation se fait d'une manière uniforme.

Donc le temps de la propagation par BC sera à celui d'une oscillation du pendule A, comme V est à A, c'est-à-dire comme BC est à la circonférence du cercle dont le rayon est A; donc aussi, dans le temps d'une oscillation du pendule A, la propagation des ébranlements des particules se fera par un espace égal à la circonférence du cercle qui aurait la longueur A pour rayon; mais on sait par la Théorie des pendules que cette circonférence est égale à l'espace qu'un corps pourrait parcourir uniformément pendant une oscillation du pendule A, en se mouvant avec une vitesse égale à celle qu'il aurait acquise s'il était tombé librement de la hauteur $\frac{1}{2}$A. Donc cette vitesse sera celle de la propagation des ébranlements dans le milieu élastique; et par conséquent ce sera la vitesse du son, en prenant pour A la hauteur de l'atmosphère supposée homogène.

5. Telle est la Théorie que Newton a donnée de la propagation du son, Théorie que les uns ont regardée comme inintelligible, que d'autres ont trouvée contradictoire, et qui dans le fond n'est défectueuse que parce qu'elle est trop particulière, mais qui renferme en même temps le germe de la véritable Théorie, découverte dans ces derniers temps par le moyen de l'Analyse. C'est ce que nous allons montrer avec tout le détail que la difficulté de la matière exige.

Et d'abord je remarque que les raisonnements de Newton sont exacts, et que si les particules du milieu élastique se meuvent dans un instant suivant la loi qu'il suppose, elles doivent continuer à se mouvoir suivant cette même loi, en faisant des oscillations analogues à celles de plusieurs pendules égaux, qu'on aurait mis successivement en mouvement. Mais si sa solution est bonne, mathématiquement parlant, on voit aussi qu'elle n'est guère applicable à la nature; car comment imaginer que les ébranlements imprimés par le corps sonore aux particules de l'air suivent toujours la loi dont il s'agit? D'ailleurs par la Théorie des pendules il est clair que les oscillations de ces particules devraient durer toujours, ou du moins jusqu'à ce que des obstacles étrangers les détruisent; et même il est aisé de se convaincre, d'après la construction générale du n° 2, que toutes les particules de la ligne physique AD prolongée indéfiniment de part et d'autre devraient être en mouvement à la fois, puisqu'on peut toujours prendre dans la circonférence d'un cercle des arcs de telle grandeur que l'on veut. Or c'est ce qui est contraire aux phénomènes connus de la production et de la propagation du son.

Il s'ensuit de là que, pour avoir une Théorie conforme à l'expérience et propre à expliquer les principales propriétés du son, on ne doit pas supposer que la courbe PHShP soit un cercle, ni même que ce soit une autre courbe rentrante quelconque; au contraire il faudrait que cette courbe demeurât indéterminée et arbitraire, pour pouvoir représenter les ébranlements primitifs de la ligne sonore et fournir une solution générale, quels que puissent être ces ébranlements.

6. Il s'agit donc de voir jusqu'à quel point les propositions de Newton peuvent subsister, abstraction faite de la nature particulière de la courbe PHShP.

Pour cela nous supposerons donc, en général, avec lui que les points E, F, G de la ligne sonore BC parviennent en ε, φ, γ au bout d'un temps quelconque, représenté par l'arc PH de la courbe PH (*fig.* 3), en sorte

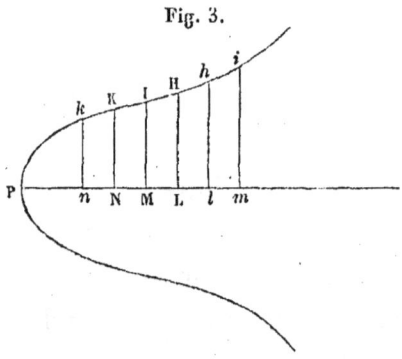

Fig. 3.

qu'ayant pris dans cet arc les parties égales HI, IK, lesquelles soient dans une raison constante avec les petites lignes égales EF, FG, et ayant mené les ordonnées HL, IM, KN, on ait

$$E\varepsilon = PL, \quad F\varphi = PM, \quad G\gamma = PN;$$

on aura ainsi

$$\varepsilon\gamma = EG + G\gamma - E\varepsilon = EG + PN - PL = EG - NL;$$

de sorte que l'expansion de la partie EG dans le lieu $\varepsilon\gamma$ sera à son expansion moyenne comme EG — NL à EG; et par conséquent la force élastique du point F ou de la particule EG dans le lieu $\varepsilon\gamma$ sera à sa force élastique moyenne dans le lieu EG comme $\dfrac{1}{\mathrm{EG}-\mathrm{NL}}$ à $\dfrac{1}{\mathrm{EG}}$, puisque l'élasticité du milieu est supposée en raison directe de la densité.

Par le même raisonnement (ayant mené encore les ordonnées hl et kn qui interceptent les arcs Hh, kK égaux à KI et IH) les forces élastiques des points physiques E, G seront à la force élastique moyenne comme $\dfrac{1}{\mathrm{EG}-\mathrm{M}l}$ et $\dfrac{1}{\mathrm{EG}-n\mathrm{M}}$ à $\dfrac{1}{\mathrm{EG}}$; et la différence des forces à la force élastique moyenne du milieu comme $\dfrac{\mathrm{M}l-n\mathrm{M}}{\overline{\mathrm{EG}}^2-\mathrm{EG}\times\mathrm{M}l-\mathrm{EG}\times n\mathrm{M}+\mathrm{M}l\times n\mathrm{M}}$ à $\dfrac{1}{\mathrm{EG}}$; c'est-à-dire comme $\dfrac{\mathrm{M}l-n\mathrm{M}}{\overline{\mathrm{EG}}^2}$ à $\dfrac{1}{\mathrm{EG}}$, ou comme $\mathrm{M}l-n\mathrm{M}$ à EG, en supposant (à cause des limites étroites dans lesquelles se font les vibrations) $\mathrm{M}l$ et $n\mathrm{M}$ indéfiniment plus petites que EG. Puisque la quantité EG est donnée, la différence des forces est comme $\mathrm{M}l-n\mathrm{M}$; or cette différence, c'est-à-dire l'excès de la force élastique du point ε sur la force élastique du point γ, est la force par laquelle la particule physique $\varepsilon\gamma$ du milieu est accélérée; donc la force accélératrice de cette particule, ou du point physique φ du milieu, est comme $\mathrm{M}l-n\mathrm{M}$. Et l'on prouvera de la même manière que la force accélératrice du point ε, c'est-à-dire celle du point E dans le lieu ε, sera comme $\mathrm{L}m-\mathrm{NL}$, ayant mené l'ordonnée im qui intercepte la portion d'arc $hi=\mathrm{H}h$.

Mais, par l'hypothèse, les arcs PH représentent les temps que le point E emploie à décrire les espaces Eε = PL; donc, suivant cette hypothèse, ayant pris les portions d'arc Hi, KH, égales entre elles et données, les portions de l'axe Lm, NL seront comme les vitesses dans les points L et N, et leur différence Lm—NL sera comme l'accroissement de la vitesse, et par conséquent proportionnelle à la force accélératrice qui doit agir en L. Or nous venons de démontrer que la force accélératrice provenant de l'élasticité du milieu est effectivement proportionnelle à Lm—NL. Donc l'hypothèse est légitime, et les particules E, F, G,... peuvent se mouvoir suivant la loi supposée.

Comme cette démonstration est indépendante de la nature de la courbe

PH, on voit que cette courbe demeure arbitraire, comme nous avons trouvé que cela était nécessaire pour la bonté et la généralité de la solution. Ainsi la Théorie de Newton, présentée de cette manière, ne laisse rien à désirer.

7. A l'égard de la vitesse de la propagation, ou communication du mouvement, d'une particule à l'autre de la ligne sonore, il est clair que puisqu'au bout du temps PH le point E a décrit $E\varepsilon = PL$, et le point F a décrit $F\varphi = PM$, ce dernier point, dont le mouvement est représenté aussi, en général, par la même courbe PH, aura décrit un espace égal à PL au bout du temps Ph; par conséquent le point F aura après le temps Hh le même mouvement que le point E; donc pendant ce temps le mouvement se propage de E en F par l'espace EF, et la vitesse de cette propagation sera exprimée par le rapport constant de EF à Hh ou IH.

8. Pour évaluer cette vitesse on se rappellera que la force, par laquelle la particule physique EG est mue dans le lieu $\varepsilon\gamma$, est à la force élastique moyenne du milieu comme $Ml - nM$ à EG; mais cette force élastique est égale au poids comprimant, et ce poids est à celui de la particule EG comme la hauteur A de l'atmosphère supposée homogène à la longueur EG; donc la force motrice de la particule EG en $\varepsilon\gamma$ sera au poids de cette particule en raison composée de $Ml - nM$ à EG et de A à EG, savoir en raison de $(Ml - nM) \times A$ à $\overline{EG}^2$; or la force motrice, divisée par la masse à mouvoir, donne la force accélératrice, et si l'on prend la force de la gravité pour l'unité, les masses sont égales aux poids; donc la force accélératrice de $\varepsilon\gamma$, ou du point du milieu φ, sera exprimée par

$$\frac{(Ml - nM)A}{\overline{EG}^2};$$

et par le même raisonnement la force accélératrice du point E en ε sera représentée par

$$\frac{(Lm - NL)A}{\overline{EG}^2}, \quad \text{ou par} \quad \frac{Lm - NL}{\overline{KH}^2} \times \left(\frac{KH}{EG}\right)^2 \times A.$$

Mais, par les principes de Mécanique, la force accélératrice nécessaire pour faire décrire les espaces PL dans les temps PH est exprimée par le rapport de la différence des vitesses $\frac{Lm}{Hi} - \frac{NL}{KH}$ à l'élément du temps Hi; donc, puisque $KH = Hi$, cette force sera exprimée simplement par

$$\frac{Lm - NL}{\overline{KH}^2};$$

laquelle devant être identique à celle que nous venons de trouver, il faudra que l'on ait

$$\left(\frac{KH}{EG}\right)^2 \times A = 1;$$

d'où l'on tire

$$\frac{EG}{KH} \quad \text{ou} \quad \frac{EF}{IH} = \sqrt{A};$$

c'est l'expression de la vitesse du son. En regardant cette vitesse comme engendrée par l'action constante de la force de la gravité que nous avons supposée égale à 1, on sait que son carré est égal au double de la hauteur nécessaire pour la produire; donc $\frac{A}{2}$ sera la hauteur due à la vitesse de la propagation du son; ce qui s'accorde avec ce que Newton a trouvé dans l'hypothèse particulière des oscillations de l'air analogues à celles des pendules.

On voit par là que cette vitesse est constante et indépendante des ébranlements primitifs de la fibre sonore; ce qui est parfaitement d'accord avec l'expérience.

9. En supposant avec la plupart des Physiciens l'air 850 fois plus léger que l'eau, et l'eau 14 fois plus légère que le mercure, on a 1 à 11900 pour le rapport entre le poids spécifique de l'air et celui du mercure. Or, prenant la hauteur moyenne du baromètre de 28 pouces de France, il vient 333200 pouces ou $27766\frac{2}{3}$ pieds pour la hauteur A d'une colonne d'air uniformément dense et faisant équilibre à la colonne de mercure dans le baromètre. Donc la vitesse du son sera due à une hauteur de $13883\frac{1}{3}$ pieds, et sera par conséquent de 915 pieds par seconde.

L'expérience en donne environ 1088; ce qui fait une différence de près d'un sixième; mais cette différence ne peut être attribuée qu'à l'incertitude des résultats fournis par l'expérience.

Sur quoi *voyez* un Mémoire de M. Lambert dans le Recueil de cette Académie pour 1768. On trouvera au reste une Théorie générale et complète sur la propagation du son dans les deux premiers volumes des *Mémoires de la Société des Sciences de Turin,* auxquels je me contenterai ici de renvoyer (*). On peut voir aussi les *Mémoires* de cette Académie pour les années 1759 et 1765.

SECTION SECONDE.

DE LA PROPAGATION DES ONDES.

1. Newton détermine d'abord dans la Proposition XLIV du second Livre le mouvement d'un fluide qui balance dans un siphon ou canal très-étroit et qui a ses deux branches verticales.

Il y démontre que ce mouvement est analogue à celui d'un pendule qui oscille entre des arcs cycloïdes, et dont la longueur serait égale à la moitié de celle de la colonne de fluide contenue dans le siphon. Car, dit-il, la force, par laquelle le mouvement de l'eau est alternativement accéléré et retardé, est l'excès du poids de l'eau dans l'une ou l'autre branche; donc, lorsque l'eau monte dans l'une des branches au-dessus du niveau, et qu'en même temps elle descend d'autant dans l'autre, cette force est double du poids de l'eau qui est au-dessus du niveau, et est par conséquent au poids de toute l'eau comme la longueur de la colonne supérieure au niveau, à la moitié de la longueur de la colonne entière d'eau contenue dans le tube.

Mais la force, par laquelle un corps est accéléré et retardé dans la cycloïde à un lieu quelconque, est à son poids total comme l'arc compris entre ce lieu et le lieu le plus bas à l'arc entier ou à la demi-longueur de la cycloïde, c'est-à-dire à la longueur du pendule oscillant. Donc les

---

(*) *OEuvres de Lagrange,* t. I. p. 39.

forces motrices de l'eau et du pendule, lorsqu'ils parcourent des espaces égaux, sont comme les poids à mouvoir; par conséquent, si l'eau et le pendule sont en repos dans le commencement, ces forces les feront mouvoir également dans des temps égaux, et feront que par un mouvement réciproque l'eau et le pendule aillent et reviennent dans le même temps.

2. Cela posé, Newton compare dans la Proposition XLVI les élévations et les abaissements alternatifs de l'eau dans les ondes qui se forment à la surface d'une eau stagnante aux oscillations perpendiculaires de l'eau dans un siphon. Car, dit-il, comme le mouvement des ondes se fait par la montée et la descente successive de l'eau, en sorte que les parties qui sont les plus hautes deviennent ensuite les plus basses, et que la force motrice qui fait monter les parties les plus basses et descendre les plus hautes est le poids de l'eau élevée, ces montées et descentes alternatives seront analogues au mouvement d'oscillation de l'eau dans un siphon dont la longueur horizontale serait égale aux distances entre les lieux les plus hauts et les plus bas des ondes; et par conséquent, si ces distances sont égales au double de la longueur du pendule, les parties les plus hautes deviendront les plus basses dans le temps d'une oscillation, et dans le temps d'une autre oscillation elles deviendront les plus hautes. Donc il y aura le temps de deux oscillations entre chacune de ces ondes; de sorte que chaque onde parcourra sa largeur dans le temps que le pendule emploiera à faire deux oscillations; mais dans ce même temps un pendule dont la longueur serait quadruple, et qui par conséquent serait égale à la largeur des ondes, c'est-à-dire à l'espace transversal qui est entre leurs moindres ou leurs plus grandes élévations, ferait une oscillation; donc, dans le temps d'une oscillation d'un pendule égal à la largeur des ondes, elles parcourront en avançant un espace égal à cette largeur.

3. Cette Théorie est, comme l'on voit, susceptible de beaucoup de difficultés, dont la principale est que Newton n'y tient compte que du mouvement vertical de l'eau et nullement du mouvement horizontal, qui doit nécessairement s'y joindre, puisque l'eau est supposée libre de se

mouvoir en tout sens. Cette difficulté paraît même n'avoir pas échappé à Newton ; car, dans le Corollaire second de la Proposition citée, il remarque que cela est ainsi dans l'hypothèse que les parties de l'eau montent et descendent en ligne droite, mais que ces montées et descentes se font plutôt par des cercles, et qu'ainsi par cette Proposition le temps n'est déterminé qu'à peu près. Mais, en supposant même que l'eau se meuve par un arc de cercle ou d'une autre courbe quelconque, on n'approcherait pas davantage de la vérité ; car la comparaison du mouvement de l'eau dans les ondes avec les oscillations de l'eau dans des siphons est purement précaire, et ne saurait subsister avec les lois générales du mouvement des fluides dans des vases ou des canaux.

4. Il serait peut-être impossible d'établir une Théorie générale et rigoureuse sur les ondes ; mais, si l'on suppose d'un côté que les élévations et les abaissements successifs de l'eau au-dessus et au-dessous de son niveau soient infiniment petits, ce qui paraît conforme à l'expérience, et que de l'autre la profondeur du canal dans lequel les ondes se forment et se propagent soit assez petite, on peut déterminer les mouvements de l'eau qui les produisent, d'une manière approchée, et analogue à celle que nous venons de donner relativement aux mouvements de l'air dans le son.

Car soit TV (*fig.* 4) le fond horizontal d'un canal ou bassin rempli d'eau à une hauteur très-petite, AE la surface supérieure de l'eau en repos ou

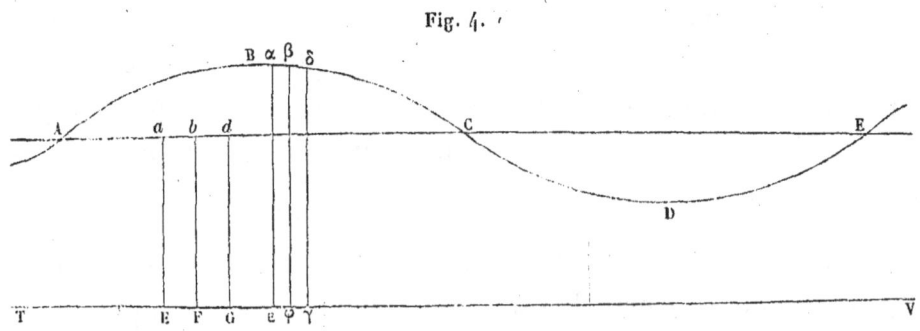

Fig. 4.

sa ligne de niveau, et ABCD cette surface lorsque l'eau a été mise en mouvement par quelque cause que ce soit. Si l'on imagine toute la masse de

l'eau stagnante partagée en une infinité d'éléments rectangulaires égaux
aEFb, bFGd,..., dont les hauteurs aE, bF,... soient verticales, et dont
les largeurs EF, FG,... soient infiniment petites; on pourra supposer
sans erreur sensible que dans le mouvement de l'eau ces éléments parviennent en $\alpha\varepsilon\varphi\beta$, $\beta\varphi\gamma\delta$,..., en conservant leur forme rectangulaire et
leur capacité, à cause de l'incompressibilité de l'eau; et il ne s'agira
que de déterminer la loi du mouvement horizontal de chacun de ces éléments.

5. Pour cela je suppose que la courbe PKH (*fig.* 3, page 599) renferme
cette loi d'une manière semblable à celle qui a lieu pour les particules de
l'air, en sorte que pendant un temps quelconque représenté par l'arc PH,
le point E ait décrit l'espace très-petit Eε = PL, et que les points F, G
aient décrit les espaces très-petits Fφ = PM, Gγ = PN, en prenant les
parties HI, IK dans une raison constante avec EF, FG.

Or, en considérant les deux colonnes contiguës $\alpha\varepsilon\varphi\beta$, $\beta\varphi\gamma\delta$, je remarque
que, si leurs hauteurs étaient égales, elles exerceraient par l'action de la
gravité une pression égale l'une contre l'autre, d'où il ne pourrait résulter aucun mouvement; mais si la hauteur $\alpha\varepsilon$ de l'une est plus grande
que la hauteur $\beta\varphi$ de l'autre, l'excès $\alpha\varepsilon - \beta\varphi$ doit produire, selon les lois
hydrostatiques connues, dans tous les points de la ligne $\beta\varphi$, une pression
contre le rectangle $\beta\varphi\gamma\delta$, exprimée par cette même différence de hauteur $\alpha\varepsilon - \beta\varphi$, en faisant la pression ou la force accélératrice de la gravité égale à l'unité. Ainsi la pression totale qui en résultera contre l'élément $\beta\varphi\gamma\delta$, et qui tendra à lui imprimer un mouvement horizontal, sera
$(\alpha\varepsilon - \beta\varphi) \times \beta\varphi$; donc, divisant par la masse à mouvoir $\beta\varphi\gamma\delta$, on aura

$$\frac{(\alpha\varepsilon - \beta\varphi) \times \beta\varphi}{\beta\varphi\gamma\delta}$$

pour la valeur de la force accélératrice horizontale de l'élément $\beta\varphi\gamma\delta$,
ou, ce qui revient au même, du point φ suivant la ligne φV.

Maintenant, puisque

$$\alpha\varepsilon\varphi\beta = a\mathrm{EF}b, \quad \beta\varphi\gamma\delta = b\mathrm{FG}d,$$

et que
$$aEFb = bFGd,$$
on aura
$$\alpha\varepsilon = \frac{aEFb}{\varepsilon\varphi}, \quad \beta\varphi = \frac{aEFb}{\varphi\gamma};$$
donc
$$\alpha\varepsilon - \beta\varphi = \frac{aEFb \times (\varphi\gamma - \varepsilon\varphi)}{\varphi\gamma \times \varepsilon\varphi}, \quad \text{c'est-à-dire,} \quad = \frac{aEFb \times (\varphi\gamma - \varepsilon\varphi)}{\overline{EF}^2},$$

puisque la différence des hauteurs $\alpha\varepsilon$, $\beta\varphi$ sur les hauteurs primitives aE, bF est supposée très-petite, et qu'ainsi $\varepsilon\varphi$, $\varphi\gamma$ ne diffèrent qu'infiniment peu de EF. Donc, à cause de $\beta\varphi\gamma\delta = aEFb$ et de $\beta\varphi$ égal à très-peu près à aE, on aura pour la force accélératrice du point φ l'expression

$$\frac{(\varphi\gamma - \varepsilon\varphi) \times aE}{\overline{EF}^2}.$$

Mais
$$\varepsilon\varphi = EF + F\varphi - E\varepsilon = EF + PM - PL = EF - ML,$$
$$\varphi\gamma = FG + G\gamma - F\varphi = FG + PN - PM = EF - NM;$$

donc la force dont il s'agit sera
$$\frac{ML - NM}{\overline{EF}^2} \times aE.$$

Et par le même raisonnement on trouvera la force accélératrice du point ε, c'est-à-dire du point E dans le lieu ε, exprimée par

$$\frac{(Ll - ML)aE}{\overline{EF}^2}$$

(ayant pris l'arc $Hh = IH$ et abaissé l'ordonnée hl), c'est-à-dire par

$$\frac{Ll - ML}{\overline{HI}^2} \times \left(\frac{HI}{EF}\right)^2 \times aE;$$

c'est la force qui fait parcourir l'espace PL dans le temps PH suivant l'hypothèse. Donc, pour que cette hypothèse soit légitime, il faut, selon les principes de Mécanique, que cette force soit égale au rapport de la différence des vitesses $\frac{Ll}{Hh} - \frac{ML}{HI}$ à l'élément du temps HI, c'est-à-dire (à cause de $Hh = HI$) égale à

$$\frac{Ll - ML}{\overline{HI}^2}.$$

Ces deux expressions de la force accélératrice étant comparées donnent l'équation

$$\left(\frac{HI}{EF}\right)^2 \times aE = 1,$$

laquelle est, comme l'on voit, indépendante de la figure de la courbe PH, et sert seulement à déterminer le rapport constant $\frac{EF}{HI}$, lequel devient $\sqrt{a\overline{E}}$. Ainsi la loi supposée est exacte, et la courbe PH demeure arbitraire, comme dans la Théorie de la propagation du son.

6. Il est visible que la détermination de la courbe PH dépend des ébranlements primitifs de l'eau, c'est-à-dire des déplacements des colonnes $aEFb$, $bFGd$,... dus à la cause qui produit les ondes. La solution est donc générale, quels que puissent être ces ébranlements; et la vitesse des ondes en est entièrement indépendante, comme celle du son; car il n'est pas difficile de voir que cette vitesse sera exprimée aussi par le rapport constant de EF à HI, puisque, selon la construction, après le temps HI les points F et G se trouveront avoir parcouru des espaces respectivement égaux à ceux que les points E et F avaient parcourus au commencement de ce temps, et qu'ainsi leur distance, et par conséquent la hauteur de la colonne qui y répond, sera la même après ce temps que celle de la colonne qui répondait aux points E, F au commencement de ce temps; de sorte que celle-ci pourra être censée avoir avancé pendant le temps HI d'un espace égal à sa base, qui est à très-peu près égale à EF.

Or, ayant trouvé (numéro précédent)

$$\frac{EF}{HI} = \sqrt{a\overline{E}},$$

il s'ensuit que la vitesse de la propagation des ondes sera celle qu'un corps grave acquerrait en tombant de la moitié de la hauteur aE (n° 8, Section première), c'est-à-dire de la moitié de la hauteur de l'eau dans le canal. De sorte qu'il y a à cet égard une parfaite analogie entre la propagation du son et celle des ondes, la vitesse de celle-là étant due à la hauteur de l'air supposé homogène, et la vitesse de celle-ci étant due à la hauteur de l'eau dans le canal.

7. Au reste, quoique la Théorie précédente soit fondée sur la supposition que la profondeur de l'eau dans le canal soit très-petite, elle pourra néanmoins toujours avoir lieu, si dans la formation des ondes l'eau n'est ébranlée et remuée qu'à une profondeur très-petite; ce qui paraît très-naturel à cause de la ténacité et de l'adhérence mutuelle des parties de l'eau, et ce qui se trouve d'ailleurs confirmé par l'expérience, même à l'égard des grandes ondes de la mer. Ainsi, la vitesse des ondes étant connue par l'expérience, on pourra déterminer réciproquement la profondeur à laquelle l'eau sera agitée dans leur formation, cette profondeur étant toujours double de la hauteur due à la vitesse observée. (*Voyez* nos *Recherches sur le mouvement des fluides* dans le volume de cette Académie pour l'année 1781 (*), où la Théorie des ondes est traitée d'une manière plus directe et plus générale que nous ne l'avons fait ici.)

(*) *OEuvres de Lagrange*, t. IV, p. 695.

MÉMOIRE

SUR UNE

QUESTION CONCERNANT LES ANNUITÉS.

MÉMOIRE

SUR UNE

QUESTION CONCERNANT LES ANNUITÉS.

(*Nouveaux Mémoires de l'Académie royale des Sciences et Belles-Lettres de Berlin*, années 1792 et 1793.)

Ce Mémoire a été lu à l'Académie il y a plus de dix ans. Comme il n'a pas été imprimé dans le temps, j'ai cru pouvoir le lui présenter de nouveau, à cause de l'utilité dont les formules et les Tables qu'il contient peuvent être dans différentes occasions.

1. Voici l'objet de la question :

On demande la valeur présente d'une annuité constituée sur une ou plusieurs têtes dont les âges sont donnés, à condition qu'elle ne commence à courir qu'après la mort d'une autre personne d'un âge donné, et qu'elle cesse aussitôt que toutes les personnes, sur lesquelles l'annuité est constituée, auront passé un âge donné.

Pour se faire une idée plus nette de l'état de la question, on n'a qu'à supposer qu'un père veuille assurer à ses enfants une rente annuelle payable seulement après sa mort, et jusqu'à ce que le plus jeune ait atteint un âge donné, par exemple celui de la majorité; il s'agit de déterminer la somme qu'il devrait payer pour acheter une telle rente, l'âge du père, le nombre et les âges des enfants étant donnés.

2. On pourrait supposer aussi qu'au lieu de payer d'abord une certaine somme le père s'engageât à payer annuellement, mais seulement pendant sa vie et la minorité de tous ses enfants, une somme donnée pour leur assurer après sa mort une annuité qui ne durerait que jusqu'à la majorité de tous les enfants.

La question présentée de cette manière est un peu plus difficile, parce qu'il y a deux annuités à estimer : l'une constituée conjointement sur les têtes du père et des enfants mineurs, et l'autre constituée seulement sur les têtes des enfants et sur leur minorité, mais qui ne doit commencer qu'après la mort du père; il est clair que l'état de la question exige que la valeur absolue ou présente de chacune de ces deux annuités soit égale, pour qu'on puisse échanger au pair l'une contre l'autre.

3. Quoique les principes nécessaires pour résoudre ces sortes de questions soient connus, l'application en est néanmoins d'autant plus difficile que les questions sont plus compliquées; et celle que nous venons de proposer l'est assez pour que cette application ne se présente pas facilement. Comme la solution de cette question pourrait être utile dans quelques occasions, j'ai cru qu'on verrait avec plaisir la méthode que j'ai imaginée pour y parvenir, et qui réduit la difficulté au calcul des annuités ordinaires et constituées sur une ou plusieurs têtes. Je donnerai d'ailleurs des applications particulières de cette méthode, et je présenterai des Tables qui serviront à résoudre, avec une exactitude suffisante, la plupart des cas qu'on pourrait proposer.

4. Je remarque d'abord qu'on peut simplifier beaucoup la question dont il s'agit par la considération suivante.

Soit x l'annuité que le père doit payer, et dont on cherche la valeur, et a l'annuité qu'il veut assurer aux enfants après sa mort; il est clair qu'on peut supposer, sans rien changer à l'état de la question, que l'annuité x soit augmentée de a, en sorte que l'annuité à payer par le père soit $x + a$, et que l'annuité due aux enfants commence en même temps; car de cette manière ce que le père paye de trop est immédiatement rendu aux enfants; mais, en envisageant la question ainsi, on a l'avantage que les deux annuités commencent à la même époque et sont semblables, excepté que l'annuité $a + x$ dépend de la vie du père, et que l'annuité a n'en dépend point.

5. Dénotons, en général, par M la valeur présente d'une annuité d'une unité (par exemple d'un écu, ou de cent écus, etc.) constituée uniquement sur la minorité des enfants, c'est-à-dire payable tant qu'il y a des enfants mineurs; et dénotons par N la valeur présente d'une annuité égale, mais constituée conjointement sur la tête du père et sur la minorité des enfants, c'est-à-dire payable seulement tant que le père vit et qu'il a des enfants mineurs. La valeur absolue de l'annuité $a + x$ que le père est supposé payer sera donc $(a + x)\text{N}$, et la valeur de l'annuité a que les enfants reçoivent sera $a\text{M}$.

Donc, pour que ces deux valeurs soient égales, il faudra que l'on ait l'équation
$$(a + x)\text{N} = a\text{M},$$
laquelle donne
$$x = \frac{a(\text{M} - \text{N})}{\text{N}};$$

c'est l'annuité réelle que le père doit payer. Et toute la difficulté se réduira à déterminer les deux quantités M et N.

6. Pour ramener cette question aux notions ordinaires et rendre ce que je vais dire plus simple et plus intelligible, j'appellerai le père P, et les différents enfants mineurs A, B, C,....

Ensuite je désignerai par $\overline{\text{A}}$, $\overline{\text{B}}$, $\overline{\text{C}}$,... la valeur d'une annuité d'une unité constituée uniquement sur la minorité de l'enfant A, ou B, ou C,...; je désignerai de plus par $\overline{\text{AB}}$ la valeur d'une pareille annuité, mais constituée conjointement sur la minorité des deux enfants A et B, c'est-à-dire payable tant qu'ils sont tous les deux mineurs; je désignerai de même par $\overline{ABC}$ la valeur d'une égale annuité, mais constituée sur la minorité des enfants A, B, C, c'est-à-dire payable tant qu'ils seront tous les trois en vie et en minorité ; et ainsi du reste.

Enfin je dénoterai de même par $\overline{AP}$ la valeur d'une annuité constituée sur la minorité de l'enfant A et sur la vie du père P, c'est-à-dire payable pendant que l'enfant est mineur et que le père est en vie ; par $\overline{ABP}$ je dénoterai pareillement la valeur d'une annuité constituée sur la minorité des enfants A et B, et sur la tête du père, c'est-à-dire payable pendant que les enfants A et B seront mineurs à la fois et que le père sera vivant ; et ainsi de suite.

7. Cela posé et bien entendu, je vais parcourir successivement les cas d'un enfant A, de deux enfants A et B,..., et je déterminerai pour chaque cas les valeurs des quantités M et N par le moyen des quantités $\overline{A}$, $\overline{AP}$, $\overline{B}$, $\overline{AB}$, $\overline{BP}$,..., dont la signification est maintenant connue, et dont la détermination peut se tirer des Tables des annuités.

Et d'abord, s'il n'y a qu'un seul enfant A, il est clair que la valeur de M est égale à $\overline{A}$, et que celle de N est égale à $\overline{AP}$. On a donc dans ce cas

$$M = \overline{A}, \quad N = \overline{AP}.$$

8. En second lieu, s'il y a deux enfants A et B, alors la valeur de M doit être celle d'une annuité constituée sur la plus longue des minorités de ces deux enfants, et la valeur de N doit être celle d'une annuité constituée sur la plus longue minorité des enfants et en même temps sur la tête du père. Je suppose que la minorité de A soit la plus courte, soit parce que A meure ou qu'il atteigne l'âge de majorité avant B. Il est clair que la valeur de l'annuité M devra être égale à $\overline{A}$, plus à la valeur d'une annuité constituée sur la minorité de B, mais payable seulement à la majorité de A. Il s'agit donc de trouver la valeur de cette dernière annuité. Je l'appelle X, et je considère que si j'y ajoute la valeur d'une annuité constituée sur la minorité des deux enfants A et B, valeur que j'ai désignée par $\overline{AB}$, j'aurai alors la valeur d'une annuité payable pen-

dant la minorité commune des enfants A et B, et ensuite après l'extinction de la minorité de A, continuée jusqu'à la majorité de B; ce qui est évidemment la même chose qu'une annuité constituée sur la seule minorité de B, dont la valeur a été désignée par $\overline{B}$. J'aurai donc

$$X + \overline{AB} = \overline{B},$$

et de là

$$X = \overline{B} - \overline{AB};$$

donc, puisque

$$M = \overline{A} + X,$$

j'aurai

$$M = \overline{A} + \overline{B} - \overline{AB}.$$

J'ai supposé que la minorité de A était la première à s'éteindre; mais, si l'on supposait que ce fût celle de B, on parviendrait au même résultat.

9. Reste maintenant à trouver la valeur de N. Pour cela, il faut faire un raisonnement semblable au précédent, mais en combinant la vie du père avec la minorité des enfants.

Je considère donc que la valeur de N est celle d'une annuité constituée sur la tête du père et sur la plus longue des minorités des deux enfants A et B; et, supposant que la minorité de B soit plus longue que celle de A, j'en conclus que la valeur de N doit être égale à la valeur d'une annuité constituée sur la tête du père et sur la minorité de l'enfant A, valeur qu'on a dénotée par $\overline{AP}$, plus à la valeur d'une annuité constituée sur la tête du père et sur la minorité de l'enfant B, mais qui ne commence qu'après la minorité de A. Nommant cette dernière valeur X, j'observe que si j'y ajoute la valeur d'une annuité constituée sur la tête du père et sur la minorité commune des enfants A et B, valeur que nous avons dénotée par $\overline{ABP}$, j'aurai la valeur d'une annuité payable pendant la vie du père et la minorité totale de l'enfant B, c'est-à-dire d'une annuité constituée sur la tête du père et sur la minorité de l'enfant B, valeur exprimée suivant nos dénominations par $\overline{BP}$. Donc

$$X + \overline{ABP} = \overline{BP},$$

et de là
$$X = \overline{BP} - \overline{ABP}.$$

Donc, puisque
$$N = \overline{AP} + X,$$
on aura enfin
$$N = \overline{AP} + \overline{BP} - \overline{ABP}.$$

Et l'on trouverait la même expression, si l'on supposait que la minorité de l'enfant B s'éteignît avant celle de l'enfant A.

10. En troisième lieu, s'il y a trois enfants A, B, C, on trouvera, par des raisonnements analogues que je supprimerai pour n'être pas trop long,
$$M = \overline{A} + \overline{B} + \overline{C} - \overline{AB} - \overline{AC} - \overline{BC} + \overline{ABC},$$
et de même
$$N = \overline{AP} + \overline{BP} + \overline{CP} - \overline{ABP} - \overline{ACP} - \overline{BCP} + \overline{ABCP};$$
et ainsi de suite s'il y avait un plus grand nombre d'enfants.

11. De là je conclus, en général, que, quel que soit le nombre des enfants mineurs, la valeur de M est toujours égale à la somme des valeurs des annuités constituées sur la minorité de chaque enfant en particulier, moins la somme des valeurs des annuités constituées sur la minorité commune de chaque couple d'enfants pris deux à deux de toutes les manières possibles, plus la somme des valeurs des annuités constituées sur la minorité commune de chaque trio d'enfants pris trois à trois de toutes les manières possibles, moins, etc.

Et la valeur de N sera pareillement égale à la somme des valeurs des annuités constituées sur la vie du père et sur la minorité de chaque enfant en particulier, moins la somme des valeurs des annuités constituées sur la vie du père et sur la minorité commune de chaque couple d'enfants pris deux à deux de toutes les manières possibles, plus la somme des valeurs des annuités constituées sur la vie du père et sur la minorité commune de chaque trio d'enfants pris trois à trois de toutes les manières possibles, moins, etc.

CONCERNANT LES ANNUITÉS.

12. La question est donc réduite maintenant à trouver les valeurs de ces différentes annuités; c'est à quoi on peut parvenir par les règles connues pour l'évaluation des rentes viagères. J'observerai seulement qu'entre une annuité ordinaire constituée sur la vie d'une ou de plusieurs personnes et la même annuité constituée sur la vie de quelques-unes de ces personnes et sur la minorité des autres, il n'y a d'autre différence, si ce n'est que la première doit être censée continuée jusqu'au dernier terme de la vie, et que la seconde ne doit être continuée que jusqu'au temps où le plus âgé des mineurs deviendrait majeur; parce qu'alors cette personne, devenue majeure, est, par rapport à l'annuité, dans le même cas que si elle mourait tout à coup dès qu'elle atteint l'âge de majorité.

Voici les formules générales pour le calcul des annuités.

13. Je désigne par (1), (2), (3),... les nombres des personnes nées en même temps et qui ont atteint l'âge d'un an, de deux ans, de trois ans,.... Ces nombres sont donnés par les Tables connues de mortalité, et varient suivant ces différentes Tables. Suivant la Table de feu Sussmilch, donnée dans la première édition de son Ouvrage, on a

$$(0) = 1000, \quad (1) = 740, \quad (2) = 660, \quad (3) = 620,\ldots$$

Ainsi ces nombres sont supposés connus.

Je suppose, de plus, que l'intérêt de l'argent soit de m pour 100, et je fais, pour abréger,

$$1 + \frac{m}{100} = r.$$

Cela posé, la valeur présente d'une annuité à vie, constituée sur une personne de l'âge a, et payable au commencement de chaque année, est, y compris la première année, de

$$\frac{(a) + \frac{(a+1)}{r} + \frac{(a+2)}{r^2} + \frac{(a+3)}{r^3} + \cdots}{(a)}.$$

La valeur présente d'une annuité à vie, constituée sur deux personnes dont les âges sont a et b, est, y compris la première année, de

$$\frac{(a)(b) + \dfrac{(a+1)(b+1)}{r} + \dfrac{(a+2)(b+2)}{r^2} + \dfrac{(a+3)(b+3)}{r^3} + \ldots}{(a)(b)}.$$

La valeur présente d'une annuité à vie, constituée sur trois personnes dont les âges sont a, b, c, est, y compris toujours la première année, de

$$\frac{(a)(b)(c) + \dfrac{(a+1)(b+1)(c+1)}{r} + \dfrac{(a+2)(b+2)(c+2)}{r^2} + \ldots}{(a)(b)(c)};$$

et ainsi de suite.

Et, si l'on veut que ces annuités dépendent de la minorité de quelques-unes des personnes sur lesquelles elles sont constituées, alors si a est l'âge du mineur le plus âgé, il ne faudra prendre qu'autant de termes de la série qu'il y a d'unités dans $26 - a$, en supposant que la minorité cesse à 25 ans; en sorte qu'il faudra s'arrêter au terme qui aura r^{25-a} au dénominateur.

14. L'application de ces formules n'a plus, comme on voit, d'autre difficulté que la longueur du calcul, mais on peut l'abréger en considérant que, comme les Tables de mortalité ne sont pas rigoureusement exactes et qu'elles n'ont même été construites que par des milieux pris entre différentes années, il suffira de prendre les années de quatre en quatre, ou de cinq en cinq, et de supposer que les termes intermédiaires dans les formules soient en progression arithmétique.

Or, si l'on a la série

$$a,\ b,\ c,\ d,\ e, \ldots, u,$$

et qu'entre les termes consécutifs de cette série il faille placer m autres termes qui soient en progression arithmétique avec les termes donnés, en dénotant par a', a'',... les termes entre a et b, par b', b'',... les termes entre b et c, et ainsi de suite, il est clair qu'on aura, par la propriété connue des progressions arithmétiques,

$$a + a' + a'' + \ldots + b = (a+b)\frac{m+2}{2},$$

$$b + b' + b'' + \ldots + c = (b+c)\frac{m+2}{2},$$

$$c + c' + c'' + \ldots + d = (c+d)\frac{m+2}{2},$$

$$\ldots\ldots\ldots\ldots\ldots\ldots\ldots\ldots\ldots\ldots\ldots;$$

donc, ajoutant,

$$a + a' + a'' + \ldots + 2b + b' + b'' + \ldots + 2c + c' + c'' + \ldots + 2d + \ldots + u$$

$$= (a + 2b + 2c + 2d + \ldots + u)\frac{m+2}{2};$$

et par conséquent la somme entière de la série

$$a + a' + a'' + \ldots + b + b' + b'' + \ldots + c + c' + \ldots + u$$

sera

$$(a + 2b + 2c + \ldots + u)\frac{m+2}{2} - b - c - d - \ldots$$

$$= (a + b + c + \ldots + u)\frac{m+2}{2} + (b + c + d + \ldots)\frac{m}{2}$$

$$= (a + b + c + \ldots + u)(m+1) - (a+u)\frac{m}{2}.$$

D'où il s'ensuit que, pour avoir la somme de la série interpolée, il n'y aura qu'à multiplier la somme de la série primitive par $m+1$, et en retrancher la somme des deux termes extrêmes multipliée par $\frac{m}{2}$.

Si l'on ne prend les années que de quatre en quatre, on aura alors $m = 3$, et il faudra quadrupler la somme de la série et en retrancher les $\frac{3}{2}$ de la somme des termes extrêmes.

15. J'ai calculé de cette manière deux Tables pour le cas d'un seul enfant mineur, et en prenant successivement pour l'âge de l'enfant 1, 5, 9, 13, 17, 21 ans, et pour l'âge du père 30, 34, 38, 42,... jusqu'à 90 ans; mais dans l'une de ces Tables j'ai tenu compte de la mortalité de l'en-

fant conformément à l'état de la question; dans l'autre, au contraire, j'en ai fait abstraction, c'est-à-dire que j'ai supposé que l'enfant parvienne sûrement à l'âge de la majorité. Voici la raison qui m'a engagé à calculer cette seconde Table conjointement à la première.

16. Il est visible, en général, que plus le nombre des têtes sur lesquelles une annuité quelconque est constituée est grand, plus aussi doit être grande la valeur présente de cette annuité, c'est-à-dire ce qu'il faudrait payer pour l'acheter, parce que le risque de la perdre par la mort de toutes les personnes sur lesquelles elle est constituée en est d'autant moindre. Mais, d'un côté, quelque grand que soit le nombre de ces personnes, la valeur de l'annuité sera toujours moindre que si l'on n'avait point d'égard à leur mortalité, et qu'on supposât que la plus jeune atteignît sûrement un âge donné.

De là il s'ensuit que, si une annuité est constituée sur plusieurs personnes, sa valeur, quelle qu'elle soit, sera toujours nécessairement renfermée entre ces deux limites, dont l'une sera la valeur de la même annuité constituée seulement sur la plus jeune de ces personnes, en ayant égard à sa mortalité, et l'autre sera la valeur de l'annuité, constituée de même sur cette personne, mais en n'ayant aucun égard à sa mortalité.

Et, s'il arrive que ces deux limites soient peu différentes entre elles, alors on sera assuré que la valeur de l'annuité est à peu près la même, quel que soit le nombre des têtes sur lesquelles elle est constituée.

17. On doit donc regarder les deux Tables dont nous venons de parler comme les limites de toutes les Tables pareilles qu'on pourrait construire pour les cas de deux, de trois,... ou d'un nombre quelconque d'enfants mineurs.

Dans ces Tables nous avons pris pour base la Table de mortalité qui se trouve dans la nouvelle édition de l'Ouvrage de Sussmilch (tome III, Table XXII, n° 4), et qui a été dressée particulièrement pour ce pays; suivant cette Table, on a

$$(0) = 1000, \quad (1) = 759, \quad (5) = 603, \quad (9) = 552,\ldots$$

A l'égard de l'intérêt de l'argent, nous l'avons supposé à 4 pour 100, ce qui donne

$$m = 4, \quad r = \frac{104}{100} = \frac{26}{25}.$$

Ces Tables donnent immédiatement la somme annuelle ou l'annuité que le père devrait payer pendant sa vie et la minorité de son enfant, pour lui assurer après sa mort une annuité d'une unité qui ne durerait que jusqu'à ce qu'il eût atteint sa vingt-cinquième année. Dans la première Table on a fait abstraction de la mortalité de l'enfant, et l'on voit que les nombres sont tous un peu plus grands que dans la seconde, où l'on a tenu compte de cette mortalité, mais on voit en même temps que les différences des nombres correspondants dans les deux Tables sont en général fort petites. De sorte que, lorsqu'il y aura plusieurs enfants, on ne se trompera pas beaucoup en prenant le milieu entre les nombres donnés par ces deux Tables et relatifs à l'âge du père et à celui du plus jeune des enfants. Mais on pourrait peut-être dans ce cas approcher davantage de l'exactitude par la formule suivante :

Soit $1 + n$ le nombre des enfants, A et B les nombres donnés par la première et par la seconde Table, pour le cas du plus jeune de ces enfants, on prendra, pour l'annuité que le père doit payer, la quantité $\frac{nA + B}{n + 1}$; cette formule devient égale à B lorsque $n = 0$, et égale à A lorsque $n = \infty$, ce qui doit être.

TABLE I.

EN FAISANT ABSTRACTION DE LA MORTALITÉ DE L'ENFANT.

	AGE du père.	AGE DE L'ENFANT.					
		1	5	9	13	17	21
1	30	0,1699	0,1399	0,1108	0,0815	0,0527	0,0251
2	34	1957	1597	1264	0940	0617	0300
3	38	2253	1808	1403	1033	0681	0332
4	42	2674	2114	1601	1144	0736	0358
5	46	3327	2616	1958	1361	0840	0389
6	50	4358	3446	2590	1805	1105	0504
7	54	5705	4555	3754	2412	1489	0676
8	58	7360	5945	4522	3171	1962	0903
9	62	9289	8002	5830	4094	2498	1122
10	66	1,1777	9760	7604	5417	3331	1510
11	70	4505	1,2187	9622	6908	4334	1950
12	74	6987	4342	1,1473	8346	5219	2337
13	78	9516	6499	3213	9788	6150	2728
14	82	2,1946	8681	4871	1,0913	7090	3166
15	86	3560	2,0131	6128	1445	7015	3359
16	90	5770	2113	7848	2856	7018	2261

TABLE II.

EN TENANT COMPTE DE LA MORTALITÉ DE L'ENFANT.

	AGE du père.	AGE DE L'ENFANT.					
		1	5	9	13	17	21
1	30	0,1513	0,1324	0,1069	0,0792	0,0514	0,0246
2	34	1740	1511	1220	0914	0602	0293
3	38	1994	1707	1354	0979	0665	0325
4	42	2353	1989	1543	1111	0718	0350
5	46	2906	2455	1881	1320	0820	0381
6	50	3783	3225	2488	1748	1076	0492
7	54	4917	4251	3298	2335	1449	0660
8	58	6286	5531	4329	3066	1910	0882
9	62	7851	7035	5568	3952	2429	1095
10	66	9844	9009	7251	5220	3236	1446
11	70	1,1991	1,1206	9161	6686	4206	1899
12	74	3898	3145	1,0905	8022	5059	2273
13	78	5794	5066	2551	9393	5956	2653
14	82	7654	6983	4101	1,0481	6861	3076
15	86	8719	8214	5214	0957	6802	3262
16	90	2,0001	9838	6761	2195	6732	2200

MÉMOIRE

SUR

L'EXPRESSION DU TERME GÉNÉRAL

DES SÉRIES RÉCURRENTES,

LORSQUE L'ÉQUATION GÉNÉRATRICE A DES RACINES ÉGALES.

MÉMOIRE

SUR

L'EXPRESSION DU TERME GÉNÉRAL

DES SÉRIES RÉCURRENTES,

LORSQUE L'ÉQUATION GÉNÉRATRICE A DES RACINES ÉGALES (*).

(*Nouveaux Mémoires de l'Académie royale des Sciences et Belles-Lettres de Berlin,* années 1792 et 1793.)

J'ai donné, dans les *Mémoires* de 1775 (**), une méthode et des formules très-simples pour avoir le terme général d'une suite récurrente, dont on connaît les premiers termes. Mais ces formules ont, comme toutes celles qui sont des fonctions des différentes racines d'une même équation, l'inconvénient de ne pouvoir servir que lorsque toutes les racines sont inégales. Le cas de l'égalité de deux ou plusieurs racines demande des réductions et des transformations fondées sur ce principe du Calcul différentiel que des quantités égales peuvent être supposées différer entre elles de quantités infiniment petites; mais l'application de ce principe aux formules dont il s'agit exige des attentions particulières, et

---

(*) Ce Mémoire et les quatre suivants, les derniers que Lagrange ait publiés dans le *Recueil de l'Académie de Berlin*, sont compris sous le titre commun : *Recherches sur plusieurs points d'Analyse relatifs à différents endroits des Mémoires précédents*.
(*Note de l'Éditeur.*)

(**) *OEuvres de Lagrange*, t. IV, p. 151.

donne lieu à des résultats nouveaux et remarquables pour leur simplicité; c'est ce qui m'a engagé à en faire la matière de ce Mémoire.

1. Je commencerai par rappeler les principales formules de l'endroit cité.

Soit la série
$$y_0, y_1, y_2, y_3, \ldots, y_x, y_{x+1}, y_{x+2}, \ldots,$$
dans laquelle on ait constamment cette équation, entre $n+1$ termes consécutifs,

(A) $\qquad Ay_x + By_{x+1} + Cy_{x+2} + \ldots + Ny_{x+n} = 0,$

A, B, C,... étant des coefficients constants quelconques. L'expression du terme général y_x sera de cette forme
$$y_x = a\alpha^x + b\beta^x + c\gamma^x + \ldots,$$
les quantités $\alpha, \beta, \gamma, \ldots$ étant les différentes racines de l'équation

(B) $\qquad A + By + Cy^2 + Dy^3 + \ldots + Ny^n = 0, \ldots,$

que j'appelle *équation génératrice*, et les coefficients $a, b, c, \ldots$ étant de cette forme
$$a = \frac{y_{n-1} - (\beta + \gamma + \delta + \ldots)y_{n-2} + (\beta\gamma + \beta\delta + \gamma\delta + \ldots)y_{n-3} - \ldots}{(\alpha - \beta)(\alpha - \gamma)(\alpha - \delta)\ldots},$$
$$b = \frac{y_{n-1} - (\alpha + \gamma + \delta + \ldots)y_{n-2} + (\alpha\gamma + \alpha\delta + \gamma\delta + \ldots)y_{n-3} - \ldots}{(\beta - \alpha)(\beta - \gamma)(\beta - \delta)\ldots};$$
et ainsi de suite.

Je remarque d'abord qu'on peut donner à ces expressions une forme plus simple et plus commode pour le calcul, en observant que, si dans le produit
$$(y - \beta)(y - \gamma)(y - \delta)\ldots,$$
on change après le développement les puissances
$$y^0, y^1, y^2, y^3, \ldots, y^{n-1}$$
en
$$y_0, y_1, y_2, y_3, \ldots, y_{n-1};$$

on aura le numérateur de l'expression de a; que de même on aura celui de l'expression de b en faisant le même changement dans le produit

$$(\gamma - \alpha)(\gamma - \gamma)(\gamma - \delta)\ldots;$$

et ainsi des autres. De sorte qu'avec cette condition on pourra supposer d'abord

$$a = \frac{(\gamma - \beta)(\gamma - \gamma)(\gamma - \delta)\ldots}{(\alpha - \beta)(\alpha - \gamma)(\alpha - \delta)\ldots},$$

$$b = \frac{(\gamma - \alpha)(\gamma - \gamma)(\gamma - \delta)\ldots}{(\beta - \alpha)(\beta - \gamma)(\beta - \delta)\ldots},$$

$$c = \frac{(\gamma - \alpha)(\gamma - \beta)(\gamma - \delta)\ldots}{(\gamma - \alpha)(\gamma - \beta)(\gamma - \delta)\ldots},$$

. . . .

2. Cela posé, soit $\beta = \alpha$, les deux premiers termes $a\alpha^x$, $b\beta^x$ de l'expression de y_x deviendront infinis.

Faisons, pour abréger,

$$\frac{\alpha^x}{(\alpha - \gamma)(\alpha - \delta)\ldots} = f(\alpha),$$

on aura

$$\frac{\beta^x}{(\beta - \gamma)(\beta - \delta)\ldots} = f(\beta),$$

et les deux termes

$$a\alpha^x + b\beta^x$$

deviendront

$$\frac{(\gamma - \beta)(\gamma - \gamma)(\gamma - \delta)\ldots}{\alpha - \beta} f(\alpha) + \frac{(\gamma - \alpha)(\gamma - \gamma)(\gamma - \delta)\ldots}{\beta - \alpha} f(\beta).$$

Faisons maintenant

$$\beta = \alpha + \omega,$$

ω étant une quantité infiniment petite, on aura

$$\alpha - \beta = -\omega, \quad \beta - \alpha = \omega,$$

$$(\gamma - \beta)(\gamma - \gamma)(\gamma - \delta)\ldots = (\gamma - \alpha)(\gamma - \gamma)(\gamma - \delta)\ldots - \omega(\gamma - \gamma)(\gamma - \delta)\ldots,$$

$$f(\beta) = f(\alpha + \omega) = f(\alpha) + \frac{df(\alpha)}{d\alpha}\omega + \ldots.$$

Substituant ces valeurs dans les deux termes dont il s'agit, effaçant ce qui se détruit et faisant ensuite $\omega = 0$, on aura pour résultat

$$(y-\gamma)(y-\delta)\ldots f(\alpha) + (y-\alpha)(y-\gamma)(y-\delta)\ldots \frac{df(\alpha)}{d\alpha}.$$

C'est la valeur des deux premiers termes de l'expression de y_x. Et le troisième terme $c\gamma^x$ de la même expression deviendra alors, à cause de $\beta = \alpha$,

$$\frac{(y-\alpha)^2(y-\delta)\ldots}{(\gamma-\alpha)^2(\gamma-\delta)\ldots}\gamma^x.$$

La valeur des autres ne sera sujette à aucune difficulté.

Si outre $\beta = \alpha$ on avait encore $\gamma = \alpha$, ce qui est le cas de trois racines égales, alors $f(\alpha)$ deviendrait infini, ainsi que la valeur du troisième terme ; les trois premiers termes seraient donc infinis, et il faudrait faire de nouveau $\gamma = \alpha + \omega$.

Soit

$$\frac{\alpha^x}{(\alpha-\delta)(\alpha-\varepsilon)\ldots} = f'(\alpha),$$

on aura

$$f(\alpha) = \frac{f'(\alpha)}{\alpha-\gamma},$$

et, différentiant suivant α,

$$\frac{df(\alpha)}{d\alpha} = \frac{1}{\alpha-\gamma}\frac{df'(\alpha)}{d\alpha} - \frac{f'(\alpha)}{(\alpha-\gamma)^2}.$$

Donc, faisant

$$\gamma = \alpha + \omega,$$

on aura

$$f(\alpha) = -\frac{f'(\alpha)}{\omega}, \quad \frac{df(\alpha)}{d\alpha} = -\frac{1}{\omega}\frac{df'(\alpha)}{d\alpha} - \frac{f'(\alpha)}{\omega^2}.$$

De plus

$$(y-\gamma)(y-\delta)\ldots$$

deviendra

$$(y-\alpha)(y-\delta)\ldots - \omega(y-\delta)\ldots,$$

et

$$(y-\alpha)(y-\gamma)(y-\delta)\ldots$$

deviendra

$$(y-\alpha)^2(y-\delta)\ldots - \omega(y-\alpha)(y-\delta)\ldots.$$

Enfin le troisième terme étant représenté par

$$\frac{(y-\alpha)^2(y-\delta)\ldots}{(\gamma-\alpha)^2}f'(\gamma)$$

deviendra, en mettant $\alpha+\omega$ pour γ,

$$\frac{(y-\alpha)^2(y-\delta)\ldots}{\omega^2}f'(\alpha+\omega),$$

savoir

$$\frac{(y-\alpha)^2(y-\delta)}{\omega^2}\left[f'(\alpha)+\omega\frac{df'(\alpha)}{d\alpha}+\frac{\omega^2}{2}\frac{d^2f'(\alpha)}{d\alpha^2}+\ldots\right].$$

Faisant toutes ces substitutions, effaçant ce qui se détruit et faisant ensuite $\omega=0$, on trouvera pour la valeur des trois premiers termes de y_x la quantité

$$(y-\delta)\ldots f'(\alpha)+(y-\alpha)(y-\delta)\ldots\frac{df'(\alpha)}{d\alpha}+(y-\alpha)^2(y-\delta)\ldots\frac{1}{2}\frac{d^2f'(\alpha)}{d\alpha^2}.$$

Si l'on avait encore $\delta=\alpha$, en sorte que les quatre racines α, β, γ, δ fussent égales entre elles, on trouverait, en suivant la même marche, que les quatre premiers termes de l'expression de y_x, savoir

$$a\alpha^x+b\beta^x+c\gamma^x+d\delta^x,$$

dont chacun serait infini, pris ensemble se réduiraient à la quantité suivante

$$(y-\varepsilon)\ldots f''(\alpha)+(y-\alpha)(y-\varepsilon)\ldots\frac{df''(\alpha)}{d\alpha}+(y-\alpha)^2(y-\varepsilon)\ldots\frac{1}{2}\frac{d^2f''(\alpha)}{d\alpha^2}$$
$$+(y-\alpha)^3(y-\varepsilon)\ldots\frac{1}{2.3}\frac{d^3f''(\alpha)}{d\alpha^3},$$

en faisant

$$f''(\alpha)=\frac{\alpha^x}{(\alpha-\varepsilon)(\alpha-\zeta)\ldots};$$

et ainsi de suite, la loi de la progression étant visible d'elle-même.

Pour pouvoir employer ces expressions, il faudra développer les différents produits

$$(y-\gamma)(y-\delta)\ldots,\quad (y-\alpha)(y-\gamma)(y-\delta)\ldots,$$
$$(y-\delta)\ldots,\quad (y-\alpha)(y-\delta)\ldots,\quad (y-\alpha)^2(y-\delta)\ldots,$$

et ainsi de suite en puissances de y, et changer ensuite dans ces puissances les exposants en indices, c'est-à-dire changer

$$y^0,\ y^1,\ y^2,\ldots$$

en

$$y_0,\ y_1,\ y_2,\ldots,$$

en conservant les coefficients de ces puissances.

3. La difficulté qui résulte des racines égales est donc résolue d'une manière générale; mais les expressions qu'on vient de trouver étant données en fonction de toutes les racines $\alpha,\ \beta,\ \gamma,\ldots$, on peut désirer de les avoir en fonction de la seule racine α, ce qui donnera même à nos formules plus de simplicité.

Pour cela, nous remarquerons que, puisque $\alpha,\ \beta,\ \gamma,\ldots$ sont les racines de l'équation (B), on aura

$$A + By + Cy^2 + \ldots + Ny^n = N(y-\alpha)(y-\beta)(y-\gamma)\ldots$$

En faisant $y = \alpha$, on aura

$$A + B\alpha + C\alpha^2 + \ldots + N\alpha^n = 0;$$

retranchant cette quantité du premier membre de l'équation précédente et divisant ensuite par $y - \alpha$, on aura

$$Q + Ry + Sy^2 + Ty^3 + \ldots + Ny^{n-1} = N(y-\beta)(y-\gamma)(y-\delta)\ldots,$$

en faisant, comme dans le n° 2 du Mémoire cité,

$$Q = B + C\alpha + D\alpha^2 + \ldots,$$
$$R = C + D\alpha + \ldots,$$
$$S = D + \ldots,$$
$$\ldots\ldots\ldots\ldots$$

Faisons dans l'équation précédente $y = \beta$, on aura

$$Q + R\beta + S\beta^2 + T\beta^3 + \ldots = 0;$$

retranchant cette quantité du premier membre de la même équation et divisant le tout par $y - \beta$, on aura

$$Q' + R'y + S'y^2 + T'y^3 + \ldots = N(y - \gamma)(y - \delta)\ldots,$$

en faisant

$$Q' = R + S\beta + T\beta^2 + \ldots,$$
$$R' = S + T\beta + \ldots,$$
$$S' = T + \ldots,$$
$$\ldots\ldots\ldots$$

Pareillement on trouvera

$$Q'' + R''y + S''y^2 + \ldots = N(y - \delta)\ldots$$

en faisant

$$Q'' = R' + S'\gamma + T'\gamma^2 + \ldots,$$
$$R'' = S' + T'\gamma + \ldots,$$
$$S'' = T' + \ldots,$$
$$\ldots\ldots\ldots;$$

et ainsi de suite.

4. 1° Soit maintenant $\beta = \alpha$, on aura

$$N(y - \alpha)(y - \gamma)(y - \delta)\ldots = Q + Ry + Sy^2 + \ldots,$$
$$N(y - \gamma)(y - \delta)\ldots = Q' + R'y + S'y^2 + \ldots.$$

Faisant dans Q', R', S', ... $\beta = \alpha$, et substituant les valeurs de Q, R, ... en α, on trouve

$$Q' = C + 2D\alpha + 3E\alpha^2 + \ldots = \frac{dQ}{d\alpha},$$
$$R' = D + 2E\alpha + \ldots = \frac{dR}{d\alpha},$$
$$S' = E + \ldots = \frac{dS}{d\alpha},$$
$$\ldots\ldots\ldots\ldots$$

Donc
$$N(y-\gamma)(y-\delta) = \frac{dQ}{d\alpha} + \frac{dR}{d\alpha}y + \frac{dS}{d\alpha}y^2 + \ldots;$$

2° Soit $\gamma = \beta = \alpha$, on aura d'abord
$$N(y-\alpha)^2(y-\delta)\ldots = Q + Ry + Sy^2 + \ldots,$$
$$N(y-\alpha)(y-\delta)\ldots = \frac{dQ}{d\alpha} + \frac{dR}{d\alpha}y + \frac{dS}{d\alpha}y^2 + \ldots,$$
$$N(y-\delta)\ldots = Q'' + R''y + S''y^2 + \ldots.$$

Faisant dans Q'', R'', S'',... $\gamma = \alpha$, et substituant les valeurs ci-dessus de Q', R', S',..., on trouve
$$Q'' = D + 3E\alpha + \ldots = \frac{1}{2}\frac{d^2Q}{d\alpha^2},$$
$$R'' = \frac{1}{2}\frac{d^2R}{d\alpha^2},$$
$$S'' = \frac{1}{2}\frac{d^2S}{d\alpha^2},$$
$$\ldots\ldots\ldots\ldots$$

De sorte qu'on aura
$$N(y-\delta)\ldots = \frac{1}{2}\frac{d^2Q}{d\alpha^2} + \frac{1}{2}\frac{d^2R}{d\alpha^2}y + \frac{1}{2}\frac{d^2S}{d\alpha^2}y^2 + \ldots;$$

et ainsi de suite.

Faisons ces substitutions dans les formules trouvées plus haut pour le cas des racines égales, et changeons, comme nous l'avons prescrit, les puissances $y^0, y^1, y^2, \ldots$ en $y_0, y_1, y_2, \ldots$, on trouvera ces résultats fort simples :

1° Dans le cas où $\beta = \alpha$, la quantité
$$\frac{1}{N}\frac{d[(Qy_0 + Ry_1 + Sy_2 + \ldots)f(\alpha)]}{d\alpha}$$

pour la valeur des deux termes
$$a\alpha^x + b\beta^x;$$

2° Dans le cas de $\gamma = \beta = \alpha$, la quantité

$$\frac{1}{2N} \frac{d^2[(Qy_0 + Ry_1 + Sy_2 + \ldots)f'(\alpha)]}{d\alpha^2}$$

pour la valeur des trois termes

$$a\alpha^x + b\beta^x + c\gamma^x;$$

et ainsi de suite

5. En considérant ces résultats, il est clair qu'on eût pu les trouver plus simplement, en substituant dans l'expression du coefficient a, à la place de

$$y_{n-1} - (\beta + \gamma + \delta + \ldots)y_{n-2} + (\beta\gamma + \beta\delta + \ldots)y_{n-3} - \ldots,$$

sa valeur

$$\frac{Qy_0 + Ry_1 + Sy_2 + \ldots}{N},$$

et considérant cette quantité comme une fonction de α; car, en la désignant par $F(\alpha)$, on eût eu, de même, pour le coefficient b, la quantité

$$y_{n-1} - (\alpha + \gamma + \delta + \ldots)y_{n-2} + (\alpha\gamma + \alpha\delta + \ldots)y_{n-3} - \ldots = F(\beta);$$

de sorte que l'on eût eu pour les deux termes $a\alpha^x + b\beta^x$ l'expression

$$\frac{F(\alpha)f(\alpha)}{\alpha - \beta} + \frac{F(\beta)f(\beta)}{\beta - \alpha},$$

laquelle eût donné sur-le-champ, en faisant $\beta = \alpha + \omega$,

$$\frac{d[F(\alpha)f(\alpha)]}{d\alpha}.$$

On eût trouvé de la même manière, pour le cas de trois racines égales, en faisant

$$f(\alpha) = \frac{f'(\alpha)}{\alpha - \gamma},$$

que les trois premiers termes

$$a\alpha^x + b\beta^x + c\gamma^x$$

auraient donné

$$\frac{d[F(\alpha)f'(\alpha)]}{d\alpha} - \frac{F(\alpha)f'(\alpha)}{(\alpha-\gamma)^2} + \frac{F(\gamma)f'(\gamma)}{(\gamma-\alpha)^2};$$

ce qui, en faisant $\gamma = \alpha + \omega$, se réduit à

$$\frac{1}{2}\frac{d^2[F(\alpha)f'(\alpha)]}{d\alpha^2}.$$

C'est aussi de cette manière que je m'y étais pris d'abord pour résoudre le cas des racines égales; mais, quoiqu'elle conduise à des résultats exacts, il me semble qu'on ne peut pas l'adopter sans précaution; car il est remarquable que la quantité qu'on y prend pour une simple fonction de α contient toutes les autres racines $\beta, \gamma, \ldots$ sans α; que, de même, celle qu'on y prendrait pour une fonction de β contiendrait les autres racines sans β, et ainsi de suite; ce qui doit au moins laisser quelque doute sur la bonté de cette méthode; mais d'après celle que nous avons suivie, il n'en doit rester aucun sur l'exactitude de nos résultats.

6. Mais ces résultats n'ont pas encore toute la simplicité dont ils sont susceptibles; car les quantités que nous avons désignées par $f(\alpha), f'(\alpha), \ldots$ dépendent à la fois des différentes racines $\alpha, \gamma, \delta, \ldots$, et il faut les réduire à n'être que des fonctions de la seule racine α.

Pour cela je fais, comme dans le n° 2 du Mémoire déjà cité,

$$P = A + B\alpha + C\alpha^2 + D\alpha^3 + \ldots + N\alpha^n;$$

je change pour un moment α en y; j'aurai

$$P = 0$$

pour l'équation (A) du n° 1 ci-dessus, dont les racines sont $\alpha, \beta, \gamma, \ldots$. De sorte que, par la nature des équations, j'aurai

$$P = N(y-\alpha)(y-\beta)(y-\gamma)\ldots,$$

équation identique.

Donc :

1° En différentiant et faisant ensuite $y = \alpha$, on aura

$$\frac{dP}{d\alpha} = N(\alpha - \beta)(\alpha - \gamma)(\alpha - \delta)\ldots;$$

2° Si $\alpha = \beta$, on a

$$P = N(y - \alpha)^2 (y - \gamma)(y - \delta)\ldots$$

Soit
$$P' = N(y - \gamma)(y - \delta)\ldots,$$

on aura
$$P = (y - \alpha)^2 P';$$

donc, différentiant et faisant ensuite $y = \alpha$, on aura

$$\frac{dP}{d\alpha} = 0, \quad \frac{d^2P}{d\alpha^2} = 2P', \quad \frac{d^3P}{d\alpha^3} = 2.3 \frac{dP'}{d\alpha}, \quad \frac{d^4P}{d\alpha^4} = 3.4 \frac{d^2P'}{d\alpha^2};$$

et ainsi de suite. D'où l'on tire

$$P' = \frac{1}{2} \frac{d^2P}{d\alpha^2}, \quad \frac{dP'}{d\alpha} = \frac{1}{2.3} \frac{d^3P}{d\alpha^3}, \quad \frac{d^2P'}{d\alpha^2} = \frac{1}{3.4} \frac{d^4P}{d\alpha^4}, \ldots;$$

3° Si $\alpha = \beta = \gamma$, on a

$$P = N(y - \alpha)^3 (y - \delta)(y - \varepsilon)\ldots$$

Soit
$$P'' = N(y - \delta)(y - \varepsilon)\ldots,$$

on aura
$$P = (y - \alpha)^3 P''.$$

Différentiant et faisant ensuite $y = \alpha$, on aura

$$\frac{dP}{d\alpha} = 0, \quad \frac{d^2P}{d\alpha^2} = 0, \quad \frac{d^3P}{d\alpha^3} = 2.3 P'', \quad \frac{d^4P}{d\alpha^4} = 2.3.4 \frac{dP''}{d\alpha}, \quad \frac{d^5P}{d\alpha^5} = 3.4.5 \frac{d^2P''}{d\alpha^2}, \ldots,$$

d'où l'on tire

$$P'' = \frac{1}{2.3} \frac{d^3P}{d\alpha^3}, \quad \frac{dP''}{d\alpha} = \frac{1}{2.3.4} \frac{d^4P}{d\alpha^4}, \quad \frac{d^2P''}{d\alpha^2} = \frac{1}{3.4.5} \frac{d^5P}{d\alpha^5}, \quad \frac{d^3P''}{d\alpha^3} = \frac{1}{4.5.6} \frac{d^6P}{d\alpha^6}, \ldots;$$

et ainsi de suite.

On aura donc par ces substitutions, en supposant qu'on ait mis α à la place de y dans P', P'',...,

$$f(\alpha) = \frac{N\alpha^x}{P'}, \quad f'(\alpha) = \frac{N\alpha^x}{P''},$$

et ainsi de suite (2). Donc enfin, substituant ces valeurs dans les formules du n° 3, on trouvera :

1° Que, lorsque $\alpha = \beta$, les deux termes

$$a\alpha^x + b\beta^x$$

de l'expression du terme général y_x se réduiront à cette expression

$$\frac{d\left(\dfrac{Q y_0 + R y_1 + S y_2 + \ldots}{P'} \alpha^x\right)}{d\alpha},$$

en faisant

$$P' = \frac{1}{2}\frac{d^2 P}{d\alpha^2}, \quad \frac{dP'}{d\alpha} = \frac{1}{2.3}\frac{d^3 P}{d\alpha^3}, \ldots;$$

2° Que, lorsque $\alpha = \beta = \gamma$, les trois termes

$$a\alpha^x + b\beta^x + c\gamma^x$$

se réduiront à

$$\frac{1}{2}\frac{d^2\left(\dfrac{Q y_0 + R y_1 + S y_2 + \ldots}{P''} \alpha^x\right)}{d\alpha^2},$$

en faisant

$$P'' = \frac{1}{2.3}\frac{d^3 P}{d\alpha^3}, \quad \frac{dP''}{d\alpha} = \frac{1}{2.3.4}\frac{d^4 P}{d\alpha^4}, \quad \frac{d^2 P''}{d\alpha^2} = \frac{1}{3.4.5}\frac{d^5 P}{d\alpha^5};$$

3° Que, lorsque $\alpha = \beta = \gamma = \delta$, les quatre termes

$$a\alpha^x + b\beta^x + c\gamma^x + d\delta^x$$

se réduiront à

$$\frac{1}{2.3}\frac{d^3\left(\dfrac{Q y_0 + R y_1 + S y_2 + \ldots}{P'''} \alpha^x\right)}{d\alpha^3},$$

en faisant

$$P'''= \frac{1}{2.3.4}\frac{d^4P}{d\alpha^4}, \quad \frac{dP'''}{d\alpha}=\frac{1}{2.3.4.5}\frac{d^5P}{d\alpha^5}, \quad \frac{d^2P'''}{d\alpha^2}=\frac{1}{3.4.5.6}\frac{d^6P}{d\alpha^6},$$

$$\frac{d^3P'''}{d\alpha^3}=\frac{1}{4.5.6.7}\frac{d^7P}{d\alpha^7};$$

et ainsi de suite.

7. Ces formules sont un peu différentes de celles que j'avais données sans démonstration dans le Mémoire cité pour le cas de l'égalité des racines.

Je m'étais aperçu de leur inexactitude après l'impression du Mémoire; mais entraîné par d'autres objets, j'avais toujours différé à revenir sur celui-ci que je regardais comme moins important; et j'ai été prévenu à cet égard par un Membre de la Société Italienne, Jean François Malfatti, qui a donné sur ce sujet un savant Mémoire dans le tome III du *Recueil* de cette Société. Comme l'analyse de cet Auteur est fort longue et conduit à des résultats un peu compliqués, j'ai cru devoir chercher à résoudre cette question d'une manière plus directe et plus conforme à la simplicité de la méthode générale exposée dans mon Mémoire de 1775; c'est ce qui a occasionné les recherches précédentes; mais, quoique les formules auxquelles je suis parvenu ne paraissent rien laisser à désirer pour la simplicité et la généralité, néanmoins, comme ces formules sont différentes pour les différents cas de l'égalité de deux racines, de trois, de quatre,..., on pourrait désirer encore une formule qui renfermât tous ces cas; et voici celle que j'ai trouvée, et que je présente aux Géomètres en les invitant à la démontrer directement.

En conservant les valeurs de P, Q, R,... des n°s 3 et 6, savoir, en faisant

$$P = A + B\alpha + C\alpha^2 + D\alpha^3 + E\alpha^4 + \ldots,$$
$$Q = B + C\alpha + D\alpha^2 + E\alpha^3 + \ldots,$$
$$R = C + D\alpha + E\alpha^2 + \ldots,$$
$$\ldots\ldots\ldots\ldots\ldots\ldots\ldots,$$

je fais, pour abréger,

$$(Qy_0 + Ry_1 + Sy_2 + Ty_3 + \ldots)\alpha^x = F(\alpha),$$

$F(\alpha)$ dénotant, comme l'on voit, une fonction donnée de α.

Je considère ensuite la formule

$$\frac{F(\alpha) + \omega \frac{dF(\alpha)}{d\alpha} + \frac{\omega^2}{2}\frac{d^2F(\alpha)}{d\alpha^2} + \ldots}{\frac{dP}{d\alpha} + \frac{\omega}{2}\frac{d^2P}{d\alpha^2} + \frac{\omega^2}{2.3}\frac{d^3P}{d\alpha^3} + \ldots},$$

et, après l'avoir développée en série suivant les puissances ascendantes de ω, je ne retiens que les termes où la quantité ω ne se trouve point, en rejetant ceux qui se trouveront divisés ou multipliés par des puissances de ω; je dis que ces termes seront ceux de l'expression du terme général y_x, qui proviendront de la racine α, soit que cette racine soit une racine simple, ou double, ou triple,....

Ainsi, si α est une racine simple, on aura tout de suite

$$\frac{F(\alpha)}{\frac{dP}{d\alpha}}$$

pour le terme dû à cette racine.

Si α est une racine double, alors $\frac{dP}{d\alpha} = 0$, et la formule se réduira à

$$\frac{F(\alpha) + \omega \frac{dF(\alpha)}{d\alpha} + \ldots}{\frac{\omega}{2}\frac{d^2P}{d\alpha^2} + \frac{\omega^2}{2.3}\frac{d^3P}{d\alpha^3} + \ldots} = \frac{F(\alpha)}{\frac{\omega}{2}\frac{d^2P}{d\alpha^2}} + \frac{\frac{dF(\alpha)}{d\alpha}}{\frac{1}{2}\frac{d^2P}{d\alpha^2}} - \frac{F(\alpha)\frac{1}{2.3}\frac{d^3P}{d\alpha^3}}{\left(\frac{1}{2}\frac{d^2P}{d\alpha^2}\right)^2} + \omega \times \ldots$$

Donc les termes dus à la racine double α seront

$$\frac{\frac{dF(\alpha)}{d\alpha}}{\frac{1}{2}\frac{d^2P}{d\alpha^2}} - F(\alpha)\frac{\frac{1}{2.3}\frac{d^3P}{d\alpha^3}}{\left(\frac{1}{2}\frac{d^2P}{d\alpha^2}\right)^2},$$

ou bien (6)

$$\frac{1}{P'}\frac{dF(\alpha)}{d\alpha} - \frac{F(\alpha)}{P'^2}\frac{dP'}{d\alpha},$$

ou bien encore
$$\frac{d\frac{F(\alpha)}{P'}}{d\alpha},$$

comme on l'a trouvé dans le numéro cité.

Si α est une racine triple, alors on aura
$$\frac{dP}{d\alpha} = 0, \quad \frac{d^2P}{d\alpha^2} = 0,$$

ce qui réduira la formule à celle-ci
$$\frac{F(\alpha) + \omega \dfrac{dF(\alpha)}{d\alpha} + \dfrac{\omega^2}{2} \dfrac{d^2F(\alpha)}{d\alpha^2} + \ldots}{\dfrac{\omega^3}{2.3}\left(\dfrac{d^3P}{d\alpha^3} + \dfrac{\omega}{4}\dfrac{d^4P}{d\alpha^4} + \dfrac{\omega^2}{4.5}\dfrac{d^5P}{d\alpha^5} + \ldots\right)}.$$

Faisant le développement suivant les méthodes ordinaires, on trouvera que les termes indépendants de ω seront les mêmes que ceux qui résultent des formules données ci-dessus pour le cas de trois racines égales; et ainsi de suite.

MÉMOIRE

SUR

LES SPHÉROÏDES ELLIPTIQUES.

MÉMOIRE

SUR

LES SPHÉROÏDES ELLIPTIQUES.

(*Nouveaux Mémoires de l'Académie royale des Sciences et Belles-Lettres de Berlin*, années 1792 et 1793.)

J'entends par *sphéroïdes elliptiques* ceux dont toutes les sections sont des ellipses, et dont l'équation générale, réduite à la forme la plus simple, est

$$\frac{x^2}{a^2} + \frac{y^2}{b^2} + \frac{z^2}{c^2} = 1.$$

J'ai donné dans le volume de l'année 1773 un Mémoire sur l'attraction de ces sortes de sphéroïdes (*). Je me propose dans celui-ci de présenter aux Géomètres quelques formules générales, qui pourront être utiles pour la solution de différentes questions relatives à ces mêmes sphéroïdes.

1. Supposons

$$z = r\cos\psi, \quad y = r\sin\psi\sin\varphi, \quad x = r\sin\psi\cos\varphi;$$

r sera le rayon partant du centre qui est l'origine des trois coordonnées

---

(*) *OEuvres de Lagrange*, t. III, p. 619.

x, y, z; ψ sera l'angle fait par ce rayon avec l'une des ordonnées z, et φ sera l'angle que la projection du même rayon sur le plan des coordonnées x et y fait avec l'une des ordonnées x. En substituant ces valeurs dans l'équation du sphéroïde, on en tirera

$$\frac{1}{r^2} = \frac{\sin^2\psi \cos^2\varphi}{a^2} + \frac{\sin^2\psi \sin^2\varphi}{b^2} + \frac{\cos^2\psi}{c^2};$$

et de là on aura les valeurs de x, y, z en ψ et φ.

2. Désignons par M la masse totale ou plutôt le volume du sphéroïde; on aura, comme l'on sait,

$$dM = r^2 dr . \sin\psi \, d\psi \, d\varphi;$$

et pour avoir la valeur de M il faudra intégrer d'abord depuis $r = 0$ jusqu'à r égal au rayon du sphéroïde, c'est-à-dire en donnant à r la valeur trouvée ci-dessus; on intégrera ensuite depuis $\psi = 0$ jusqu'à $\psi = 180°$, et enfin depuis $\varphi = 0$ jusqu'à $\varphi = 360°$.

Intégrant d'abord suivant la variable r, on aura

$$dM = \frac{r^3 \sin\psi \, d\psi \, d\varphi}{3},$$

où il faudra substituer pour r sa valeur en φ et ψ.

Soit pour plus de simplicité

$$a = \frac{1}{\sqrt{\alpha}}, \quad b = \frac{1}{\sqrt{\beta}}, \quad c = \frac{1}{\sqrt{\gamma}};$$

on aura

$$r = (\alpha \sin^2\psi \cos^2\varphi + \beta \sin^2\psi \sin^2\varphi + \gamma \cos^2\psi)^{-\frac{1}{2}}.$$

Supposons de plus

$$R = \alpha \sin^2\psi \cos^2\varphi + \beta \sin^2\psi \sin^2\varphi + \gamma \cos^2\psi,$$

en sorte que
$$r = \frac{1}{\sqrt{R}},$$
on aura
$$dM = \frac{\sin\psi\, d\psi\, d\varphi}{3R^{\frac{3}{2}}}.$$

3. Considérons maintenant les formules

$$x^2 dM, \quad y^2 dM, \quad z^2 dM, \quad x^4 dM, \ldots, \quad x^2 y^2 dM, \ldots;$$

en substituant pour x, y, z leurs valeurs $r\sin\psi\cos\varphi$, $r\sin\psi\sin\varphi$, $r\cos\psi$, et pour dM l'élément $r^2 dr . \sin\psi\, d\psi\, d\varphi$, intégrant ensuite suivant r, et faisant $r = \frac{1}{\sqrt{R}}$, on aura après cette première intégration

$$x^2 dM = \frac{\sin^2\psi \cos^2\varphi . \sin\psi\, d\psi\, d\varphi}{5R^{\frac{5}{2}}},$$

$$y^2 dM = \frac{\sin^2\psi \sin^2\varphi . \sin\psi\, d\psi\, d\varphi}{5R^{\frac{5}{2}}},$$

$$z^2 dM = \frac{\cos^2\psi . \sin\psi\, d\psi\, d\varphi}{5R^{\frac{5}{2}}},$$

$$x^4 dM = \frac{\sin^4\psi \cos^4\varphi . \sin\psi\, d\psi\, d\varphi}{7R^{\frac{7}{2}}},$$

$$\ldots\ldots\ldots\ldots\ldots\ldots\ldots\ldots,$$

$$x^2 y^2 dM = \frac{\sin^4\psi \cos^2\varphi \sin^2\varphi . \sin\psi\, d\psi\, d\varphi}{7R^{\frac{7}{2}}},$$

$$\ldots\ldots\ldots\ldots\ldots\ldots\ldots\ldots$$

Si maintenant on compare ces différentes expressions à celle de dM trouvée ci-dessus, il est facile de voir qu'elles peuvent toutes se déduire de celle-ci par la simple variation des constantes α, β, γ. Ainsi, dénotant par δ les différentielles relatives à ces quantités, on aura

$$dM = \frac{\sin\psi\, d\psi\, d\varphi}{3R^{\frac{3}{2}}},$$

$$x^2 dM = -\frac{2}{5}\frac{\delta\, dM}{\delta\alpha},$$

$$y^2 dM = -\frac{2}{5}\frac{\delta\, dM}{\delta\beta},$$

$$z^2 dM = -\frac{2}{5}\frac{\delta\, dM}{\delta\gamma},$$

$$x^4 dM = \frac{2}{5}\cdot\frac{2}{7}\frac{\delta^2 dM}{\delta\alpha^2},$$

$$\dotfill,$$

$$x^2 y^2 dM = \frac{2}{5}\cdot\frac{2}{7}\frac{\delta^2 dM}{\delta\alpha\,\delta\beta},$$

$$\dotfill,$$

et, en général,

$$x^{2m} y^{2n} z^{2l} dM = \pm\frac{2}{5}\cdot\frac{2}{7}\cdot\frac{2}{9}\cdots(m+n+l)\frac{\delta^{m+n+l} dM}{\delta\alpha^m\,\delta\beta^n\,\delta\gamma^l};$$

la quantité $(m+n+l)$ indique le nombre des facteurs $\frac{2}{5}$, $\frac{2}{7}$, $\cdots$ qu'il faut prendre, et le signe supérieur doit avoir lieu lorsque ce nombre sera pair, l'inférieur lorsqu'il sera impair.

Pour avoir les valeurs totales de ces différentes formules, il ne faudra plus que les intégrer relativement à ψ et φ; et, comme les variations de α, β, γ sont indépendantes des variations de ψ et φ, il est clair que les intégrations dont il s'agit le seront aussi. Dénotant donc ces intégrations totales par le signe $\int$, on aura d'abord

$$M = \int\frac{\sin\psi\, d\psi\, d\varphi}{3R^{\frac{3}{2}}},$$

et ensuite

$$\int x^{2m} y^{2n} z^{2l} dM = \pm\frac{2}{5}\cdot\frac{2}{7}\cdot\frac{2}{9}\cdots(m+n+l)\frac{\delta^{m+n+l} M}{\delta\alpha^m\,\delta\beta^n\,\delta\gamma^l}.$$

Ainsi, lorsqu'on aura trouvé la valeur de la masse M en fonction de α, β, γ, on pourra, par de simples différentiations relatives à ces constantes, trouver les valeurs des intégrales de $x^2 dM$, $y^2 dM$, ..., et généralement de $x^{2m} y^{2n} z^{2l} dM$ pour toute la masse du sphéroïde.

A l'égard des quantités où dM serait multiplié par des puissances impaires de x, y, z, il est facile de voir que leur intégrale totale serait toujours nulle, les mêmes éléments se trouvant avec des signes contraires et se détruisant par conséquent réciproquement.

4. Cherchons donc la valeur de M. Soit $\cos\psi = u$; on aura

$$dM = -\frac{1}{3} \frac{du\, d\varphi}{[\alpha \cos^2\varphi + \beta \sin^2\varphi + (\gamma - \alpha \cos^2\varphi - \beta \sin^2\varphi) u^2]^{\frac{3}{2}}},$$

dont l'intégrale relative à u est (en prenant une constante k)

$$k\, d\varphi - \frac{1}{3} \frac{u\, d\varphi}{(\alpha \cos^2\varphi + \beta \sin^2\varphi) \sqrt{[\alpha \cos^2\varphi + \beta \sin^2\varphi + (\gamma - \alpha \cos^2\varphi - \beta \sin^2\varphi) u^2]}}.$$

Comme cette intégrale doit commencer à $\psi = 0$ et finir à $\psi = 180°$, il faudra qu'elle soit nulle lorsque $u = 1$, et complète lorsque $u = -1$. Donc on aura d'abord

$$k = \frac{d\varphi}{3(\alpha \cos^2\varphi + \beta \sin^2\varphi) \sqrt{\gamma}},$$

et l'intégrale complète sera

$$\frac{2}{3} \frac{d\varphi}{(\alpha \cos^2\varphi + \beta \sin^2\varphi) \sqrt{\gamma}},$$

laquelle devra encore être intégrée depuis $\varphi = 0$ jusqu'à $\varphi = 360°$. Divisant le haut et le bas de la fraction par $\alpha \cos^2\varphi$, et observant que $\frac{d\varphi}{\cos^2\varphi} = d\tang\varphi$, cette différentielle deviendra $\left(\text{en faisant } t = \frac{\sqrt{\beta}\tang\varphi}{\sqrt{\alpha}}\right)$,

$$\frac{2}{3} \frac{dt}{\sqrt{\alpha\beta\gamma}(1 + t^2)},$$

dont l'intégrale est

$$\frac{2}{3}\frac{\arctan t}{\sqrt{\alpha\beta\gamma}}.$$

Lorsque $\varphi = 0$ on a $t = 0$, et lorsque $\varphi = 360°$ on a de nouveau $t = 0$; donc $\arctan t$ est dans le premier cas $= 0$ et dans le second $= 360°$. Donc la valeur complète de cette dernière intégrale sera $\frac{2}{3}\frac{360°}{\sqrt{\alpha\beta\gamma}}$. Donc enfin on aura

$$M = \frac{2}{3}\frac{360°}{\sqrt{\alpha\beta\gamma}}.$$

5. Cette quantité différentiée successivement donnera

$$\frac{\delta M}{\delta\alpha} = -\frac{1}{2}\frac{M}{\alpha}, \quad \frac{\delta M}{\delta\beta} = -\frac{1}{2}\frac{M}{\beta}, \quad \frac{\delta M}{\delta\gamma} = -\frac{1}{2}\frac{M}{\gamma},$$

$$\frac{\delta^2 M}{\delta\alpha^2} = \frac{1}{2}\frac{3}{2}\frac{M}{\alpha^2}, \quad \frac{\delta^2 M}{\delta\alpha\,\delta\beta} = \frac{1}{2}\frac{1}{2}\frac{M}{\alpha\beta};$$

et ainsi de suite. De sorte qu'on aura, en général,

$$\frac{\delta^{m+n+l}M}{\delta\alpha^m\,\delta\beta^n\,\delta\gamma^l} = \pm\left[\frac{1}{2}\frac{3}{2}\frac{5}{2}\cdots(m)\right]\left[\frac{1}{2}\frac{3}{2}\frac{5}{2}\cdots(n)\right]\left[\frac{1}{2}\frac{3}{2}\frac{5}{2}\cdots(l)\right]\frac{M}{\alpha^m\beta^n\gamma^l};$$

le signe supérieur a lieu lorsque $m + n + l$ est pair, l'inférieur lorsque ce nombre est impair, et les quantités (m), (n), (l) dénotent le nombre des facteurs $\frac{1}{2}$, $\frac{3}{2}$, $\frac{5}{2}$, $\cdots$ qu'il faut multiplier ensemble.

Donc enfin, faisant cette substitution dans la formule intégrale du n° 3 et remettant pour α, β, γ leurs valeurs $\frac{1}{a^2}$, $\frac{1}{b^2}$, $\frac{1}{c^2}$, on aura, en général, cette formule très-remarquable

$$\int x^{2m} y^{2n} z^{2l} dM = \frac{[1.3.5\ldots(m)][1.3.5\ldots(n)][1.3.5\ldots(l)]}{5.7.9\ldots(m+n+l)} M a^{2m} b^{2n} c^{2l},$$

où $M = \frac{2}{3} 360° \times abc$.

SUR LES SPHÉROÏDES ELLIPTIQUES.

6. De ce que (3)

$$\int xy\,d\mathrm{M} = 0, \quad \int xz\,d\mathrm{M} = 0, \quad \int yz\,d\mathrm{M} = 0,$$

il s'ensuit que les axes des coordonnées x, y, z sont les trois axes principaux du sphéroïde. Les moments d'inertie autour de ces axes, dont la détermination est nécessaire pour le calcul de la rotation, seront donc exprimés par les formules

$$\int (y^2 + z^2)\,d\mathrm{M}, \quad \int (x^2 + z^2)\,d\mathrm{M}, \quad \int (x^2 + y^2)\,d\mathrm{M},$$

dont les valeurs sont par la formule générale

$$\frac{\mathrm{M}(b^2 + c^2)}{5}, \quad \frac{\mathrm{M}(a^2 + c^2)}{5}, \quad \frac{\mathrm{M}(a^2 + b^2)}{5}.$$

Dans la Théorie de la libration de la Lune [*Mémoires* de 1780 (*)], on a fait

$$\frac{a}{c} = 1 + e, \quad \frac{b}{c} = 1 + i,$$

et regardant e et i comme des quantités très-petites vis-à-vis de l'unité, ce qui suffisait alors pour mon objet, on a trouvé pour les moments dont il s'agit les quantités

$$\frac{2\mathrm{M}}{5} c^2(1 + i), \quad \frac{2\mathrm{M}}{5} c^2(1 + e), \quad \frac{2\mathrm{M}}{5} c^2(1 + e + i),$$

M étant $= \frac{2}{3} 360° \times c^3 (1 + e + i)$. En comparant ces valeurs avec les précédentes, il est aisé d'en conclure qu'on peut rendre les formules de la Théorie citée rigoureuses, en prenant d'abord pour M sa vraie valeur $\frac{2}{3} 360° \times abc$, et faisant ensuite

$$e = \frac{a^2 - c^2}{2c^2}, \quad i = \frac{b^2 - c^2}{2c^2}.$$

(*) *OEuvres de Lagrange*, t. V, p. 1.

Au reste les quantités que nous désignons ici par a, b, c, M le sont dans l'endroit cité par f, g, h, m.

7. On sait que l'attraction du sphéroïde sur un point quelconque dont la position dans l'espace serait déterminée par les coordonnées f, g, h rapportées aux mêmes axes que les coordonnées x, y, z dépend de la formule

$$\int \frac{d\mathrm{M}}{\sqrt{(f-x)^2+(g-y)^2+(h-z)^2}}$$

que j'appelle V, l'intégration étant rapportée à toute la masse du sphéroïde. Car, si dans la quantité V regardée comme fonction de f, g, h on fait varier séparément ces dernières quantités, on aura $\frac{d\mathrm{V}}{df}$, $\frac{d\mathrm{V}}{dg}$, $\frac{d\mathrm{V}}{dh}$ pour les attractions totales parallèlement aux axes des coordonnées f, g, h. Et si l'on change ces coordonnées en un rayon vecteur ρ avec deux angles λ et μ, tels que

$$h = \rho \cos\lambda, \quad g = \rho \sin\lambda \sin\mu, \quad f = \rho \sin\lambda \cos\mu,$$

on aura $\frac{d\mathrm{V}}{d\rho}$ pour l'attraction suivant le rayon ρ, et $\frac{1}{\rho}\frac{d\mathrm{V}}{d\lambda}$, $\frac{1}{\rho \sin\lambda}\frac{d\mathrm{V}}{d\mu}$ pour les deux attractions perpendiculaires au rayon, l'une dans le plan qui passe par l'axe des ordonnées h, et l'autre perpendiculaire à ce plan.

La recherche de l'attraction du sphéroïde dépend donc simplement de la détermination de la quantité V en fonction de a, b, c, f, g, h. Dans le *Mémoire* déjà cité *sur l'attraction des sphéroïdes*, j'ai résolu la question pour le cas où le point attiré est dans l'intérieur ou à la surface; et dans une Addition à ce Mémoire, imprimée dans le volume de l'année 1775, je l'ai résolue aussi pour le cas où le point attiré est sur le prolongement d'un des trois axes. Les autres cas ont été résolus d'abord par Legendre pour les seuls sphéroïdes de révolution, ensuite par Laplace et Legendre pour des sphéroïdes quelconques. On ne peut regarder leurs solutions que comme des chefs-d'œuvre d'analyse, mais on peut désirer encore une solution plus directe et plus simple; et les progrès naturels de l'Ana-

SUR LES SPHÉROÏDES ELLIPTIQUES.

lyse donnent lieu de l'espérer. En attendant, voici l'usage qu'on pourrait faire des formules précédentes dans cette recherche.

8. Si l'on réduit le radical

$$\frac{1}{\sqrt{(f-x)^2 + (g-y)^2 + (h-z)^2}}$$

en série ascendante relativement aux quantités x, y, z, la quantité V se trouvera composée de termes de la forme $k \int x^{2m} y^{2n} z^{2l} dM$, dont on aura la valeur par la formule du n° 5, le coefficient k ne dépendant que des quantités f, g, h.

Si le point attiré est assez éloigné relativement aux dimensions du sphéroïde, ce qui est le cas des corps célestes, cette réduction en série sera toujours assez exacte, et il suffira de ne tenir compte que des premiers termes, comme dans les Problèmes de la précession des équinoxes, de la libration de la Lune ou des autres Planètes.

En substituant $\rho \cos\lambda$, $\rho \sin\lambda \sin\mu$, $\rho \sin\lambda \cos\mu$ à la place de h, g, f (7), on pourra réduire le radical dont il s'agit en une série de la forme

$$\frac{1}{\rho} + \frac{(1)}{\rho^2} + \frac{(2)}{\rho^3} + \frac{(3)}{\rho^4} + \ldots,$$

les quantités (1), (2), (3),... étant des fonctions homogènes de x, y, z des dimensions 1, 2, 3,.... Ainsi, en multipliant par dM et intégrant, on aura

$$V = \frac{M}{\rho} + \frac{\int (1) dM}{\rho^2} + \frac{\int (2) dM}{\rho^3} + \frac{\int (3) dM}{\rho^4} + \ldots.$$

Mais, par ce que nous avons observé plus haut (3), il est clair que les valeurs de

$$\int (1) dM, \quad \int (3) dM, \ldots$$

seront nulles; que, de plus, dans les valeurs de

$$\int (2) dM, \quad \int (4) dM, \ldots,$$

les quantités provenant des termes de (2), (4),... qui contiendraient des puissances impaires de x, y, z seront nulles aussi. D'où il s'ensuit que l'on aura simplement

$$V = \frac{M}{\rho} + \frac{\int (2) dM}{\rho^3} + \frac{\int (4) dM}{\rho^5} + \frac{\int (6) dM}{\rho^7} + \ldots,$$

les quantités (2), (4),... étant de la forme

$$(2) = A x^2 + B y^2 + C z^2,$$
$$(4) = A' x^4 + B' y^4 + C' z^4 + D' x^2 y^2 + E' x^2 z^2 + F' y^2 z^2,$$
$$(6) = A'' x^6 + B'' y^6 + C'' z^6 + D'' x^4 y^2 + E'' x^4 z^2$$
$$\quad + F'' x^2 y^4 + G'' x^2 z^4 + H'' y^4 z^2 + I'' y^2 z^4 + K'' x^2 y^2 z^2;$$

et ainsi de suite

Les coefficients A, B, C, A', B',... seront des fonctions des angles λ et μ qu'on déterminera facilement par différents moyens.

Appliquant donc à ces quantités la formule générale du n° 5 ci-dessus, on aura sur-le-champ

$$\int (2) dM = \frac{M}{5} (A a^2 + B b^2 + C c^2),$$

$$\int (4) dM = \frac{M}{5 \cdot 7} (3 A' a^4 + 3 B' b^4 + 3 C' c^4 + D' a^2 b^2 + E' a^2 c^2 + F' b^2 c^2),$$

$$\int (6) dM = \frac{M}{5 \cdot 7 \cdot 9} (3.5 A'' a^6 + 3.5 B'' b^6 + 3.5 C'' c^6 + 3 D'' a^4 b^2 + 3 E'' a^4 c^2$$
$$\quad + 3 F'' a^2 b^4 + 3 G'' a^2 c^4 + 3 H'' b^4 c^2 + 3 I'' b^2 c^4 + K'' a^2 b^2 c^2);$$

et ainsi de suite.

9. J'observe maintenant qu'il y a nécessairement entre les différents coefficients A, B, C,... des relations indépendantes des angles λ et μ dont ils sont fonctions, et qui viennent de ce que la série

$$\frac{1}{\rho} + \frac{(1)}{\rho^2} + \frac{(2)}{\rho^3} + \ldots$$

SUR LES SPHÉROÏDES ELLIPTIQUES.

résulte du développement de la fraction irrationnelle

$$\frac{1}{\sqrt{(f-x)^2+(g-y)^2+(h-z)^2}},$$

dans laquelle f, g, h sont données en ρ, λ, μ (numéro précédent). On sait qu'en nommant cette fraction u, elle satisfait à l'équation

$$\frac{d^2u}{dx^2}+\frac{d^2u}{dy^2}+\frac{d^2u}{dz^2}=0,$$

quelles que soient les valeurs de f, g, h, comme on peut s'en assurer par la différentiation. Donc, substituant à la place de u la série dont il s'agit, il faudra qu'on ait autant d'équations semblables pour chacune des quantités (1), (2), (3), ..., c'est-à-dire

$$\frac{d^2(1)}{dx^2}+\frac{d^2(1)}{dy^2}+\frac{d^2(1)}{dz^2}=0,\quad \frac{d^2(2)}{dx^2}+\frac{d^2(2)}{dy^2}+\frac{d^2(2)}{dz^2}=0,\dots;$$

et, comme ces équations doivent être indépendantes d'aucune relation entre x, y, z, il faudra égaler à zéro les termes qui après la différentiation resteront affectés des mêmes produits de ces variables.

Ainsi l'équation

$$\frac{d^2(2)}{dx^2}+\frac{d^2(2)}{dy^2}+\frac{d^2(2)}{dz^2}=0$$

donnera l'équation

$$A+B+C=0.$$

L'équation

$$\frac{d^2(4)}{dx^2}+\frac{d^2(4)}{dy^2}+\frac{d^2(4)}{dz^2}=0$$

donnera ces trois équations

$$4.3\,A'+2\,D'+2\,E'=0,$$
$$4.3\,B'+2\,D'+2\,F'=0,$$
$$4.3\,C'+2\,E'+2\,F'=0.$$

L'équation

$$\frac{d^2(6)}{dx^2}+\frac{d^2(6)}{dy^2}+\frac{d^2(6)}{dz^2}=0$$

donnera ces six équations

$$6.5\,A'' + 2\,D'' + 2\,E'' = 0, \qquad 4.3\,D'' + 4.3\,F'' + 2\,K'' = 0,$$
$$6.5\,B'' + 2\,F'' + 2\,H'' = 0, \qquad 4.3\,E'' + 4.3\,G'' + 2\,K'' = 0,$$
$$6.5\,C'' + 2\,G'' + 2\,I'' = 0, \qquad 4.3\,H'' + 4.3\,I'' + 2\,K'' = 0;$$

et ainsi des autres.

Donc :

1° On aura $A = -B - C$; cette valeur, substituée dans l'expression de $\int (2)\,dM$, donnera

$$\int (2)\,dM = \frac{M}{5}\left[B(b^2 - a^2) + C(c^2 - a^2)\right].$$

2° On aura

$$2.3\,A' = -D' - E', \quad 2.3\,B' = -D' - F', \quad 2.3\,C' = -E' - F';$$

ces valeurs, substituées dans l'expression de $\int (4)\,dM$, la réduiront à cette forme

$$\int (4)\,dM = \frac{M}{2.5.7}\left[-D'(b^2 - a^2)^2 - E'(c^2 - a^2)^2 - F'(c^2 - b^2)^2\right].$$

3° On aura d'abord

$$3.5\,A'' = -D'' - E'', \quad 3.5\,B'' = -F'' - H'', \quad 3.5\,C'' = -G'' - I'';$$

ensuite, tirant des trois dernières conditions les valeurs de E'', G'', K'', on aura

$$K'' = -2.3\,H'' - 2.3\,I'', \quad G'' = H'' + I'' - E'', \quad F'' = H'' + I'' - D'';$$

et par conséquent

$$3.5\,B'' = -2\,H'' - I'' + D'', \quad 3.5\,C'' = -H' - 2\,I'' + E''.$$

Les coefficients A'', B''', C'', F'', G'', K'' sont donc donnés en D'', E'', H'', I'', et, ces substitutions étant faites dans l'expression de $\int (6)\,dM$,

SUR LES SPHÉROÏDES ELLIPTIQUES.

elle se réduira à cette forme

$$\int (6)\, dM = \frac{M}{5.7.9} [D''(b^2-a^2)^3 + E''(c^2-a^2)^3 - H''(c^2-b^2)^3$$
$$- 3H''(b^2-a^2)(c^2-b^2)^2 + I''(c^2-b^2)^3 - 3I''(c^2-a^2)(c^2-b^2)^2];$$

et ainsi de suite.

10. Comme

$$c^2 - b^2 = c^2 - a^2 - (b^2 - a^2),$$

il est visible que les valeurs de $\int (2)\, dM$, $\int (4)\, dM$, ... se trouvent exprimées par M multipliée par des fonctions de $b^2 - a^2$ et $c^2 - a^2$. Si l'on pouvait tirer de l'induction précédente une conclusion générale, il s'ensuivrait que la quantité V du n° 7 ci-dessus pourrait toujours s'exprimer par M multipliée par une fonction de $b^2 - a^2$ et de $c^2 - a^2$; que par conséquent, à cause de $M = \frac{2}{3} 360° \times abc$ (5), on aurait, en général, relativement aux quantités a, b, c qui entrent dans la valeur de V,

$$V = abc\, F(b^2 - a^2,\ c^2 - a^2);$$

la caractéristique F dénotant une fonction des deux quantités renfermées entre les crochets et séparées par une virgule.

Supposons qu'en mettant $a^2 + e$, $b^2 + e$, $c^2 + e$ à la place de a^2, b^2, c^2 dans la quantité V, elle devienne V', e étant une quantité arbitraire, on aura donc pareillement

$$V' = \sqrt{(a^2 + e)(b^2 + e)(c^2 + e)}\, F(b^2 - a^2,\ c^2 - a^2);$$

donc

$$\frac{V'}{V} = \sqrt{\left(1 + \frac{e}{a^2}\right)\left(1 + \frac{e}{b^2}\right)\left(1 + \frac{e}{c^2}\right)}.$$

Ainsi, si l'on peut trouver la valeur de V' pour une valeur quelconque de e, on en tirera celle de V.

11. Pour appliquer à cette recherche les formules données dans le Mémoire cité de 1773, et pour rendre les dénominations employées dans ces formules conformes à celles des formules précédentes, nous changerons dans celles-là k en c^2, m en $\dfrac{c^2}{a^2}$, et n en $\dfrac{c^2}{b^2}$, pour que l'équation de l'ellipsoïde soit comme ci-dessus

$$\frac{x^2}{a^2} + \frac{y^2}{b^2} + \frac{z^2}{c^2} = 1;$$

nous y changerons ensuite les quantités a, b, c, qui représentaient les coordonnées du point attiré en f, g, h; et nous conserverons l'emploi des quantités r, p, q, dont la première représente la distance du point attiré à la molécule $d\mathrm{M}$; les deux autres représentent les angles décrits par ce rayon.

D'après ces dénominations on aura, par la méthode du Problème III du même Mémoire,

$$f - x = r\sin p \cos q, \quad g - y = r\sin p \sin q, \quad h - z = r\cos p,$$

et

$$d\mathrm{M} = r^2 \sin p\, dp\, dq\, dr,$$

et par conséquent

$$d\mathrm{V} = \frac{d\mathrm{M}}{\sqrt{(f-x)^2 + (g-y)^2 + (h-z)^2}} = r\, dr \sin p\, dp\, dq.$$

Intégrant d'abord relativement à r suivant les procédés du Problème IV pour les points extérieurs, on aura

$$\frac{(r'^2 - r''^2)\sin p\, dp\, dq}{2},$$

r' et r'' étant les deux racines de l'équation en r, résultante de la substitution de

$$f - r\sin p\cos q, \quad g - r\sin p\sin q, \quad h - r\cos p$$

à la place de x, y, z dans l'équation du sphéroïde. On intégrera ensuite relativement à p et q, et l'on prendra les intégrales entre les limites données par l'égalité des racines r' et r''; mais lorsque l'équation n'aura qu'une racine, alors on intégrera depuis $p = 0$ jusqu'à $p = 180°$ et depuis $q = 0$ jusqu'à $q = 180°$, suivant les règles prescrites dans le n° 5 du Mémoire cité.

L'équation en r devient

$$Mr^2 - 2Nr + P = 0,$$

en supposant

$$M = \frac{\sin^2 p \cos^2 q}{a^2} + \frac{\sin^2 p \sin^2 q}{b^2} + \frac{\cos^2 p}{c^2},$$

$$N = \frac{f \sin p \cos q}{a^2} + \frac{g \sin p \sin q}{b^2} + \frac{h \cos p}{c^2},$$

$$P = \frac{f^2}{a^2} + \frac{g^2}{b^2} + \frac{h^2}{c^2} - 1.$$

Les deux racines r' et r'' sont donc

$$\frac{N \pm \sqrt{N^2 - MP}}{M};$$

de sorte qu'on aura

$$r'^2 - r''^2 = \frac{4N\sqrt{N^2 - MP}}{M^2};$$

par conséquent la valeur de dV sera

$$dV = \frac{2N\sqrt{N^2 - MP}}{M^2} \sin p \, dp \, dq.$$

Ce qui rend les intégrations qui restent à faire très-difficiles, c'est le radical; mais ce radical disparaîtrait si $P = 0$. Or on peut prendre $P = 0$ dans la valeur de dV' en déterminant convenablement l'arbitraire e.

12. Supposons donc que dans les expressions de M, N, P on mette partout $a^2 + e$, $b^2 + e$, $c^2 + e$ à la place de a^2, b^2, c^2, et que ces expressions deviennent alors M', N', P'; on aura de même (**10**)

$$dV' = \frac{2N'\sqrt{N'^2 - M'P'}}{M'^2} \sin p \, dp \, dq.$$

Donc, si l'on prend e, en sorte que $P' = 0$, c'est-à-dire que l'on ait

$$\frac{f^2}{a^2 + e} + \frac{g^2}{b^2 + e} + \frac{h^2}{c^2 + e} - 1 = 0,$$

alors la valeur de $d\mathrm{V}'$ se simplifiera et deviendra

$$d\mathrm{V}' = \frac{2\mathrm{N}'^2}{\mathrm{M}'^2} \sin p\, dp\, dq.$$

De plus, dans ce cas l'équation en r deviendra

$$\mathrm{M}'r - 2\mathrm{N}' = 0$$

et n'aura plus qu'une seule racine; de sorte que les intégrations relatives à p et q seront indépendantes et devront se faire depuis $p = 0$ jusqu'à $p = 180°$, et depuis $q = 0$ jusqu'à $q = 180°$. Ainsi l'on aura la valeur complète de V' par cette double intégration de la formule suivante

$$2\frac{\left(\dfrac{f\sin p\cos q}{a^2+e} + \dfrac{g\sin p\sin q}{b^2+e} + \dfrac{h\cos p}{c^2+e}\right)^2 \sin p\, dp\, dq}{\left(\dfrac{\sin^2 p\cos^2 q}{a^2+e} + \dfrac{\sin^2 p\sin^2 q}{b^2+e} + \dfrac{\cos p}{c^2+e}\right)^2},$$

qu'on peut réduire à celle-ci plus simple

$$2\frac{\left(\dfrac{f\cos q}{a^2+e} + \dfrac{g\sin q}{a^2+e}\right)^2 \sin^2 p + \left(\dfrac{h}{c^2+e}\right)^2 \cos^2 p}{\left(\dfrac{\sin^2 p\cos^2 q}{a^2+e} + \dfrac{\sin^2 p\sin^2 q}{b^2+e} + \dfrac{\cos^2 p}{c^2+e}\right)^2} \sin p\, dp\, dq,$$

par la raison que toute formule telle que $\mathrm{Q}\cos p\, dp$, où Q serait une fonction rationnelle de $\sin^2 p$ et $\cos^2 q$, étant intégrée depuis $p = 0$ jusqu'à $p = 180°$, donne un résultat nul.

L'intégrale relative à p n'a aucune difficulté; il n'y a qu'à faire $\cos p = u$, et l'on aura une différentielle rationnelle en u, mais dont l'intégrale renfermera un arc de cercle; l'intégrale relative à q se trouvera de la même manière en faisant $\operatorname{tang} q = t$, et sa valeur complète sera algébrique; ainsi il y a de l'avantage à commencer par cette dernière; mais l'intégration suivante relative à q dépendra alors de la rectification des sections coniques.

Au reste, comme la propriété que nous avons trouvée par induction dans le n° 10 a été démontrée rigoureusement par Laplace et Legendre, les résultats précédents doivent aussi être regardés comme rigoureux.

MÉMOIRE

sur

LA MÉTHODE D'INTERPOLATION.

MÉMOIRE

SUR

LA MÉTHODE D'INTERPOLATION.

(*Nouveaux Mémoires de l'Académie royale des Sciences et Belles-Lettres de Berlin*, années 1792 et 1793.)

La méthode d'interpolation est, après les logarithmes, la découverte la plus utile qu'on ait faite dans le calcul; elle est surtout, comme les logarithmes, d'un usage immense dans l'Astronomie, où elle sert non-seulement pour remplir dans les Tables les lieux intermédiaires entre ceux qu'on a calculés directement, mais encore pour suppléer dans une suite d'observations à celles qui manquent. Lorsque les nombres donnés, entre lesquels il s'agit d'insérer des nombres intermédiaires, sont en progression arithmétique, il est naturel de supposer que les termes intermédiaires forment aussi une même progression arithmétique avec les nombres donnés. Il n'y a donc alors qu'à insérer des moyens arithmétiques entre les nombres donnés : c'est en quoi consiste la méthode des parties proportionnelles dont l'usage paraît connu de tout temps.

Mais cette méthode si simple ne peut avoir lieu qu'autant que les nombres donnés croissent ou décroissent également, c'est-à-dire par des différences constantes. Si ces différences ne sont pas constantes, on ne peut pas supposer non plus que celles des termes intermédiaires le soient, et la question se réduit alors à trouver la loi de l'augmentation ou diminution des nombres donnés pour pouvoir y assujettir aussi les nombres intermédiaires : c'est l'objet de la méthode d'interpolation.

Ce qui se présente de plus simple dans cette recherche, c'est d'examiner si les différences des nombres donnés forment elles-mêmes une progression arithmétique; dans ce cas il est visible qu'on peut appliquer la méthode des parties proportionnelles à la suite des différences, ensuite il n'y aura qu'à remonter de cette suite à celle des nombres cherchés. De même, si les différences des nombres donnés ne formant pas une progression arithmétique, les différences de ces différences, qu'on appelle *différences secondes*, en forment elles-mêmes une, on pourra trouver les termes intermédiaires de cette dernière suite, et remonter de là successivement à celle des différences premières et enfin à celle des nombres à interpoler. C'est sur ce principe qu'est fondée la Théorie ordinaire de l'interpolation, laquelle se réduit ainsi à la solution de ce Problème :

Étant donnée une suite de termes dont les différences d'un ordre quelconque soient constantes, trouver un nombre quelconque de termes intermédiaires qui suivent la même loi.

Mouton, Astronome de Lyon, est le premier qui ait envisagé l'interpolation sous ce point de vue, dans son Ouvrage intitulé : *Observationes diametrorum Solis et Lunæ*, etc., et imprimé à Lyon en 1670. Ayant entrepris de calculer une Table des déclinaisons du Soleil pour chaque degré et minute de longitude, il a vu qu'on pouvait se contenter de la calculer directement de degré en degré, et de l'étendre ensuite de minute en minute par la méthode des différences. Il explique par différents exemples l'usage de cette méthode, et il donne d'après François Regnaud, à qui il avait proposé cette question, un procédé général, mais très-long, pour trouver la loi des termes à interpoler dans une Table dont les termes ont des différences constantes d'un ordre donné.

Il paraît néanmoins que la Théorie de l'interpolation est plus ancienne; et il est bien naturel de penser en effet qu'elle a dû se présenter aux premiers calculateurs des Tables trigonométriques et logarithmiques, vu les secours prodigieux qu'elle offre dans ces sortes de calculs. Aussi je trouve que Henri Briggs, qui a calculé le premier les logarithmes des nombres naturels depuis l'unité jusqu'à 20000, et depuis 90000 jusqu'à 100000, propose, pour remplir la lacune, une méthode d'interpolation fondée sur la considération des différences successives, qu'il dit avoir employée avec succès dans la construction du Canon trigonométrique pour les sinus et tangentes des degrés et centièmes de degré. (*Voyez* le Chapitre XIII de son *Arithmetica logarithmica,* et le XIIe de sa *Trigonometria Britannica.*) Cette méthode, dont Briggs donne les résultats sans démonstration, a été ensuite généralisée par Cotes dans sa *Canonotechnia sive constructio tabularum per differentias;* mais ce dernier a également supprimé la démonstration de ses formules, et je ne connais personne qui jusqu'ici ait entrepris d'y suppléer; ce qui vient peut-être de ce que d'un côté ces formules sont un peu compliquées, et de l'autre, de ce que l'usage en a été abandonné depuis que Newton en a proposé de plus simples, fondées sur la considération des courbes paraboliques.

Tout le monde connaît la formule de Newton pour trouver une ordonnée quelconque d'une courbe parabolique, par les différences successives des ordonnées équidistantes; c'est celle dont on se sert journellement en Astronomie pour interpoler les lieux des Planètes. Cette formule donne en effet tout de suite le terme que l'on cherche, et est par conséquent très-utile pour calculer la valeur de quelques termes; mais, comme elle demande un calcul particulier pour chaque terme, elle est peu commode pour construire des Tables, où l'on aurait un grand nombre de termes consécutifs à interpoler; au lieu que la méthode de Mouton, qui consiste à déterminer par les différences de la série donnée celles de la série interpolée, et à remonter de celles-ci aux termes de cette série, a l'avantage de réduire tout le calcul à des additions successives; ce qui doit la rendre aussi propre pour la construction des Tables que celle de Newton l'est peu.

Mais la difficulté est de trouver ces différences, quel que soit le nombre des termes à interpoler et l'ordre des différences constantes de la série primitive. Mouton a fait le premier cette remarque importante que, dans une série qui conduit à des différences constantes d'un ordre quelconque, si l'on prend les termes de deux en deux, ou de trois en trois, ou,..., on a une série du même genre, mais dont la différence constante est égale à la différence constante de la première série multipliée par le nombre 2, ou 3, ou 4,... élevé à une puissance égale à l'exposant de l'ordre de la différence constante. D'où il a conclu réciproquement, qu'en insérant dans une série à différences constantes des termes intermédiaires qui divisent chaque intervalle en 2, 3, 4,... parties, la nouvelle série aura des différences constantes du même ordre que celles de la série donnée, et qui seront égales à celles-ci divisées par les nombres 2, 3, 4,... élevés à la puissance dont l'exposant indiquera l'ordre des différences constantes. On peut donc trouver ainsi la différence constante de la série interpolée, et il ne s'agit plus que d'avoir les différences des ordres inférieurs, et même il suffit d'avoir les premiers termes des suites de ces différences. Mouton ne donne pour cela que quelques règles particulières sans démonstration, et il renvoie pour la solution générale à la méthode de Regnaud, qui consiste à construire une série dont les différences d'un ordre donné soient constantes, à prendre cette série pour la série interpolée, et à comparer ses termes pris de deux en deux, de trois en trois, ou,... avec ceux de la série donnée à interpoler, suivant qu'on veut partager l'intervalle d'un terme à l'autre en deux, en trois ou en un nombre plus grand de parties; mais, quoiqu'on puisse toujours de cette manière résoudre la question dans chaque cas, il reste néanmoins à trouver des formules générales. Lalande est, je crois, le seul qui en ait cherché pour les cas de la seconde et de la troisième différence constante, dans un *Mémoire sur les interpolations* imprimé parmi ceux de l'Académie des Sciences de Paris pour 1761. Sa méthode est à proprement parler celle de Regnaud réduite en Analyse, et, si l'on voulait l'appliquer aux séries dont les différences constantes seraient d'un ordre supérieur au troisième, on tomberait dans des calculs longs et peut-être impraticables; à plus forte raison serait-il comme impossible de parvenir par cette voie à la solution générale pour des différences constantes d'un ordre quelconque. J'ai donné en 1772 une formule qui renferme cette solution dans

SUR LA MÉTHODE D'INTERPOLATION.

un Mémoire qui a pour titre : *Sur une nouvelle espèce de calcul*, et qui est imprimé dans le volume de cette année (*); mais, comme je ne pensais pas alors à l'usage dont elle pouvait être pour les interpolations, je ne cherchai pas à développer cette formule.

Je crois donc devoir revenir sur cet objet, et donner ici une solution complète du Problème dont il s'agit, pour servir de Supplément au Mémoire cité. La méthode que j'ai employée dans ce Mémoire est fondée sur une analogie singulière qui a lieu entre les exposants des puissances et les indices du rang des termes dans une série, ou de l'ordre des différences de ces termes, en vertu de laquelle on peut traiter ces indices comme si c'étaient des exposants, et y appliquer les mêmes règles. Je ne m'arrêterai pas ici à démontrer cette analogie, dont on peut aisément vérifier les résultats par les méthodes connues; je me contenterai de m'en servir, ainsi que je l'ai déjà fait, comme d'un instrument propre à découvrir des formules qu'on ne pourrait trouver par les moyens ordinaires qu'en connaissant leur forme d'avance; je l'emploierai même ici d'une manière plus simple et plus uniforme, ce qui servira à donner encore à ce nouvel instrument d'Analyse un plus grand degré de perfection.

1. Pour distinguer les indices des exposants, je les placerai au bas des quantités, comme ceux-ci le sont au haut; on suivra d'ailleurs le même algorithme pour les uns et les autres.

Soient donc

$$T_0, \; T_1, \; T_2, \; T_3, \ldots, \; T_n, \; T_{n+1}, \; T_{n+2}, \ldots,$$

les termes consécutifs d'une série quelconque, et

$$D_1, \; D_2, \; D_3, \ldots,$$

les différences successives de ces termes, c'est-à-dire D_1 la différence première $T_1 - T_0$, D_2 la différence seconde $T_2 - 2T_1 + T_0$, D_3 la différence troisième $T_3 - 3T_2 + 3T_1 - T_0$, et ainsi de suite. On aura sur-le-champ l'expression de la différence $m^{\text{ième}}$ par l'opération suivante.

(*) *OEuvres de Lagrange*, t. III, p. 441.

Puisque
$$D_1 = T_1 - T_0,$$

en élevant les deux membres à l'indice m, on aura

$$D_m = (T_1 - T_0)_m;$$

développant le second membre comme un binôme, en mettant les exposants au bas pour servir d'indices, on aura

(A) $\quad D_m = T_m - m T_{m-1} + \dfrac{m(m-1)}{2} T_{m-2} - \dfrac{m(m-1)(m-2)}{2.3} T_{m-3} + \ldots,$

formule connue et qu'on peut trouver par induction.

Si l'on fait $m = 0$, on a

$$D_0 = T_0,$$

d'où il s'ensuit que le terme D_0 qui doit précéder le terme D_1 dans la série des différences est égal à T_0.

Si l'on fait m négatif, les différences se changent en sommes; de sorte que désignant les sommes de différents ordres par

$$S_1, S_2, S_3, \ldots,$$

on aura
$$S_1 = D_{-1}, \quad S_2 = D_{-2}, \ldots, \quad S_m = D_{-m};$$

par conséquent, en changeant m en $-m$, on aura

$$S_m = T_{-m} + m T_{-m-1} + \dfrac{m(m+1)}{2} T_{-m-2} + \ldots,$$

formule connue aussi.

2. Si au contraire on veut avoir l'expression d'un terme quelconque T_n par le moyen des différences, on reprendra l'équation

$$D_1 = T_1 - T_0,$$

laquelle donne
$$T_1 = T_0 + D_1$$

ou bien, en mettant pour T_0 le terme D_0 qui lui est égal,

$$T_1 = D_0 + D_1;$$

élevant à l'exposant ou indice n, on aura de même

$$T_n = (D_0 + D_1)_n,$$

et développant par la formule du binôme, en ayant soin de mettre les exposants au bas pour servir d'indices,

(B) $\qquad T_n = D_0 + nD_1 + \dfrac{n(n-1)}{2} D_2 + \dfrac{n(n-1)(n-2)}{2.3} D_3 + \ldots,$

où l'on se souviendra que D_0 est la même chose que T_0. C'est la formule différentielle de Newton, dont on se sert communément pour les interpolations, en donnant à l'indice n des valeurs fractionnaires.

Lorsque n est un nombre entier, on peut construire cette formule par des additions successives; la manière la plus simple est de ranger les différences

$$D_0,\ D_1,\ D_2,\ D_3,\ldots$$

dans une ligne horizontale, et de former au-dessous successivement d'autres lignes correspondantes, en faisant chaque terme de ces lignes égal à la somme de celui qui est au-dessus et de celui qui est à la droite de celui-ci dans la ligne immédiatement supérieure; la première ligne verticale contiendra par ordre les termes D_0 ou T_0, T_1, T_2, T_3, ... On peut ainsi, quand la série des différences se termine, ce qui a lieu pour toutes les suites qui conduisent à des différences constantes, construire une Table aussi étendue que l'on voudra, pour avoir successivement tous les termes de la suite proposée.

Mais ce moyen mécanique ne peut plus être employé lorsque le nombre n est fractionnaire. Alors il faut calculer chaque terme séparément par la formule (B), en donnant successivement à n les valeurs convenables; ainsi, s'il était question d'interpoler partout un terme entre deux termes consécutifs de la série

$$T_0,\ T_1,\ T_2,\ldots,$$

il faudrait trouver les valeurs des termes

$$T_{\frac{1}{2}},\ T_{\frac{3}{2}},\ T_{\frac{5}{2}},\ \ldots,$$

en faisant successivement

$$n = \frac{1}{2},\ \frac{3}{2},\ \frac{5}{2},\ \ldots,$$

et ainsi des autres cas semblables. La méthode de Mouton a l'avantage de réduire tous ces cas au premier, et de rendre par conséquent le procédé des additions successives applicable aux interpolations, comme nous le verrons plus bas.

3. Si l'on voulait que la formule (B) fût ordonnée suivant les puissances mêmes de n, ce qui en rendrait peut-être l'usage plus commode dans le cas de n fractionnaire, rien ne serait plus aisé que de lui donner cette forme par le moyen de notre Analyse.

On n'a qu'à reprendre l'équation

$$T_1 = D_0 + D_1,$$

et l'écrire d'abord ainsi

$$T_1 = D_0(1 + D_1);$$

ce qui est la même chose, puisque

$$D_0 \times D_1 = D_{0+1} = D_1,$$

en observant pour les indices les lois des exposants; on transformera ensuite $1 + D_1$ en $e^{\log(1+D_1)}$, e étant le nombre dont le logarithme hyperbolique désigné par log est l'unité; ce qui donnera

$$T_1 = D_0 \times e^{\log(1+D_1)},$$

et, élevant les deux membres à l'exposant ou indice n,

$$T_n = D_0 \times e^{n\log(1+D_1)};$$

or on a par les formules connues

$$e^{n\log(1+D_1)} = 1 + n\log(1+D_1) + \frac{n^2}{2}[\log(1+D_1)]^2 + \frac{n^3}{2.3}[\log(1+D_1)]^3 + \ldots;$$

donc on aura

(C) $\quad T_n = D_0 + n\log(1+D_1) + \frac{n^2}{2}[\log(1+D_1)]^2 + \frac{n^3}{2.3}[\log(1+D_1)]^3 + \ldots,$

j'ai négligé ici de multiplier par D_0 les termes qui contiennent des puissances de $\log(1+D_1)$, parce que cette multiplication n'y apporterait aucun changement, l'indice 0 ne pouvant rien changer à ceux auxquels il se trouverait ajouté.

Maintenant il n'y aura qu'à développer $\log(1+D_1)$ par les formules ordinaires, et l'on aura

$$T_n = D_0 + n\left(D_1 - \frac{1}{2}D_2 + \frac{1}{3}D_3 - \ldots\right)$$
$$+ \frac{n^2}{2}\left(D_1 - \frac{1}{2}D_2 + \frac{1}{3}D_3 - \ldots\right)^2$$
$$+ \frac{n^3}{2.3}\left(D_1 - \frac{1}{2}D_2 + \frac{1}{3}D_3 - \ldots\right)^3$$
$$+ \ldots\ldots\ldots\ldots\ldots\ldots\ldots,$$

où il reste encore à développer les puissances de

$$D_1 - \frac{1}{2}D_2 + \frac{1}{3}D_3 - \ldots$$

à la manière ordinaire, en traitant les indices comme des exposants. Cette formule ne sera donc que le développement de la formule (B) en effectuant les multiplications et ordonnant suivant les puissances de n; mais, de la manière dont elle est présentée, on y voit la loi des termes qu'il serait très-difficile de découvrir par le développement dont il s'agit.

4. Au reste la formule (C) donne le moyen de trouver d'une manière générale l'expression de la différence d'un ordre quelconque de toute

série algébrique dont le terme général T_n serait de la forme

$$T_n = P_0 + n P_1 + \frac{n^2}{2} P_2 + \frac{n^3}{2.3} P_3 + \ldots,$$

$P_0, P_1, P_2, \ldots$ étant des coefficients donnés, et n étant supposé successivement $0, 1, 2, 3, \ldots$. Car, en comparant cette expression de T_n à celle de la formule (C), on aura

$$P_0 = D_0 = T_0, \quad P_1 = \log(1 + D_1), \quad P_2 = [\log(1 + D_1)]^2, \ldots,$$

et, en général,

$$P_s = [\log(1 + D_1)]^s.$$

Cette équation donne

$$P_1 = \log(1 + D_1), \quad 1 + D_1 = e^{P_1} = 1 + P_1 + \frac{1}{2} P_2 + \frac{1}{2.3} P_3 + \ldots;$$

donc

$$D_1 = P_1 + \frac{1}{2} P_2 + \frac{1}{2.3} P_3 + \ldots,$$

et de là, pour un indice quelconque s,

$$D_s = \left(P_1 + \frac{1}{2} P_2 + \frac{1}{2.3} P_3 + \frac{1}{2.3.4} P_4 + \ldots \right)^s,$$

où il n'y aura qu'à développer la puissance s, en convertissant les exposants de P en indices, et observant relativement à ces indices les mêmes lois que pour les exposants. Cette formule peut être utile dans quelques occasions; elle l'est surtout pour transformer une série de la forme

$$P_0 + n P_1 + \frac{n^2}{2} P_2 + \frac{n^3}{2.3} P_3 + \ldots$$

en une série équivalente de la forme

$$D_0 + n D_1 + \frac{n(n-1)}{2} D_2 + \frac{n(n-1)(n-2)}{2.3} D_3 + \ldots.$$

SUR LA MÉTHODE D'INTERPOLATION.

5. Considérons maintenant deux séries correspondantes, l'une représentée par

$$T_0, T_1, T_2, T_3, \ldots$$

dont les différences successives soient

$$D_0, D_1, D_2, D_3, \ldots$$

comme plus haut, l'autre représentée par

$$t_0, t_1, t_2, t_3, \ldots$$

et dont les différences successives soient

$$d_0, d_1, d_2, d_3, \ldots;$$

supposons que les termes de la première série soient identiques avec les termes de la seconde pris à des intervalles égaux, de manière que l'on ait, en général,

$$T_s = t_{ms},$$

c'est-à-dire que si par exemple $m = 2$ on ait

$$T_0 = t_0, \quad T_1 = t_2, \quad T_2 = t_4, \quad T_3 = t_6, \ldots;$$

si $m = 3$ on ait

$$T_0 = t_0, \quad T_1 = t_3, \quad T_2 = t_6, \quad T_3 = t_9, \ldots;$$

et ainsi de suite; on propose de trouver la relation entre les différences $D_0, D_1, D_2, \ldots$ et les différences $d_0, d_1, d_2, \ldots$.

L'équation

$$T_s = t_{sm}$$

se réduit, en extrayant la racine s, à

$$T_1 = t_m,$$

et, mettant pour T_1 sa valeur $D_0 + D_1(2)$ de même que pour t_1 sa valeur $d_0 + d_1$, elle donnera

$$D_0 + D_1 = (d_0 + d_1)_m;$$

d'où l'on tirera la valeur de D_1 en d_1, ou de d_1 en D_1 suivant qu'on voudra avoir les différences de la première série exprimées par celles de la seconde, ou réciproquement.

6. Nous aurons d'abord
$$D_1 = (d_0 + d_1)_m - D_0;$$
mais
$$D_0 = T_0 = t_0 = d_0;$$
donc
$$D_1 = (d_0 + d_1)_m - d_0,$$
et, élevant à l'indice s,
$$D_s = [(d_0 + d_1)_m - d_0]_s.$$

Or $(d_0 + d_1)_m$ se développe dans la série
$$d_0 + m d_1 + \frac{m(m-1)}{2} d_2 + \frac{m(m-1)(m-2)}{2.3} d_3 + \ldots;$$

donc, faisant cette substitution, on aura

(D) $\qquad D_s = \left[m d_1 + \frac{m(m-1)}{2} d_2 + \frac{m(m-1)(m-2)}{2.3} d_3 + \ldots \right]_s;$

on développera le second membre de cette équation comme si c'était la puissance $s^{\text{ième}}$ d'un polynôme en d, en ayant soin de placer toujours au bas de la lettre d les exposants qui devraient affecter la quantité d suivant les règles des exposants.

Ainsi, si l'on suppose, pour abréger,
$$\left[m x + \frac{m(m-1)}{2} . x^2 + \frac{m(m-1)(m-2)}{2.3} x^3 + \ldots \right]^s$$
$$= A x^s + B x^{s+1} + C x^{s+2} + E x^{s+3} + \ldots,$$

on aura sur-le-champ
$$D_s = A d_s + B d_{s+1} + C d_{s+2} + E d_{s+3} + \ldots$$

Cette formule peut servir, comme l'on voit, à trouver les différences

SUR LA MÉTHODE D'INTERPOLATION.

de tous les ordres d'une série proposée dans laquelle on ne prendrait les termes que de deux en deux, ou de trois en trois, ou, en général, de m en m.

A l'égard des coefficients A, B, C,..., on peut les trouver par le développement de la puissance s du polynôme, ou bien par la comparaison des termes qui contiendront les mêmes puissances de x, après avoir pris les différentielles logarithmiques des deux membres. Ce dernier procédé donne les formules suivantes dont la loi se présente d'elle-même

$$A = m^s,$$

$$B = s\frac{m-1}{2}A,$$

$$C = \frac{2s}{2}\frac{(m-1)(m-2)}{2.3}A + \frac{s-1}{2}\frac{m-1}{2}B,$$

$$E = \frac{3s}{3}\frac{(m-1)(m-2)(m-3)}{2.3.4}A + \frac{2s-1}{3}\frac{(m-1)(m-2)}{2.3}B + \frac{s-2}{3}\frac{m-1}{2}C,$$

. . . .

7. La même équation

$$D_0 + D_1 = (d_0 + d_1)_m,$$

en extrayant pour ainsi dire la racine m, donnera celle-ci.

$$d_0 + d_1 = (D_0 + D_1)_{\frac{1}{m}},$$

d'où l'on tire, à cause de $d_0 = D_0$,

$$d_1 = (D_0 + D_1)_{\frac{1}{m}} - D_0,$$

et de là

$$d_s = [(D_0 + D_1)_{\frac{1}{m}} - D_0]_s,$$

formule qu'on développera comme la précédente; et il est clair qu'il n'y aura pour cela qu'à changer, dans les formules du numéro précédent, D en d et m en $\frac{1}{m}$. Ainsi l'on aura, en général,

$$d_s = a D_s + b D_{s+1} + c D_{s+2} + e D_{s+3} + \ldots,$$

en faisant

$$a = \frac{1}{m^s},$$

$$b = s\,\frac{1-m}{2m}\,a,$$

$$c = \frac{2s}{2}\,\frac{(1-m)(1-2m)}{2.3\,m^2}\,a + \frac{s-1}{2}\,\frac{1-m}{2m}\,b,$$

$$e = \frac{3s}{3}\,\frac{(1-m)(1-2m)(1-3m)}{2.3.4\,m^3}\,a + \frac{2s-1}{3}\,\frac{(1-m)(1-2m)}{2.3\,m^2}\,b + \frac{s-2}{3}\,\frac{1-m}{2m}\,c,$$

. . . .

Ces formules renferment la solution générale du Problème de Mouton. En effet, si l'on a à interpoler la série

$$T_0,\ T_1,\ T_2, \ldots,$$

dont les différences

$$D_1,\ D_2,\ D_3, \ldots$$

sont connues, et qu'on veuille partager en m parties chaque intervalle d'un terme à l'autre en y insérant $m-1$ termes intermédiaires qui soient liés entre eux et avec ceux de la série donnée par une même loi, en supposant que

$$t_0,\ t_1,\ t_2,\ t_3, \ldots$$

soit la nouvelle série interpolée, il faudra par les conditions du Problème que les termes de cette série, pris de m en m, coïncident avec les termes de la série donnée, en sorte qu'on ait

$$t_0 = T_0,\quad t_m = T_1,\quad t_{2m} = T_2,\quad t_{3m} = T_3, \ldots,\quad t_{sm} = T_s;$$

ce qui est l'équation fondamentale d'où nous sommes partis pour la solution du Problème que nous venons de traiter (5). Ainsi l'on aura par les formules ci-dessus l'expression de la différence d'un ordre quelconque s de la série interpolée, au moyen des différences données de la série proposée. On connaîtra donc par là les différences successives

$$d_1, d_2, d_3, \ldots$$

de la série

$$t_0, t_1, t_2, t_3, \ldots$$

dont le premier terme $t_0 = T_0$, et au moyen de ces différences on pourra trouver successivement tous les termes de cette série par des additions successives, comme nous l'avons vu dans le n° 2, parce qu'en employant ces différences, un terme quelconque t_n de la série dont il s'agit sera exprimé par la formule

$$t_0 + n d_1 + \frac{n(n-1)}{2} d_2 + \frac{n(n-1)(n-2)}{2.3} d_3 + \ldots,$$

dans laquelle n sera un nombre entier comme dans le n° 2.

8. Si D_r est la dernière différence de la série donnée

$$T_0, T_1, T_2, \ldots,$$

en sorte que

$$D_{r+1} = 0, \quad D_{r+2} = 0, \ldots,$$

on aura :

1° En faisant $s = r$,

$$d_r = a D_r \quad \text{et} \quad a = \frac{1}{m^r};$$

ce qui s'accorde avec ce que Mouton avait trouvé par induction.

2° En faisant $s = r - 1$,

$$d_{r-1} = a D_{r-1} + b D_r, \quad \text{et} \quad a = \frac{1}{m^{r-1}}, \quad b = \frac{(r-1)(1-m)}{2 m^r}.$$

3° En faisant $s = r - 2$,

$$d_{r-2} = a D_{r-2} + b D_{r-1} + c D_r,$$

et
$$a = \frac{1}{m^{r-1}}, \quad b = \frac{(r-2)(1-m)}{2 m^{r-1}},$$
$$c = \frac{(r-2)(1-m)(1-2m)}{2.3\,m^r} + \frac{(r-2)(r-3)(1-m)^2}{8 m^r};$$

et ainsi de suite. A l'égard des différences plus hautes que la $r^{ième}$, elles seront toutes nulles, comme on le voit par la formule en faisant $s > r$. Ainsi il suffira de chercher les valeurs de $d_1, d_2, d_3, \ldots$ jusqu'à d_r; et l'on pourra ensuite employer les additions successives pour former et continuer aussi loin qu'on voudra la Table des termes $t_0, t_1, t_2, \ldots$

9. Si dans la formule (D) du n° 6 on fait m infiniment grand, et par conséquent les différences représentées par d infiniment petites, on aura la relation entre les différences finies et les différentielles d'une fonction quelconque. Considérant donc une fonction y de x, dont les différences finies soient désignées par Dy, et les différentielles par dy, celles de x l'étant de même par Dx et dx; il n'y aura qu'à faire $m = \frac{Dx}{dx}$, et écrire Dy, dy au lieu de D et d, en plaçant suivant l'usage les indices de l'ordre des différences et des différentielles au haut des lettres D et d. On aura ainsi

(E) $$D^s y = \left(\frac{Dx\,dy}{dx} + \frac{Dx^2\,d^2y}{2\,dx^2} + \frac{Dx^3\,d^3y}{2.3\,dx^3} + \ldots \right)^s,$$

où il n'y aura qu'à développer le second membre comme une puissance s du polynôme $\frac{Dx\,dy}{dx} + \ldots$, en ayant soin d'écrire $d^{mn}y$ au lieu de $(d^m y)^n$.

Par cette formule on peut trouver les différences finies de tous les ordres au moyen des différentielles, et, si l'on fait s négatif, ce qui changera les différences en sommes et les différentielles en intégrales, on aura la somme d'un ordre quelconque des termes d'une série par les intégrales, et les différentielles de la fonction qui exprime le terme général de la série.

10. Réciproquement, si dans la même formule (D) on change D en d et m en $\frac{1}{m}$ comme nous l'avons dit dans le n° 7, et que par conséquent suivant l'hypothèse du numéro précédent, on écrive $d^s y$ au lieu de D_s, $D^s y$ au lieu de d_s et $\frac{dx}{Dx}$ au lieu de m qui devient alors une quantité infiniment petite, on aura

(F) $$\frac{d^s y}{dx^s} = \frac{1}{Dx^s} \left(Dy - \frac{1}{2} D^2 y + \frac{1}{3} D^3 y - \ldots \right)^s,$$

où il faudra de même développer le second membre comme une puissance s, en ayant soin d'écrire $D^{mn}y$ au lieu de $(D^m y)^n$.

Cette formule donnera les différentielles de tous les ordres d'une fonction quelconque par le moyen de ses différences finies, et, si l'on fait s négatif, elle donnera les intégrales de la fonction par le moyen des sommes et des différences des valeurs de la même fonction répondantes aux valeurs de x dont Dx est la différence finie; ce qui revient à la détermination des aires par les ordonnées équidistantes. [*Voyez* là-dessus le Mémoire cité dans le volume de 1772 (*).]

11. On peut traiter par les mêmes principes les séries doubles, triples,..., c'est-à-dire celles dont les termes varient de deux ou de plusieurs manières différentes, et qui forment des Tables à double, à triple entrée,.... Soit, par exemple, la série double

$$\begin{array}{cccccc}
T_{0,0} & T_{1,0} & T_{2,0} & T_{3,0} & T_{4,0}, & \ldots \\
T_{0,1} & T_{1,1} & T_{2,1} & T_{3,1} & T_{4,1}, & \ldots \\
T_{0,2} & T_{1,2} & T_{2,2} & T_{3,2} & T_{4,2}, & \ldots \\
T_{0,3} & T_{1,3} & T_{2,3} & T_{3,3} & T_{4,3}, & \ldots \\
T_{0,4} & T_{1,4} & T_{2,4} & T_{3,4} & T_{4,4}, & \ldots \\
\ldots & \ldots & \ldots & \ldots & \ldots & \ldots
\end{array}$$

dans laquelle un terme quelconque comme $T_{m,n}$ a deux indices, le premier m pour marquer son rang dans la direction horizontale, et le second n pour marquer son rang dans la direction verticale.

(*) *OEuvres de Lagrange*, t. III, p. 441.

Si l'on désigne de même par

$$D_{0,0},\ D_{1,0},\ D_{2,0},\ldots,\ D_{0,1},\ D_{1,1},\ D_{2,1},\ldots,\ D_{0,2},\ D_{1,2},\ D_{2,2},\ldots,\ \ldots,$$

et, en général, par $D_{m,n}$ les différences successives de ces termes, de manière que le premier indice m indique des différences prises dans le sens horizontal, et le second n des différences prises dans le sens vertical, on aura

$$D_{1,0} = T_{1,0} - T_{0,0}$$
$$D_{2,0} = T_{2,0} - 2T_{1,0} + T_{0,0}$$
$$\dots\dots\dots\dots\dots\dots\dots$$
$$D_{0,1} = T_{0,1} - T_{0,0}$$
$$D_{0,2} = T_{0,2} - 2T_{0,1} + T_{0,0}$$
$$\dots\dots\dots\dots\dots\dots\dots$$
$$D_{1,1} = T_{1,1} - T_{0,1} - (T_{1,0} - T_{0,0}) = T_{1,1} - T_{1,0} - T_{0,1} + T_{0,0}$$
$$\dots\dots\dots\dots\dots\dots\dots\dots\dots\dots\dots\dots\dots,$$

et ainsi de suite; et l'on pourra trouver tout de suite l'expression de $D_{m,n}$ par une opération semblable à celle du n° 1.

12. Car, puisque

$$D_{1,0} = T_{1,0} - T_{0,0} \quad \text{et} \quad D_{0,1} = T_{0,1} - T_{0,0},$$

on aura d'abord, en élevant aux indices m et n,

$$D_{m,0} = (T_{1,0} - T_{0,0})_m, \quad D_{0,n} = (T_{0,1} - T_{0,0})_n,$$

et, multipliant ces équations l'une par l'autre, en observant de rapporter toujours les premiers indices aux premiers et les seconds aux seconds, il viendra

$$D_{m,n} = (T_{1,0} - T_{0,0})_m (T_{0,1} - T_{0,0})_n,$$

c'est-à-dire, en développant d'abord les deux facteurs,

$$(G) \quad \begin{cases} D_{m,n} = \left[T_{m,0} - m T_{m-1,0} + \dfrac{m(m-1)}{2} T_{m-2,0} - \ldots \right] \\ \qquad \times \left[T_{0,n} - n T_{0,n-1} + \dfrac{n(n-1)}{2} T_{0,n-2} - \ldots \right]. \end{cases}$$

Maintenant il n'y aura plus qu'à faire le produit de ces quantités, en observant la règle prescrite, et l'on aura

$$D_{m,n} = T_{m,n} - mT_{m-1,n} + \frac{m(m-1)}{2} T_{m-2,n} - \ldots$$

$$- nT_{m,n-1} + nmT_{m-1,n-1} - n\frac{m(m-1)}{2} T_{m-2,n-2} + \ldots$$

$$+ \frac{n(n-1)}{2} T_{m,n-2} - \frac{n(n-1)}{2} mT_{m-1,n-2} + \ldots$$

$$\ldots\ldots\ldots\ldots\ldots\ldots\ldots\ldots\ldots\ldots$$

13. Réciproquement on aura l'expression d'un terme quelconque $T_{m,n}$ par les différences, au moyen des équations

$$T_{1,0} = D_{0,0} + D_{1,0} \quad \text{et} \quad T_{0,1} = D_{0,0} + D_{0,1},$$

à cause de
$$T_{0,0} = D_{0,0},$$

comme il résulte de la formule précédente; car, en élevant d'abord la première à l'indice m et la seconde à l'indice n, les multipliant ensuite l'une par l'autre, on aura

$$T_{m,n} = (D_{0,0} + D_{1,0})_m (D_{0,0} + D_{0,1})_n,$$

d'où l'on tirera comme dans le numéro précédent

$$T_{m,n} = \left[D_{0,0} + mD_{1,0} + \frac{m(m-1)}{2} D_{2,0} + \ldots \right]$$

$$\times \left[D_{0,0} + nD_{0,1} + \frac{n(n-1)}{2} D_{0,2} + \ldots \right]$$

$$= D_{0,0} + mD_{1,0} + \frac{m(m-1)}{2} D_{2,0} + \ldots$$

$$+ nD_{0,1} + nmD_{1,1} + n\frac{m(m-1)}{2} D_{2,1} + \ldots$$

$$+ \frac{n(n-1)}{2} D_{0,2} + \frac{n(n-1)}{2} mD_{1,2} + \frac{n(n-1)}{2}\frac{m(m-1)}{2} D_{2,2} + \ldots$$

$$\ldots\ldots\ldots\ldots\ldots\ldots\ldots\ldots\ldots\ldots$$

14. On peut aussi étendre par des opérations semblables les formules des n°s 6 et 7 pour les interpolations aux séries doubles. En effet, si l'on imagine la nouvelle série

$$t_{0,0},\ t_{1,0},\ t_{2,0},\ldots,\ t_{0,1},\ t_{0,2},\ t_{0,3},\ldots,\ t_{1,1},\ t_{2,1},\ t_{3,1},\ldots,\ \ldots,$$

dont les différences soient désignées par

$$d_{0,0},\ d_{1,0},\ d_{2,0},\ldots,\ \ldots,$$

et qui soit telle qu'un terme quelconque $t_{ms,nr}$ soit égal à $T_{s,r}$; en faisant $s=1$ et $r=0$, on aura

$$t_{m,0} = T_{1,0},$$

et, faisant $s=0$, $r=1$, on aura

$$t_{0,n} = T_{0,1}$$

deux équations qui, étant élevées l'une à l'indice s et l'autre à l'indice r, et multipliées ensuite l'une par l'autre, redonnent l'équation générale. Or ces deux équations, en y substituant $D_{0,0} + D_{1,0}$ à la place de $T_{1,0}$, $D_{0,0} + D_{0,1}$ à la place de $T_{0,1}$ et de même $d_{0,0} + d_{1,0}$ à la place de $t_{1,0}$ et $d_{0,0} + d_{0,1}$ à la place de $t_{0,1}$, par conséquent $(d_{0,0} + d_{1,0})_m$ à la place de $t_{m,0}$ et $(d_{0,0} + d_{0,1})_n$ à la place de $t_{0,n}$, deviennent

$$D_{0,0} + D_{1,0} = (d_{0,0} + d_{1,0})_m \quad \text{et} \quad D_{0,0} + D_{0,1} = (d_{0,0} + d_{0,1})_n;$$

d'où, à cause de

$$D_{0,0} = T_{0,0} = t_{0,0} = d_{0,0}$$

comme il résulte des formules ci-dessus, on aura

$$D_{1,0} = (d_{0,0} + d_{1,0})_m - d_{0,0}, \quad D_{s,0} = [(d_{0,0} + d_{1,0})_m - d_{0,0}]_s,$$

$$D_{0,1} = (d_{0,0} + d_{0,1})_n - d_{0,0}, \quad D_{0,r} = [(d_{0,0} + d_{0,1})_n - d_{0,0}]_r;$$

par conséquent, en multipliant l'une par l'autre,

$$D_{s,r} = [(d_{0,0} + d_{1,0})_m - d_{0,0}]_s \times [(d_{0,0} + d_{0,1})_n - d_{0,0}]_r,$$

SUR LA MÉTHODE D'INTERPOLATION.

et, développant les deux facteurs,

$$(H) \quad \begin{cases} D_{s,r} = \left[m\, d_{1,0} + \dfrac{m(m-1)}{2} d_{2,0} + \dfrac{m(m-1)(m-2)}{2.3} d_{3,0} + \ldots \right]_s \\ \times \left[n\, d_{0,1} + \dfrac{n(n-1)}{2} d_{0,2} + \dfrac{n(n-1)(n-2)}{2.3} d_{0,3} + \ldots \right]_r \end{cases}$$

De sorte qu'il n'y aura plus qu'à développer suivant les indices s et r, comme on l'a fait dans le n° 6, et ensuite effectuer la multiplication comme dans les deux numéros précédents. On aura ainsi pour les séries doubles une formule semblable à celle du n° 6 pour les séries simples.

Pareillement, par l'extraction des indices m et n, on aura

$$d_{0,0} + d_{1,0} = (D_{0,0} + D_{1,0})_{\frac{1}{m}},$$

$$d_{0,0} + d_{0,1} = (D_{0,0} + D_{0,1})_{\frac{1}{n}};$$

et de là on tirera par un procédé semblable au précédent

$$d_{s,r} = [(D_{0,0} + D_{1,0})_{\frac{1}{m}} - D_{0,0}]_s \times [(D_{0,0} + D_{0,1})_{\frac{1}{n}} - D_{0,0}]_r,$$

savoir

$$(I) \quad \begin{cases} d_{s,r} = \left[\dfrac{1}{m} D_{1,0} + \dfrac{1}{2m}\left(\dfrac{1}{m} - 1\right) D_{2,0} + \dfrac{1}{2.3\, m}\left(\dfrac{1}{m} - 1\right)\left(\dfrac{1}{m} - 2\right) D_{3,0} + \ldots \right]_s \\ \times \left[\dfrac{1}{n} D_{0,1} + \dfrac{1}{2n}\left(\dfrac{1}{n} - 1\right) D_{0,2} + \dfrac{1}{2.3\, n}\left(\dfrac{1}{n} - 1\right)\left(\dfrac{1}{n} - 2\right) D_{0,3} + \ldots \right]_r, \end{cases}$$

où il faudra encore développer le second membre comme dans la formule (H) ci-dessus. Cette expression de $d_{s,r}$ sera analogue à celle de d_s du n° 7, et pourra servir aux mêmes usages pour l'interpolation des Tables à double entrée.

15. Enfin, si l'on suppose m et n infinis, les différences désignées par d deviendront infiniment petites, et l'on aura pour les fonctions à deux variables des formules analogues à celles des n°s 9 et 10. Ainsi, en regardant z comme fonction de x et y, et désignant par la caractéris-

684 MÉMOIRE SUR LA MÉTHODE D'INTERPOLATION.

tique D les différences finies et par la caractéristique d les différentielles, on fera

$$m = \frac{Dx}{dx}, \quad n = \frac{Dy}{dy},$$

et la formule (H) se transformera en celle-ci

(K) $\quad D^{s,r}z = \left(\dfrac{Dx\,dz}{dx} + \dfrac{Dx^2 d^2z}{2\,dx^2} + \dfrac{Dx^3 d^3z}{2.3\,dx^3} + \ldots\right)^s \left(\dfrac{Dy\,dz}{dy} + \dfrac{Dy^2 d^2z}{2\,dy^2} + \dfrac{Dy^3 d^3z}{2.3\,dy^3} + \ldots\right)^r,$

dont il faudra développer le second membre par les méthodes ordinaires, en regardant et traitant les exposants des différentielles de z comme des exposants de puissances. Cette formule donnera la valeur de la différence finie de z de l'ordre s par rapport à x, et de l'ordre r par rapport à y, exprimée par les différentielles de z relativement à x et y.

16. Faisant les mêmes substitutions dans la formule (I), et écrivant les indices de l'ordre des différences et des différentielles en forme d'exposants suivant la notation reçue, on aura cette transformée

$$\frac{d^{s+r}z}{dx^s\,dy^r} = \left(\frac{D^{1,0}z - \frac{1}{2}D^{2,0}z + \frac{1}{3}D^{3,0}z - \ldots}{Dx}\right)^s \left(\frac{D^{0,1}z - \frac{1}{2}D^{0,2}z + \frac{1}{3}D^{0,3}z - \ldots}{Dy}\right)^r,$$

qu'on développera suivant les méthodes ordinaires, en observant relativement aux exposants des différences les mêmes règles que pour ceux des puissances, et ayant soin de calculer séparément les premiers exposants qui sont relatifs à la variable x et les seconds qui se rapportent à la variable y.

MÉMOIRE

SUR

L'ÉQUATION SÉCULAIRE DE LA LUNE.

MÉMOIRE

SUR

L'ÉQUATION SÉCULAIRE DE LA LUNE.

(*Nouveaux Mémoires de l'Académie royale des Sciences et Belles-Lettres de Berlin*, années 1792 et 1793.)

Dans la *Théorie des variations séculaires des éléments des Planètes* qui est imprimée dans les volumes des années 1781 et 1782 (*), je n'avais point considéré les variations des mouvements moyens, parce que j'avais cru pouvoir les regarder comme invariables à cause de l'invariabilité des grands axes, que j'avais démontrée d'une manière directe et générale. Ayant ensuite examiné plus scrupuleusement ce point important de la Théorie des Planètes, j'ai reconnu que les mouvements moyens pouvaient être sujets à des variations séculaires dépendantes des carrés des excentricités et des inclinaisons, et j'ai donné le premier dans un Mémoire imprimé dans le volume de 1783, la Théorie et les formules de ces variations (**). J'en fis alors l'application à Jupiter et à Saturne; mais, n'ayant trouvé pour les variations de leurs mouvements moyens que des quantités presque insensibles, je pensai qu'il était inutile d'étendre cette recherche aux autres Planètes. D'autres objets m'ayant ensuite fait perdre celui-ci de vue, je négligeai d'appliquer aussi mes formules à la Lune, ce qui ne

---

(*) *OEuvres de Lagrange*, t. V, p. 125 et 211.
(**) *OEuvres de Lagrange*, t. V, p. 381.

demandait que des substitutions numériques très-faciles et plus simples que pour les Planètes principales. Vers la fin de 1787, Laplace annonça à l'Académie des Sciences de Paris qu'il avait trouvé moyen d'expliquer l'équation séculaire de la Lune par la variation de l'excentricité du Soleil; et, par le Mémoire qu'il a donné ensuite sur ce sujet et qui est imprimé dans le volume de 1786, on voit que cette équation est produite par les mêmes termes qui composent ma formule des variations du mouvement moyen. Comme ce résultat est un des plus intéressants de la Théorie générale des variations séculaires, j'ai cru devoir le développer dans ce Mémoire, pour compléter mon travail sur une partie si importante de l'Astronomie physique.

1. En regardant la Terre, la Lune et le Soleil comme formant un système particulier de trois Planètes qui s'attirent mutuellement et dont les deux dernières tournent autour de la première, il est clair que ce système peut être comparé à celui du Soleil, de Jupiter et de Saturne, que nous avons considéré à part dans notre Théorie des variations séculaires, et pour lequel nous avons donné des formules générales. Ainsi il suffira de substituer dans ces formules la Terre au Soleil, la Lune à Jupiter et le Soleil à Saturne; de sorte que, comme les lettres sans trait s'y rapportent à Saturne et celles avec un trait à Jupiter, nous rapporterons ici les premières à l'orbite du Soleil autour de la Terre et les secondes à l'orbite de la Lune. Quant aux masses, nous remarquerons que nous avons pris pour plus de simplicité dans nos formules la masse du Soleil pour l'unité des masses; mais il est facile de voir, en remontant aux équations fondamentales, qu'à la rigueur c'est la masse du Soleil augmentée de celle de la Planète dont on cherche le mouvement, qui doit être prise pour l'unité des masses des Planètes perturbatrices, parce que son mouvement autour du Soleil n'est pas simplement dû à l'action du Soleil, mais à la somme des actions mutuelles du Soleil et de la Planète; ainsi, pour appliquer à la Lune, en tant qu'elle est dérangée par le Soleil, les équations de Jupiter dérangé par Saturne, il n'y aura qu'à regarder comme relatives à la Lune les quantités désignées par les lettres affectées d'un trait,

SUR L'ÉQUATION SÉCULAIRE DE LA LUNE.

et comme relatives au Soleil celles qui le sont par des lettres sans trait; et quant à la masse T qui dans ces équations exprime le rapport de la masse de Saturne à celle du Soleil, ou plus exactement à la somme des masses de Jupiter et du Soleil, il faudra la supposer égale au rapport de la masse du Soleil à la somme des masses de la Terre et de la Lune, c'est-à-dire, à cause de la petitesse de la masse de la Lune à l'égard de celle de la Terre, simplement égale au rapport de la masse du Soleil à celle de la Terre; ce qui revient encore, comme l'on voit, à substituer le Soleil à Saturne et la Terre au Soleil.

2. Cela posé, voici d'abord la formule que nous avons trouvée dans la troisième Section du Mémoire cité de 1783 pour la variation séculaire du mouvement moyen de Jupiter produite par l'action de Saturne (*)

$$\frac{d\Sigma'}{dp'} = (0) + (1)(x'^2 + y'^2) + (2)(x^2 + y^2) + (3)(xx' + yy') + (4)[(s-s')^2 + (u-u')^2].$$

Pour l'appliquer à la variation séculaire du mouvement moyen de la Lune, causée par l'action du Soleil, il n'y aura donc qu'à supposer que p' est l'angle décrit par le mouvement moyen et uniforme de la Lune autour de la Terre, que Σ' est l'altération de son mouvement moyen, et que les quantités x', y', s', u' se rapportent à la Lune et les quantités x, y, s, u au Soleil, de manière qu'en faisant suivant les dénominations de notre Théorie des variations séculaires [n° **17** de la deuxième Partie, Mémoire de 1782 (**)]

$$x = \lambda \sin\varphi, \quad y = \lambda \cos\varphi, \quad s = \theta \sin\omega, \quad u = \theta \cos\omega,$$
$$x' = \lambda' \sin\varphi', \quad y' = \lambda' \cos\varphi', \quad s' = \theta' \sin\omega', \quad u' = \theta' \cos\omega'$$

on ait λ et λ' pour les excentricités du Soleil et de la Lune, φ, φ' pour les lieux de leurs apogées, θ, θ' pour les tangentes de leurs inclinaisons sur l'écliptique fixe de 1700, et ω, ω' pour les lieux de leurs nœuds sur cette écliptique. A l'égard des coefficients (0), (1), (2),..., ils sont des fonc-

---

(*) *OEuvres de Lagrange*, t. V, p. 412.
(**) *OEuvres de Lagrange*, t. V, p. 239.

tions données de la quantité $z = \dfrac{r'}{r}$, où r sera maintenant la distance moyenne du Soleil et r' la distance moyenne de la Lune à la Terre.

Mais avant de donner les valeurs de ces coefficients nous devons rectifier une inexactitude qui s'est glissée dans l'expression du coefficient (2) du n° **22** du Mémoire cité (*). Dans le numérateur de cette formule le second terme est $r^2 r'^3 (r, r')_1$, au lieu qu'il doit être $r^4 r'(r, r')_1$, comme il est aisé de s'en convaincre en faisant les substitutions indiquées dans le numéro précédent. Au moyen de cette correction la valeur générale du coefficient (2) devient égale à celle du coefficient (4) prise avec un signe contraire; et c'est ainsi qu'il faut corriger les expressions du coefficient (2) des n°ˢ **23** et **27** pour Saturne et Jupiter. De cette manière l'équation pour la détermination de la quantité Σ' se simplifie et devient

$$\frac{d\Sigma'}{dp'} = (0) + (1)(x'^2 + y'^2) + (3)(xx' + yy') + (4)[(s-s')^2 + (u-u')^2 - x^2 - y^2],$$

où l'on aura (n° **27** du Mémoire cité)

$$(0) = T\,\frac{2z^3 M - 6z^2 N}{(1-z^2)^2},$$

$$(1) = T\,\frac{-6z^3 M + 3(z^2 - 3z^4)N}{4(1-z^2)^3},$$

$$(3) = T\,\frac{3(5z^2 - z^4)M - 6(5z - 6z^3 - z^5)N}{4(1-z^2)^3},$$

$$(4) = T\,\frac{3z^3 M + 3z^4 N}{2(1-z^2)^3},$$

$$M = 1 + \alpha^2 z^2 + \beta^2 z^4 + \gamma^2 z^6 + \ldots,$$

$$N = \alpha z - \alpha\beta z^3 - \beta\gamma z^5 - \ldots,$$

en supposant

$$\alpha = \frac{1}{2}, \quad \beta = \frac{1}{2}\cdot\frac{1}{4}, \quad \gamma = \frac{1}{2}\cdot\frac{1}{4}\cdot\frac{3}{6}, \ldots.$$

A l'égard de la quantité **T** qui représentait la masse de Saturne, ou plutôt le rapport de cette masse à celle du Soleil, elle devra, comme

---

(*) *OEuvres de Lagrange*, t. V, p. 407.

SUR L'ÉQUATION SÉCULAIRE DE LA LUNE.

nous l'avons vu ci-dessus, être supposée égale au rapport de la masse du Soleil à celle de la Terre. Or, nommant n le rapport du mois périodique à l'année sidérale, on sait que le rapport de la masse de la Terre à celle du Soleil est exprimé par $\frac{z^3}{n^2}$, de sorte qu'on aura $T = \frac{n^2}{z^3}$; et, suivant les déterminations que nous avons données dans le n° 6 de la deuxième Partie de la *Théorie des variations séculaires* (*Mémoire* de 1782), on a

$$\log n = 8,8739093, \quad n = 0,074801,$$
$$\log z = 7,3950320, \quad z = 0,002483.$$

Ainsi, z étant une fraction fort petite, on pourra, en développant les expressions des coefficients (0), (1),..., s'en tenir aux termes qui contiendront les puissances de z les moins élevées. On fera donc

$$M = 1 + \frac{z^2}{4}, \quad N = \frac{z}{2} - \frac{z^3}{16},$$

et, substituant ces valeurs, on trouvera en ne retenant que le premier terme

$$(0) = -n^2, \quad (1) = -\frac{9n^2}{8}, \quad (3) = \frac{165}{32} n^2 z, \quad (4) = \frac{3n^2}{2}.$$

3. Il reste encore à déterminer les quantités x, y, x', y', s, u, s', u'. Comme les quantités x, y, s, u se rapportent maintenant à l'orbite du Soleil autour de la Terre, il est visible qu'elles ne sont autre chose que celles que nous avons désignées par x''', y''', s''', u''' prises avec un signe contraire (parce que celles-ci se rapportaient à l'orbite de la Terre autour du Soleil), et dont nous avons donné les expressions générales et complètes dans la deuxième Partie de la Théorie citée.

Mais, pour les quantités x', y', s', u' qui se rapportent maintenant à l'orbite de la Lune autour de la Terre, il faudra les déterminer par des équations analogues à celles qui ont servi à déterminer ces quantités pour Jupiter en tant qu'il est dérangé par Saturne. Il n'y aura donc qu'à appliquer ici les équations différentielles du n° 49 de la deuxième Partie de la Théorie citée [*Mémoire* de 1782 (*)]; mais, comme dans les formules

---

(*) *OEuvres de Lagrange*, t. V, p. 288.

primitives de la première Partie on avait substitué simplement $r^{-\frac{3}{2}}dt$, $r'^{-\frac{3}{2}}dt$, ... pour dp, dp', ... parce que les Planètes étant toutes retenues dans leurs orbites par l'attraction du Soleil leurs vitesses angulaires moyennes sont simplement en raison inverse des racines carrées des cubes des distances moyennes, il faudra ici restituer $r'^{\frac{3}{2}}\,dp'$ pour dt, puisque le Soleil et la Lune, quoique décrivant leurs orbites autour de la Terre, sont cependant retenus dans ces orbites par des forces différentes, la Lune par l'attraction de la Terre et le Soleil par sa propre attraction sur la Terre; de sorte que leurs vitesses angulaires moyennes ne sont plus simplement dans le rapport inverse des racines carrées des cubes des distances. On aura donc de cette manière les quatre équations

$$\frac{dx'}{dp'} - r'^{\frac{3}{2}}(1,0)y' + r'^{\frac{3}{2}}[1,0]y = 0,$$

$$\frac{dy'}{dp'} + r'^3(1,0)x' - r'^{\frac{3}{2}}[1,0]x = 0,$$

$$\frac{ds'}{dp'} + r'^3(1,0)(u'-u) = 0,$$

$$\frac{du'}{dp'} - r'^{\frac{3}{2}}(1,0)(s'-s) = 0.$$

Les valeurs des coefficients $(1,0)$ et $[1,0]$ sont données par ces formules [n° 3 de la deuxième Partie citée (*)]

$$(1,0) = \frac{PT}{\sqrt{r^2 r'}} = \frac{\frac{3}{2}z^2 N}{(1-z^2)^2 \sqrt{r'^3}}T,$$

$$[1,0] = \frac{3z(1+z^2)N - \frac{3}{2}z^2 M}{(1-z^2)^2 \sqrt{r'^3}}T,$$

les quantités M, N, z et T étant les mêmes que ci-dessus; de sorte qu'à

(*) *OEuvres de Lagrange*, t. V, p. 215.

cause de la petitesse de la valeur de z, on aura simplement

$$(1,0) = \frac{3}{4} \frac{n^2}{\sqrt{r'^3}}, \quad [1,0] = \frac{15}{16} \frac{n^2 z}{\sqrt{r'^3}}.$$

4. Si donc on fait ces substitutions, et que, pour éviter toute confusion, on désigne par $\rho, \varpi, \psi, \xi, \eta$ les valeurs de r', p', Σ', x', y' qui se rapportent maintenant à la Lune, qu'on fasse de plus, pour abréger,

$$s' - s = \sigma, \quad u' - u = \upsilon,$$

on aura ces équations relatives aux variations séculaires de la Lune

$$\frac{d\xi}{d\varpi} - \frac{3}{4} n^2 \eta - \frac{15}{16} n^2 \rho y''' = 0, \quad \frac{d\eta}{d\varpi} + \frac{3}{4} n^2 \xi + \frac{15}{16} n^2 \rho x''' = 0,$$

$$\frac{d\sigma}{d\varpi} + \frac{3}{4} n^2 \upsilon - \frac{ds'''}{d\varpi} = 0, \quad \frac{d\upsilon}{d\varpi} - \frac{3}{4} n^2 \sigma - \frac{du'''}{d\varpi} = 0,$$

$$\frac{d\psi}{d\varpi} = -n^2 - \frac{9n^2}{8}(\xi^2 + \eta^2) - \frac{165}{32} n^2 \rho(\xi x''' + \eta y''') + \frac{3n^2}{2}(\sigma^2 + \upsilon^2 - x'''^2 - y'''^2),$$

dans lesquelles ϖ sera l'angle du mouvement moyen uniforme de la Lune, ψ la variation séculaire de ce mouvement, ρ la distance moyenne de la Lune à la Terre, celle du Soleil étant prise pour l'unité, en sorte que $\rho = z$, et n la longueur du mois périodique en prenant l'année périodique pour l'unité.

Les valeurs des quantités x''', y''', s''', u''' ont été données dans la deuxième Partie de la *Théorie des variations séculaires* [n^{os} **63** et **70** du *Mémoire* de 1782 (*)], et elles sont de cette forme

$$x''' = A''' \sin(at + \alpha) + B''' \sin(bt + \beta) + \ldots,$$

$$y''' = A''' \cos(at + \alpha) + B''' \cos(bt + \beta) + \ldots,$$

$$s''' = \overline{A}''' \sin\overline{\alpha} + \overline{B}''' \sin(\overline{b}t + \overline{\beta}) + \ldots,$$

$$u''' = \overline{A}''' \cos\overline{\alpha} + \overline{B}''' \cos(\overline{b}t + \overline{\beta}) + \ldots,$$

(*) *OEuvres de Lagrange*, t. V, p. 317 et 330.

les termes de chacune de ces valeurs étant au nombre de six. La variable t représente dans ces formules le temps compté depuis l'époque de 1700 et exprimé en années Juliennes; de sorte que, comme nous avons désigné par l'angle ϖ le mouvement moyen de la Lune, on aura à peu près

$$\frac{d\varpi}{dt} = \frac{360°}{n},$$

ou rigoureusement

$$\frac{d\varpi}{dt} = \frac{\Pi}{n},$$

en désignant par Π l'angle que le Soleil parcourt relativement aux étoiles fixes dans l'espace d'une année Julienne, et que nous avons trouvé $= 1295977'',53$ (n° 15 de la deuxième Partie de la Théorie citée).

5. Voilà les formules et les données nécessaires pour déterminer les variations séculaires de la Lune. Nous remarquerons d'abord que, comme la valeur de ρ ou de z est très-petite, on pourra dans la première approximation négliger dans les équations ci-dessus les termes multipliés par $n^2\rho$ vis-à-vis de ceux qui sont simplement multipliés par n^2. De plus les termes $\frac{ds'''}{d\varpi}$ et $\frac{du'''}{d\varpi}$ se trouveront multipliés par $\frac{n\bar{b}}{\Pi}$ ou $\frac{n\bar{c}}{\Pi}$ ou ..., et, comme la plus grande des valeurs $\bar{b}, \bar{c}, \bar{d}, \ldots$ est moindre que $26''$ (n°^{s} 53 et 70 de la deuxième Partie citée), il s'ensuit que les multiplicateurs de ces termes deviendront extrêmement petits, de sorte qu'on pourra aussi les négliger sans crainte d'erreur.

Par ces réductions nos équations deviendront

$$\frac{d\xi}{d\varpi} - \frac{3}{4}n^2\eta = 0, \quad \frac{d\eta}{d\varpi} + \frac{3}{4}n^2\xi = 0,$$

$$\frac{d\sigma}{d\varpi} + \frac{3}{4}n^2\upsilon = 0, \quad \frac{d\upsilon}{d\varpi} - \frac{3}{4}n^2\sigma = 0,$$

$$\frac{d\psi}{d\varpi} = -n^2 - \frac{9n^2}{8}(\xi^2 + \eta^2) + \frac{3n^2}{2}(\sigma^2 + \upsilon^2 - x'''^2 - y'''^2).$$

Les quatre premières donnent d'abord

$$\xi\, d\xi + \eta\, d\eta = 0, \quad \sigma\, d\sigma + \upsilon\, d\upsilon = 0;$$

d'où l'on tire

$$\xi^2 + \eta^2 = \text{const.}, \quad \sigma^2 + \upsilon^2 = \text{const.}$$

Comme les termes constants de la valeur de $\dfrac{d\psi}{d\varpi}$ ne peuvent donner dans celle de l'angle ψ que des termes proportionnels à ϖ, et qui doivent par conséquent se fondre dans le mouvement moyen, il est clair qu'on peut les rejeter dans la détermination de la variation séculaire ψ; de sorte que cette détermination se réduira à l'équation

$$\frac{d\psi}{d\varpi} = -\frac{3n^2}{2}(x'''^2 + y'''^2),$$

dans laquelle (n° 2 ci-dessus)

$$x'''^2 + y'''^2 = \lambda'''^2,$$

λ''' étant l'excentricité de l'orbite de la Terre ou du Soleil. Ainsi l'on aura simplement

$$\psi = -\frac{3n^2}{2}\int \lambda'''^2\, d\varpi,$$

où il ne faudra plus que substituer la valeur de λ'''^2 tirée de la Théorie citée.

6. Nous y avons donné deux formules, l'une pour trouver la variation annuelle de cette quantité, l'autre pour trouver sa valeur au bout d'un temps indéfini. Si a et b sont les valeurs de λ''' et $\dfrac{d\lambda'''}{dt}$ pour 1700, on aura, pour un nombre t d'années comptées de cette époque,

$$\lambda''' = a + bt,$$

pourvu que ce nombre ne soit pas trop grand. Or on a (n°s 26 et suivants de la deuxième Partie citée)

$$a = 0,0168021$$

et

$$2b = -0'',1766 - 0'',0008\mu - 0'',1602\mu' - 0'',0494\mu'' + 0'',0418\mu^{IV} - 0'',0080\mu^{V},$$

les quantités μ, μ', μ'', μ^{IV}, μ^{V} étant les corrections qu'on pourrait faire aux masses que nous avons déterminées de Saturne, Jupiter, Mars, Vénus et Mercure, de manière que ces masses soient augmentées dans les raisons de 1 à $1+\mu$, $1+\mu'$, $1+\mu''$,.... Donc, substituant $a^2 + 2abt$ pour λ'''^2, et négligeant le terme tout constant a^2 qui ne donnerait dans ψ qu'un terme proportionnel au mouvement moyen ϖ, on aura, à cause de

$$d\varpi = \frac{\Pi\, dt}{n},$$

cette valeur de l'équation séculaire comptée de 1700

$$\psi = -\frac{3n\Pi}{4} \times 2abt^2;$$

où l'on remarquera que, comme la valeur de $2b$ est exprimée en secondes, ainsi que celle de Π, il faudra diviser l'une ou l'autre par 206264,8 nombre de secondes de l'arc égal au rayon. De cette manière on trouve pour l'équation séculaire du mouvement moyen de la Lune, la formule

$$\psi = 0'',0010459\,t^2 + 0'',0000047\,\mu\, t^2 + 0'',0009488\,\mu'\, t^2$$
$$+ 0'',0002926\,\mu''\, t^2 - 0'',0002476\,\mu^{IV}\, t^2 + 0'',0000474\,\mu^{V}\, t^2,$$

t étant le nombre des années Juliennes écoulées avant ou après l'époque de 1700.

Ainsi l'on aura pour le premier siècle, en faisant $t = 100$,

$$\psi = 10'',459 + 9'',488\,\mu' + 2'',926\,\mu'' - 2'',476\,\mu^{IV}.$$

Mayer l'a établie de $9''$, ce qui s'accorde assez bien avec notre détermination en rejetant les corrections des masses. On voit aussi que, s'il fallait diminuer beaucoup la masse de Vénus, comme quelques Astronomes le

SUR L'ÉQUATION SÉCULAIRE DE LA LUNE.

prétendent, l'équation séculaire en serait augmentée; par exemple, si l'on voulait réduire cette masse à la moitié, il faudrait faire $\mu^{\text{iv}} = -\frac{1}{2}$, ce qui donnerait $1''$,238 d'augmentation pour l'équation du premier siècle.

7. Quoique la formule précédente puisse servir pour plusieurs siècles sans erreur sensible, il est néanmoins important pour l'Astronomie physique d'avoir la véritable loi de cette inégalité séculaire de la Lune. On la trouvera en substituant pour λ'''^2 sa valeur donnée par les formules du n° 63 (Partie citée). Car, puisque

$$\lambda'''^2 = x'''^2 + y'''^2,$$

il n'y aura qu'à ajouter ensemble les carrés de x''' et de y''', en négligeant les termes tout constants par la raison donnée ci-dessus. On aura ainsi après l'intégration

$$\psi = -\frac{3n\Pi A''' B'''}{a-b} \sin[(a-b)t + \alpha - \beta]$$
$$-\frac{3n\Pi A''' C'''}{a-c} \sin[(a-c)t + \alpha - \gamma]$$
$$- \ldots\ldots\ldots\ldots\ldots\ldots\ldots,$$

en faisant toutes les combinaisons deux à deux des six coefficients A''', B''', C''', D''', E''', F''', ainsi que des six angles $at+\alpha$, $bt+\beta$, $ct+\gamma$, $dt+\delta$, $et+\varepsilon$, $ft+\varpi$; mais, comme les valeurs de a, b, ... sont données en secondes, il faudra, de plus, multiplier chaque terme de la formule précédente par l'angle égal au rayon, pour avoir ψ exprimé en angles. Nous nous dispenserons de donner ici la valeur numérique de cette expression de l'équation séculaire de la Lune, parce qu'elle paraît peu nécessaire dans l'état actuel de l'Astronomie, et qu'elle est facile à trouver d'ailleurs, puisqu'on a les valeurs numériques de toutes les quantités d'où elle dépend. Peut-être serait-il utile d'avoir égard à ces équations dans la comparaison des lieux de la Lune très-éloignés, pour en déduire le vrai mouvement moyen, c'est-à-dire la partie de ce mouvement qui est réellement uniforme, et qui dans le mouvement moyen des Tables de cette Planète est encore combinée avec la partie de l'équation séculaire qui croit proportionnellement au temps, tant que les angles $(a-b)t$, $(a-c)t,\ldots$ sont peu considérables.

Enfin cette formule pourrait servir pour avoir une valeur de ψ plus approchée que celle que nous avons donnée plus haut, en résolvant les sinus en série suivant les puissances de $(a-b)t$, $(a-c)t,\ldots$, négligeant les termes constants, ainsi que ceux qui ne contiendraient que la première puissance de t, et qui sont déjà compris dans le mouvement moyen des Tables.

MÉMOIRE

SUR

UNE LOI GÉNÉRALE D'OPTIQUE.

MÉMOIRE

SUR

UNE LOI GÉNÉRALE D'OPTIQUE [*].

(*Nouveaux Mémoires de l'Académie royale des Sciences et Belles-Lettres de Berlin*, année 1803.)

Le *Mémoire sur la Théorie des lunettes*, qui est imprimé dans le Recueil de l'année 1778 [**], contient des formules générales pour déterminer la route des rayons qui traversent un nombre quelconque de lentilles dont les foyers sont donnés. Ces formules donnent un résultat remarquable par sa simplicité et sa généralité, que je n'ai fait qu'indiquer dans le Mémoire que je viens de citer, et qui mérite particulièrement l'attention des savants, parce qu'il offre une loi aussi utile en Optique que la loi des vitesses virtuelles l'est en Mécanique. C'est ce que je vais développer dans ce nouveau Mémoire.

Je commencerai par rappeler les formules principales, relatives à l'objet dont il s'agit. Si l'on considère un rayon qui traverse successivement plusieurs lentilles rangées sur un même axe, et qui change de direction à la rencontre de chaque lentille; et qu'on nomme, comme dans le Mémoire cité,

$$x, x'', x^{\text{iv}}, \ldots, x^{(2n)}$$

[*] Lu à l'Académie, le 17 mars 1803.
[**] *OEuvres de Lagrange*, t. IV, p. 535.

les tangentes des angles que la direction du rayon fait successivement avec l'axe, et

$$x', x''', x^v, \ldots, x^{(2n-1)}$$

les distances à l'axe des points des lentilles par lesquels passe le rayon, distances que nous prendrons pour les demi-diamètres des ouvertures des lentilles, on aura ces relations entre les quantités $x, x', x'',\ldots$

$$x'' = P'' x' + Q'' x,$$
$$x''' = P''' x' + Q''' x,$$
$$x^{\text{iv}} = P^{\text{iv}} x' + Q^{\text{iv}} x,$$
$$\ldots\ldots\ldots\ldots\ldots,$$

(A) $$x^{(m)} = P^{(m)} x' + Q^{(m)} x,$$

dans lesquelles les quantités $P'', P''', \ldots, P^{(m)}, Q'', Q''', \ldots, Q^{(m)}$ sont des fonctions des distances entre les lentilles et des distances focales des lentilles, c'est-à-dire des distances de leurs foyers pour les rayons parallèles et infiniment proches de l'axe, en faisant abstraction de l'épaisseur des lentilles et de la différente réfrangibilité des rayons.

Nous avons donné dans le Mémoire cité les valeurs de ces fonctions; mais il suffira ici de rappeler la loi qui règne entre elles, et qui est renfermée dans cette formule générale

(B) $$P^{(m)} Q^{(m-1)} - Q^{(m)} P^{(m-1)} = 1.$$

[Dans le Mémoire dont il s'agit, on avait trouvé la formule

$$P^{(\lambda+1)} Q^{(\lambda)} - Q^{(\lambda+1)} P^{(\lambda)} = \pm 1.$$

où le signe supérieur était pour le cas de λ pair et l'inférieur pour celui de λ impair; mais on s'était trompé sur les signes; car les deux équations d'où l'on avait déduit cette formule étant (15)

$$P^{(\lambda+1)} - m^\lambda P^{(\lambda)} + P^{(\lambda-1)} = 0,$$
$$Q^{(\lambda+1)} - m^\lambda Q^{(\lambda)} + Q^{(\lambda-1)} = 0,$$

elles donnent évidemment

$$(P^{(\lambda+1)} + P^{(\lambda-1)})Q^{(\lambda)} - (Q^{(\lambda+1)} + Q^{(\lambda-1)})P^{(\lambda)} = 0,$$

et par conséquent

$$P^{(\lambda+1)}Q^{(\lambda)} - Q^{(\lambda+1)}P^{(\lambda)} = P^{(\lambda)}Q^{(\lambda-1)} - Q^{(\lambda)}P^{(\lambda-1)};$$

d'où l'on voit que la valeur de $P^{(\lambda+1)}Q^{(\lambda)} - Q^{(\lambda+1)}P^{(\lambda)}$ est constante pour toutes les valeurs de λ. Or, faisant $\lambda = 0$, on a

$$P'Q - Q'P = 1,$$

puisque

$$P' = 1, \quad Q = 1, \quad P = 0, \quad Q' = 0.$$

Donc on a, en général,

$$P^{(\lambda+1)}Q^{(\lambda)} - Q^{(\lambda+1)}P^{(\lambda)} = 1;$$

et, mettant $(m-1)$ à la place de λ, on aura

$$P^{(m)}Q^{(m-1)} - Q^{(m)}P^{(m-1)} = 1.$$

Au reste cette méprise sur les signes n'influe en rien sur la suite du Mémoire, mais je suis bien aise de profiter de cette occasion pour la réparer.]

Quoique ces formules n'aient été trouvées que pour les rayons qui sont réfractés par des lentilles, elles s'appliquent également aux rayons réfléctés par des miroirs; car, les fonctions P'', P''',..., Q'', Q''',... ne dépendant que des distances focales des lentilles et de leurs distances entre elles, il n'y aura, pour changer une lentille en miroir, qu'à prendre la distance focale du miroir à la place de celle de la lentille, en lui donnant le signe $-$, pour que le foyer se trouve au devant du miroir.

Ainsi l'on peut regarder les formules précédentes comme contenant toute la Théorie de la Dioptrique et Catoptrique, en tant qu'on fait abstraction des effets de l'aberration, soit de réfrangibilité, soit de sphéricité.

Cela posé, considérons, en général, un télescope ou un microscope quelconque composé de n lentilles, dont la première soit l'objectif et dont la $n^{\text{ième}}$ soit l'oculaire. Soit un objet considéré comme un point placé à la distance a au devant de l'objectif, et à la distance b de l'axe qui passe par les centres de toutes les lentilles; et soit un rayon qui, partant de cet objet, entre dans l'objectif à la distance x' de son centre. Il est facile de voir que ce rayon fera avec l'axe un angle dont la tangente sera $\frac{x'-b}{a}$; de sorte qu'on aura

$$x = \frac{x'-b}{a}.$$

A la sortie de ce rayon par l'oculaire, la tangente x deviendra $x^{(2n)}$, puisque l'oculaire est supposé être la $n^{\text{ième}}$ lentille. Or, en faisant $m = 2n$ dans la formule générale (A), on a

$$x^{(2n)} = P^{(2n)} x' + Q^{(2n)} x,$$

et, substituant pour x la valeur qu'on a trouvée ci-dessus, on aura

$$x^{(2n)} = \left(P^{(2n)} + \frac{Q^{(2n)}}{a} \right) x' - \frac{b}{a} Q^{(2n)}.$$

Cette valeur de $x^{(2n)}$ exprime la tangente de l'angle que le rayon fait avec l'axe après sa sortie de l'oculaire; et l'on voit qu'elle est différente pour les différents rayons qui, partant du même point de l'objet, entrent dans l'objectif à différentes distances x' de l'axe. Mais, pour que tous ces rayons puissent former dans l'œil une image distincte, il faut qu'ils y entrent parallèles ou à très-peu près parallèles; or ils ne peuvent être parallèles entre eux qu'autant que la valeur de $x^{(2n)}$ sera la même pour tous les rayons; ainsi il faudra que cette valeur soit indépendante de la quantité x', et que par conséquent on ait

(C) $$P^{(2n)} + \frac{Q^{(2n)}}{a} = 0.$$

C'est la condition nécessaire pour que l'assemblage des n lentilles

SUR UNE LOI GÉNÉRALE D'OPTIQUE.

puisse former un télescope ou un microscope. Pour le microscope la distance a est ordinairement très-petite, et l'on peut la prendre à volonté; mais pour les télescopes cette distance doit être fort grande, et l'on peut la supposer infinie. Alors la condition se réduit simplement à

$$P^{(2n)} = 0.$$

La valeur de $x^{(2n)}$ deviendra donc $-\dfrac{b}{a}Q^{(2n)}$. Or $\dfrac{b}{a}$ est la tangente de l'angle sous lequel l'œil placé au centre de l'objectif verrait la ligne b perpendiculaire à l'axe; mais, par le télescope ou le microscope, cette même ligne sera vue sous l'angle dont la tangente sera $x^{(2n)}$, égale à $-\dfrac{b}{a}Q^{(2n)}$; donc le diamètre des objets vus par le télescope ou le microscope sera augmenté dans la raison de 1 à $-Q^{(2n)}$. Ainsi l'amplification des diamètres apparents, ou le grossissement linéaire produit par l'instrument, sera exprimé par la fonction $-Q^{(2n)}$.

Voyons maintenant comment on peut déterminer la valeur de cette fonction sans connaître sa composition ni les quantités dont elle dépend.

L'équation (C) donne

$$P^{(2n)} = -\frac{Q^{(2n)}}{a};$$

substituant cette valeur dans l'équation (B) après y avoir fait $m = 2n$, on aura

$$-Q^{(2n)}\left(\frac{Q^{(2n-1)}}{a} + P^{(2n-1)}\right) = 1,$$

d'où l'on tire

$$-Q^{(2n)} = \frac{1}{\dfrac{Q^{(2n-1)}}{a} + P^{(2n-1)}}.$$

Considérons l'expression de $x^{(2n-1)}$, en faisant, dans la formule (A), $m = 2n-1$, on aura

$$x^{(2n-1)} = P^{(2n-1)} x' + Q^{(2n-1)} x.$$

Substituons pour x sa valeur en x' donnée ci-dessus $\dfrac{x'-b}{a}$, on aura

$$x^{(2n-1)} = x'\left(P^{(2n-1)} + \frac{Q^{(2n-1)}}{a}\right) - \frac{b}{a}Q^{(2n-1)}.$$

Supposons maintenant $b = 0$, on aura simplement

$$x^{(2n-1)} = x'\left(P^{(2n-1)} + \frac{Q^{(2n-1)}}{a}\right);$$

donc

$$P^{(2n-1)} + \frac{Q^{(2n-1)}}{a} = \frac{x^{(2n-1)}}{x'};$$

par conséquent

$$-Q^{(2n)} = \frac{x'}{x^{(2n-1)}}.$$

Ainsi l'amplification des diamètres des objets apparents, que nous avons vu être proportionnelle à $-Q^{(2n)}$, sera aussi exprimée par le rapport $\dfrac{x'}{x^{(2n-1)}}$.

Or x' est dans ce cas la distance au centre de l'objectif du point où un rayon parti de l'axe traverse l'objectif, et $x^{(2n-1)}$ est de même la distance au centre de l'oculaire, du point où le même rayon traverse l'oculaire; ainsi l'augmentation du diamètre de l'objet sera dans la proportion de la première distance à la seconde.

Si l'on suppose un point lumineux placé dans l'axe, à l'endroit où est l'objet vu par le télescope ou le microscope, il est visible qu'il enverra dans l'objectif un cône de lumière dont la base sera l'aire de l'objectif; et cette lumière, si elle ne rencontre aucun obstacle dans le passage de l'objectif à l'oculaire, sortira tout entière par l'oculaire en formant un cylindre autour de l'axe. Car la valeur de $x^{(2n)}$, qui est la tangente de l'inclinaison des rayons à l'axe en sortant de l'oculaire, étant $-\dfrac{b}{a}Q^{(2n)}$, devient nulle lorsque $b = 0$; de sorte que tous les rayons doivent sortir parallèles à l'axe.

Dans ce cas donc, en considérant les rayons qui passent par les bords de l'objectif, il est clair que, si l'on prend le demi-diamètre de l'objectif pour x', la valeur correspondante de $x^{(2n-1)}$ sera le demi-diamètre de la section du cylindre de lumière qui sortira par l'oculaire. D'où il s'ensuit que les diamètres des objets apparents seront toujours augmentés dans la raison du diamètre de l'objectif au diamètre de la section du cylindre lumineux sortant de l'oculaire; de sorte qu'il n'y aura qu'à mesurer ce diamètre et le comparer à celui de l'objectif, pour avoir l'augmentation du diamètre des objets produite par l'instrument optique.

Pour les télescopes, l'objet étant à une distance très-grande, les rayons sont censés entrer parallèles dans l'objectif. Le cône lumineux devient alors un cylindre dont la base est l'aire même de l'objectif, et ce cylindre sort de nouveau par l'oculaire sous la forme de cylindre.

On peut donc établir cette conclusion générale, que dans un télescope ou microscope quelconque, quels que soient le nombre, l'arrangement et la force des lentilles ou des miroirs qui le composent, l'augmentation des diamètres des objets, qui constitue le grossissement produit par l'instrument, est toujours dans le rapport du diamètre de l'ouverture de l'objectif au diamètre de l'ouverture de l'oculaire, en prenant pour cette ouverture la section du cylindre lumineux qui sort de l'oculaire, et supposant que le faisceau de lumière que l'objet envoie dans l'objectif n'est intercepté nulle part dans son trajet et peut ressortir tout entier par l'oculaire.

La bonté d'un télescope ou d'un microscope exige que tous les rayons qui entrent directement par l'objectif sortent par l'oculaire, pour que les objets y paraissent aussi éclairés qu'ils peuvent l'être : c'est pourquoi on fait ordinairement l'ouverture du dernier oculaire, et même celles des oculaires précédents, plus grandes qu'il n'est nécessaire pour le passage de tous les rayons. Leurs limites à cet égard sont déterminées par les valeurs des quantités x''', x^v,...., en y faisant $x = 0$ pour les télescopes, ou $x = \dfrac{x'}{a}$ pour les microscopes, où a est la distance de l'objet à l'objectif. Mais, pour pouvoir juger *à posteriori* si la condition dont il s'agit est remplie, il suffira de diminuer à volonté l'ouverture de l'objectif par le moyen d'un anneau de carton, et d'observer si l'ouverture proprement dite du dernier oculaire, c'est-à-dire la section du cylindre lumineux qui en sort, est diminuée dans la même proportion; car la valeur de $x^{(2n-1)}$ est toujours proportionnelle à x', en faisant $x = 0$, ou $x = \dfrac{x'}{a}$.

Or rien n'est plus facile que de mesurer le diamètre de cette section. Pour les télescopes, il n'y a qu'à les diriger vers le Soleil, et recevoir la lumière qui en sort, sur un carton perpendiculaire à l'axe du télescope; le diamètre du cercle lumineux, formé sur le carton, sera le diamètre cherché. Mais, comme on ne veut tenir compte que des rayons qui entrent parallèlement à l'axe, il sera bon d'allonger le tuyau du télescope du côté de l'objectif, pour intercepter les rayons qui viendraient des bords du Soleil et qui seraient inclinés à l'axe. Pour les microscopes, il n'y aura qu'à placer une lumière au lieu de l'objet, ou plutôt, pour éviter l'effet de la grosseur de la lumière, la placer un peu plus loin, et la faire ensuite passer par un petit trou placé dans l'axe à l'endroit où l'objet doit être situé; ensuite recevoir de même sur un carton le cylindre lumineux sortant par l'oculaire, et mesurer le diamètre du cercle lumineux formé sur le carton.

Le rapport du diamètre de l'objectif à celui du cercle lumineux donnera sans autre connaissance le grossissement linéaire de l'instrument.

Je crois que cette manière de juger du grossissement d'une lunette n'est pas tout à fait inconnue aux artistes opticiens; mais j'ignore si elle a été démontrée jusqu'ici d'une manière générale.

Comme il y a en Mécanique la loi générale des vitesses virtuelles, par laquelle on peut connaître l'augmentation de force produite par une machine, sans connaître la nature ni la construction de la machine, mais par le simple rapport des vitesses simultanées du point où est appliquée la puissance et du point auquel cette puissance est transmise par la machine; de même on peut dire qu'il y a en Optique une loi analogue, par laquelle, sans connaître la disposition intérieure d'un télescope ou d'un microscope, on peut juger de sa force par le simple rapport du diamètre de l'ouverture de l'objectif au diamètre de l'ouverture de l'oculaire.

Une conséquence très-importante de cette loi générale d'Optique est qu'un objet vu par un instrument quelconque d'Optique doit toujours paraître aussi éclairé qu'il paraîtrait à la vue simple, en faisant abstraction de toute perte de lumière occasionnée par les lentilles ou les miroirs.

Car il est évident que la densité des rayons qui sortent de l'oculaire est à leur densité, en entrant dans l'objectif, en raison inverse des espaces qu'ils occupent dans l'oculaire et dans l'objectif, c'est-à-dire des aires de leurs ouvertures; par conséquent la densité des rayons, en sortant de l'instrument, sera à leur densité, en y entrant, comme l'ouverture de l'objectif est à l'ouverture de l'oculaire. D'un autre côté, nous venons de démontrer que l'amplification des diamètres apparents des objets vus par un instrument optique est mesurée par le rapport du diamètre de l'objectif au diamètre de l'oculaire; par conséquent les surfaces apparentes seront augmentées dans la raison des carrés de ces diamètres ou dans celle des aires des ouvertures de l'objectif et de l'oculaire.

Donc la densité des rayons est augmentée dans la même raison que les surfaces des objets vus par l'instrument optique. D'où il est aisé de conclure que la clarté doit rester la même. Si l'instrument diminuait les objets, la densité de la lumière serait diminuée dans la même proportion que les surfaces apparentes, et la clarté demeurerait encore la même. C'est ainsi que, sans la perte de lumière qui se fait dans le passage par l'air, la clarté ou l'éclat d'un même corps lumineux vu à une distance quelconque doit être constant; car la densité des rayons et la grandeur de l'image apparente diminuent dans la même proportion inverse des carrés des distances, de sorte que la force de la lumière dans chaque point de l'image est toujours la même.

Suivant la plupart des opticiens, la clarté dans les télescopes et les microscopes est simplement en raison directe de l'ouverture de l'objectif, et en raison inverse du carré des amplifications linéaires; ils paraissent croire que la clarté augmente à mesure que l'ouverture de l'objectif augmente, parce qu'en effet la quantité de lumière reçue par cette ouverture est aussi plus grande dans la même proportion; mais sa densité n'augmente pas, tant que la disposition des surfaces réfringentes ou réfléchissantes reste la même. L'augmentation de l'ouverture de l'objectif produit une augmentation proportionnelle dans l'ouverture de l'oculaire; et, si l'oculaire est trop petit, le surcroît de lumière fourni par l'objectif est perdu.

Il est important de détruire une erreur qui me paraît accréditée chez les opticiens et dans plusieurs Ouvrages d'Optique : c'est le but principal de ce Mémoire.

RAPPORTS.

RAPPORTS.

(*Histoire de l'Académie royale des Sciences et Belles-Lettres de Berlin,*
années 1781 et 1782.)

Rapport d'une quadrature du cercle.

L'Académie m'ayant chargé de lui rendre compte de cet Ouvrage sur la quadrature du cercle, je l'ai examiné avec toute l'attention dont je suis capable; mais je suis obligé d'avouer qu'il ne m'a pas été possible de découvrir les principes de l'Auteur, ni la marche de ses opérations. Je n'y ai trouvé nulle trace de démonstrations géométriques, et moins encore de calculs algébriques; et je n'ai pas pu comprendre ce que signifient les Tables des progressions arithmétiques de la quadrature du cercle, lesquelles paraissent servir de fondement à tout l'Ouvrage.

Je n'entends pas non plus ce que l'Auteur nomme *points carrés mathématiques*, ni ce qu'il appelle *liaison du diamètre et de la périphérie*, et qu'il fait consister dans la somme de leurs valeurs.

Ne pouvant donc rien dire de la méthode et des raisonnements de l'Auteur, je me contenterai d'en examiner le résultat, c'est-à-dire la valeur qu'il donne pour le rapport de la circonférence au diamètre. Cette valeur est exprimée par la fraction $\frac{207\frac{1}{3}}{66}$, laquelle se réduit à celle-ci plus

---

(*) Nous reproduisons ici les deux seuls Rapports de Lagrange que l'*Histoire de l'Académie de Berlin* nous ait transmis. Bien que les Mémoires dont l'illustre Géomètre avait à rendre compte soient absolument dépourvus d'intérêt, nous avions le devoir de conserver les Rapports qui les concernent. (*Note de l'Éditeur.*)

simple $\frac{311}{99}$, et l'Auteur la donne pour exacte et rigoureuse ; de sorte que par cette seule raison on est déjà en droit de la regarder comme fausse.

Mais, pour pouvoir mieux juger de combien elle s'éloigne de la vérité, je la réduis en décimales, ce qui me donne 3,1414..., où les deux chiffres 14 reviennent à l'infini. Cette valeur étant comparée avec la valeur connue 3,1415g..., on voit qu'elle est fausse dès la quatrième décimale, et qu'elle est nécessairement moindre que la véritable valeur du rapport de la circonférence au diamètre. Ainsi il existe nécessairement une infinité de polygones inscrits au cercle dont les périmètres sont plus grands que la prétendue valeur que l'Auteur assigne à la circonférence, ce qui doit suffire pour en prouver la fausseté.

Snellius, à l'exemple d'Archimède et pour renchérir sur le travail de ce grand homme, a pris la peine de calculer en nombres la valeur des périmètres de quelques polygones inscrits et circonscrits au cercle, en partant des polygones de 5 côtés et doublant continuellement le nombre des côtés. Et l'on voit par les Tables qu'il en donne dans son *Cyclometricus*, page 17, que le polygone inscrit de 640 côtés a son périmètre plus grand que 3,14157, ce qui est, comme l'on voit, plus grand que la valeur prétendue de la circonférence.

Mais on peut trouver des polygones inscrits d'un moindre nombre de côtés dont les périmètres soient aussi plus grands que cette valeur. Il n'y a pour cela qu'à consulter les Tables que M. Nicole a données dans les *Mémoires de Paris* pour l'année 1747, à l'occasion d'une nouvelle prétendue quadrature du cercle.

Dans ces Tables on trouve les valeurs numériques des aires et des périmètres des polygones inscrits et circonscrits au cercle, dans lesquels le nombre des côtés augmente dans la progression double depuis le triangle équilatéral jusqu'au polygone régulier de $3 \cdot 2^{17}$ ou 393216 côtés, valeurs qui sont poussées par l'extraction des racines carrées jusqu'à 15 décimales.

On voit donc par ces Tables que le polygone inscrit de 96 côtés a pour périmètre (en supposant le diamètre 1) 3,14103195..., ce qui est moindre que la valeur proposée; mais que le polygone suivant de 192 côtés a pour périmètre 3,14145247..., quantité plus grande que cette valeur.

Ainsi la prétendue valeur de la circonférence du cercle se trouve moindre que le périmètre du polygone régulier de 192 côtés; ce qui est une preuve palpable de sa fausseté, puisqu'il saute aux yeux que la périphérie du cercle est nécessairement plus grande que le périmètre de tout polygone inscrit.

Si l'Auteur savait assez de Géométrie et d'Arithmétique pour faire lui-même le calcul de ce polygone, il pourrait se convaincre de la vérité de ce que je viens d'avancer. Et, s'il voulait se fier pour cet effet aux Tables trigonométriques déjà calculées, il n'aurait qu'à remarquer que le côté du polygone inscrit de 192 côtés étant la corde de l'angle $\frac{360°}{192}$, et par conséquent le double du sinus de la moitié de cet angle, c'est-à-dire de l'angle $\frac{360°}{384} = 56'15''$, il suffit de multiplier le sinus de $56'15''$ par 384 pour avoir le périmètre cherché du polygone de 192 côtés.

Faisant donc le calcul par les logarithmes, on a

$$\begin{aligned}\log \sin 56'15'' &= 8{,}2138293\\ \log 384 &= 2{,}5843312\\ \hline &0{,}7981605\end{aligned}$$

Nombre : 6,28290.

Ainsi 6,28290 est la valeur approchée de ce périmètre en prenant le rayon pour l'unité; donc, si l'on prend le diamètre pour l'unité, on a 3,14145 pour la valeur dont il s'agit, laquelle s'accorde, comme l'on voit, avec celle de M. Nicole, et qui est évidemment plus grande que celle de la prétendue quadrature.

Je dois remarquer au reste que la fraction $\frac{311}{99}$, adoptée par l'Auteur, est une de celles de la suite des fractions convergentes vers le rapport de la périphérie au diamètre, mais plus petites que ce rapport, comme on le voit par la Table que j'en ai donnée dans les *Additions à l'Algèbre de M. Euler*, page 440.

Ainsi cette fraction a l'avantage qu'elle approche plus de la vérité que ne pourrait faire aucune autre fraction plus petite que la vraie valeur et dont le dénominateur serait moindre que 99; mais elle approche moins que la fraction qui la suit immédiatement et qui est $\frac{333}{106}$; et moins encore que la fraction $\frac{355}{133}$ qui est celle de Metius, mais qui est plus grande que la vraie valeur. Je conclus donc :

1° Que la quadrature proposée est fausse, parce qu'elle diffère des résultats connus, et qu'elle donne pour la circonférence du cercle une valeur moindre que le périmètre du polygone inscrit de 192 côtés;

2° Que l'on ne peut porter aucun jugement sur la méthode et les raisonnements de l'Auteur, parce qu'ils sont inintelligibles;

3° Qu'il conviendrait d'exhorter cet Auteur, qui paraît d'ailleurs assez laborieux, à employer son temps et son travail à des objets qui soient plus à sa portée et surtout qui puissent être d'une plus grande utilité; car, outre qu'il n'y a aucune récompense promise ou à espérer pour celui qui carrera le cercle, il ne résulterait même de cette quadrature aucun avantage réel pour la Géométrie. En effet, s'il était possible de trouver une expression finie du rapport de la circonférence au diamètre, cette expression serait nécessairement si compliquée de radicaux, que pour en faire usage il faudrait toujours la réduire en décimales, et par conséquent à une valeur seulement approchée; or on a déjà des valeurs qui approchent si près de la vraie mesure de la circonférence du cercle, que l'erreur est moindre qu'une fraction qui aurait l'unité pour numérateur, et pour dénominateur l'unité suivie de 126 zéros; car telle est la valeur trouvée par M. Lagny dans les *Mémoires de Paris* de 1719.

Rapport fait à l'Académie le 3 août 1782 d'un Mémoire intitulé : Méthode pour connaître si la Terre est aplatie vers les pôles et renflée sous l'équateur.

La méthode que l'Auteur de ce Mémoire propose pour déterminer la figure de la Terre avec plus de précision et moins de peine qu'on ne l'a fait jusqu'ici consiste à placer verticalement différents styles, les uns sous l'équateur, les autres sous un même méridien quelconque, en sorte que les premiers soient éloignés de ce méridien de 15, 30, 45 degrés, et que les seconds soient pareillement éloignés de 15, 30, 45 degrés de l'équateur. L'Auteur veut que l'on observe l'ombre de chacun de ces styles sur un plan horizontal, lorsque le Soleil sera à la fois dans l'équateur et dans le méridien donné, ce qui a lieu le jour de l'équinoxe à midi par rapport à ce méridien; et il prétend pouvoir conclure la figure du méridien de la comparaison de l'ombre des styles avec celle des styles de l'équateur.

« Car, dit-il, si le méridien était parfaitement semblable et égal à l'é-
» quateur, qui dans une Planète qui roule sur elle-même ne peut ne pas
» être un cercle parfait, les styles plantés sur l'équateur et sur le méri-
» dien seraient également obliques aux rayons solaires, et les ombres
» projetées par les styles du méridien seraient alors rigoureusement
» égales aux ombres projetées par les styles correspondants de l'équa-
» teur. Il est donc de la dernière évidence que si les ombres des styles
» du méridien sont respectivement plus longues que les ombres des
» styles correspondants de l'équateur, les styles du méridien sont plus
» obliques que ceux de l'équateur aux rayons du Soleil. Or les styles du
» méridien ne peuvent être plus obliques aux rayons du Soleil que ceux
» de l'équateur, que parce que le méridien est une circonférence qui va
» en s'aplatissant de l'équateur aux pôles. »

Quant à la distance des styles, l'Auteur ne trouve pas la moindre difficulté à la déterminer : « L'élévation du pôle, dit-il, pour déterminer
» les points différents où les styles doivent être plantés sur les méridiens,
» et l'élévation du Soleil, pour déterminer les points également distants
» où doivent être plantés sur l'équateur les styles correspondants, sont
» une règle qui ne saurait manquer. »

Telle est la méthode que l'Auteur a imaginée, et qu'il croit préférable à celles qui ont été employées dans ces derniers temps pour déterminer la figure de la Terre. Or, sans parler de la difficulté de placer exactement les styles, ni de la difficulté encore plus grande d'y faire les observations demandées avec une précision assez grande pour pouvoir en déduire des conséquences bien justes sur la courbure des méridiens et de l'équateur, il est facile de se convaincre que la méthode est en elle-même illusoire, du moins sous le point de vue où l'Auteur la présente. En effet, puisqu'on y suppose que les lieux des styles du méridien y soient déterminés par les hauteurs du pôle, déduites à l'ordinaire de l'observation de l'élévation des astres sur l'horizon, il n'est pas difficile de concevoir que l'inclinaison des styles aux rayons du Soleil dépendra uniquement de leurs distances en latitude, et que si ces distances sont égales aux distances en longitude des styles de l'équateur, les ombres des styles correspondants seront nécessairement les mêmes, quelle que puisse être la figure du méridien. Il faudrait, pour que la méthode de l'Auteur pût servir à la détermination de la figure de la Terre, que les distances en latitude des styles du méridien fussent déterminées par la mesure immédiate des degrés; alors les observations de l'ombre projetée par ces styles tiendraient lieu des observations astronomiques nécessaires pour déterminer l'amplitude des arcs du méridien compris entre les styles. Mais cette méthode rentrerait ainsi dans celle qui a été mise en usage par les Académiciens français; seulement elle serait moins exacte et moins sûre, car il est impossible que des observations faites avec des styles puissent jamais atteindre au degré de précision de celles qui ont été faites avec de très-grands secteurs, et avec tant de soin et de scrupule.

Il paraît donc par là que l'Auteur de ce Mémoire n'a pas une idée nette de la question, et encore moins des difficultés qu'elle renferme; et que le nouveau moyen qu'il propose pour la décider ne peut en aucune manière mériter l'attention des Savants.

FIN DU TOME CINQUIÈME.

TABLE DES MATIÈRES
DU TOME CINQUIÈME.

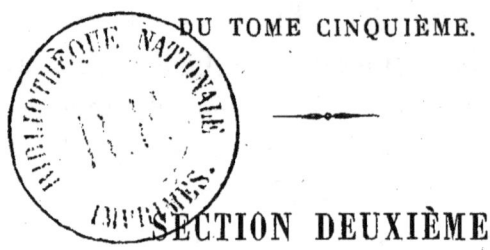

SECTION DEUXIÈME.

(SUITE.)

MÉMOIRES EXTRAITS DES RECUEILS DE L'ACADÉMIE ROYALE DES SCIENCES ET BELLES-LETTRES DE BERLIN.

		Pages.
XL.	Théorie de la libration de la Lune et des autres phénomènes qui dépendent de la figure non sphérique de cette Planète....................................	5
XLI.	Théorie des variations séculaires des éléments des Planètes. (Première Partie.).	125
XLII.	Théorie des variations séculaires des éléments des Planètes. (Seconde Partie.).	211
XLIII.	Théorie des variations périodiques des mouvements des Planètes. (Première Partie.)..	347
XLIV.	Sur les variations séculaires des mouvements moyens des Planètes...........	381
XLV.	Théorie des variations périodiques des mouvements des Planètes. (Seconde Partie.)..	417
XLVI.	Sur la manière de rectifier les méthodes ordinaires d'approximation pour l'intégration des équations du mouvement des Planètes........................	493
XLVII.	Sur une méthode particulière d'approximation et d'interpolation.............	517
XLVIII.	Sur une nouvelle propriété du centre de gravité...........................	535
XLIX.	Méthode générale pour intégrer les équations aux différences partielles du premier ordre, lorsque ces différences ne sont que linéaires.....................	543
L.	Théorie géométrique du mouvement des aphélies des Planètes pour servir d'addition aux Principes de Newton..	565
LI.	Sur la manière de rectifier deux endroits des Principes de Newton relatifs à la propagation du son et au mouvement des ondes...........................	591
LII.	Mémoire sur une question concernant les annuités........................	613

		Pages.
LIII.	Mémoire sur l'expression du terme général des séries récurrentes, lorsque l'équation génératrice a des racines égales...............................	627
LIV.	Mémoire sur les sphéroïdes elliptiques.................................	645
LV.	Mémoire sur la méthode d'interpolation................................	663
LVI.	Mémoire sur l'équation séculaire de la Lune.............................	687
LVII.	Mémoire sur une loi générale d'optique.................................	701
LVIII.	Rapports..	713

PARIS. — IMPRIMERIE DE GAUTHIER-VILLARS, SUCCESSEUR DE MALLET-BACHELIER,
Rue de Seine-Saint-Germain, 10, près l'Institut.

www.ingramcontent.com/pod-product-compliance
Lightning Source LLC
Chambersburg PA
CBHW061949300426
44117CB00010B/1274